U0883939

郑重声明：未经作者同意和授权，任何人不得抄袭、摘录、借用本书中所有章节（包括附录）中的编排结构、例题、思考题与练习题、实验、插图和表格等，否则，将追究侵权者相应的责任。

现场总线技术及应用教程

第 2 版

王永华
A. Verwer（英） 编著

机 械 工 业 出 版 社

在工业自动化应用技术领域，国际和国内市场占有率最高的现场总线技术和实时以太网技术分别是 PROFIBUS 和 PROFINET。本书的开始，对控制系统以及现场总线技术的发展历程、现场总线技术中使用的工业网络和通信基础知识进行了概括性的介绍；全书重点讲解了 PROFIBUS DP/PA 和 PROFINET 的基本原理和具体应用，并在此基础上详细地剖析了 DP-V0/V1、PROFINET 和 AS-i 的报文结构和含义，在重点章节中给出了具体的应用实例。此外，本书还对传感器级和执行器级的现场总线技术的代表——AS-i 以及工业控制系统国际标准编程语言 IEC61131-3 进行了深入浅出的讲解，并给出了许多实例。为方便高校和培训机构作为教材使用，全书各章都配有大量的习题和思考题，在附录 A 中配有 11 个实验的指导书。在附录中还提供了精心编排的 PROFIBUS 常用信息速查表，罗列出了学习现场总线技术及下载相关软件及文档的常用网站地址。

本书的使用对象主要是高等院校相关专业的本科生和研究生、各企业和设计院所的电气或自动化工程技术人员。另外，在对相关内容进行选择和简化后，也可作为高职院校教材使用。

图书在版编目（CIP）数据

现场总线技术及应用教程/王永华等编著．—2 版．—北京：机械工业出版社，2012.2（2019.10 重印）
ISBN 978-7-111-37296-7

Ⅰ.①现…　Ⅱ.①王…　Ⅲ.①总线—技术—教材　Ⅳ.①TP336

中国版本图书馆 CIP 数据核字（2012）第 014457 号

机械工业出版社（北京市百万庄大街 22 号　邮政编码 100037）
策划编辑：林春泉　　责任编辑：任　鑫
版式设计：石　冉　　责任校对：刘志文
封面设计：路恩中　　责任印制：郜　敏
涿州市京南印刷厂印刷
2019 年 10 月・第 2 版第 9 次印刷
184mm×260mm・29.5 印张・658 千字
17001－18900 册
标准书号：ISBN 978-7-111-37296-7
定价：69.80 元

凡购本书，如有缺页、倒页、脱页，由本社发行部调换

电话服务
社服务中心：（010）88361066
销 售 一 部：（010）68326294
销 售 二 部：（010）88379649
读者购书热线：（010）88379203

网络服务
门户网：http://www.cmpbook.com
教材网：http://www.cmpedu.com

封面无防伪标均为盗版

前　言

时光如梭，转眼之间本书第1版已出版发行5年的时间了。5年来，现场总线技术的应用和发展如火如荼，现在实时工业以太网技术也逐渐走到了前台。针对技术的飞速发展，本书必须与时俱进才能保持内容上和应用上的先进性。

我们已经看到现场总线这种“革命性”的技术给工业自动化应用技术领域所带来的深刻影响，IEC 61158第4版中增补的11种实时以太网技术又把这场革命推向了高潮。如何迎接这场革命，是广大工程技术人员不能回避的问题。对高等院校的老师来说，怎样把新的知识及时传授给学生，也是必须要做好的事情。

本书第1版出版发行后，在国内50多所高等院校被作为教材使用，受到了广大教师的好评。虽然有些院校由于受实验条件的限制不能很好地开设有关现场总线技术方面的课程，但也有70多位老师和作者联系，就现场总线技术方面的教学、实验室建设进行探讨。作为第一个“中国PROFIBUS/PROFINET技术培训中心”，到目前为止，我们为国内的数十家企业、公司和高等院校的300多位工程技术人员和老师提供了PROFIBUS/PROFINET技术的培训服务。

与本书第1版相比，本书第2版主要有以下几个方面的不同：

1）大幅度修正和编写了现场总线技术概述部分的内容，增补了最新国际标准的发展情况；

2）全面编排、完善和改写了PROFIBUS技术的内容，把DP和PA的传输技术、安装技术和通信技术等内容柔和到了一起；

3）详细地讲解了PROFINET实时技术和PROFINET IO技术；

4）对实验内容进行了大幅度调整和重新设计。

本书第2版既是技术进步的产物，也是我们过去几年工作经验的总结，是我们的汗水和知识精华的结晶！

本书的具体结构

本书共分四大部分，总共9章内容和4个附录。

第一部分：基础知识

该部分包括两章内容。第1章结合实例回顾和分析了自动化控制技术的发展历程，介绍了现场总线在工业控制网络结构中的位置和作用；详细地介绍了现场总线国际标准IEC61158的产生和发展情况，并详细地讲解了现场总线技术的基础知识。第2章高度地概括和总结了在工业控制网络中所要用到的网络及通信基础知识，这些内容大家可能原来学习过，但重新温习这部分知识对学习现场总线技术是必需的。另外，在第2章中还介绍了工业控制系统中用于完成数据交换任务的OPC技术。

第二部分：核心内容

该部分是本书的中心，围绕着PROFIBUS、PROFINET和AS-i来讲解现场总线的原理及其应用技术。它包括六章内容。第3章详细地介绍了PROFIBUS的基础知识、传输技术，重点是PROFIBUS的传输技术和安装技术；第4章详细地讲解了PROFIBUS的通信技术和DP-V0/V1报文的结构，这是本书最重要的章节；第5章详细地讲解了实时工业以太网中使用的基础知识——以太网技术和TCP/IP技术，并讲解了PROFINET基础知识和安装技术；第6章详细地讲解了PROFINET实时通信技术和PROFINET IO技术，对PROFINET CBA也进行了介绍；第7章讲解了最底层的现场总线AS-i技术及其应用，并且介绍了AS-i Safety at Work技术；在第8章的开始，给出了使用现场总线技术时必须考虑的一些问题，最后通过3个综合实例，介绍了现场总线技术的应用。

第三部分：相关技术

本书最后一章讲解了工业控制领域的国际标准编程语言IEC61131-3，并给出了大量实例。IEC61131-3是现场总线技术时代必须掌握的编程语言，也是未来的方向。

第四部分：重要附录

该部分包括4个主要的附录。附录A是作者设计的11个实验，它们是这门应用性很强的课程所必须具备的内容，每个实验都包括实验目的、使用设备及装置、实验内容和实验报告要求等，该部分可为任课教师开设实验提供指导；附录B是PROFIBUS常用信息速查表，作者精心整理和罗列出了DP-V0和DP-V1的几乎所有有用的信息，它是PROFIBUS学习和使用者的圣经（Bible）；附录C是本书所使用的缩略语列表；附录D为大家提供了学习现场总线技术时可能会带来帮助的一些网站地址。为降低读者的购书成本，本书去掉了随书配带的CD，读者可以从提供的相关网站上下载所需要的软件和其他文档。

另外，在每一章的最后都有对本章内容进行回顾和总结的“本章小结”，以及丰富的“思考题和练习题”。

如何分配课时和授课内容

本书既可以作为相关专业研究生、本科生的教材，也可以作为电气/自动化工程技术人员、电工等有关技术人员的参考资料和培训教材。另外，在对相关内容进行选择和简化后，也可供高职院校使用。层次不同，所需要的授课内容、课时进度和实验项目也会不同，下表给出一些指导性的建议，供授课教师参考。下表中一个课时为50min，每个实验所使用的课时数为两个，实验个数和实验内容请根据实际情况在附录A中选择，给学生布置的“思考题和练习题”也可进行适当选择。

	第1章	第2章	第3章	第4章	第5章	第6章	第7章	第8章	第9章	实验	总课时
研究生	2	2	2	6	4	4	2	2	2	14	40
本科生	2	4	6	8	8	6		2	2	8	46
高职院校	4	10	12	16 可不讲 V1 报文	12	10 可不讲 报文		6	10	20	100
PROFIBUS 技术培训	2		10	10						10	32
PROFINET 技术培训	2				10	10				10	32

致谢

首先感谢英国 Manchester Metropolitan University 工程与技术系首席讲师、英国 PROFIBUS 资格中心（PROFIBUS COMPETENCY CENTRE，PCC）原主任 Andy Verwer 先生，经过他的允许，本书 PROFIBUS 和 AS-i 重要章节的部分内容和某些例子是在其培训课程散页讲稿的基础上，经过修改、补充后编写的。Andy 为我在英国 PCC 的学习和工作提供了很好的条件和环境，使我完成了书中重要章节的演示实例和实验。他热忱、严谨的工作态度和敬业精神将是我学习的榜样！他是本书的合作作者。

感谢全国工业过程测量和控制标准化技术委员会工业通信（现场总线）及系统分技术委员会（TC124/SC4）GB/Z25105.1～GB/Z25105.3《工业通信网络　现场总线规范　类型 10：PROFINET IO 规范》国家标准起草工作组。作为专家组成员之一，我有幸参加了 PROFINET IO 国家标准的起草和转化工作。正是这些相关的第一手资料，才使得本书第 5 章和第 6 章得以顺利完成。特别感谢工作组组长、原中国 PROFIBUS 专业委员会主席、机械工业自动化研究所原所长李百煌教授，他对晚辈在学术上的热情指导和教诲使我难忘，从他身上我看到了一位大师的风范！

特别感谢我的助手江豪讲师，就本书的编排和修订，我和他进行过多次沟通和讨论，他提出了不少合理的建议。本书第 8 章中的部分实例就是我们团队完成的实际工程项目，其中的两个实例是我们发表的论文。

感谢我指导的研究生常洁、乔金锋、任瑞武、宋云召和常豪锋等同学，他们对本书的文字部分进行了认真的校对和检查工作，绘制了部分插图，并开发了一些实验项目。

在本书编写时，本书部分章节个别段落的内容参考了一些已出版的文献，这些文献已在书后的参考文献中一一列出，在此我向这些文献的作者表示衷心的感谢！另外，特别感谢许许多多的网站为我所带来的帮助！

最后我要真诚地感谢我的家人，他们所给予我的最无私的爱是我永远前进的强大动力，一想起这些，我就不敢有丝毫懈怠，而只有更加刻苦勤奋地学习和工作。

江豪、兑幸福、张保威、靳建森、李建军、孙红艳、李秀芳、张贵林等同志参加了部分章节的编写工作。

王永华编著的另一本书《现代电气控制及PLC应用技术（第2版）》已在200多所高等院校和高职院校作为教材使用，该书曾获得2004年度全国大学出版社协会优秀畅销书一等奖。所以我也相信，以自己深厚的写作功底、对现场总线、实时以太网及其前沿技术的深入理解和把握，以及全面的应用经验为基础而完成的《现场总线技术及应用教程（第2版）》一书，会是一本值得大家使用的教材和参考资料，同时也能为PROFIBUS、PROFINET、AS-i和IEC61131-3等技术在我国的推广作出贡献。

对于其他电类课程的实验教学环节，在市场上都能找到成套的实验设备和装置，大家只需买来即可使用。现场总线技术和实时以太网技术的课程则不同，其一是技术新；其二是实验所用设备及装置比较琐碎。现在市场上没有合适的成套设备和装置供用户使用。所以对于筹建现场总线技术及应用（或工业控制网络技术）实验室的学校或单位，如果需要，本书作者可提供具体的指导和帮助。

该书的完成花费了作者很多时间和心血，虽然经过认真仔细的修改、校对，但由于作者在学术水平上的局限性和写作过程中的疏漏，书中难免还会有不正确、不准确的地方，不管是大错还是小错，我都希望广大的读者能给予指出，以便重印时改正。同时，也欢迎大家发来E-mail就PROFIBUS、PROFINET、AS-i和IEC61131-3方面的技术问题进行交流和探讨，作者也欢迎和有关企业、公司进行工程项目和研究课题方面的技术合作。作者的电子信箱是：wyh@ zzuli. edu. cn，关于“中国PROFIBUS/PROFINET技术培训中心”和“中国IEC61131-3培训中心”，以及我们工程中心和实验室的情况，请浏览：www. zzictec. com。

王永华

目　　录

第1章　现场总线技术概述

本章首先对工业自动化技术及控制系统的发展历程进行了总结和回顾，以加深对现场总线技术的认识。本章还介绍了OPC和IEC61131-3这两种对工业自动化技术产生较大影响的新技术，并对现场总线技术和工业控制网络的基本概念进行了较全面的概述。另外，介绍了现场总线国际标准IEC61158产生的历史背景，以及现场总线的发展趋势及当前的应用和研究热点。

1.1　工业自动化技术及控制系统的发展历程

1.1.1　工业类型的划分

在现代科学技术发展的过程中，发展最快、取得成果最多的是工业自动化技术及计算机技术。从20世纪40年代时简单的单表、单机控制，到今天大规模、高智能化的现场总线控制系统，工业自动化技术经历了翻天覆地的变化。

按照加工处理模式，一般来说可以把工业生产过程划分为流程工业、制造工业和混合型工业三种类型，见表1-1。

表1-1　三种不同的工业类型及行业分布

分类	主要特征	代表行业
流程工业	对物流（气体、液体为主）进行连续加工。以压力、流量、温度、物位等参数进行过程控制为主，大部分场合还有防爆要求	石油、化工、造纸等
制造工业	对物体进行品质处理、形状加工、组装，以位置、形状、力、速度等机械量和逻辑控制为主	烟草、纺织、机械制造、汽车制造、生产流水线等
混合型工业	上述两种类型的混合	冶金、建材、电力等

1.1.2　工业自动化技术及控制系统发展历程概述

表1-2为工业自动化技术（以最具代表性的流程工业为例）的发展总览，下面将详细地对其发展历程进行分析和讲解。

表1-2　工业（流程工业）自动化技术的发展历程总览

系统控制设备	现场设备	主要信号类型	特点、优点和进步	不足
气动盘装仪表	气动变送器和阀门	0.02～0.1MPa	用自动代替手动，本安、防爆	功能简单，精度低，维护量大
电动单元仪表	电动变送器和阀门	4～20mA	电子技术使功能和精度有所加强和提高	现场设备信息单一，功能仍较简单
智能回路调节器				
集散控制系统（DCS）和可编程序控制器（PLC）	电动仪表	4～20mA	计算机系统在工业自动控制领域广泛应用，控制系统功能强，精度高	现场设备信息单一，功能仍较简单
	智能仪表	4～20mA + HART通信		现场设备已开始具有初步诊断和管理能力
现场总线控制系统FCS	总线型智能仪表和设备	全数字信号	信息技术全面应用于整个系统和现场设备，使其真正具备了通信、控制、诊断和管理能力	新技术，需用户熟悉和接受

1. 传统标准信号时代

20世纪50年代以前，出现了0.02～0.1MPa的标准气动信号体制，由于当时的生产规模不大，检测控制仪表尚处于发展的初级阶段，所采用的仅仅是安装在生产现场，只具备简单测控功能的基地式气动仪表，其信号仅在本仪表内起作用，一般不能传送给别的仪表或系统。各测控点为封闭状态，不能与外界进行信息沟通。操作人员只能通过对现场的巡视，了解生产过程的状况。基于基地式气动仪表的控制系统称为基地式气动仪表控制系统。

20世纪60年代，随着生产规模的日益扩大，操作人员需要综合掌握多点的运行参数和信息，需要同时按多点的信息对生产过程进行操作控制。这个时期出现了4～20mA的标准直流电流信号、1～5V标准直流电压信号体制，于是出现了模拟式电子仪表与电动单元组合的自动控制系统，即电动单元组合式模拟仪表控制系统。生产现场的所有标准信号送往集中控制室，在大型的控制盘上连接。操作人员可以在控制室观测生产流程的状况，并可以把各单元仪表信号按需要组合，连接成不同的控制系统。

2. 数字控制系统

由于模拟信号的传递需要一对一的物理连接，信号传递速度缓慢，提高计算速度和精度的花费和难度均较大，信号传输的抗干扰能力也较差，所以这时出现了直接数字控制系统，人们开始寻求用数字信号取代模拟信号。在这些控制系统中也出现了多回路控制和CRT显示。由于当时计算机价格昂贵，人们希望用一台计算机取代尽可能多的控制室仪表，于是出现了集中式数字控制系统。该系统的优点是易于根据全局情况进行控制、计算和判断，在控制方式和控制时机的选择上可以统一调度和安排。但它也有自身不能克服的缺点，该类系统对控制器本身要求很高，由于当时计算机的可靠性和处理能力还较差，一旦计算机出现某种故障，就会造成所有相关回路瘫痪，给企业带来巨大的损失。

3. 集散控制系统

20 世纪 70 年代中后期，随着计算机价格的大幅度下降和可靠性的提高，出现了由多个计算机构成的集散控制系统（Distributed Control System，DCS）。DCS 在 20 世纪 80 年代和 90 年代占据着主导地位，其核心思想是集中管理、分散控制，即管理与控制相分离。上位机用于集中监视和管理功能，若干台下位机实现分布式控制，各上、下位机之间通过控制网络互联实现相互之间的信息交换和传递。这种分布式的体系结构克服了集中式控制系统中对控制器处理能力和可靠性要求高的缺陷。在 DCS 中，网络技术的发展和应用得到了很好的体现。但是在 DCS 形成和发展的过程中，由于受利益的驱动和计算机系统早期存在的系统封闭性缺陷的影响，不同的 DCS 厂家采用各自专用的通信控制网络，各厂家的产品自成系统，不同厂家的设备不能互连，不具备互操作性和互换性，从而造成自动化过程中信息孤岛的出现。所以用户对网络控制系统提出了开放性、标准统一和降低成本的迫切要求。例 1-1 为一个典型的 DCS 实际应用工程。

［**例 1-1**］ 图 1-1 所示为某制酸 DCS 的硬件系统配置图。该项目（1998 年）选用和利时的 HS2000 系统为操作平台完成系统硬件配置成套、软件组态和在线控制操作。整个系统规模较小，有 AI 148 点、AO 21 点、DI 16 点和 DO 4 点。DCS 由两个操作员站（其中一个可作为工程师站使用）和一个 I/O 控制站组成。操作员站完成现场监视，包括报警、工艺流程显示、控制操作、参数修改、报警打印、趋势显示和统计等功能。工程师站作为系统维护和管理，完成软件组态，以及对各站数据库、报表、图形、历史库的下载等功能。I/O 控制站完成现场信号采集及控制等功能，现场信号通过一对一的物理方式连接到 I/O 站。在 I/O 站中，使用了冗余配置的现场电源和系统电源模块，使用了互为冗余的 CPU 板两块，A/D、D/A、DI、DO、信号调理板、端子板等共

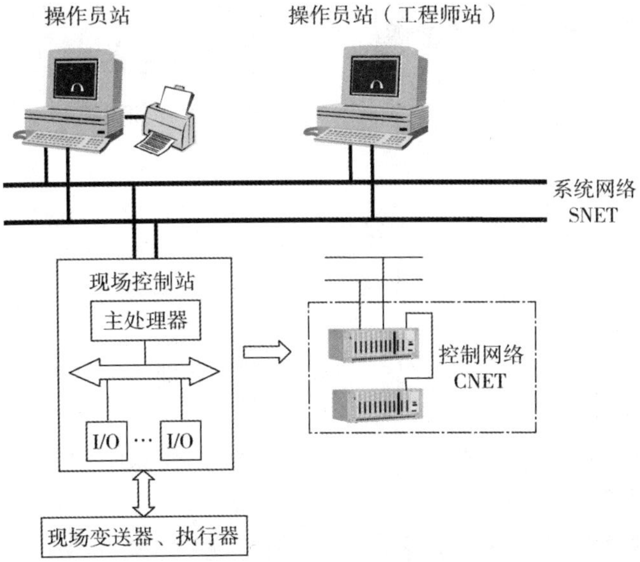

图 1-1 制酸 DCS 的硬件系统配置图

47 块。

从本例中可以看出，该系统高层的数据处理功能、管理功能较强，底层的冗余配置保证了较高的可靠性，但控制站到现场之间并不是真正意义上的分散控制。

4. PLC 控制系统

20 世纪 60 年代末 70 年代初出现并得到迅猛发展的可编程序控制器（Programmable Logic Controller，PLC）为工业自动化领域带来了深刻的变革，PLC 以其高可靠性、低价位迅速占领了中低端控制系统的市场。从开始简单的电气顺序控制系统到现在复杂的过程控制、运动控制系统，PLC 都扮演了非常重要且不可替代的角色，从而使其成为工业自动化领域的三大技术支柱之一。在高端应用领域，由 PLC 为主组成的 DCS 也成为了控制系统的主角，传统的 DCS 和 PLC 相互融合，取长补短，在工业控制领域得到了广泛的应用。例 1-2 为一个典型的 PLC 控制系统。

［**例 1-2**］　图 1-2 所示为一个高性能电热锅炉 PLC 控制系统的硬件组成图。该电热锅炉控制系统的主要功能有：

1）电热管根据目标温度循环投入和退出，先投入先退出；

2）低水位保护、断相保护、超电压保护；

3）对出水温度、回水温度和炉壁温度进行监控，实现多重保护；

4）运行时间控制功能；

5）多种运行方式选择功能，有常规模式、经济模式和半经济模式等 4 种运行方式；

6）多参数设定和显示功能；

7）循环泵控制功能，要求两台循环泵交替运行；

8）联网功能，系统留有和上位机的标准通信接口。

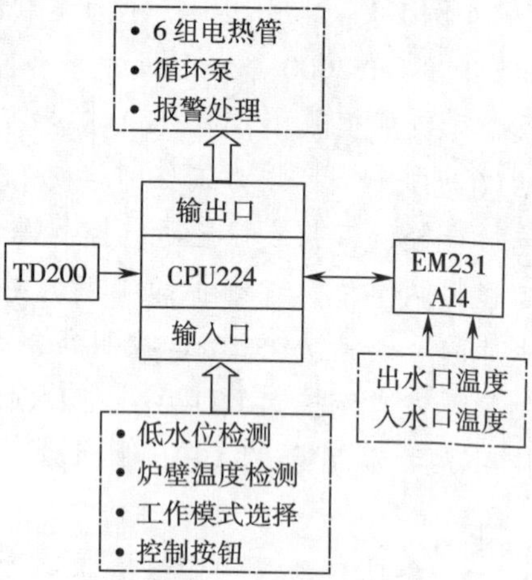

图 1-2　电热锅炉 PLC 控制系统硬件组成

系统的硬件系统采用 SIEMENS 的 S7-200 PLC 以及其相应的控制模块。主机采用 CPU224。EM231 为热电偶输入模块，外接锅炉的入水口和出水口温度。TD200 是一个低价的文本设定/显示单元。当电热管多于 6 组时，可再增加一个继电器输出扩展模块 EM222。

从本例中可以看出，PLC 控制系统主要用于控制环境恶劣，以开关量为主的场合。

5. IPC 和 SCADA

说到控制系统的发展，还要提到在 20 世纪 90 年代初中期流行的 IPC（Industrial PC）控制系统和采集监控管理系统（Supervision Control And Data Acquisition，SCADA）。现在虽然这两种系统使用的不是很多了，但它在那个特定的时期内起到了非常重要的作用。那时 PLC 处理过程控制任务的能力还不是很强，性价比也较低。而现场总线控制系统（Fieldbus Control System，FCS）又处于使用的初级阶段，在小型的过程控制系统中，使用 DCS 确实是大马拉小车，这时基于 IPC + ISA/PCI 总线 + Windows/NT 技术的控制系统得到了广泛的应用，但这种系统不是开放式的也不是全数字式的。今大的嵌入式 IPC 已和原来的 IPC 有了天壤之别，基于现场总线技术和开放式结构的 IPC 也有相当大的应用市场。例 1-3 为一个典型的传统 IPC 控制系统。

［**例 1-3**］　某软化水站通过对普通水质的水处理来供应工业用软化水。控制系统采用工业控制计算机 IPC 来完成对整个处理过程的实时监测。系统要求监测流量、液位、压力、pH 值等 66 个模拟量参数，循环采样时间为 5s，要求对液位上下限、压力下限等 24 个参量进行超限报警。另外，系统要求有实时显示、打印等功能。系统硬件组成如图 1-3 所示。本系统由 IPC 基本系统、工业电子盘、数据采集板、打印机等组成。其中 IPC 基本系统包括工业级主板、内存、硬盘、软驱、显示器、宽范围开关电源、工业机箱等组成。IPC5488 是单端 32 路、高速 12 位 A/D 模板，共使用 3 块。IPC5373 是一块带光电隔离的 32 路开关量输出模板，IPC5372-2 是一块共地型 32 路开关量输入模板。

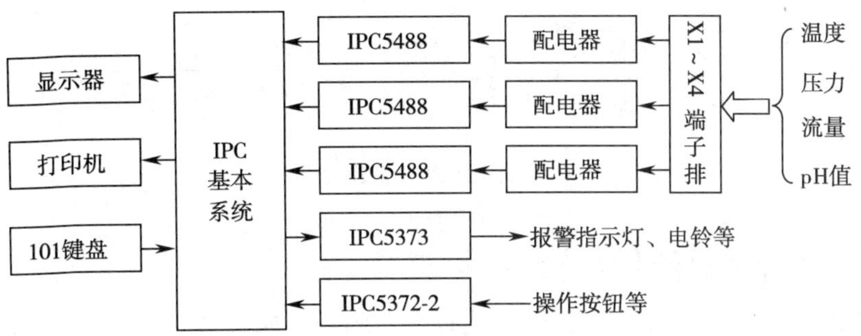

图 1-3　IPC 控制系统硬件组成图

该系统的特点是以模拟量为主，规模不大，但有较强的数据处理能力和显示功能。

6. 现场总线（含实时以太网）控制系统

随着 3C（Computer, Control and Communication）技术的迅猛发展，使得解决自动化信息孤岛的问题成为可能。采用开放的和标准化的解决方案，把不同厂家遵守同一协议规范的自动化设备连接成控制网络并组成系统，成为网络集成式控制系统的必由之路。20 世纪 80 年代后期，出现了兼容数字与模拟通信的可寻址远程传感器数据公路（Highway Addressable Remote Transducer, HART）。同期的现场总线控制系统（FCS）的开发研究也如火如荼地进行着，到了 90 年代，FCS 已经在工业自动化的许多场合得到了成功的应用。FCS 突破了 DCS 从上到下的树状结构，在某种程度上可以说它把 DCS 和 PLC 结合起来，采用总线通信的拓扑结构，整个系统处在全开放、全数字、全分散的体制平台上。从某种意义上说，现场总线技术给自动控制领域所带来的变化是革命性的。到今天，现场总线技术已基本走向成熟和实用化。例 1-4 为一个典型的 FCS 控制系统。

［**例 1-4**］　图 1-4 所示为一个典型工业过程的现场总线控制系统的结构图。图中

PROFIBUS DP 的主站是西门子公司的 CPU315-2DP，它用来处理各从站的数据，完成一部分综合控制任务，并和上层总线进行数据交互。DP 从站 CPU224 用来完成一处控制点集中的开关量逻辑控制任务。该系统中较分散的 I/O 点的信号采集和控制由设备级的现场总线 AS-i 完成。涉及两个流量、两个调节阀和 3 个压力的模拟量数据处理由 PROFIBUS PA 总线段完成。TP37 可以显示实时画面和设定参数。本例和前面例子本质区别是一般情况下只用一根总线电缆即可完成信号传输，并且传输的是数字信号。

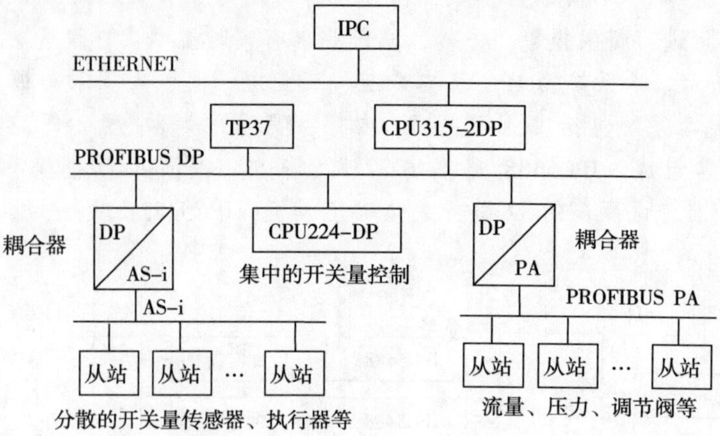

图 1-4 典型 FCS 系统结构图

1.1.3 OPC 和 IEC61131-3

说到工业自动化技术的发展历程，就必须介绍另外两项成果，即 OPC 和 IEC61131-3/IEC61944。

1. OPC

把对象链接嵌入（Object Linking and Embedding，OLE）技术应用于过程控制，即 OPC（OLE for Process Control）技术，使得基于 Windows 的人机界面等应用和各控制应用客户间信息交换完全实现了标准化和开放。OPC 技术由以微软和一些有影响的工业控制公司所组成的 OPC 基金会负责开发推广。OPC 技术为工业管理控制中的系统集成与数据交换提供了有效的工具，同时也为不同的现场总线系统之间的互联，不同的工业以太网之间的互联，底层设备的以太网数据上传等提供了有效的途径。

本书将在第 2 章中要对 OPC 技术做进一步的介绍。

2. IEC61131-3

大家对 PLC 及其编程都非常熟悉，我们知道不同公司的 PLC，甚至是同一家公司不同系列的 PLC，它们的编程语言、编程方法和规定都存在着这样或那样的区别，这给广大技术人员和一般的操作者带来了极大的不便。同时也为 PLC 在使用上的开放性、互换性设置了障碍。IEC61131-3 标准最开始的目的就是为规范 PLC 的编程方法而制定的，但现在它的作用和意义已远远超出了这个范围。它现在还全面地指导着其他的可编程工业控制设备，如回路调节器、DCS 和现场总线控制系统。PLCopen 国际组织负责

IEC61131-3 的推广等工作。

IEC61131-3 标准的目的在于使 PLC 编程标准化、简单化，减轻用户重复学习的负担，同时它也对更好地把 PLC 和 DCS 融合到一起起到了很大的作用。现场总线的程序设计和标准程序功能块都是用 IEC61131-3 来实现的。为了适应向网络化、分布式控制系统发展的编程需要，IEC 正在制定 IEC61499 标准作为 IEC61131-3 的补充。IEC61499 标准对系统分层的模型是“系统—设备—资源—应用—功能块”，它可以完成以图形方式显示程序的拓扑分布、程序的总体结构以及与分布式自动化项目中其他部分的互连等任务。

本书最后一章将专门介绍 IEC61131-3 及其应用。

1.2　DCS、PLC 和 FCS 三大控制系统的基本要点和区别

目前，在工业过程控制系统中，有三大控制系统，即 DCS、PLC 和 FCS。它们在自动化技术发展的过程中都扮演了重要的和不可替代的角色，虽然 FCS 是现在和未来的发展方向，但由于受一些主观和客观因素的制约，它现在还不能完全取代其他控制系统。为了使大家对 FCS 和其他控制系统有一个更清晰的认识和了解，在这里重点讨论一下这几种控制系统的基本要点和主要区别。

1.2.1　三大控制系统的基本要点

1. DCS

集散控制系统（Distributed Control System，DCS）是集 4C（Communication，Computer，Control，CRT）技术于一身的监控系统。它主要用于大规模的连续过程控制系统中，如石化、电力等。其核心是通信，即数据公路。它的基本要点如下：

1）从上到下的树状大型系统，其中通信是关键；

2）PID 在控制站中，控制站连接计算机与现场仪表、控制装置等设备；

3）整个系统为树状拓扑和并行连线的链路结构，从控制站到现场设备之间有大量的信号电缆；

4）信号系统为模拟量信号，A/D、D/A 及带微处理器的智能仪表系统的混合；

5）设备信号到 I/O 板一对一物理连接，然后由控制站挂接到局域网（LAN）；

6）可以做成很完善的冗余系统；

7）DCS 是控制（工程师站）、操作（操作员站）、现场仪表（现场测控站）的 3 级结构。

2. PLC 控制系统

最初 PLC 控制系统是为了取代传统的继电器接触器控制系统而开发的，所以它最适合在以开关量为主的系统中使用。由于计算机技术和通信技术的飞速发展，使得大型 PLC 的功能极大地增强，以至于它后来能完成 DCS 的功能。另外，加上它在价格上的优势，所以在许多过程控制系统中 PLC 也得到了广泛的应用。大型 PLC 构成的过程控制系统的要点如下：

1）从上到下的结构，PLC 控制系统既可以作为独立的 DCS，也可以作为 DCS 的子系统；

2）PID 放在控制站中，可实现连续多路 PID 控制等多种功能；

3）可用一台 PLC 为主站，多台同类型 PLC 为从站；也可用多台 PLC 为主站，多台同类型 PLC 为从站，构成大型 PLC 控制网络。

3. FCS

现场总线技术（包括实时工业以太网技术）以其彻底的开放性、全数字化信号系统和高性能的通信系统给工业自动化领域带来了“革命性”的冲击，其核心是总线协议，基础是数字化智能现场设备，本质是信息处理现场化。FCS 的要点如下：

1）它可以在本质安全、危险区域、易变过程等过程控制系统中使用，也可以用于机械制造业和楼宇控制系统中，应用范围非常广泛；

2）现场设备高度智能化，提供全数字信号；

3）使用一条总线连接所有的设备；

4）系统通信是互联的、双向的、开放的，系统是多变量、多节点、串行的数字系统；

5）控制功能彻底分散。

1.2.2 FCS 与 DCS 的区别

FCS 兼备了 DCS 与 PLC 的特点，而且跨出了革命性的一步。目前，新型的 DCS 与新型的 PLC 系统都取长补短，进行了融合和交叉，例如 DCS 的顺控功能已非常强，而 PLC 的闭环处理功能也很突出，并且两者都能做成大型网络。下面主要比较一下 DCS 和 FCS 的区别。

1）FCS 是全开放的系统，其技术标准也是全开放的，FCS 的现场设备具有互操作性，装置互相兼容，因此用户可以选择不同厂商、不同品牌的产品，达到最佳的系统集成。DCS 系统是封闭的，各厂家的产品互不兼容。

2）FCS 的信号传输实现了全数字化，其通信可以从最底层的传感器和执行器直到最高层，为企业的 MES 和 ERP 提供强有力的支持，更重要的是它还可以对现场装置进行远程诊断、维护和组态。DCS 的通信功能受到很大限制，虽然它也可以连接到 Internet，但它连不到底层，它提供的信息量也是有限的，不能对现场设备进行远程操作。

3）FCS 的结构为全分散式，它废弃了 DCS 中的 I/O 单元和控制站，把控制功能下放到现场设备，实现了彻底的分散，系统扩展也变得十分容易。DCS 的分散只是到控制器一级，它强调控制器的功能，数据公路更是其关键，系统不容易进行扩展。

4）FCS 的全数字化，控制系统精度高，可以达到 ±0.1%。而 DCS 的信号系统是二进制或模拟式的，必须有 A/D、D/A 环节，所以其控制精度为 ±0.5%。

5）FCS 可以将 PID 闭环功能放到现场的变送器或执行器中，加上数字通信，所以缩短了采样和控制周期，目前可以从 DCS 的每秒 2 ~ 5 次，提高到每秒 10 ~ 20 次，从而改善了调节性能。

6）由于FCS省去了大量的硬件设备、电缆和电缆安装辅助设备，节约了大量的安装和调试费用，所以它的造价要远低于DCS。

1.2.3 PLC、DCS和FCS之间的融合

每种控制系统都有它的特点和长处，所以当一种新的技术出现后，在一定时期内，它们相互融合的程度可能会大大超过相互排斥的程度。这三大控制系统也是这样，比如PLC在FCS中仍是主要角色，许多PLC都配置上了总线模块和接口，使得PLC不仅是FCS主站的主要选择对象，也是从站的主要装置。DCS也不甘落后，现在的DCS把现场总线技术包容了进来，对过去的DCS I/O控制站进行了彻底的改造。第四代的DCS既保持了其可靠性高、高端信息处理功能强的特点，也使得底层真正实现了分散控制。目前，在中小型项目中使用的控制系统比较单一和明确，但在大型工程项目中，使用的多半是DCS、PLC和FCS的混合系统。

就目前技术水平和应用情况来看，这三种系统的应用场合可简单总结如下：在中小型的单机控制系统中，PLC控制系统是首选；在大中型、设备分布范围较大的制造业自动化中，现场总线控制系统是首选；在可靠性和安全性要求较高的过程控制系统中，DCS和FCS的结合是首选，其中关键地方仍选用可靠性高的DCS，在其底层和外围系统中选用FCS。

1.3 现场总线基本概念

1.3.1 现场总线的产生背景

前面简单回顾了工业自动化技术的发展历程。从中可知，在过去的数十年中，工业过程控制仪表一直采用4～20mA的标准信号。从20世纪60年代的直接数字式控制系统、集中式数字控制系统，到20世纪80年代以后的计算机分布式控制系统（DCS）的盛行，无论哪一次技术变革，无不体现在对控制过程及结果的实时性、信息量、速度、精确性等要求的提高和改善上。现场总线技术也不例外，它也是用户在信息时代的背景下，要求对生产系统实施最好的控制，要求获取更多、更好、实时程度更高的生产过程及设备的信息而催生出来的技术。现场总线技术的产生是以3C技术为基础的，如果没有电子计算机技术、控制技术和通信技术的发展，也不会有现在的现场总线技术。

随着微电子技术和大规模集成电路以及超大规模集成电路的迅猛发展，微处理器在过程控制装置、变送器、调节阀等仪器仪表中的应用和智能化程度不断增加，这些智能化的装置可实施信号采集、显示、处理、传输及优化控制等功能；有些还具有量程自动转换、自动调零、自校正、自诊断等功能。信息存储量大的智能设备还提供故障诊断报告、历史数据查询和趋势图等功能。现代化的工业过程控制对控制系统及仪表装置在速度、精度、成本等诸多方面的更高要求，导致了用数字信号传输技术替代模拟信号传输技术，而通信技术的发展，也使得传送数字化信息的网

络技术在工业控制领域的广泛应用成为可能。这种现场数字信号传输网络技术就是所谓的现场总线技术。现场总线技术的应用也使得控制系统和设备的可互操作性、可维护性、可移植性成为现实。现场总线是过程控制技术、仪表技术和计算机网络技术紧密结合的产物。

现场总线的实质是解决了数字信号的兼容性问题，所以它一经出现便显示出强大的生命力和发展潜能。现场总线解决了传统控制系统中存在的许多根本性难题，它基本上奠定了未来计算机控制系统的发展方向。所以今天我们说现场总线技术给工业自动控制领域带来的冲击是“革命性的”一点儿也不为过。

由于现场总线技术给工业自动控制领域及相关产业所带来的这场变革，其背后蕴藏着无限的商机和巨大的商业利益，所以世界上所有大的电气设备及系统制造商都投入了大量的人力、财力和物力，加入了这场激烈的围绕着现场总线标准和技术的战争。近20年来，国际上出现了200多种现场总线，其中有影响的也有几十种。每种现场总线都力争使自己成为国家或地区的标准，以扩张其势力范围，加强自己的竞争地位，有些总线还成立了自己的国际组织，力图在制造商和用户中创造影响。尽管国际电工委员会从1985年就开始着手制定现场总线的国际标准，但由于巨大的、潜在的国家利益和集团利益，各大公司互不相让，使得现场总线的国际标准耗时15年，而最终以妥协的方式通过。

值得一提的是，我国是开发和使用现场总线最早的国家之一。早在1962年，对数据采集点分散在方圆十几公里范围内的核爆现场，需要解决数据收集问题，中国的技术人员想出了用一根双绞线把核爆现场的许多探测站连在一起，由中控室进行控制核数据采集的方案，实现了最早的现场总线控制系统。当时所使用的技术和设备都是我国自行研制的。由于军事保密以及其他一些原因等，我国在工业现场总线技术的开发和标准制定方面并没有走在前列，但中国在核爆现场总线方面的实践和经验，使我们赢得了应有的尊重和地位。

1.3.2　现场总线的定义

现场总线的出现，标志着自动化技术步入了一个新的时代。那么什么是现场总线呢？在过去很长的时间中，不同的文章和不同的作者对它有不同的说法。有人把它定义为应用于现场的控制系统与现场检测仪表、执行装置之间进行双向数字通信的串行总线系统。也有人把它称为应用于现场仪表与控制室主机系统之间的一种开放的、全数字的、双向、多点的串行通信系统。总之，在对现场总线的描述中，开放、全数字、串行通信等字眼是少不了的。

国际电工委员会在IEC61158中给现场总线下了一个定义，我们可以认为它是关于现场总线的标准定义，该标准定义的描述是：安装在制造或过程区域的现场装置与控制室内的自动控制装置之间的数字式、串行、多点通信的数据总线称为现场总线。

在该定义中，首先说出了它的主要使用场合，即制造业自动化、批量流程控制、过程控制等领域，当然楼宇自动化等领域也是它得心应手的应用场合。其次说出了系统中的主要角色是谁，即现场的自动装置和控制室内的自动控制装置，这里的现场设备或装置肯定是智能化的，不然完不成这么复杂的通信和控制任务，而控制室中的自动控制装置，更要完成对所有分散站点的管理和控制任务。第三点说它是一种数据总线技术，即一种通信协议，而且该通信是数字式的（非模拟式的）、串行的（可以进行长距离的千米级通信，以适应工业现场的实际需求）、多点的（真正的分散控制）。这三点一起描述了现场总线技术中最实质性的方面。

有了现场总线技术以后，现在许多人把基于现场总线的全数字式的控制系统称为现场总线控制系统（Fieldbus Control System，FCS）。FCS 是工业自动控制中的一种计算机局域网络，它以具有高度智能化的现场仪表和设备为基础，在现场实现彻底的分散，并以这些现场分散的测量点、控制设备点作为网络节点，将这些点以总线的形式连接起来，形成一个现场总线网络。一般来说 FCS 由控制部分（主站）、测量部分（从站）、软件（组态、管理等）以及网络的连接及集成设备组成。

其实，不管是说现场总线，还是说现场总线控制系统，在大的方面，它们都是指这种应用于工业通信网络中的新的技术。在某种程度上，可能 FCS 更具体一些，范围更小一些。因为现场总线的标准有多种，每一种之间的通信协议和实现方法也有所差异，所以只要说到 FCS，其实它已和某种现场总线连到了一起。因此，在我们说现场总线控制系统时，很多时候也只说现场总线。IEC61158 中也没有对 FCS 做一个明确的定义。

1.3.3　现场总线的特点

现场总线的特点主要体现在两方面：一是在体系结构上成功实现了串行连接，它一举克服了并行连接的许多不足；二是在技术上成功解决了开放竞争和设备兼容两大难题，实现了现场设备的高度智能化、互换性和控制系统的分散化。

1. 现场总线的结构特点

（1）基础性

作为工业通信网络中最底层的现场总线是一种能在现场环境下运行的可靠的、廉价的和灵活的通信系统，往下它可以到达现场仪器仪表所处的装置、设备级，往上它可以有效地集成到 Internet 或 Ethernet 中，它构成了工业企业网络中的最基础的控制和通信环节。正是由于现场总线的出现和应用，才使得工业企业的信息管理、资源管理以及综合自动化真正到达了设备层，使真正的全方位的 ERP 得以实现。

（2）灵活性

现场总线控制系统与传统控制系统结构的比较如图 1-5 所示。传统的过程自动控制系统采用一对一的设备连线，位于现场的测量变送器与位于控制室的控制器之间，控制器与位于现场的执行器、开关、电动机之间均为一对一的物理连接，系统的各输出控制回路也分别连接。这样下来一个控制系统的布线可能就有几十条、上百条甚至上千条。这一方面增加了大量的系统硬件成本，而且也大大增加了以后的施工、维护费用和难度。另一方面，由于现场布线的复杂性和难度，也使得整个系统失去了改变的柔性。在现场总线控制系统中，由于使用了高度智能化的现场设备和通信技术，在一条电缆上就能实现所有网络中信号的传递，系统设计完成或施工完成后，想去掉或增加一个或几个现场设备也是轻而易举的事情。所以系统结构的彻底改变使得整个系统具有了高度的灵活性。

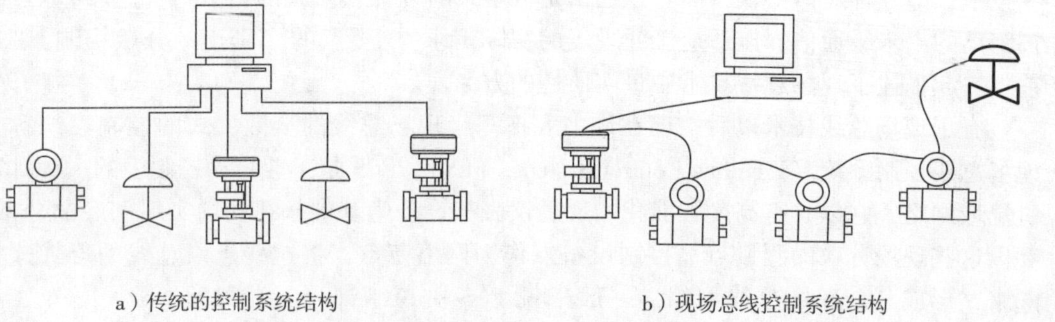

图1-5 现场总线控制系统与传统控制系统结构的比较

（3）分散性

由于在现场总线控制系统中采用了智能化的现场设备，原先传统控制系统中的某些控制功能、信号处理等功能都下放到了现场的仪器仪表中，再加上这些设备的网络通信功能，所以在多数情况下，控制系统的功能可以不依赖控制室的计算机而直接在现场完成，这样就实现了彻底的分散控制。

2. 现场总线的技术特点

（1）开放性

开放性包括几个方面：一是指系统通信协议和标准的一致性和公开性，这样可保证不同厂家的设备之间的互连和替换，现场总线技术的开发者所做的第一件事就是致力于建立一个统一的工厂底层的开放系统；二是系统集成的透明性和开放性，用户可自主进行系统设计、集成和重构；三是产品竞争的公开性和公正性，用户可以按照自己的需要，选择不同厂家的质量好且价格合适的任何符合系统要求的设备，来组成自己的控制系统。

（2）交互性

交互性指互操作性（interoperability）和互换性（interexchangability），这里也包含几层意思：一是指上层网络与现场设备之间具有相互沟通的能力；二是指设备之间具有相互沟通的能力，即具有互操作性；三是指不同厂家的同类产品可以相互替换，即具有互换性。

（3）自治性

由于将传感测量、信号变换、补偿计算、工程量处理和部分控制功能下放到了现场设备中，因此现在的现场设备具备了高度的智能化。除实现上述基本功能外，现场设备还能随时诊断自身的运行状态，预测潜在的故障，实现高度的自治性。

（4）适应性

工业现场总线是专为在工业现场使用而设计的，所以具有较强的抗干扰能力和极高的可靠性。在特定条件下，它还可以满足安全防爆的要求。

1.3.4　现场总线的优点

由于现场总线系统结构上的根本改变，以及它以上的特点，使得现场总线控制系统和传统的控制系统相比，在系统的设计、安装、投运到正常生产运行、系统的维护等方面，都显示出了巨大的优越性。

1. 极大提高了生产过程的信息化水平

设备自身智能化的发展，以及现场总线技术强大的信息集成及传输能力，使得生产过程中大量的信号集成成为可能。这些信号除传感器和执行器的实时值外，还有各种辅助信号、故障信号、管理信息等。所以现场总线技术和传统的控制技术相比，强大的信息化功能是其灵魂。

2. 节约硬件数量与投资

现场总线系统中的智能设备能直接执行传感、控制、报警和计算等功能，因此可减少变送器的数量，不再需要单独的调节器和计算单元等，也不再需要传统控制系统中的信号调理、转换、隔离等功能单元及其复杂接线。另外，最明显的是由于信号电缆的大量减少，从而可以节省大笔的电缆购置费用。

3. 节省安装费用

由于节省了大量的电缆，因而也省去了大量的接线端子、槽盒和桥架，所以现场总线控制系统中的接线变得十分简单。系统中一根电缆上可以挂接多个设备，现场不再需要为信号电缆挖掘大的电缆沟或架设庞大的电缆桥架。由于主控设备体积的大幅度缩小，控制室的面积也可减小很多。同时接线设计与校对的工作量也大大降低。当现场需要增加控制设备时，无需增加新的电缆，只需把它们就近挂接在总线电缆上即可。据有关资料介绍，仅安装费用一项就可节约 60% 以上。

现场总线控制系统节省硬件及电缆如图 1-6 所示。

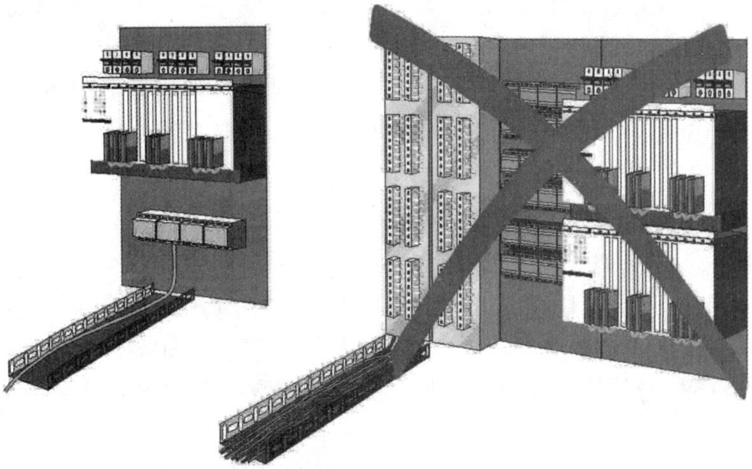

图 1-6　现场总线控制系统节省硬件及电缆的示意图

4. 节省维护费用

现场总线控制系统结构简单，信号电缆极少，从而大大减少了系统维护的工作量。另外，现场设备具有自诊断和简单故障的处理能力，并能自动将诊断信息和设备的运行信息送往控制室，所以维护和操作人员可以及时了解、分析和处理故障，从而缩短了系统停机维护时间。在许多场合，技术人员还可以使用现场总线系统分析软件，对系统中所有的设备及其有关参数进行分析、判断，以获取需要的信息。

5. 提高了系统的控制精度和可靠性

由于现场总线设备的智能化、数字化，与模拟信号相比，它从根本上减少了传输误差，提高了检测和控制精度，同时由于系统的结构简化，设备与接线大量减少，现场仪表及装置的功能加强，减少了信号的往返传输，从而也大大提高了系统工作的可靠性。

6. 提高了用户的自主选择权

由于现场总线的开放性，用户可以任意选择不同设备厂商的产品来组成系统，而不必考虑系统或设备是否兼容等问题，从而使用户完全掌握了系统集成的主动权。

1.4 现场总线国际标准及其制定过程

1.4.1 前3版标准

因为现场总线代表了工业自动化的未来，谁占领了这个制高点谁就能在即将到来的工控革命中取得胜利，现场总线标准的竞争达到了白热化的地步。在20世纪90年代，围绕着现场总线标准的竞争也被称为“现场总线战争”（fieldbus wars）。

IEC61158现场总线标准是个经过激烈战斗后的产物，大家知道一种技术成为世界标准后意味着什么——巨大的商业利润和对这个领域的技术主宰，所以要想成为IEC的一个标准，需要经过漫长的等待、严格的审查和公平的竞争。但在IEC61158的形成过程中，每一种现场总线的背后都有强有力的公司支持，所以IEC关于现场总线标准的制定经过了漫长的等待，而迟迟不能形成最后决议，但在最后形成标准的过程中，又显示出IEC61158是一个妥协和仓促的产物。从这一点上看，它没有体现IEC的严肃性和权威性。

现场总线的标准化工作早在1985年就已开始着手进行，该标准由国际电工委员会（IEC）与美国仪表学会（ISA）（现已改名为国际测量与控制学会，简称仍为ISA）共同制定。具体工作分别由IEC/TC65技术委员会下的SC65C（第65分会的C组）与ISA下SP50（Standard and Practice第50组）具体负责。该标准号为IEC现场总线国际标准——IEC61158，其标题是“用于测量和控制的数字数据通信——用于工业控制系统的现场总线”。

由于政治、技术、经济等多方面的原因，特别是市场商业利益的原因，使得标准制定工作进展的十分缓慢。经过十年的努力，现场总线物理层服务定义与协议规范IEC61158.2在1993年完成，接下来的数据链路层服务定义IEC61158.3和链路层协议规范 IEC61158.4 又经过了漫长的等待及繁杂的五轮投票，在 1998 年 2 月成为 FDIS（Final International Standards）标准。应用层服务定义 IEC61158.5 和协议规范 IEC61158.6 在 1997 年 10 月成为 FDIS 标准。作为 IEC61158 的技术报告，FDIS 草案以 FF 现场总线和部分 WorldFIP 现场总线为模型制定。1998 年 9 月，在对 IEC61158 技术报告 FDIS 草案进行投票时，没有达成最后协议，在 1999 年 3 月，FDIS 只能作为技术报告出版，这是 IEC61158 的第一个版本。

1999 年 7 月 21 日至 23 日，SC65C/WG6 在加拿大渥太华召开了现场总线标准的制定会议，共有 8 个总线组织的代表参加了会议，会议决定保留原 IEC 技术报告 FDIS 作为类型 1，而其他总线将按照 IEC 原技术报告的格式作为类型 2 ~ 类型 8 进入 IEC61158。经过再次投票后，在 1999 年 12 月通过了一个妥协性的方案，技术报告和其余 7 种现场总线一起成为 IEC61158 中的标准，这是 IEC61158 的第 2 版标准。

IEC 在 2000 年 1 月 4 日公布的现场总线类型如下：

1）Type 1　IEC 技术报告（即 FF 的 H1）；

2）Type 2　ControlNet（美国 Rockwell 公司支持）；

3）Type 3　PROFIBUS（德国 Siemens 公司支持）；

4）Type 4　P-net（丹麦 Process Data 公司支持）；

5）Type 5　FF HSE（High Speed Ethernet）（即原 FF 的 H2，Fisher-Rosemount 公司支持）；

6）Type 6　SwiftNet（美国 Boeing 公司支持）；

7）Type 7　WorldFIP（法国 Alstom 公司支持）；

8）Type 8　Interbus（德国 Phoenix Contact 公司支持）。

现场总线技术发展非常迅速，为反映这些最新的发展成果，IEC/SC65/MT9 维护工作组在 2000 年年底又对 IEC61158 作了补充，除了对以上 8 种现场总线的细节内容作了调整和补充外，最显著的变化就是又增加了两种类型作为 IEC61158 的标准，它们是 Type9　FF FMS（美国 Fisher-Rosemount 公司支持）和 Type10　PROFINET（德国 Siemens 公司支持）。

2003 年 4 月，以上 10 种类型的现场总线成为 IEC61158 的第 3 版标准。

1.4.2　第 4 版标准

多年以来，关于现场总线的问题争论不休，所以现场总线开始向工业以太网发展。目前，以太网技术，特别是实时以太网已经被工业自动化系统接受。为了规范实时工业以太网（Real Time Ethernet，RTE），2003 年 5 月，IEC/SC65C 专门成立了 WG11 实时以太网工作组，负责制定 IEC61784-2 “基于 ISO/IEC8802.3 的实时应用系统中工业通信网络行规” 国际标准。该标准包括 11 种实时以太网行规集，以 IEC 公共可用规范 PAS（Publicly Available Specification）发布。这些实时以太网规范进入 IEC61158 后，形成了其最新的第 4 版，在 2007 年 7 月出版。

第 4 版由多部分组成，其主要内容以及和 OSI（开放系统互连）对应的层见表 1-3。进入第 4 版的现场总线类型见表 1-4。

表1-3 IEC61158 第4版

第4版内容	内容	OSI层号
IEC/TR 61158-1	总论与导则	
IEC 61158-2	物理层服务定义和协议规范	1
IEC 61158-300	链路层服务定义	2
IEC 61158-400	链路层协议规范	2
IEC 61158-500	应用层服务定义	7
IEC 61158-600	应用层协议规范	7

表1-4 IEC61158 第4版现场总线类型

类型	现场总线名称	支持公司
Type1	TS 61158 现场总线	美国 Fisher-Rosemount
Type2	CIP 现场总线	美国 Rockwell
Type3	PROFIBUS 现场总线	德国 Siemens
Type4	P-NET 现场总线	丹麦 Process Data
Type5	FF HSE 高速以太网	美国 Fisher-Rosemount
Type6	SwiftNet（被撤消）	美国 Boeing
Type7	WorldFIP 现场总线	法国 Alstom
Type8	INTERBUS 现场总线	德国 Phoenix Contact
Type9	FF H1 现场总线	美国 Fisher-Rosemount
Type10	PROFINET 实时以太网	德国 Siemens
Type11	TC-net 实时以太网	日本东芝
Type12	EtherCAT 实时以太网	德国 BECKHOFF
Type13	Ethernet PowerLink 实时以太网	欧洲开放网络联合会的 IAONA
Type14	EPA 实时以太网	中国浙大中控
Type15	Modbus RTPS 实时以太网	法国施耐德
Type16	SERCOSI，II 现场总线	德国 SERCOS 协会
Type17	VNET/IP 实时以太网	日本横河
Type18	CC-Link 现场总线	日本三菱
Type19	SERCOSIII 实时以太网	德国 SERCOS 协会
Type20	HART 现场总线	美国 Fisher-Rosemount

表1-4中，Type3 PROFIBUS 和 Type10 PROFINET 是国际 PROFIBUS 组织支持的现场总线，背后是 SIEMENS 公司，它们是工业自动化领域生产占有率最高的现场总线，也是本书讲解的对象。FF 是 IEC611518 中的主要力量，被定义为 Type1、Type5、Type9，它在过程控制应用领域占有重要的地位。Type2 CIP（Common Industry Protocol）包括 DeviceNet、ControlNet 现场总线和 Ethernet/IP 实时以太网，它们都是 Allen-Bradley 公司开发的总线技术，ControlNet 属于控制层的现场总线技术，DeviceNet 属于设备级的现场总线技术，也得到了较广泛的应用。Type6 SwiftNet 现场总线由于市场推广应用很

不理想，在第四版标准中被撤消。Type14 EPA（Ethernet for Plant Automation）是由浙江大学、浙江中控技术有限公司、中科院沈阳自动化所等单位联合制定的用于工厂自动化的实时以太网通信标准，2005 年 12 月正式进入 IEC 61158 第 4 版标准，成为 IEC 61158-314/414/514/614 规范。这标志着我国在实时以太网时代紧跟上了技术发展的步伐，但能否在市场中占据一席之地，还要看以后的推广应用情况。Interbus 属于 IEC61158 的子集 Type8，占有一定的市场份额，在实时工业以太网层面，它加入到了 PROFINET 的行列中。在学习现场总线技术时，不可能对各种总线技术的细节都进行分析和了解，重要的是知道它们的技术特点和主要应用场合。

除了上述的现场总线标准外，还有其他一些非常重要的现场总线。如 CAN、LonWorks 等，它们或是属于其他国际标准，或是得到了广泛的应用。CAN 总线称为控制器局域网现场总线，属于国际标准 ISO11898，并在汽车内部电子系统中得到了广泛的应用，它代表着汽车电子控制网络的主流发展趋势。LonWorks 总线是一种基于嵌入式神经元芯片的现场总线技术，在楼宇自动化领域占有绝对的市场优势，它被多个国际标准组织认证为各自的行业标准。相反，一些进入 IEC61158 标准的现场总线应用得并不理想，所以在这个竞争残酷的环境中，进入了 IEC61158 标准的总线不一定就会很好地生存下去。

IEC61158 现场总线标准是迄今为止制定时间最长，国际上投票次数最多，意见分歧最大的国际标准之一。第 4 版 IEC61158 标准代表了现场总线技术和实时以太网技术的最新发展。从 IEC 各国委员会全力以赴、积极参与的态度和激烈争论的程度来看，在数字时代，标准已不仅仅是一个产品的规范，它中间隐藏着巨大的商业利益和在该领域的主导权。此外，它对引导和促进高新技术的发展也起着不可替代的作用。

1.4.3　配套标准 IEC61784

IEC 61158 系列标准是概念性的技术规范，它不涉及现场总线的具体实现。为了使设计人员、实现者和用户能够方便地进行产品设计、应用选型比较和实现工程系统的选择，IEC/SC65C 制定了和其配套的 IEC 61784 标准，该标准由以下部分组成：

1）IEC 61784-1 用于连续和离散制造的工业控制系统现场总线行规集；

2）IEC 61784-2 基于 ISO/IEC 8802. 3 实时应用的通信网络附加行规；

3）IEC 61784-3 工业网络中功能安全通信行规；

4）IEC 61784-4 工业网络中信息安全通信行规；

5）IEC 61784-5 工业控制系统中通信网络安装行规。

IEC61784 的名字是“工业控制系统中与现场总线有关的连续和分散制造业中用行规（profile）集”。不同的现场总线，使用的通信协议也不同，IEC 把它们按 IEC61158 中相对应的标准分类定义，所以说 IEC61784 是一个“通信行规分类集（Communication Profile Family，CPF）”。它叙述了一个特定现场总线系统通信所使用的某个子集。在该标准中，展示了不同的现场总线所属的通信行规族以及它们所对应的 IEC61158 的总线类型。IEC61784-1 规定的现场总线行规集见表 1-5，IEC61784-2 规定的实时以太网行规集见表 1-6，其中 CPF10 ~ CPF16 为新增的 7 种实时以太网。

表1-5 IEC61784-1 现场总线的 CPF

通信行规族 CPF	技术名	在 IEC61158 中的对应类型
CPF1	FOUNDATION Fieldbus（FF）	1，9
CPF2	CIP	2
CPF3	PROFIBUS	3
CPF4	P-NET	4
CPF5	World FIP	7
CPF6	INTERBUS	8
CPF8	CC-Link	18
CPF9	HART	20
CPF16	SERCOS Ⅰ和Ⅱ	16

表1-6 IEC61784-2 实时以太网的 CPF

通信行规族 CPF	技术名	IEC/PAS 号	在 IEC61158 中的对应类型
CPF2	Ethernet/IP	IEC/PAS 62413	5
CPF3	PROFINET	IEC/PAS 62411	10
CPF4	P-NET	IEC/PAS 62412	4
CPF6	INTERBUS		
CPF10	VNET/IP	IEC/PAS 62405	17
CPF11	TC-net	IEC/PAS 62406	11
CPF12	EtherCAT	IEC/PAS 62407	12
CPF13	ETHERNET Powerlink	IEC/PAS 62408	13
CPF14	EPA	IEC/PAS 62409	14
CPF15	MODBUS-RTPS	IEC/PAS 62030	15
CPF16	SERCOS-Ⅲ	IEC/PAS 62410	19

1.4.4 IEC 62026

除了 IEC 61158 这个现场总线的标准外，IEC 的 TC17B 制定了另一个非常重要的标准 IEC 62026。它是关于“低压开关装置和控制装置用控制电路装置和开关元件（Control circuit devices and switching elements for low-voltage switchgear and controlgear）”的现场总线标准，其中汇集了多种 I/O 设备级的现场总线。它的各部分如下：

第一部分 通用要求（General requirements）。

第二部分 执行器、传感器接口（Actuator sensor interface），即 AS-i 总线。这是一种位式总线（Bitbus），它只有 OSI 模型的第一、二层。它只采用主-从方式通信，数据量很小（仅四位），有可能是最简单的总线。虽然是最简单的总线，但在应用上一点也不落后，发展非常快。本书将在第 7 章中重点讲解 AS-i 技术及其应用。

第三部分 DeviceNet。这是一种基于 CAN 的总线。

第四部分 LonTalk。LonTalk 是 LonWorks（Local Operating NetWorks）总线的通信

协议。这是一种拥有 OSI 全部七层协议的总线。这种总线在构成网络时特别方便。在现场总线中，它是少数面向网络结构的总线，而大多数现场总线都是面向段式（segment）结构的。

第五部分　智能分散系统（Smart distributed system），即 SDS 总线。这也是一种基于 CAN 的总线。

第六部分　串行多路控制总线（Serial Multiplexed Control Bus），即 Seriples 或 SMCB 总线。

第七部分　InterBus。InterBus 是由 InterBus-S Club 支持的现场总线，采用环型拓扑结构，介质访问和通信采用主-从方式，数据量为 16 位。在 IEC61158 中已被列为第 8 种现场总线，这里指的是 Interbus 中只有一、二层的 Sensor 级总线——InterBus Sensor Loop。

1.5　现场总线的现状、研究开发热点和发展趋势

对现场总线技术的现状、研究开发热点和发展趋势不再分开介绍，下面谈到的几点是对这几个方面的简单概括。

1. 技术飞速发展，应用日益普及

自从现场总线技术时代到来以后，有实力的大公司不仅开发出了自己的现场总线标准，而且在被确定为国际标准后（不仅包括 IEC61158 标准，也包括其他和现场总线有关的国际标准），都对其技术进行了完善和发展。一些著名的现场总线（像 PROFIBUS、FF 等），都在原有技术的基础上，进行了非常大的改进和深入开发，所有这些都使得现场总线技术在工业应用上越来越成熟。同时这些制造商的精力在很大程度上也投向了推广、宣传方面，努力扩大自己产品的应用领域和份额。现在国内外大部分新建项目中的控制系统都采用了现场总线的控制方案。

2. 多种总线技术共存，由相互竞争逐步走向合作

现场总线技术经过了长期激烈的竞争，特别是以美国 Fisher-Rosemount 为代表的 FF 和以德国 SIEMENS 为代表的 PROFIBUS 之间的较量，影响到了现场总线技术的推广应用和发展。迫于市场压力和某些看法的转变，现在这些领先的现场总线技术在某些应用环节已出现了融合兼顾的势头。2006 年 10 月，艾默生过程管理公司与西门子自动化与驱动集团共同宣布，FF 现场总线系统与 PROFIBUS 现场总线系统相互全面开放。两大公司将进行与接口扩充相关的技术交换和工程支持，以扩展其系统和软件，为用户提供更高的互操作性和更为强大的功能。另外，统一的设备管理工具及平台的开发也已经开始。这些迹象是不是“Fieldbus War”硝烟散去的标志，还不能确定，但能够给最终用户带来方便和实惠才是最重要的。

3. 加大研究和开发力度，保持技术和市场优势

虽然总线技术已比较成熟，但毕竟其中还有一些问题没有解决，所以各大公司无不投入巨资，继续加大对总线技术的研究和开发力度。开发现场总线技术之初，每种总线一般都有一个特定的应用对象或场合，所以现在有些文章介绍说这种总线适合于

某某场合或领域，那种总线适合于某某场合或领域等，并且还有一些统计数字。但随着现场总线技术应用的普及和深入，这些说法都会改变。一是因为市场的刺激会使总线产品制造商去开发新的技术以弥补它们原来的欠缺，向它们原来不擅长的领域渗透，如PROFIBUS在DP的基础上，开发出了适合于过程控制领域使用的PA。二是它们也会用新的技术替代老的技术，以适应未来的需求和发展，如PROFIBUS已不再支持自己最原始的FMS的发展，而是大力发展DP和PA以及PROFINET。三是某种总线产品由于没跟上技术进步的步伐，原来可能还占有一定的市场份额，但现在可能已被淘汰了。现在的时代是一个群雄并起的时代，谁的技术成熟和先进，谁的推广工作做的好，谁就可能会占有更大的市场份额，相反一些技术实力和后继研发实力较弱的总线就要面临被淘汰的危险，现在已出现了这样的苗头，并且有些已成为现实。如Swift Net在IEC 61158第4版中已被删去，World FIP、P-Net、SDS 、Ethernet PowerLink和SERCOS也面临着“淡出江湖”的危险。

4. 实时工业以太网的开发及应用

由于现场总线标准繁杂和混乱的问题，使得工业以太网得到了快速发展，以太网在工业领域应用的部分关键技术问题已得到解决，在第4版的IEC 61158中已出现了11种实时以太网，其中有一些在工业自动化领域已得到了应用。

5. 现场总线安全技术的研究和开发

安全技术是任何控制系统首先要面对的问题，在融合了通信技术的现场总线控制系统中，安全问题的解决尤其重要。所有对安全技术特别是工业自动化控制系统中的功能安全研究已经成为热点。IEC制定了两个有关功能安全的标准：一个是IEC61508，它是供制造厂商用的“有关电气、电子及可编程系统功能安全”的标准；另一个是IEC61511是“供设计人员（设计院）、系统集成商与用户用的安全仪表系统（Safety Instrument System，SIS）”的标准。现在PROFIBUS中的PROFIsafe、AS-i中的AS-i Safety at Work等现场总线技术中的安全技术已经成熟并在实际中得到了应用。

6. 对FCS中本质安全技术的研究

在防爆和危险场合，本质安全技术需要重新加以研究和认识，以期有所突破，使FCS获得更有效的应用。例如FISCO就是一个热点。

7. 通用的设备管理工具的研究和开发

FCS是以智能设备为基础的，正是这些智能设备为企业的高水平管理提供了底层的设备信息。对智能设备的管理及设备信息的编制就需要这样的管理工具，这些管理工具从功能简单到功能强大经历了一定的发展阶段。对多种现场总线并存的今天，开发和寻求一种能满足所有现场总线要求的设备管理工具和解决方案也成为一个热点。例如对EDDL和FDT/DTM的开发。EDDL和FDT是两种技术构成不同的设备集成解决方案，其性能在很大程度上有相似之处，但也各有所长。较长时间以来，两者相争，胜负难决，影响到了市场推广应用。现在共同开发一种单一的、统一标准的、可以两种技术兼容的统一解决方案已成为热点。

8. 总线转换接口的开发

针对目前现场总线技术的应用情况（一个是现有的控制领域有很多老的仪器仪表

存在，另一个是多种现场总线并存），有些公司相继开发出了传统仪器仪表和总线之间，以及不同总线之间的转换接口产品，例如 Anybus 系列接口模块、德国郝优讯公司的转换模块、国内一些公司的总线桥等。

9. 更多的组态和分析诊断软件的开发和使用

伴随着现场总线技术飞速的发展和推广应用，相应的工程软件也逐渐多了起来，这些软件大部分具有对总线系统进行组态、测试、诊断和分析的功能。一方面要使组态过程更加简单化，另一方面要使诊断软件的功能更强大、界面更完善。现在具有实时在线功能的诊断系统更为实用。

10. 工业无线网络的研发和应用

工业无线技术为实现工厂内部设备之间和工厂内部设备与外部设备之间的通信提供了无线数据链路和灵活的网络拓扑结构。工业无线通信技术具有数据传输速率高、区域广泛、应用场合特殊（移动设备、旋转设备、不方便使用有线传输的场合等）、系统维护成本较低等优点，因而成为工业自动化领域的又一热点技术，已成为现场总线技术的重要补充，也是工业自动化产品未来的新增长点。工业无线技术具有强烈的市场需求和广阔的应用前景。

1.6　工业网络的定义、结构和应用

1.6.1　工业网络的定义

在介绍工业网络之前，有必要再对计算机网络的基本概念进行一下回顾。

计算机网络是指用通信手段将空间上分散的、具有自治功能的多个计算机系统相互连接进行通信，实现资源共享和协同工作的系统。由这个定义可知，计算机网络是由许多计算机系统按一定的网络拓扑互连而成，这些计算机系统既有可能是一台单独的计算机，也有可能是多台计算机构成的另一个计算机网络；这些计算机系统在空间上是分散的，既有可能在同一张桌子上、一栋大楼里，也有可能在不同的城市、不同的地区。这些计算机系统是自治的，如果断开网络连接，它们也能独立工作。这些计算机系统要通过一定的通信介质如电缆、光纤、无线电和配套的软硬件才能实现互连，互连的结果是完成数据交换，目的是实现信息资源的共享，实现不同计算机系统间的相互操作以完成工作协同和应用集成。

一般来说计算机网络由用户设备、网络软件和网络硬件三部分组成。用户设备是指用户用来联网的主机、终端和服务器等设备；网络软件是指通信协议、操作系统和用户程序等；网络硬件是指物理线路、传输设备和交换设备等。

工业网络和计算机网络相似，它是指应用于工业领域的计算机网络。具体地说，工业网络是在一个企业范围内将信号检测、数据传输、处理、存储、计算、控制等设备或系统连接在一起，以实现企业内部的资源共享、信息管理、过程控制、经营决策，并能够访问企业外部资源和提供有限的外部访问，使得企业的生产、管理和经营能够高效率地协调运作，从而实行企业集成管理和控制的一种网络环境。

工业网络是一种应用，也是一种技术，它涉及局域网、广域网、现场总线以及网络互联等技术，是计算机技术、信息技术和控制技术在工业企业管理和控制中的有机统一。

工业网络具有确定性、集成性、安全性、限制性、可靠性和实时性的特点。确定性一般是指工业网络的地域范围、服务范围、控制对象和动作方式均是明确的，在一定时期内是稳定的。集成性是指工业网络通过技术集成实现了数据集成，从而得到了功能集成。安全性是指工业网络要严防不良入侵，同时确保系统的稳定和安全。限制性是指工业网络既是企业内部的纽带，也是联系外部客户的桥梁，要在确保安全的前提下实行有限制的对外开放。可靠性是指工业网络的底层处于连续生产的工业现场，要采取各种措施保证系统具有强大的抗干扰能力和抵御突发故障的能力，使系统能对各种各样的故障情况有足够的应对手段。实时性是指工业网络的底层网络必须有足够快的响应能力，来满足时刻变化的工业现场参数对控制算法和计算结果的要求，从而可靠地、迅速地完成监测和控制任务。

1.6.2 现场总线在工业网络中的位置和作用

1. 工业网络的结构

图1-7所示为工业网络的层次结构。按网络连接结构，我们一般将企业的网络系统划分为三层，它以底层控制网（Infranet，Infrastructure Internet）为基础，中间为企业的内部网（Intranet，Internal Internet），通过它延伸到外部世界的互联网（Internet），形成Internet-Intranet-Infranet的网络结构。如果按网络的功能结构，一般又将工业网络系统划分为以下三层：企业资源规划层ERP（Enterprise Resource Planning）、制造执行层MES（Manufacturing Execution System）以及现场控制层FCS（Fieldbus Control System）。

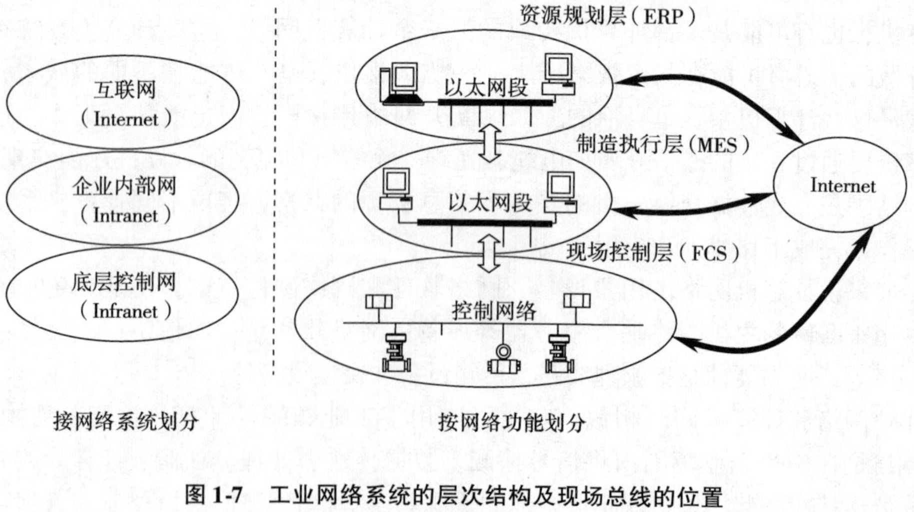

图1-7 工业网络系统的层次结构及现场总线的位置

Internet作为国际互联网是由大量局域网连接形成的广域网，是由全球范围内成千上万个网络连接起来的。它已成为当今世界上最大的分布式计算机网络的集合，成为当代社会信息的高速公路和重要的基础设施。分布地域广泛是 Internet 的最大特点，它适合大范围的信息共享和高速传输，能为企业的生产、管理、经营提供供应链中从原料到市场等各方面的信息资源，是企业通向外部世界的通道。

Intranet 是企业内部网，属于局域网的一种。它是 Internet 技术在企业内部范围内改进应用的结果。它改进了 Internet 难于管理、安全性差等缺点，使其能适合在企业内部使用的需要。Intranet 可以改变企业内部的管理方式，改善企业内部的信息交流与共享状况，成为企业应用程序之间、雇主与雇员之间、雇员与雇员之间、企业与客户之间交换信息的主要手段与媒介。

Infranet 是处于底层的控制网，这种用于自动控制系统的下层网络，把具有通信功能的现场设备按一定的拓扑形式连接起来，形成低成本、高可靠性的分布式控制系统网络。它是 Intranet 的特殊网段，也是 Intranet 的基础和支撑；它也可以直接和 Internet 相连，组成高性能的控制网络。工业网络各层次的相互配合和支持，为企业实现管控一体化提供了保证。

本书的重点是工业企业网络中底端控制网络的技术和应用，这里只简单介绍一下高端 ERP 层的相关应用。企业资源计划（Enterprise Resource Plan，ERP）概念由美国 Gartner Group 公司在 20 世纪初提出。简单地说，ERP 就是将企业的物流、资金流、信息流进行一体化管理的系统，它强调有效地管理和利用企业的整体资源。它通常包括财务管理、生产控制管理、物料管理、销售与分销管理、人才资源管理等模块。ERP 层的主要应用有管理信息系统（MIS）、办公自动化系统（OA）、供应链管理系统（SCM）、计算机集成制造系统（CIMS）、制造资源计划（MRP－Ⅱ）、企业资源计划（ERP）、决策支持系统（DSS）、客户关系管理（CRM）、电子商务（EB）等。现在许多大型的 ERP 软件公司的产品，都将 ERP 的功能加以扩展，产品中包含了 SCM 和 CRM 模块，为企业实现同上游供应商和下游客户成为一个联系紧密的整体提供了信息系统的整体解决方案。这些应用之间的相互关系如图 1-8 所示，图中的箭头表示信息流。

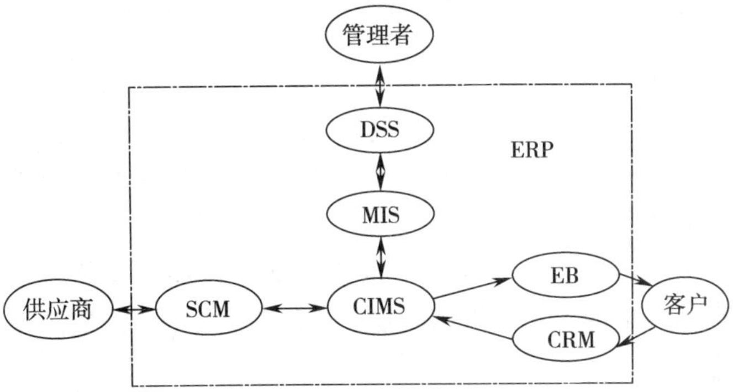

图 1-8　企业信息流图

2. 现场总线在工业网络中的位置和作用

现场总线属于工业网络中控制网络的范畴，在工业网络的功能层次结构中处于底层的位置，所以它是构成整个工业网络的基础。在现代工业企业的管理中，生产过程的控制参数、设备运行的实时信息都已成为企业管理数据中最重要的组成部分，更完善、更合理和更全面的工业企业管理已离不开这些底层数据的参与。从图1-7所示工业网络中各功能层次的网络模型中可以看出ERP属于广域网的层次，它采用以太网技术实现；MES属于局域网层次，它一般也采用以太网或其他专用网络技术实现；现场总线则采用开放的、符合国际标准的控制网络技术实现。

现在工业网络系统的结构层次趋于扁平化，同时对功能层次的划分也更为简化。图1-7中的底层为控制网络所处的现场总线控制层，最上层为企业资源规划层，而传统概念上的监控、计划、管理、调度等多项管理控制功能交错的部分都包括在了中间的制造执行层中。ERP和MES功能层中的网络节点多为各种计算机和外设。随着互联网技术的发展和普及，在ERP与MES层的网络集成与信息交互问题得到了较好的解决，它们与外界互联网之间的信息交互也相对比较容易。

从前面的介绍中已经了解到工业控制网络不同于大家所熟悉的普通的计算机网络，它是一种特殊的，用于工业自动化领域去完成自动控制任务的计算机网络。在这个网络中，各种各样的智能节点通过物理介质按一定的网络拓扑连接起来，并按照一定的通信协议和规则要求来实现其工业通信功能。这些智能节点大多有嵌入式CPU，但其功能却比较单一，其外在的共同特点是都具有通信接口。它们的主要任务是完成现场信号的采集和处理。能作为工业网络中节点的智能设备一般包括：

1）接近开关、光电开关等各类位置传感器；

2）条形码阅读器等输入设备；

3）温度、流量、压力、物位等检测传感器、变送器；

4）PLC；

5）电机控制设备；

6）变频器；

7）控制、调节阀；

8）工作站、HMI（人机界面）等；

9）机器人；

10）网桥、网关等网络连接设备。

控制网络不仅要把生产现场设备的运行参数、状态，以及故障信息等送往控制室，而且还将各种控制、维护、组态等命令送往现场设备中。同时控制网络还要在与操作终端、上层管理网络的数据连接和信息共享中发挥作用。随着互联网的发展和控制网络技术的日趋完善，现场控制系统中实时信息的网络化浏览和远程监控也成为紧迫的和现实的要求。现场网络的另外一个特点是在某些特殊场合，它还要为现场设备提供电源。

在工业网络的底层，各种现场设备，如传感器、变送器、执行机构和驱动装置等，通过现场总线相互连接并进行通信。现场总线的主要作用包括以下方面：

1）进行过程数据采集 即对被控设备中的每个过程量和状态信息进行实时采集，获得所有设备监测、过程控制、状态检测的现场信息。

2）进行直接的数字控制 根据控制模式、控制算法实施联锁控制、顺序控制和批量控制。

3）进行设备和系统的监测和诊断　根据过程变量和状态信息，分析并确定是否对被控装置实施调节，同时判断计算机和控制板卡的状态和性能，在必要时实施报警和错误诊断及处理。

4）实施安全性和冗余方面的措施　一旦发现计算机硬件系统或控制板卡有故障，可及时在热备份下切换到备用件，以确保整个系统安全可靠地运行。

现场控制网络的工作环境比较恶劣，各种干扰源较多，所以现场控制网络必须有很强的抗干扰能力。控制网络还有数据传输量相对较小、传输率相对较低、多为短帧传送等特点，但它却要求必须具备很强的实时性和确定性。实时性要求必须在规定的时间内完成数据刷新，而确定性要求在规定的时间内要准确地对某个节点的某个量进行刷新。总而言之，工业现场以及自动控制任务的所有这些特点必须要求控制网络在硬件、软件和通信协议等方面有自己的独特之处，才能完成其功能。

底层网络所完成的这些工作和提供的现场及设备数据，为工业企业管控一体化，以及优化生产调度带来了可能，所以也只有在现场总线控制网络真正实施的情况下，全面的管控一体化才有可能实现。

1.6.3　工业控制网络的简单分类

如果要对工业控制网络进行简单分类，大致可分为以下四类：

1）传统的控制网络　如分布式控制系统（DCS）和基于 PLC 的控制系统。常用的通信协议多为 RS485，以及各公司自己的非开放协议。

2）基于现场总线技术　主要指基于 IEC 61158 第 2 版和 IEC 62026 等标准中的 PROFIBUS DP/PA、FF、CC-Link、CAN、ControlNET、AS-i、DeviceNET、Interbus 等。

3）基于实时工业以太网技术　如 PROFINET、EtherCAT、Ethernet/IP、HSE 等。其实工业以太网技术也属于现场总线技术。

4）基于工业无线网络技术　如 WSANs、IEEE 802. 11（a/b/g）RFieldbus 等。工业无线网络一般只占一个工业控制网络中心的一小部分。

本章小结

本章开始主要从过程控制的层面分析和概述了工业自动化技术及控制系统的发展历程，对各个阶段的典型控制技术及其特点进行了讲解，并给出了具体的应用实例。工业类型主要分为流程工业、制造工业以及两种类型均占有一定比例的混合工业。工业自动化技术的发展从简单的电动单元组合式模拟仪表控制系统、DCS、PLC、IPC，一直到现在的 FCS，并且从 DCS、PLC 和 FCS 的定义出发，讲解了 FCS 和 DCS 的区别。

本章从多个层面阐述了现场总线的基本概念。现场总线技术的关键是开放、全数字、串行通信。从结构上来讲，现场总线具有基础性、灵活性和分散性等特点；从技术上来讲，现场总线具有开放性、交互性、自治性和实用性等特点。现场总线的使用为工业自动化领域带来了革命性的变化，它的主要优点体现在节约了硬件数量，节省了安装和维护费用，提高了系统的控制精度和可靠性，提高了用户的自主选择权。本章介绍了现场总线国际标准的产生过程，还就现场总线领域的多个应用和研究热点进行了介绍。

本章最后概述了工业网络的概念。工业网络是指应用于工业领域的计算机网络。按网络的功能结构将工业网络系统划分为企业资源规划层（ERP）、制造执行层（MES）以及现场控制层（FCS）。现场总线处于工业网络的底层，它属于控制网络。它除了完成现场的实时控制任务外，还提供生产过程的控制参数、设备运行的实时信息，为现代工业企业的信息管理服务。

习题和思考题

1. 工业企业的类型是如何划分的？
2. DCS、PLC、IPC和FCS等控制系统的特点是什么？
3. 从现场总线的产生过程，深入体会现场总线技术的实质内涵。
4. 现场总线的定义是什么？
5. 简述现场总线的结构特点和技术特点。
6. 现场总线技术的使用带来了哪些好处？
7. 试说出几种常用的现场总线。
8. 什么是工业网络？工业网络是由哪些主要部分组成的？
9. 现场总线在工业网络中处于什么位置？它的主要作用是什么？

第2章　工业网络与通信基础知识

既然是工业网络与通信，则必定与网络和通信技术紧密相连。本章将系统地介绍和工业网络与通信密切相关的基础知识。这些知识和概念包括 NRZ 编码、曼彻斯特编码、CRC 校验、海明距离、网络拓扑结构、介质访问控制方式、网络互联等，这些都是在学习 PROFIBUS、PROFINET 和其他现场总线技术时要用到的基本概念。OSI 参考模型是讲解现场总线通信模型的基础，以太网和 TCP/IP 的相关知识则是学习实时工业以太网的重要铺垫。对这些基本概念的理解和掌握有助于我们对后续知识的学习。

2.1　工业网络通信基础

2.1.1　工业数据通信概述

通信的目的是为了彼此之间交换信息。把信息从一个地方传送到另外一个地方的系统就是通信系统。数据通信是指通信过程中承载信息的数据形式是数字的（不是模拟的），而以计算机控制系统为主体构成的网络通信系统就是数据通信系统。下面先介绍几个基本概念。

信息（Information）：从哲学的观点看，信息是一种带普遍性的关系属性，是物质存在方式及其运动规律、特点的外在表现。从通信的角度考虑，可以认为信息是生物体或具有一定功能的机器通过感觉器官或相应设备同外界交换的内容的总称。信息的含义是信息科学、情报学等学科中广泛讨论的问题。信息总是与一定的形式相联系，这种形式可以是语音、图像、文字等；信息是人们要通过通信系统传递的内容。

数据（Data）：是任何描述物体概念、情况、形势的事实、数字、字母和符号。可以说，数据是传递信息的实体，而信息是数据的内容或解释。

信号（Signal）：为了获取信息和传递信息，发送机将人或机器产生的信息转换为适合在通信信道上传输的电编码、电磁编码或光编码，这种在信道上传输的电/光编码叫做信号。信号可以是模拟信号或数字信号。

通过这些基本概念，可以看出通信的实质和任务就是信息在不同地点和不同对象之间的可靠传递，如图 2-1 所示。

图 2-1　通信的实质和任务

讲到数据通信，大家马上会想到互联网，想到计算机与计算机之间或计算机与外部设备之间的各种信息交换。通俗来讲工业数据通信就是把数据通信技术应用于工业自动控制系统中。工业数据通信虽然和计算机的通信有很多的相似之处，但也有很多的不同。这些区别体现在数据的类型、数据交换量、通信速度、可靠性等方面。在工业生产自动控制系统中，除了计算机与计算机之间、计算机与外设之间的通信外，大部分的实时数据来自生产现场的控制设备和检测传感器。这些设备的各功能单元之间、设备与设备之间以及这些设备与计算机之间遵照一定的通信协议，利用数据传输技术传递信息的过程，就是工业数据通信。工业数据通信的实质和任务就是把计算机技术和通信技术相结合，并应用于工业自动化领域中，通过智能化的现场设备把车间层和设备层的工业数据安全准确地传送到上层网络中，从而为实现真正的企业 ERP 提供全生命周期的设备和现场数据。

过去，在进行现场信号的测量和采集时，都是采用一对一的物理连接，把现场所有的信号送到控制室，这是一种简单的点对点的信号传送方式，还谈不上数据通信。采用了现场总线技术后，把现场各个智能设备提供的数字信号通过工业网络，用串行通信的方式把它们送到控制室，这才是工业数据通信。工业数据通信网络主要由数据信息的发送设备、接收设备、传输介质、传输报文、通信协议等组成。

图 2-2 所示为工业数据通信系统的组成。和图 2-1 相比，可以发现工业数据通信完成的任务就是通信的基本功能，工业数据通信是应用于自动化领域里的通信技术。

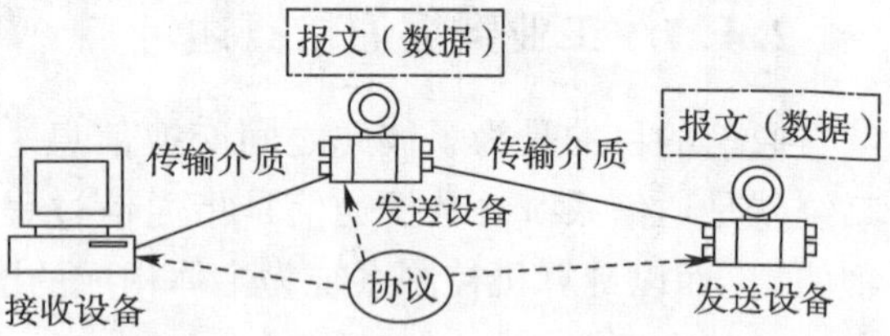

图 2-2　工业数据通信系统的组成

工业数据通信的技术基础主要涉及通信协议、信号编码、数据传输和交换、通信安全、通信控制和软硬件平台等，下面讲解其中的主要概念。

2.1.2　数据通信的基本概念

除了信息、数据和信号等基本概念之外，在通信系统中还有一些非常重要的基本概念和术语。

1. 码元（Code Cell）

码元就是时间轴上的一个信号编码单元。一个单比特码元（用 1 位二进制数表示）的示意图如图 2-3 所示。

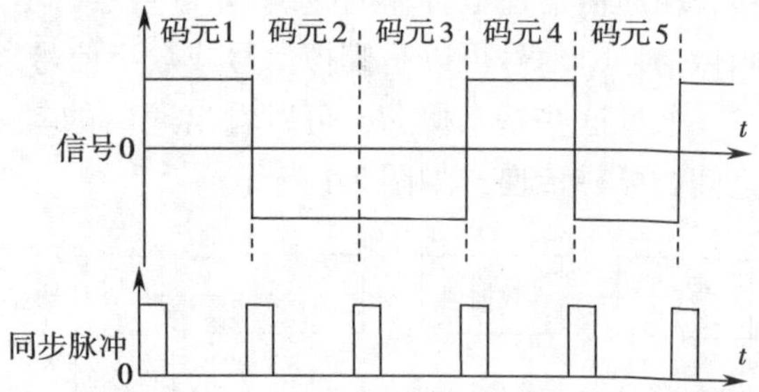

同步脉冲：用于码元的同步定时，识别码元的开始

图 2-3　单比特码元表示示意图

2. 数据传输速率

数据传输速率可以用波特率和比特率来表示。

比特率（Bit Rate）：数据传输速率（bps，bit/s），即每秒钟传递的 bit

数。比特率是每秒所传输的信息总量，所以又称为信息速率。比特率直接与波特率和脉冲编码所携带的信息量有关。

波特率（Baud Rate）：信号传输速率（baud），即传递一个信号脉冲所需要的时间。也可以理解为每秒钟传递的信号脉冲（波形）数，还可以说成是每秒钟传送的码元数。

比特率和波特率之间的关系可以用下式表示：

$$R_{bit} = R_{baud} \log_2 M$$

式中，M 为信号的有效状态数，即码元数。当 $M=2$ 时（二进制数表示信号波形，单比特信号），两者相等。每个信号可以包含一个或多个二进制位，若 $M=8$，即信号波形用 4 个二进制位表示，则当波特率为 1200baud 时，比特率为 3600bit/s。所以，一般来说波特率小于比特率。

3. 误码率（Bit error rate）

误码率是信道传输的可靠性指标，用 P 表示误码率，则有

$$P = 被传输错误的位数 / 传输的总位数$$

4. 信道（Channel）

传送信息的线路（通路）。

数字信道：以数字脉冲形式（离散信号）传输数据的信道。

模拟信道：以连续模拟信号形式传输数据的信道。

数字通信的优点：

1）抗噪声（干扰）能力强；

2）可以控制差错，提高传输质量；

3）便于用计算机进行处理；

4）易于加密，保密性强；

5）可以传输语音、数据、影像，通用、灵活。

仅在不得已的情况下，才会采用模拟通信，如使用 modem 通过拨号线路传输数字信号。

信道带宽（Band Width）：数据通信系统的信道传输的是电磁波（包括无线电、微波、光波等），带宽就是它所能传输电磁波的最大有效频率与最小有效频率之差。

信道容量（Channel Capacity）：某个信道传输数据的最大传输速率，即在单位时间内可能传送的最大比特数。信道的最大传输速率是与信道带宽有直接联系的。

2.1.3　数据编码

在工业数据通信系统中，数据通常是以离散的二进制 0、1 序列的方式来表示的，即用 0、1 序列的不同组合来表示不同的信息内容。对数据进行编码后，可以把一种组合与一个确定的信息内容联系起来，多个二进制 0、1 序列的组合可以表示更多的信息。数据编码必须得到参与通信各方认同和理解。例如用 00、01、10、11 可分别来表示一个阀门的关闭、打开、故障和不确定 4 种不同的工作状态。

数据分数字数据和模拟数据，它们都可以用模拟信号或数字信号来发送和传递，

如图 2-4 所示。除了用模拟信号来传输模拟数据外，其他情况下都需要对数据进行编码，然后进行传输。

下面对数字数据的数字编码和模拟编码进行讨论。

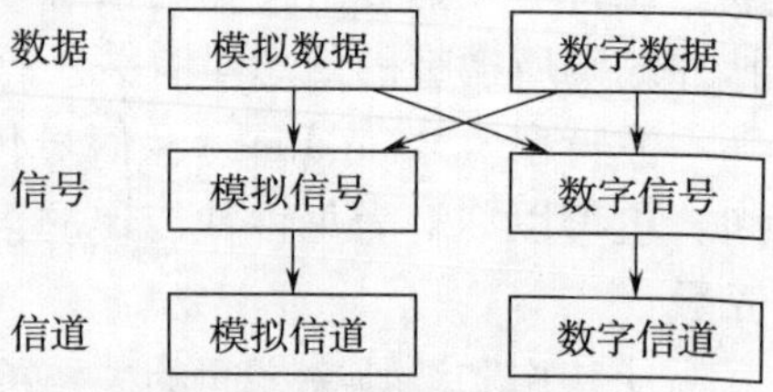

图 2-4 数据的传输方式

1. 数字数据的数字编码

用高低电平的矩形脉冲信号来表示数据的 1、0 状态，称为数字编码。数字编码有单极性码、双极性码、归零码、非归零码、差分码、Manchester 编码等。工业通信中常用的是非归零码和 Manchester 编码。

非归零码（NRZ）是相对于归零码来说的。如果逻辑 1 表示高电平信号，逻辑 0 表示低电平信号，则在整个码元时间内都维持有效电平的编码就是非归零码。双极性非归零码如图 2-5a 所示。这种编码的缺点存在直流分量，另外无法确定一位的开始或结束，使接收和发送之间不能保持同步，所以必须采用某种措施来保证发送和接收的同步；其优点是能够比较有效地利用信道的带宽。

曼彻斯特编码（Manchester code）是在工业数据通信中最常用的一种基带信号编码，这种编码也叫相位编码。它具有内在的时钟信息，其特点是在每一个码元中间都产生一个跳变，这个跳变沿既可以作为时钟，也可以代表数字信号的取值。在曼彻斯特编码中，由高电平跳变至低电平代表“1”，由低电平跳变至高电平代表“0”。其变化规则很简单，即每个码元均用两个不同相位的电平信号表示，也就是一个周期的方波，但 0 码和 1 码的相位正好相反。所以它也称为曼彻斯特双相 L 码（Manchester Bi-phase Level Coding），这是在工业通信中常用的编码。另外，还有差分曼彻斯特编码。曼彻斯特编码的优点是不存在直流分量，具有自同步能力和良好的抗干扰性能；其缺点是需要双倍的传输带宽（即信号速率是数据速率的两倍），编码效率低，只有 50%。曼彻斯特编码举例如图 2-5b 所示。

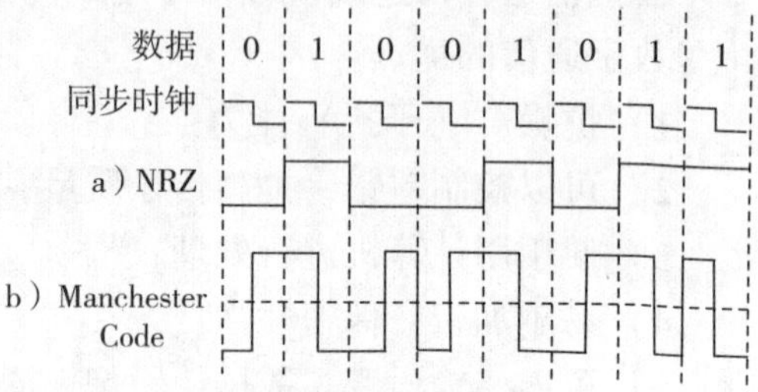

图 2-5 数字编码举例

2. 数字数据的模拟编码或调制编码

采用模拟信号来表达数字数据的 0、1 状态称为数字数据的模拟编码。对数字信号进行模拟编码后可以使其在现有的某些网络，如在电话网络或传递模拟信号的电缆上传送。发送时，将数字信号转换成模拟信号，到接收端后再把它还原为数字信号。一般来说，要选择某一频率的正弦波作为载波，利用数字信号的变化分别对载波的某些特性（振幅、频率、相位）进行控制，从而达到模拟编码的目的。将数字数据“寄载”到载波上的过程称为调制，从载波上取出它所携带的数字数据的过程称为解调。

常用的技术有幅移键控 ASK（Amplitude Shift Keying），频移键控 FSK（Frequency Shift Keying）和相移键控 PSK（Phase Shift Keying）。

具体来说，ASK 是用载波的两个不同振幅表示 0（0V）和 1（+5V），该方法效率低，且易受到干扰；FSK 是用载波的两个不同频率表示 0（1.2kHz）和 1（2.4kHz），这种方法不易受到干扰，现场总线的 HART 通信信号采用这种编码方式；PSK 是用载波的起始相位的变化表示 0（同相）和 1（反相），这种方法具有较强的抗干扰能力，效率较高等特点。模拟编码的举例如图 2-6 所示。

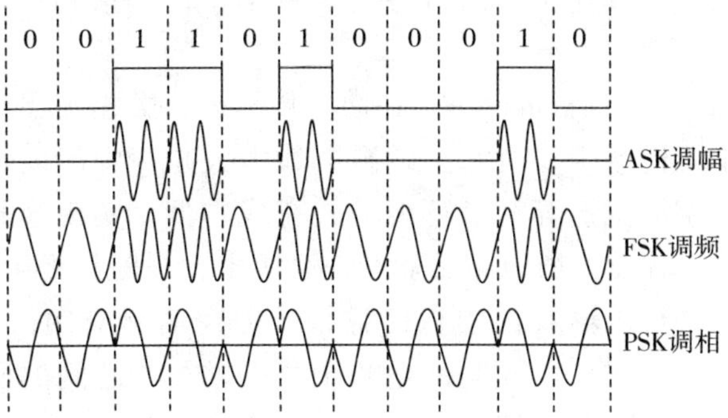

图 2-6　模拟编码的信号波形

2.1.4　数据传输

1. 数据通信方式（数据流动方向）

数据通信方式有 3 种：单工通信、半双工通信和双工通信。

（1）单工通信

所传送的信息始终向一个方向流动，而不允许朝相反的方向流动。在这种方式下，发送数据的一方只能发送数据，而接收数据的一方只能接收数据。计算机与键盘、计算机与打印机、无线电广播等都属于单工通信。

（2）半双工通信

在这种方式下，数据信息可以沿信道双向传输，但在同一时刻只能沿一个方向传输。采用半双工通信的双方均可发送和接收信息，但在一方发送时，另一方只能接收，双方轮流发送和接收信息。这种通信方式具有控制简单可靠、通信成本低、效率高等优点。在工业通信系统中，常采用半双工通信方式。

（3）双工通信

显然，这种方式是指在同一时刻，通信的双方既可以发送信息，也可以接收信息。双工通信要求通信双方具有同时运作的发送和接收机构，且要求有两条性能对称的传输通道，所以控制相对复杂，价格较高，但它的通信效率也是最高的。这种方式常用于计算机与计算机之间的通信。

2. 数据传输方式

数据传输方式是指数据代码的传输顺序和数据信号传输时的同步方式，数据代码的传输顺序问题也就是通信线路的排列问题。按排列方式可将数据传输分为串行传输和并行传输。为了保证数据发送端发出的信号被接收端准确无误地接收，两端必须保证同步，所以按同步方式又可将数据传输分为同步传输和异步传输。

（1）并行传输和串行传输

并行传输（parallel transmission）是将数据以成组的形式在多条并行的通道上同时传输。例如，传输 8 个数据位（一个字节）或传输 16 个数据位（一个字）。除数据位之外，还需要一条“选通”线来协调双方的收发。并行传输的通信速率高，但需要的数据线多，在短距离通信时还可以忍受，在长距离通信时，由于其高成本问题和可靠性问题等就不会采用这种方式了。并行传输一般用于计算机和打印机之间，及其外设之间的通信。

串行传输（serial transmission）是指在数据传输时，数据流是以串行方式逐位在一条信道上传输。在串行传输中，所需要的数据线大大减少，需要解决的问题是如何准确判断传输字节的首字符位置等。串行传输具有成本低、实现容易、控制简单、在远距离通信中可靠性高等优点，所以在工业通信系统中，一般都采用串行传输。

从理论上来看，并行传输要比串行传输快，但在实际应用中，对并行传输来说，还要考虑许多其他元素，比如电缆间的电磁干扰问题、线芯间的同步问题等。为减少干扰，并行传输的工作频率就不能太高。所以在传输速度较高时，使用串行传输也不见得比并行传输慢，这也是今天串行传输被广泛使用的原因之一。

并行传输和串行传输的示意图如图 2-7 所示。

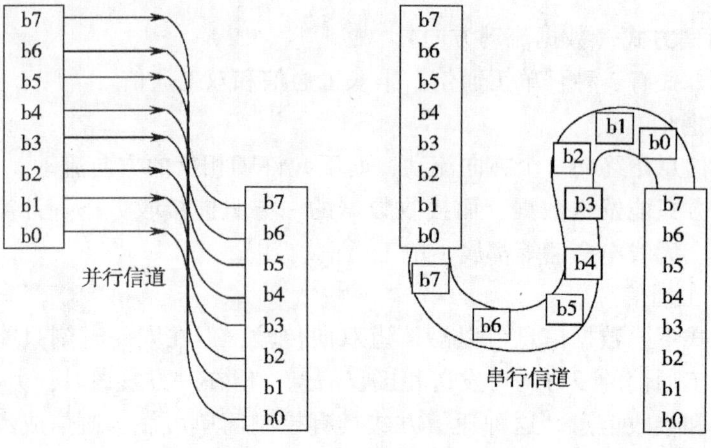

a）并行数据传输　　b）串行数据传输

图 2-7　并行传输和串行传输

（2）同步传输和异步传输

在计算机系统中，任何工作都要在时钟的协调下有条不紊地进行。对数据通信来说也不例外，各种处理工作都是在一定的时序脉冲控制下进行的。为保证信息传输端工作的协调一致和数据接收的正确性，数据通信系统中的同步问题就显得异常重要。

并行通信中一般用“选通”信号来协调收发双方的工作。而在串行通信中，二进制代码是以数据位为单位按时间顺序逐位发送和接收的，所以同步传输是对串行传输而言的。异步传输和同步传输是串行通信中使用的两种同步方式。它们的本质区别在于发送端和接收端的时钟是独立的，还是同步的。若是独立的，则为异步传输；若是同步的，则为同步传输。

1）异步传输

该方法以字符为单位发送数据，一次传送一个字符，每个字符可以是 5 位或 8 位，在每个字符前要加上一个起始位，用来指明字符的开始；每个字符的后面还要加上一个终止码，用来指明字符的结束，终止码可以是 1 位、1.5 位或 2 位。一般来说五单位字符的终止码取 1 或 1.5 位，其他单位的字符终止码取 1 或 2 位。

异步传输使用的是字符同步方式。异步传输方式下的每一个字符的发送都是独立和随机的，它以不均匀的传输速率发送，字符间距是任意的，所以这种方式被称为异步传输。

因为要在每个字符的开头和末尾加上起始位和停止位，增加了传输代码的额外开销，所以异步传输方式实现简单，但传输效率较低。异步传输示意图如图 2-8 所示。

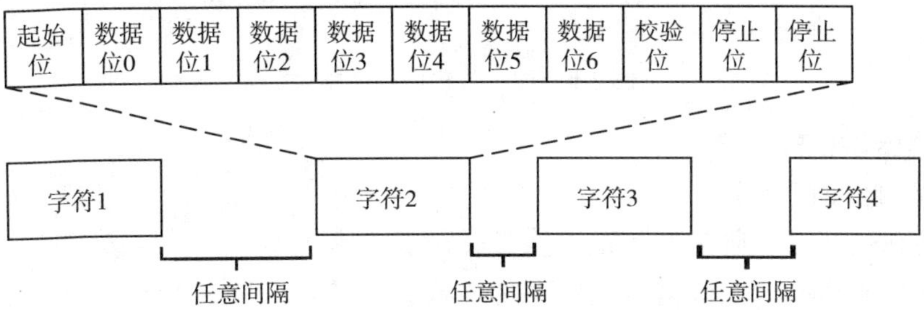

图 2-8 异步传输字符格式及传输过程

2）同步传输

该方法是以数据块（帧）为单位进行传输的，数据块的组成可以是字符块，也可以是位块。很明显同步传输的效率要比异步传输高。

在同步传输中，发送端和接收端的时钟必须同步。实现同步的方法有外同步法和自同步法。外同步法是在发送数据前，发送端先向接收端发一串同步的时钟，接收端按照这一时钟频率调制接收时序，把接收时钟频率锁定在该同步频率上，然后按照该频率接收数据；自同步法是从数据信号本身提取同步信号的方法，如数字信号采用曼彻斯特编码时，就可以使用码元中间的跳变信号作为同步信号。显然自同步法要比外同步法优越，所以现在一般采取自同步法，即从所接收的数据中提取时钟特征信号。

同步传输有两种：一种方法是面向位块的同步数据传输，另外一种方法是面向字符块的同步数据传输。同步传输是在每个数据块的前面加上一个起始标志指明数据块的开始，在数据块的后面加上一个标志指明数据块的结束，接收方根据起始标志和结束标志成块地接收数据。起始标志、数据块、结束标志合在一起称为帧（frame），起始标志称为帧头，结束标志称为帧尾。所使用的帧头和帧尾都是特殊模式的位组合（如 01111110）或同步字符（SYN），并且通过位填充或字符填充技术来保证数据块中的数据不会与同步字符混淆，同步传输是基于帧同步的同步方式。面向字符的同步传输方式的最大缺点是：它和特定的字符编码集过于密切，不利于兼容，采用的字符填充方法实现起来非常麻烦。因此，现在的同步传输一般都采用面向位同步的方法。面向位同步的同步传输不依赖字符编码集，位填充方法实现起来容易，数据传输速率高，能实现各种较完善的控制功能，所以该方法得到了广泛的应用。同步传输中帧的格式如图2-9所示。

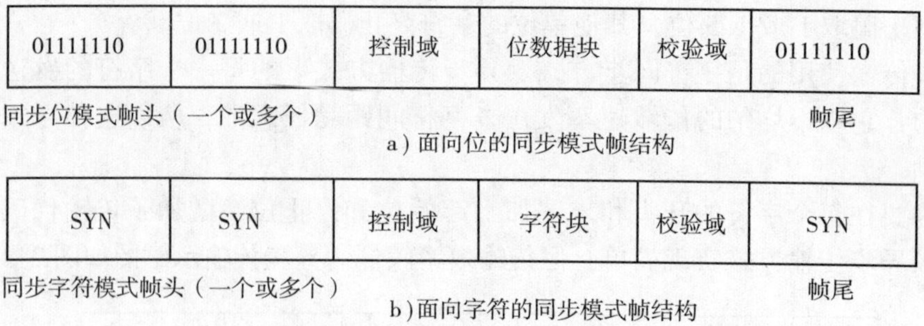

a）面向位的同步模式帧结构

b）面向字符的同步模式帧结构

图2-9　同步传输中帧的格式

3. 信号传输模式

（1）基带传输

基带传输是在数字通信的信道上直接传输数字信号，它不改变数据信号波形，也不采用任何调制措施，是最基本的数据传输模式。该模式具有速率高和误码率低等优点，而且系统价格低廉，所以在计算机网络通信和工业网络通信中被广泛采用。

（2）载波传输

载波传输采用数字信号对载波进行调制后进行传输。最基本的调制方式有前面所介绍的幅移键控（ASK）、频移键控（FSK）和相移键控（PSK）等方法。在载波传输中，发送设备先要传输某个频率的基波信号作为载波信号，然后按幅移键控、频移键控和相移键控等方法改变载波信号的幅值、频率和相位，形成调制信号后发送。

（3）频带传输

利用模拟信道传输信号的传输方式叫做频带传输或宽带传输。它适合于传输语言、图像等信息。频带传输的优点是可以利于现有的大量模拟信道（如模拟电话交换网）通信，价格便宜，容易实现。过去家庭用户拨号上网就属于这一类通信。它的缺点是速率低，误码率高。

（4）异步转移模式

异步转移模式（Asynchronous Transfer Mode，ATM）是一种新的传输与交换数字信息的技术，也是实现高速网络的主要技术。ATM是宽带综合业务数据网的传输模式，它支持多媒体通信，包括数据、语音、图像和视频信号，按需分配频带，具有低延迟特性。

2.1.5 差错控制

数据在通信线路上传输时，由于各种各样的干扰和噪声的影响，往往会使接收端不能收到正确的数据，这就产生了差错，即误码。这些干扰源包括

1）信道的电气特性引起信号幅度、频率、相位的衰减或畸变；

2）信号反射；

3）相邻线路间的串扰；

4）闪电、开关跳火、大功率电机的起停等。

产生误码是不可避免的，但要尽量减小误码带来的影响。为了提高通信质量，就必须检测差错并纠正差错，把差错控制在能允许的尽可能小的范围内，这就是通信过程中的差错控制。

要想提高通信质量，可以采取两种方法，首先可以提高通信线路的质量，但使用高质量的电缆只是降低了内部噪声，而对外部的干扰无能为力，并且明显地增加了硬件成本。另外，一种最可行的方法是进行差错控制。差错控制方法能在一定限度内容忍差错的存在，它能够发现错误，并设法加以纠正。差错控制是目前通信系统中普遍采用的提高通信质量的方法。

设计差错控制的具体方法有两种策略。一是纠错码方案，这种方案是让传输的报文带上足够的冗余信息，在接收端不仅能检测错误，而且还能自动纠正错误；二是检错码方案，这种方案是让报文分组时包含足以使接收端发现错误的冗余信息，但不能确定哪一位是错误的，而且自己也不能纠正传输错误。纠错码方法虽然有优越之处，但实现复杂、代价高，另外它使用的冗余位多，所以编码效率低，一般情况下不会采用。检错码方法虽然需要重传机制达到纠错，但原理简单，代价小，容易实现，并且编码与解码的速度快，所以得到了广泛的使用。

根据差错检测方法的不同，进行差错控制的方法也会有区别，进行差错控制的基本方法有两类：一是自动请求重发（Automatic Request for Repeat，ARQ），二是前向纠错（Forward Error Correction，FEC）。在ARQ方式中，接收端发现差错后，以某种形式通知发送端重发，即自动重传，这种方式下使用检错码即可。在FEC方式中，接收端不仅能发现差错，而且能确定二进制码元方式错误的位置，并对一定数量的错误进行纠正，显然这种方式必须使用纠错码。当然这两种方式也可以混合使用，当差错个数在纠正能力之内时，直接进行纠正；当差错个数超出纠正能力时，则令其重发进行差错纠正。

下面简要介绍几种常用的检错码和纠错码。

1. 奇偶检错码

奇偶检验是最为简单的一种检错码，它的编码规则是：首先将要传递的信息分组，各组信息后面附加一位校验位，校验位的取值使得整个码字（包含校验位）中“1”的个数为奇数或偶数。如果所形成的码字中“1”的个数为奇数，则称为奇校验；如果所形成的码字中“1”的个数为偶数，则称为偶校验。奇偶检验有可能会漏掉大量的错误，但用起来简单，另外奇偶检验码在每一个信息字符后都要加一位校验位，所以在

传输大量数据时，则会增加大量的额外开销。这种方法一般用于简单的，并且对通信错误的要求不十分严格的场合。

2. 循环冗余校验

循环冗余校验（Cyclic Redundancy Check，CRC）是一种检错率高，并且占用通信资源少的检测方法。循环冗余校验的思想是：在发送端对传输序列进行一次除法操作，将进行除法操作的余数附加在传输信息的后边。在接收端，也进行同样的除法过程，如果接收端的除法结果不是零，则表明数据传输出现了错误，这种方法能检测出大约99.95%的错误。

CRC 的编码思想是将被传输的数据位串看成系数为 0 或 1 的多项式 $M(x)$，其检测方法是：收发双方约定一个生成多项式 $G(x)$（其最高阶和最低阶系数必须为 1），发送方在帧的末尾加上校验和，使带校验和的帧的多项式能被 $G(x)$ 整除；接收方收到后，用 $G(x)$ 除多项式，若有余数，则传输有错。下面是详细的校验和计算算法步骤。

1）若 $G(x)$ 为 r 阶，原帧为 m 位，其多项式为 $M(x)$，则在原帧后面添加 r 个 0，帧变为 $m+r$ 位，相应多项式 $x^rM(x)$。

2）按模 2 除法用对应于 $G(x)$ 的位串去除对应于 $x^rM(x)$ 的位串。

3）按模 2 减法（和加法一样）从对应于 $x^rM(x)$ 的位串中减去余数，结果就是要传送的带校验和的帧的多项式 $T(x)$，

$$T(x) = x^rM(x) + [x^rM(x)\text{MOD}_2G(x)]$$

下面举例说明 CRC 的使用。

［**例 2-1**］ 若数据序列 $M(x)$ 为 1101011011，生成多项式 $G(x) = x^4 + x + 1$，即 10011，求 $T(x)$。

```
              1 1 0 0 0 0 1 0 1 0
            ______________________________
1 0 0 1 1 / 1 1 0 1 0 1 1 0 1 1 0 0 0 0
            1 0 0 1 1
            ---------
              1 0 0 1 1
              1 0 0 1 1
              -----------------
                0 0 0 0 1 0 1 1 0
                        1 0 0 1 1
                        -----------
                          1 0 1 0 0
                          1 0 0 1 1
                          ---------
                            1 1 1 0  余数
```

则 $T(x)$ =11010110111110。

［**例 2-2**］ 若数据序列 $M(x)$ 为 1010001，生成多项式 $G(x) = x^4 + x^2 + x + 1$，即 10111，求 $T(x)$。

```
                1 0 0 1 1 1 1
         ┌─────────────────────
1 0 1 1 1│ 1 0 1 0 0 0 1 0 0 0 0
           1 0 1 1 1
           ─────────
               1 1 0 1 0
               1 0 1 1 1
               ─────────
                 1 1 0 1 0
                 1 0 1 1 1
                 ─────────
                   1 1 0 1 0
                   1 0 1 1 1
                   ─────────
                     1 1 0 1 0
                     1 0 1 1 1
                     ─────────
                       1 1 0 1  余数
```

则 $T(x)$ =10100011101。

需要明确的是，CRC 生成多项式不是随便确定的，$G(x)$ 的结构和检测效果是经过严格的数学分析和实验后确定的。目前，常用的已列入国际标准的生成多项式有

CRC-12　$G(x) = x^{12} + x^{11} + x^3 + x^2 + x + 1$

CRC-16　$G(x) = x^{16} + x^{15} + x^2 + 1$

CRC-CCITT　$G(x) = x^{16} + x^{12} + x^5 + 1$

CRC-32　$G(x) = x^{32} + x^{26} + x^{23} + x^{22} + x^{16} + x^{12} + x^{11} + x^{10} + x^8 + x^7 + x^5 + x^4 + x^2 + x + 1$

3. 海明码和海明距离

海明码（Hamming code）是一种可以纠正一个位差错的高效率线性分组纠错码。海明码使用一套复杂的编码和纠错方法，其基本思想是：将待传信息码元分成许多长度为 k 的组，每一组后再附加 r 个校验位，从而构成 $n = k + r$ 位的分组码；位号为 2^k 的位为校验位，其余位是信息位，每个校验位和某几个特定的信息位构成偶（或奇）校验关系。校验位数 r 必须满足：$2r \geq k + r + 1$。

说到检错码，就必须给大家介绍一个重要概念，即海明距离（Hamming distance）。海明距离决定了任何一种编码的检错和纠错的能力。

在一个有效的编码集中，任意两个码字对应位取值不同的个数的最小值称为该编码集的海明距离。即对两个码字进行异或运算，其结果中“1”的个数就是海明距离。例如有效编码集 10110、11010 的海明距离为 2；有效编码集 10101、01111 的海明距离为 3；有效编码集 10110、11010、10101、01111 的海明距离为 2。海明距离越大，表明这种编码的检错和纠错能力也越强，但所需要冗余的信息也越多。有定理证明：如果需检测出 d 个错误，则海明距离至少应为 $d+1$；如果要能纠正 d 个错误，则编码集中的海明距离至少应为 $2d+1$。由此看来，因为海明码能纠正 1 个错误，所以海明码的海明距离应为 3。

在工业通信系统中，使用海明距离可以说明其所使用数据通信的可靠性。

2.2　工业网络物理结构

必须使用信号传输介质，并按一定的拓扑形式把各种节点连接起来才能组成一个工业控制网络。网络的传输介质、拓扑结构、介质访问控制方式等均是影响网络性能最主要的基础因素。

2.2.1　网络的传输介质

传输介质是网络中连接各个节点的物理通路，也是通信中传送信息的载体。网络中常用的传输介质分为有线传输介质（硬介质）和无线传输介质（软介质）。有线传输介质包括双绞线、同轴电缆（已淘汰）和光纤。在工业通信中常用的是有线传输介质。无线传输介质包括无线电、微波、卫星、移动通信等。

1. 双绞线

每一对双绞线由绞合在一起的相互绝缘的两根铜线组成，每根铜线的直径大约1mm。双绞线绞在一起的目的就是抑制电磁干扰，提高传输质量。电话线就是双绞线。双绞线可以用于传输模拟信号和数字信号。计算机局域网中经常使用的双绞线有屏蔽和非屏蔽之分。

屏蔽双绞线（Shielded Twisted Pair，STP）：抗干扰性好，用于远程传输时，最大距离可以达到十几公里，但成本也较高，在工业通信系统中广泛使用STP。

非屏蔽双绞线（Unshielded Twisted Pair，UTP）：非屏蔽双绞线的传输距离一般为100m，由于它较好的性价比，在民用领域被广泛使用。

非屏蔽双绞线有1、2、3、4、5五类，常用的是3类线和5类线。3类线和5类线的主要区别在于单位距离上的旋绞次数。5类线比3类线绞得更密一些，其性能也更好一些，但其价格也较贵。3类线用于语音传输和数据传输，最高速率为10Mb/s，其有4对双绞线，传输距离可达150m；5类线由4对铜芯双绞线组成，由于增加了缠绕密度和使用高质量的绝缘材料，所以极大地改善了传输介质的特性，它既可支持100Mbit/s的快速以太网连接，又可支持到150Mbit/s的ATM数据传输，是连接桌面设备的首选传输介质。

2. 光缆

光缆即光导纤维，光纤通信就是利用光纤传递光脉冲来进行通信。通信时，有光脉冲时为信号“1”，无光脉冲时为信号“0”。发送端的光源（发光二极管或半导体激光器）把电信号转换成为光信号，在接收端光检测器（光敏二极管）再把光信号还原成为电信号，其工作原理如图2-10所示。

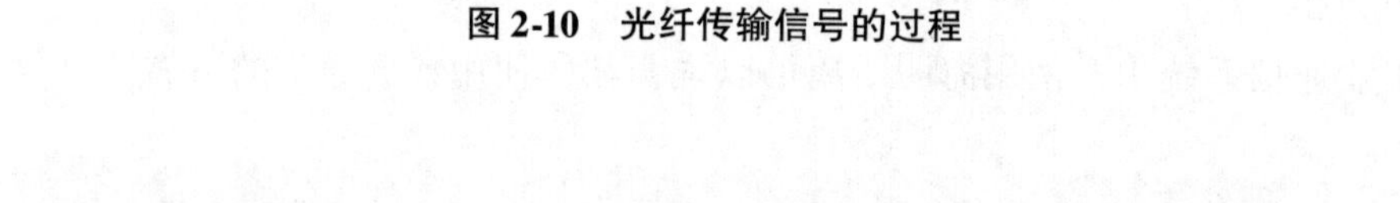

图2-10　光纤传输信号的过程

用于可见光的频率可达 108MHz 的量级，所以光纤通信系统的传输带宽远远大于其他传输媒体的带宽。根据制作材料的不同，分为玻璃光纤、塑料光纤等，玻璃光纤价格要高于塑料光纤，其性能也高于后者。

光纤通信的特点是传输速率高、通信容量大、传输损耗小、适合长距离传输；抗干扰能力强，不受电磁干扰和雷击的影响；安全性能好，不易被窃听和截取数据；体积小、重量轻，弯曲性能好。使用光纤的缺点是价格较贵、不易连接、分支抽头困难。

光纤通信在工业控制网络中的特殊场合得到了广泛的应用。

3. 无线通信

无线通信主要有微波、红外和激光等，它适合于在地理上或安装上有特殊要求的场合，或频繁移动的设备。

选择传输介质时要考虑的问题很多，这和具体使用的场合、类型、性能要求等有关，另外也要考虑性价比。其实在工业控制网络的实际使用中，当你选择好使用的现场总线类型后，一般来说，所要使用的传输介质基本上也就确定了。因为不同的现场总线，都有推荐使用的传输介质，只要分清楚使用场合，选择使用就行了。

2.2.2　工业通信网络的主要拓扑结构

网络中的拓扑形式就是指网络中的通信线路和节点间的几何排列方式，即节点的互连形式。它用来表示网络的整体结构和外貌，同时也反映了各个节点间的结构关系。常见的网络拓扑形式有总线型、环形、星形和树形等。

1. 总线型拓扑

总线型拓扑连接示意图如图 2-11a 所示。它通过一条总线电缆作为传输介质，各节点通过接口接入总线，它是工业通信网络中最常用的一种拓扑形式。其特点是：通信可以是点对点方式，也可以是广播方式，而这两种方式也是工业控制网络中常用的通信方式；接入容易，扩展方便；节省电缆；网络中某个节点发生故障时，对整个系统的影响较小，所以可靠性较高。

当信号在总线上传输时，随着距离的增加，信号会逐渐减弱。另外，当把一个节点连接到总线上时，由此所产生的分支电路还会引起信号的反射，从而对信号产生造成较大影响。所以在一定长度的总线上，所连接的从站设备的数量、分支电路的多少

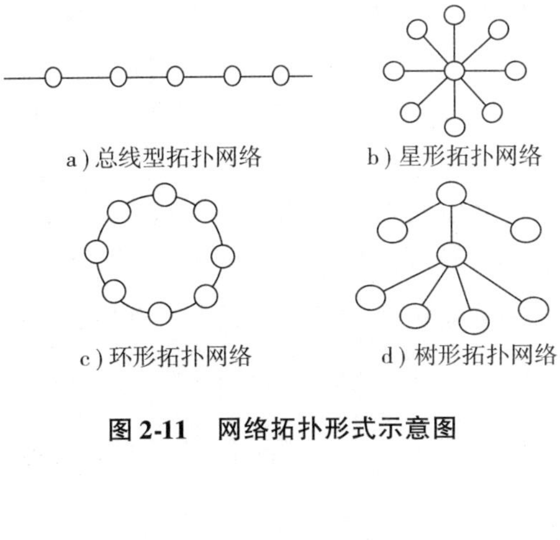

a）总线型拓扑网络　b）星形拓扑网络

c）环形拓扑网络　d）树形拓扑网络

图 2-11　网络拓扑形式示意图

和长度都要进行限制。

2. 星形拓扑

星形拓扑连接示意图如图2-11b所示。在星形拓扑中，每个节点通过点对点连接到中央节点，任何节点之间的通信都通过中央节点进行。这种结构主要用于分级的主从式网络，采用集中控制，中央节点就是控制核心，因此中央节点负担比较重。这种拓扑形式网络的特点是维护、管理简单；每个节点的通信负担很小，所以冲突小；网络延迟时间短，误码率低；增加节点时成本低。缺点是可靠性差，当中央节点出问题时，整个网络瘫痪。

3. 环形拓扑

环形拓扑连接示意图如图2-11c所示。环形拓扑通过网络节点实现点对点的链路的连接，各节点通过网络接口卡和干线耦合器连接，构成一个闭合环路。信号在环路上从一个设备到另一个设备单向传输，直到信号到达目的地为止，所以没有路径选择问题。环形网络中各节点以令牌方式实现对共享介质的访问控制。其优点是可使用光缆等传输介质，传输率高，适合于工业环境；其缺点是扩充不便。另外，当一个设备故障时会导致整个网络瘫痪，因此在一些重要的场合需要采用双环。

4. 树形拓扑

树形拓扑连接示意图如图2-11d所示。树形拓扑实质上是星形拓扑的变种，它可以实现点到点的通信方式；它也可以认为是总线型拓扑的扩展形式，所以可以实现多点的广播通信方式。树形网络的优点是成本低，管理维护方便，适应范围广，可以组成很大的网络规模；缺点是可靠性低。

2.2.3 介质访问控制方式

在计算机网络中，不管采用什么样的拓扑形式，传输介质总是作为各站点的共享资源。将传输介质的频带有效地分配给网络上各站点用户的方法称为介质访问控制方法或协议。介质访问控制方法对网络的响应时间、吞吐量和效率起着十分重要的作用。各种局域网的性能在很大程度上也取决于所选用的介质访问控制协议。

1. 多路复用技术

在实际的计算机网络系统中，为了有效地利用通信电路，总是利用一个信道同时传输多路信号。多路复用技术就是把多路信号在单一的传输线路上用单一的传输设备进行传输的技术。在远距离传输时，多路复用技术可以大大节省电缆的安装和维护费用。如图2-12所示，频分多路复用和时分多路复用是最常用的多路复用技术。

（1）频分多路复用

在物理信道能提供比单路原始信号宽得多的带宽的情况下，可以把该物理信道的总带宽分割成若干个与单路信号带宽相同（为了避免相互干扰也可以稍微宽一点）的子信道，每个子信道传输一路信号，这就是频分多路复用（Frequency Division Multiplexing，FDM）。

（2）时分多路复用

若传输介质能达到的位传输速率超过单一信号源所需要的数据传输率，就可以采

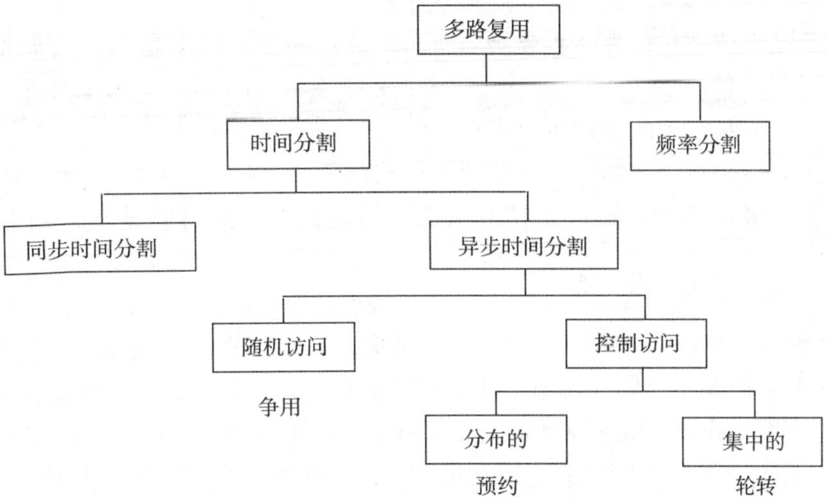

图 2-12　多路复用技术及网络控制方式示意图

用时分多路复用（TDM）技术。它是将一条物理信道按时间分成若干个时间片轮流地给多个信号源使用，这其中又分为同步时分多路复用和异步时分多路复用。同步时分多路复用是指时分方案中的时间片是分配好的，而且是固定不变地轮流占用，而不管某个信息源是否真的有信息要发送。这样，时间片与信息源是固定对应的，或者说，各种信息源的传输与定时是同步的。异步时分多路复用允许动态地分配传输媒介的时间片，这样可以大大地减少时间片的浪费。当然，后者实现起来要比前者复杂一些。

如图 2-12 所示，在介质访问控制方案中，最为普遍采用的是时分多路复用中的异步技术。这里有三种不同的异步技术：

1）**轮转**　每个站轮流地获得发送机会，这种技术适合于交互式的终端对主机通信。

2）**预约**　介质上的时间被分割成时间片，网上的站点要发送信息，必须事先预约可以占用的时间片，这种技术适合于数据流的通信。

3）**争用**　所有站点都能争用介质的使用权，这种技术实现起来简单，对轻负载或中等负载的系统比较有效，适合于突发式的通信。

争用方法属于随机访问技术，轮转和预约属于控制访问技术。争用协议一般用于总线网，每个站点都能独立地决定帧的发送，如两个站点或多个站点同时发送（即产生冲突），同时发送的所有帧都会出错。每个站点必须有能力判断冲突是否发生，如果冲突发生，则应等待随机时间间隔后重发，以避免再次发生冲突。

2. 介质访问控制方式

下面讨论最常用的三种介质访问控制方式，它们是总线方式的 CSMA/CD 方法、环形结构的令牌环（Token Ring）方法和令牌总线（Token Bus）方法。

（1）带冲突检测的载波监听多路访问（CSMA/CD）

网络站点监听载波是否存在，即判断信道是否被占用，并采取相应的措施，这是载波监听多路访问（Carrier Sense Multiple Access，CSMA）方式的重要特点。它是一种

争用协议，其控制方案为

1）一个站点要发送信息，首先要监听总线，以确定介质上是否有其他站的发送信息存在。

2）如果介质是空闲的，则可以发送。

3）如果介质是忙的，则等待一定间隔后重试。

4）介质的最大利用率取决于帧的长度，帧越长，传播时间越短，则介质利用率越高。

在载波监听多路访问（CSMA）方式中，由于信道的传播延迟，当总线上两个站点监听到总线没有信号而发送帧时，仍会产生冲突。由于 CSMA 中没有检测冲突的功能，所以即使冲突已经发生，仍然要把已破坏的帧发送完，结果造成了总线的利用率降低。

带冲突检测的载波监听多路访问（Carrier Sense Multiple Access with Collision Detection，CSMA/CD）方式可以提高总线的利用率，这种协议的国际标准 IEC802.3 就是以太网标准（10Mbit/s 以太网），已在局域网中广泛使用。CSMA/CD 介质访问方式在每个站点发送帧期间，同时对冲突进行检测，一旦检测到冲突，就停止发送，并向总线上发一串阻塞信号，通知总线上各站点冲突已发生。

（2）令牌环介质访问方式

令牌环（Token Ring）介质访问控制方式使用一个令牌（Token，又称为标记）沿着环循环，当各站点都没有帧发送时，令牌的形式为空令牌。当一个站点要发送帧时，需等待空令牌通过，然后将它改为忙令牌，紧接着把数据发送到环上。由于令牌是忙状态，所以其他站不能发送帧，必须暂时处于等待状态。令牌是一个特殊的帧，数据以点到点的方式从一个节点传送到下一个节点。循环方向必须是固定的，要么是顺时针，要么是逆时针。图 2-13 所示为令牌环的工作原理。在图中，如果节点 3 拥有空闲令牌并且要向节点 1 发送数据，则当令牌环为逆时针顺序旋转时，数据帧传送的方向和次序是 3－4－5－1；当令牌环为顺时针顺序旋转时，数据帧传送的方向和次序是 3－2－1。

接收帧的过程是当帧通过站点时，该站点先将帧的目的地址和本站点的地址进行比较，若地址相符，则将帧放入接收缓冲器，再输入站点，同时修改状态位，表示此帧已被正确接收，然后将帧送回环上；若地址不符，则简单地将数据帧重新送入环中即可。

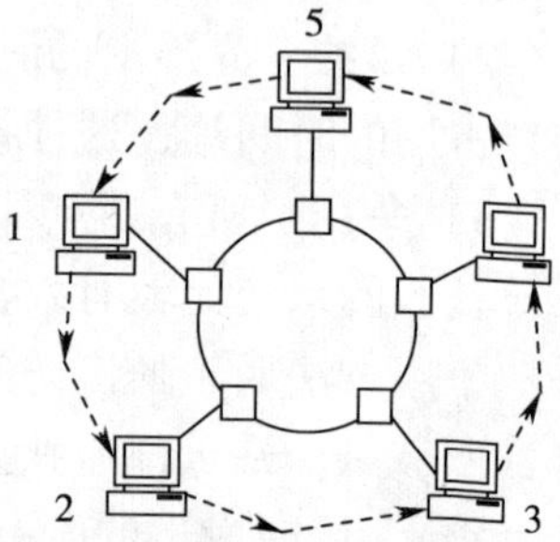

图 2-13　令牌环的工作原理

发送的帧在环循环一周后再回到发送站点，从返回的帧状态位得知发送成功后，将该帧从环上移走，同时将忙令牌改为空令牌，并把它传至后面的站点，使之获得发送帧的权力。

令牌环介质访问方式在轻负载时，由于等待令牌需要时间，因此效率较低。在重负载时，对各站点相对公平，所以效率较高。该方式还要求对令牌和数据进行控制，对数据帧可能永远在环上循环的这种情况必须能进行检测和消除。另外，还可以采用分布式的计算方法来把令牌环上的各个站点设置成不同的优先级。

令牌环被列为局域网 IEEE 802 标准里的 IEEE 802.5 标准。

（3）令牌总线介质访问方式

令牌总线（Token Bus）介质访问控制方式是在物理总线上建立一个逻辑环。从物理上看，这是一种总线结构的局域网，总线共享的传输介质是总线。从逻辑上看，这是一种环形结构的局域网，连接在总线上的各个站点组成一个逻辑环，每个站点被赋予一个顺序的逻辑位置。在这个逻辑环中，令牌依次传递，站点只有取得令牌才能发送帧。图 2-14 所示为令牌总线的工作原理。

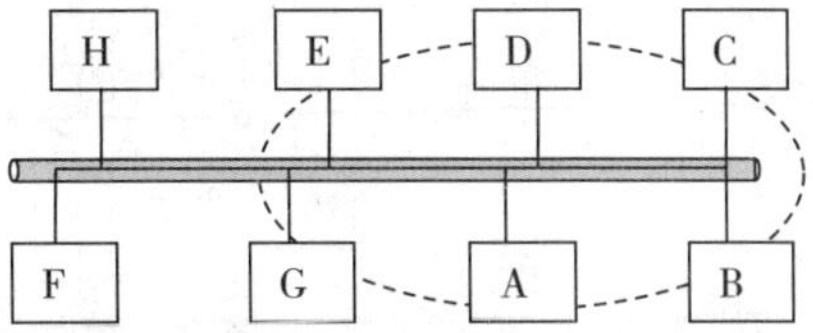

图 2-14　令牌总线的工作原理

在正常运行时，当某站点完成了它的发送后，就将令牌送给下一个站点。带有目的地址的令牌帧广播到总线上所有的站点，当目的站点识别出符合它的地址后，就接收该令牌帧。

因为只有拥有令牌的站点才能发送数据帧到总线，所以就避免了冲突，令牌环的信息帧长度只需要根据要传送的信息长度来确定即可。而对于 CSMA/CD 访问控制方式，为了使最远距离的站点也能检测到冲突，需要在实际的信息长度后加填充位，以满足最低信息长度的要求。令牌总线的帧可以设置得很短，与 CSMA/CD 相比减少了开销，相当于增加了网络的容量。

令牌总线被列为局域网 IEEE 802 标准里的 IEEE 802.4 标准，它也是现场总线中最常用的介质控制方式，比如 PROFIBUS 中主站之间的令牌。

2.3　开放系统互连参考模型及网络互连

2.3.1　OSI 参考模型

1. 概述

计算机网络在 20 世纪 70 年代得到了迅速发展，特别是在 1969 年美国诞生了世界最早的计算机网络 ARPAnet 后，网络发展势头迅猛。为了各自的商业利益以及在竞争中处于有利地位，世界上许多计算机公司都先后推出了自己的计算机网络体系结构。网络体系结构指的是计算机各部件的作用和概念及各部件之间的通信协议的集合。在体系结构中，定义了网络设备和软件如何相互作用和运行，它详细说明了通信协议、信息格式和相互作用所需要的标准。著名的网络体系有 IBM 的 SNA（System Network Architecture，系统网络体系结构）、数字设备公司的 DNA（Digital Network Architecture，数字网络体系结构）等。不同网络体系中的操作平台、硬件接口、网络协议等互不兼容，这种状况严重影响了信息交换、资源共享、分布式应用等，制约了计算机网络的发展。为了解决不同网络体系计算机之间的通信问题，实现不同厂家设备之间的互连操作与数据交换，从 1978 年开始，国际标准化组织 ISO 开始起草开放系统互连参考模型，并在 1983 年正式推出了“开放系统互连参考模型”（OSI－RM）的标准 ISO7498。OSI－RM 如图 2-15 所示。OSI－RM 的提出促进了计算机网络和数据通信的发展。

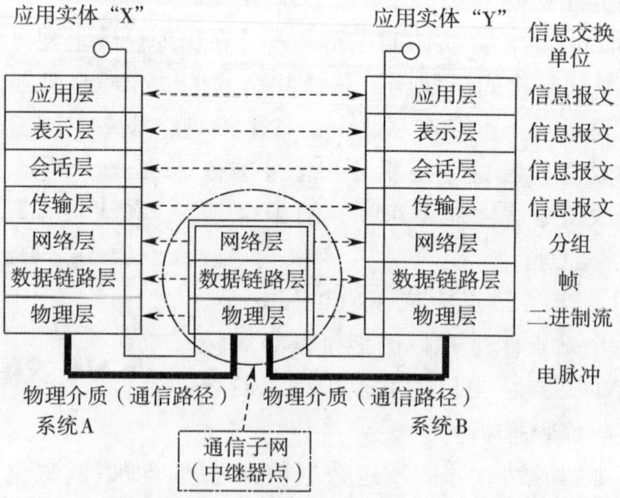

图2-15 开放系统互联参考模型（OSI-RM）

OSI－RM是一个7层的模型。在这七层中，下三层（物理层、数据链路层和网络层）是网络支撑层（也称为低层），它们涉及数据从一个设备传送到另一个设备的物理实现。例如电气、机械的物理指标、物理连接、地址、无差错传输等。上三层（会话层、表示层和应用层）为用户支撑层，它们允许在不同的网络体系、不同的软件系统中进行互操作。而第四层（传输层）起到一个连接上下两个三层的作用，它保证下三层传输的是上三层可以使用的格式。一般来说，上三层功能常常通过软件来实现，而下三层功能则是软件和硬件相结合，物理层（注意：不是指物理介质）基本为硬件。

OSI在体系结构理论上是比较完整的，各层协议也考虑得比较周到，但实现起来较为复杂，所以完全符合OSI 7层协议的商业产品不多。在OSI中提出了一些重要的概念，它们对理解计算机网络的工作原理有很大帮助，这些概念是：

1）协议 不同系统中同一层实体（即对等层实体）进行通信的规则的集合。在协议中，规定了协议数据单元（Protocol Data Unit，PDU）的格式，通信双方所要完成的操作，以及给上层提供的服务。

2）服务 在同一实体中下层实体给上层实体提供的功能称为服务。下层为服务提供者，上层为服务使用者（用户）。用户只看得见下层的服务而看不见下层的协议。在体系结构中，协议是水平方向的，服务是垂直方向的。

3）服务访问（存取）点 在同一系统中相邻两层之间交换信息的地点称为服务访问（存取）点（Service Access Point，SAP）。它实际上就是下层向上层提供服务的逻辑接口。

4）服务原语 在同一系统中相邻两层要按服务原语的方式交换信息。这些服务原语的交换地点在SAP。服务原语有请求、指示、响应和证实等4种类型。原语中可以包含对方的地址、所传送的内容、所要求的服务质量等信息。

2. OSI的分层技术

OSI的最大贡献就是它正式定义并系统化了网络体系结构中分层的概念。它采用定义明确的、可操作的、描述性的层的概念，说明了在数据传输过程中每个阶段所发生的行为。分层的概念对减少网络系统的复杂性和简化系统设计具有重要的意义，分层可以使某一层的功能和服务完全独立于其他层，并与其他层隔离。这样当引进新技术或提出新的业务要求时，就可以把因功能扩充或变更带来的影响限制在直接有关的层内，而不必进行全部协议的改动。

（1）分层的好处

1）结构简单：每个层次向上一层提供服务，向下一层请求服务。邻层之间的约定称为接口，各层之间的约定称为协议。只要相邻层的接口一致，即可进行通信。

2）关系简化：由于各层只关心本层的内容，每一层的细节问题对上一层来说是屏蔽的，因此通信关系大大简化。

3）相对独立：由于分层，每一层的功能相对独立，只要与相邻层的接口保持一致，其内部的变化、修改不影响整体的功能。

4）构造灵活：OSI 是一个参考模型，由于是分层的结构，所以使用者在遵守互联原则的基础上构造自己的具体通信协议时，可以根据实际需要合并某几个层或扩充某些层的功能。

（2）分层时应遵循的原则

1）根据不同抽象层次的需要进行分层，即当有大量的通信任务相近的性质时，就应当设立一个相应的层次；

2）每一层应当实现一个明确定义的功能；

3）每一层功能的选择应当有助于制定网络协议的国际标准；

4）层与层之间的边界应该选择在通过边界的信息量尽量少的地方；

5）层数应足够多但也不能太多。

3. OSI 对等通信的实质

在 OSI 中，对等层之间是不能进行直接通信的。每一层必须依靠相邻层提供的服务来与另一台主机的对应层通信。OSI 中对等通信的实质就是：对等层实体之间虚拟通信；下层向上层提供服务；实际通信在最底层完成。OSI - RM 中，对等层协议之间交换的信息单元统称为协议数据单元 PDU。传输层及以下各层的 PDU 还有各自特定的名称，即：

1）传输层——数据段（Segment）；

2）网络层——分组（数据报）（Packet）；

3）数据链路层——数据帧（Frame）；

4）物理层——比特（Bit）。

一台计算机要发送数据到另一台计算机，PDU 的数据首先必须打包，打包的过程称为封装。封装就是在数据前面加上特定的协议头部。这就像我们邮寄一封非常重要的挂号信一样，除了我们自己要把信笺封装在信封中，写上收信人地址、姓名外，邮局在邮递的过程中还要层层签收。我们知道 OSI 参考模型中每一层都要依靠下一层提供的服务，为了提供服务，下层把上层的 PDU 作为本层的数据封装，然后加入本层的头部（和尾部）。头部中含有完成数据传输所需的控制信息。这样，数据自上而下递交的过程实际上就是不断封装的过程。到达目的地后自下而上递交的过程就是不断拆封的过程。由此可知，在物理线路上传输的数据，其外面实际上被包封了多层“信封”。但是，某一层只能识别由对等层封装的“信封”，而对于被封装在“信封”内部的数据仅仅是拆封后将其提交给上层，本层不作任何处理。数据封装和拆封的过程如图2-16所示。

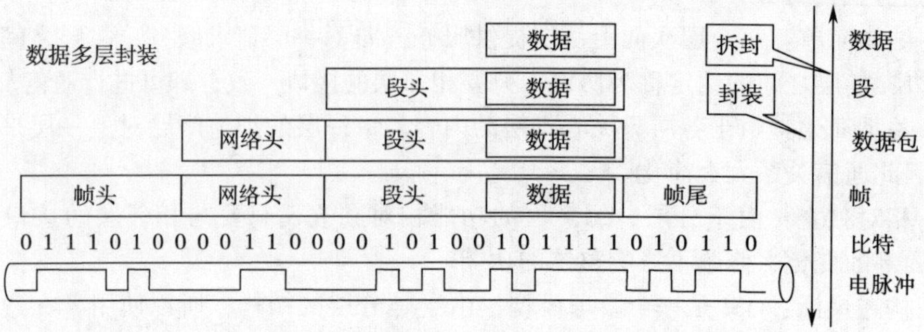

图2-16 数据封装和拆封过程示意图

4. OSI的服务类型

OSI的层提供了面向连接的和无连接的两种不同类型的服务。

面向连接的服务：类似于电话系统服务模式。它是指在数据传输前，在发送点和接收点之间建立了一条物理（或虚拟的）链路。这条链路在会话期间一直保持。会话结束后，链路被拆除。其特点是浪费带宽，因为即使在传输的空闲期间，链路仍然保持在建立状态。另外，其形成悬挂网络的可能性高，因为总是存在链路没有被拆除的可能性。但面向连接的服务可靠性高，它可以保证信息可靠地到达目的节点。它整个工作过程分为建立连接、数据传输和释放连接三个阶段。

无连接的服务：类似于邮政系统服务模式。它是指在数据传送之前发送节点和接收节点之间没有预先建立链路。在进行数据传输时，该服务首先将消息分割成分组的形式，然后这些成组的消息通过网络被路由。每个分组的消息都是独立的，它们必须携带目的地址。这种无连接的数据报服务不要求接收端应答，所以它的开销较小，但其可靠性无法保证。

5. OSI中各层的功能

OSI－RM的分层概况见表2-1。

表2-1 OSI-RM的分层概况

层号	层名	英文名	工作任务	接口要求	操作内容
第七层	应用层	Application Layer	管理、协同	应用操作	信息交换
第六层	表示层	Presentation Layer	编译	数据表达	数据构造
第五层	会话层	Session Layer	同步	对话结构	会话管理
第四层	传输层	Transport Layer	收发	数据传输	端口确认
第三层	网络层	Network Layer	选线、寻址	路由器选择	选定路径
第二层	数据链路层	Data Link Layer	成帧、纠错	介质访问方案	访问控制
第一层	物理层	Physical Layer	比特流传输	物理接口定义	数据收发

各层所完成的主要任务如下：

（1）物理层

在物理介质上传输原始的比特流数据。物理层为它的上层在物理媒介上建立、维持、拆除传输数据比特流的物理连接提供所必须的机械、电气、功能和规程特性等。在物理层规定了所使用导线的类型、连接器接口类型和型号，以及传输方案等。如EIA的RS485就是典型的物理层协议。

（2）数据链路层

由于外界的噪声和干扰等原因，原始的物理连接在传输比特流时可能发生差错，数据链路层的一个主要功能就是通过校验、确认和反馈重发等手段将原始的物理连接改造成为无差错的数据链路。物理层并不关心它所传输的比特流的意义和结构，在数据链路层将比特流组合成为帧（Frame），在一个帧中，包含有地址、控制域、数据域和校验码。

（3）网络层

在网络层的数据协议单元已变为“分组”（Packet），网络层的任务就是如何把“分组”通过一个或多个通信子网从源端传输到目的端，所以它要按照一定的算法进行路由选择。网络层的主要功能就是路径选择、网络流量控制、网络连接的建立、拆除与管理等。网络层提供面向连接的（虚电路）和无连接的（数据报）两种服务。

（4）传输层

传输层是第一个端到端的层，即主机到主机的层。有了传输层后，高层用户就可以利用传输层的服务直接进行端到端的数据传输，从而传输层以上的高层不用知道通信子网的存在，不用再操心数据传输的问题了。传输层对经过下三层后仍然存在的传输差错进行纠正，进一步提高了可靠性。

（5）会话层

传输层是主机到主机之间的层次，而会话层是进程到进程之间的层次。它为两个用户之间的特定进程或会话实体之间提供建立、维护与结束会话连接的服务，并对会话的数据传送提供控制与管理。例如，它可以给大量传送的数据打上标记，如果出现通信失败，则在重发时可以从最近的标记处重发，而不必从头开始。

（6）表示层

它处理的是OSI系统之间用户信息的表示问题。在OSI中，端用户（应用进程）之间传送的信息数据包含语意和语法两个方面。语意方面的问题由应用层负责处理，而语法方面的问题由表示层解决。所以表示层的主要功能就是统一实体间的交换信息的表示方法，把应用进程之间的信息数据，例如字符代码、数据格式、控制信息格式、压缩格式、加密方式等转换成为一种大家都能“读懂”的数据格式。表示层只对信息内容进行形式转换，而不改变其内容。

（7）应用层

它是OSI-RM的最高层，它负责用户信息的语意表示，直接为用户提供访问OSI环境的服务。例如，电子邮件、远程文件访问、共享数据库管理等。

2.3.2 网络互连

1. IEEE 802 标准

说到网络互连，就要先说一说 IEEE 802 标准。在 LAN（局域网）发展的早期，LAN 的发展非常混乱和不稳定，由于缺乏统一的 LAN 标准，所以不同网络之间的互联成为一件非常困难的事情。1980 年 2 月，IEEE 开始制定 LAN 标准，项目号就是 802。IEEE 802 标准使用 OSI 参考模型为框架，涵盖了各类局域网与 OSI 参考模型对应的物理层和数据链路层。它为了实现使数据链路层向上提供的服务与媒体、拓扑关系等因素无关的统一特性，和 OSI 参考模型相比，它将数据链路层分成了两个子层，即逻辑链路控制子层（Logical Link Control sublayer，LLC）和媒体访问控制子层（Media Access Control sublayer，MAC）。LLC 子层是数据链路层的上半部分，它用来完成成帧、流量控制和差错控制等功能；MAC 子层是数据链路层的下半部分，它为访问共享的介质提供了媒体访问管理协议。现场总线协议模型的数据链路层大都采用了 LLC 和 MAC 的概念。IEEE 802 是一个标准系列，该标准系列之间的关系如图 2-17 所示。IEEE 802 标准和 OSI 模型的比较如图 2-18 所示。

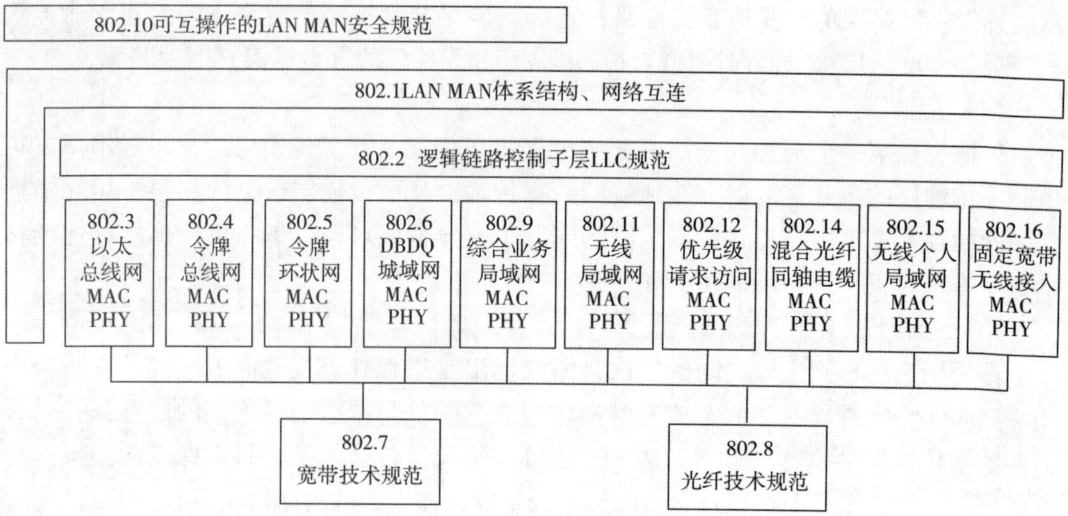

图 2-17 IEEE 802 系列标准之间的关系

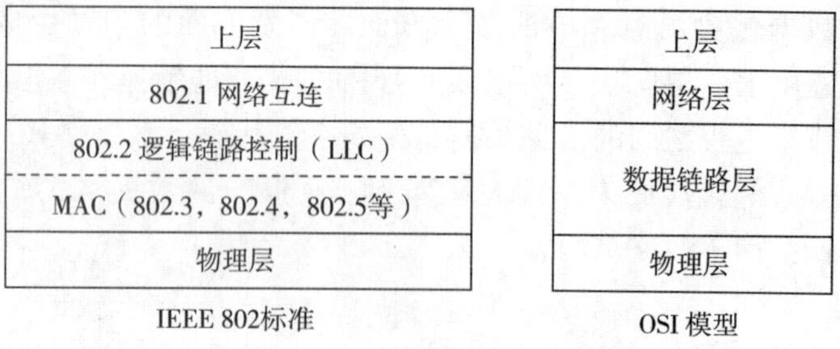

图 2-18 IEEE 802 标准和 OSI 模型比较

2. 网络互连

（1）基本概念

使用同一网络协议通过网络媒体互相共享资源的计算机及其他设备的集合称为计算机网络。若干个计算机网络互连起来形成的网络，称为互联网（internetwork）。所以互联网指的就是一个互相连接的网络的集合，该集合完成和单个网络相似的功能。一般使用 internetwork 的简写形式，即 internet 来表示互连起来的网络的集合。当 i 改为大写后，即变为 Internet 时，则它的意义就发生了改变，Internet 指的是当今世界上最大的互联网，即因特网。Internet 代表的是支持同一网络协议 TCP/IP 的网络的集合，也可以把它看作广域互联网，更重要的是因特网已具有了一定的文化含义。

一个网络与其他网络的连接方式与网络的类型密切相关。从网络互连的角度来看，通常把网络分为三种类型：相同（identical）、相似（similar）和相异（dissimilar）。相同的网络具有相同的体系结构和线缆；相似的网络具有不同的体系结构或线缆；相异的网络具有不同的硬件、软件和协议，并且通常支持不同的功能及应用。不同的网络类型决定了网络连接的方式也完全不同。

网络互连一般有三种方法，三种方法分别与 OSI 模型的低三层一一对应。相同的网络可以在物理层（第 1 层）进行互连；相似的网络可以在数据链路层（第 2 层）进行互连；相异的网络可以在网络层（第 3 层）互连。这说明用来连接这些网络的硬件设备也必须工作在相应的层次上。

（2）网络互连设备

完成网络互连的常用设备有中继器（repeater）、网桥（bridge）、路由器（router）和网关（gateway）。

1）**中继器**　中继器又称为重发器或转发器。它用于连接两个相同的网络，负责在两个节点的物理层上传递信息，完成对信号的复制、调整和放大等功能。通俗地理解中继器的功能就是增加了网络的长度。从理论上讲，中继器的使用个数可以是无限个，即网络的长度可以无限延长，但实际上是不可能的。因为在网络标准中都对信号的延迟范围做了具体的规定，如果延迟太长，协议就不能正常工作，因此网络中使用的中继器的个数是受到限制的。如在 PROFIBUS 中使用的中继器个数一般不允许超过 4 个。中继器的使用原理如图 2-19 所示。

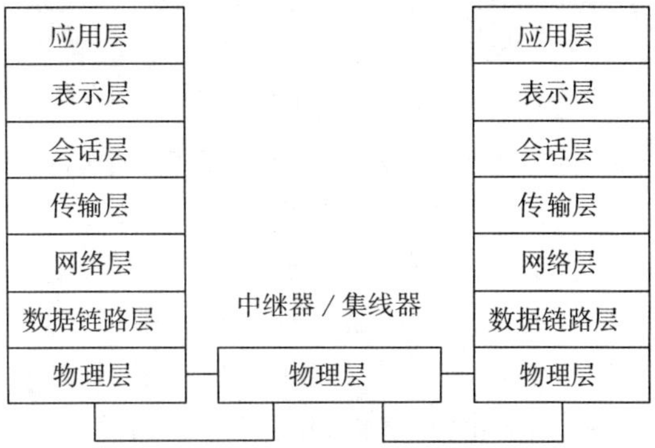

图 2-19　中继器的使用

2）**网桥**　网桥用来完成在数据链路层的网络连接，它支持不同的物理层并且能够互连不同体系的局域网。它要求互连的两个网络在数据链路层以上采用相同或兼容的协议。网桥是一种存储转发设备，它可以将数据帧送到数据链路层进行差错校验然后再送到物理层，通过物理层传输介质送到另一个子网或网段。网桥具有寻址和路径选择的功能，在接收到帧后，它可以选择正确的路径把帧送到相应的目的地。在 PROFI-

BUS 中，DP 和 PA 之间使用的耦合器或链接模块就是网桥的一种。网桥的使用原理如图 2-20 所示。

3）路由器 路由器是在网络层上实现多个网络互连的设备，它可以互连具有不同的物理层和数据链路层的网络，也支持不同的网络协议。路由器通过利用网络层的信息（例如网络地址）对分组信息进行存储转发，以此来实现网络的互连。除此之外。在进行异构网络的互连时，它还完成网络协议转换的功能。路由器最重要的功能是进行路由选择，即为经过路由器的每个数据分组按某种路由策略选择一条最佳路由，并将该数据分组转发出去。路由器比网桥更复杂、管理功能更强，它常用于多个局域网之间、局域网与广域网之间，以及异构网络之间的互连。路由器的使用原理如图 2-21 所示。

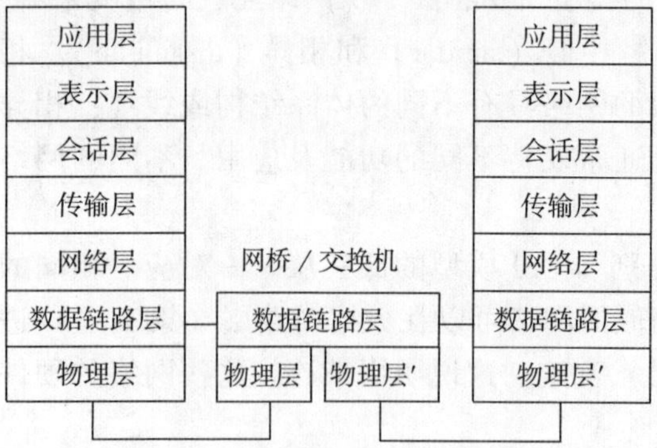

图 2-20 网桥的使用原理

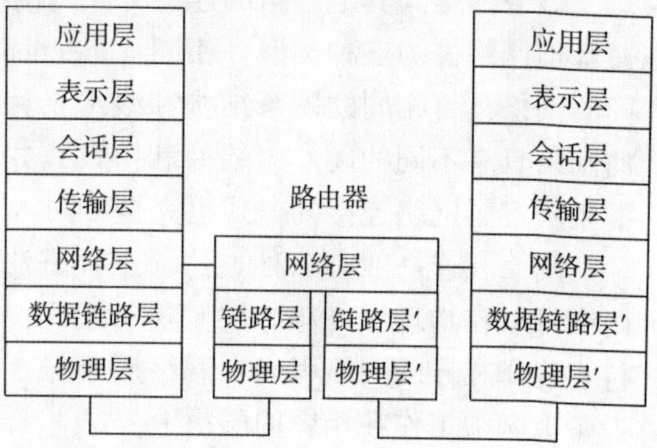

图 2-21 路由器的使用原理

4）网关 OSI 第 4 层以上的互连已不是由具体的硬件设备来完成，网关是用于 OSI 中第 4 层以及更高层次的中继系统，它实际上是一个协议转换器，或者说网关是在不同协议间进行转换的软件应用。通常网关是安装在路由器内的软件，也可以说网关是专用的路由器，是比路由器更复杂的网络互连设备。在 IP 圈内，网关有时候就是指路由器。网关用于实现不同通信协议的网络之间以及使用不同网络操作系统的网络之间的互连，网关总是与特定的网络互连相联系，因此不存在通用的网关。在现场总线的使用中，PROFIBUS 和 AS-i 之间就需要使用网关实现互连。网关的使用原理如图 2-22 所示。

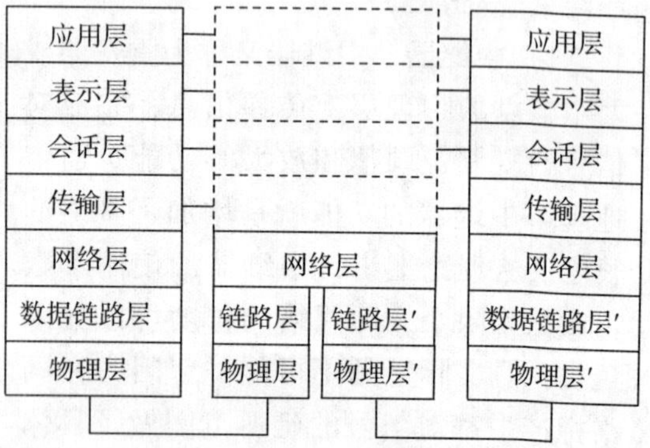

图 2-22 网关的使用原理

2.4 OPC 技术

现场总线技术和工业以太网的种类有很多，不同的现场总线之间，不同的工业以太网之间存在着互不兼容、数据无法交换的问题。另外，在使用不同的组态软件时会遇到底层设备驱动问题，不同的现场设备其驱动程序也不同。当现场设备进行改进或升级时，上位机中它们的相应驱动程序也必须改变。有些特殊设备或新设备的驱动程序还需要这些组态软件公司的工程师专门编写，不然上位机就不能从底层设备中获取数据。传统方式下的现场设备与上位机之间的数据交换方式如图 2-23a 所示。现在绝无可能把这些自动化技术都统一到一种标准上来，随着自动化技术的发展，在一个自动化系统中可能集成了不同操作平台上的不同厂商的不同的硬件和软件产品，如何实现各平台之间、各设备之间和各软件之间的数据交换和信息共享，如何实现整个工业企业网中数据的交互，就成为了急需解决的问题。OPC 技术提供了一种最佳的解决方案，现在它已成为工业数据交换的最有效的工具。

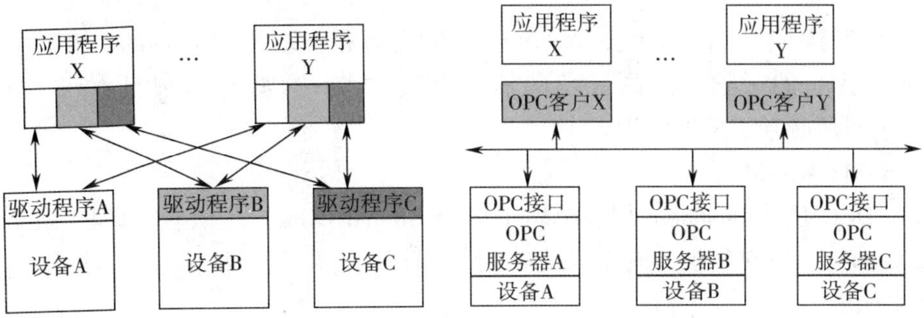

a）传统的组态软件和设备驱动程序　　b）基于OPC技术

图 2-23　现场设备与应用软件之间的数据交换方式

2.4.1 OPC 技术简介

OPC 是 OLE for Process Control 的缩写，这里的 OLE（Object Linking and Embedding）是微软公司的对象链接与嵌入技术，所以 OPC 就是应用于过程控制中的对象链接与嵌入技术。它是一套组件对象模型标准接口，用于在基于 Windows 操作平台的工业应用程序之间提供高效的信息集成和数据交换功能。OPC 以微软公司的 OLE/COM/DCOM 技术为基础，采用客户/服务器模式，定义了一套适用于过程控制应用，支持过程数据访问、报警、事件与历史数据访问等的功能接口。在使用过程中，OPC 的服务器是数据的供应方，负责为 OPC 的客户提供所需要的数据；OPC 客户是数据的使用方，可以对 OPC 服务器提供的数据按需要进行处理。OPC 服务器不必知道它的客户的来源，OPC 客户可根据需要，接通或断开与 OPC 服务器的连接。所以只要各种现场设备等都具有标准的 OPC 接口，服务器通过这些标准接口把数据传送出去，需要使用这些数据的客户也以标准的 OPC 读写方式对 OPC 标准接口进行访问即可获得所需要的数据。这里的标准接口是保证开放式数据交换的关键，它使得一个 OPC 服务器可以为多个客户提供数据；而一个客户也可以从多个 OPC 服务器获得数据。基于 OPC 的现场设备与应用软件之间的数据交换方式如图 2-23b 所示。OPC 最本质的作用就是实现了工业过程数据交换的标准化和开放性。

OPC 技术成功地解决了驱动程序重复开发的问题，使得不同硬件产品的互换性和控制系统的互操作性得以提高，另外也解决了产品升级所带来的一系列问题。现在OPC技术在自动控制领域的使用越来越广泛，这体现在两方面：一是许多硬件中增加了OPC接口，给用户提供了信息访问通道；二是在许多应用软件中增加了客户端功能，可以方便地获取不同的现场设备中的数据和信息。另外，一些监控应用软件同时也提供OPC服务器，可以为其他的软件提供信息访问通道。

在1996年10月，由世界上一些著名的自动化硬件设备制造商和软件开发商一起成立了OPC国际基金会，该基金会主要负责OPC技术规范的制定和发布，协调和推广OPC技术在世界范围内的应用。

2.4.2　几种OPC中所使用的微软公司的技术

OPC是世界上多个自动化公司、软硬件供应商和微软合作开发的一个接口标准，其中使用了大量的微软公司的成功的信息交换技术，这些技术都是在学习OPC和PROFINET时所必须了解的知识。

1. COM/DCOM

COM/DCOM（Component Object Model/Distributed COM）是微软公司提出的组件对象模型/分布式组件对象模型标准，它支持在局域网、广域网甚至Internet上不同对象之间的通信。

COM/DCOM是基于客户机和服务器的模型，主要包括客户程序和组件程序。进行功能请求调用的是客户程序，响应请求调用的是组件程序。组件程序也可以作为客户程序去调用其他的组件程序，因此组件程序最终构成了一个软件系统。COM的最大特点就是采用“接口”来实现客户端和服务器之间的标准通信，其设计目的是提高软件组件之间的互操作性，提高代码的可复用能力。接口是COM对象与外部联系的约定，COM对象总是通过一个指针来访问COM接口。图2-24所示为COM客户端通过指向COM对象接口的指针访问该对象的服务过程。

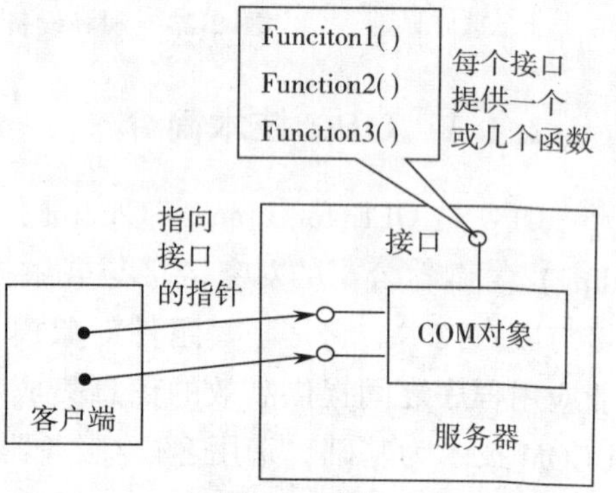

客户端通过指向对象接口的指针访问对象的服务

图2-24　COM对象及其接口

DCOM把COM的技术扩展到网络的远程对象，用于不同计算机之间传递信息，可以使远程组件看起来就像在本地一样。

2. OLE

对象链接和嵌入（Object Linking and Embeding，OLE）技术是微软公司为不同应用程序之间的文件可以互相传递数据、共享信息及其处理数据而制定的规范，是在客户应用程序间传输和共享信息的一组综合标准。

OLE是基于组件对象模型（COM）设计，它允许开发可在多个程序间相互操作的可复用即插即用对象。在OLE模型下，既可实现对象链接，也可把对象嵌入到文档中。OLE在商业领域得到了广泛应用，它实现了电子表格、字处理程序、财务软件包，以及其他应用程序之间的数据共享和单独链接。把 OLE 技术应用于工业控制过程中，可实现不同平台、不同软件和操作之间的数据交换和信息共享。

3. XML

可扩展性标记语言（eXtensible Markup Language，XML）是创造多种不同标识语言的元语言，可以定义文件的不同类型。超文本标记语言（Hypertext Markup Language，HTML）是一种用来创建从一个平台移植到另一个平台的超文本文档的简单标记语言，经常用来创建 Web 页面。由于 HTML 是一种定型的标记语言，将数据和显示混在一起，所以 XML 不是 HTML 的升级和替代品，而是 HTML 的补充和扩展。XML 简化了定义文件类型、编程和处理文件的过程，简化了在 Web 上的传送和共享。

XML 语言结构主要包含 3 部分：①文档类型定义语言（Document Type Definition，DTD），也就是 XML 的布局语言；②可扩展的样式语言（eXtensible Style Language，XSL），也就是 XML 的样式表语言；③可扩展链接语言（eXtensible Link Language，XLL）。

XML 的应用范围很广，大致可分为 4 大类：①要求 Web 客户机在两个或多个不同的数据库之间传递信息的应用；②将 Web 服务器的大量处理负载转移给 Web 客户机的应用；③要求 Web 客户机把同一数据以不同的表现方式提供给不同用户的应用；④适应特定用户需求的智能 Web 工具应用。

4. ActiveX

ActiveX 是由微软公司的组件对象模型（COM）构筑，从微软公司的复合文档技术——OLE 发展起来的，它与具体的编程语言无关。作为针对 Internet 应用开发的技术，ActiveX 被广泛应用于 Web 服务器以及客户端的各个方面。同时，ActiveX 技术也被用于方便地创建普通的桌面应用程序。

ActiveX 既包含服务器端技术，也包含客户端技术。其主要内容如下：

1）**ActiveX 控制**（ActiveX Control）　用于向 Web 页面、Microsoft Word 等支持 ActiveX 的容器（Container）中插入 COM 对象；

2）**ActiveX 文档**（ActiveX Document）　用于在 Web Browser 或者其他支持 ActiveX 的容器中浏览复合文档（非 HTML 文档），例如 Microsoft Word 文档、Microsoft Excel 文档或者用户自定义的文档等；

3）**ActiveX 脚本描述**（ActiveX Scripting）　用于从客户端或者服务器端操纵 ActiveX 控制和 Java 程序，传递数据，协调它们之间的操作；

4）**ActiveX 服务器框架**（ActiveX Server Framework）　提供了一系列针对 Web 服务器应用程序设计各个方面的函数及其封装类，诸如服务器过滤器、HTML 数据流控制等。

正如 Internet 和 Web 技术一样，ActiveX 技术的发展日新月异，新的更强大的开发工具（Delphi、PowerBuilder 以及 Visual Basic、Visual C++、Visual J++等）使得服务器及客户端的应用开发、网站建设变得更简单并容易扩展。随着微软公司完整的 Internet 解决方案被广泛使用，包括 Windows NT、Internet Information Server、Active Server Pages 以及 Microsoft Frontpage、Internet Explorer 等组件在内，ActiveX 技术将会有更大的发展。

2.4.3 OPC的接口和服务器

1. OPC标准接口

OPC规范中定义了两种标准接口：定制接口（Custom Interface）和自动化接口（Automation Interface）。其中定制接口是OPC服务器必须提供的最基本的接口，自动化接口可以选择提供。用C/C++等语言编写的OPC客户端程序可以任意访问这两种接口，而用Excel、VB等高级语言编写的客户端程序只能访问自动化接口。这些接口的体现形式是许许多多的可调用的函数，数据正是通过它们交给客户使用的。OPC接口示意图如图2-25所示。

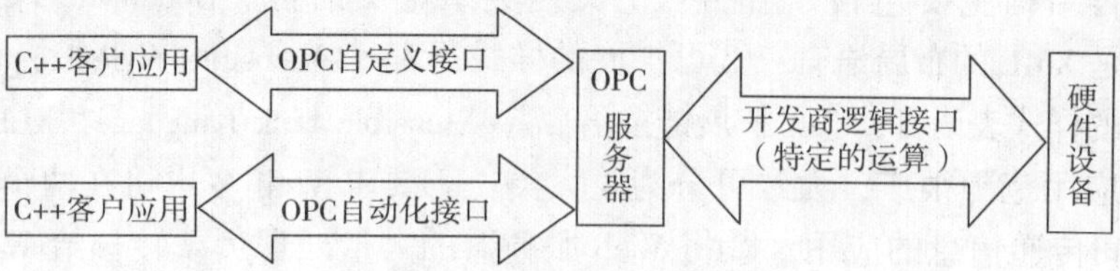

图2-25　OPC接口示意图

2. OPC的服务器类型

OPC规范中规定了以下几类OPC服务器：

1）OPC数据访问（Data Access）服务器：这是OPC中最基本的服务器，它提供对实时过程数据访问的标准接口，保证现场设备具有开放性和标准的一致性。

2）OPC报警和事件服务器（Alarm & Event Access）：该服务器提供过程状态的信息。报警是系统或过程出现了非正常的情况，而事件是指系统或过程状态的改变或某些预知情况的发生。该服务器的主要作用是对实时事件通知、过程报警确认、事件浏览等。有时OPC事件服务器是集成在数据服务器中的，有时则采用专门的OPC事件服务器。

3）OPC历史数据访问服务器（History Data Access）：在自动控制系统中，浏览和分析历史数据也是监控管理过程中的必要内容，该服务器可以为客户提供有关的历史数据信息。

4）OPC批量服务器（Batch Access）：该服务器主要用于访问批量控制过程的各类函数。

3. OPC服务器的对象模型

OPC服务器有3类COM对象：OPCServer对象、OPCGroup对象和OPCItem对象。OPC服务器的对象模型如图2-26所示。

OPCServer对象是OPC服务器要实现的主要对象，也是客户最先能连接到的COM对象。它负责OPC DA服务器级的信息管理和获取服务器的状态信息。它向OPC客户提供创建OPCGroup对象的功能。它提供了数种必须的和可选的接口，通过这些接口把OPC服务器的状态信息和管理Group的信息“暴露”给客户端，供其调用。

OPCServer对象下面是OPCGroup对象，后者主要用于设定和维护Group对象、管

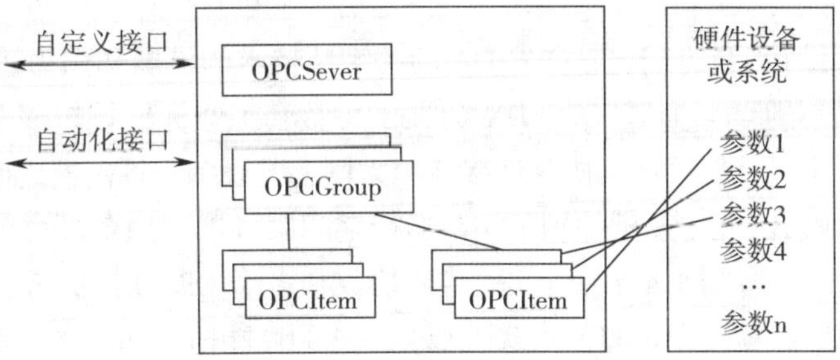

图 2-26　OPC 服务器的对象模型

理 Item 对象，负责 OPC DA 客户信息的设定与数据访问。

OPCItem 对象是最下面一层的对象，它包含在 OPCGroup 对象中。在 OPC 应用中，每个过程数据至少由 3 个数值的数据来描述：数据的值（Value）、数据的品质标识（Quality）和时间戳（Time Stamp）。这一组数据组成 OPC 的一个数据项 Item。OPCItem 用于管理与过程数据源的连接，它对 OPC 数据项进行封装，并增加了一些常用的 Item 的属性，如对象名、访问路径、数据类型等，以使客户可以方便地访问过程数据。

4. OPC 数据访问（DA）的过程

OPC 数据访问的过程示意图如图 2-27 所示。

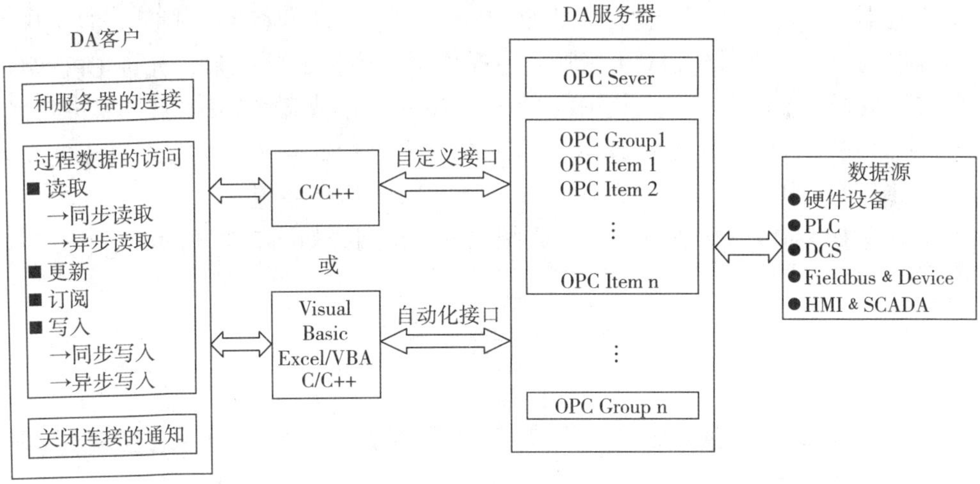

图 2-27　OPC 数据访问的过程示意图

首先，OPC DA 客户连接到 DA 服务器上，建立 OPC 组（Group）和 OPC 数据项（Item），这是 OPC DA 的基础，不然其他功能是不能实现的。DA 客户需要事先指定 DA 服务器的名称、运行 DA 服务器的机器名、DA 服务器上的 Item 定义。

其次，客户通过对其建立的 Group 和 Item 进行访问，实现对过程数据的访问。客户最主要的数据访问工作是对过程数据的读写操作（有同步读/写和异步读/写之分），除此之外，还包括对过程数据的更新和订阅。

最后是完成通知，即当服务器响应客户的过程数据访问请求，并处理完毕后，通知客户。

5. OPC DX

OPC DX（Data eXchange）是OPC DA的关键性技术的扩展和强力延伸，它于2001年年底发布，兼容目前的OPC DA。OPC DX定义了一整套工业标准接口规范，提供数据交换的互操作性标准，定义了使用不同协议连接在以太网上的设备和控制器之间的服务器到服务器的通信标准。OPC DX把DA延伸到了实时运行期间服务器到服务器之间的数据交换，它独立于以太网TCP/IP总线网络支持的实时应用协议，多个OPC DX服务器之间的通信通过远程组态建立起来后，就可以很容易地实现混合系统的性能监控和故障诊断等功能。

OPC DX允许不同现场总线之间的互操作，而不必知道每种总线内部具体的技术规范。使用OPC DX任何匹配的现场总线和应用软件都可以和任何提供OPC DX匹配服务器的现场总线之间进行数据交换。在第5章的PROFINET系统集成一节会看到使用OPC DX的例子。

2.4.4 OPC应用举例

借助于OPC技术，可以解决许多原来在工业控制领域中棘手的通信（数据交换）问题。例如，可以把不同的现场总线系统或工业以太网系统连接成一个控制系统，这对于解决由于种种原因所形成的尴尬局面和信息孤岛问题都是一种理想的方案。在工业以太网技术飞速发展的今天，OPC技术显示出了它的必要性。

概括起来，OPC定义了一整套标准的COM对象、方法和特性来满足实时工厂自动化和过程控制应用的要求。OPC DA服务器提供了一个标准的接口，允许OPC客户应用之间交换数据和控制命令，允许OPC客户应用和一个或多个OPC服务器进行通信；OPC DX允许连接一起的不同的OPC DX服务器之间进行数据交换，例如FF OPC DX服务器、PROFIBUS OPC DX服务器、DeviceNet OPC DX服务器等。

一个具有OPC DA和OPC DX的跨系统数据交换网络如图2-28所示。

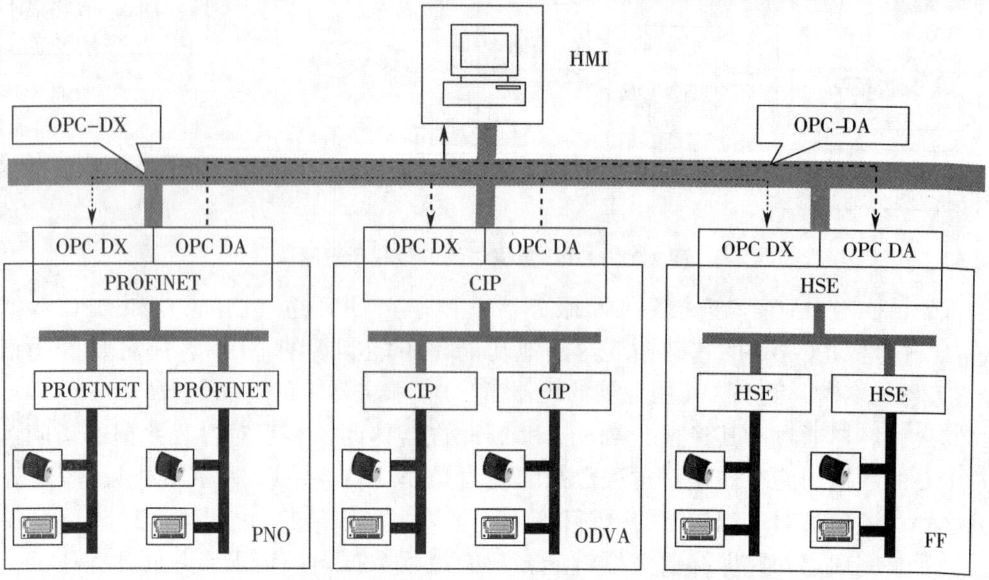

图2-28 具有OPC DA和OPC DX的跨系统数据交换网络

在该例中，有三种不同的工业以太网系统：PI 的 PROFINET、ODVA 的 CIP 和 FF 的 HSE，它们都有标准的 OPC DA 和 OPC DX 服务器，系统中的 HMI 可以通过 OPC DA 服务器和它们进行通信，而它们三者之间则可以通过 OPC DX 进行数据交换。

本章小结

本章分 4 个小节讲解和叙述了工业网络与通信的基础知识，为以后对现场总线技术的学习进行了前期的铺垫工作。这些知识可能在《计算机网络》等课程中有所涉及，但在这里我们摘取的是与工业现场总线技术关系最紧密的有关基础知识。

第 1 节复习了数据通信中的基本概念，如波特率、比特率、模拟数据、数字数据等。我们讲解了在现场总线中常用的 NRZ 编码、Manchester 编码。工业通信网络中最常用的数据传输方式是串行通信，而为了达到同步的目的，可以使用异步传输和同步传输技术，这两种方法在现场总线中都有使用。数据通信过程中，差错控制非常重要，最常用的检错码是 CRC 码，海明码是常用的纠错码，海明距离常用来表征通信的可靠性。

第 2 节主要介绍了工业网络的物理结构和介质访问控制方式。常用的工业物理结构有总线型、星形和树形等。令牌总线方式是 PROFIBUS 中使用的介质访问控制方式，CSMA/CD 是工业以太网的基础。

第 3 节介绍了 ISO 的 OSI 模型，为学习现场总线通信模型和实时以太网的通信模型打下基础。网络互连概念的引入，使得大家对不同层次和不同类型的工业网络的互连有了一个简单的认识，IEEE 802 标准的介绍也为以后对工业以太网的学习打下了一个基础。

第 4 节的 OPC 技术是现代工业自动化技术中的关键技术，它基于服务器和客户端模型，解决了工业自动化应用技术领域数据交换的难题。

习题和思考题

1. 什么是数据通信系统？什么是工业数据通信？
2. 信息、数据、信号三者之间的关系是什么？
3. 请解释比特率、波特率的概念，以及它们之间的关系。
4. 什么是 NRZ 编码和 Manchester 编码？它们各有什么特点？
5. 什么是异步传输和同步传输？
6. 数据在通信线路上传输时，为什么会产生差错？
7. 已知 CRC 生成多项式为 $G(x) = x^4 + x + 1$，设要传送的码字为 101101001，请求出校验码。
8. 令牌总线介质访问方式的实质是什么？
9. OSI-RM 中的三个核心概念是什么？请对它们作简要解释。
10. 网络互连是在哪些层次上进行的？它们分别可以完成哪些类型的网络之间的

互连？

11. 常用的网络互连设备有哪些？它们的主要作用是什么？

12. OPC 技术主要用来解决什么问题？

13. OPC DA 和 OPC DX 的主要区别是什么？

第3章　PROFIBUS基础及安装技术

在十多年的开发和应用实践过程中，PROFIBUS以其技术的成熟性、完整性和应用的可靠性等多方面的优秀表现，成为了现场总线技术领域国际市场上的领导者。尽管如此，PROFIBUS仍然保持着充足的动力和热情向前发展着。PROFIBUS不仅注重系统技术，而且侧重应用行规的开发，它是能够全面覆盖工厂自动化和过程自动化应用领域的现场总线。另外，基于以太网（Ethernet）通信标准的PROFINET也已经推向市场，这也使得PI（PROFIBUS INTERNATIONAL）在实时工业以太网领域走在了前面。PROFIBUS是在世界范围内应用最广泛的现场总线技术。

3.1　PROFIBUS概述

3.1.1　PROFIBUS的发展

PROFIBUS是Process FIeld BUS（过程现场总线）的缩写。在现场总线研究和开发方面，德国和美国走在前面。在20世纪80年代后期，现场总线研发的竞争已初见端倪，PROFIBUS的标准规范作为一个研究课题（1987~1990）得到了德国政府的大力支持和资助，由12家组织（公司）和5家德国研究所共同开发研究。这12家公司是ABB、AEG、Bosch、Honeywell、Kloeckner-Moeller、Landis-Gyro、Phoenix Contact、Rheinmetall、RMP、Sauter-Cumulus、Schleicher、SIEMENS。

1989年发布了第一个PROFIBUS的草案，作为德国国家标准DIN19245的第1部分和第2部分，它被定义为PROFIBUS-FMS（Fieldbus Message Specification）。1993年发布了被定义为PROFIBUS DP（Decentralized Peripherials）的第3部分。

随着“现场总线战争”的到来和总线标准竞争的白热化，为了协调各方面的立场，保证欧洲的利益，1993年欧洲电工委员会CENELEC成立了一个工作组，来制定和发展欧洲的现场总线标准。这是一个十分艰苦的工作，因为当时欧洲已有很多种类的现场总线。工作组进行了充分的技术论证和市场调研，经过1995年和1996年的两轮投票，1996年12月发布了欧洲现场总线标准EN50170。当时EN50170包括PROFIBUS（FMS、DP）、P-NET和WorldFIP。1998年PROFIBUS PA也纳入了EN50170中。

从前面的章节中，已经了解到关于现场总线IEC61158标准中的现场总线类型。在IEC61158中，PROFIBUS（包括DP和PA，没有FMS）成为第3种现场总线标准，后来DP-V1和DP-V2也补充了进来，PI的PROFINET也成为了IEC61158中的第10种现场总线标准。

2001年，PROFIBUS被批准为我国国内首个机械行业标准（JB/T 10308.3—

2001[⊖]）。5年后，PROFIBUS凭借其在中国广泛的应用、测试技术本地化、国内企业广泛参与其技术的应用和推广等，于2006年10月，被批准为中华人民共和国国家标准——GB/T 20540—2006，这是中国第一个现场总线国家标准。

PROFIBUS是世界上应用最成功的现场总线之一。到2010年底，PROFIBUS的安装节点已达到3560万个（其中600万个应用于过程控制领域），预计到2012年，会达到5000万个，PI的会员数也达到1400多个。现在，有数百个制造商和供应商可提供数千种PROFIBUS产品。同时，PROFIBUS建立起了世界范围内的技术支持网络，自1989年在德国成立PROFIBUS用户组织（PNO）以来，目前已有27个地区性的RPAs（Regional PROFIBUS Associations），在22个国家有40个PCC（PROFIBUS Competency Centres）和10个测试实验室，所有这些机构都可以为广大的用户提供技术培训、咨询和交流等方面的支持。

PROFIBUS技术仍在继续发展，各个工作小组在PI和相关公司的赞助和指导下，最近几年来取得了许多成果。本章的最后我们将对PROFIBUS的最新发展成果进行介绍。

PROFIBUS以其标准的完整性、开放性、透明性，以及不依赖于制造商的公正性，已成为了应用最成功和最广泛的现场总线的代表，正在引领着现场总线技术这场工业自动化技术革命的前进方向。相信现场总线技术会为传统的工控领域带来翻天覆地的变化。

3.1.2 PROFIBUS的产品认证

现场总线技术的特点之一就是其开放性和互操作性。符合同一通信协议和规范的智能产品都能方便且无障碍地连接在一个很大的工业网络中，而且可以保证具备互换性和互操作性。所有这一切都基于严格、公正的产品测试、认证程序和过程。PROFIBUS是使用最广泛的现场总线，据PNO提供的报告，经过认证的PROFIBUS产品目前还没有发生过质量问题。PROFIBUS的专家也给出建议，要求使用经过PROFIBUS权威机构认证的产品，不要因为价格上的一些优惠或采购上的一些方便而使用没有经过认证的产品，以避免预料不到的损失。

PROFIBUS总线产品中的关键部件是一个ASIC（Application Specific Integrated Circuits，专用集成电路），该芯片是经过认证并符合PROFIBUS通信协议的，但要想成为一个可以使用的PROFIBUS产品，还需要加上外围电路和用户编制的GSD文件等。所以最终的产品是否符合标准的要求，还需要通过正式和全面的测试。所有的测试应该在PI指定的测试实验室中完成，目前PI在全球范围内有10个PROFIBUS产品测试实验室，非常荣幸的是我国有其中的两个。一个PROFIBUS产品，只有通过PROFIBUS产品测试认证，才能保证其在PROFIBUS总线系统中使用的可靠性、一致性和互操作性。

测试包括以下几个方面：

1）硬件方面 物理性能、与RS485规范的一致性、组态、连接、设备的传输反射

⊖ 现已作废，被JB/T 10308.3—2005代替。

性、终端电阻，以及与 GSD 文件定义的数据是否吻合等；

2）**总线传输方面**（从站性能）　看门狗功能、最大／最小的响应时间 TSDR、总线通道和传输协议、设备地址、传输速率、数据一致性，以及在整个 PROFIBUS 网络中的操作等；

3）**功能性测试**　模拟错误和其他特殊情况下，设备的功能是否正常；

4）**一致性测试**　状态转换、总线中断、2 类主站操作、可选功能测试、分析诊断，以及总线断路等情况下的测试；

5）**互操作性测试**　在一个具有多家产品的网络中对其进行带负载测试，检查其是否符合 IEC61158 相关规定的要求；

6）**电磁兼容性**　测试其是否符合 IEC801-4 的要求。

除了对 PROFIBUS 产品进行认证外，PI 还提供了对从事 PROFIBUS 技术服务的工程师资格认证。这些认证包括 PROFIBUS 工程师资格认证、PROFIBUS 安装工程师资格认证等，这些认证是全球范围内承认的，有效期为 2 年，只有通过学习 PROFIBUS 新的认证课程，才能获得资格的延续。比如在获得 PROFIBUS DP 的资格认证后，还可以参加 PA、PROFIdrive，以及 PROFINET 等课程的学习，这会督促你不断地学习、了解和掌握 PROFIBUS 的最新技术和发展动向。

3.1.3　PROFIBUS 的家族成员

按传统的说法，PROFIBUS 家族成员包括 FMS、DP 和 PA，但由于 FMS 使用较为复杂、成本较高，市场占有率低，以及 DP 可以稳定使用的通信速率越来越高，还有 PROFINET 的迅猛发展和其强大的高端网络功能，PROFIBUS DP 和 PROFINET 已经能完全取代 FMS。所以在 2000 年以前，PI 就不再支持 FMS 的发展，它也没有被列入 IEC61158 中。然而，FMS 是 PROFIBUS 的第一个版本，本书在某些地方会有所提及。

按照 IEC61784（工业控制系统中与现场总线相关的连续和不连续制造业中使用行规（profile）集）中的规定，PROFIBUS 家族被定为 CPF3（Communication Profile Family 3，通信行规家族 3），CPF3 又被细分为 3 种类型，见表 3-1。

表 3-1　PROFIBUS 通信行规家族

IEC61784 profile family	PROFIBUS 类型	IEC61158 Types		
		物理层	数据链路层	用户层
CPF 3/1	DP	Type 3：RS 485，光纤	Type 3：异步传输	Type 3：PROFIBUS
CPF 3/2	PA	Type 1：MBP	Type 3：同步传输	Type 3：PROFIBUS
CPF 3/3	PROFINET	ISO/IEC8802-3 Ethernet	ISO/IEC8802-3 TCP/UDP/IP	Type 10：PROFINET

1. PROFIBUS FMS

FMS（Fieldbus Message Specification）是最初的 PROFIBUS 系统，主要用于车间级智能主站通用的、对等的（peer to peer）、面向对象的通信。主要应用领域是大数据量的数据传输，或把若干个分散过程集成到一个公共过程中。

2. PROFIBUS DP

DP（Decentralized Periphery）用于电气自动化和设备自动化中快速的数据交换，它具有设置简单、价格低廉、功能强大等特点。DP 的基本版本是 DP-V0，扩展版本是 DP-V1 和 DP-V2。DP-V0 用于第一类主站和从站之间周期性数据的交换；DP-V1 用于 PA 以及第二类主站和从站或第一类主站之间的通信；DP-V2 是为高速及高精度的运动控制设计的，用于等时同步及从站之间的通信。DP 的基本版本和扩展版本的功能均能用于 PA。本书将详细地讲解 DP 的相关知识。

3. PROFIBUS PA

PA（Process Automation）主要是为过程控制的特殊要求而设计的。它的数据传输和电源共用同一根电缆，可以用于对本质安全有要求或一般过程控制的场合。

工业控制领域的控制对象千差万别，这样对控制系统的具体要求也不相同，每种总线都有它最适用的控制场合，这也就是今天许多现场总线并存的一个重要原因。PROFIBUS 的第一个标准是 FMS，它主要用于现场设备间的高速数据交换，由于新技术的出现，PI 已不再支持它的发展；PROFIBUS DP 在世界范围的现场总线应用中占有重要的地位，它主要应用于制造业领域（开关量为主）。过程控制是工业自动控制的最主要的分支之一，在石油化工、制药、污水处理等行业，过程控制占主导地位。为了适应市场的需要，PROFIBUS 在公布 DP 的标准后不久，又推出了 PA 标准。PROFIBUS PA 在 2000 年底和 PROFINET 一起被补充到了现场总线的国际标准 IEC61158 中。

PA 专为过程控制应用而设计，通俗地理解就是它取代了过程控制中传统的 4～20mA信号标准。它是 PROFIBUS DP 的延伸和扩展，所以 PA 的通信协议是 DP-V1，它是 DP-V0 的扩展。过程控制的主要特点是模拟量控制为主，各种控制参数、报警参数较多，系统对安全性要求较高。在 PA 中，从它的通信模型、通信协议和行规里都体现出了适合于过程控制要求的特点。各种变送器、阀和执行器等都可以做成符合 PA 要求的从站，连接到 PA 网络中。在 PROFIBUS PA 中，采用 FDT/DTM 技术，可以实现高水平的工厂资产管理和优化。另外，在 PROFIBUS PA 中使用了总线供电方式，引入了 FISCO 的概念，使其可以安全地应用于存在爆炸危险的场合。PROFIBUS PA 完全满足最严格的化学工业过程控制的需要，同时也在污水处理、石化、电力等过程控制行业得到了广泛的应用。其主要技术特点如下：

（1）PA 使用 DP-V1 通信协议进行通信

它不仅有循环数据通信，而且还有非循环数据通信。循环通信完成一般的数据测量值和设备的实时状态等数据的交换，保证了控制的快速性；非循环数据交换主要用于过程数据的上下限范围设定值、报警范围设定值，以及制造商的一些特殊数据的通信。

（2）PA 在从站设备的行规中定义了应具有的特性

从站设备的行规对设备的公共参数和其基本功能，以及参数的测量值、附加特征、工程单位都做了详细规定，而且还对设备的工程维护、诊断功能、识别功能等复杂的应用功能也做了详细的规定，从而保证了不同制造商产品之间的互操作性和可互换性。

(3) 传输技术

PA 使用 IEC61158-2 中规定的同步传输技术，通过 MBP 总线供电模式，数字信号和设备电源通过同一电缆传送，符合危险场合设备使用的规定，所以可以在 Zone0 ~ Zone2 区域使用。

(4) 本质安全

PA 可以使用 FISCO 模式，使本质安全网络得以延伸。FISCO 是一种新的更有效的本质安全应用方法，其根本特点就是充分利用了危险场合所允许的最大负载电流的规定，扩大了本质安全的设备使用数量和范围。

(5) 设备管理工具

在 PA 的从站设备中，引入了 EDDL、FDT/DTM 的概念，提高了设备的管理水平，为优化资源管理打下了基础。

4. PROFINET

其实，PROFINET 和 PROFIBUS 是两种完全不同的技术，PROFINET 是作为一种新的总线类型出现的。在 IEC61158 中，它被列为第 10 种现场总线标准。它是 PI 开发的实时工业以太网，所以和 PROFIBUS 的关系非常紧密。在本书的第 5 章和第 6 章还将详细介绍 PROFINET，这里不再赘述。

3.1.4 PROFIBUS 系统组成模块

PROFIBUS 技术的全部内容可以用图 3-1 所示的系统组成模块来表示。其通信协议组合了大量相互适配的应用/规范技术模块（包括传输技术、应用行规、集成技术等），从而保证了宽泛应用之间的完全一致性。PROFIBUS 适合于过程自动化、制造业自动化，以及和功能安全相关的多领域的使用要求。

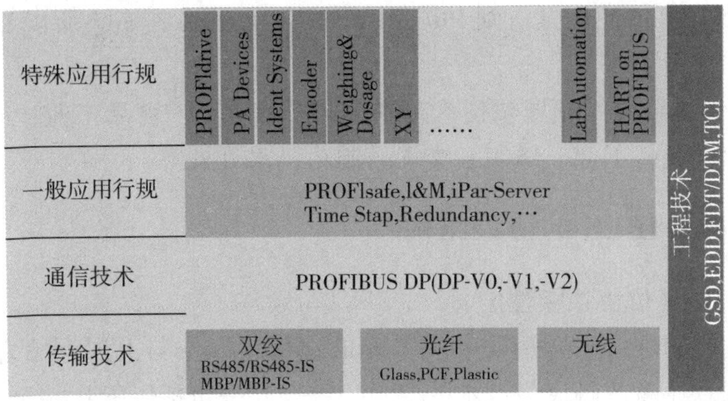

图 3-1 PROFIBUS 系统组成模块

图 3-1 中系统组成模块的核心是 PROFIBUS DP 通信协议，用来实现自动化系统设备之间的通信。传输技术中的 RS485/RS485-IS、MBP/MBP-IS，以及光纤传输分别用于工厂自动化、过程控制中的不同要求的场合。PROFIBUS 的 Profiles（行规）保证了不同设备供应商产品之间的互操作性，使不同行规的设备可以在同一个网络中使用。除此之外，系统组成模块中还包括工程工具，用来完成高智能化设备的描述和集成。

3.1.5 PROFIBUS 自动化系统解决方案

由 PROFIBUS 组成的工业控制网络如图 3-2 所示。从图中我们可以看出，从现场层到管理层都可以使用相应的 PROFIBUS 技术作为解决方案来实现其功能。

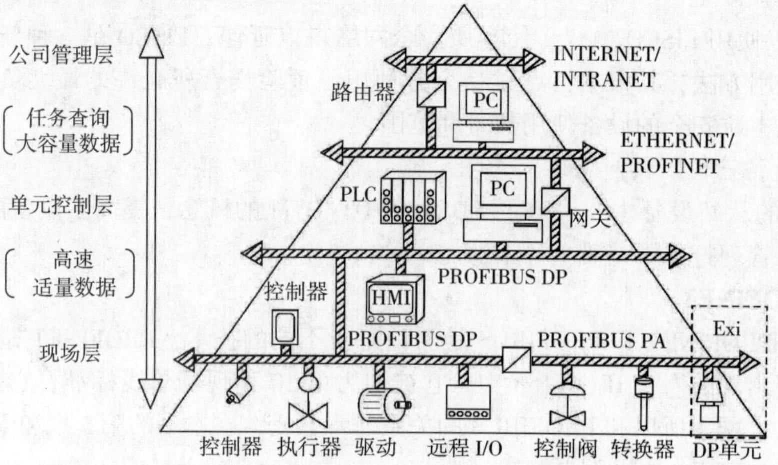

图 3-2 由 PROFIBUS 组成的工业控制网络示意图

PROFIBUS 不仅有适合于以逻辑顺序控制为主的制造业领域的 PROFIBUS DP 技术，而且还有适合于控制过程复杂、安全性要求严格的石油、化工等以模拟量为主的过程控制领域的 PA 技术，而 PROFINET 更提供了一种适合于从工业企业的最高层到最底层、从一种总线到另一种总线的宽范围的现场总线解决方案。PROFIBUS 宽范围的数据传输率（从 9.6kbit/s 到 12Mbit/s）也为它得到广泛的使用提供了技术保证。在实际应用中，PROFIBUS DP 的使用量占到 PROFIBUS 用量的 90% 左右，所以 DP 在 PROFIBUS 中占有最重要的位置。

PROFIBUS 的主要应用领域包括汽车制造、石油化工、食品工业、矿山、冶炼、包装、运输、造船、装备工业、纺织、交通、制药、水处理等。

3.1.6 PROFIBUS 的协议结构

1. 现场总线的通信协议模型

在现场装置之间进行完全透明和高效率的通信，以及与上层网络之间进行正确有效的沟通是现场总线通信协议最基本的要求。综合起来包括以下几方面：

1）**通信介质的多样性** 支持多种通信介质，以满足不同场合与环境的要求。

2）**信息传递的实时性、确定性和完整性** 这也是工业控制系统中的通信和民用通信的最大区别。现场总线系统中的通信不允许有较大的延时或延时的不确定性，它要求系统对控制过程中出现的任何情况都能做出快速的响应，所以它对系统实时性的要求非常苛刻。另外它的通信必须要在保证质量的情况下有确定的联系对象。

3）**可靠性** 应具备各种抗干扰的能力及完善的自诊断和纠错能力。

4）**互操作性** 不同厂商制造的总线设备可在同一个总线系统中互相通信和操作。

5）**开放性** 基本符合 OSI 参考模型，形成一个开放系统。

现场总线的通信协议模型是参照 OSI 开放系统互连参考模型并加以简化而建立的，这样做有利于系统的开放。现场总线通信协议模型综合了多种现场总线标准，规定了现场应用进程之间的相互可操作性、通信方式、层次化的通信服务功能划分、信息流向及传递规则。在第 2 章中已对 OSI 的参考模型作了介绍，具有 7 层结构的 OSI 参考模型可支持的通信功能是相当强大的。作为一个通用参考模型，它需要解决各方面可能遇到的问题，所以需要具备丰富的功能。在现场总线的通信协议模型的制定过程中，基于其通信的实时性、确定性和可靠性的考虑，现场总线通信协议模型根据自身的特点对其进行了简化，只采用了物理层、数据链路层和应用层。同时考虑到现场装置的控制功能和具体应用又增加了用户层。需要指出的是，在现场总线通信协议模型中，虽然没有了 OSI 的 3 ~6 层，但这并不是说完全抛弃了这些层的功能，而是根据实际需要和就近原则把一些有用的功能上移到了应用层，或下移到了数据链路层，这种简化是在形式上和实际内容上进行的。IEC61158 现场总线通信协议模型如图 3-3 所示。

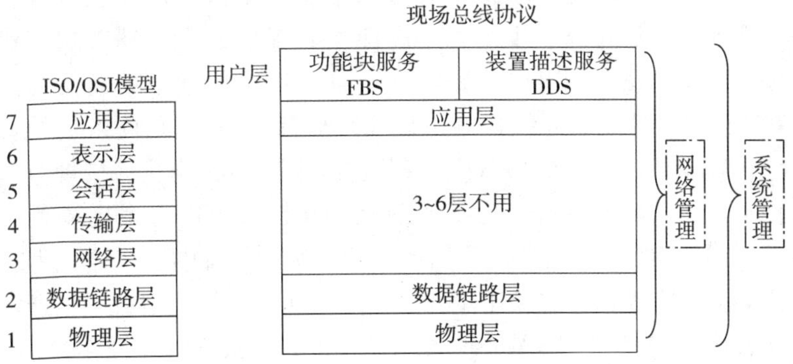

图 3-3 IEC61158 现场总线通信协议模型

其各层的功能及定义如下：

（1）第 1 层：物理层（Physical Layer）

物理层提供机械、电气的功能性和规程等方面功能。它定义了网络信道上的信号连接方式、传输介质、传输速率，每条线路上连接仪表及装置的数量、最大传输距离、电源等，以便在数据链路实体之间建立、维护和拆除物理连接。物理层通过物理连接在数据链路实体之间提供透明的位流传输。当处于数据发送状态时，该层接收数据链路层（DLL）下发的数据信号，并将以某种电气信号进行编码并发送。当处于数据接收状态时，将相应的电气信号编码变为二进制数，并传送到链路层。

（2）第 2 层：数据链路层（Data Link Layer）

在该层定义了一系列服务于应用层的功能和向下与物理层的接口，并提供了介质存取控制功能和信息传输的差错检测功能。该层是现场总线的核心，所有连接到同一物理通道上的应用进程实际上都是通过链路层的实时管理来协调的。数据链路层分为媒体存取控制（MAC）子层和逻辑链路控制（LLC）子层。MAC 子层主要实现对共享总线媒体的“交通”管理，并检测传输线路的异常情况。LLC子层的作用是在节点间对帧的发送、接收进行控制，同时检测传输错误。现场总线的实时通信主要由数据链路层提供，所谓实时（time-critical）就是提供一个“时间窗”，在该时间窗内，需要完成具有某个指定级别确定的一个或多个动作。为了满足实时性的要求，IEC61158.3（链路层服务定义）和IEC61158.4（链路层协议规范）采用灵活性和实时性相结合的物理通道管理方法，总线存取的控制可以按照用户的需要实现集中或分散方式，使数据传输有很高的确定性和优先级。在这种方式下，物理通道被有效地利用起来，大大减少或避免了延迟。

（3）第3层：应用层（Application Layer）

该层为用户提供了一系列的服务，具有实现分布式控制系统中应用进程之间通信的功能。同时为分布式现场总线控制系统提供应用接口的操作标准，实现了系统的开放性。应用层与其他层的网络管理机构一起对网络数据流动、网络设备及网络服务进行管理。

（4）第4层：用户层（User Layer）

这是专门针对工业自动化领域现场装置的控制和具体应用而设计的，它定义了现场设备数据库间互相存取的统一规则。用户使用其提供的标准功能块可组成系统，可以完成用户的应用程序设计。用户层是使现场总线标准超过一项通信标准而成为一项系统标准的关键，也是使现场总线控制系统实现开放与可互操作性的关键。为此，IEC专门成立了一个工作组IEC SC65C/WG7来负责制定标准功能块，按规范制定的标准块包含AI、AO、DI、DO和PID等。为了实现互操作性，规定每个现场总线装置都要用装置描述DD来描述其所有的信息。可以认为DD就是装置的一个驱动器，它包含所有必要的参数描述和主站所需要的操作步骤。由于DD包含描述装置通信所需要的所有信息，并且与主站无关，所以可以保证现场总线装置实现真正的互操作性。

由此可见，IEC61158工业控制系统用现场总线标准是充分考虑了工业自动化系统的特点，融合了计算机网络发展的最新技术，是一个全新框架的通信协议标准。虽然不同的现场总线和这个标准的协议在具体设置上可能会有所不同，但大体上还是遵从这个标准协议模型的。

2. PROFIBUS的协议结构

PROFIBUS的协议结构以OSI为参考模型，符合开放性和标准化的要求，也完全符合IEC61158现场总线的通信模型，其协议结构模型如图3-4所示。

从图3-4中可以看出，PROFIBUS规定了完整的OSI通信栈由顶至底的功能。PROFIBUS只使用了ISO/OSI的第1层、第2层和第7层，外加一个用户层（Profile，即行规）。OSI的3～6层并没有出现在PROFIBUS的通信栈中，这些中间层里的必需功能经过简化后，浓缩进了PROFIBUS的数据链路层和应用层中。这样大大地简化了协议结构，提高了数据传输效率，符合工业自动化实时性高、数据量小等特点的要求。

FMS、DP和PA可以存在于同一个网络中；DP和FMS的物理层均使用RS485/FO（Fiber Optic）且数据链路层也相同，它们可以使用同一根电缆进行各自的通信；虽然PA的物理层使用MBP（Manchester code Bus Powered）、同步传输技术，但PA和DP的

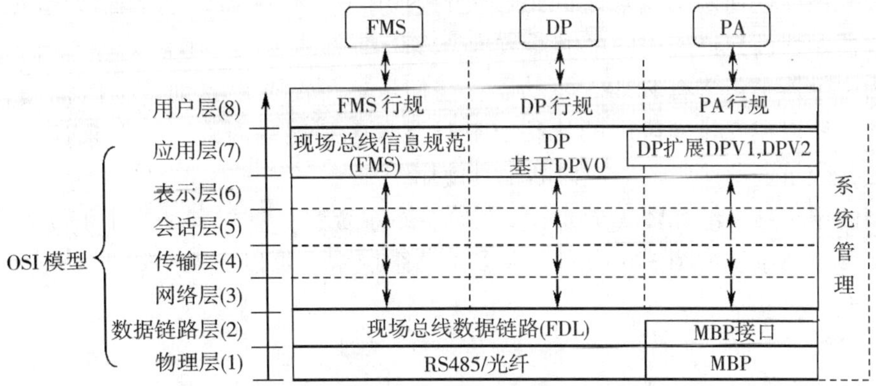

图3-4 PROFIBUS的协议结构

第7层完全相同，所以DP和PA可以互相通信；因为FMS的第7层规范只适合于FMS，所以FMS不能和DP、PA交换数据。

3.2 PROFIBUS基础

3.2.1 设备类型

DP网络中的设备类型有以下4类：

1）1类主站（Class1 Master）：它是DP网络中的主角，负责和从站交换数据，并控制整个网络的运行。它可以是具备DP通信接口的PLC、插入DP板卡的IPC等。

2）2类主站（Class2 Master）：它负责对DP系统进行组态，对网络进行诊断等，它一般是装有通信卡和工程软件的上位机。

3）从站（Slaves）：从站是更接近于底层现场的设备，它们负责执行主站的输出命令，并向主站提供从现场传感器采集到的输入信号或其他输入信号。它们可以是远程I/O、小型PLC、驱动器、阀、智能检测仪表等设备。

4）网络连接器件：中继器、耦合器、链接器、电缆等。

3.2.2 系统配置

PROFIBUS DP可以构成单主站或多主站系统，这为系统配置提供了高度的灵活性。系统配置包括网络结构配置和参数配置，主要内容有站点数目、地址和输入/输出数据的格式、诊断信息格式等。

一个PROFIBUS网络中最多只能有126个设备（包括主站、从站和其他网络设备），如果距离过长或某一处的从站设备过多，就需要把DP网络分成若干个网段（Segment）。在同一个网络段中，最多只能有32个设备。如果一个网络中的设备数量多于32个或由于受距离以及设备性质的限制，那就必须划分出多个网络段。网络段之间的连接可以使用中继器或段耦合器，它们的作用是增加网络的长度，提供段与段之间的信号隔离和缓冲。另外，段耦合器也可用于DP段和PA段之间的信号转换。

一般来说，任何两个站点之间最多允许使用4个中继器来达到最大的网络长度，有些中继器制造商允许使用的中继器数量会多于4个。

因为中继器中包含有RS485驱动器，它们虽然不需要设置地址，但需要占据设备数量资源，所以在安排网段中的从站数量时要考虑到这些因素。一般来说，应该预留10%的设备数量资源给中继器或诊断工具使用。

典型的单主站系统如图3-5所示，在单主站系统里，只能有一个1类主站，2类主站可选。多主站系统如图3-6所示，在多主站系统中，可以有两个以上的1类主站，2类主站可选。

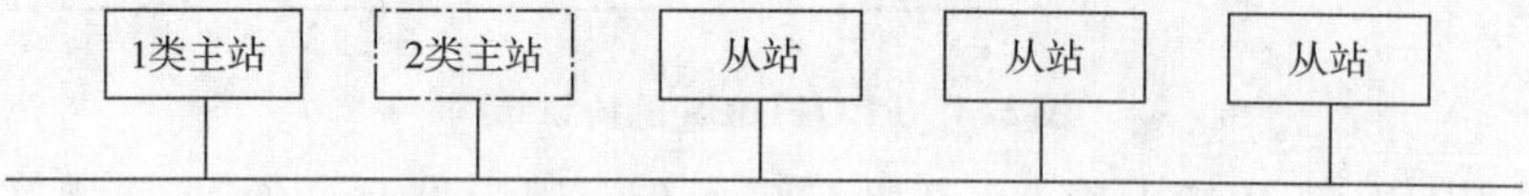

图3-5 PROFIBUS DP 单主站系统结构图

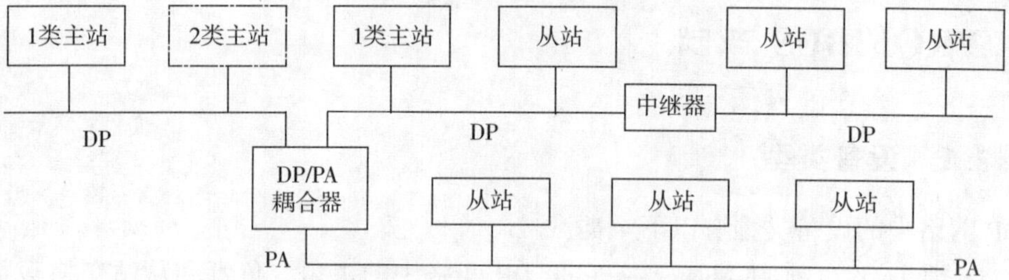

图3-6 PROFIBUS DP 多主站系统结构图

3.2.3 PROFIBUS 系统的基本特点

PROFIBUS 系统的基本特点如下：

1）网络中所有从站具有同样的优先权。

2）网络可以是单主站或多主站结构。

3）可以进行循环和非循环通信。一般来说，1类主站和从站间的通信（I/O数据交换）是循环的；和2类主站有关的通信都是非循环的。

4）为了安全原因，只能有一个主站对相应的从站进行控制（写入数据）。

5）2类主站可以读取从站的数据。

6）每个从站可以有多达244字节的输入和输出数据。

7）传输速率可以高达12Mbit/s。

3.2.4 PROFIBUS 的网络及规模

PROFIBUS 的传输速率从9.6kbit/s ~ 12Mbit/s不等，整个网络的长度以及每个网段的长度和信号传输的波特率有关，不同的波特率下，PROFIBUS 网络的规模也不同。表3-2为在不同的波特率下所允许的网络及网段的长度。

表 3-2 不同的波特率对应的网络及网段的长度

信号传输速率	最大网段长度/m	网络最大延伸长度/m
9.6 kbit/s	1200	6000
19.2 kbit/s	1200	6000
45.45 kbit/s	1200	6000
93.75 kbit/s	1200	6000
187.5 kbit/s	1000	5000
500 kbit/s	400	2000
1.5 Mbit/s	200	1000
3 Mbit/s	100	500
6 Mbit/s	100	500
12Mbit/s	100	500

3.2.5 设备地址

PROFIBUS 支持的设备地址范围是 0～127。这其中有几个特殊地址是保留作为它用的，除此之外，一般情况下地址是可以随便使用的，但在实际应用中还是遵守一定的规则较好。

1）地址 127 保留用于全局控制或广播信息。

2）地址 126 保留用于尚未分配地址，需要使用 2 类主站来设置地址的从站。在网络上只允许一个从站具有该地址，DP 主站不得设置为该地址，也不应该与该从站进行数据交换。

3）地址 0 一般保留作为 2 类主站地址。

4）1 类主站地址一般应该从地址 1 开始编号，然后连续编址。即使主站数量很少，也要适当保留几个地址号（保留个位号码到地址 9 最好）。

5）从站地址一般按段的不同，从一个整数号码开始编址。如段 1 的从站地址为 10、11、12……，段 2 的从站地址为 20、21、22……。这样做主要是为了使用方便。

这样算来，对于一个单主站系统（一个 1 类主站）来说，除去 3 个保留地址外，系统中从站的数目最多就只有 124 个了，即 128 − 3 − 1 = 124。

3.3 PROFIBUS 设备集成工具

3.3.1 PROFIBUS 的 GSD 文件

现代化的现场总线设备和传统电气设备的最大区别就是其智能化的程度极高。为了完成高性能和高可靠性的通信要求，这些设备必须向控制器提供所必需的各种参数，同时这些参数也为现代化的设备管理提供了必要的基础和依据。

PROFIBUS 中的 1 类主站和所有从站进行系统组态时，必须知道它们的设备特征和性能，如制造商的名字、该设备支持的波特率、I/O模块情况以及其他必须的和可选的特性数据，而这些数据都写在一个ASCII格式的文件中，这个文件就是GSD文件。GSD在一些英语资料中解释为是“General Slave Data”的缩写，在另一些英语资料中解释为是“Generic Station Description”，但它的准确来源应该是德语“Gerate Stamm Datei”。不管它的缩写如何，它的功能应该是“标准的设备描述”文件或“通信特性表”，它是用许多关键字表示的可读的文本文件，其中包括该PROFIBUS设备一般特性和制造商指定的通信参数。

GSD文件由制造商事先写好，在设备出厂前已经固化到相应的设备中，不同性能的设备其GSD文件也不一样。用户可以读GSD文件，但不能对其进行修改。组态软件必须能够处理GSD文件，因为在进行系统组态时，对各个设备的识别都是通过GSD文件完成的。

GSD文件一般用英语或德语写成，也有用其他语言写成的，它们由GSD文件的3个字母的扩展名加以区别。如，. GSE表示英语GSD文件；. GSG表示德语GSD文件；. GSI表示意大利语GSD文件；. GSS表示西班牙语GSD文件；. GSF表示法语GSD文件；

GSD文件的名字由8个符号组成，前4个是制造商的名字，后4个符号是该设备的ID号，该号不是随便使用的，而是制造商从PROFIBUS用户组织申请来的。如SI-EM8027. GSD表示西门子公司的一个PROFIBUS设备，ID号为8027；WAGOB760. GSE表示WAGO公司的一个PROFIBUS设备，ID号为B760。用户在购买PROFIBUS设备时，供货商一般提供相应设备的GSD文件，用户也可以从www. profibus. com下载GSD文件。

GSD文件由以下三部分组成：

1）**一般特性**　主要包括制造商的一些信息，如设备名称、GSD版本号、波特率等。

2）**主站特性**　主要包括与主站有关的参数，如最大能处理的从站数、上载和下载选择等。从站没有该部分内容。

3）**从站特性**　主要包括所有的从站信息，如I/O通道的数量和类型、诊断功能等，如果该从站为模块类型，则还包括可获得的模块数量和类型。

使用GSD文件编辑器可以阅读、编辑GSD文件，设备制造商在开发总线设备时也需要GSD文件编辑器创建相应的GSD文件。

图3-7所示为一个GSD文件一般特性中的一部分，从中可以了解一些它的简单特性。

GSD文件现在已有以下5个版本：

1）**版本1**　定义和简单设备有关的一般的关键字，仅仅用于周期性数据交换的通信。

2）**版本2**　为了PROFIBUS PA的需要，定义了一些句法上的变化，增加了一些支持的波特率。

3）**版本3**　按照PROFIBUS PA的要求，定义了一些非周期性数据交换的关键字和

```
#Profibus_DP
GSD_Revision          = 3
Vendor_Name           = "SIEMENS AG"
Model_Name            = "SITRANS P DSIII"
Revision              = "3.1"
Ident_Number          = 0x80A6
Protocol_Ident        = 0          ; 0 = PROFIBUS-DP
Slave_Family          = 12     ; 12 = PA Process Control Device
Station_Type          = 0          ; 0 = DP-Slave
FMS_supp              = 0
Hardware_Release      = "A01"
Software_Release      = "0300.01.05"
31.25_supp            = 1
45.45_supp            = 1
93.75_supp            = 1
MaxTsdr_31.25         = 100
MaxTsdr_45.45         = 250
MaxTsdr_93.75         = 1000
Redundancy            = 0       ; 0 = Redundanz wird nicht unterstuetzt
Repeater_Ctrl_Sig     = 0          ; 0 = Not connected
24V_Pins              = 0       ; 0 = Not connected
Bitmap_Device         = "SIE80A6n"
```

图 3-7　GSD 文件举例

新的物理接口及要求。

4）**版本 4**　为 PROFIBUS DP V2 设备使用的新版本。

5）**版本 5**　为 PROFINET 设备使用的新版本。

3.3.2　设备管理工具的发展

设备管理工具属于系统行规的范畴，现在的现场设备不仅要提供范围广泛的信息，而且还可以执行那些预置在 PLC 或控制系统中的功能。为了完成这些任务，用于这些设备的投运、维护、工程设计和参数化的工具就需要一个精确而完整的设备数据和功能的描述。这些描述包括设备的类型、组态参数、值的范围、测量单位、默认值、界限值、标识等。这样的要求同样也适用于控制器/控制系统，为了保证与现场设备正确的数据交换，也必须知道它的设备专用参数和数据格式。

为了保证设备管理的标准化，PI 已经开发了多种用于这种设备描述类型的方法和工具（“集成技术”），如 GSD、EDD 等。这些工具的性能范围为完成特定的任务而优化，并且得到发展。开发商可以根据需要选择使用相应的描述工具，GSD 是最早的版本，所以在工厂自动化中使用较多，但 FDT 的使用也在增加；在过程自动化中，使用 EDD 和 FDT 较多。图 3-8 说明了这些描述工具的特点、使用场合及其要求。

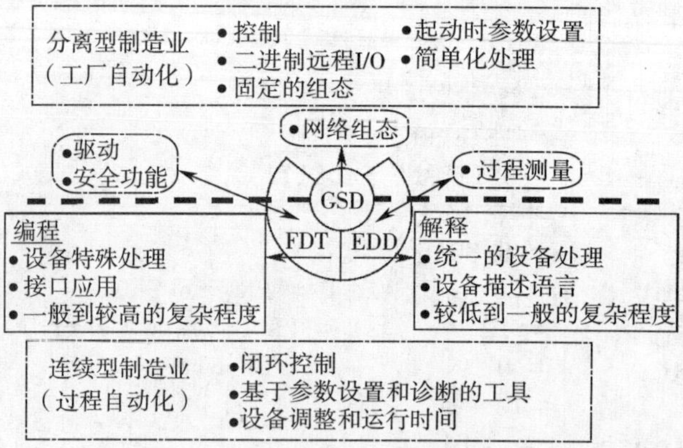

图3-8 设备管理工具的特点以及使用场合

（1）GSD

GSD是可读的ASCII文本文件，它包含用于通信的通用的和设备专用的规范，GSD非常适合于简单的应用，它适合大多数的使用场合。前面已对其进行了较详细的介绍。

（2）EDD

GSD不能充分地描述现场设备的有关应用的参数和功能（例如组态参数、值的范围、测量单位、默认值等），这就需要一个更强功能的描述语言。EDDL（Electronic Device Description Language）就是这样的一种电子设备描述语言。像使用GSD一样，设备制造商为他们的设备编制相应的EDD文件，然后把这些文件提供给用户，以便在使用工程工具对设备进行组态时使用。EDD适合于低等到中等复杂程度的应用。现在FF、HART也支持EDDL。

（3）FDT/DTM

一个典型工厂的数百台智能现场设备，可能由很多设备供应商提供。为了保证这些设备具有优越的性能，还必须对其进行参数设置、标定和维护。这些工作一般由相应设备生产厂家提供的调试工具来完成。因此，一个工厂的仪表工程师要熟悉很多厂家的不同工具，这些厂家特定的工具是专门用来调试该厂家生产的智能现场设备的。这不但增加了设备生产商和用户的工作量，而且使他们付出更多额外的费用。随着现场设备复杂性的增加，所需的工作量以及发生各种错误的可能性也随之增加。另外，智能现场设备都是以某种通信协议（Hart、Profibus和FF等）向系统传输数据的，因此相应的调试工具也是基于通信协议的。

GSD和EDD在复杂的使用场合和高要求的情况下就显示出了它们的局限性。比如下述的场合：

1）厂级的操作员要使用具有诊断能力的智能现场设备的复杂、非标准化的特性参数；

2）在“资产最优化”场合，要求支持预防性维护和维护程序的功能；

3）设备的操作需要用软件方式来“封装”（安全技术、校准等）。

这些复杂的任务领域，需要一种功能更强大的设备管理“工具”，它允许设备制造商以标准化形式向用户提供它们的现场设备的扩展的和非常特殊的特性，并且允许自动化系统制造商通过标准化的接口（工具软件）将这些现场设备的特性集成到控制系统中。FDT/DTM（Field Devices Tool/Devices Type Manager）就是这样一种独立于任何现场总线的接口概念。

FDT/DTM 技术提供标准的方法来管理现场设备。为了实现先进的设备管理，设备生产商需要研发设备的用户接口。FDT 是真正的开放性技术，不用考虑现场总线协议、设备生产商和具体的设备类型，就可以很容易地表示设备数据。基于 FDT 技术的调试工具为任意生产商生产的任意设备提供相同的操作环境，即使物位仪表和阀门定位器这些复杂的现场设备也能很简单地进行组态和操作。FDT 技术使应用与现场之间实现了无缝的数据交换，并且这种数据交换与设备类型、生产商和通信协议无关。

如图 3-9 所示，与基于设备描述技术的 GSD、EDD 不同，FDT/DTM 是基于软件技术的设备集成工具，DTM 就是一个软件包，它通过 FDT 界面接口和工程系统进行通信。使用 FDT/DTM 技术后，整个系统全生命周期的设备集成和管理都可以通过高度柔性的软件程序来实现。

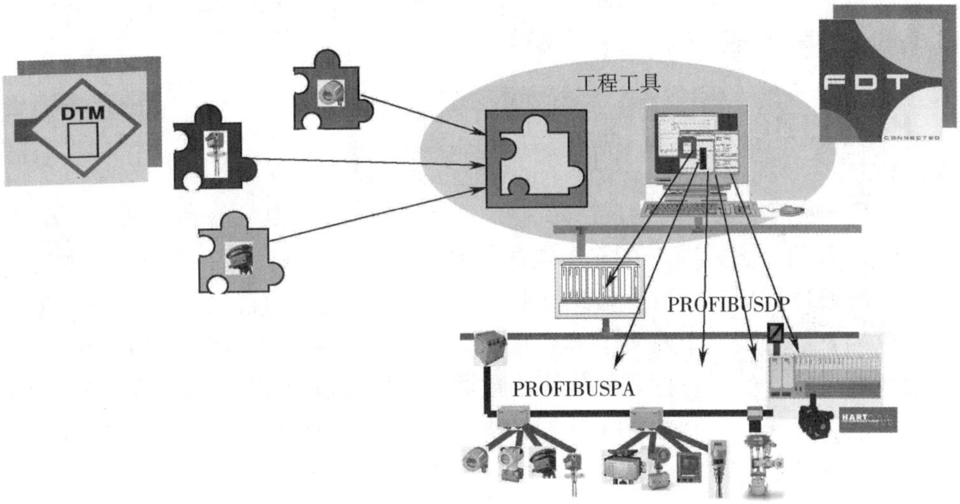

图 3-9　FDT/DTM 原理

DTM：相当于现场总线设备和智能化装置的驱动器。它是制造商为用户提供的为每个智能设备所编制的软件部件，它包含该设备所有的组态、测试和诊断的信息及功能。举个简单的例子，在现场设备中都有自己的 DTM，它的工作类似于一个打印机的“驱动程序”，打印机供应商交货时必须把驱动程序交给用户，用户把它安装到 PC 上才能使用打印机。DTM 则由设备制造商编制并随设备一起交给用户，使用时由用户通过 FDT 把它们一起集成到控制系统中。DTM 不是一个可执行程序，它只有通过 FDT 才能发挥其作用。

FDT：是一种开放的、独立于任何制造商的标准接口规范，提供设备的组态、设置参数、测试和诊断功能。它独立于通信技术，所以允许不同现场总线设备使用。它提供设备优化管理技术，为系统自动化全生命周期提供支持。它是一个技术规范，而不是一个工具。FDT是基于微软的COM技术开发的，它使用XML来完成框架应用程序和DTM之间的数据交换。

FDT技术规范包含三个重要的组成部分：FDT框架应用程序、现场设备的设备DTM和通信设备的通信DTM。

1）**FDT框架应用程序**　通过标准的接口与DTM进行通信，它可以是现场设备的参数设置与组态工具、工程工具或者资产管理工具，并且对所有通信协议都是开放的。

2）**设备DTM**　由设备制造商研发的软件，它封装了所有的设备特定数据、功能和管理方法，并且包含图形用户界面。设备DTM提供了对包含高级操作与诊断参数在内的所有设备参数的访问。

3）**通信DTM**　网关、多路转接器等通信设备需要通信DTM将数据在不同协议间进行转换。通信DTM是集成在系统中的标准接口，在系统的任何层次提供对现场设备数据的透明访问。有了通信DTM，就可以在设备组态工具中复制工厂的通信网络结构。

FDT/DTM这种崭新的概念包含了在工程、诊断、服务和资产管理领域中十分有用的集成选项。更重要的是，它从各种总线的专用通信技术和自动化系统专用工程设计环境中分离出来，成为任何现场总线都能使用的技术。FDT标准为从现场到公司管理层的工具和方法集成解决方案提供了基础。

3.4　PROFIBUS传输技术

PROFIBUS通信协议中的物理层定义了“物理的”（即电气的和机械的）特性，其中包括编码类型和传输标准。在发送端，物理层从数据链路层接收数据，对它们进行编码，必要时通过添加通信成帧信息（封装），并将所形成的物理信号传输到物理介质上。在接收端，信号被一个或多个节点接收，物理层先对这些数据进行解码，必要时去掉通信成帧信息，然后再把它们传输给数据链路层。PROFIBUS提供了多种不同的传输介质和方法，表3-3为PROFIBUS传输技术中物理层的特性。PROFIBUS DP主要使用RS485传输技术，而PROFIBOS PA主要使用MBP传输技术。

表3-3　PROFIBUS的传输技术（物理层）特性

	RS485	RS485-IS	MBP	MBP-IS	光纤
数据传输	数字，差分信号符合RS485，NRZ	数字，差分信号符合RS485，NRZ	数字，位同步Manchester编码	数字，位同步Manchester编码	光，数字，NRZ
传输速率	9.6kbit/s ~ 12Mbit/s	9.6kbit/s ~ 1.5Mbit/s	31.25kbit/s	31.25kbit/s	9.6kbit/s ~ 12Mbit/s
数据安全性	HD = 4，奇偶校验比特，起始/终止定界符	HD = 4，奇偶校验比特，起始/终止定界符	前同步码，出错保护，起始/终止定界符	前同步码，出错保护，起始/终止定界符	HD = 4，奇偶校验比特，起始/终止定界符
电缆	屏蔽双绞线，电缆类型A	屏蔽，双绞4线，电缆类型A	屏蔽双绞线，电缆类型A	屏蔽双绞线，电缆类型A	多模和单模玻璃光纤，PCF，塑料光纤

（续）

	RS485	RS485-IS	MBP	MBP-IS	光纤
远程供电	通过附加线可用	通过附加线可用	通过信号线可用（可选的）	通过信号线可用（可选的）	通过混合线可用
引燃保护类型	无	本质安全（EX-ib）	无	本质安全（EX-ia/ib）	无
拓扑	带终端器的线形拓扑	带终端器的线形拓扑	带终端器的线形拓扑	带终端器的线形和树形拓扑或组合结构	典型的星形和环形拓扑，也可以是线形
设备数量	每段最多32个；整个网络最多126个	每段最多32个；用中继器时最多126个	每段最多32个；整个网络最多126个	每段最多32个；整个网络最多126个	每个网络上最多126个
中继器数量	最多9个	最多9个	最多4个	最多4个	无限制信号刷新（注意信号传播延迟）

3.4.1　RS485和RS484-IS

这是一种简单的、低成本的传输技术，它使用有一对导体的屏蔽双绞线铜质电缆，主要用于需要高传输速率的任务。RS485传输技术非常容易使用，而且安装无需特别的专门知识。其总线结构允许随时增加、拆除站点或系统逐步投运而不影响其他的站点。

RS485是一种最常用的串行通信协议，它使用双绞线作为传输介质时，具有设备简单、成本低廉等特点。如图3-10所示，RS485接口采用二线差分平衡传输方式，其一根导线上的电压值是另一根上的电压值取反，接收端的输入电压为这两根导线电压值的差值。

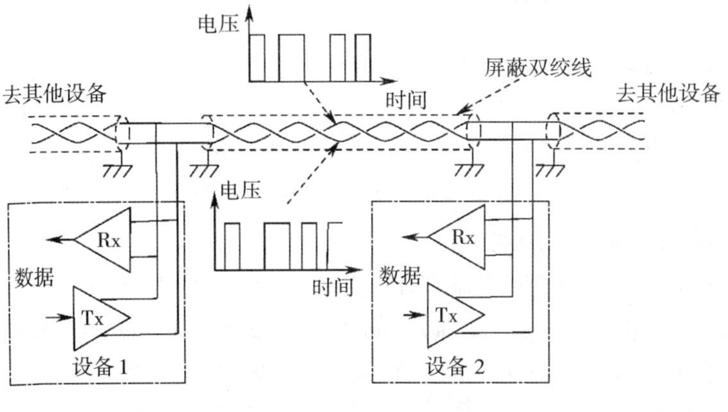

图3-10　RS485差分平衡电路

差分电路的最大优点是可以抑制噪声，因为噪声一般会出现在两根导线上，RS485

的一根导线上的噪声电压会被另一根导线上出现的噪声电压抵消，因而可以极大地削弱了噪声对信号的影响。差分电路另一个优点是不受节点间接地电平差异的影响。在非差分（即单端）电路中，多个信号共用一根接地线，长距离传输时，不同节点接地线的电平差异可能相差好几伏，有时甚至会引起信号的误读，差分电路则完全不会受到接地电平差异的影响。

RS485-IS 是一种支持在本质安全区域中使用的具有快速传输速率的 RS485。在相互连接时，为了保证安全功能，此接口规范规定所有站点必须遵守一定的电压和电流标准。在连接活动站点时，所有站点的电流总和不得超过最大允许的电流值。

PROFIBUS DP 交换数据使用异步传输技术和 NRZ（Non Return to Zero）编码。NRZ 编码的二进制信号“0”或“1”的信号电平在信号持续期间维持不变。图 3-11 所示为 PROFIBUS 使用的 NRZ 编码和 Manchester 编码。

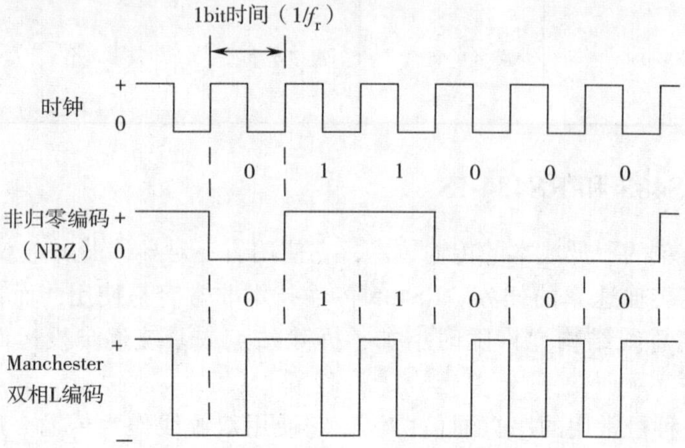

图 3-11 PROFIBUS 中使用的 NRZ 编码和 Manchester 编码

3.4.2 MBP 和 MBP-IS

MBP（Manchester Bus Powered，曼彻斯特总线供电方式）使用固定传输速率 31.25kbit/s 和同步传输技术，如图 3-11 所示为 PROFIBUS 中的 Manchester 编码。它满足了化学工业和石化行业的特殊要求，即采用双线技术的本质安全和总线供电，所以此传输技术常用于过程控制自动化领域。PROFIBUS PA 使用 MBP 同步传输技术。

1. 同步传输格式和编码规则

PROFIBUS DP 采用 RS485 传输技术，NRZ 编码，PA 则使用“Manchester 双相 L 码”（Manchester Biphase Level Coding），如图 3-11 所示。Manchester 编码的优点是：该信号是一种无直流的自同步信号，可以借助不同的调制技术经总线传输。另外，还可以从自身提取同步信号。

对于在 IEC61158-2 中所使用的不同信号（比特）而言，其编码规则如图 3-12 所示。

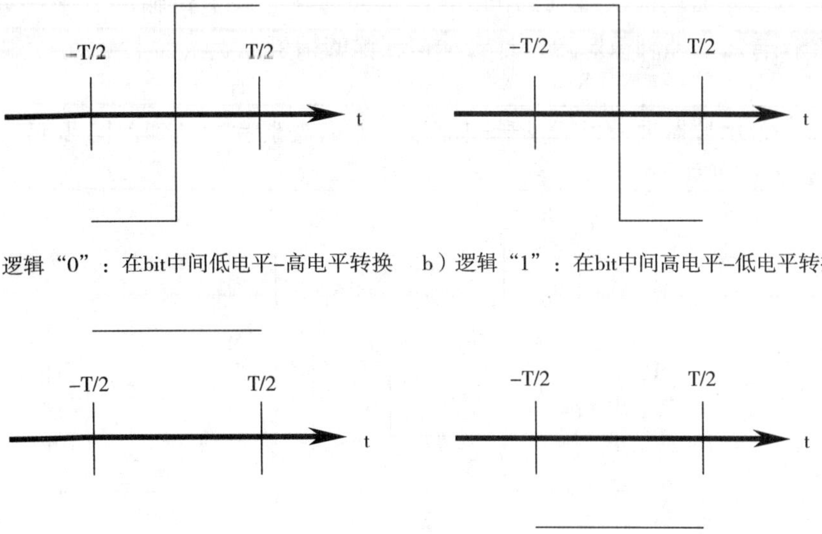

a）逻辑“0”：在bit中间低电平–高电平转换　b）逻辑“1”：在bit中间高电平–低电平转换

c）N+（非数据正号）：高电平（无变化）　d）N—（非数据负号）：低电平（无变化）

图 3-12　IEC61158-2 编码规则

2. 同步传输技术

PROFIBUS 同步传输时物理层的报文结构如图 3-13 所示。其中链路层报文结构 FDL 部分在本书第 4 章讲解。

前同步码	PhL-SD	FDL 报文	CRC	PhL-ED
（max：8 Byte）	（1 Byte）	（max：253 Byte）	（2 Byte）	（1 Byte）

图 3-13　PROFIBUS 同步传输时物理层的报文结构

与异步数据传输不同的是，同步数据传输在物理层增加了封装。如前同步码（Preamble）、物理层起始定界符（PhL-SD）和物理层结束定界符（PhL-ED）。

（1）前同步码（Preamble）

为使接收器能同步接收信息，发送器首先发送一个由 1 或 0 比特序列组成的前同步码。典型值是 1 或 4 个字节。以下序列表示它如何经由总线传输：

1，0，1，0，1，0，1，0

（2）物理层起始定界符（PhL-SD，Start Delimiter）

以下符号序列表示 PhL-SD 是如何发送至总线上的。PhL-SD 应发送在 PhS-DU 物理层服务数据单元（FDL 报文 + CRC）之前。

1，N +，N -，1，0，N -，N +，0

仅当一个有效的 PhL-SD 被识别时，才认可所接收的信号串为 PhPDU（物理层数据协议数据单元）。

（3）物理层结束定界符（PhL-ED，End Delimiter）

下列符号序列描述依次排列的 PhL-ED 是如何在总线上传输的。该序列在 PhSDU 的最后一个字符之后即刻被发送，且表示物理帧的结束。

1，N+，N-，N+，N-，1，0，1

假如用一台示波器记录了所发送的信号，那么观察者所见到前同步码、PhL-SD 和 PhL-ED 的信号序列如图 3-14 所示。

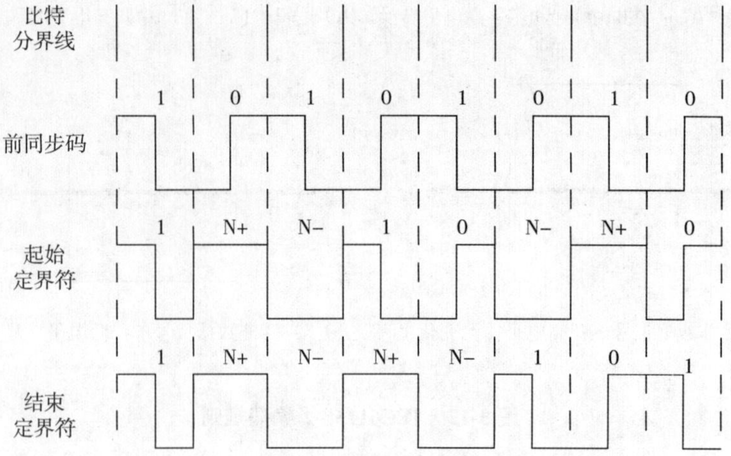

图 3-14　前同步码与定界符的信号曲线

3. 数据链路层和物理层之间的接口

同 RS485 传输技术相比，同步传输的另一个主要变化是在第 2 层用来控制数据传输的时钟（启动、停止）。由于 FDL 和 PhL 接口的实现不一样，同步传输提供带相应参数的不同服务原语来表明数据传输的开始或结束，并用来启动和停止时钟。

根据 IEC61158-2，在物理层和数据链路层之间约定的服务原语如下：

1）PH-Data request（class，data）；

2）PH-Data indication（class，data）；

3）PH-Data confirm（status）。

PH-Data 原语的参数“class”包含在表 3-4 所列的控制信息中。

第 2 层时钟的控制是按照所描述参数的内容来进行的。

表 3-4　“class”参数的控制信息

原语参数		取值	说明
PH-DATA request			
	class	START-OF-ACTIVITY	启动 PhPDU 的传输，即以发送前同步码开始
	class	END-OF-DATA-ACTIVITY	表示应结束 PhPDU 的传输，即在 CRC 字符之后发送结束定界符
	data	Octet	包含应发送的字符

（续）

原语参数		取　值	说　明
PH-DATA indication			
	class	START-OF-ACTIVITY	表示开始接收字符
		END-OF-DATA	表示结束接收字符
		END-OF-ACTIVITY	表示字符的接收已结束，且在总线上无活动可识别（即无别的传输）
		END-OF-DATA-ACTIVITY	表示数据的接收与传输同时结束
	data	Octet	包含接收到的字符（数据）
PH-Data confirm			
	status		该参数表示数据发送的成功或失败

4. PROFIBUS PA 同步传送技术特点

1）**数据传送**　其方式为数字式位同步，固定的波特率 31.25kbit/s，Manchester 编码，信号幅值为 ±9mA。

2）**数据可靠性**　采用前同步信号和起始、停止定界符来避免差错。

3）**电缆**　使用双绞线屏蔽电缆。

4）**爆炸场合的保护**　本质安全（EEx ia/ib）。

5）**远程供电**　通过信号电缆实现。

6）**网络拓扑**　可以是线形、树形、星形或混合形。

7）**站点数量**　总的站点数量可达 126 个，每段可达 32 个，但这个数目会随着本质安全的需要而大幅度地减少，具体数量要根据系统总的电流损耗量而定。

8）**耗电**　每个 PA 装置的最小工作电压为 DC9V，最小电流损耗为 10mA。

9）**电缆长度**　包括主干电缆和所有的分支电缆，最长可达 1900m；在危险区域最长可达 1000m。

PROFIBUS PA 信号传输的调制波形如图 3-15 所示。

MBP-IS 传输技术适合于在具有爆炸性气体存在的危险场合使用，如石油、化工和

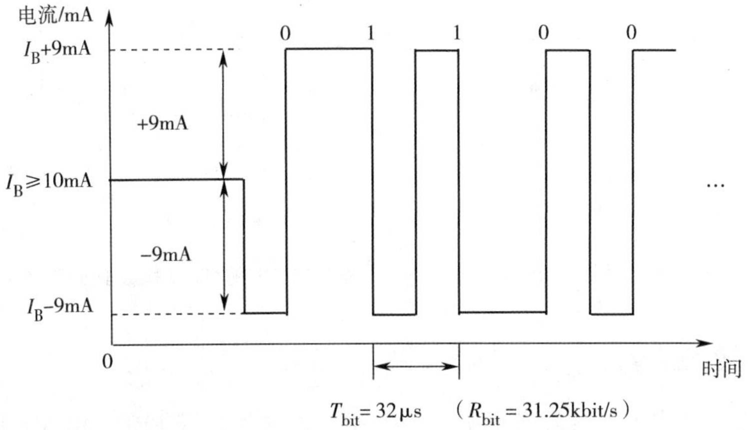

图 3-15　PROFIBUS PA 信号传输的调制波形

天然气行业。它通过限制供电能量的大小，可以完成防爆控制。通过本质安全引爆保护措施，可以在系统工作时操作各种设备。目前，现场总线控制系统在危险性场合使用时，最有效、最方便地达到本质安全的办法是使用FISCO。

3.4.3 光纤

有些现场总线的应用环境限制了耦合电线的使用，比如那些有高电磁干扰的环境或远距离传输的情况，然而使用光纤传输技术就可以解决这些问题。PROFIBUS DP的传输介质可以使用光纤。有两种光纤可供选择：塑料光纤和玻璃光纤。塑料光纤便宜，连接方便，但传输距离小于50m；玻璃光纤价格较贵，但传输距离可达几千米。与双绞线电缆相比，光纤传输有以下优点：

1）传输距离长；

2）抗电磁干扰；

3）电气隔离特性好，避免了电势差和接地电流的问题；

4）光缆重量轻，不易被腐蚀。

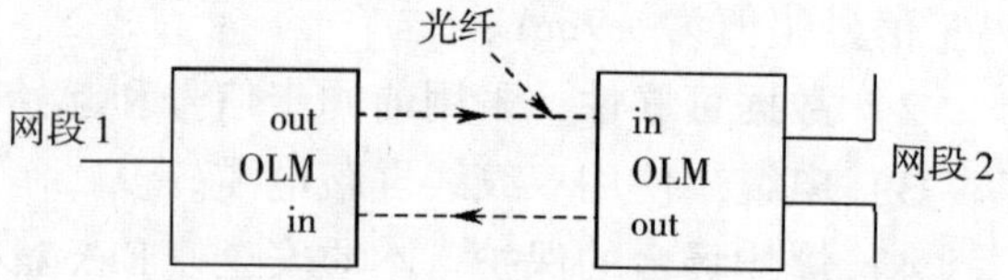

图3-16 OLM网段连接举例

光纤常和其他传输介质一起构成PROFIBUS网络，光缆通过一个光纤链接模块（Optical Link Module，OLM）连接到网络中。像使用中继器一样，OLM也可以把网络分成相互独立的几段。每个光纤网段需要两根光缆，一根用于传送信号，一根用于接收信号。如图3-16所示为使用OLM连接两个网段的例子。使用光缆也可以做到冗余连接，如图3-17所示。另外使用光缆还可以构成PROFIBUS DP的环形网络，如图3-18所示。

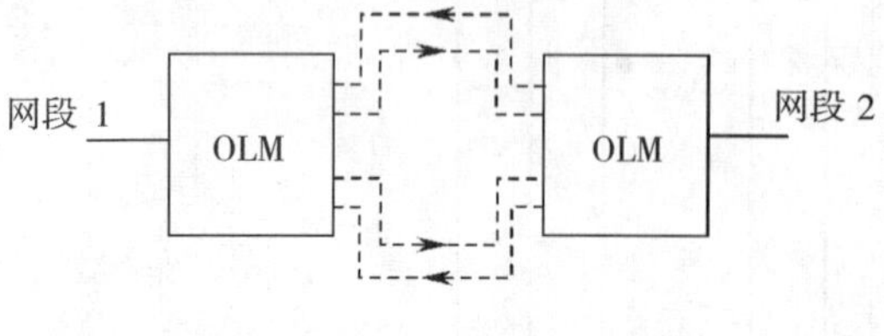

图3-17 OLM网段的冗余连接

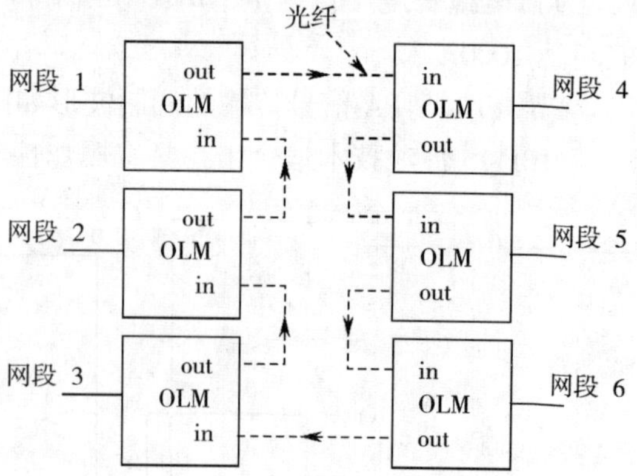

图3-18 使用OLM构成PROFIBUS DP环形网络

3.4.4 无线传输

虽然PI没有制定无线传输方面的规范或指导性文件，但PROFIBUS支持无线传输，许多厂家也提供有这方面的产品，可以实现无线传输和有线传输之间的互操作。在

PROFIBUS 中集成无线 HART（Highway Addressable Remote Transducer，可寻址的远程变送器）（过程控制领域使用）和无线传感器/执行器网络（制造业自动化领域使用）的规范正处于制定过程中。

3.5 PROFIBUS DP 安装技术

2004 年 6 月 23 日，在英国举行的 PROFIBUS 国际会议上，荷兰 PROFIBUS 资格中心（PROFIBUS Competency Centre，PCC）的一位专家指出 PROFIBUS 系统中最常出现的问题有：

1）终端电阻设置错误（Terminations）；

2）电源线布置不当（Power lines）；

3）电缆走线不当（Cable rules）；

4）使用错误的电缆（Wrong cables）；

5）使用未经认证的或损坏的 PROFIBUS 设备（Damaged or no certified devices）。

他的总结得到了大家的普遍认可。这几条基本上都和安装有关。这说明在 FCS 中，对最终用户来说系统的安装接线是非常重要的环节。

3.5.1 DP 网络接线

1. 电缆

标准 PROFIBUS DP A 型电缆的数据见表 3-5。过去使用的 B 型电缆现已淘汰。

表 3-5 标准的 PROFIBUS DP A 型电缆的数据

参　数	数　值
特征阻抗	在频率为 3 ~ 20MHz 时为 135 ~ 165Ω
电容	< 30pF/m
电阻	≤110Ω/km
线径	>0.64mm
导体面积	>0.34mm²

注：加上外壳后的电缆直径为 8.0 ±0.5mm。

有几种形式的 A 型电缆可供选用：

1）标准的 PROFIBUS 硬芯电缆；

2）用于食品和化学工业的具有特殊外壳的电缆；

3）可直接埋入地下的带有附加保护外壳的电缆；

4）用于移动机械的多芯和柔性外壳的拖曳电缆；

5）带有附加接口的花结式拖曳电缆。

使用不合格的电缆是造成通信故障的主要原因之一。

用于 PROFIBUS DP 网络的双绞线有“红”、“绿”两根信号线，其中“红”线为“+”信号线（B 线），而“绿”线为“-”信号线（A 线）。“红”线和“绿”线绝对不能接反，信号线接反是最常见的接线错误之一。另外，屏蔽层必须在两端可靠接地，屏蔽层没有可靠接地也是最常见的接线错误之一。

2. 中继器

中继器主要完成相同网络中物理层之间的连接，其主要作用如下：

1）**扩展网络** 当从站数多于32个，或在相应的传输波特率下网络距离过长时，就需要使用中继器把网络分成不同的网段。如图3-19a所示。

2）**改变网络拓扑** DP网络一般为线形结构，使用中继器可以使网络分叉，使连接结构多样化，适应个别特殊的网络拓扑需要。虽然这样整个网络已不是线形结构，但每个网段还是线形结构，如图3-19b所示。

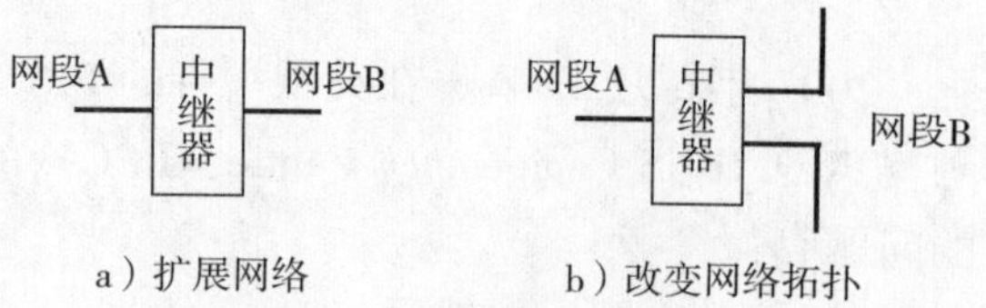

图3-19 中继器的作用

注意：从中继器同一端进出属于一个网段。

此外，中继器还有信号隔离的作用。

一般来说，任何主站和从站之间最多可以有9个中继器，但一些安装指导手册建议最好不要超过4个中继器，即网段数最多有5个。

3. 信号反射及终端电阻的作用

当信号在电缆上传输时，任何附加的电阻、电容，以及线路终端等都会引起信号反射，就像回声一样，反射会在线路上引起许多信号的叠加，产生严重的信号干扰，特别是在高速率传输时，这种情况更甚。产生反射信号的原理主要是由于信号传输过程的特征阻抗不连续造成的。

减少或消除反射的方法是在电路的终端加上一个适当的终端电阻网络（Termination），这个电阻网络可以吸收信号能量，显著地减弱信号反射。当终端电阻等于电缆的特征阻抗（即阻抗匹配）时，能最大程度地吸收发射信号（理论上可以消除）。对PROFIBUS DP A型电缆，电阻值选择为220Ω。

总线上所有接入设备在静止状态（非通信状态）时均处于高阻状态（三态门），此高阻状态可使总线电缆处于不确定的电平状态，并且容易损坏电流驱动器件。为避免这种情况，一般在总线终端器中设置两个偏置电阻。在DP终端器中，两个390Ω的电阻，分别把A、B数据线的静态电平上拉、下拉到VP（0脚，5V）和DGND（5脚）上，使总线电缆的稳态（静止）电平保持在一个稳定数值。

终端电阻网络可以设置在设备中，也可以是专门的外加的活动终端电阻器（Terminator），PROFIBUS DP终端电阻器的原理如图3-20所示。

使用终端电阻器时需要给它加上5V电源。在每个PROFIBUS DP网段的两端必须有终端电阻，但在其他地方绝对不能设置终端电阻。使用设备上的终端电阻时必须注意要保证该设备的电源正常供应，不能停电，以免终端电阻失效，引起整个网络的信号破坏。另外，要注意的是有些终端设备（比如中继器或从站等）上面有终端电阻，这种情况下要避免同时把设备上的终端电阻和连接器上的终端电阻都接入的错误。

总之，不接终端电阻不行，重复接入也不行。终端电阻的不正确使用也是最常出现的网络连接错误。

4. 信号排列及定义

图 3-21 所示为 PI 定义的 PROFIBUS DP 网络连接常用的连接器接口，即 9 针 D 形接口和 M12 接口。D 形接口用于较干净的干燥环境，而 M12 接口用于环境较差、保护等级要求较高（IP65 或更高）的场合。

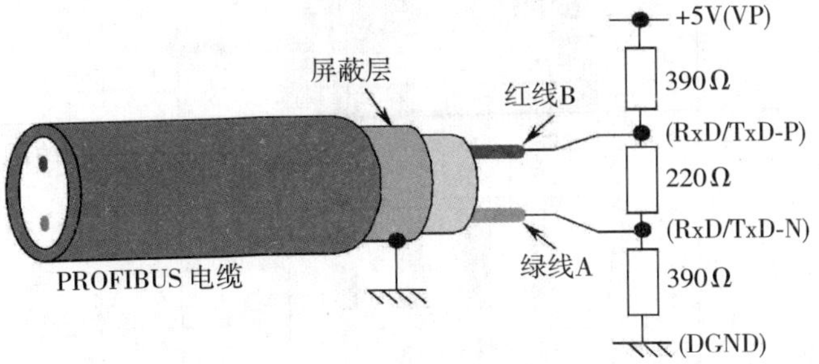

图 3-20　活动终端电阻器的原理

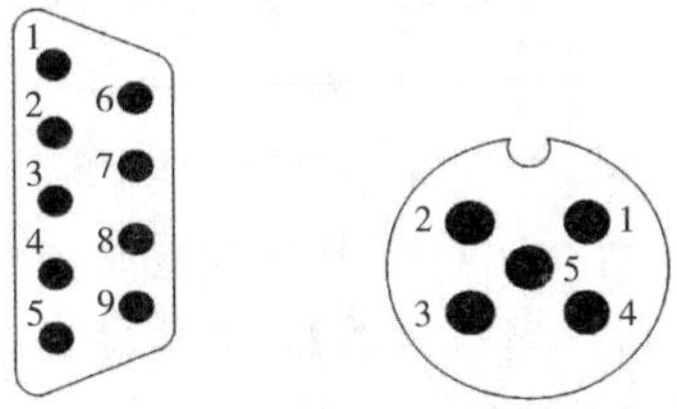

a）D形接口　b）M12接口

图 3-21　PROFIBUS DP 网络连接器接口

表 3-6 和表 3-7 分别给出了 D 形接口及 M12 连接器的信号排列及含义。

表 3-6　D 形接口的信号排列及含义

（O：Optional，可选的；M：Mandatery，必须的）

插针号	信号	功　能	
1	Shield	屏蔽/保护地	O
2	M24	24V 输出电压地	O
3	RxD/TxD-P	接收数据/传输数据正极（B-line）	M
4	CNTR-P	中继器方向控制信号	O
5	DGND	数据地（对地 5V）	M
6	VP	终端电阻 P 的供电电压（+5V）	M
7	P24	+24V 输出电压	O
8	RxD/TxD-N	接收数据/传输数据负极（A-line）	M
9	CNTR-N	中继器方向控制信号	O

表 3-7　M12 连接器的信号排列及含义

插针号	信号	功　能	
1	VP	终端电阻 P 的供电电压（+5V）	M
2	RxD/TxD-N	接收数据/传输数据负极（A-line）	M
3	DGND	数据地（对地 5V）	M
4	RxD/TxD-P	接收数据/传输数据正极（B-line）	M
5	Shield	屏蔽/保护地	O
螺纹部分	Shield	屏蔽/保护地	O

5. 连接器及其使用

（1）D形连接器

D形连接器（见图3-22）是PROFIBUS DP最常用的网络器件，它有以下特点：

1）连接器中集成有终端电阻，可以方便地接入或去除；

2）可以快速方便地连接数据线和屏蔽线；

3）提供独立的输入和输出电缆接口；

4）当传输速率超过1.5Mbit/s时，自动使特殊电感装置有效；

5）当接入终端电阻时，输出电缆端自动隔离；

6）有些D形连接器有附加的背插式（piggyback）双面插座，提供方便的诊断和编程工具连接接口。

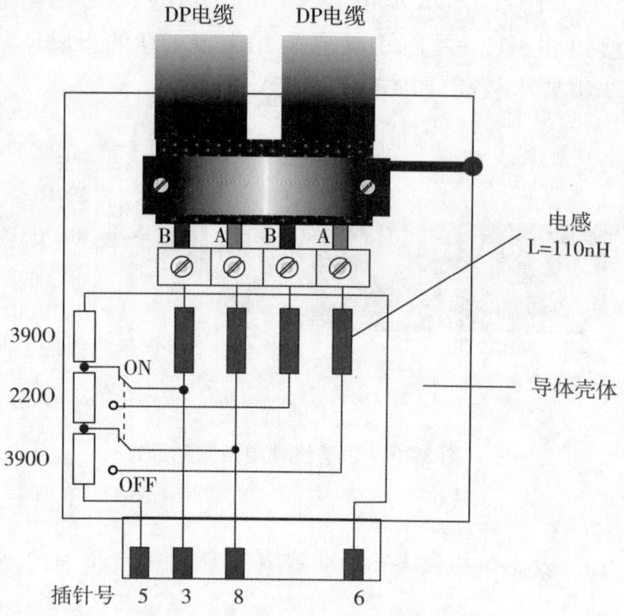

图3-22　D形连接器原理

在连接PROFIBUS网络时，必须使用专门的连接器，这样做一方面是为了保证可靠快速地连接和可靠接地；另一方面是为了使网络连接成菊花形（单一线形）。更重要的是使用专用的连接器可以保证电缆屏蔽层之间的可靠连接，使得干扰电流通过连接的地线快速分流掉。

菊花形连接在去掉一个站点设备时可以不破坏任何网络连接，菊花形线形网络是推荐的最常用的DP网络结构，如图3-23所示。

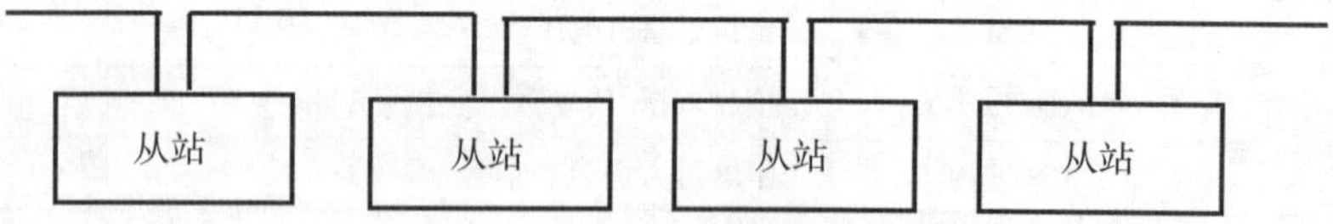

图3-23　菊花形线形网络连接

因为PROFIBUS网络两端的连接器都必须接入终端电阻，而接入终端电阻后，"outgoing"端后面的网段就被隔离了，所以整个PROFIBUS网络的每个末端的连接器都必须使用"incoming"端。D形连接器是最常用的产品，它的内部原理及使用方法如图3-24所示。

（2）M12连接器

和D形连接器相比，因为用户不便接线，所以M12连接器使用较少，一般都随设

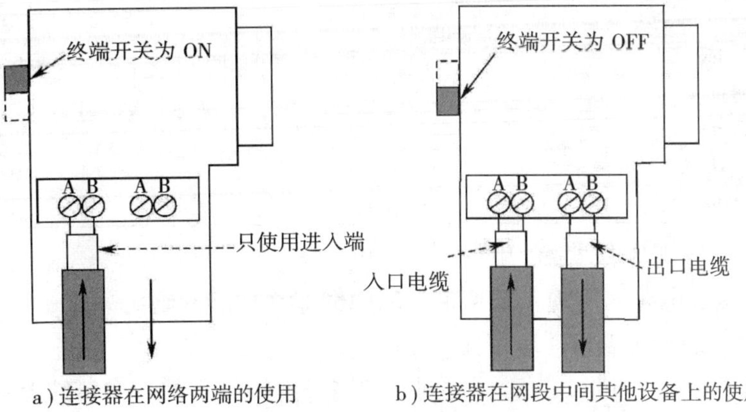

图 3-24 连接器原理及正确使用方法

备附带，由设备制造商预先做好供用户使用。M12 连接器可以提供“输入”、“输出”分立的连接方式，也可提供 T 形头连接方式。前者在移去从站设备时非常不便，后者可以解决这个问题，但会产生一点儿短的分叉线路接头（stub line）。M12 连接器及其使用方法如图 3-25 所示。

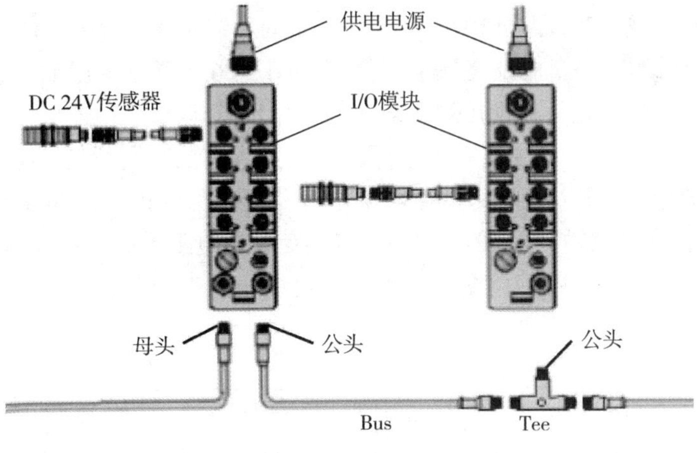

图 3-25 M12 连接器及其使用方法

6. 分支线路

从主干电缆上引出来的小分支（分叉）电路称为接头线路或分支线路（Stub line 或 Spur line）。在PROFIBUS DP 的网络接线中，对接头线路的长度有着严格的限制。当传输速率超过1.5Mbit/s时，任何接头线路都不允许存在；当传输速率等于或低于 1.5Mbit/s 时，整个网络中所允许接头电路的整个长度见表 3-8。必须注意，在接头分支电路的端头不能使用终端电阻。

表 3-8 最大允许的接头电路总长度

比　特　率	允许的总接头电容/nF	总接头电缆长度①/m
>1.5Mbit/s	无	无
1.5Mbit/s	0.2	6.7
500kbit/s	0.6	20
187.5kbit/s	1.0	33
93.75kbit/s	3.0	100
19.2kbit/s	15	500

① 以 PROFIBUS A 型电缆（30Pf/m）计算。

为了避免接头电路的出现，要尽量使用中继器来扩展网络。

7. 高传输率的特殊要求

当传输速率超过 1.5Mbit/s 时，对网络和网络连接设备的一些特殊要求如下：

1）使用特殊的连接器，该连接器中集成有电感器；

2）不允许有任何接头分支电路；

3）网段最大长度不能超过 100m；

4）虽然没有硬性规定，但建议每两个站点之间的长度最好不要小于 1m。因为距离太近会引起信号反射。

3.5.2 DP 网络布局及终端电阻使用举例

下面给出几个例子来说明 PROFIBUS 网络布局和终端电阻的使用方法。

单主站系统时的网络布局及终端电阻使用如图 3-26 所示。在这种情况下，一定要注意避免终端电阻的重复接入，即同时把某些设备中的终端电阻和连接器上的终端电阻打到“ON”的位置。另外，单主站系统时，最好把主站放在网络的最开始的一端，因为主站是不能随便移走的，所以该端终端电阻的电源是可以保证的。图 3-26 中使用了中继器来扩展网段，所以中继器的电源必须保证，以避免终端电阻丢失，造成系统信号不稳定。

（说明：图 3-26 及以后相关图中的 T 表示终端电阻）

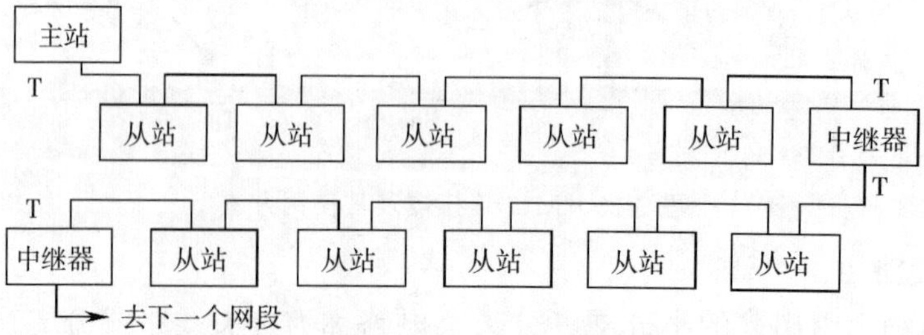

图 3-26 单主站网络及终端电阻的使用

如图 3-27 所示，在不使用中继器的单主站系统中，最后的那个设备必须时刻保持通电状态且不能移走，其他从站设备可以随便去除。

如图 3-28 所示，如果主站在网段的中间位置，则网段两端的从站设备必须接入终端电阻，且要一直保证通电状态，不能移走。注意中继器的同一端的“进”、“出”属

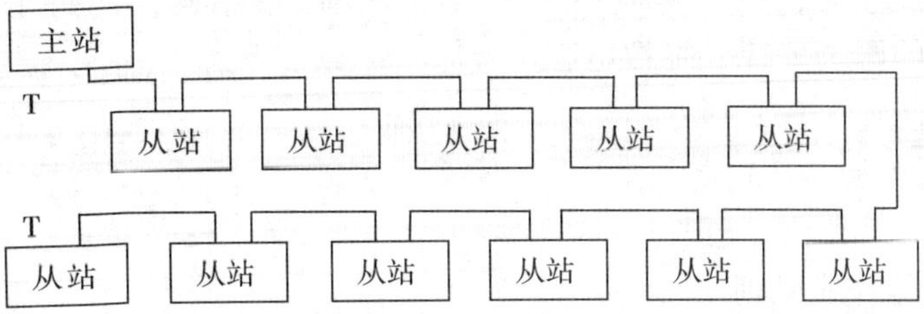

图 3-27　不使用中继器的单主站系统

于同一网段。

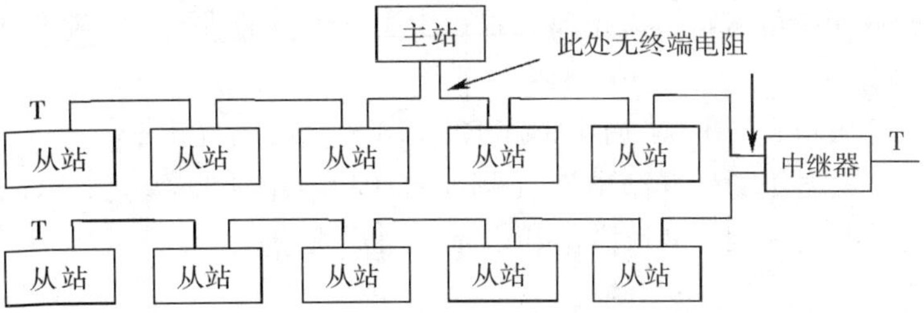

图 3-28　主站在网段中间位置的情况

如图 3-29 所示，如果要想随意移动网段中间的从站设备，则可以选择使用活动终端电阻器，但要注意避免接入双重终端电阻。

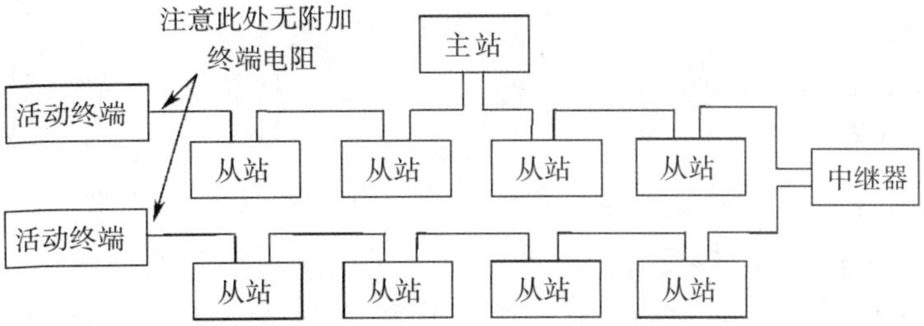

图 3-29　活动终端电阻器的使用

图 3-30 所示是一个比较复杂的 PROFIBUS 网络结构。使用中继器或光纤链接模块

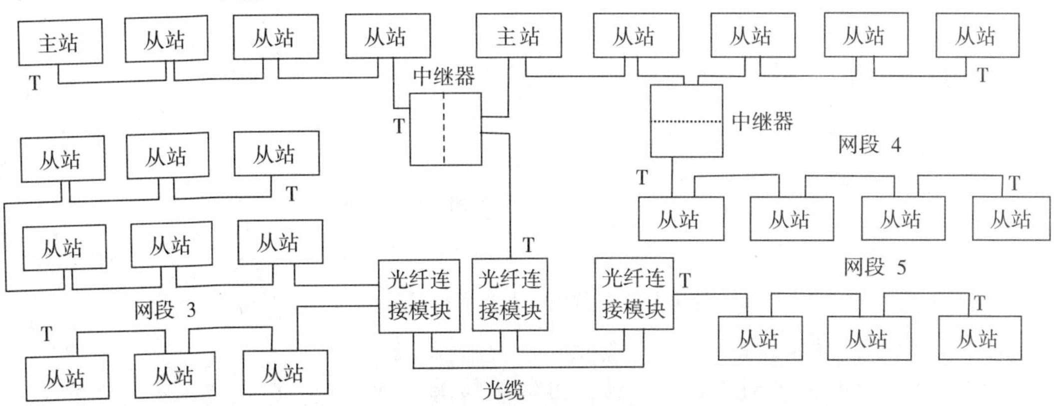

图 3-30　由中继器和 OLM 组成的复杂的 PROFIBUS DP 网络

可以使网络的连接结构多样化，虽然这样整个网络已不是线形结构，但每个网段还是线形结构，在每个网段的两端要接入终端电阻。

3.5.3　现场安装

1. 安装规范

（1）不同类型电缆的布线原则

一般来说，要使用色彩鲜亮的电缆以区分于其他电缆，要防止PROFIBUS电缆的挤压和过分弯曲。最重要的是要分清各种电缆的种类，并要确定PROFIBUS电缆能否和其他电缆放置在一起或至少应保持多大距离，以减少引入干扰的机会。电缆分为四类。

第Ⅰ类电缆包括：

1）现场总线和局域网电缆（例如：PROFIBUS、AS-i、Ethernet等）；

2）用于数字数据传输的屏蔽电缆（例如打印机、RS-232等）；

3）屏蔽的低电压（≤25V）模拟和数字信号电缆；

4）低电压（≤60V）供电电缆；

5）同轴信号电缆。

第Ⅱ类电缆包括：

1）直流电源（>60V，≤400V）供电电缆；

2）交流电源（>25V，≤400V）供电电缆。

第Ⅲ类电缆包括：

1）交直流电源（>400V）供电电缆；

2）电话线电缆。

第Ⅳ类电缆为具有雷击危险的前三类电缆（例如连接在不同建筑物之间）。

同一类型的电缆可以放在一起，同方向地安置在同一个电缆槽中。不同种类的电缆相互之间必须保持一定的距离，并且当它们相互交叉时必须正交交叉，不能有任何平行（即便是很短的距离）排列。不同类型的电缆相互之间必须保持的最小距离如图3-31所示。

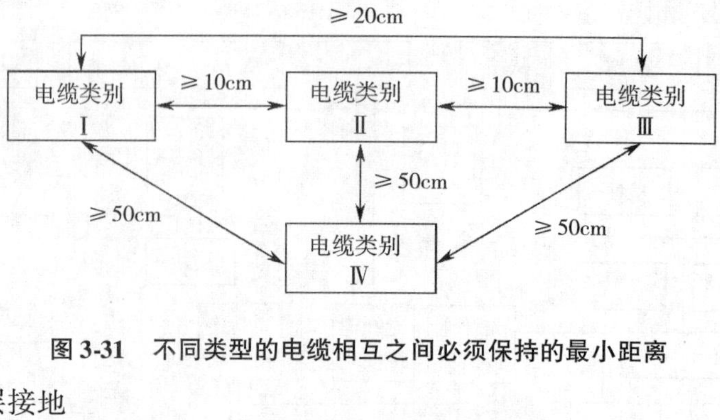

图3-31　不同类型的电缆相互之间必须保持的最小距离

（2）屏蔽层接地

PROFIBUS DP电缆的屏蔽层应该在电缆的两端可靠接地，以形成一个对地的大面积连接。在铺设总线电缆时，要确保电缆的网状或箔状护套使用接地板夹和地相连。

（3）电缆槽或电缆通道的使用

可以使用相互隔离的电缆槽把不同种类的电缆排列在一起，但必须做到相互之间完全用金属槽隔离，金属槽的结合部要使用低电阻和低电感的导体可靠地连接起来（最好焊接，但要防止被腐蚀），然后接地，金属槽应和建筑物等电势。不同类型的电缆使用的电缆槽如图 3-32 所示。

（4）电气柜的电缆进线

当电缆进电气柜时，其屏蔽层需要可靠地接地，最好使用夹子等可靠的与大地连接，如图 3-33 所示。接地点应尽可能地靠近入口处，记住不能在接地时造成电缆入线和内部的电缆间平行排列。当有多类电缆进柜时，可使用金属隔槽把它们分开。

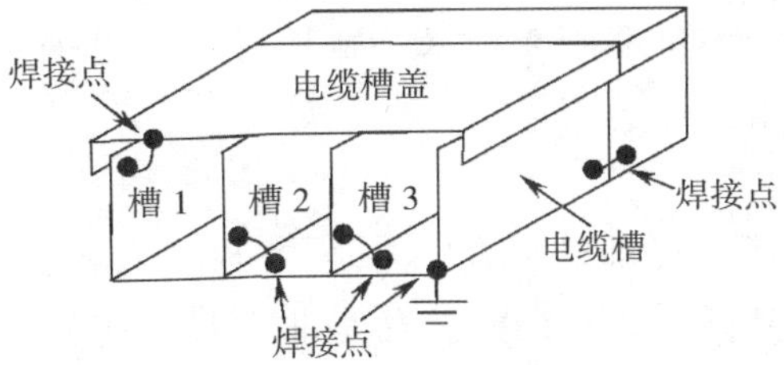

图 3-32 不同类型的电缆使用的电缆槽

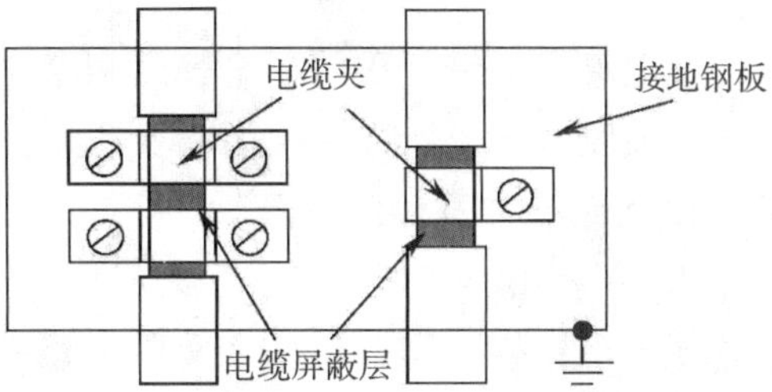

图 3-33 在进入电气柜时的电缆接地示意图

如果电气柜中有一些从站设备，且波特率大于 1.5Mbit/s 时，那么这些设备之间的电缆长度最短应为 1m，并且可把它们绕成环状。

在电气柜中，如果不能保证不同电缆的最小间隔距离，则一定要把不同的电缆分别放到各自的管道中。

（5）等电势连接

在有高频干扰的地方，电缆屏蔽层的两端必须可靠地接地，但在某些电气环境恶劣的工厂，存在着比较明显的电势差，从而造成屏蔽层中有电流流过。在以下情况和场合，容易造成较大的电势差：

1）网络电缆覆盖了比较大的范围或延伸了很远的距离；

2）覆盖数个建筑物的网络；

3）不同的设备由不同的电源供电；

4）有大电流设备出现的场合。

一个解决办法就是在产生电势差的设备之间安装一根等电势电缆，如图 3-34 所示。该电缆的截面积必须足够克服该电势差，最好采用多芯电缆。该电缆应尽量靠近 PROFIBUS 电缆安装，以减少安装空间。

切记：网络电缆的屏蔽层不能用于等电势电缆。等电势电缆和各接地点必须防腐。

另外一种方法可以代替等电势电缆，如图 3-35 所示，在网络电缆的一端的屏蔽层安装一个接地电容。该方法可有效地减少高频信号的干扰，但对通过屏蔽层的直流电流干扰信号无效。

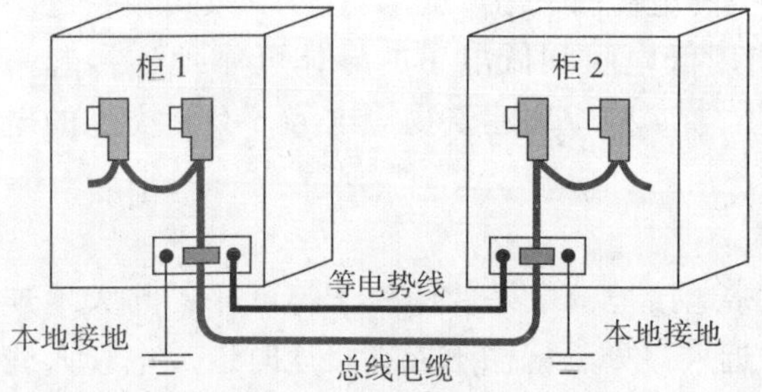

图 3-34 等电势电缆的安装

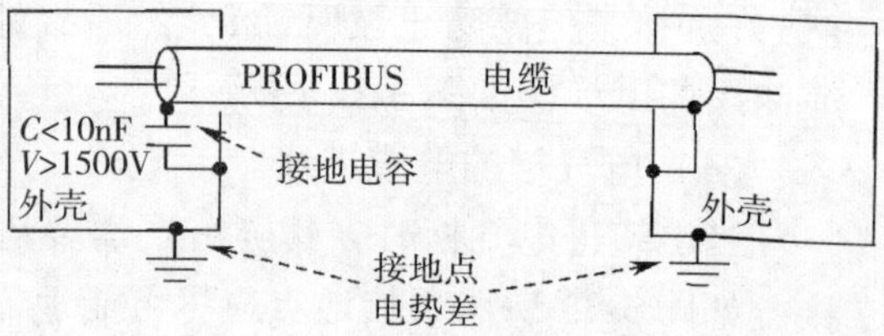

图 3-35 接地电容的安装

在电磁干扰最严重的场合，最可靠的办法还是使用光缆来传输信号，但由于光缆的拉伸强度有限，所以在使用时要注意保护。

2. 线路检查及诊断工具

当 PROFIBUS DP 网络连接完成后，必须进行仔细的检查，看是否有接线错误。为了方便进行检查工作，在每个网段上设置一个背插式双面连接器是非常有必要的。当然，在背插式连接器上接入诊断工具相当于引出了一个分支接头，在波特率不大于 1.5Mbit/s 时是允许的，当波特率大于 1.5Mbit/s，则最好在每个网段留出一个空闲的从站设备位置给诊断工具使用。另外需要注意的是一些诊断工具是要消耗一定的电流的（有时会达到 90mA），所以必须考虑该网络设备插座上能否提供所需要的电流。

诊断工具有几种可供选择，有些功能要强一些，有些功能要弱一些。其中 SIEMENS 的 BT200 是一个不错的手持式诊断工具。一般来说，手持式诊断工具用于检测电缆时有如下功能：

1）检测数据线或屏蔽线的破裂或短路；

2）检查终端电阻的设置；

3）检测安装电缆的长度；

4）测定故障的位置；

5）检测信号反射产生的错误。

当手持式诊断工具用于检测从站时有如下功能：

1）检测 RS485 驱动器是否完好；

2）检测线路终端电压（+5V）；

3）检查从站地址（使用总线扫描功能）；

4）测试从站 I/O（BT200 无此功能）。

有些诊断工具还可以把检测数据保存起来，下载到 PC 中，供打印和继续分析使用。

使用 BT200 时，需要有一个测试终端块配合使用。测试线路时，把终端块放在线路的一端，把 BT200 接在线路中的总线连接器上，然后一段一段地向后测试，直到把线路全部测试完。图 3-36 所示为使用 BT200 测试线路的过程示意图。

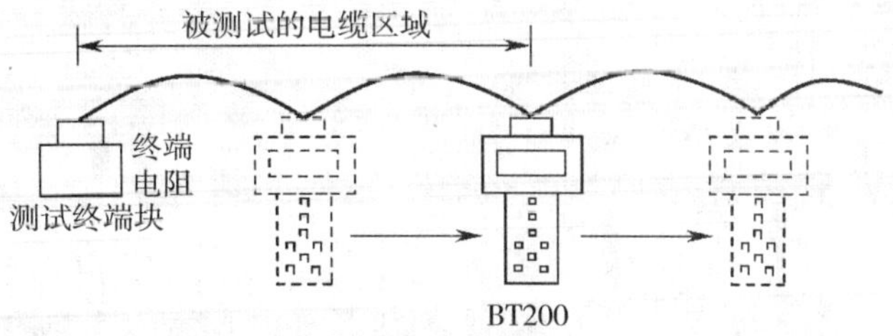

图 3-36 使用 BT200 测试线路

使用 BT200 对线路测试时必须像这样逐段测试，以避免当错误同时存在于两个连接器上时出现漏检，例如当 A、B 信号线在两个邻近的连接器上同时接反的情况。

发生下列情况时，使用诊断工具都可以检测出来：

1）短路；

2）断路；

3）分支接头电路太长；

4）网段电缆过短；

5）终端电阻连接错误（太多或没接）；

6）使用的电缆不合格（未经认证的产品）或型号不对；

7）电缆安装错误。

3.6 PROFIBUS PA 安装技术

3.6.1 PA 网络结构

在 PROFIBUS 系统网络中，PA 的设备必须由 DP 段的主站控制，所以 PA 网段必须接入 DP 网段才能组成完整的 PROFIBUS 网络。DP 和 PA 的物理层不同，DP 一边是 RS485、异步传输、NRZ 编码、波特率可变，PA 一边是同步传输、Manchester 编码、波特率固定为 31.25kbit/s。所以他们之间必须通过一个转换设备连接，这个转换设备就是耦合器或链接模块，它在 PA 网络中非常重要。

PA 段的设备的拓扑形式可以是线形、树形，或它们的混合形式。当采用线形连接时，各个从站设备直接挂接在 PA 总线上；采用树形连接时，数个从站设备可以从一个分配器上接线，该分配器连接在 PA 总线上。每一个 PA 段的从站设备数量最多为 32 个，但受消耗电流总量的限制和使用场合的影响，一般要少于这个数目。

PA 网段的总长度可达 1900m，但使用不同的电缆或在不同的场合使用都会大大缩短这个距离。

PA 网段中的从站也可以随意移走，但要注意不要使露出的电缆短路，以免该网段上的其他设备失去电源。图 3-37 为一个典型的 PROFIBUS 系统，其中的 PA 拓扑为线形连接。

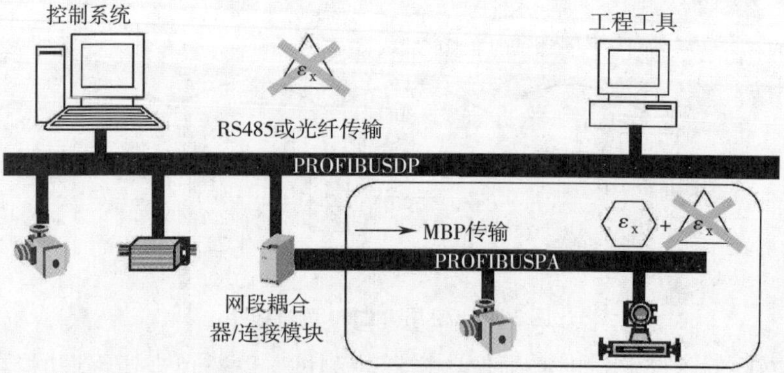

图 3-37 典型的 PROFIBUS 系统

3.6.2 PA 网络接线及布局

1. PA 的电缆

符合 IEC61158-2 的电缆有 4 种可以使用，见表 3-9。其中 A 型电缆不同于 DP 中的 A 型电缆，它是最常用的电缆。不同的电缆所允许的网段长度不同，在危险场合使用时，该长度要根据计算确定，但肯定会小很多。

表 3-9 IEC61158-2 的电缆种类

类型	电缆芯	屏蔽	导体截面积/mm^2	最大电阻/（Ω/km）	最大电缆总长度/m
A	单股	是（90%）	0.8	44	1900
B	多股	全屏蔽	0.32	112	1200
C	多股	非屏蔽	0.13	264	400
D	多股	非屏蔽	1.25	40	200

如果 PA 网段安装在危险区域，则还要根据 FISCO 的原则进行网络设计，该设计包括电缆长度、从站数量等。

2. 耦合器和链接模块

耦合器和链接模块的作用主要有

1）完成 NRZ 编码、异步传输的信号和 MBP 编码、同步传输的信号之间的转换；

2）为 PA 网段的设备提供电源，并限制输入电流的大小；

3）拆解传输速度；

4）在危险区域，完成隔离和电源限制的功能。

耦合器和链接模块都可以起到连接 DP 和 PA 的作用，所以其原理基本上是一样的，但在使用时有一些区别。

（1）耦合器

使用耦合器时，DP 段的波特率不能太高，一般为 45.45kbit/s（使用西门子耦合器），或 93.75kbit/s（使用 Pepperl + Fuchs 非模块型耦合器）。耦合器不占用设备地址，PA 段从站设备的地址和 DP 段的设备一起统一编排，它们之间的地址不能重叠。使用耦合器时，主站的参数必须设置正确，即按规定的数据设置。为方便大家在实验和实际中使用，表 3-10 给出了使用不同耦合器情况下的主站参数数据，以供参考。图 3-38 所示为使用耦合器的 PROFIBUS 网络。

表 3-10 使用不同耦合器情况下的主站参数数据（时间单位：T_{bit}）

总线参数	P+F 模块型耦合器	P+F 一般耦合器	SIEMENS 耦合器
波特率	最大可达 12Mbit/s	93.75kbit/s	45.45kbit/s
T_{SLOT}	和一般的 DP 总线一样设置	4095	640
$T_{SDR-min}$		22	11
$T_{SDR-max}$		100	400
T_{SET}		150	95
ΔT_{TR}	0	20000	20000

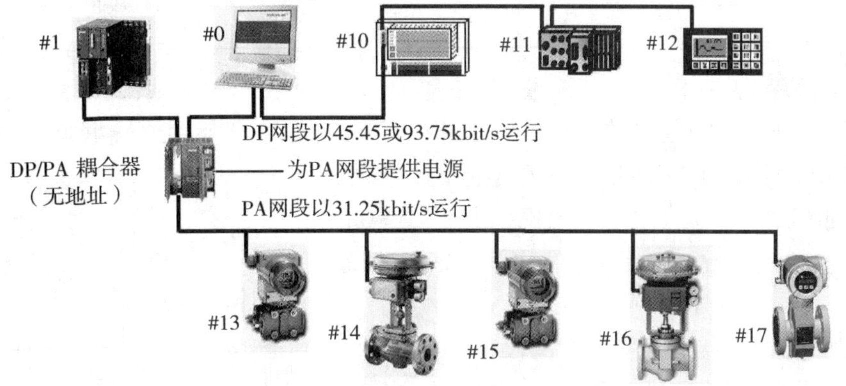

图 3-38 使用耦合器的 PROFIBUS 网络

（2）链接模块

使用链接模块时，该链接模块要占用一个 DP 网络中的从站地址，它和连接在其下面的 PA 设备就像一个 DP 从站一样，但它对 PA 从站来说又是一个主站。PA 部分的设备地址可以和 DP 部分的设备地址重叠。使用链接模块时，DP 可以在各种允许的波特率下运行。一个链接模块中通常集成多个即插式耦合器去驱动几个 PA 网段。但 PA 部分从站设备的组态比使用耦合器要复杂一些。

使用链接模块组成的 PROFIBUS 网络如图 3-39 所示。

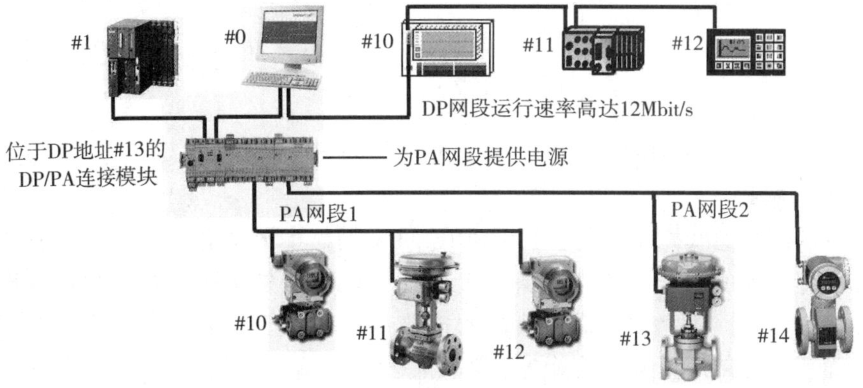

图 3-39 使用链接模块组成的 PROFIBUS 网络

3. PA 网段中分支线路长度的规定

在 PA 网段中，因为传输速率低，所以允许分支线路的存在。分支线路的长度随分支电路数目的不同而不同。另外，分支线路与是否在本质安全区域使用也有很大关系。表 3-11 为 PA 网段中分支电路长度的规定。

表 3-11 PA 网段中分支电路长度的规定

分支线路的数量	非本安要求安装时最大分支线路长度/m	本质安全要求安装时最大分支线路长度/m
25～32	1	1
19～24	30	30
15～18	60	30
13～14	90	30
1～12	120	30

4. PA 网段的终端电阻

与在 DP 网段中使用终端电阻的原因相同，PA 网段也要使用终端电阻，但 PA 网段的终端电阻网络和 DP 中使用的终端电阻网络有很大区别。如图 3-40 所示，该电阻网络是一个串联的电阻和电容，连接在两根数据线之间，而且不需要供电。

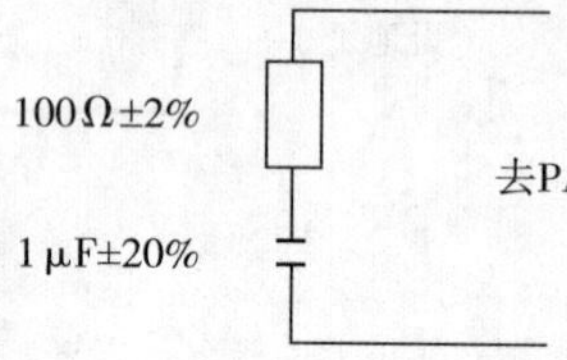

图 3-40 IEC61158-2 的终端电阻网络

PA 的终端电阻接在主要 PA 网段电缆的端头，大部分耦合器中或连接盒中都集成有该电阻网络，所以在耦合器这一端使用其内部的终端电阻就行了。另一端的终端电阻可以使用最远的一个接线盒或最远的一个从站设备中的终端电阻。图 3-41 所示为 PROFIBUS PA 网段的一个典型例子，从该例中可以了解 PA 网段中树形结构、分支抽头线路和终端电阻的具体使用。

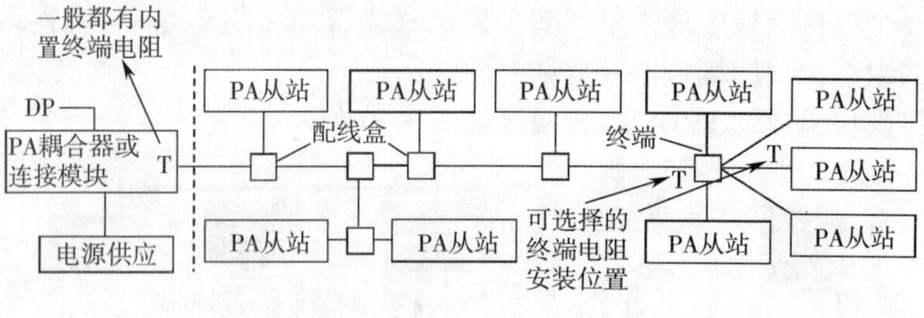

图 3-41 PROFIBUS PA 网段的典型连接举例

5. 屏蔽与接地

像所有的现场总线网络一样，PROFIBUS PA 网络中的屏蔽和接地也非常重要。在理想情况下，电缆的屏蔽层要和设备的金属保护外壳或外罩可靠地连接在一起。它们之间的连接，以及网段之间电缆屏蔽层的连接都必须保证是低阻抗连接（保证具有足够的接触面积，并使用正确的接触方法）。

如果是非屏蔽设备和屏蔽电缆连接，则往往还要采用电隔离或滤波等措施，安装这些设备的架子以及电源都要接地，电缆屏蔽层和等电位线接在一起，然后多点接地。在危险区域这样安装时还必须做到电势平衡，即形成等电势系统。做到等电势连接的方法有多种，最常用的是使用专用的导线把安全区域的接地点和危险区域的接地点连接起来。图 3-42 所示为一种理想的屏蔽和接地示意图。

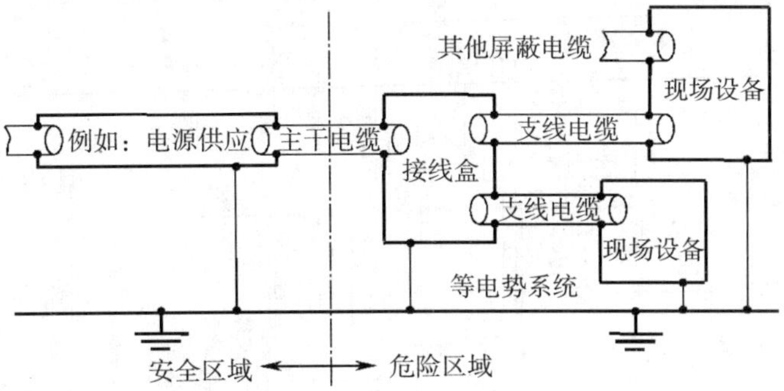

图 3-42 理想的屏蔽和接地

如果不能保证危险区域和安全区域之间较好的电位平衡，则在危险区域一侧，电缆屏蔽层直接和等电势线相连后接地。在安全区一侧，电缆屏蔽层通过一个电容后接地。这些接地都应该保证接地电阻尽可能的小。图 3-43 所示为电容接地的示意图。

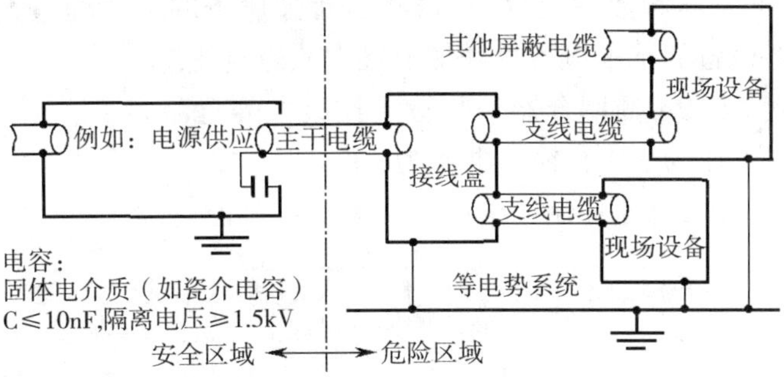

图 3-43 通过电容接地

PROFIBUS PA 网段电缆的其他安装要求和 DP 电缆的安装要求基本相同，请参考上一节相关部分内容。

3.6.3 PROFIBUS PA 网络设计举例

在设计一个 PROFIBUS 网络时，最重要的是如何进行网络布局，并计算出加在每个从站设备上的电压，所以网络中电压降的计算就显得比较重要。一个化工过程系统的组成如图 3-44 所示。它由 2 个反应釜和 1 个存储罐组成，控制系统所使用的传感器、阀门和仪表共有 14 个。现在要使用 PROFIBUS PA 进行控制，下面来进行系统设计。

设计 PROFIBUS PA 网络的过程包括选择网络电缆、耦合器、分配接线盒（Junction Block，JB）；计算网段总消耗电流，计算每个总线设备或装置上面的供电电压。其原则是网段总消耗电流要小于耦合器所提供的额度电流，每个设备上的供电电压要大于设

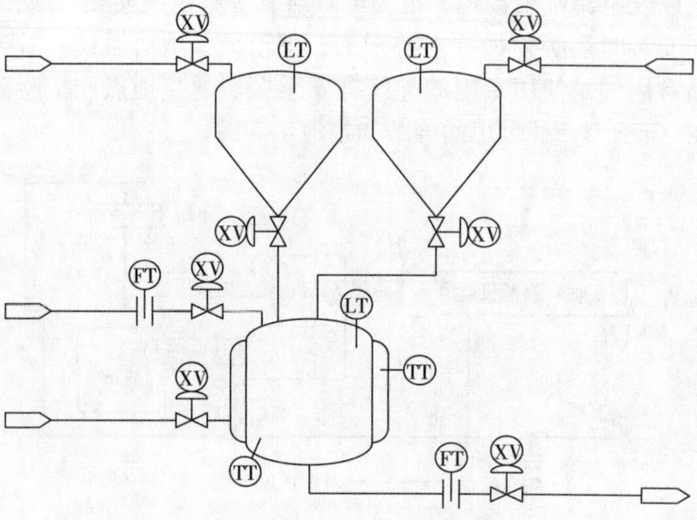

图3-44　化工过程系统组成图

备正常工作所要求的额定值。

在本例中，使用PA的A型电缆连接该PA网络，电缆电阻为0.044Ω/m。

求网段的总体消耗电流的方法是：首先测定每个设备从PA电缆上消耗的基本电流（该电流可从设备的基本参数中获得）；再测定有关设备的可能的最大故障电流。总的消耗电流等于所有设备的基本电流总和加上最大故障电流。

下面选择连接DP/PA的耦合器，并检测其最大的电流容量。本例选用P+F公司的耦合器，其输出电压为25V，输出电流为400mA。

设计好的PROFIBUS PA控制网络如图3-45所示。

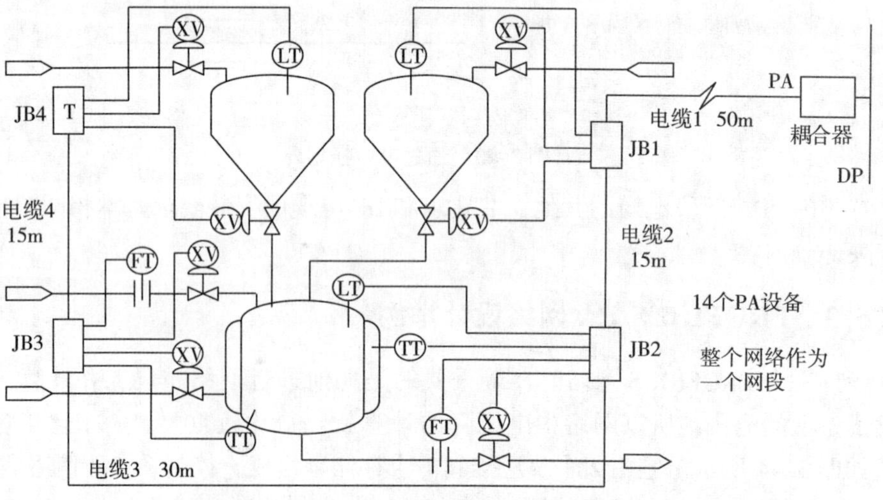

图3-45　PROFIBUS PA控制系统组成图

计算总消耗电流的过程见表3-12。最后的结果是185mA，该值小于耦合器提供的400mA，所以电流消耗方面没有问题。

表 3-12 网段电流消耗计算过程

标签	地址	设备	基准电流/mA	故障电流/mA
LT 003	3	超声波物位计	13	0
XV 004	4	阀门定位器	13	4
XV 005	5	阀门定位器	13	6
LT 006	6	超声波物位计	13	0
TT 007	7	温度计	13	0
XV 008	8	阀门定位器	13	4
FT 009	9	质量流量计	12	0
TT 010	10	温度计	13	0
XV 011	11	阀门定位器	13	4
XV 012	12	阀门定位器	13	4
FT 013	13	DP 单元与口径	11	0
XV 014	14	阀门定位器	13	6
LT 015	15	超声波物位计	13	0
XV 016	16	阀门定位器	13	4
总电流：			179	
最大故障电流：				6
总电流：179 + 6 = 185mA				

计算设备电压的过程见表 3-13。其方法是使用欧姆定律计算出每段电缆上的电压降，求出网段上每个配线盒处的电压，然后用耦合器的供电电压值逐步减去相应的电压降就可求得加在该设备上的电压。

表 3-13 网段上各设备的供电电压计算过程

电缆	长度/m	电阻/Ω	电流/mA	电位差/V	终端电压/V
1	50	2.2	179	0.3938	24.606
LT 003	5	0.22	13	0.00286	24.603
XV 004	5	0.22	13	0.00286	24.603
XV 005	5	0.22	13	0.00286	24.603
2	15	0.66	140	0.0924	24.514
LT 006	5	0.22	13	0.00286	24.511
TT 007	5	0.22	13	0.00286	24.511
XV 008	5	0.22	13	0.00286	24.511
FT 009	5	0.22	12	0.00264	24.511
3	30	1.32	89	0.11748	24.396
TT 010	5	0.22	13	0.00286	24.393
XV 011	5	0.22	13	0.00286	24.393
XV 012	5	0.22	13	0.00286	24.393
FT 013	5	0.22	11	0.00242	24.394
4	15	0.66	39	0.02574	24.371
XV 014	5	0.22	13	0.00286	24.368
LT 015	5	0.22	13	0.00286	24.368
XV 016	5	0.22	13	0.00286	24.368
最远终端设备供电电压					24.368

一般PA现场总线设备的额度电压值是9V，所以只要在网段上最远端的设备上的供电电压仍大于9V，则该网段设计的供电电压考虑就是可行的。

从表3-13中得知，在整个PA网段中，最远端的设备是XV016，它上面的供电电压为24.368V，完全满足要求，所以该网段的供电电压设计也没有问题。

综合分析后可以认为，该PA网络设计符合要求。

3.7 危险区域的安装技术

3.7.1 本质安全概念

当现场总线技术在具有爆炸危险的环境中使用时，因为要考虑到安全的因素，所以就必须按照本质安全的概念来设计系统，这时现场总线技术的使用就会受到很大程度的限制。例如，单个设备或装置的供电电流数值会小很多，每个网段所允许挂接的从站设备数会急剧减少，电缆长度会大幅度减小等。

在工业现场环境中，电火花和热效应是爆炸性危险气体的主要引爆源。本质安全技术就是在这样的环境下使用电气设备和系统时，保证安全的一种方法。它通过限制电火花和热效应这两个可能的引爆源来实现防爆。实际上本质安全是一种低功率设计技术，通常对于氢气（IIC，最易爆炸）环境，将电路功率限制在1.3W左右，这种本质安全技术能很好地适用于工业自动化仪表的安全设计。限制功率就是限制电流和电压，同时也要限制电容和电感。

我国国家标准和IEC的标准相同，将爆炸性气体环境分为0区、1区和2区。0区指的是在正常情况下，爆炸性气体混合物连续长时间存在的场合；1区指的是在正常情况下，爆炸性气体混合物有可能存在的场合；2区指的是在正常情况下，爆炸性气体混合物不可能出现，而仅仅在非正常情况下偶尔或短时间出现的场合。在0区使用的电气控制设备及系统，必须符合本质安全的要求。

大家在一些防爆设备或装置上经常能见到Ex i字样，其中Ex表示爆炸性危险区域认证，i表示本质安全。本质安全分a和b两个等级，即

1）Ex ia等级 在正常工作、一个故障和两个故障时均不能点燃爆炸性气体混合物。ia型仪表适用于0区和1区。

2）Ex ib等级 在正常工作和一个故障时不能点燃爆炸性气体混合物。ib型仪表仅适用于1区。

传统的本质安全技术设计内容一般包括：

1）选择所需要的设备；

2）收集所有和本质安全相关的设备数据；

3）选择合适的供电电源（最大的电压、最小的必需电流等）；

4）对U、I和P进行比较，每个设备（U_i,I_i,P_i）必须满足$U_o \leqslant U_i$，$I_o \leqslant I_i$，$P_o \leqslant P_i$；这里U_i、I_i、P_i为现场设备可允许输入的参数，U_o、I_o、P_o是相关供电装置的最大可能和认可的输出变量；

5）选择合适的电缆；

6）对每个网段所允许的最大的电容和电感进行计算；

7）所有系统和设备必须通过 Ex 认证。

可见在危险环境中使用现场总线技术时，如果使用传统的本质安全技术设计系统就会造成成本的提高（所使用的设备和装置必须通过花费高昂的本质安全认证），使每个网段的设备数量会大幅度减少（最多 4 个），并要使用大量的额外设备（如隔离栅、安全电源等），要花费大量的时间和精力去计算和设计安全系统等。所以必须有一种新的、高效的适用于现场总线本质安全计算和设计的方法来代替传统的方法。

实现现场总线控制系统在危险场合使用的设计方法有如下两种：

1）FISCO 模型（IEC 60079-27）：可以实现本质安全保护，简单、方便，不需要进行单个设备的本质安全计算。它是一种低输入电源功率方法，所以电缆长度和设备个数都受到一定限制。

2）大电源主干网络（The High-Power Trunk）概念：使用增安型（increased safety）引爆保护类型，实现主干网络大电流供应，而分支电路符合本质安全要求。

3.7.2　FISCO

FISCO（Fieldbus Intrinsically Safe Concept）是现场总线技术应用在危险区域时的一种高效设计方法，它使得本质安全的设计、安装和扩展变得简单。

在 20 世纪 90 年代中期，4 家机构开始研究和开发 FISCO 模型，它们是德国自然和工程科学国家研究院联邦物理研究所（Physikalisch Technische Bundesanstalt，PTB）、自动化技术和设备供应商 ABB 公司、化学工业国际组织和 PROFIBUS 国际组织。在 2001 年 FF 也参加进来并支持 FISCO 模型的研究和开发。现在它得到国际上的普遍认可，已成为在防爆区域现场总线运行的基本模型。

FISCO 的实质是：此模型以本质安全的网络规范为基础，当相关的四个总线组件（现场设备、电缆、段耦合器和总线终端器）的电压、电流、输出功率、电感和电容符合预先确定的边界条件时，则无需对它们分别进行本质安全计算。

可以通过权威认证机构对有关组件提供相应的验证，这些权威机构有德国的 PTB、美国的 UL 等。如果使用符合 FISCO 模型的合格设备，不仅在一条线上可以运行更多的设备，而且可以在运行期间用其他制造商的设备来替换总线上的相同设备，所有这些都不用进行耗时的计算或系统验证，即插即用，甚至在危险区域也是如此。

使用 FISCO 的边界条件是

1）每个网段只有一个供电电源；

2）所有设备必须符合 FISCO 模型要求，并在权威机构通过认证；

3）网段长度不得超过 1000m（ia）和 1900m（ib）；

4）电缆（A 型总线电缆）数据必须满足：$R' = 15 \sim 150\Omega/\text{km}$，$L' = 0.4 \sim 1\text{mH/km}$，$C' = 80 \sim 200\text{nF/km}$。

5）对任何现场装置和设备，其电压、电流和功率参数（U_i、I_i、P_i）必须满足：$U_o \leq U_i, I_o \leq I_i, P_o \leq P_i$。

使用 FISCO 模型的好处如下：

1）在危险区域支持即插即用；

2）无需进行系统验证；

3）连接设备的个数最大化；

4）系统扩展变得简单；

5）更换设备或进行扩展时无需进行新的计算；

6）费用大大降低。

3.7.3 大功率主干网络

本质安全的要求限制了 PA 网段的最大供电电流为 100mA，从而限制了电缆的长度和 PA 网络的设备数量。在过程控制中，其实本质安全引爆保护类型仅用于维护期间或者操作过程中的设备更换的时刻，在电缆主干网络中是不适用的。这就是在电缆主干网络使用引爆保护类型 Ex e（增安型），从而可以传输更多的电流的原因。这样可以使电缆更长，设备数更多。

借助于符合本质安全要求的现场总线分配器或格栅（barrier），在主干网络使用增安型保护（Ex e），在分支电路使用本质安全（Ex i）设计方法，实现了大功率主干网络（The High-Power Trunk），提高了现场总线控制系统在危险区域的使用效能。

图 3-46 所示为不同引爆保护类型混合使用的举例，也是大功率主干网络使用举例。由于它的应用，使主干网络没有电流限制，PA 网段可以尽可能地长，设备可以尽可能的多，系统工作时对设备进行操作也成为可能，在每个分支电路上的单个设备通过现场总线格栅满足本质安全的要求。

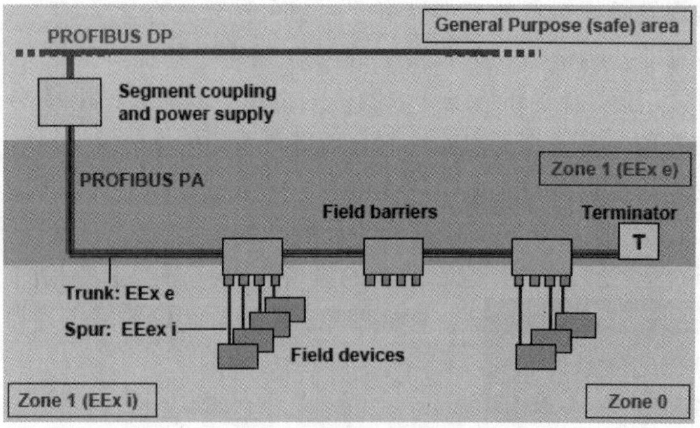

图 3-46 大功率主干网络使用举例

3.7.4 FISCO 在系统设计中的应用

下面仍以图 3-44 为例来介绍 FISCO 的使用。现在假定该系统应用在危险区域

(Zone 1)，整个系统要满足本质安全的要求。

经过 FISCO 认证的耦合器参数如下：

1）**P+F 的 FISCO 耦合器** 电流为 100mA、电压为 13V；

2）**SIEMENS 的 FISCO 耦合器** 电流为 100mA、电压为 12.5V。

与常规的耦合器相比，这意味着在每个网段中使用的设备数要减少，而且网络长度缩短。在例子中使用的是 P+F 的耦合器。

仍以图 3-45 网络结构进行计算：首先 FISCO 中网段长度要小于 1000m，分支线段长度小于 30m，这两条显然满足。但总电流消耗为 185mA，已超过 P+F 的 FISCO 耦合器的 100mA，所以必须重新设计网络。

下面我们把网络分成 2 个网段，分割的原则是使两个网段里设备的数量尽可能同样多。网络结构如图 3-47 所示。

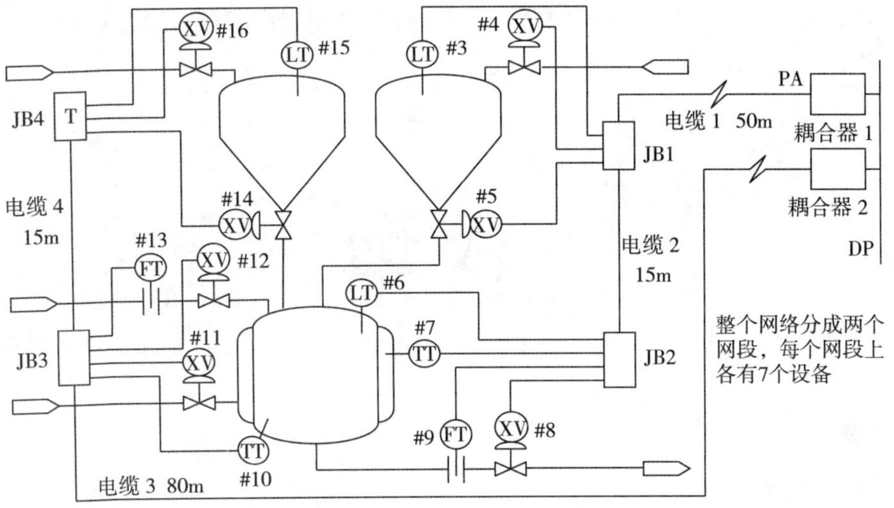

图 3-47 使用 FISCO 模型设计的现场总线控制系统

下面检查每个网段，检查的原则是每个网段的总电流消耗不能大于耦合器所提供的电流额定值，而每个设备上的电压必须满足其自身要求。这也就是说每个网段的总消耗电流要小于 100mA，加在每个设备上的电压最少要大于 9V（现场总线设备的典型值）。计算方法和图 3-45 使用的计算方法一样，只不过是把图 3-45 中的一个网段换成两个网段来计算。

计算结果是：网段 1 的总电流消耗为 96mA，其网段上最远处的设备 FT009 上的供电电压为 12.765V，所以网段 1 的设计完全满足要求；网段 2 的总电流消耗为 95mA，其网段上最远处的设备 XV016 上的供电电压为 12.854V，所以网段 2 的设计也完全满足要求。

综合分析后可以认为，经过使用 FISCO 模型对该 PA 网络进行的设计，使其满足了本质安全的要求。

3.8　组态一个简单的 PROFIBUS DP/PA 系统

3.8.1　系统组成及架构

1. 系统组成

采用 SIEMENS 公司的 S7-300 系列 CPU315-2DP 作为系统的主站，它有两个通信口：其中一个为 DP 接口，用于连接 PROFIBUS 网络；另外一个为 MPI 接口，用于下载组态结果和程序。WAGO 公司的 WAGO 750-833、BECKHOFF 公司的 BK3120、SIEMENS 公司的 ET200M、E + H 公司的带 PA 接口的 Prosonic M 系列物位计和 TMT184 温度变送器作为从站。DP/PA 的链接模块由 LINK（IM153-2）和 Coupler（FDC157-0）组成。

2. 系统架构

整个系统的 DP 和 PA 设备均采用线形连接。PA 设备通过链接模块连接到 DP 网络上，作为 DP 的从站，如图 3-48 所示。

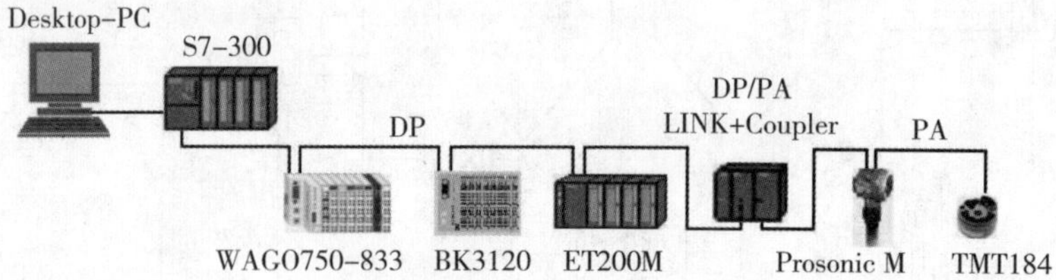

图 3-48　系统架构

3.8.2　组态过程

1. 组态主站

1）双击桌面上的图标，打开 SIMATIC Manager 软件。

2）新建一个工程，按照方便查找的路径存放，并给工程命名，例如 PROFIBUS_config。

3）在 SIMATIC Manager 主界面中，选中 PROFIBUS_ config，右键并单击弹出的菜单或在工具栏中使用 Insert→Station 选择插入新项目为 SIMATIC 300 Station。

4）SIMATIC 300 Station 插入后，在工程 PROFIBUS_ config 中选中 SIMATIC 300（1），然后双击 Hardware 进入硬件组态界面，如图 3-49 所示。

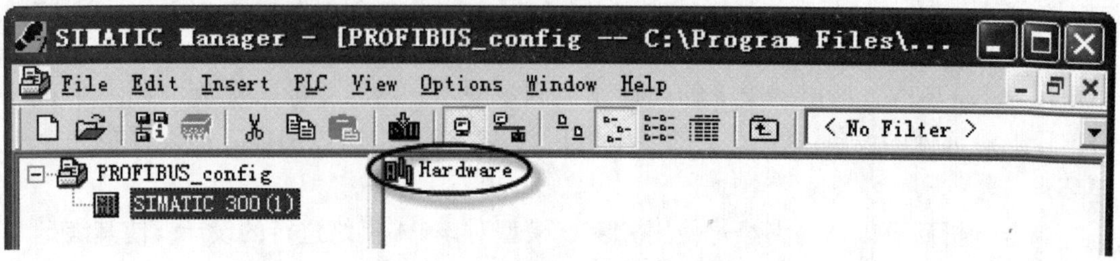

图 3-49　打开硬件组态软件 Hardware

5）在硬件组态界面中，首先要添加将要组态设备的GSD文件。添加过程：单击菜单栏中Options→Install GSD File...，添加完成后，单击Update Catalog进行GSD目录更新，如图3-50所示。

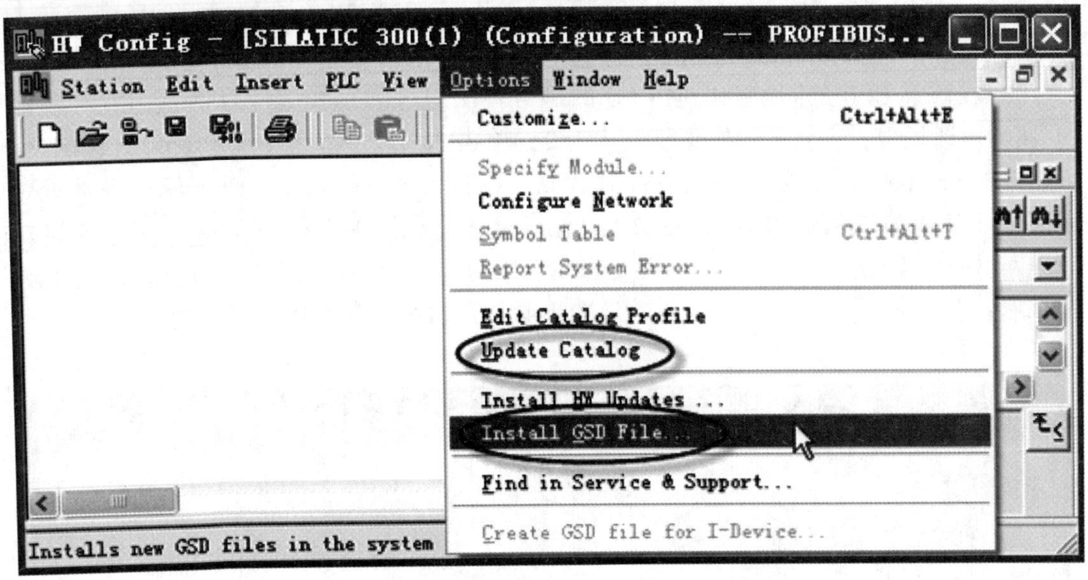

图3-50 添加设备的GSD文件

6）在组态过程中，添加的GSD要与其硬件的订货号相一致，CPU315-2DP的组态画面如图3-51所示。

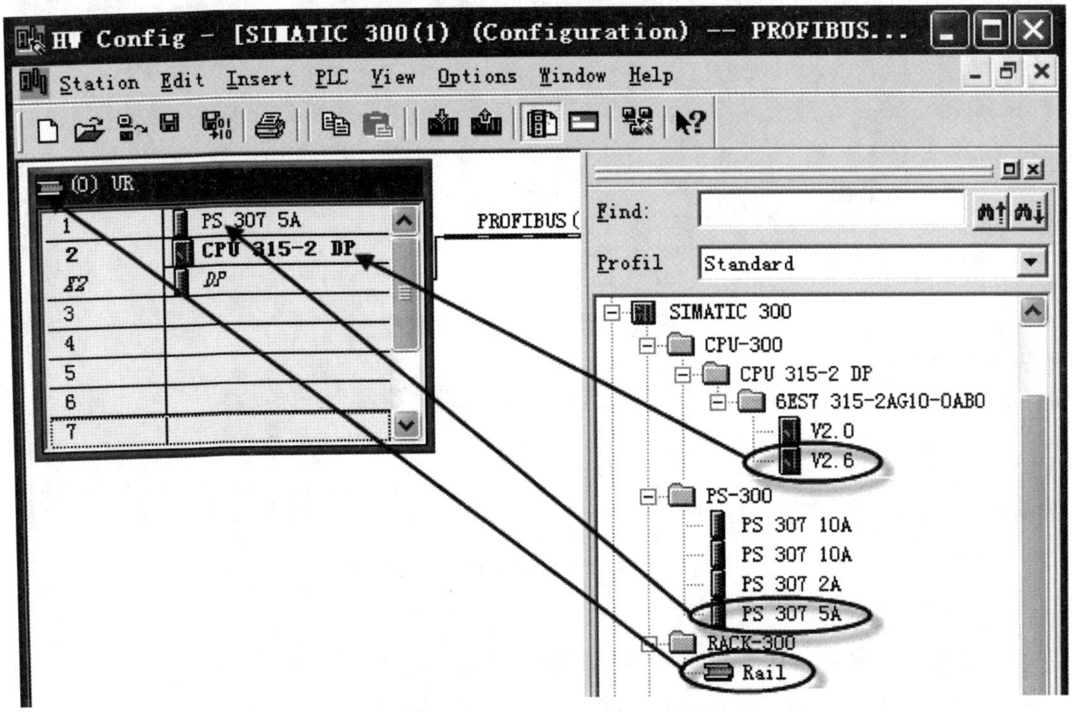

图3-51 CPU315-2DP的组态画面

① 首先添加机架 UR（在 RACK-300 里面双击 Rail）。

② 在槽 1 中添加 PS 电源。

③ 在槽 2 中添加具体型号的 CPU 单元。

④ 注意槽 3 要预留，用于扩展机架模块。

⑤ 从槽 4 开始按实际硬件顺序添加扩展模块，例如 SM、CP 模块。

7）在添加 CPU 的同时会根据 CPU 的型号弹出对应的总线属性对话框，在弹出的 DP 属性对话框中，主站的 DP 地址默认为 2，单击 New... 新建一个 PROFIBUS 网络，然后单击 Propperties... 进入总线属性对话框，点击 Network Settings 进入网络参数设定界面，可以设置主站的工作模式和 DP 的总线速率，具体画面如图 3-52 所示。主站和总线网络的参数设置完成后，如果需要修改它们的参数，可以双击机架上 CPU 中的 DP 槽，然后点击 Propperties... 进入参数设置界面，其他过程与上述步骤相同。

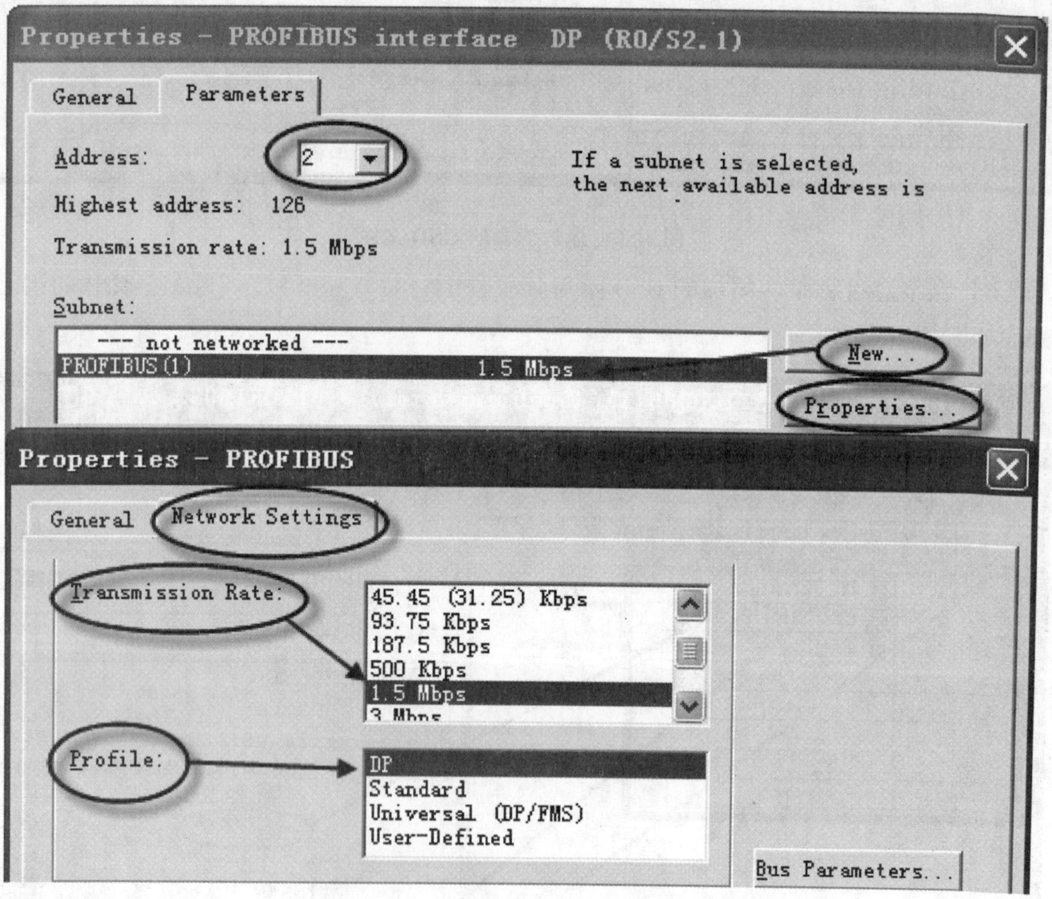

图 3-52　主站和总线网络的参数设置

2. 组态从站

主站组态完成后，开始在 PROFIBUS 网络上添加从站设备。

1）WAGO750-833 设备：先在右侧 GSD 目录 PROFIBUS DP 中的 Additional Field

Devices / IO / WAGO-IO-SYSTEM 750 中将 WAGO750-833 的 GSD 拖拽到 PROFIBUS 网络总线上，此时会弹出设备总线接口的属性对话框，在此对话框中可以设置从站设备的 DP 地址（注意：分配的 DP 地址必须和设备上拨码开关设置的一致）。然后单击其总线上的图标，在下面相应槽内组态其模块（注意：组态的模块顺序要与实际位置一致）。图 3-53 为 WAGO750-833 设备的组态画面。

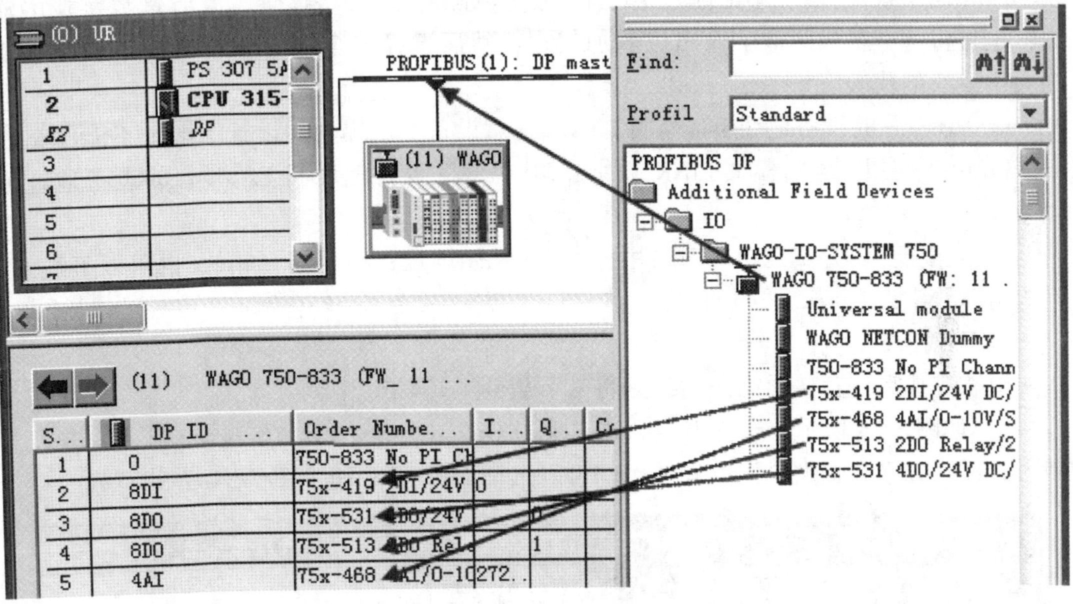

图 3-53　WAGO750-833 设备的组态画面

2）其他从站设备的组态过程与 WAGO750-833 设备的相似，重复 1）的组态过程，完成其他从站设备的组态。整个 PROFIBUS 网络组态完成的画面如图 3-54 所示。

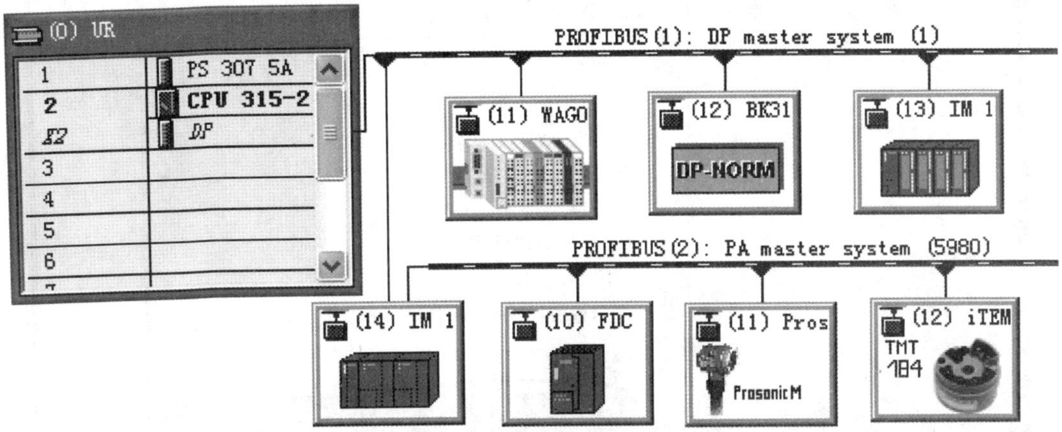

图 3-54　整个 PROFIBUS 网络组态完成的画面

组态时需要注意的是：

① 从站设备 BK3120 的组态与其他从站设备有所不同，BECKHOFF 控制器采用通

信字节共用原则——模块组态的方式不是按照实际的硬件排列顺序进行的，而是按照特殊模块（高速计数1501、定位模块或者运动控制模块）在前，然后是模拟量输入，紧接着模拟量输出，最后是数字量的输入和输出，先将所有普通的数字输入按照位数加起来，然后以等于或略大于的位数作为输入模块的代表，譬如2个KL1102模块和2个KL1104模块的输入位数为$2\times2+2\times4=12$bit，可以选择大于12 bit的最小的输入模块16 Bit Digital Inputs（不能超过16，以免造成地址资源的浪费）。最后是数字量的输出，也是将所有普通的数字输出位数加起来，然后选择一个等于或者略大于的位数作为输出模块的代表。

② DP部分的设备地址不能重叠，特别注意设备上拨码开关设置的地址不能冲突。

③ 由于使用了连接模块LINK，因此DP部分的设备地址和PA部分的设备地址可以重叠。

④ 连接模块LINK在组态时占用一个DP从站地址；耦合器Coupler也可以不组态，因为对总线来说它是“透明的”。

3. 下载

组态完成后保存编译组态信息并将其下载到主站CPU中。

1）如图3-55所示，选择下载方式，单击Options→Set PG/PC→Interface... 进入下载方式设置界面，根据具体的硬件条件可以选择MPI、DP和TCP/IP等方式下载。

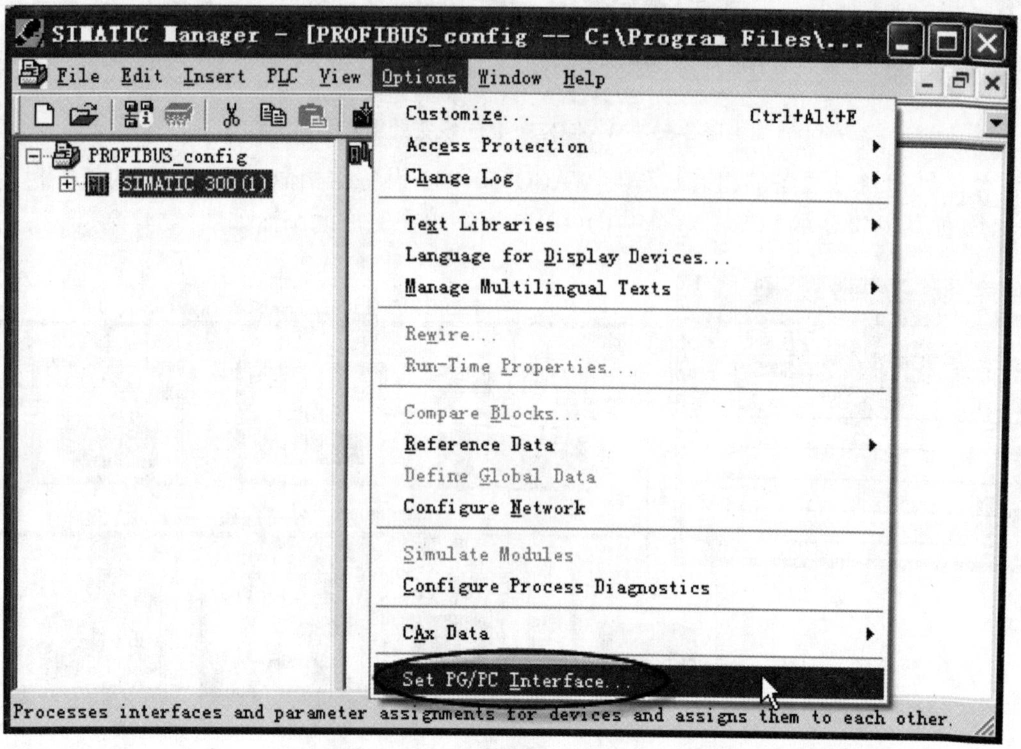

图3-55 设置下载方式

2）本项目选择MPI方式，进行相应选择后，点击图标  进行下载。

3.8.3 系统运行

下面举一个简单例子来说明现场总线系统的运行。完成三个电动机的顺序起动和停止控制：按启动按钮，三个电动机间隔 5s 顺序起动；电动机全部起动后，按停止按钮，三个电动机间隔 10s 逆序停止。三个电动机分别由不同的从站输出点控制。

使用 WAGO750-833 设备上的 I0.0 数字量输入点来控制整个系统的启动，I0.1 用于系统的停止；WAGO750-833 设备上的 Q0.0 数字量输出点、BK3120 设备上 Q2.0 数字量输出点以及 ET200M 上的 Q4.0 数字量输出点用于控制三个电机的运行，并且 使用定时器 T5 和 T6，用于延时 5 秒控制，定时器 T7 和 T8，用于延时 10 秒控制；设备的地址分配如下图 3-56 所示。

(11) WAGO 750-833 (FW_ 11 ...

S...	D...	Order Numb...	I Ad...	Q...	Comme
1	0	750-833 No PI C			
2	8DI	75x-419 2DI/24V	0		
3	8DO	75x-531 4DO/24V		0	
4	8DO	75x-513 2DO Rel		1	
5	4AI	75x-468 4AI/0-1	272...279		

(12) BK3120

S...	D.	Order Nu...	I...	Q Ad...	Comment
1	4AI	KL3xx4 compac	280...		
2	2AO	KL4xx2 compac		272...275	
3	8DI	8 Bit digital	1		
4	16DO	16 Bit digit		2...3	
5					

(13) IM 153-1

S...	Module...	Order Number ...	I ...	Q Address	Com
1					
2	IM 153-1	6ES7 153-1AA03-0XB0	2043*		
3					
4	DI16xDC24V	6ES7 321-1BH02-0AA0	2...3		
5	DO16xDC24V/0.	6ES7 322-1BH01-0AA0		4...5	

图 3-56 设备地址分配

使用 STEP7 中的 LD 语言在组织块 OB1 中编制一段包含从站设备输入（连接钮子开关的输入端）和从站设备输出（连接有电动机控制的端子），完成上述功能的程序如图 3-57 所示。

程序编写完成，经检查无误后，将其下载到 CPU315-2DP 中。前面组态信息已下载，此时只需下载程序块。在 SIMATIC Manager 主界面中，选中 Blocks，然后点击图标

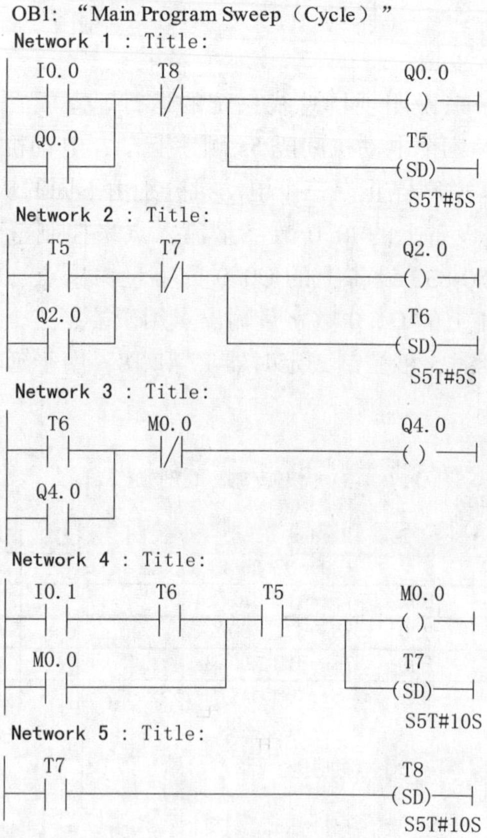

图 3-57　系统程序的编写

下载，如图 3-58 所示。

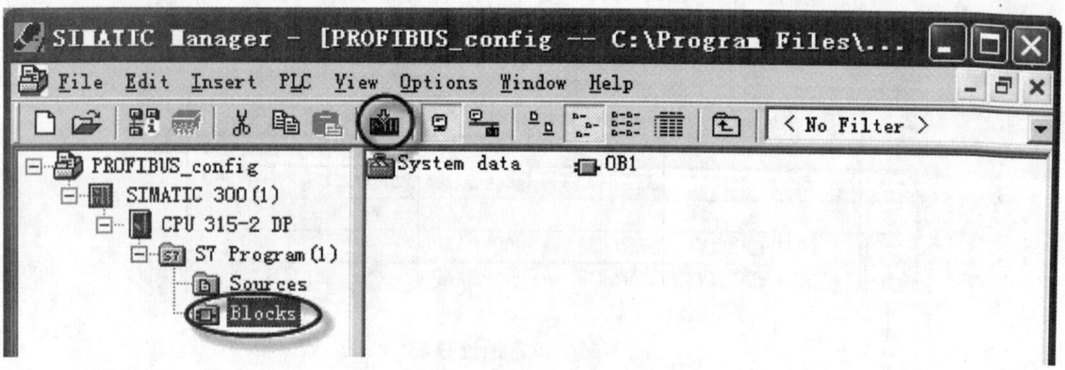

图 3-58　程序块的下载

下载完成后，PLC 开始运行程序，进行在线调试。打开 OB1，在 OB1 的菜单栏中点击图标进行在线监视程序的运行，然后手动控制钮子开关（当做按钮使用），观测输出是否按程序要求的结果运行。

本章小结

PROFIBUS 是世界上应用最成功的现场总线技术，也是能够全面覆盖工厂自动化和过程自动化应用领域的现场总线。其主要成员包括 FMS、DP 和 PA，但 PI 不再支持 FMS 的发展。

PROFIBUS DP/PA 只用了 OSI 的第 1 层、第 2 层和第 7 层，另外根据工业自动化领域的使用特点，增加了一个用户层（行规层），从而构成了 PROFIBUS 的协议结构。

GSD 文件是一个可读的，包括该 PROFIBUS 设备一般的和制造商指定的通信参数的文本文件，制造商的名字、设备支持的波特率、I/O 模块情况以及其他必需的和可选的特性数据都必须在 GSD 文件中体现出来。每个 PROFIBUS 设备都必须有相应的 GSD 文件，这样才能加入到 PROFIBUS 网络中。功能更强大的设备管理工具是 EDD 和 FDT/DTM。

PROFIBUS DP 采用 RS485 双绞线或光缆传输介质，传输速率为 9.6kbit/s ~ 12Mbit/s，DP 采用异步传输、NRZ 编码进行数据传输。PROFIBUS 主要由 1 类主站、2 类主站、从站和网络附件设备等组成，它可以是单主站系统，也可以是多主站系统。

PROFIBUS PA 是专为过程控制应用而设计的，PA 使用同步传送技术、总线供电模式（MBP），使数字信号和设备电源通过同一电缆传送，符合在危险场合设备使用的规定，所以 PA 可以在有爆炸危险的场合使用。

在实际工作中，最常出现的问题和故障几乎都是与安装有关的。这些安装错误主要包括终端电阻设置错误、电源线布置不当、电缆走线不当或使用错误的电缆。掌握好正确的安装知识是保证 PROFIBUS 正确使用的关键。

本章还较详细地介绍了 FISCO 的基本概念，FISCO 是一种新型计算和设计模型，用于对在危险区域使用的设备、电缆和系统进行本质安全的设计和评估。与传统的方法相比，它的突出特点就是简单和方便。

PROFIBUS 技术还在继续发展着，我们需要不断地学习和了解这些新技术，这样才能跟上其发展的步伐。

本章实验建议

建议完成附录 A 中的实验 1、实验 2 和实验 3。在进行实验 2 和实验 3 之前，学生必须熟悉 SIEMENS STEP7 的使用。必要时需要老师讲解 STEP7 的使用，以及 STEP7 的简单编程。

习题和思考题

1. 与 OSI 相比，现场总线通信协议模型有什么不同？为什么？
2. 简述 PROFIBUS 的协议结构。
3. 回答下列问题：

（1）可以在同一个网络中使用 FMS、DP 和 PA 的设备吗？
（2）FMS 的主站能和 DP 的主站通信吗？
（3）DP 主站能控制 PA 从站吗？
（4）DP 主站能控制 FMS 从站吗？
（5）能在一个设备中同时存在一个 FMS 主站和一个 DP 主站吗？
4. 什么是 GSD 文件？它的主要作用是什么？
5. 简要解释 GSD、EDD 和 MTD 的主要特点和应用场合。
6. PROFIBUS DP 和 PA 在物理层分别采用的是什么编码？
7. 在 PROFIBUS 网络中，主要包括哪几种设备？
8. 请简述 PROFIBUS 中设备地址的安排原则。
9. 如果网络运行在 1.5Mbit/s，则 PROFIBUS DP 的最大距离是多少？
10. RS485 传输的优点是什么？
11. Manchester 编码的优点是什么？
12. 试解释 PROFIBUS PA 传输技术的主要特点。
13. 请给出 3 种在现场总线网络中使用 RS 485 中继器的场合。
14. 玻璃光纤和塑料光纤之间的区别是什么？
15. 使用双通道 OLMs 的目的是什么？
16. 简要解释 D 形连接器、终端电阻和 BT200 的作用。
17. 列出在现场总线电缆中引起信号反射的主要原因。
18. 在现场总线电缆上主要的干扰源有哪些？针对这些不同的干扰，所采取的抑制干扰的方法是什么？
19. 在什么情况下，不允许使用“分叉线路”？
20. PROFIBUS 从站必须提供的信号有哪些？
21. 9 针 D 形连接器是 PROFIBUS DP 从站惟一使用的连接器吗？
22. 试解释“激活工作的终端电阻”和“活动终端电阻器”的区别。
23. 请用“T”标示出图 3-59 中终端电阻应该置为“ON”的地方。

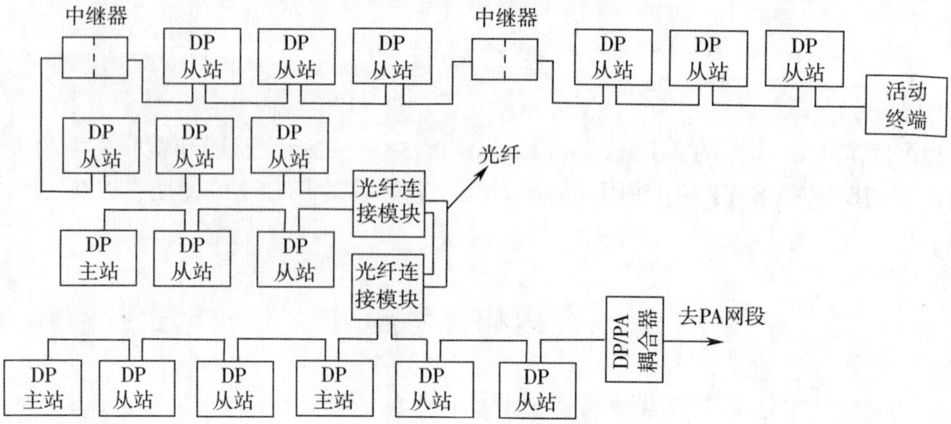

图 3-59 PROFIBUS DP 网络示意图

24. 图 3-60 所示为一个工厂的 FCS 布局图，它包括一个 PROFIBUS DP 主站和 40 个从站。整个布局需要 180m 电缆，系统运行在 1.5 Mbit/s。试用最符合实际要求的方法把它们连接起来。要求画出连接线路、终端电阻和中继器。

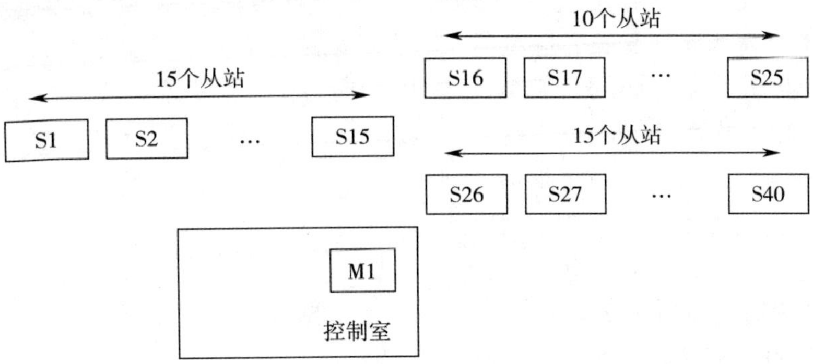

图 3-60　FCS 系统布局图

25. 图 3-61 所示为一个工厂的 FCS 布局图，该 FCS 包括一个主站和 20 个从站，系统在 1.5Mbit/s 下运行，需要电缆约 300m。对本系统有一个特殊要求是移走任何一个从站都不影响整个系统的结构。试把系统连接起来，在需要的情况下，标示出终端电阻、中继器等。

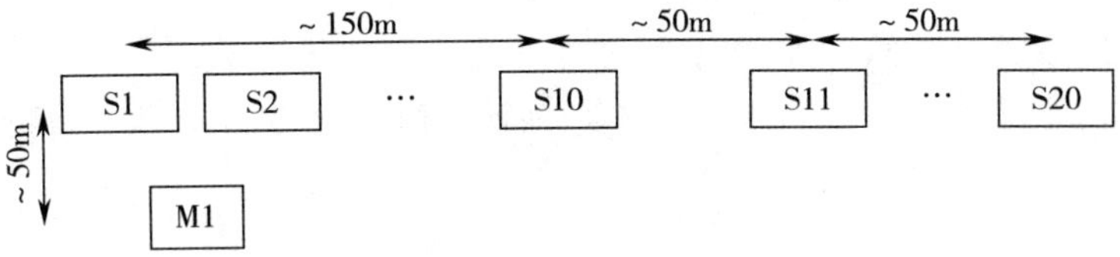

图 3-61　FCS 系统布局图

26. 试确定下列电缆和 PROFIBUS 电缆在一起安装使用时应保持的最小距离。

电缆名称	应保持的最小距离/m
AS - i 总线电缆	
为数字输出模块供电的 24V 电源线	
为直流电源供电的单相 240V AC 电源线	
为 PROFIBUS 变频器供电的三相 415V 交流电源线	
两个建筑物之间的携带 PROFIBUS 信号的光纤	
连接两个接线柜之间的地线	

27. 一个 PROFIBUS 控制系统有两个控制室，这两个控制室有各自的接地系统，从而造成这两个控制室之间有很大的电势差。试给出 3 种解决该问题的方法。

28. 列出能和 PROFIBUS PA 从站进行通信的设备种类。

29. 列写出 3 种耦合器和链接模块在使用上的不同。使用这两种设备后，它们对整个网络带来了哪些限制？

30. 一个在非危险性区域使用的 PA 网段由 24 从站组成。当在下列情况下使用时，试确定允许的分支电路的最大长度。

（1）每个分支电路之有1个从站；

（2）每个分支电路之有2个从站；

（3）每个分支电路有4个从站。

在以上几种分支电路最长的情况下，其主干电路的最大长度分别是多少？

31. 一个在危险性区域使用的PA网段由8个本质安全从站组成。当在下列情况下使用时，试决定允许的分支电路的最大长度。

（1）每个分支电路之有一个从站；

（2）每个分支电路之有2个从站；

（3）每个分支电路有4个从站。

在以上几种分支电路最长的情况下，其主干电路的最大长度分别是多少？

32. PA网段必须使用屏蔽的双绞线电缆吗？

33. 一个工厂的非危险性区域安装有4～20mA的装置，使用的电缆有单芯和多芯电缆。如果将来要把它们转换为PROFIBUS PA系统，请问最主要的考虑因素是什么？

34. 几个相同的PA FISCO设备在一个危险区域使用，它们被安装在一根500m电缆的最远处。每个设备消耗的基本电流为12mA，故障电流为6mA。该PA网段由一个安全FISCO耦合器驱动，该耦合器提供的电压为12V，电流容量为100mA。整个网段使用PA的A型电缆，该电缆的电阻为44Ω/km。

（1）试确定该耦合器所能驱动的最大的该类从站的设备数。

（2）当使用这么多从站，并且允许有一个故障的情况下，整个网络的电压降是多少？

（3）试判断系统能否满足从站的电压要求。

35. 一个PROFIBUS网络如图3-62所示。请用“T”标示出应该设置终端电阻的地方。

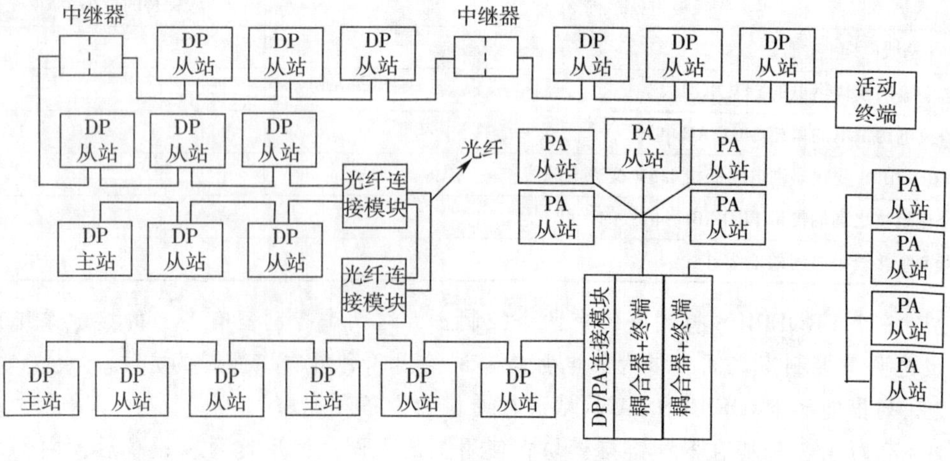

图3-62 PROFIBUS网络

36. 试分析 RS485 和 IEC61158-2 的终端电阻以及其设置的不同。

37. 请列表写出图 3-47 中两个网段的消耗电流和设备供电电压的详细计算过程及结果。

38. 简要解释 FISCO 和 The High-Power Trunk 的概念。它们的主要作用是什么?

第 4 章　PROFIBUS 通信技术及 DP-V0/V1

本章主要讲解 PROFIBUS 的基本工作原理和报文结构。在学习报文之前，我想就现场总线的实际应用和报文学习之间的关系说几句。大家在使用 PROFIBUS 组成系统去完成一个实际工程项目时，只要选择好主站、从站、软件，进行程序设计等就行了，可能大多数时间里不需要直接接触报文的细节。但要真正了解 PROFIBUS，解决现场总线系统中出现的问题，就要使用系统诊断工具和软件对系统进行检查和分析，如果不了解报文结构和它们的含义，则完成这些必需的基础性工作是不可能的。所以作为一名使用现场总线技术的工程师既要通晓系统的集成，也要知道有关现场总线的更深层次的知识。

本章主要讲解 PROFIBUS DP 和 PA 数据链路层、应用层和用户层的知识。下面先来回顾一下上一章中介绍的 PROFIBUS 协议结构，如图 4-1 所示，和 OSI 相比，PROFIBUS 的协议结构共有 4 层：物理层、链路层、应用层，外加一个独特的用户层（或行规层）。DP/FMS 的物理层和数据链路层完全相同，均使用 NRZ 编码、异步传输技术和相同的介质访问控制方式，所以它们可以使用同一根电缆。PA 使用 Manchester 编码，同步传输技术，同步传输时物理层和链路层之间的接口已在第 3 章 3. 3 节中叙述，此处不再赘述。PA 链路层的介质访问控制方式和 DP 相同。DP 和 PA 的应用层均使用基于 DP-V0 的系列服务和协议，它们之间可以交换数据。用户层是专门针对工业自动化领域现场装置的控制和具体应用而设计的，针对不同的系统管理规范和自动化设备，PI 制定了详尽的行规。

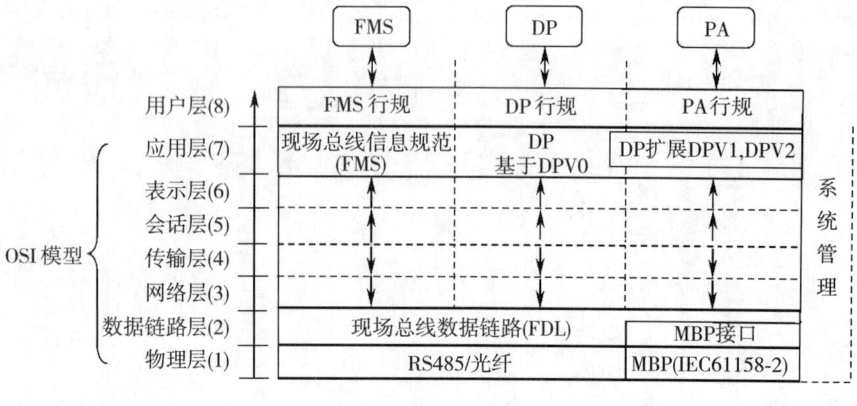

图 4-1　PROFIBUS 的协议结构

4.1　数据链路层

4.1.1　介质访问控制方式

PROFIBUS 的介质访问控制方式（总线存取过程）遵循以下原则：

1）各主站之间采用令牌（Token）交换的规则，按序交换令牌。令牌相当于一种权力，谁握有令牌，谁就有对总线的使用权力，没有令牌的一方只能等待。令牌只有一个，所以同一时间内只能有一个主站拥有令牌，这就避免了多方发布命令而造成的混乱。在拥有令牌的时间内，该主站必须完成它应该完成的任务。

2）主站一旦握有令牌，则和它控制的从站按照轮询的方式进行循环数据交换。主站把该从站的输出数据给从站，从站把最新的输入数据给主站。主站按照从站地址号由小到大的顺序，将它控制的全部从站轮询完毕，然后把令牌传给离它最近的下一个主站。

3）从站只能接收主站的请求而产生响应，它不能向主站提出请求。

4）每个主站都有它自己所控制的从站，它不能控制其他主站的从站。

5）2 类主站可以对任何从站进行读取操作，这种操作是非循环的。

总线存取过程如图 4-2 所示。

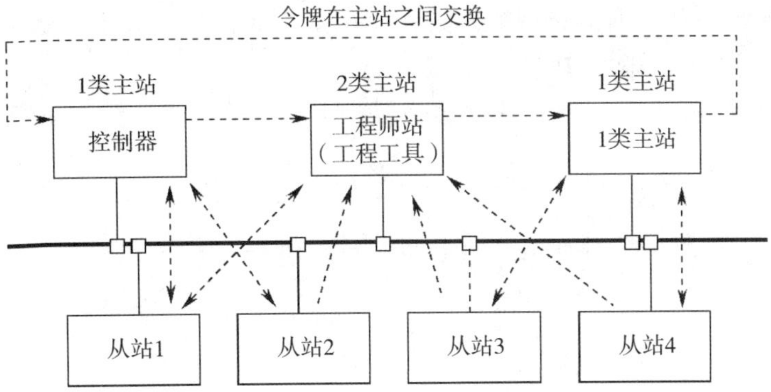

图 4-2　PROFIBUS 总线存取过程示意图

4.1.2　数据传输服务

1. 传输服务

下面从协议结构及组成等方面详细介绍 PROFIBUS 的数据链路层。

PROFIBUS 的数据交换发生在主站和从站之间，而所有的这种数据交换都必须按一定的协议来完成。OSI 模型中的第 2 层，即数据链路层中就包含了对数据传输报文的一般结构描述、安全机制设置以及可能提供的服务。在 IEC61158 中定义的 PROFIBUS 传输服务包括：

1）**SDA**（Send Data with Acknowledge）　该服务只在 FMS 中使用。数据传输给主站或从站，然后要发送一个确认信息作为响应。

2）**SRD**（Send and Request Data with acknowledge）　在一个信息循环内完成数据发送和接收。

3）**SDN**（Send Data with No acknowledge）　用于广播传送和多点传送的报文中。

借助于 SRD 服务，PROFIBUS DP 把输出数据传送到相应的从站。如果这个从站有输入数据，则作为响应，从站把输入数据传送回主站；如果这个从站是个纯输出装置或设备，则它发回一个短报文“0xE5”作为确认报文。SDN 用于把数据送往指定的一组从站或全体从站，对 SDN 服务，没有响应报文。

2. 字符和位组结构

1）异步传输　数据链路层的数据由一定数量的异步传输特征码（字符）组成。每个 PROFIBUS 的特征码（Character）按 UAR/T（Universal Asynchronous Receive/Tranmit）格式编码，每个特征码由 11 位（bits）组成，即 1 个起始位（起始位总为 0）、8 个数据位、一个校验位和一个停止位（停止位总为 1），如图 4-3 所示。

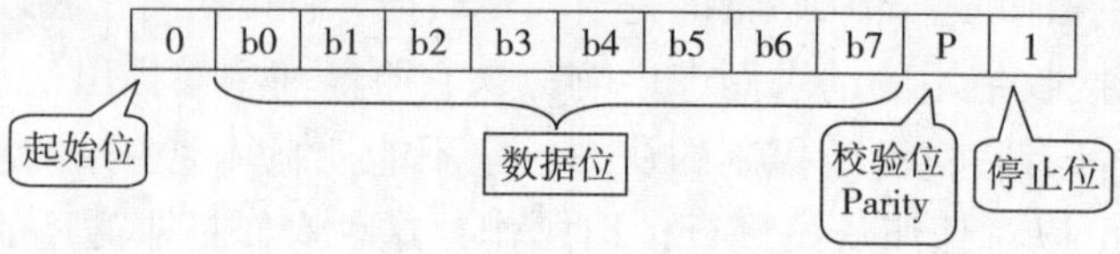

图 4-3　PROFIBUS 特征码组成示意图

2）同步传输　其数据链路层数据的每个字节用 8 位位组表示，即和原字节相同。

3. 链路层报文的一般结构

1）异步传输时　PROFIBUS 数据链路层报文的一般结构如图 4-4 所示。

SD	LE	LEr	SDr	DA	SA	FC	DU…	FCS	ED

图 4-4　异步传输链路层报文结构

其中：

SD（Start Delimiter）：报头。SDr：重复 SD。

LE（Net Data Length）：数据长度，等于深颜色部分的字节数。LEr：重复 LE。

DA（Destination Address）：目标地址。

SA（Source Address）：源地址。

FC（Function Code）：功能码，见后面的详细讲解。

DU（或 PDU，Protocal Data Unit）：协议数据单元。0 ~ 244 个字节。

FCS（Frame Check Sequence）：校验码。1 个字节，它等于除 SD 和 ED 域外所有各域的二进制代数和。

ED（End Delimiter，ED = 0x16）：报尾，固定为 0x16。

2）同步传输时　PROFIBUS 数据链路层报文的一般结构如图 4-5 所示。

SD	LE	LEr	SDr	DA	SA	FC	DU…	CRC

图 4-5　同步传输链路层报文结构

CRC：循环冗余校验码。2 个字节，使用特定的多项式对有效域进行计算得出的 CRC 校验码。

和异步传输相比，同步传输中的每个字节都是 8 位位组，而异步传输中的每个字节都要表示成 11 位的字符。同步传输中的报文中没有 ED，链路层数据差错检查的机制也不一样。在报文结构的其他方面，两者都是相同的。

4. 报文种类

不同的报头内容（SD）反映了报文的类别。

1）**SD1 = 0x10**　用于请求 FDL 状态，寻找一个新的活动站点，报文长度固定，没有数据单元。

2）**SD2 = 0x68**　用于 SRD 服务，报文中有不同的数据长度。

3）**SD3 = 0xA2**　数据单元长度固定（总为 8 字节）的报文。

4）**SD4 = 0xDC**　托肯报文，用于两个主站之间发送总线通道授权。

PROFIBUS 数据链路层的报文格式提供高等级的传输安全性，所有报文均具有海明距离等于 4 的保证。根据第 2 章的介绍，可以知道如果海明距离等于 4，则在这些数据报文中，可以检查出最多 3 个同时出现有的错误。这些错误类型包括：字符格式出错（奇偶检验、溢出、帧出错）、协议出错、起始和终止界定符出错、帧检查字节出错和报文长度出错。

5. 功能码的含义

功能码 FC 字节用来说明报文的性质、站的类型和状态，以及在请求和响应情况下报文的功能。FC 字节的含义如下：

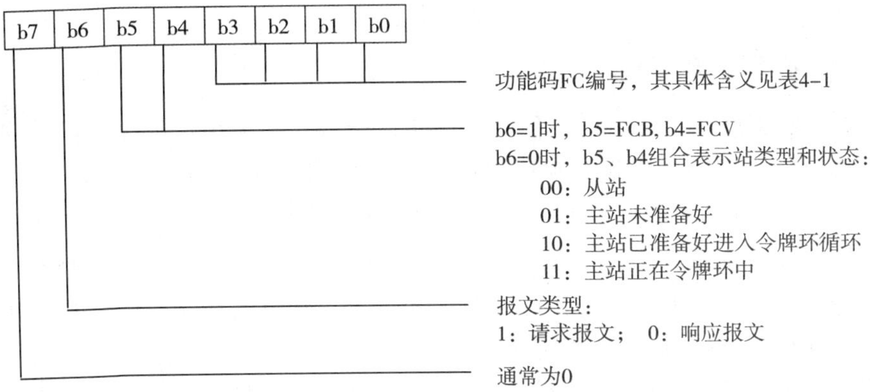

对请求报文，FCB（Frame Count Bit）和 FCBV（Frame Count Bit Valid）的意思如下：

FCB：帧计数比特位，可以为 0，1 或交替；

FCV：帧计数比特有效位，为 0 时，FCB 的交替功能无效；为 1 时，有效。

通过 FCB 和 FCV 的组合，能有效避免数据交换过程中发起方的报文丢失和响应方报文重复情况的发生。其原理不再详细介绍。

表 4-1 功能码 FC 编号及含义

FC（0x）	请求功能（b6 = 1）	响应功能（b6 = 0）
0	时间事件	肯定确认：OK
1	…	否定确认：用户错误（UE）
2	…	否定确认：无响应源（RR）
3	SDA 低（仅 FMS）	否定确认：SAP 未被激活（RS）
4	SDN 低（广播和多点传送报文）	…
5	SDA 高（仅 FMS）	…
6	SDN 高（广播和多点传送报文）	…
7	SRD 多播	…
8	…	SRD 的低优先级响应（DL）
9	带应答（reply）的 FDL 状态请求	否定确认：无响应（NR）
A	…	SRD 的高优先级响应（DH）
B	…	…
C	SRD 低（发送和请求数据）	SRD 低优先级响应异常：无源（RDL）
D	SRD 高（发送和请求数据）	SRD 高优先级响应异常：无源（RDH）
E	带应答的 ID 请求	…
F	…	…

4.2 应用层

4.2.1 应用关系

现场总线应用层（FAL）是一种应用层通信标准，它为用户程序提供访问现场总线通信环境的手段。FAL 的服务和协议由包含在应用进程中的应用实体（AE）来提供，而 AE 由一组面向对象的应用服务元素（ASE）和管理 AE 的层管理实体（LME）所组成。ASE 提供在一组有关应用进程对象（APO）类别上操作的通信服务，这些服务从应用的角度规定了如何发出和传送请求和响应，其目的在于支持用户、功能块和管理应用。PROFIBUS 的应用层规定了详细的数据传递报文规范和数据格式。

在现场总线环境下，一个应用可以划分为一组组件，并分布于网络上的若干设备中，这些组件中的每一个都称为现场总线应用进程（AP）。AP 可以与其他 AP 进行必要的交互，以达到 AP 的功能目标。

如图 4-6 所示，应用关系（AR）是两个或多个 AP 之间为了交换信息和协调它们的联合操作而存在的一种合作关系。AR 由应用协议数据单元（APDU）的交换来激活，PROFIBUS DP 使用不同类型的 AR，这些 AR 的传输特性是有区别的。

AP 使用应用关系端点（AREP）进行访问通信，AREP 是固定的并且被唯一地指定给每个 AP，AP 提供标识符来寻找这些端点。AR 被定义为一组合作的 AREP，在两个

AP 之间可以存在一个或多个 AR，每个 AR 有唯一的 AREP。图 4-6 所示是具有两个 AREP 的一个 AR 示例。

PROFIBUS DP 应用层提供了多种 AR 类型，这些 AR 类型在学习报文时都会用到。

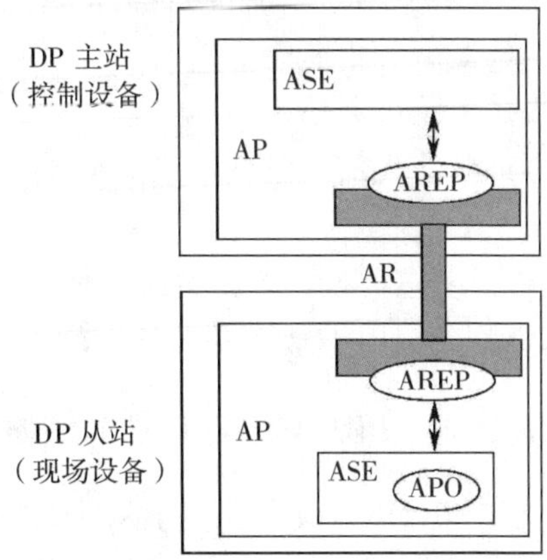

图 4-6　具有两个 AREP 的一个 AR 示例

1. MS0

MS0 包括一个主站（1 类）的 AP 与所有有关 DP 从站的 AP 之间的应用关系、可选的一个或若干个主站（2 类）的 AP 与所有有关 DP 从站的 AP 之间的应用关系和可选的一个或若干个 DP 从站的 AP 与所有有关 DP 从站的 AP 之间的应用关系。其用于以下目的：

1）与 1 类主站循环地交换 I/O 数据；

2）在 DP 从站之间循环地交换输入数据（DXB）；

3）用于参数化、组态和诊断的非循环数据传送（1 类主站）；

4）向一组现场设备非循环地传送命令（1 类主站）；

5）向一组现场设备循环地传送同步报文（1 类主站）；

6）非循环地读 I/O 数据（2 类主站）；

7）非循环地读组态信息（2 类主站）；

8）非循环地读诊断信息（2 类主站）；

9）非循环地写剩余参数（2 类主站）。

2. MS1

一个主站（1 类）的 AP 与一个有关 DP 从站的 AP 之间的面向连接的应用关系，用于以下目的：

1）非循环地读/写变量；

2）非循环地传送报警；

3）上载和/或下载装载域（LR）数据；

4）调用非面向和/或面向状态的功能。

3. MS2

一个主站（2 类）的 AP 与一个有关 DP 从站的 AP 之间的面向连接的应用关系，用于以下目的：

1）非循环地读/写变量；

2）上载和/或下载装载域（LR）数据；

3）调用非面向和/或面向状态的功能。

4. MS3

一个主站的 AP 与一组有关 DP 从站的 AP 之间的无连接的应用关系，用于时间的同步。

5. MM1

一台组态设备（2类主站）的AP与一台有关控制设备（1类主站）的AP之间的无连接关系，用于以下目的：

1）上载和下载组态信息；

2）上装诊断信息；

3）激活先前传送的组态。

6. MM2

一台组态设备（2类主站）的AP与一组有关控制设备（1类主站）的AP之间的无连接关系，用于激活先前传送的组态。

4.2.2 PROFIBUS版本的发展

PROFIBUS的版本经历了从V0、V1到V2的不断发展。DP-V1和DP-V2并不是单独的版本，而是DP-V0的扩展，可以有选择地在一台设备上实现DP-V0、DP-V1或DP-V2。PI保证PROFIBUS的新版本100%地向后兼容，例如DP-V0的从站设备也可以在主站版本是DP-V1的系统中使用，只不过该从站没有DP-V1的功能；DP-V1的从站也可以在主站版本是DP-V0的系统中使用，只不过该从站的DP-V1功能不能使用而已。DP版本及相应功能的扩展示意图如图4-7所示。

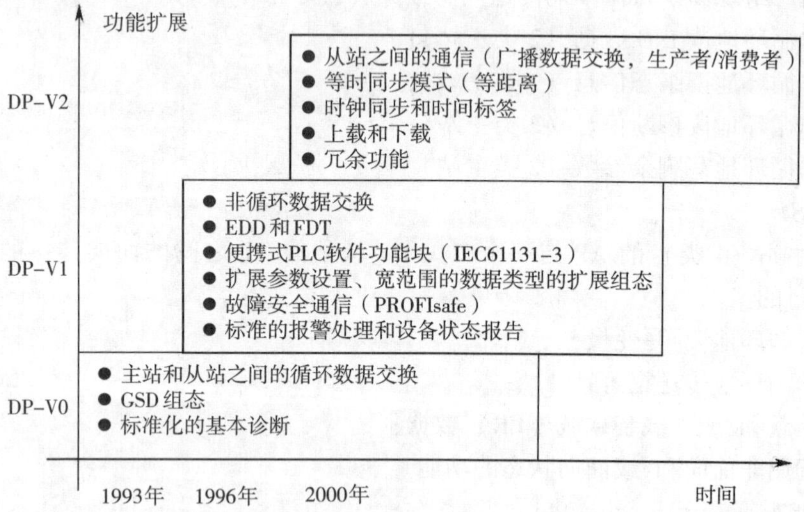

图4-7 DP版本及相应功能的扩展示意图

1. DP-V0

DP-V0是PROFIBUS DP的最基本的版本，它只能完成主站和从站之间的循环数据交换，不能适应过程控制系统中的报警处理和参数设置等功能的要求，也不能适应运动控制系统中的同步、等时控制的要求。

2. DP-V1

DP-V1是专门针对PROFIBUS在过程控制领域中使用而开发的，PROFIBUS PA使用的就是 DP-V1。DP-V1 和 DP-V0 相比，最大的区别就是增加了非循环数据交换，使其能完成过程控制中的一些非实时性的数据交换。为了能使用 DP 的扩展功能，还要求主站和相应的从站必须支持 DP-V1 功能。

DP-V1 包括循环数据交换（I/O 数据）和专为过程控制而设计的非循环数据交换（变量和参数），非循环数据主要指过程参数的上下限和报警范围，以及制造商的一些特殊数据。这些数据的交换对实时性的要求不是很高，所以某个数据的交换不一定在同一个总线循环周期内完成。典型的 DP-V1 的总线循环周期如图 4-8 所示。

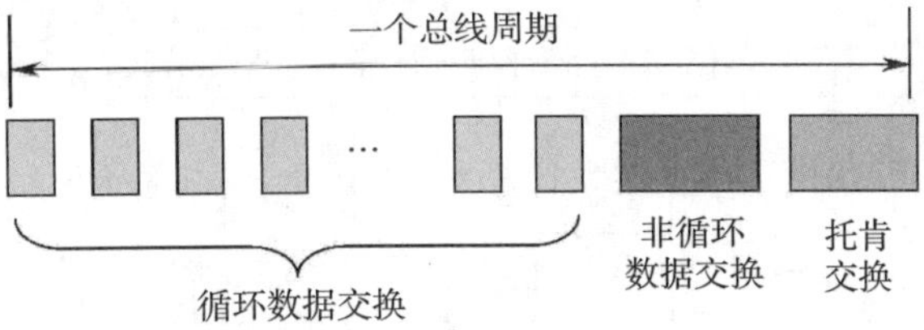

图 4-8 典型的 DP-V1 的总线循环周期

3. DP-V2

DP-V2 是为 PROFIBUS 在运动控制和对实时性、精确性要求较高的场合使用而开发的。PROFIdrive 使用的就是 DP-V2。它主要增加的功能有从站之间的通信、等时模式、同步模式、上载/下载和冗余功能。本书不对 DP-V2 做深入的讲解，下面只简要地介绍一下这几个功能的特点。

（1）从站之间的通信 DXB（Data eXchange Broadcast）

该功能可以使从站之间使用广播方式而不需要通过主站绕道来进行直接而省时的通信，该通信方式也称为“旁路通信”方式。使用该功能时，这些从站扮演“发布者”（publisher）的角色，使从站响应不通过主站的协调而直接到包含在此序列中的被称为“消费者”（subscriber）的其他从站。这样，从站就可以从其他从站直接读取数据，并将这些数据作为自己的输入，使响应时间减少了 90% 左右，所以它适合于实时性要求非常高的场合。图 4-9 所示为从站之间进行直接数据交换的例子。在该例中，需要光栅位置传感器数据的驱动器可以直接从光栅从站读取数据，以完成分布式的多轴驱动控制。

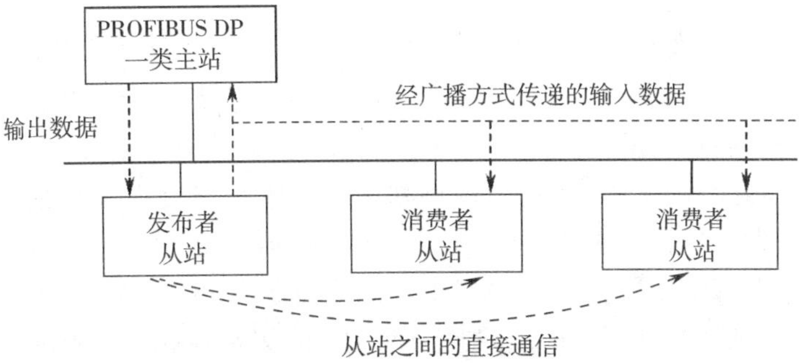

图 4-9 从站之间的直接数据交换

（2）等时同步模式（Isochronous Mode）

此功能可实现主站和从站中的时钟同步控制，循环周期时间的长短与总线负载无关，从而实现高精度定位控制。等时同步模式中的抖动时间可以达到小于1μs。该模式使用“全局控制（Global Control，GC）”使所有参加的设备循环与总线主循环同步。图4-10所示为一个等时同步模式控制的例子，在该例中由3个驱动器从站和主站组成了高精度位置控制系统。

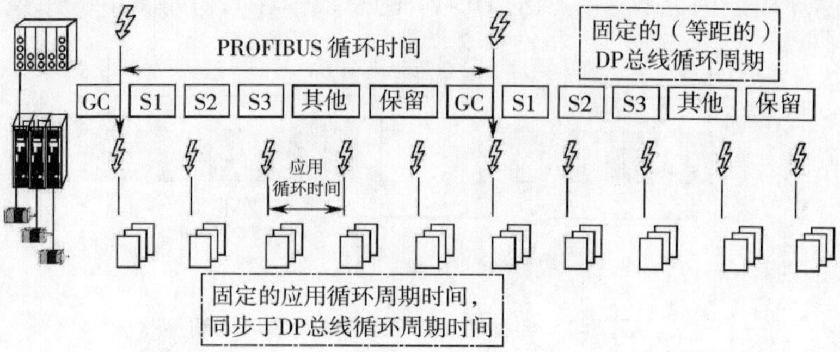

图4-10 等时同步模式控制举例

（3）时钟控制

在该功能中，主站通过一种新的无连接的服务MS3实时地向所有从站发送时间标签（time stamp），使所有的从站与系统时间同步（其时钟误差小于1ms）。这个功能允许系统精确地跟踪事件，在对故障诊断结果的顺序编制方面非常有用。

（4）上载和下载

此功能允许用少许命令在现场设备中上载和下载任意大小的数据区，这使得更新程序和更换设备变得容易和简单。

（5）从站冗余

在一些应用中，现场总线设备需要具备冗余通信功能。为此，PROFIBUS制定了从站冗余机制的规范。从站的冗余提高了系统的可靠性和容错能力。

4.3 行规

PROFIBUS所进行的数据交换都是通过报文来实现的，而报文中数据单元中的所有数据都是透明的。现场总线技术使用行规（profile）为设备、设备系列或整个系统定义特定的行为特性。换句话说，行规是一种规定或规范，它对每个总线设备或装置的I/O数据、操作以及功能都进行了清晰的描述和精确的规定。行规又是独立于任何一个制造商的，它只是为用户和制造商提供了某一类设备的规范。因此，PROFIBUS允许不同厂商的同种设备进行互操作，而用户根本不用了解这些不同设备的内部区别。在一条现场总线上，只有那些使用了独立于制造商行规的设备和系统，才可保证实现“互操作性”。PROFIBUS的行规分两大类：应用行规和系统行规，应用行规又分为通用应用行规和专用应用行规。

如图 4-11 所示，PROFIBUS 的用户层由应用行规Ⅰ（通用）和Ⅱ（专用）组成，在这些行规中安排了制造商与用户之间基于特定设备应用所约定的规范。另外，跨过若干层的模块系统，包括用于设备描述和集成的功能工具（集成技术）及标准范围（即系统行规，包括接口、主站行规等），系统行规主要服务于统一的标准化系统的实现。图 4-11 中所示为 PROFIBUS 的技术系统架构及其实现方法。

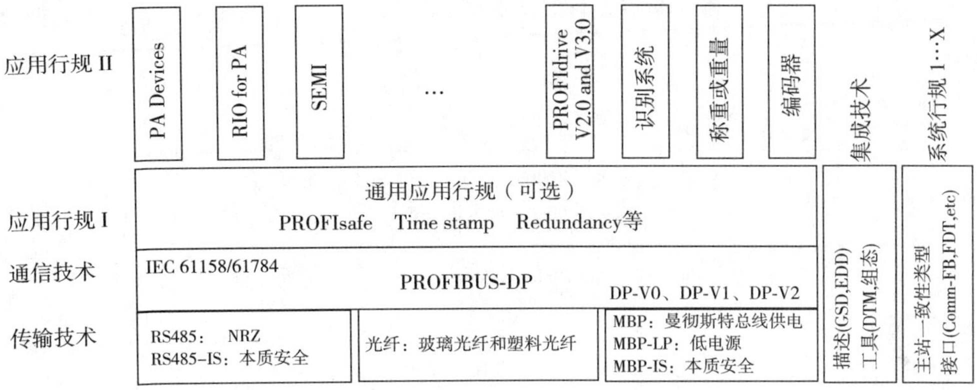

图 4-11 PROFIBUS 的技术系统架构及实现方法

4.3.1 应用行规

应用行规主要涉及现场设备、控制和集成工具，它为制造商开发与行规一致的、可互操作的设备提供规范。PI 为多类设备制定了行规，它们都有各自的编号。这些设备包括驱动器、编码器、数字控制器、机器人控制器、HMI（人机界面）、安全及安全诊断设备与系统、过程控制用仪器仪表（温度计、压力仪、流量计等）、执行器和控制阀等。除此之外，新的行规还在不断的制定过程中。表 4-2 所列为 PROFIBUS 现有的以及正在制定的特殊应用行规。

表 4-2 PROFIBUS 现有的以及正在制定的特殊应用行规

名 称	行规简介	版本号	发布时间
Fluid Power Technology	描述在 PROFIBUS 上工作的液压驱动器的控制，符合 VDMA	V1. 5 3. 112	10/2001
Identification systems, ProxyIdent Function Block	描述用于标识用途的设备（条形码、发送-应答器等）之间的通信	V1. 02 3. 142	12/2005
PROFIdrive	为 PROFIBUS 上的电气驱动器定义设备特性和对驱动器的存取程序	V4. 0. 1 3. 172，3. 272	03/2006
DP-V2 Encoders	描述在 PROFIBUS DP 上工作的具有单圈或多圈分辨率的旋转编码器、角编码器和线性编码器的接口	V3. 2 3. 162	12/2004
Encoders	描述具有单圈或多圈分辨率的旋转编码器、角编码器和线性编码器的接口	V1. 1 3. 062	05/1997

（续）

名　称	行规简介	版本号	发布时间
HART	描述 HART 在 PROFIBUS DP 上如何进行通信及其设备规格	V1.0 3.102	07/2001
Hart on PROFIBUS-Application Guideline	描述 HART 与 PROFIBUS DP 的接口	V1.0 2.312	05/2002
Panel Devices	描述简单人机界面（HMI）设备与高层自动化部件的接口	V1.0 3.082	01/1998
Low Voltage Switchgear	描述在 PROFIBUS DP 上工作的低压开关设备（切断开关、电动机起动器等）的数据交换	V1.1 3.122	10/2004
PA Devices	为在过程自动化中的 PROFIBUS 上工作的工程设备规定设备特性	V3.01 3.042	12/2004
Remote I/O for PA devices	由于远程 I/O 在总线操作中的特殊位置，它们与 PROFIBUS PA 设备相比，使用于不同设备模型和数据类型	V1.0 3.132	05/2003
Robot/Numerical Controls	描述怎样通过 PROFIBUS 来控制加工和装配自动机械设备	V1.0 3.052	08/1996
SEMI-Conductor Devices	描述在半导体制造中使用的 PROFIBUS 设备的特性（SEMI 标准）	V1.0 3.152	08/2002
Variable Speed Drives	描述系统接口和应用关系的各种速度驱动以及相互之间的联系	V2.0 3.072	09/1997
Weighing and Dosage Systems	描述 PROFIBUS DP 上的称重和计量系统的实现	V1.02 3.182a，b	11/2005
Liquid pumps	描述 PROFIBUS DP 上的液压泵的实现，符合 VDMA	V4.0 3.172	08/2005
PROFIsafe on PROFIBUS DP and PROFINET IO	描述怎样通过用户数据的特殊格式和特殊协议来实现安全通信	V2.0 3.192	09/2005

4.3.2 系统行规

系统行规描述系统类别，它包含主站功能、标准程序接口可能的功能（符合 IEC61131-3 的 FB、安全等级和 FDT）和集成工具选项（GSD、EDD 和 DTM）。主站和系统行规充分描述可供现场设备使用的特定的系统参数，而应用行规则可以使用这些系统参数，最大限度地简化它们定义的特性。图 4-12 所示为目前可以用于应用行规的系统行规标准平台。

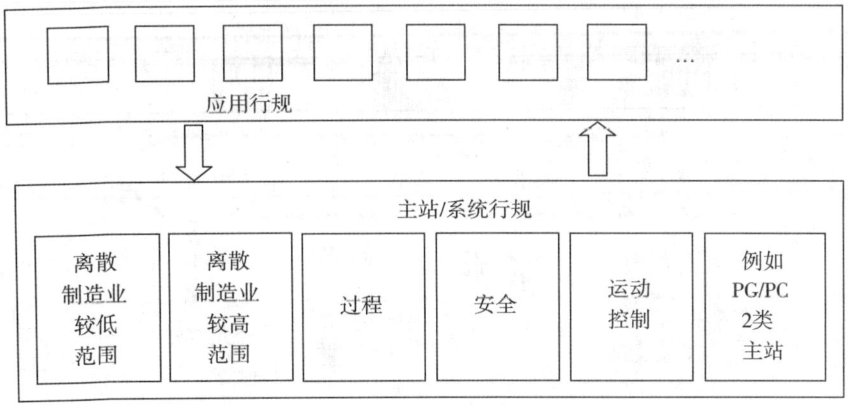

图 4-12 目前可以用于应用行规的系统行规标准平台

4.3.3 几种主要的行规介绍

PROFIBUS 的发展和进步更多地体现在行规的不断丰富和完善过程中。PROFIBUS 开发出了满足特殊工业用户要求的多种应用行规，其广泛的应用选项，使它的应用处于其他主要现场总线的前列。只有为所有的工业自动化领域中的系统、设备、装置和各种特殊应用都制定出行规，才能使得更多的系统集成商、设备制造商参与到 PROFIBUS 的大家庭中。所以新的应用行规的不断制定也是 PROFIBUS 在技术和市场上处于领先地位的保证。

下面把几种有代表性的行规简要介绍一下。

1. PROFIsafe

针对工业应用领域对于安全方面的苛刻要求，PROFIsafe 定义了故障安全（fail-safe）设备（如紧急停机按钮、安全光栅等）的行规，提供了怎样通过 PROFIBUS 与故障安全控制器通信的解决方案，从而使系统可以用于对安全性要求苛刻的场合，完成对安全要求较高的自动化任务，并达到有关安全标准 EN954 或 SIL3（Safety Integrity Level）的要求。迄今为止，PROFIBUS 因拥有 PROFIsafe 故障安全技术解决方案，始终是唯一能够满足制造业和过程工业自动化故障安全通信要求的现场总线技术。

PROFIsafe 的系统架构如图 4-13 所示。它使标准现场总线技术和故障安全技术合成在一个系统，即故障安全通信和标准通信在同一根电缆上共存。故障安全措施封闭在相关的主站和从站模块（F-Master，F-Slave）中。

如图 4-14 所示，PROFIsafe 是一种软件解决方案，在通信协议中，它作为用户层上的一个附加层，安全通信是通过标准传输系统（指 PROFINET IO 和/或 PROFIBUS DP）和附加在该标准传输系统之上的安全传输协议来实现的，从而使标准的 PROFIBUS 部件（如总线、ASIC 和协议等）保持不变。它可以使用 RS485、光纤或 MBP 传输技术，所有这些措施不但保证了冗余模式和 PROFIsafe 能够继续改进，而且也保证了对制造业非常重要的快速响应时间和对过程工业非常重要的本质安全操作。PROFIsafe 技术也可以在 PROFINET 中使用。

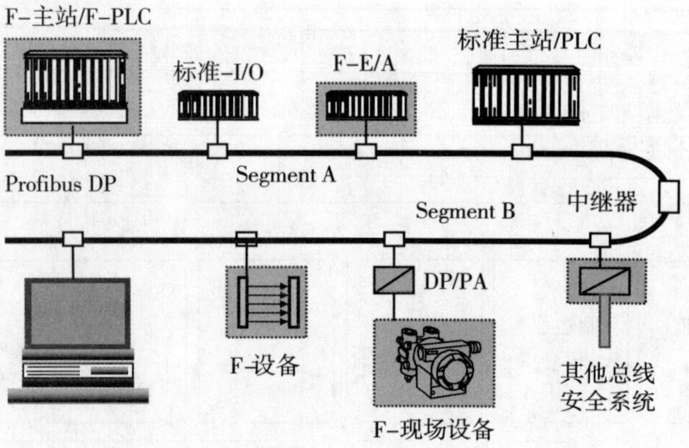

图 4-13 PROFIsafe 系统架构

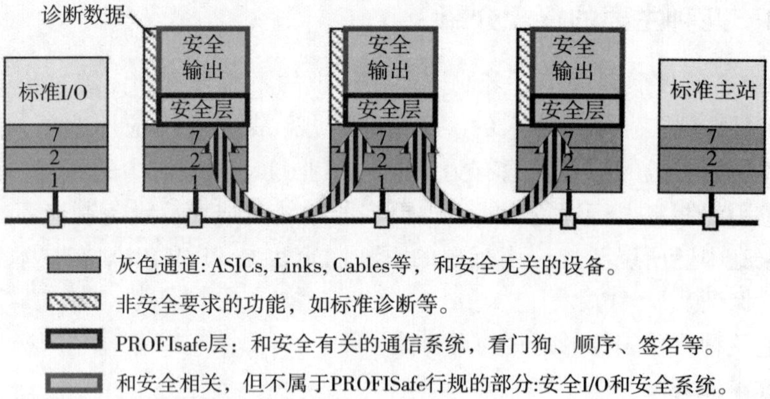

图 4-14 PROFIsafe 的故障安全模式

PROFIsafe 不依赖于标准 PROFIBUS 的传输可靠性措施，所以针对许多在总线通信中各种可能的错误，例如延误、数据的丢失或重复、错误的顺序、寻址或不可靠的数据等，PROFIsafe 技术采用了 4 种措施来保证安全数据传输的可靠性。这些相应的措施包括：

1）F-信息（报文）的序列号（“sign-of-life”-活标志）；

2）以收据确认的定时控制（“watchdog”-看门狗，以及“Time-out with receipt”-以收据确认的超时控制）；

3）发送方与接收方之间的标志（“F-地址”）；

4）数据完整性校验（CRC，Cyclic Redundancy Check）。

由于这些补救措施与有关专利“SIL monitor”（Safety-Integrity-Level monitor）的巧妙结合，PROFIsafe 的安全等级达到了 SIL 3，并可超过此等级。

2. PROFIBUS 中的 HART

HART 作为一种模拟信号时代向数字信号时代转换的过渡通信协议被广泛应用。在过去的 20 多年时间中，HART 在工业控制领域发挥了不可替代的作用。考虑到现场已经安装的大量 HART 设备，对很多用户来说，能把这些设备集成到现有的或新建的 PROFIBUS 系统中是非常必要的。

PROFIBUS 的“HART”规范为解决这个问题提供了一种开放的方案。它既结合了 PROFIBUS 通信机制的优点（简单、明确），又无需对 PROFIBUS 协议和服务、PDU（协议数据单元）、状态机制和功能特性等做任何改变。

此规范定义了一种 PROFIBUS 行规，在主站和从站的用户层实现兼容 HART 的功能。如图 4-15 所示，HART 客户机应用被集成在 PROFIBUS 主站中，而 HART 主站被集成在 PROFIBUS 从站中，因此这样的 PROFIBUS 从站 HMD（HART Master Device）是作为一个多路器来处理与 HART 设备的通信的，它可以支持若干个 HART 设备。

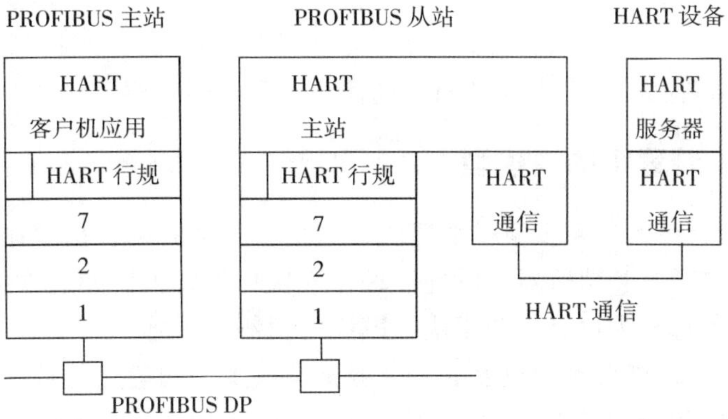

图 4-15 在 PROFIBUS 上运行 HART 设备的工作过程

3. PROFIdrive

电气驱动器在制造业自动化中的应用非常广泛，从简单的变频器到高级的动态伺服控制器，都属于这类驱动设备。PROFIdrive 作为一类行规，为 PROFIBUS 的电气驱动器定义设备通信标准，以及驱动器数据存取程序。根据驱动器使用场合的不同，PROFIdrive 将驱动器定义为 6 种类别，它们涵盖了大多数运动控制中的应用。

PROFIdrive 把驱动器设备模型定义为内部共同运行的功能模块，在行规中描述并用它们的功能定义了这些模块的设计目标，驱动器的全部功能都用它的参数来描述。PROFIdrive 使用 DP-V2 作为它的通信协议。

4.4 PA 行规

4.4.1 概述

PROFIBUS 标准中定义了主站和从站之间进行通信的最基本要求，在其行规中清楚地定义了智能装置的参数规范、I/O 数据排列、操作方式和性能。行规是独立于任何制造商的，它用来保证现场总线设备之间的互换性和互操作性。PA设备的行规定义了不同类别的过程控制设备的所有功能和参数，它们包括从传感器信号到与测量值一起被读出的预处理过程值的信号流，甚至是智能传感器中的测量值的质量状态，智能执行器和阀中的预维护信息等。

PA设备行规包括通用要求和设备数据单两个文本。通用要求部分包括所有设备类型的现行有效的技术规范；设备数据单包括一些特殊设备类别的已认可的技术规范。在PA行规中定义了所有通用的过程控制装置行规。主要的设备数据单有

1）压力和差压；

2）液位、温度和流量；

3）模拟量和数字量的输入和输出；

4）阀门和执行机构；

5）分析仪器；

6）控制器。

PROFIBUS装置必须符合PROFIBUS通信协议和行规的要求。

4.4.2 PA装置中的块模型

在过程控制设计中，PA设备一般有两种类型。典型的设备是用在过程控制领域的紧凑型设备，如变送器和执行器。另外一种是模块化设备，例如通常的I/O模块设备。可以把紧凑型设备理解为仅有一个模块的模块化设备。

PA使用块来描述某个控制点上的一个测量点或多个测量点的特性和功能，并且通过这些类型的块的组合来表达一个自动化应用。一个设备的块包括一个设备管理器、一个物理块、若干个功能块和转换块。紧凑型设备的物理块只有一个。PA设备模型如图4-16所示。

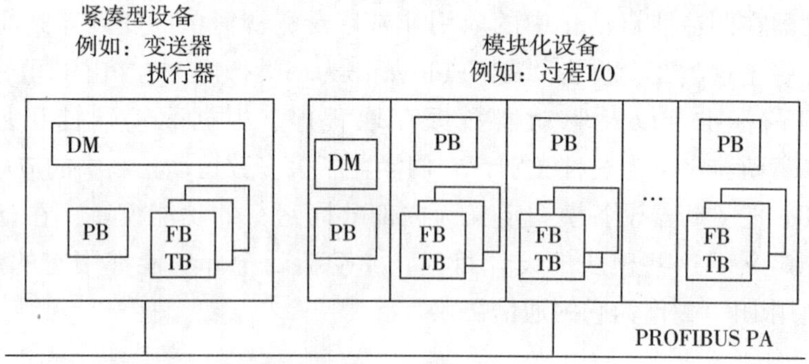

图4-16 PA设备模型

（1）物理块（Physical Block，PB）

包含设备（硬件）的特征数据，例如设备名称、制造厂商、软硬件版本号、设备序列号，以及制造商的一些特殊诊断信息等。物理块所包含的信息都是独立于测量和执行过程的，这样就保证了功能块、转换块和设备的硬件无关。每个设备中只能有一个物理块。物理块的主要作用有：复位设备到出厂时的设定值，记录应用过程、安装

信息等。

（2）转换块（Transducer Block，TB）

由传感器传送过来的信号经过处理后传递到功能块中，或由功能块过来的数据结果还原后送到执行器中去，控制执行器的动作。转换块提供了一个把传感器、执行器和功能块隔离的独立接口，转换块中的数据反应的是正在采集到的现场数据或是即将输出给执行器的控制数据，包含处理所需要的所有数据，例如限值、报警值、校准、计量单位等。转换块的功能如同在 4～20mA 技术中的情况一样，是现场仪表的组成部分。对温度、压力、流量、物位等变送器、以及执行器、分析仪等都有相应的 TB 规范。

（3）功能块（Function Block，FB）

对传感测量设备来说，在测量值传送到控制系统之前对其进行最终处理所需要的所有数据都包含在 FB 中；对执行器来说，在控制系统对其进行控制之前，所需要的所有数据也包含在 FB 中。它的主要功能是对这些数据进行一些智能化的处理。功能块的功能原来在控制器中实现，现在则移至现场仪表。它包含了如何对 AI、AO、DI、DO 等信号进行相应的预处理。

（4）设备管理器

PA 设备中还包含一个设备管理器，它用来描述设备的结构和组织。另外，它还包含着数据字典或数据一览表。设备中块和块中的数据存放位置、每个块中有多少项目等都是由设备管理器告诉我们的。

一个测量传感仪表的块模型如图 4-17a 所示，一个阀执行器的块模型如图 4-17b 所示。

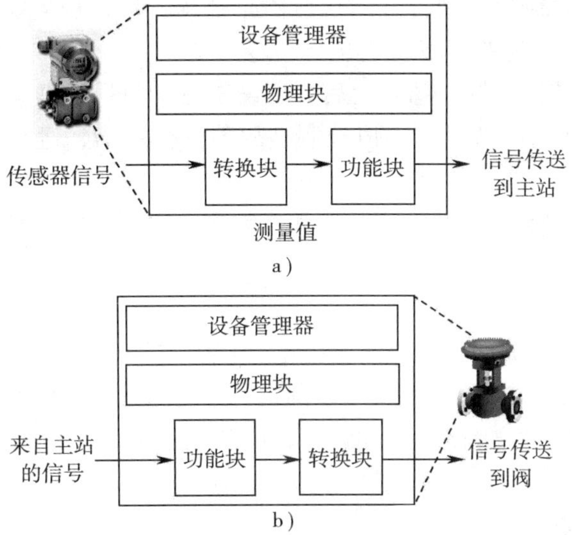

图 4-17　PA 装置中的块模型

一个 PA 设备可以是单通道的，比如一些简单的过程控制智能设备包含一个模块，模块中只有一个测量值；一个 PA 设备也可能是多通道的，所以它有可能包含多个 TB 和 FB。一般来说复杂的装置可能包含多个模块，可以提供多个测量值供用户使用，例如智能质量流量计，它就可以提供瞬时流量测量、流体实时温度、流体密度等多个测量值。多通道的 PA 装置块模型如图 4-18 所示。

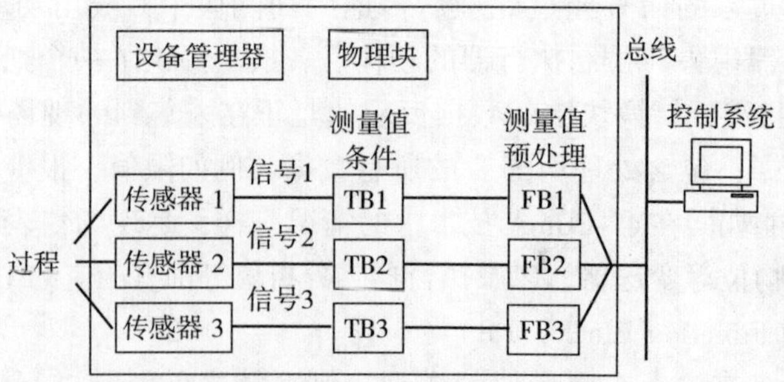

图 4-18　多通道的 PA 装置块模型

PB、TB 和 FB 等块中的参数摆放次序和语义等都在行规中进行了规定。块中的参数用来实现各种各样的装置功能，它们有些是必须的，有些是可选的。它们用属性来定义，这些属性包括数据类型、变量类型（输入、输出或中间变量）、通信类型（循环或非循环）等。

4.4.3　PA 行规中的信号链

PA 设备中信息处理的各种步骤和过程可以用一个信号链来表示，图 4-19 所示为传感器信号链示意图。

信号链可以划分为两个子过程：

1）测量（对传感器）**/执行**（对执行器）**过程**　该过程主要完成的功能是对参数进行校准、线性化、定标换算等，它包含在转换块中。

2）预处理测量值（对传感器）**/后处理设置值**（对执行器）**过程**　该过程主要完成的功能是对参数进行筛选、限定值控制、故障安全行为、运行模式选择等，它包含在功能块中。

PA 行规中对信号链中的每一步功能和参数都进行了详细的规定，下面就其中主要的几个环节讲解。

1. 校准功能

在该环节，要使得输出值适合测量范围，在确定好高校准点（CAL-POINT-HI）和低校准点（CAL-POINT-LO）后，就可以确定转换后测量值输出的标准范围了。标准上限（LEVEL-HI）对应高校准点，标准下限（LEVEL-LO）对应低校准点。校准功能如图 4-20 所示。

2. 限值检查控制

在该环节，设置了测量参数的上限警告值、下限警告值、上限报警值和下限报警值。有了该环节，就可以检查出实时测量值是否超出限值范围。限值检查和控制环节功能如图 4-21 所示。

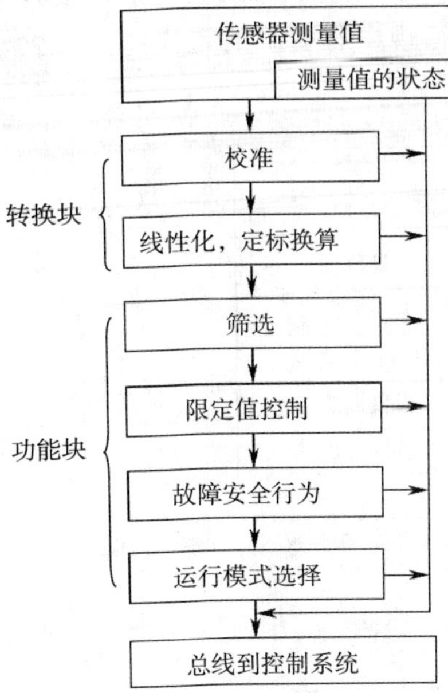

图 4-19　传感器信号链示意图

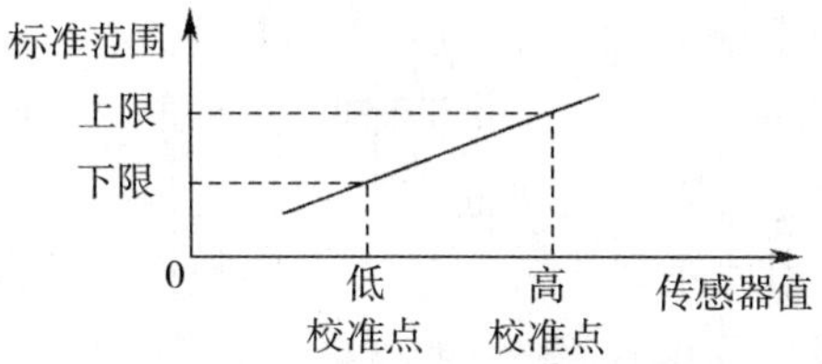

图 4-20　校准功能实现示意图

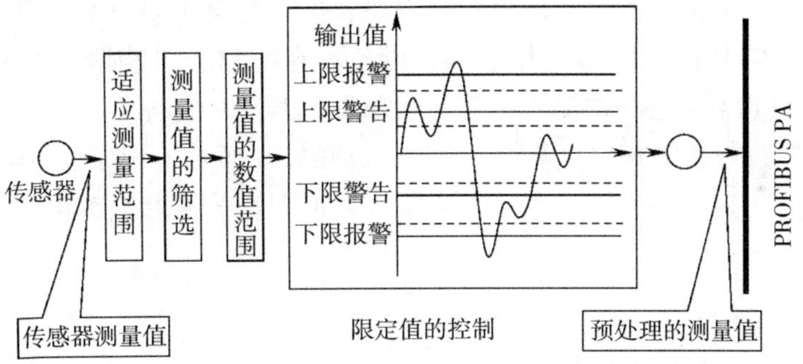

图 4-21　限值检查和控制环节功能实现示意图

3. 值状态

值的状态信息被附加到测量值上，这些信息说明了测量值的质量好坏。在指定给每个质量等级的子状态上提供的附加信息有

1）不好（bad）；

2）不确定（uncertain）；

3）好（good）。

4. 故障安全特性

PA 还可以提供故障安全特性。如果在测量链中出现了错误，则将设备的输出设置为用户可以设定的值。

4.4.4　PA 设备中的数据及其表示方法

1. 槽（Slot）和索引（Index）

PA 中的数据分循环数据和非循环数据，循环数据是实时测量值和测量值的质量状态，非循环数据包括测量范围、滤波时间、报警/警告上下限值、制造商特殊参数等，除制造商特殊参数不在行规中指定外，其余参数都在行规中有明确的定义。图4-22所示是一个压力变送器数据的种类和含义。

循环数据的交换使用MS0通信，非循环数据的交换使用MS1（DPM1和从站之间）或MS2（DPM2和从站之间）通信。

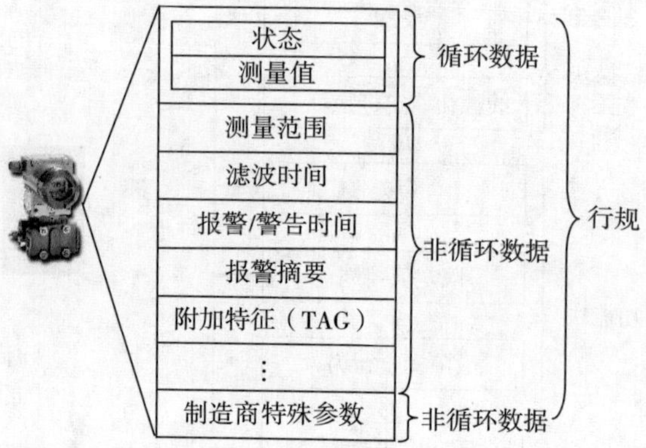

图4-22　一个PA设备（压力变送器）中的数据

非循环数据的地址安排采用槽（Slot）和索引（Index）相结合的方法编排。槽表示模块（不一定是物理上的模块），设备本身（头模块）就是Slot0，从Slot1直到最大的Slot254，可以对模块上的参数进行编址。索引表示属于一个模块内的数据块。每个数据块最多为254个字节，一个参数的Index可以取0~254之间的一个值。

对于复杂的模块化设备，槽被分配给模块，模块号从1号开始，按升序连续编排。一般来说，槽号0中索引16~40用于存放设备本身的物理块数据。对于简单设备，可能只有一个TB和FB，它的功能块数据一般放在槽号1中的索引16~50中。但不管是什么设备或装置，设备管理器（DM）的数据总是放在槽号1中索引0~13中。设备管理器用来管理这些数据的编排，它包含了所有数据编址的信息。图4-23所示是一个PA设备的数据存放排列。

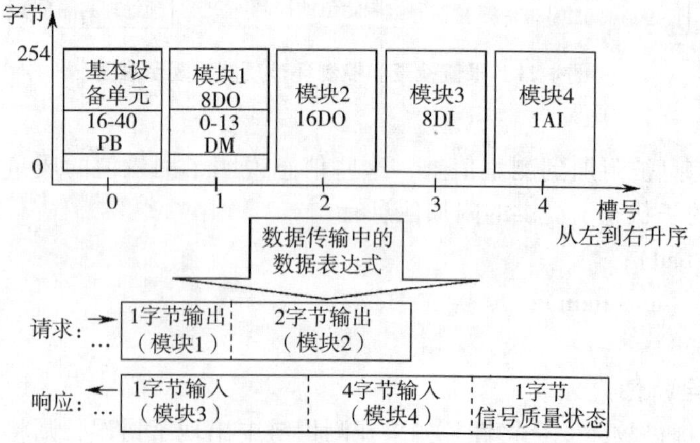

图4-23　PA设备的数据存放排列举例

对于紧凑型设备来说，可以把它们作为一个虚拟模块装置来对待，它们也使用槽号和索引号来编址。

使用槽号和索引号来编址非常复杂，但不必担心，在使用 PA 设备的参数时，我们不和这些 Slot 和 Index 打交道。对 PA 设备进行组态时使用组态软件即可，而对 PA 设备进行在线分析时，使用工具软件就行了，在这些软件中用户直接面对的是带名字的参数。

2. 信号状态

PA 设备中的测量值参数用 32 位浮点数表示，另外再加上一个字节的“状态信息”，来表示参数值的质量。这样 PA 的测量值就有 5 个字节的浮点数组成，其中字节 1 ~4 为测量值，字节 5 为状态信息。如图 4-24 所示。

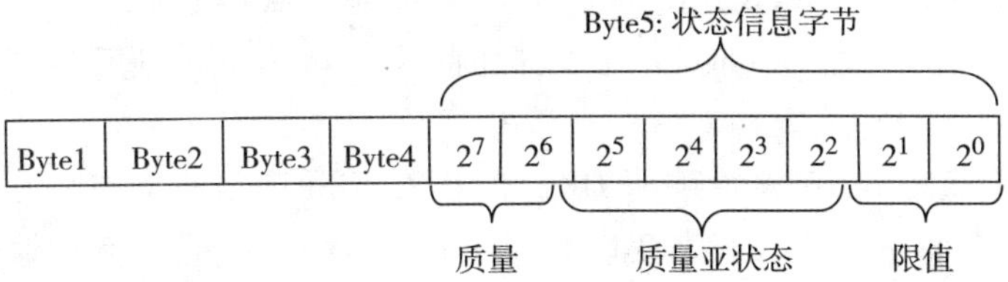

图 4-24 PA 设备的测量值的表示

质量信息字节中包含 3 部分信息。

(1) 测量值质量

包含对当前测量值的表述，使用 2^7 和 2^6 位表示：

1) $2^7 \sim 2^6 = 00$，坏值；

2) $2^7 \sim 2^6 = 01$，不确定；

3) $2^7 \sim 2^6 = 10$，好值 (non cascade)；

4) $2^7 \sim 2^6 = 11$，好值 (cascade)。

(2) 质量亚状态 (Quality Substatus)

是对每项质量陈述的特别补充，使用 $2^5 \sim 2^2$ 位表示。这里举出几个符合 V3.0 和 V3.01 状态的例子。状态既受到限制又被扩大了，但基本原理仍旧被保留下来。

当测量值为坏值时 (Status Bad)：

1) $2^5 \sim 2^2 = 0010$，仪表故障 (Device Failure)：仪表的某个故障影响传感器测量值时；

2) $2^5 \sim 2^2 = 0100$，传感器故障 (Sensor Failure)：仪表有能力辨认所出现的故障时；

3) $2^5 \sim 2^2 = 0101$，通信故障 (No Communication)：通信没有提供所期望的值时。

当测量值为不确定时 (Status Uncertain)：

1) $2^5 \sim 2^2 = 0001$，最后可用值 (Last Usable Value)：测量值的当前化 (更新) 被停止时；

2) $2^5 \sim 2^2 = 0100$，传感器转变不明确 (Sensor Conversion not Accurate)：举例而言，倘若测量值超出或低于传感器的极限时。

当测量值为好值时 (Status Good)：

1) $2^5 \sim 2^2 = 0000$，一切正常：当测量值正确无误时，使用该状态；

2）$2^5 \sim 2^2 = 0010$，有效的警戒报警（Active Advisory Alarm：例如，在极限值控制的条件下，当超出或低于警戒极限时，使用该状态；

3）$2^5 \sim 2^2 = 0011$，有效的紧急报警（Active Critical Alarm）：例如，在极限值控制的条件下，当超出或低于报警极限时，使用该状态。

（3）限值

极限是对质量亚状态的补充，使用$2^1 \sim 2^0$位表示。

1）$2^1 \sim 2^0 = 00$，正常范围（Not limited）：测量值处于有效的量程内；

2）$2^1 \sim 2^0 = 01$，下限（Low limited）：测量值低于量程下限；

3）$2^1 \sim 2^0 = 10$，上限（High limited）：测量值超出量程上限；

4）$2^1 \sim 2^0 = 11$，常量（Constant）：测量值可以不改变且与过程无关（例如手动方式）。

从以上讨论知道，0x80 表示某值 OK，所以在实际项目中对 PA 设备进行调试时，要经常用到 0x80，如果值的状态为 0x001，则该值不会被接受。例如调试一个阀门时，如果把其开度值的状态设置为 0x00，那么由于这是个坏值，所以阀门不会动作。

4.5 主站和从站的工作过程

4.5.1 主站的工作过程

当1 类主站从组态工程工具（软件）接收到它的参数配置后，它就可以开始同属于它的从站进行通信了。参数配置包括从站的参数/组态数据，及其地址等。主站正是通过参数化和组态这两个报文认识属于它的从站的，主站只和它自己的从站进行联系。

上电后，准备好进入总线令牌环，确定 GAP（主站地址顺序排列），建立 LAS（活动站点列表）表。1 类主站先和属于它的从站联系，检查它们的时基（波特率），主站通过组态时设置的波特率和从站建立通信联系，ASICs 使从站自动适应主站所设置的波特率。在正确地提交参数化和组态报文后，1 类主站通过读取参数诊断信息来检查从站的状况。若组态检查成功且参数化过程也正确，1 类主站和从站就进入了数据交换状态。DP 从站只接收来自先前已提交参数和组态的那个主站的数据交换请求。主站使从站监控它所接收到的每一个报文，一旦发现任何不正确的通信结果或现象，则从站会通过一个高优先权的响应报文向主站发出信号，主站会立即通过诊断报文得到消息，从站会自动将它的输出设置到安全状态（仅对具有故障安全设置功能的从站）。随后主站会重新对从站进行参数化和组态。

上电或复位后，主站和它的从站的通信顺序按地址号从小到大进行，主站之间的令牌传递也是按主站地址号从小到大进行的。

虽然从站受 1 类主站的控制，但每个 2 类主站也可以读取每个从站的诊断信息、组态和 I/O 数据。2 类主站也可以使 DP 从站处于它的控制之下，在这种情况下，该从站停止与 1 类主站的数据交换，1 类主站开始循环地读取诊断信息。当 2 类主站完成了与该从站的通信，则该从站通过一个特定的触发事件使 1 类主站重新获得对它的控制权。在 1 类主站对该从站进行数据交换之前，仍然要先对其进行初始化的工作，即发送参数设置报文和检查组态报文。

4.5.2　主站的工作模式

PROFIBUS 主站有 4 种工作模式，在初始化的过程中，主站的驱动模式也在改变。这 4 种工作模式，以及在每种模式下主要完成的任务如下：

1. 离线模式（Off-line）**/该模式下无通信。**

1）初始状态；

2）令牌交换；

3）FDL（Fieldbus Data Link）状态请求（识别新加入的站点）；

4）主站从站之间无通信。

2. 停止模式（Stop Mode）**/该模式下主站在总线上，但不调用从站。**

1）响应 2 类主站的请求；

2）其余和离线模式相同。

3. 清除模式（Clear Mode）**/该模式下从站处理器被激活，但输出处于安全状态。**

1）主站对从站参数化和组态；

2）对一般从站来说，输出为“0”；对故障安全型（fail-safe）从站，从站进入安全输出模式；

3）定期发送全局控制报文（携带“clear”命令）（大约 3x watchdog time）。

4. 操作模式（Operate Mode）**/该模式下读输入，写输出。**

1）主站和从站之间进行循环数据交换；

2）定期（大约 3x watchdog time）发送全局控制报文（携带“operate”命令）。

4.5.3　从站的工作过程

从站的工作过程可以用图 4-25 来清楚地表示，该图也称为 PROFIBUS 从站的状态机（State Machine）。从站的状态机制集成在 ASIC 的硬件芯片中，一般用户不能对它进行干预。

1）**Power_On**　在上电时，如果需要，从站可以从 2 类主站接收“设置从站地址”（Set-Slave-Address）报文，改变从站地址。也只有在上电时从站才能改变地址。

2）**Diagnosis**　主站先发送诊断报文，检查从站是否在线上，是否已准备好接收参数信息。

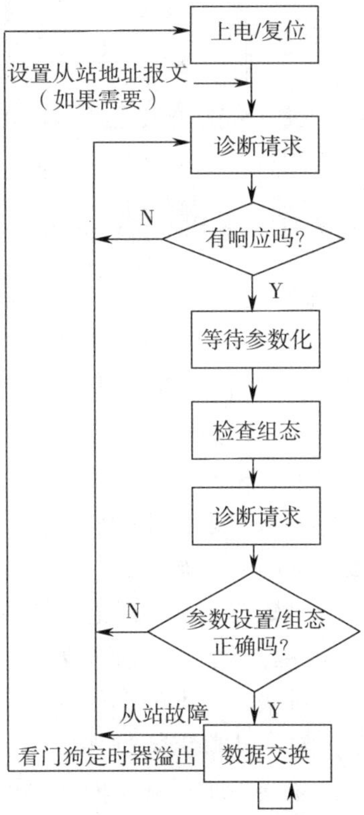

图 4-25　从站的工作过程

3）**Wait_Parameterization** 内部启动后的初始时刻，进入等待参数化（Wait_Prm）阶段，这时从站可以接收诊断请求报文或参数化报文，但不能接收其他任何报文。参数化报文中包含许多标准化的信息，如是否支持同步/锁定（Sync/Freeze）方式、是否被主站锁定以及其他用户定义的功能。

4）**Wait_Configuration** 接下来进入等待组态（Wait_Cfg）阶段，组态报文主要定义数据交换中输入/输出字节的数量，从站会核查该组态是否适合自己，并把结果报告给主站。

对每个2类主站来说，它可以在从站的任何状态下得到“获取组态”（Get_Cfg）报文。

5）**Diagnosis** 在进入循环数据交换之前，诊断报文对从站状态机的状态、参数化/组态的正确与否再进行一次检查。

6）**Data_Exchange** 如果参数化报文和组态报文都被从站接收的话，说明对该从站成功完成了组态。接下来主站和从站就可以自动进入数据交换阶段了。

7）**Watchdog** 看门狗是每个计算机控制系统中的一项重要功能，它能监控系统工作过程的正常与否，防止死机或死循环的出现。在PROFIBUS系统中，从站利用看门狗功能监控总线的通信情况，保证主站处于激活状态，保证通信及过程数据一直处于更新状态。看门狗的时间是在参数配置报文中确定的。在每一次正常的通信回合后，它都能被复位。如果有意外发生，看门狗时间溢出，则从站状态机构自动返回到Wait_Prm状态，并把输出设置到安全状态（根据从站是否支持故障安全模式而定）。

4.6 设备功能及其之间的通信

4.6.1 各种设备的功能

1. 1类主站

1类主站可以把输出数据送往从站，如果需要的话也可以得到从站的输入数据。它可以控制令牌的传递，并建立令牌传递站点之间的联系。它可以执行以下一个或多个基本功能，这些基本功能主要包含在DP-V0版本中。

1）与有关从站循环交换I/O数据；

2）对从站进行诊断；

3）从站的组态；

4）对2类主站的组态和诊断请求进行处理。

1类主站的扩展功能主要包含在DP-V1和DP-V2版本中，它们包括：

1）对从站数据的非循环访问；

2）对从站报警的处理；

3）支持用于与从站同步目的的等时同步模式；

4）支持用于从站之间循环数据交换的DXB机制；

5）支持从站内装载区域数据的上装和/或下载；

6）调用从站内预定义的功能；

7）支持从站时钟与其他主站时钟的时钟同步。

2. 2 类主站

2 类主站主要负责系统组态，以及收集用于/来自 1 类主站的诊断数据。此外 2 类主站可以执行 1 类主站与 DP 从站通信的所有基本功能和某些扩展功能。

3. 从站

和主站一样，从站的基本功能主要包含在 DP-V0 版本中，它的扩展功能包含在 DP-V1 和 DP-V2 版本中。

从站的基本功能如下：

1）与指定的主站循环交换 I/O 数据；

2）响应指定主站的诊断请求；

3）处理主站的组态请求。

从站的扩展功能如下：

1）响应主站的非循环访问；

2）向指定的主站提供报警；

3）支持用于与 1 类主站同步目的的等时同步模式；

4）使用发布者/预定者（Publisher/Subscriber）通信模式进行 DP 从站之间的循环数据交换；

5）支持装载区域数据的上装、下载；

6）支持由 1 类主站或 2 类主站调用的预定义功能；

7）提供本地时钟与主站时钟的时钟同步；

8）支持从站冗余。

4.6.2 设备之间的通信

系统运行的过程其实也就是各站之间相互通信、执行主控程序结果的过程。在 PROFIBUS 系统中有以下几种通信形式：

（1）1 类主站和从站之间

主站发出请求报文，从站对主站的请求产生对应的响应报文。这些报文主要包括诊断（Diagnosis）、参数化（Parameterization）、组态（Configuration）和数据交换（Data Exchange）和全局控制（Global Control）报文。

（2）2 类主站和从站之间

2 类主站和从站之间的通信功能均为可选（Optional），除了有上述 1 类主站相同的报文外，2 类主站和从站之间的请求和响应报文还包括设定从站地址（Set Slave Address）、读取输入（Read Inputs）、读取输出（Read Outputs）和获取组态（Get Configuration）。

（3）1 类主站和 2 类主站之间

主要包括实现组态数据的上载、下载，以及读取 1 类主站有关数据的报文。

各站相互通信时实现的功能有些是强制性的或必需的，有些则是可选的。表 4-3 所列为主-从通信时实现的功能，表4-4所列主-主通信时实现的功能。

表4-3 主-从通信时实现的功能表

功能	1类主站		2类主站		从站	
	请求	响应	请求	响应	请求	响应
数据交换	M	-	O	-	-	M
读输入	-	-	O	-	-	M
读输出	-	-	O	-	-	M
从站诊断信息	M	-	O	-	-	M
设置参数	M	-	O	-	-	M
检查组态信息	M	-	O	-	-	M
获取组态信息	-	-	O	-	-	M
全局控制	M	-	O	-	-	M
设置从站地址	-	-	O	-	-	O

表4-4 主-主通信时实现的功能表

功能	1类主站		2类主站	
	请求	响应	请求	响应
获取主站诊断信息	-	M	O	-
开始顺序	-	O	O	-
下载	-	O	O	-
上载	-	O	O	-
结束顺序	-	O	O	-
激活参数广播	-	O	O	-
激活参数	-	O	O	-

各设备功能的实现是以互相交换报文的方式进行的。各设备之间的相互作用关系和使用的报文种类如图4-26所示。

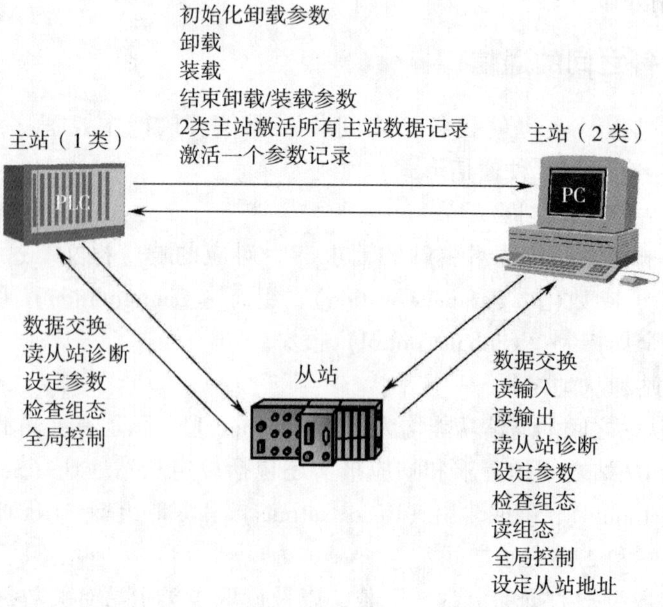

图4-26 各设备相互作用关系和使用的报文种类示意图

4.7　PROFIBUS DP 报文类型

PROFIBUS 异步传输和同步传输的链路层报文格式以及它们之间的区别在 4.3.1 节中已经做了详细讲解，本节以 PROFIBUS DP（异步传输）为例介绍其报文类型，PROFIBUS PA 同步传输的报文类型和其相同。PROFIBUS DP 标准的报文格式如图 4-27 所示。

SD	LE	LEr	SDr	DA	SA	FC	DSAP	SSAP	PDU…	FCS	ED
68h	××	××	68h	××	××	××	××	××	××…	××	16h

数据长度LE

图 4-27　PROFIBUS DP 标准报文格式

与 PROFIBUS 链路层标准报文格式相比可知，PROFIBUS DP 标准报文格式符合 PROFIBUS 数据链路层的基本格式要求，但多了两个字节：一个是目标服务存取点 DSAP（Destination Service Access Point），另一个是源服务存取点 SSAP（Source Service Access Point）。因为同时使用 PROFIBUS 数据链路层 FDL 的可能不止有 DP（可能还有 FMS），为了保证 DP 的报文区别于其他报文，所以 DP 的报文加上了这 2 个特殊字节。DSAP 和 SSAP 主要用来指明具体的服务类型，它们能揭示这个报文的具体含义。但有一个特殊情况，即“数据交换”的报文中采用“Default-SAP”（缺省 SAP，或不使用 SAP）格式，因为 FMS 不使用这种方式，所以仍能保证正确区分各自的报文。ASICs 通过 SAP 保证了报文的准确接收。

从 DP 的标准报文格式中可以看出除数据单元 DU 外，报头长度为 11 个字节，因为 PROFIBUS 协议中规定的报文长度（包括字头）最长不能超过 255 字节，所以 DP 通信中，数据单元长度最长为 244 字节。

主站-从站之间通信的服务点表示和服务类型如表 4-5 所列。

表 4-5　主站-从站之间通信的服务点表示和服务类型表

服务类型	主站 SAP	从站 SAP
数据交换	None	None
设置从站地址	3E（62）	37（55）
读输入	3E（62）	38（56）
读输出	3E（62）	39（57）
全局控制	3E（62）	3A（58）
获取组态信息	3E（62）	3B（59）
从站诊断信息	3E（62）	3C（60）
设置参数	3E（62）	3D（61）
检查组态信息	3E（62）	3E（62）

说明： 1）表 4-5 中 SAP 的值是用 16 进制数表示的，括号中为其对应的十进制数。

2）主站-主站之间通信的服务点比较特殊：DSAP 和 SSAP 均为 36（54）。

3）只有当从站支持该项功能时，从站 37h（55）才有效。

4）在 DP 报文中的目标地址和源地址，即 DA 和 SA，它们分别为一个字节，其中低 7 位（$2^6 \sim 2^0$）表示设备地址，而 2^7 位是非常重要的位，当该位为0时，表示在该报文中，没有使用DSAP/SSAP；当该位为1时，表示在该报文中，有DSAP/SSAP来指定相应的服务，这时的DA/SA在报文为1×××××××。

下面给出几个报文的例子，有两点需要说明：

1）在举例中，只给出了属于LE所计算长度部分的报文结构，即图4-27中深色部分；

2）在下面的例子中，大家重点了解DA、SA、DSAP和SSAP的设置，数据单元DU的内容比较复杂，在本章后面的相关部分有详细介绍。

［**例4-1**］　1类主站和从站之间的通信报文举例。主站的地址为1，从站的地址为10。

（1）诊断请求报文

DA	SA	FC	DSAP	SSAP
8Ah	81h	××	3Ch	3Eh

响应报文

DA	SA	FC	DSAP	SSAP	DU
81h	8Ah	××	3Eh	3Ch	××…

（2）参数化请求报文

DA	SA	FC	DSAP	SSAP	DU
8Ah	81h	××	3Dh	3Eh	××…

响应报文（短确认报文E5h）

E5h

（3）组态请求报文

DA	SA	FC	DSAP	SSAP	DU
8Ah	81h	××	3Eh	3Eh	××…

响应报文（短确认报文E5h）

E5h

（4）数据交换请求报文（DU中为输出数据）

DA	SA	FC	DU
01h	0Ah	××	××…

响应报文（DU中为输入数据）

DA	SA	FC	DU
0Ah	01h	××	××…

（5）数据交换请求报文（DU中为输出数据）

DA	SA	FC	DU
0Ah	01h	××	××…

响应报文（无输入数据时为短确认报文）

E5h

（6）全局控制报文

DA	SA	FC	DSAP	SSAP	DU
FFh	81h	××	3Ah	3Eh	××…

全局控制无响应报文

［**例4-2**］　2类主站和从站之间的通信报文举例。主站的地址为0，从站的地址为10。

（1）设置从站地址请求报文（开始时从站地址为126）

DA	SA	FC	DSAP	SSAP	DU
FEh	80h	××	37h	3Eh	××…

响应报文（短确认报文E5h）

E5h

（2）读输入数据请求报文

DA	SA	FC	DSAP	SSAP
8Ah	80h	××	38h	3Eh

响应报文（DU 中为输入数据）

DA	SA	FC	DSAP	SSAP	DU
80h	8Ah	××	3Eh	38h	××…

（3）读输出数据请求报文

DA	SA	FC	DSAP	SSAP
8Ah	80h	××	39h	3Eh

响应报文（DU 中为输出数据）

DA	SA	FC	DSAP	SSAP	DU
80h	8Ah	××	3Eh	39h	××…

（4）获取组态信息请求报文

DA	SA	FC	DSAP	SSAP
8Ah	80h	××	3Bh	3Eh

响应报文（DU 中为组态信息）

DA	SA	FC	DSAP	SSAP	DU
80h	8Ah	××	3Eh	3Bh	××…

4.8 DP-V0 报文详解

PROFIBUS DP-V0 是最早的 DP 版本，从 PROFIBUS 应用层的应用关系类型上看，它包括 MS0 通信和 MM 通信。其中最主要的功能是实现 1 类主站和从站之间的循环数据通信。不管是对通信故障进行分析和比较，还是对通信性能进行测试和研究，在实际应用中我们经常要面对的是 1 类主站和从站之间的通信报文。所以下面我们只对这些报文进行详细的讲解，篇幅所限，对有关 2 类主站的报文就不再介绍了。

在正常通信过程中，诊断报文、参数设置报文、组态报文和全局控制报文可以根据需要自发传递。正常情况下，系统保持在数据交换状态。

PROFIBUS DP 和 PA 在应用层都是一样的，只在数据链路层有少许的不同。在 PROFIBUS 系统中，PA 网段最终要连接到 DP 网段，PA 网段的设备受 DP 主站的控制。请大家注意：本书讲解 DP-V0、DP-V1 报文时，其形式是按照异步传输的格式（见图 4-27）来介绍的，同步传输时相关数据单元的内容相同。各种报文的要点都集中在数据单元 DU 中，所以在下面讲解报文的具体结构时，重点对 DU 单元进行详细分析。

讲解 DU 的具体结构和含义之前，首先做如下说明：

1）不做特别说明时，则某字节中的位为 1 时有效；

2）不做特别说明时，例子中字节的数据均为 16 进制数。

4.8.1 参数设置请求及响应报文

主站参数设置请求报文指定它和从站的关系，以及从站的操作方式，主要包括通信参数、功能设定、装置参数和 ID 号。接收到该请求报文后，从站将检查这些参数和功能对该从站是否合适。必须设置的参数和功能有：

1）是否启用 Watchdog：为了安全，一般情况下应激活 Watchdog；

2）定义最小的从站延迟响应时间 T_{SDR}：在响应主站请求之前，从站必须有一个等待时间，该时间至少为 11 个 T_{bit}；

3）是否支持锁存/同步方式；

4）主站是否锁定该从站；

5）指定成组控制组号：进行全局控制时，指定哪些组的从站进行锁存/同步控制；

6）该 PROFIBUS 装置或设备的 ID 号。

从站的响应报文非常简单，只有一个字节来对主站的请求进行确认，即短确认报文 SC（Short Character）：E5h。

同步传输时的短确认响应报文是一个 E5h，加上 2 字节的 CRC 循环冗余校验码(后同)。

主站的参数设置请求报文的 DU 单元前 7 个字节是基本参数设置，是必需的；接下去的字节是扩展参数设置。DU 部分最多可以有 244 个字节。主站参数设置请求报文的结构和含义如下：

SD	LE	LEr	SDr	DA	SA	FC	DSAP	SSAP	DU	FCS	ED
68h	××	××	68h	××	××	××	3Dh	3Eh	××…	××	16h

DU 单元的结构如下：

前 7 个字节为必选字节	相关装置和模块的参数（可选）
1…7	8…244
DU 单元最少必须有 7 字节，最多可有 244 字节	

第 1 字节

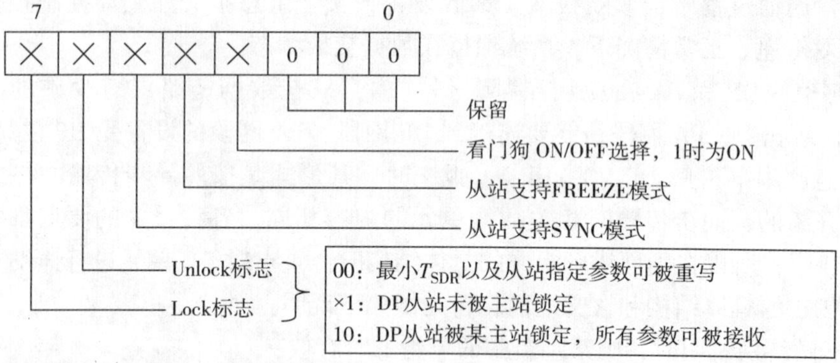

第 2 字节　WD1。看门狗系数 1，数值范围 0 ~ FFh。

第 3 字节　WD2。看门狗系数 2，数值范围 0 ~ FFh。

$$看门狗时间 = WD1 \times WD2 \times 10ms$$

注意：有些从站设备看门狗时间的基值为 1ms，在讲解 DP-V1 报文时会讲到。

第 4 字节　最小的从站响应时间 T_{SDR}，标准的 T_{SDR} 为 11 个 T_{bit}，所以该字节的数值一般为 0Bh。

第 5 字节　设备 ID 号高字节。

第 6 字节　设备 ID 号低字节。

第 7 字节　成组选择。该字节的每一位代表一组，所以从站可以设计为单独一组或两组，成组选择主要用于全局控制功能（如 SYNC、FREEZE 等）。组号从该字节最低位按顺序排列为从第 1 组到第 8 组。

DU 单元的扩展部分是可选的，它用来设定与装置或模块有关的起始/操作等参数，例如设定某些操作模式或选择操作范围等。它们由 PROFIBUS 设备制造商在 GSD 文件中指定，有些缺省值也在 GSD 文件中说明。如果是 DP-V1，DU 单元的第 8 到第 10 字节有特殊的定义，下面再详细介绍。

［**例 4-3**］　一个参数设置报文 DU 单元的前 7 个字节的内容为 B8 01 0D 0B 80 1D A0，请解释其含义。

B8：10111000，表示从站被锁定，支持 SYNC 和 FREEZE 模式，Watchdog 为有效；

01 0D：表示看门狗时间为：1×13×10ms，即 130ms；

0B：表示 T_{SDR} 为 11 个 T_{bit}；

80 1D：表示该设备的 ID 号为 0x801D；

A0：10100000，表示该从站属于第 6 组和第 8 位，会参加这两组的同步或锁存的全局控制。

4.8.2　组态请求及响应报文

1. 概述

参数化报文之后，主站发送组态请求报文给从站。组态报文的作用主要是对 I/O 的类型及性质进行设定，还可指定制造商的一些特殊 I/O 设置。

从站设备的 I/O 模块大致分为两类：简单模块和特殊模块。特殊模块是指设备制造商附加有扩展信息的模块。简单模块的描述使用 1 个字节即可，特殊模块的描述可能需要多个字节才行。一个设备可能由多个模块组成，所以就需要把这些模块一个个地分别描述清楚。组态报文的 DU 部分最多可以有 244 个字节。

主站把组态请求报文给从站后，从站会把得到的组态信息和其 GSD 文件中的相应内容进行比较验证，看是否矛盾或冲突，如果主站的组态信息不合适，则从站会在下面的诊断报文中向主站报告，以便重新进行组态。

从站的响应报文非常简单，和参数设置响应报文一样，它也只有一个字节来对主站的请求进行确认，即短确认报文 SC：E5h。

主站的组态请求报文的结构和含义如下：

SD	LE	LEr	SDr	DA	SA	FC	DSAP	SSAP	DU	FCS	ED
68h	××	××	68h	××	××	××	3Eh	3Eh	××…	××	16h

组态请求报文数据单元中的数据用来描述该从站设备的 I/O 性质、数据类型（字节/字）和数据块（模块）的一致性范围。另外，有可能一些字节用来定义特殊模块的其他扩展信息。整个 DU 的长度可达 244 字节。

DU 单元就是由描述各个模块的字节组成的，如下所示：

I/O 标识符 0（模块 1）	I/O 标识符 1（模块 2）	I/O 标识符 2（模块 3）	…

在具体讲解 DU 单元内容前，需要先讲解两个概念：标识符（identifier）和一致性

(consistency)。

（1）标识符和模块

一个从站设备可能由若干个模块组成，但在PROFIBUS的GSD文件中对这些模块进行描述时使用的是标识符的概念。

标识符是一个PROFIBUS设备的重要参数，一般一个或几个字节构成一个标识符，它表示了该产品在通信时输入和输出数据的宽度和特性。

例如，一个PROFIBUS DP产品控制8个开关量，需要由主站提供这8个开关量的内容，那么该产品接收主站数据就是8位共一个字节的宽度。而该产品的标识符就必须描述出这种特性和宽度：一个字节。

标识符会写入产品的设备描述文件GSD文件中，便于系统建立时组态。

大部分情况下，从站设备上的物理模块和标识符表示的数据范围相同。即标识符和物理模块是一一对应的关系，但有些从站设备是不一样的，这和设备制造商在编写GSD文件时的定义有关。

（2）一致性

一致性主要是针对数据交换过程中数据单元的更新是否能被拆分来说的。

例如，一个4AI的模块，单位是“字”，如果是“数据单位一致”，则其每个通道可以单独更新，其每个通道的两个字节不能拆分更新；如果是“模块一致”，则4个通道必须同时更新数据，每个通道不能拆分更新，每个通道的两个字节更不能拆分更新。

2. 简单标识符（模块）的描述

只使用一个字节即可完成对简单标识符的描述。在该字节中指定基本I/O的性质，如单位（是字节还是字）、性质（I、O、I/O或特殊模块）、数量和I/O的一致性。具体结构及含义如下：

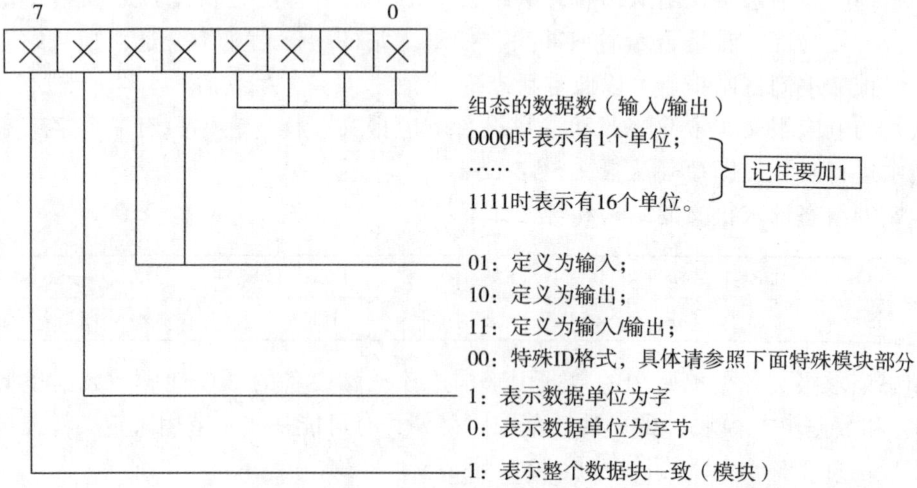

［**例4-4**］ 有一模块其I/O组态为8个字的输入，整个模块一致。试写出其组态报文的DU部分。

其DU部分为11010111，即D7。

3. 特殊标识符（模块）的描述

对特殊（或复杂）标识符（模块）的描述需要使用多个字节来完成。DU 部分的基本结构（只画出一个模块）如下：

ID 头字节	描述输出模块性质字节	描述输入模块性质字节	制造商特殊数据
××00××××	仅仅为输出时	仅仅为输入时	（可选）

ID 头字节为：

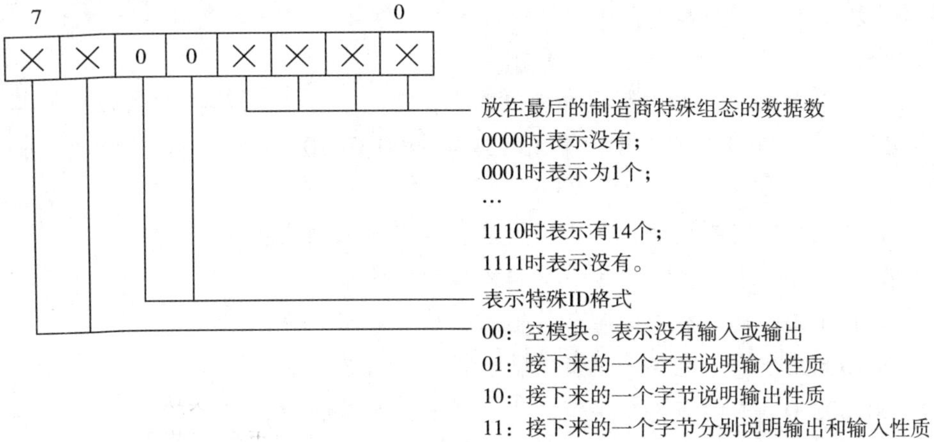

接下来的字节 一个字节来说明输出或输入模块的性质，如果是 I/O 模块，则需要有两个字节说明，但要注意顺序，输出性质说明在前，输入性质说明在后。

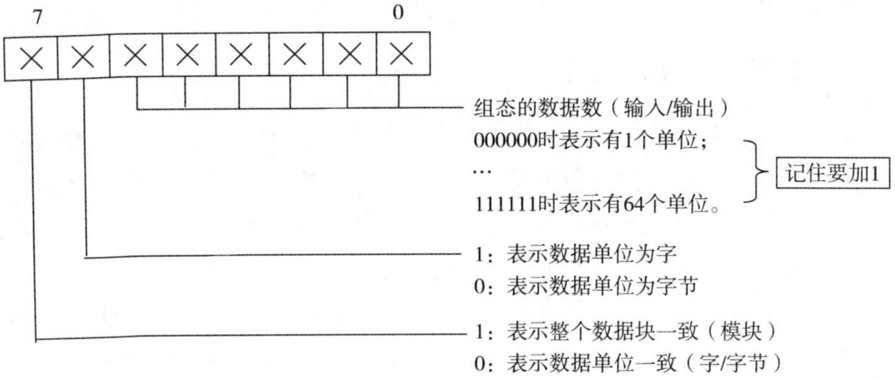

接下来的字节：为制造商特殊数据，有几个则占几个字节。

可以利用扩展组态来区分组态相同但性质不同的 I/O 模块。比如两个不同的 8 点输出模块，一个是继电器输出，另一个是 TTL 直流输出，它们的基本编码都是一样的，但使用时必须分清楚输出类型。制造商正是利用扩展组态中的组态特殊数据来区分它们的物理特性的。如两组组态报文的 DU 单元为：

81 00 00：后面的 00 就表示硬件的输出为继电器形式；

81 00 01：后面的 01 就表示硬件的输出形式为 TTL 形式。

[例4-5] 一个组态报文DU单元的字节内容为C2 C1 03 2F 31，请解释其含义。

C2：11000010，表示为特殊I/O模块组态，有输出和输入，有2个特殊数据；

C1：11000001，表示有2个字的输出，整个数据块一致；

03：00000011，表示有4个字节的输入，字节一致；

2F 31：为制造商的2个特殊数据。

[例4-6] 有一模块其I/O组态为8个字节的输出，整个模块一致，有2个制造商特殊数据。试写出其组态报文的DU部分。

其DU部分为：10000010，10000111，××××××××，××××××××。即82 87××××。

后2个字节××××表示制造商特殊数据。

[例4-7] 一个组态报文DU单元的内容为00 10 10 20 20 53 53 20 20，请解释其含义。

00：00000000，特殊模块，是个空模块，没有输入输出；

10：00010000，表示有1个字节的输入模块，字节一致；

10：00010000，表示有1个字节的输入模块，字节一致；

20：00100000，表示有1个字节的输出模块，字节一致；

20：00100000，表示有1个字节的输出模块，字节一致；

53：01010011，表示有4个字的输入模块，字一致；

53：01010011，表示有4个字的输入模块，字一致；

20：00100000，表示有1个字节的输出模块，字节一致；

20：00100000，表示有1个字节的输出模块，字节一致。

4.8.3 诊断请求及响应报文

当出现异常时，PROFIBUS提供了一个功能强大的诊断信息报文，以对故障进行分析。另外，在上电起始阶段进行参数化之前，以及在进入数据交换阶段之前，主站会自动进行诊断请求。在进入数据交换阶段后，如有异常情况发生，也要进行及时的诊断请求及响应报文的通信，以便检查分析和解决问题。

所有的主站都可以向任何一个从站发送诊断请求报文，要求知道该从站的状态。

从站诊断响应报文的DU单元包含6个字节的标准诊断信息和制造商所设定的其他诊断信息（也称为扩展诊断信息）。标准诊断信息包括：

1）该从站设备的ID号；

2）该从站是否被主站锁定；

3）锁定从站的主站地址；

4）各种参数设置错误；

5）各种组态错误；

6）是否支持同步/锁存功能。

主站请求报文为：

SD	LE	LEr	SDr	DA	SA	FC	DSAP	SSAP	FCS	ED
68h	××	××	68h	××	××	××	3Ch	3Eh	××	16h

从站响应报文为：

SD	LE	LEr	SDr	DA	SA	FC	DSAP	SSAP	DU	FCS	ED
68h	××	××	68h	××	××	××	3Eh	3Ch	××…	××	16h

DU 单元的结构为

前 6 个字节为基本诊断信息（必需）	装置诊断信息块（可选）	标识符模块诊断信息块（可选）	通道诊断信息块（可选）
1…6 基本诊断信息部分	7…244 扩展诊断信息部分		
DU 单元最少 6 字节，最多可有 244 字节			

说明：装置诊断信息块、标识符模块诊断信息块和通道诊断信息块是由一个特定的报头来标记的，它们在扩展诊断部分的位置不一定是以上所列的先后顺序。

1. 基本诊断信息部分

第 1 字节

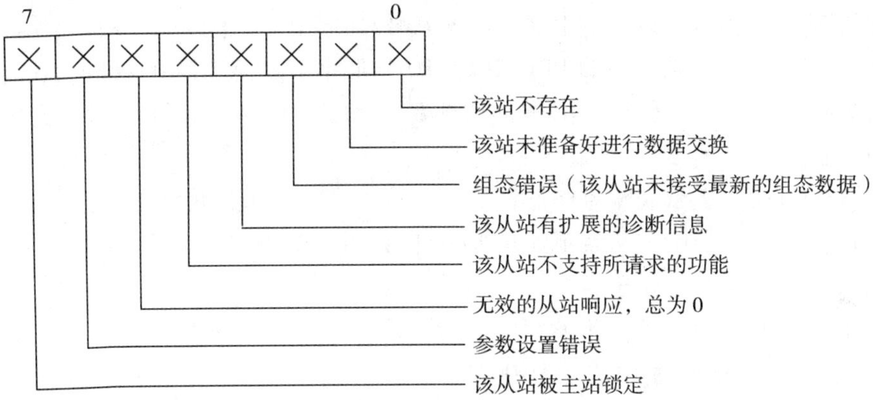

第 2 字节

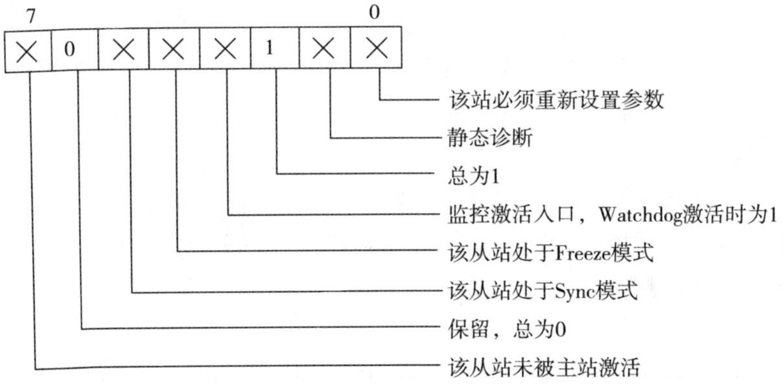

该字节的位 1 为静态诊断（static diagnostics），其定义是：如果从站置位该位，即 bit1 为 1 时，表明其还未准备好进行循环数据交换。主站重复访问从站，得到诊断信

息，直到该位被复位。例如，当DP从站不能提供有效的用户数据（如端口电压驱动故障造成输入数据不正常）时，则置位该位。一旦正常，从站复位该位。主站重新进入周期性的数据交换过程。

如图4-25所示，在从站上电过程中，这样的机制显得尤为重要。在进入循环数据交换前的两次诊断之间的时间间隔是十分紧迫的，如果DP从站不能及时处理一些故障，则主站将返回初始状态，使数据交换无法进行。该机制是通过置位该位，让从站实现对总线事件的异步检验，从而可以留住主站，避免主站返回初始状态。

第3字节

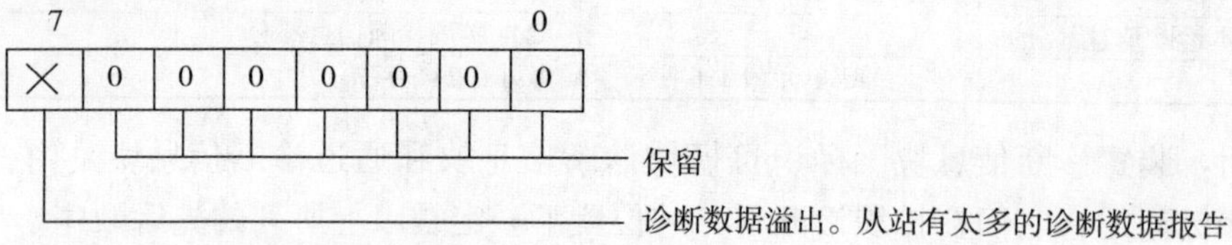

第4字节　为主站地址。范围为0～7Dh（0～125）。当其值为FFh（255）时，表明该从站未被任何主站控制或未进行参数设置。

第5字节　为该从站设备的PROFIBUS ID号高字节。范围为0～FFh（0～255）。

第6字节　为该从站设备的PROFIBUS ID号低字节。范围为0～FFh（0～255）。

［**例4-8**］　一个诊断报文DU单元的前6个字节的内容为06 05 00 FF 00 0B，请解释其含义。

06：00000110，表示故障为组态错误，从站未准备好进行数据交换；

05：00000101，表示该从站不支持Sync和Freeze模式，且必须重新进行参数设置；

00：表示诊断数据未溢出；

FF：11111111，表示没有主站拥有该从站，或未进行参数化；

00 0B：表示该从站的ID号为0x000B。

［**例4-9**］　一个诊断报文DU单元的前6个字节的内容为：42 05 00 FF 00 0B，请解释其含义。

42 05：表示故障为参数设置错误，从站未准备好进行数据交换；其余同上例。

对于基本的诊断信息，其实从前两个字节中就已经知道。本书附录B.11列写出了常用的诊断信息，以及解决办法供读者参考。

2. 扩展诊断信息部分

按从大到小的结构顺序来说，一个从站设备由三部分组成，即设备（装置）→模块（标识符）→通道。扩展诊断信息部分就是讲这三部分的故障情况的。

（1）装置部分诊断信息

其结构如下：

头字节	和装置有关的诊断数据字节
00××××××	1～62字节

头字节指明“装置诊断信息”类型和长度（即有几个字节的诊断信息），该长度

包括头字节。头字节结构及含义如下：

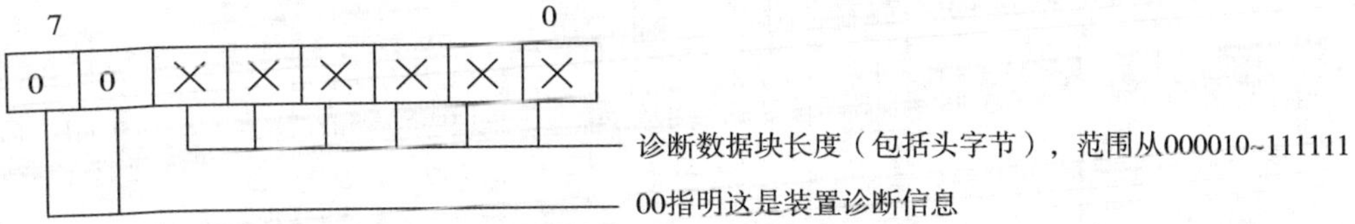

如果有装置诊断信息，则至少应该有一个字节，所以加上头字节后，头字节的数值范围为 00000010 ~ 00111111，即 02h ~ 3Fh。实际的诊断数据字节数为 1 ~ 62 个。

接下来的字节就是装置诊断信息的具体内容了，它们由设备制造商来为每一字节中每一位进行具体定义。

注意：在 DP-V1 中，装置诊断信息部分被取代，用于报警及设备状况诊断。

(2) 标识符（模块）部分诊断信息

其结构如下：

头字节	和标识符（模块）有关的诊断数据字节
01××××××	1 ~ 62 字节

和上面的头字节类似，头字节指明“标识符诊断信息”类型和长度（即有几个字节的诊断信息），该长度包括头字节。头字节结构及含义如下：

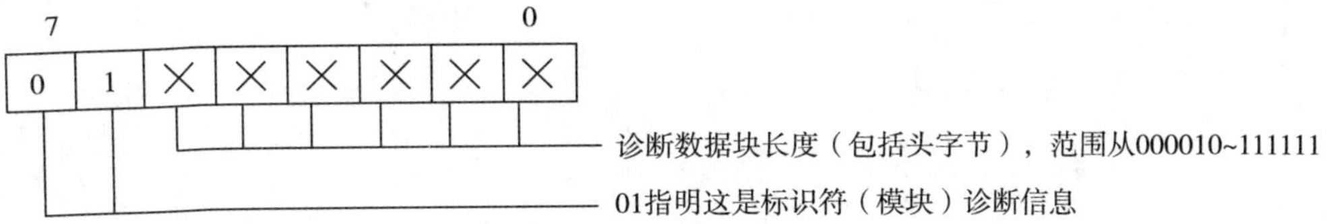

如果有装置诊断信息，则至少应该有一个字节，所以加上头字节后，头字节的范围为 01000010 ~ 01111111，即 42h ~ 7Fh。实际的诊断数据字节数为 1 ~ 62 个。

接下来的字节就是标识符诊断信息的具体内容了，结构如下：

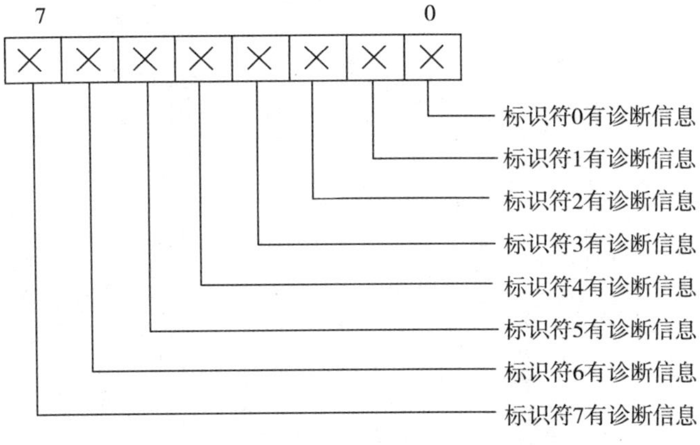

如果该设备的模块数（标识符）多于 8 个，则可以继续使用接下去的字节指明标识符号，下面再写一个字节的例子，其他类推。

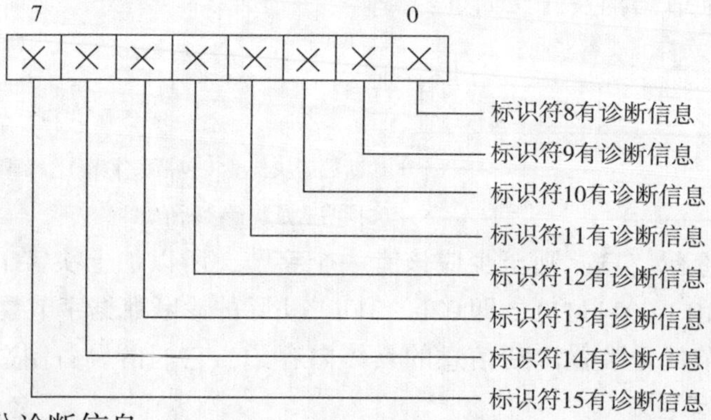

（3）通道部分诊断信息

每个通道诊断信息由 3 个字节组成。该部分可能有多个这样的通道诊断信息，一个通道诊断信息的结构如下：

头字节	和通道有关的诊断数据字节
10×××××××	2 字节（包括头字节有 3 个字节）

第 1 字节 指明“通道诊断信息”类型和发生故障的模块号。头字节的具体结构和含义如下：

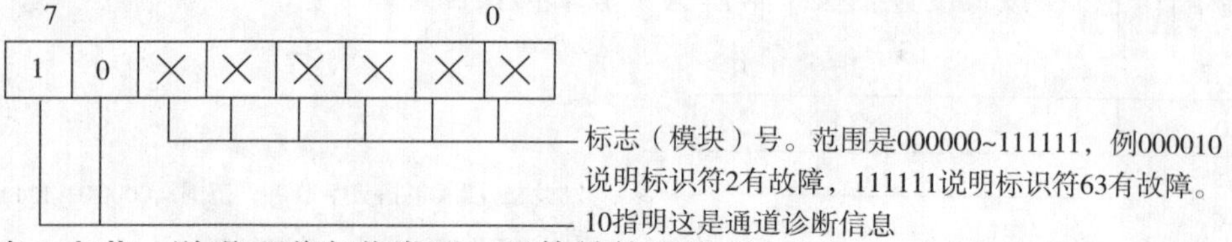

第 2 字节 说明通道字节类型，具体结构和含义如下：

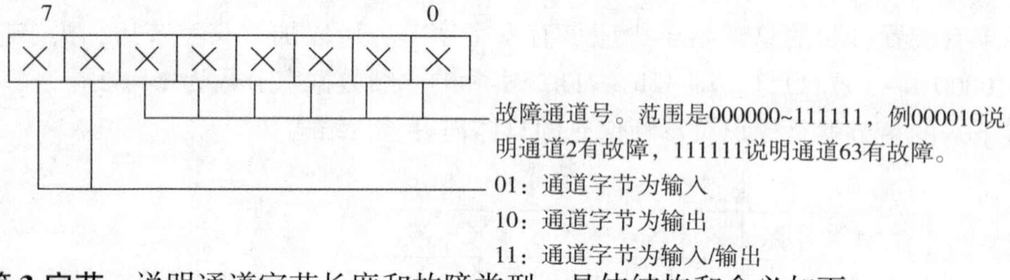

第 3 字节 说明通道字节长度和故障类型，具体结构和含义如下：

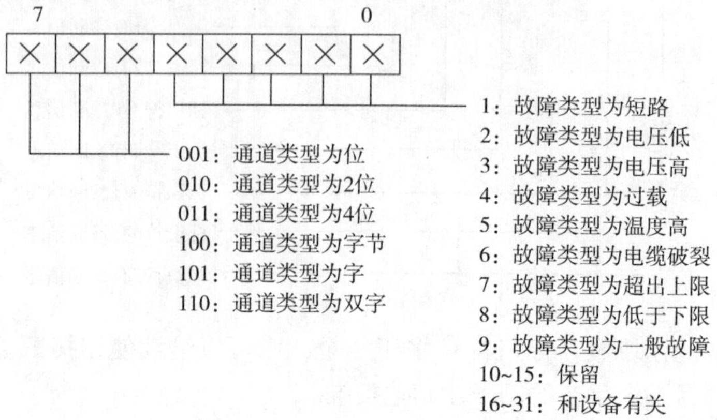

[**例 4-10**]　一个从站的诊断响应报文中 DU 单元数据为 08 34 00 01 80 1D 43 80 02 87 44 A7 89 8F 26，请解释其含义。

前 6 个字节：

08：00001000，表示有扩展诊断信息；

34：00110100，从站支持同步模式和锁存模式；

00：00000000，表示没有诊断数据溢出；

01：00000001，表示控制该从站的主站地址为 1；

801D：0x801D 为该从站 ID 号的高字节和低字节。

接下来为控制诊断信息部分：

43：01000011，表示有模块故障，包括本字节，共有 3 个字节来描述这件事情；

80：10000000，表示标识符 7（一般为模块 8）有问题；

02：00000010，表示标识符 9（一般为模块 10）有问题。

87：10000111，表示有通道故障，该故障通道在标识符 7（一般为模块 8）上；

44：01000100，表示该通道为输入型，发生故障的通道号为 4；

A7：10100111，表示通道类型为字，故障为超出上限。

89：10001001，表示有通道故障，该故障通道在标识符 7（一般为模块 10）上；

8F：10001111，表示该通道为输出型，发生故障的通道号为 15；

26：00100110，表示通道类型为位，故障为电缆破裂。

4.8.4　数据交换报文

对从站进行过参数设置和组态，并再次诊断，确认无误后，主站和从站就进入了数据交换阶段。若没有意外情况发生，数据交换就一直进行下去，所以该阶段是整个现场总线控制系统的主要工作阶段。

在数据交换阶段，主站把输出数据发送给相应的从站，该数据就是根据现场输入数据和生产工艺的要求，经过用户程序计算处理后得出的控制结果；然后主站从该从站得到相应的最新输入数据；另外主站还可以发出全局控制报文，该报文中还包括是否对输出进行同步输出的控制命令。数据交换报文中的 DU 单元最长可以有 244 字节，具体的长度已在组态中定义。

1. 数据交换请求及响应报文

这类报文比较特殊，它们的报文中没有 DSAP 和 SSAP，因此比别的报文少 2 个字节。表明这一点的标志就是它们 DA 和 SA 的 $bit_7=0$，而其他报文的 DA 和 SA 的 $bit_7=1$。该类报文分两类，分别介绍如下：

（1）从站有输入数据向主站报告

主站请求报文结构（发送输出数据）如下：

SD	LE	LEr	SDr	DA	SA	FC	DU	FCS	ED
68h	××	××	68h	××	××	××	DATA	××	16h

从站响应报文结构（接收输入数据）如下：

SD	LE	LEr	SDr	DA	SA	FC	DU	FCS	ED
68h	××	××	68h	××	××	08h	DATA	××	16h

大家注意，这时响应报文中的功能码 FC = 08h，这是一个低优先级的报文。

（2）从站没有输入数据向主站报告

这样的从站是一个纯粹的执行器，只有控制输出，而没有信号输入。主站请求报文结构（发送输出数据）如下：

SD	LE	LEr	SDr	DA	SA	FC	DU	FCS	ED
68h	××	××	68h	××	××	××	DATA	××	16h

从站响应报文结构为短响应报文格式 SC，即只有一个字节：E5h。

2. 异常情况报告报文

在前面介绍诊断报文时已简单介绍说，在数据交换阶段如有异常情况发生，也要进行诊断报文的通信。从站诊断信息具有高的优先级，其实这也是控制系统的实际要求。因为当出现故障时，必须及时报告给主站。在数据交换状态下，PROFIBUS DP 是这样实现该功能的：从站一旦有诊断信息需要报告，它立即会把当时的数据交换响应报文中 FC 字节的低 4 位置 A（高优先级响应报文），这样主站就知道了该从站有诊断信息报告，主站会马上在下一个总线循环周期发出诊断请求报文，而不是发送数据交换请求报文，从站就可以把诊断响应报文发送给主站了。

数据交换过程中，异常情况下从站的响应报文也有以下两种：

1）对从站有输入数据向主站报告的情况，主站发出数据交换请求报文后，从站响应报文的结构如下：

SD	LE	LEr	SDr	DA	SA	FC	DU	FCS	ED
68h	××	××	68h	××	××	0Ah	DATA	××	16h

2）对从站没有输入数据向主站报告的情况，因为正常情况下从站的响应报文是一个短确认报文 SC，所以这时要做一些特殊处理，即让它也发送一个带 FC 和 DU 单元的报文给主站，DU 单元中的一个字节的数据是一个哑数据。具体结构如下：

SD	LE	LEr	SDr	DA	SA	FC	DU	FCS	ED
68h	××	××	68h	××	××	0Ah	1 byte	××	16h

主站收到该报文后，就知道该从站出现了异常情况，而主站对 DU 单元中的哑数据不予理睬。

4.8.5 全局控制报文

在数据交换过程中，主站使用 SDN 服务可以对设定的从站组进行全局控制（Global Control），全局控制报文的主要功能或类型有：

1）报告主站的工作状态；

2）输出同步/解除同步（Sync/Unsync）；

3）输入锁存/解除锁存（Freeze/Unfreeze）；

4）清除数据（Clear Data）模式的设置。

1. 全局控制报文结构及含义

全局控制报文没有响应报文，其结构及含义如下：

SD	LE	LEr	SDr	DA	SA	FC	DSAP	SSAP	DU	FCS	ED
68h	07h	07h	68h	××	××	××	3Ah	3Eh	××…	××	16h

DU 单元由 2 个字节组成：

1）第 1 个字节结构和含义：

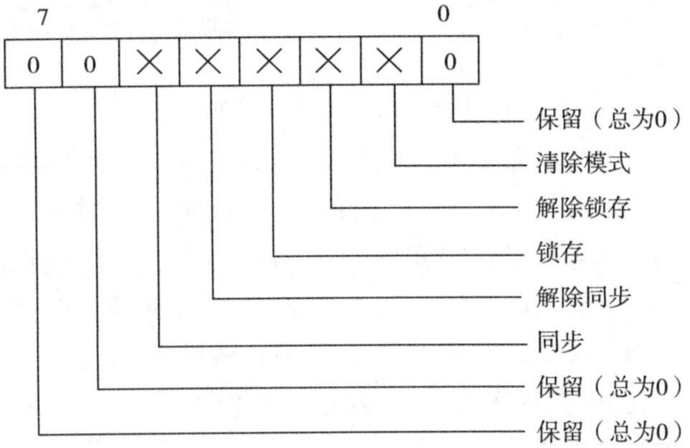

2）第 2 个字节为参加同步/锁存全局控制的从站成组号码，该字节的每 1 位代表一个从站组，全局控制对指定的从站组起作用。参加全局控制各从站成组号码设置已在参数化报文中 DU 单元的第 7 个字节中进行了设置。当该字节的内容为 00 时，则指定该全局控制对所有从站有效。

特别注意：当全局控制报文的 DU 单元为 00 00 时，说明为正常操作模式，而没有任何全局控制的内容。在系统正常操作模式下，主站停一段时间就发一次 DU 单元为 00 00 的全局控制报文，向所有从站报告主站的工作状态。

2. 同步和锁存方式

同步方式是针对输出而言的。正常情况下，从站接收到主站发的输出数据后，立即通过数据缓冲器把它们送到了输出缓冲器，随后通过物理输出端去控制现场的执行机构。其过程如图 4-28a 所示。

当主站发送同步控制命令后，输出数据就不能直接送到输出缓冲器了，而是先放在数据缓冲器中（见图 4-28b），当从站再次收到同步命令后，该数据才能被送到输出数据缓冲器，同时新的数据送到数据缓冲器中。举例说明如图 4-28c 和 d 所示。主站发出解除同步控制命令后，系统的输出数据通道又恢复到正常情况时的状态。

锁存方式和同步方式的工作原理一样，只不过它是针对输入而言的。正常方式下，从站的输入数据可以直接送到主站；而在锁存方式下，从站的有关输入不能直接送到主站，而是必须等到下一个锁存命令才行。主站发出解除锁存控制命令后，系统的输入数据通道又恢复到正常情况时的状态。

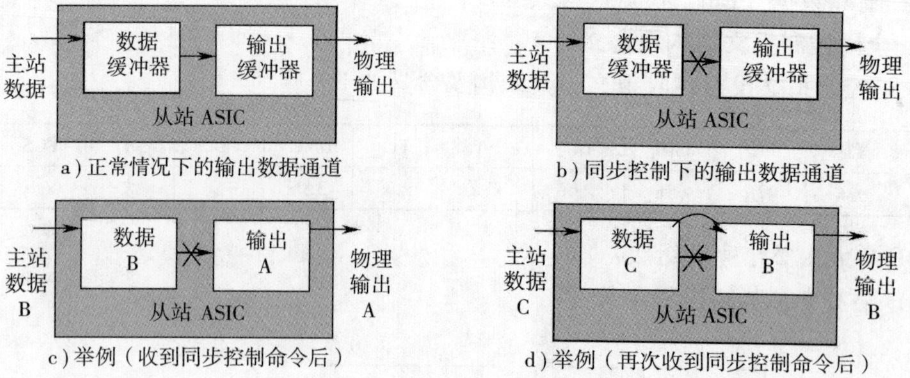

图4-28　同步方式使用举例

同步和锁存方式一般用在高精度定位控制（如对驱动装置的控制）中，为了获得工艺所要求的结果，就必须要求对所使用的多个输入进行同时采样，对所控制的输出进行高精度的等时控制，而不能有时间先后上的微小差别。但现在的高精度等时同步控制的场合已很少使用甚至不再使用全局控制报文了，更好的选择是使用专门为进行高精度控制而设计的DP-V2。其实现在基于现场总线技术的运动控制最好的解决方案是使用PROFINET。由此可见现场总线技术的发展速度。

3. 自动安全操作方式报文

有些主站支持所谓的“自动清除”功能，当主站检测到从站发生故障或有异常情况后，会自动从“操作”模式切换到“清除”模式。在“清除”模式下，数据“0”会送到从站，而DP从站则必须将输出置于安全状态（Fail Safe）。但究竟是什么样的安全状态则完全取决于从站的性能。在大部分的制造业中，输出一般是“0”，但在模拟量的输出中，安全输出可能是一个预先设定好的安全输出值。“清除”模式的全局控制报文中DU的第一个字节为02h。其格式如下：

SD	LE	LEr	SDr	DA	SA	FC	DSAP	SSAP	DU	DU	FCS	ED
68h	07h	07h	68h	××	××	××	3Ah	3Eh	02h	00h	××	16h

从“清除”模式返回正常操作模式时，主站需再发送一个报文，即

SD	LE	LEr	SDr	DA	SA	FC	DSAP	SSAP	DU	DU	FCS	ED
68h	07h	07h	68h	××	××	××	3Ah	3Eh	00h	00h	××	16h

这些报文是对所有从站发送的，属于全局控制的一部分，它们没有从站的响应报文。

4.9　DP-V1 报文详解

DP-V1 是基于 DP-V0 的，它处理循环数据的报文与 DP-V0 是一样的，有些报文也只是在 DP-V0 报文的基础上进行了一些扩展。它的特殊之处是加上了 MS1 和 MS2 通信，这些属于非循环数据通信的范围。下面重点讲解 DP-V1 报文中和 DP-V0 报文不同的地方，而对相同的地方就不再介绍了。

从前面对 PROFIBUS 应用层的讲解中可以知道，在非循环数据交换中，1 类主站和从站之间的通信属于 MS1 通信；2 类主站和从站之间的通信属于 MS2 通信。所以 DP-V1的通信由循环通信 MS0 和非循环通信 MS1、MS2 组成。

像介绍 DP-V0 的报文一样，在下面讲解报文的具体结构时，重点对 DU 单元进行详细分析。

4.9.1　参数设置报文

与 DP-V0 相比，DP-V1 参数设置报文的 DU 单元多了 3 个字节，其他都一样。具体结构和含义如下：

SD	LE	LEr	SDr	DA	SA	FC	DSAP	SSAP	DU	FCS	ED
68h	××	××	68h	××	××	××	3Dh	3Eh	××…	××	16h

其中 DU 的具体结构如下：

前 7 个字节为必选字节（同 DP-V0）	DP-V1 的 3 个状态字节	相关装置和模块的参数（可选）
1…7	8…10	11…244
最少必须有 10 个字节，最多可有 244 个字节		

前 7 个字节与 DP-V0 相同。

第 8 字节的结构和含义如下：

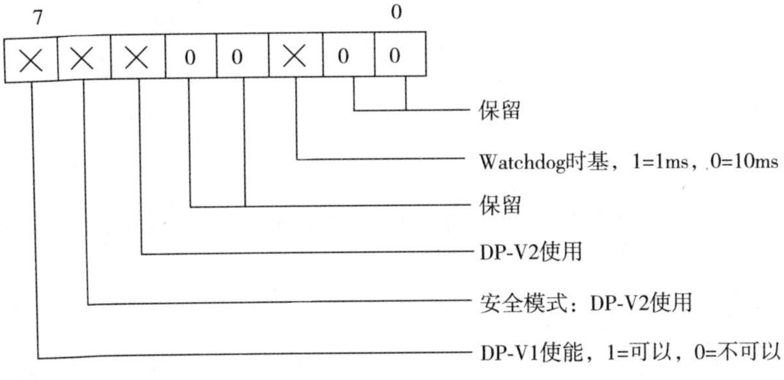

位 2：时基选择位，该位的设置可以使时基最小到 1ms，而对 DP-V0 来说时基总是 10ms。

位 7：该位是最重要的标识符位，当它设置为 1 后，就可建立起 MS1 通信通道。如果在 GSD 文件中没有定义非循环数据通信通道，从站就会拒绝这样的参数设置。

第 9 字节的结构和含义如下：

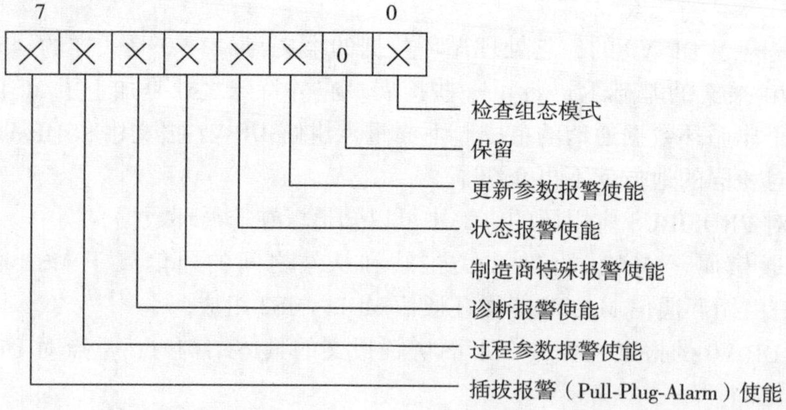

位 0：一般来说当组态错误发生时，系统就不能进入数据交换阶段。该位设置为 1 时，表示与用途有关的检查（灵活性的），允许接受一定范围的组态错误，比如模块丢失等，仍允许系统进入数据交换阶段；当该位设置为 0 时，表示为一般性的检查（限制性的），不允许任何组态错误发生，或不接受与实际组态不同的组态信息。

其他位：

更新参数报警使能：指当模块参数发生变化时给出报警信息；

状态报警使能：指当模块状态发生改变时给出报警信息；

制造商特殊报警使能：指制造商可以定义一些特殊的报警信息供用户使用；

诊断报警使能：指当模块出现故障时给出报警信息；

过程参数报警使能：指当过程变量超限等异常情况出现时给出报警信息；

插拔报警使能：指插入或移走一个模块时给出报警信息。

第 10 字节的结构及含义如下：

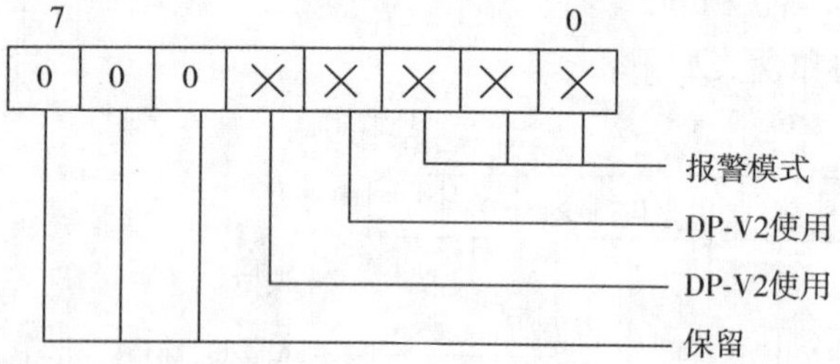

位 0 ~ 位 2：该 3 位用来定义在一个从站中总共有多少报警信息可以同时被主站处理。具体参数为：

000 为 1 个报警信息；

001 为 2 个报警信息；

010 为 4 个报警信息；

011 为 8 个报警信息；

100 为 12 个报警信息；

101 为 16 个报警信息；

110 为 24 个报警信息；

111 为 32 个报警信息。

［**例 4-11**］ 一个参数设置报文 DU 单元的前 10 个字节的内容为 B8 01 32 0B 12 34 00 C4 E0 02，请解释其含义。

B8：10111000，表示从站被锁定，支持 SYNC 和 FREEZE 模式，Watchdog 有效；

01 32：表示看门狗时间的系数为：1×50，时基要看下面的定义；

0B：表示 T_{SDR} 为 11 个 T_{bit}；

12 34：表示该设备的 PROFIBUS ID 号为 0x1234；

00：表示没有特别的分组；

C4：1100 0100，表示 DP-V1 有效，Watchdog 时基为 1ms；

E0：1110 0000，表示允许拔/插报警、过程报警和诊断报警；

02：同时可处理 4 个报警信息。

4.9.2 组态报文

与 DP-V0 的组态报文相比，DP-V1 组态报文中 DU 部分的标识符（模块）肯定是属于特殊那一类的。在 DP-V1 规范中，特殊标识符扩大了数据类型的确定范围，原来在 DP-V0 中的制造商特定数据部分，在 DP-V1 中将用于数据类型的编码。这些特殊数据字节用来进一步说明该模块输入、输出或输入/输出的性质，该字节中数值的不同代表的 I/O 性质不同。要注意，若为输入/输出时，其次序是先输出，后输入，请参考 DP-V0 该部分讲解。I/O 性质具体说明如表 4-6 所列。

表 4-6 DP-V1 中 I/O 性质说明对照表

字节数值	I/O 性质	字节数值	I/O 性质
1	二进制数（位）	10	8 个一组的字符串（n 字节，无 ASCII 码）
2	8 位符号整数（字节）	11	数据（7 字节，范围 1ms～99 年）
3	16 位符号整数（字）	12	天（4 字节，ms 形式，从午夜开始）
4	32 位符号整数（双字）	13	时差（4 字节，ms 形式）
5	8 位无符号整数（字节）	14	天（6 字节，若为 ms 形式，则从午夜开始；若为天的形式，则从 01/01/1984 开始）
6	16 位无符号整数（字）	15	时差（6 字节，ms 形式或天的形式）
7	32 位无符号整数（双字）	16～31	保留
8	IEEE 浮点数（双字）	32～63	用户特殊指定数据
9	可见的字符串（n 字节，每个字节 1 个 ASCII 码）	64～255	保留

［**例 4-12**］ 一个组态报文 DU 单元的字节内容为 42 84 08 05，请解释其含义。

42：01000010，表示为特殊 I/O 模块组态，有输入，有 2 个特殊数据；

84：10000100，表示有 5 个字节的输入，整个数据块一致；

08：00001000，表示有4个字节的浮点数输入；

05：00000101，表示有1个字节的无符号整数输入。

4.9.3 诊断报文

DP-V1 和 DP-V0 的主站诊断请求报文是相同的。在 DP-V0 从站诊断响应报文中已经定义了基本诊断信息字节（必选）和扩展诊断信息字节（可选），其中的扩展诊断信息包括3部分内容，即：

1）装置相关的诊断信息；

2）模块相关的诊断信息；

3）通道相关的诊断信息。

在这里再回忆一下 DP-V0 的从站响应报文结构。

从站响应报文：

SD	LE	LEr	SDr	DA	SA	FC	DSAP	SSAP	DU	FCS	ED
68h	××	××	68h	××	××	××	3Eh	3Ch	××…	××	16h

DU 具体结构：

前6个字节为基本诊断信息（必选）	装置诊断信息块（可选）	标识符模块诊断信息块（可选）	通道诊断信息块（每个通道3个字节）（可选）
1…6 基本诊断信息部分	7…244 扩展诊断信息部分		
DU 单元最少6字节，最多可有244字节			

在 DP-V1 中使用报警和状态信息块替代了 DP-V0 中的装置诊断信息块，所以在 DP-V1 中就没有装置信息块了。除此之外，DP-V1 诊断响应报文的其他部分和 DP-V0 相同。DP-V1 的 DU 单元结构如下：

前6个字节为基本诊断信息（必选）	报警或状态信息块（4～63字节）（可选）	标识符模块诊断信息块（可选）	通道诊断信息块（每个通道3个字节）（可选）
1…6 基本诊断信息部分	7…244 扩展诊断信息部分		
DU 单元最少6字节，最多可有244字节			

DP-V1 的报警/状态信息块有两部分内容：1）报警信息主要反映参数设置报文的第9字节中规定的各种报警情况，当有故障出现时进行报警；2）状态信息主要反映系统状态、模块状态和制造商规定的一些特殊状态的情况。这两种诊断信息并不是同时存在于同一个报文中的，即要么该报文是关于报警信息的，要么该报文是关于状态信息的。它们的报文结构以及对这两种信息的处理过程都是不一样的。下面分别对它们进行详细介绍。

1. 报警信息

像 DP-V0 中对故障信息的处理一样，在 DP-V1 中，当故障发生后，从站使用高优先级的 FC 通知主站，接着主站和从站进行诊断报文的通信。故障信息储存在该主站中直到被确认且故障消失。所有现场设备支持的报警设置都是在 GSD 文件中定义好的，在上电进行参数设置时对它们进行了设定确认。DP-V1 中报警诊断信息报文的具体结构和含义如下：

第 7 字节（在前 6 个 DU 必选字节后，假定报警诊断信息的头字节为第 7 字节）：

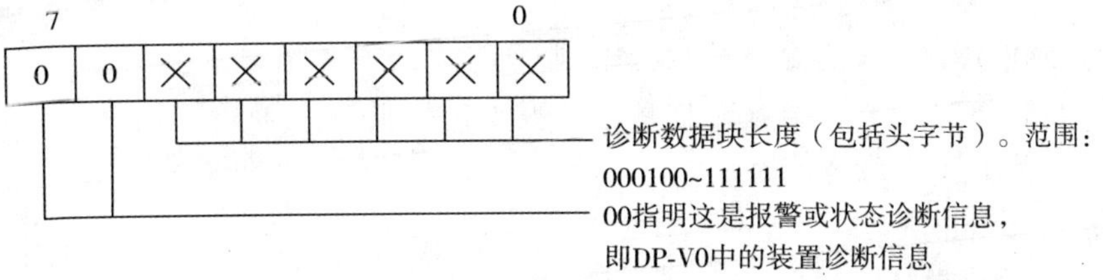

诊断数据块长度最小值为 4，是指除了头字节外，还有接下来必选的 3 个字节。

第 8 字节　它的位 7 用来区分是报警诊断信息还是状态诊断信息。

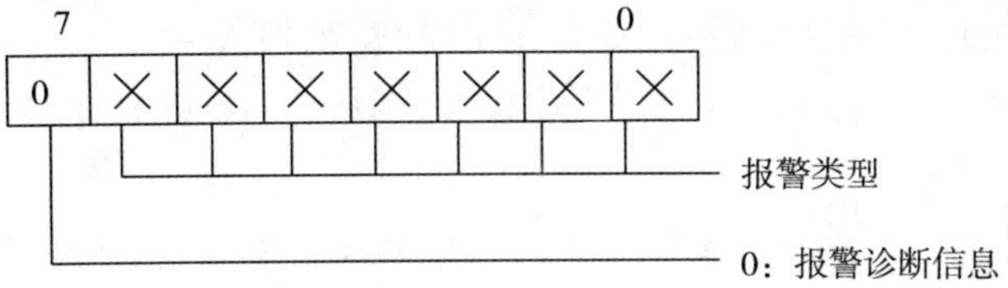

当位 7 为 0 时，指明是报警诊断信息，这时位 0 ~ 位 6 用来指定报警信息类型：

0：保留；

1：诊断报警；

2：过程报警；

3：拔出模块报警；

4：插入模块报警；

5：状态报警；

6：更新参数报警；

7 ~ 31：保留；

32 ~ 126：制造商特殊报警信息；

127：保留。

第 9 字节　用来指明发生故障的从站设备的槽号。范围：0 ~ 254。

第 10 字节　用来指定报警的详细特点。

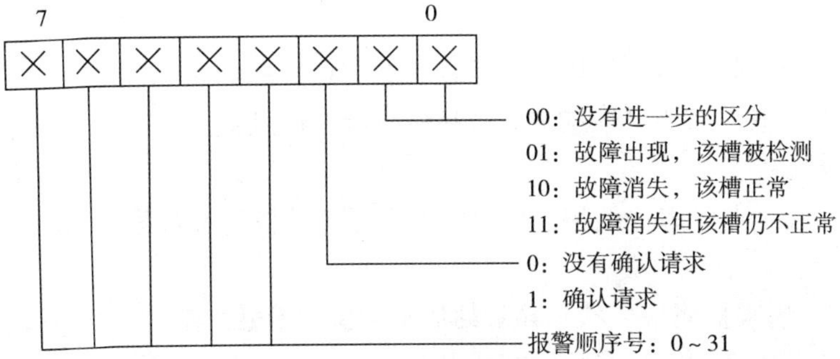

如果位2为1，则表示从站通知主站，这个报警需要另外的报警确认服务，该服务通过MS1来完成。

第11字节以后 为用户数据字节。

［**例4-13**］ 一个诊断报文DU中从第7个字节开始的数据为04 02 01 01，试解释其含义。

04：即00000100。表示为报警/状态诊断信息，共有4个字节；

02：即00000010。表示为报警信息，类型为过程报警；

01：表示故障装置的槽号为1；

01：表示故障出现。

2. 状态诊断信息

系统出现异常时，从站仍把这种异常作为低优先级事件（响应报文中）和1类主站进行通信，这时就要使用状态诊断信息的报文。在1类主站中，状态信息是存放在系统循环缓冲器里的，所以每隔一段时间它们就要被覆盖一次。它们主要用来对系统中有关状态的情况进行统计和趋势分析。DP-V1中状态诊断信息报文的具体结构和含义如下：

第7字节（在前6个DU必选字节后，假定状态诊断信息的头字节为第7字节）：

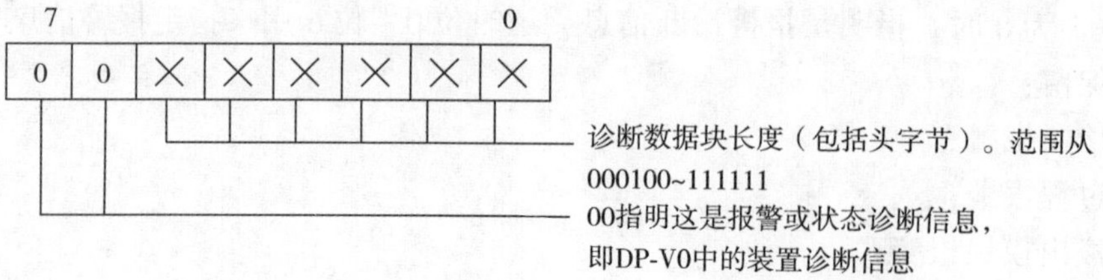

诊断数据块长度最小值为4，是指除了头字节外，还有接下来必选的3个字节。

第8字节 它的位7用来区分是报警诊断信息还是状态诊断信息。

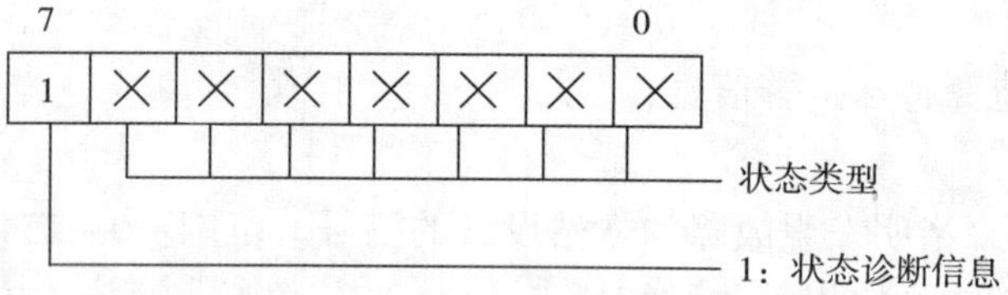

当位7为1时，指明状态诊断信息，这时位0～位6所指定的状态信息类型是：

0：保留；

1：表示在状态详细特点信息字节后是状态信息；

2：表示在状态详细特点信息字节后是模块状态信息；

3～31：保留；

32～126：表示在状态详细特点信息字节后是制造商特殊数据；

127：保留。

第9字节 用来指明报告状态异常的从站设备的槽号。范围：0～254。

第10字节 用来指定状态的详细特点。

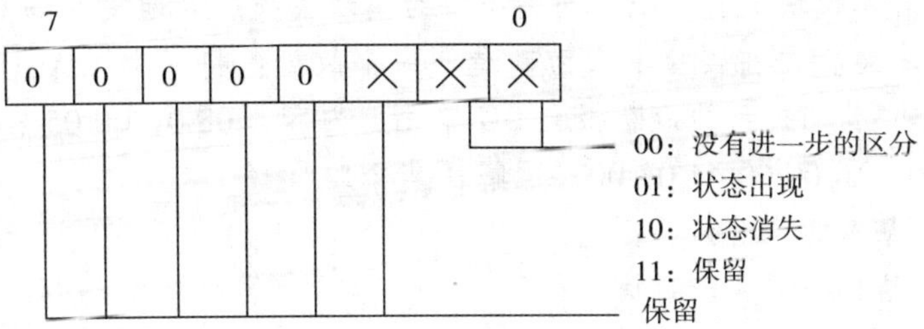

第 11 字节以后　为用户数据字节。

特殊情况：

如果第 8 字节中的状态类型指定是 2，即模块状态信息时，则接下来的第 9 字节不再表示从站槽号，而规定为 0。第 11 字节以后也不再是用户数据字节，其具体结构和含义如下：

第 11 字节　描述模块 1 ~ 模块 4 的状态。

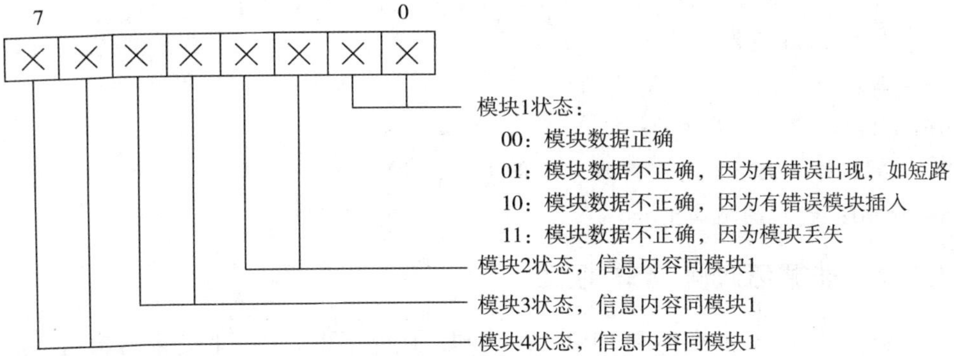

第 12 字节　描述模块 5 ~ 模块 8 的状态。

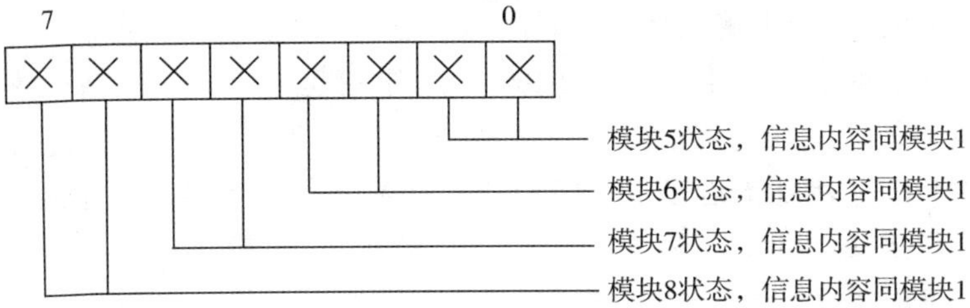

以后的字节可以仿照上述排列继续下去，直到把所有模块的信息写完。

［**例 4-14**］　一个诊断报文 DU 中从第 7 个字节开始的数据为 07 82 00 01 00 30 00，试解释其含义。

07：00000111，表示为报警/状态诊断信息，共有 7 个字节；

82：10000010，表示为状态诊断信息，状态信息后面为模块信息；

00：状态信息后面为模块信息时，规定为 0；

01：状态出现中；

00 30 00：表示模块7有问题，问题类型为模块丢失。其他模块均OK。

［**例4-15**］　本例是在实验中人为制造的一个故障：将一个WAGO 750-833 DP从站的终端模块拔掉，捕捉到的诊断报文DU单元的内容为08 0E 00 05 B7 56 49 00 00 00 00 00 00 00 00 07 A0 00 00 44 07 00，试解释其含义。

前6字节为基本的诊断数据：

08：表示从站具有扩展诊断信息；

0E：表示看门狗有效；静态诊断功能有效；

00：诊断数据未溢出；

05：表示该从站被5号主站控制；

B7 56：表示该从站的ID号为0xB756

项目为扩展诊断信息部分：

49：表示包括本字节在内共有9个字节来说明关于模块的故障信息；

00 00 00 00 00 00 00 00：表示常规模块（最多64个）无故障；

07：表示包含本字节在内的7字节说明报警或状态的情况；

A0：10100000表示这是状态信息，且状态号为32，表示在状态详细信息后是制造商特殊数据；

00：出现状态的槽号为0；

00：表示对该状态信息没有进一步的区分；

44 07 00：表示制造商的特殊数据。

4.9.4　非循环通信MS1报文

循环数据（I/O）的交换和DP-V0的相同，在此不再介绍。1类主站和相应从站之间非循环数据（如参数上下限设定值、过程参变量值等）的交换就是MS1通信。MS1通信中定义了新的SAP，主站的SAP都是33h，从站的SAP一个是33h，用于数据读写；另一个是32h，用于报警确认。

在循环数据交换初始化时，MS1通道就一起建立起来了；一旦循环数据通信中止，则MS1通道也被关闭。一个从站同时只能和一个主站进行循环数据交换，同样，一个从站同时也只能有一个MS1连接。下面详细介绍MS1中主要的报文形式。

1. 数据读取报文

（1）数据读取报文

使用DS-Read（Data Set Read）报文可以读取从站的非循环数据。当主站的数据读取请求报文发出后，同时开启一个内部定时器开始对该报文的执行过程进行监督，因为非循环数据的交换可能要在几个总线循环周期后才完成，所以每个总线周期主站都要对该从站进行轮询，看是否能收到从站对该报文的响应报文（数据响应报文）。如果主站发现时间超限则马上中止对该从站进行非循环和循环数据交换，该从站需要被重新参数化后才能正常工作。

因为DSAP和SSAP都是33h，所以MS1的数据读取请求报文和响应报文基本上是一样的，唯一的区别是请求报文的DU单元中没有用户数据字节部分。具体报文格式如下：

SD	LE	LEr	SDr	DA	SA	FC	DSAP	SSAP	DU	FCS	ED
68h	××	××	68h	××	××	××	33h	33h	××…	××	16h

DU 单元具体结构和含义如下：

第 1 字节

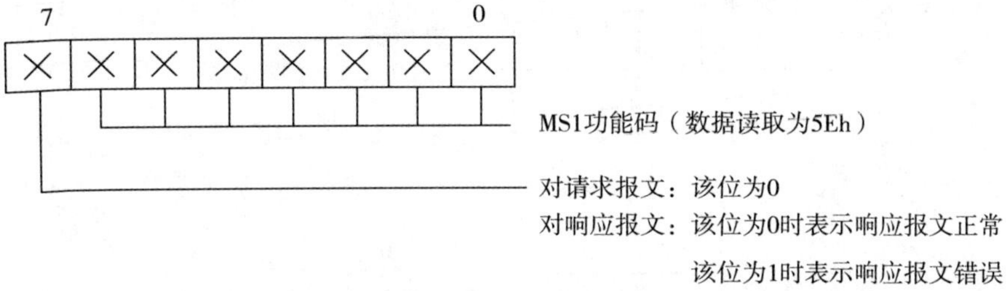

非循环数据交换功能码：这里的功能码和第 7 字节的 FC 的英文表示相同，但意思不一样，第 7 字节的 FC 表示整个数据交换第 2 层（数据链路层 DLL）的通信协议功能，而这里的 FC 表示非循环数据通信的数据交换功能。例如 5Eh 表示非循环数据的读取，5Fh 表示非循环数据的写入等。MS1 和 MS2 通信的功能码有多种，详情参见附录 B. 10。

位 7　当该字节的位 7 为 1 时，表示响应报文错误，这时整个报文的结构发生变化，后文中有详细介绍。

第 2 字节　该字节指定数据所在地址的槽号。

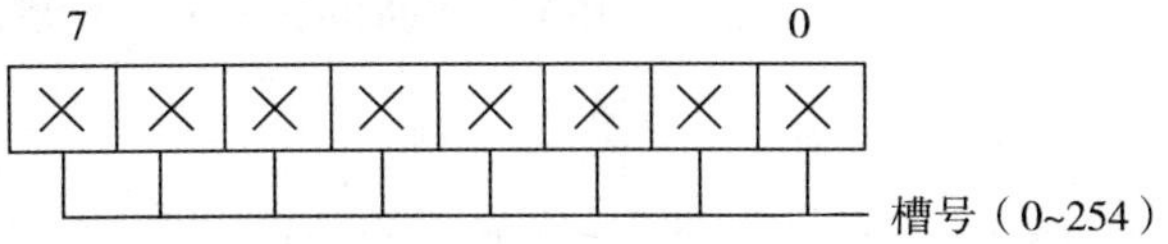

第 3 字节　该字节指定数据存放的索引号。槽号和索引号一起决定数据存放的位置。

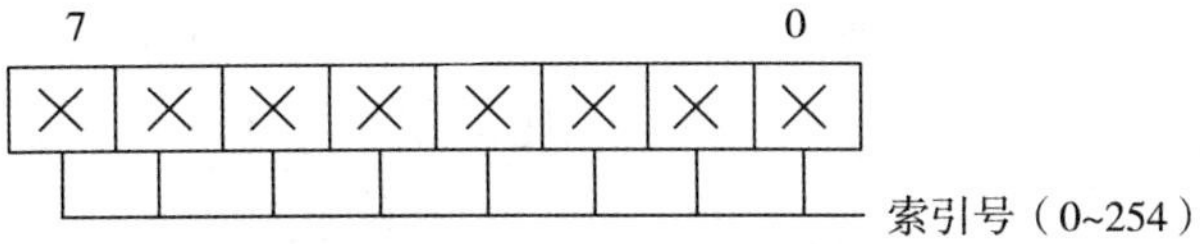

第 4 字节　该字节指定所读取的数据的长度，即多少个字节的数据需要读取。

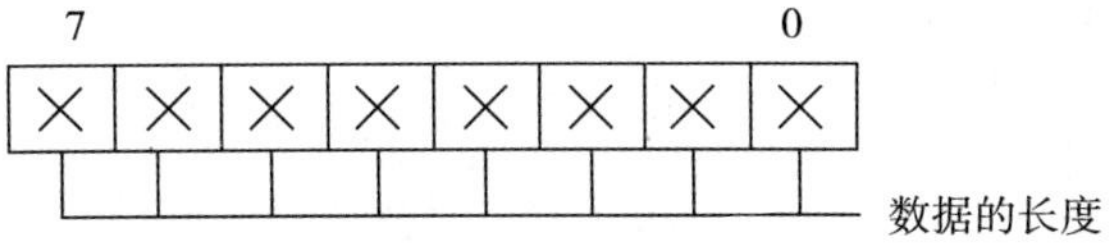

第 5 字节　第一个用户数据。

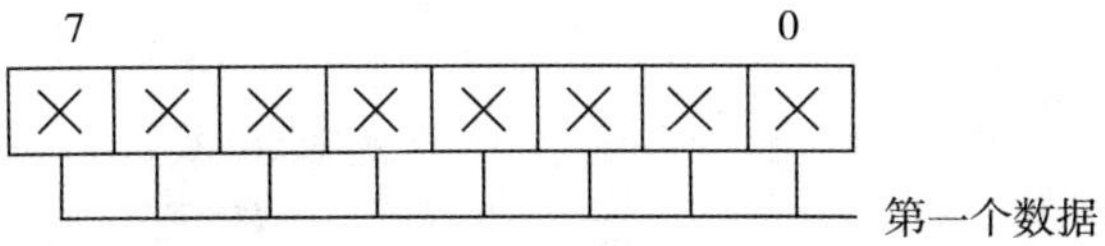

第5字节以后为用户数据，请求报文没有该部分，响应报文才有该部分。

（2）MS1通信错误时的报文

在进行MS1通信时，有可能发生错误，这时在响应报文中就要有所反映。这种情况下的DU单元报文结构和含义如下：

第1字节

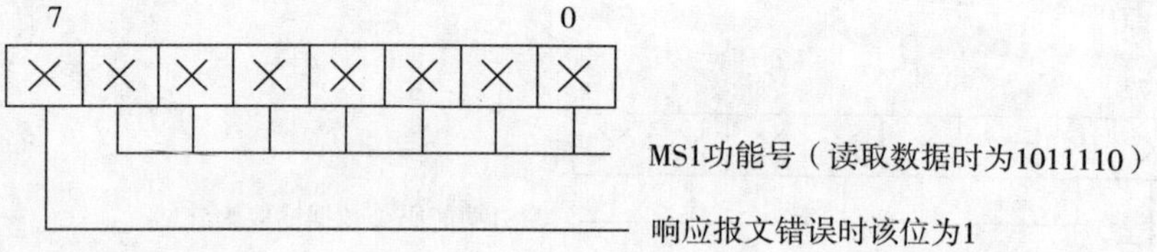

第2字节

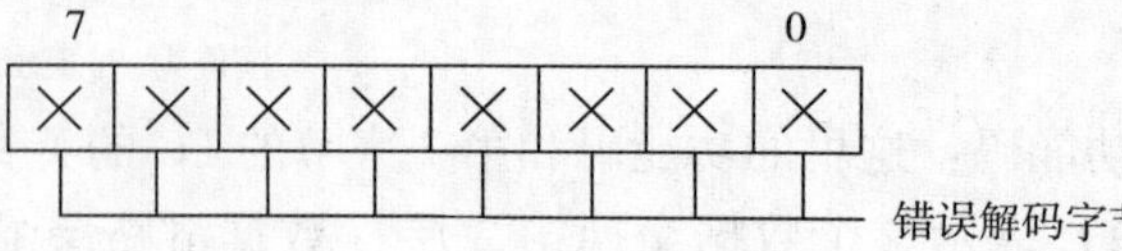

该字节所代表的意义如下：

0~127：保留；

128：DP-V1方面的错误；

129~253：保留；

254：有关PROFIBUS FMS方面的错误，在此不做介绍；

255：有关HART方面的错误，在此不做介绍。

第3字节　该字节为错误码1。当为DP-V1方面的错误时，该字节的结构和含义如下：

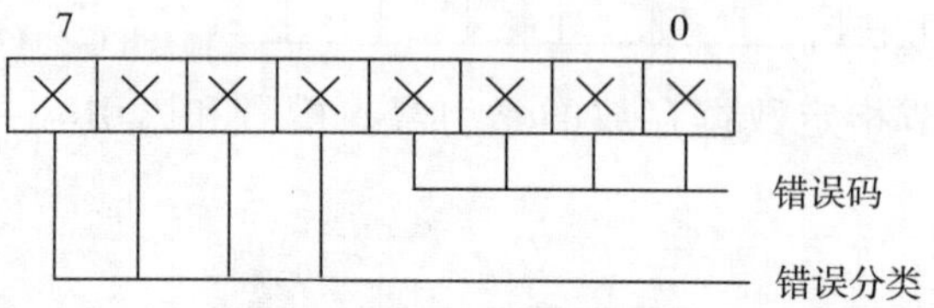

对错误分类（Error-Class）和错误码的具体说明见表4-7。

表4-7　错误分类（Error-Class）和错误码

错误分类	错误码
0~9：保留	
10：应用类	0：读错误 1：写错误 2：模块失败 3~7：保留 8：版本冲突 9：不支持该特性 10~15：用户指定

（续）

错误分类	错　误　码
11：存取类	0：非法的数据层号 1：写数据长度错误 2：非法的数据槽号 3：类型冲突 4：非法的数据区 5：状态冲突 6：存取拒绝 7：非法范围 8：非法参数 9：非法类型 10～15：用户指定
12：源类	0：读强制冲突 1：写强制冲突 2：源忙 3：源不可获得（unavailable） 4～7：保留 8～15：用户指定
13～15：用户指定类	

第 4 字节　该字节为错误码 2。当为 DP-V1 方面的错误时，该字节为用户指定。

（3）MS1 读取数据的工作过程

MS1 读取数据的工作过程如图 4-29 表示。

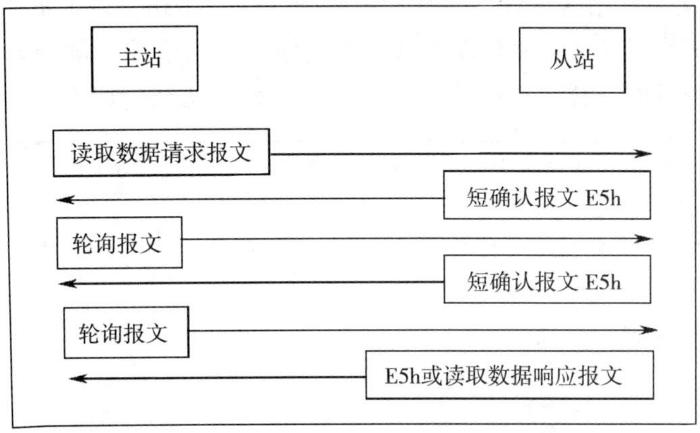

图 4-29　MS1 读取数据的工作过程

非循环数据的交换不一定是在一个周期内完成的，所以主站发出数据读取请求后，从站返回一个短确认报文；下一个周期，主站对该从站就刚才的读取数据请求报文进行轮询，看从站是否给出响应报文，若从站未给出响应报文，则继续返回短确认报文；

下一个周期，主站继续进行轮询，直到从站返回响应报文，非循环数据交换才结束。

轮询报文的结构非常简单，它没有DU单元。读取数据报文的轮询报文结构如下：

SD	LE	LEr	SDr	DA	SA	FC	DSAP	SSAP	FCS	ED
68h	××	××	68h	××	××	××	33h	33h	××	16h

2. MS1 写数据报文

主站可以对属于它的并且组态过的DP-V1从站进行非循环数据的写操作，数据地址也是按槽号和层号来确定的。写操作的报文和读操作的报文基本上相同，此处不再详细介绍，下面只给出写操作几种报文的DU单元的组成，见表4-8。

表4-8　写操作几种报文的DU单元的组成

报文类型	DU单元的字节顺序及内容
写请求报文	功能号（5Fh），槽号，索引号，数据长度，数据
写响应报文（正确时）	功能号（5Fh），槽号，索引号，数据长度
写响应报文（错误时）	功能号（5Fh）（但该字节位7为1，所以第1字节的值为DFh），错误解码，错误码1，错误码2

错误解码、错误码1和错误码2的具体含义参见MS1读数据报文部分。

MS1写数据操作的轮询报文和读取数据操作的一样。

3. 报警确认报文

过程控制中，有时需要对诊断报文中的报警进行确认。作为诊断报文的附属功能，报警确认是通过MS1来实现的。

（1）报警确认报文

报警确认报文中从站的SAP为32h，主站的SAP为33h，请求报文和响应报文的区别仅在于把DSAP和SSAP的值互换。另外响应报文发生错误时的处理报文结构、含义和MS1读/写错误时的一样，此处不再赘述。请求报文的结构如下：

SD	LE	LEr	SDr	DA	SA	FC	DSAP	SSAP	DU	FCS	ED
68h	××	××	68h	××	××	××	32h	33h	××…	××	16h

DU单元具体结构和含义如下：

第1字节　为MS1的功能号。

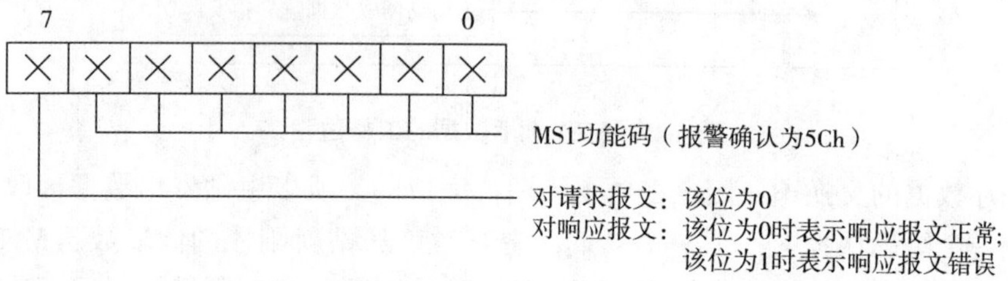

第 2 字节 为发生故障的槽号。

第 3 字节 报警类型。

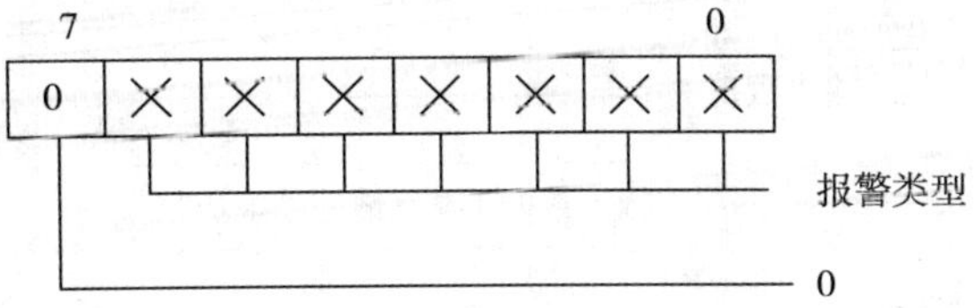

报警类型代码如下：

0：保留；

1：诊断报警；

2：过程报警；

3：拔出模块报警；

4：插入模块报警；

5：状态报警；

6：更新参数报警；

7～31：保留；

32～126：制造商特殊报警信息；

127：保留。

第 4 字节 为报警的详细特点。

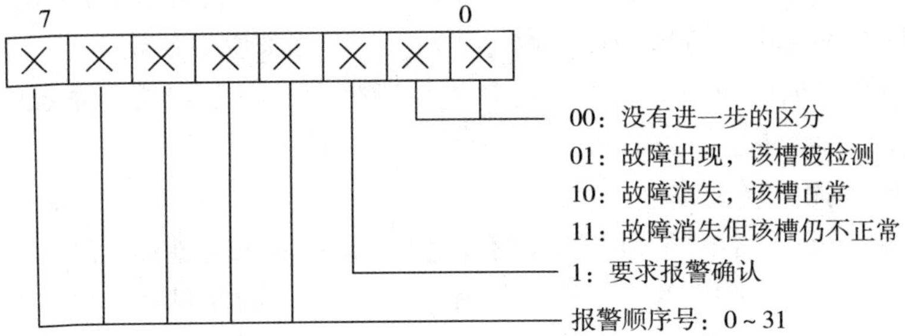

（2）报警响应、确认的工作过程

我们知道在进行正常的数据交换过程中，如果从站有报警发生，则会响应一个高优先级的响应报文（FC＝0Ah）。这时主站会发出诊断请求，从站就会立即回复一个诊断响应报文。对于有报警确认要求的 DP-V1 设备，主站还会进行报警确认请求，因为这属于 MS1，所以主站会进行轮询请求，直到从站给予报警确认响应。该过程如图4-30所示。

报警轮询报文的结构和 MS1 读写数据的基本一样，只是 DSAP 的值为 32h。其结构如下所示：

SD	LE	LEr	SDr	DA	SA	FC	DSAP	SSAP	FCS	ED
68h	××	××	68h	××	××	××	32h	33h	××	16h

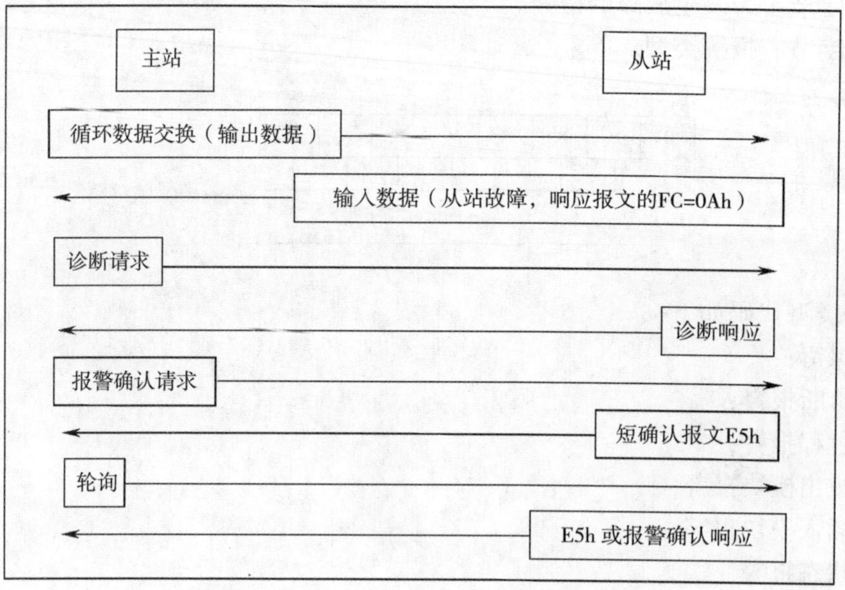

图 4-30 MS1 报警响应、确认的工作过程

4.9.5 非循环通信 MS2 报文

2 类主站和相应从站之间的数据交换就是 MS2，MS2 通信为工业过程控制的实际应用提供了方便，比如可以使用 MS2 通过 HMI 进行系统的实时监控和操作，另外还可以利用 MS2 直接对设备进行必要的参数设置。对 PA 设备来说，行规 3.0 以上版本的设备必须有 MS2 通道，MS1 通道则是可以选择的。实际上，在过程控制系统中，MS2 通道被广泛地应用于非循环数据的传输。

1. MS2 的数据交换过程

2 类主站和 1 类主站不同，1 类主站有一个上电初始化的过程，通过这个过程（参数设置、组态和诊断）1 类主站可以识别和锁定属于它的从站。2 类主站没有这个过程，所以在和从站进行数据交换之前，它必须先和相应的从站建立联系，即找一个数据交换的通道。当这个通道建好后，才能进行所需要的数据交换。

非循环数据的交换不一定在一个周期中完成，一个 2 类主站可以和数个从站并行地进行非循环数据的通信，每一个通道的数据交换总是以通道请求开始，以关闭通道（或超时）结束。同样一个从站也可以同时和几个 2 类主站进行 MS2 通信，对从站来说，唯一的限制条件就是它们的内存，只要内存允许就行。

MS2 的通信过程如图 4-31 所示。

2 类主站和从站之间的通信必须有一个通道，这个通道建立起来后，所有的数据交换都是自发完成的。在初始请求阶段有两个参数是最重要的：一个是发送溢出时间（Send-Timeout），一个是从站的数据服务通道 SAP。发送溢出时间是指需要多长时间从站可以响应主站的数据交换请求，它可以用来监控 MS2 通信。从站的 SAP 可以在 0 ~ 30h 中选择。

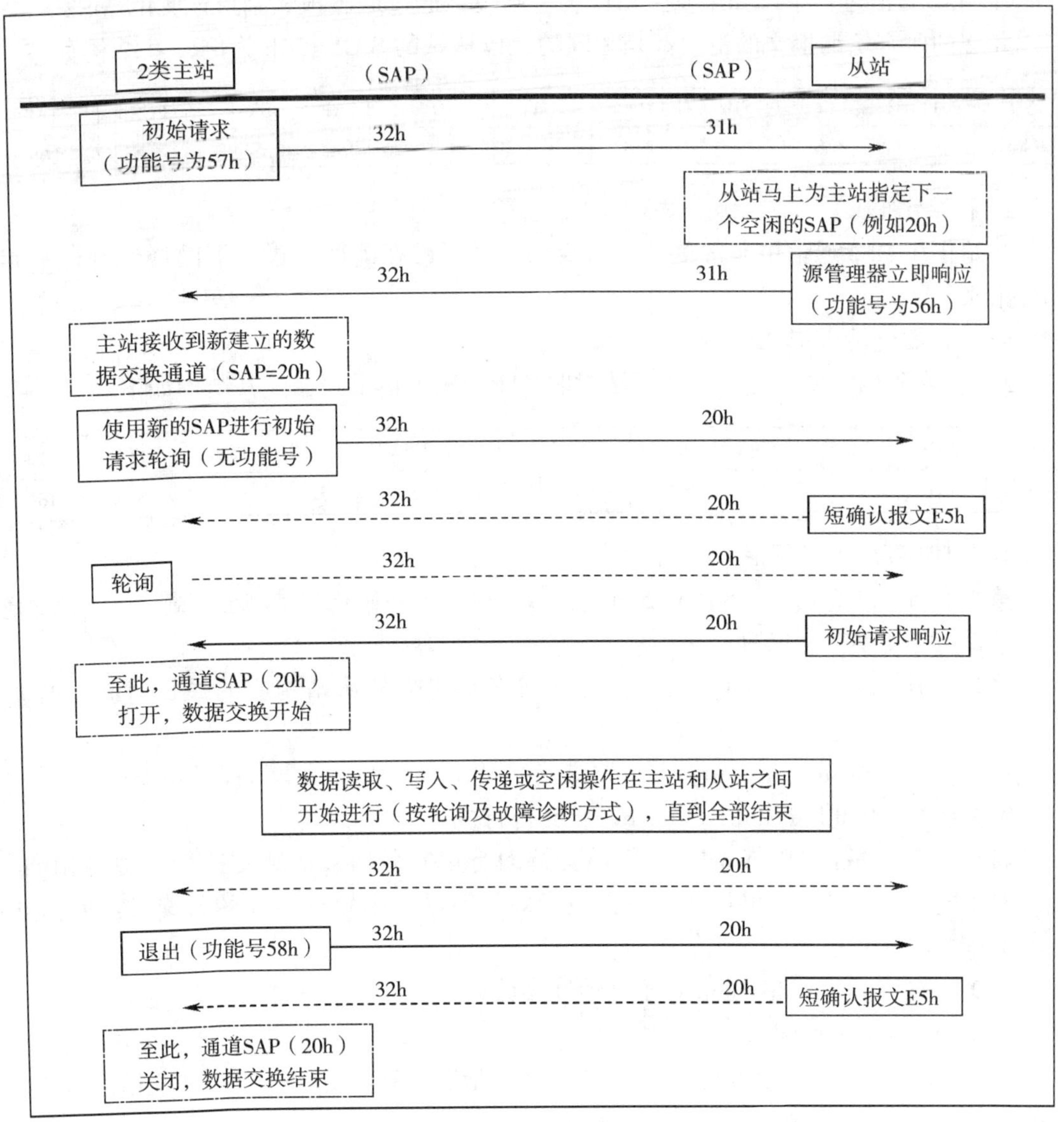

图 4-31　MS2 的通信过程

在 2 类主站的初始化请求报文中，从站的 SAP 为 31h，该请求报文中还包括其他各种它所支持的特性和主站要求的最大的 Send-Timeout。从站收到该报文后马上回复一个报文，该响应报文中包括有效的 MS2 通信通道和从站要完成 MS2 通信所必需的最小的 Send-Timeout。接下来主站使用新的 SAP 进行初始化的轮询，直到从站给出初始化响应报文，至此该 SAP 才开始打开，MS2 的各种数据交换开始进行，通信的过程和 MS1 的读写过程相同。在数据交换的过程中，如果暂时没有数据交换，则主站要在每一个总线循环周期发送一个空闲的（Idle）报文给从站，以免 Send-Timeout 溢出，造成 MS2 中断。当数据交换结束后，主站要发送一个退出报文告知从站，从站给出一个短确认报文后，整个这一轮的 MS2 通信结束，从站的该 SAP 通道关闭，它又处于自由状态，可以作为新的 SAP 被使用。

在 MS2 通信过程中，如果发生错误，主站也会通过退出报文结束该轮的 MS2。

MS2 的所有轮询报文的格式都是相同的，以从站的 SAP = 20h 为例，其结构如下：

SD	LE	LEr	SDr	DA	SA	FC	DSAP	SSAP	FCS	ED
68h	××	××	68h	××	××	××	20h	32h	××	16h

2. 初始化报文

初始化在 MS2 通信中非常重要，初始化的过程已在前面讲过，下面详细介绍它的几种报文。

（1）初始化请求报文

2 类主站先向它要进行通信的从站索取 SAP，发出请求报文。其结构如下：

SD	LE	LEr	SDr	DA	SA	FC	DSAP	SSAP	DU	FCS	ED
68h	××	××	68h	××	××	××	31h	32h	××…	××	16h

其中 DU 部分由以下字节组成：

第 1 字节　MS2 通信功能码。57h：表示该报文为初始化请求/响应报文。

第 2、3、4 字节　保留。

第 5 字节　Send-Timeout，主站告诉从站它希望得到从站响应的最长时间，时基为 10ms。

第 6 字节　Feature-Supported。从站支持的服务，0001 表示支持读写功能。

第 7 字节　Profile-Feature-Supported，支持行规。

第 8 字节　Profile-ID-Number，主站支持的行规号。如果从站支持且行规号相同，则发回相同的行规号；如果从站支持，但行规号不同，则发回不同的行规号；如果从站不支持，则发回 0。

第 9 字节　Add-Addr-Param：子网地址参数。

（2）从站立即响应报文

收到主站的初始化请求报文后，从站马上为其指定一个有效的 SAP。其报文结构如下：

SD	LE	LEr	SDr	DA	SA	FC	DSAP	SSAP	DU	FCS	ED
68h	××	××	68h	××	××	××	32h	31h	××…	××	16h

其中 DU 部分由以下字节组成：

第 1 字节　MS2 通信功能码：56h。表示该报文为初始化立即响应报文。

第 2 字节　有效的 SAP 号，范围 0 ~ 30h。

第 3 字节　Send-Timeout。从站响应主站请求需要的最小时间。

（3）主站初始化请求轮询报文

收到有效的 SAP 后，2 类主站开始使用新的 SAP 对从站进行轮询，等待从站的初始化响应。轮询报文没有 DU 部分，其结构参见上一节中的相关内容。

（4）从站初始化响应报文

从站的初始化响应报文的结构（设新的 SAP 为 20h）如下：

SD	LE	LEr	SDr	DA	SA	FC	DSAP	SSAP	DU	FCS	ED
68h	××	××	68h	××	××	××	32h	20h	××…	××	16h

其中 DU 部分由以下字节组成：

第 1 字节　MS2 通信功能码：57h，表示该报文为初始化请求/响应报文。

第 2 字节　最大的数据字节数。

第 3 字节　Feature-Supported。从站支持的服务，0001 表示支持读写功能。

第 4 字节　Profile-Feature-Supported，支持行规。

第 5 字节　Profile-ID-Number。如果从站支持主站行规且行规号相同，则发回相同的行规号；如果从站支持，但行规号不同，则发回不同的行规号；如果不支持，则发回 0。

第 6 字节　Add-Addr-Param：子网地址参数。

(5) 初始化响应错误时的报文

在初始化过程中，如果在响应时发现错误，则功能码的位 7 置 1。响应报文的结构同上，但 DU 中的内容不一样，具体如下：

第 1 字节　MS2 通信功能码变为 D7h，表示该报文为初始化响应故障报文。

第 2 字节　故障解码。

第 3 字节　故障码 1。

第 4 字节　故障码 2。

其中第 2、3、4 字节的内容参见 MS1 通信中的有关讲解。

3. MS2 读写报文

MS2 的读写报文结构、含义及其工作过程和 MS1 的完全相同，唯一的区别是 DSAP 和 SSAP 不同。MS2 通信时，主站的 SAP 为 32h，从站的 SAP 为在初始化过程中指定的一个新值，范围在 0～30h 之间。在学习过程中仿照 MS1 的读写报文进行相应的替换即可，此处不再赘述。

4. MS2 的数据传递报文

MS2 在数据传递中提供了一种在 2 类主站和从站之间交换用户特殊指定数据的功能。这在一些特殊应用领域（例如 PROFIdrive）非常有用。用户可以使用自己的行规实现一些保护功能，比如有些数据通信只能供公司内部使用等。而要想实现数据传递功能，必须先把用户行规的 ID 号在 MS2 初始化时进行确认，然后才可以使用该功能。

数据传递请求报文主站的 SAP 为 32h，从站的 SAP 为在初始化时获得的 SAP，响应报文和请求报文基本一样，只要把 DSAP 和 SSAP 的内容换一下位置即可。当响应发生错误时，报文结构、内容和处理方式如前面所述。MS2 几种数据传递报文的 DU 单元的结构和内容见表 4-9。

表 4-9　MS2 几种数据传递报文的 DU 单元的结构和内容

报文类型	DU 单元的字节内容及顺序
数据传递请求报文	功能号（51h），槽号，索引号，数据长度，数据
数据传递响应报文（正确时）	功能号（51h），槽号，索引号，数据长度，数据
写响应报文（错误时）	功能号（D1h），错误解码，错误码 1，错误码 2

5. 空闲报文

空闲报文的结构非常简单，从站的SAP是初始化时获得的SAP。它的DU单元中只有一个字节，即MS2的功能号（空闲报文的功能号为48h）。以从站SAP = 20h为例，空闲请求报文的结构如下：

SD	LE	LEr	SDr	DA	SA	FC	DSAP	SSAP	DU	FCS	ED
68h	××	××	68h	××	××	××	20h	32h	48h	××	16h

空闲报文的响应报文也是一个空闲报文，只是将DSAP和SSAP的内容换一下位置。

6. 退出（Abort）报文

在MS2通信过程中或通信结束后，主站会发送一个退出报文，从站收到该报文后，返回一个短确认报文E5h，随后由初始化建立起来的2类主站和从站之间的数据交换通道SAP关闭。退出报文的具体格式（以从站SAP = 20h为例）如下：

SD	LE	LEr	SDr	DA	SA	FC	DSAP	SSAP	DU	FCS	ED
68h	××	××	68h	××	××	××	20h	32h	××	××	16h

DU单元具体结构和含义如下：

第1字节　指定功能号。退出报文的功能号为58h。

第2字节　指定子网（Subnet）类型。

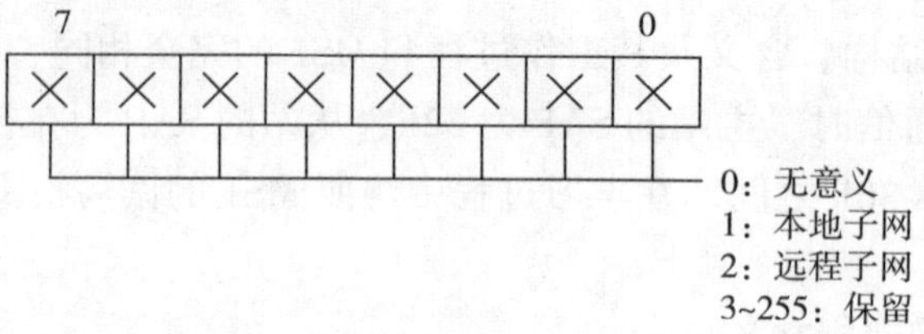

第3字节　指定导致退出的协议类型和错误原因。

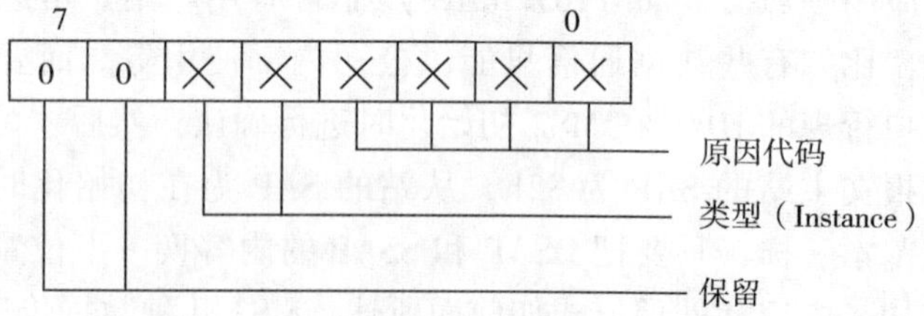

位5和位4　用来指定导致退出的协议类型（protocol instance）。具体如下：

00：FDL；

01：MS2；

10：用户；

11：保留。

位3~位0　用来指定导致退出的原因。具体见表4-10。

表 4-10 导致 Abort 的协议类型和原因

类型（Instance）	原 因	名 称	含 义
FDL	1	UE	见 EN50170 第 2 部分
	2	RR	见 EN50170 第 2 部分
	3	RS	见 EN50170 第 2 部分
	9	NR	见 EN50170 第 2 部分
	10	DH	见 EN50170 第 2 部分
	11	LR	见 EN50170 第 2 部分
	12	RDL	见 EN50170 第 2 部分
	13	RDH	见 EN50170 第 2 部分
	14	DS	主站不在逻辑环中
	15	NA	远程 FDL 无响应
MS2	1	ABT-SE	顺序错误，在该状态下不支持此服务
	2	ABT-FE	非法的请求 PDU 接收
	3	ABT-TO	连接超时
	4	ABT-RE	非法的响应 PDU 接收
	5	ABT-IV	非法的用户服务
	6	ABT-STO	请求的发送时间溢出值（Send-Timeout）太小
	7	ABT-IA	非法的附加地址信息
	8	ABT-OC	等待 FDL-DATA-REPLY. con

当错误原因为 MS2 中的 ABT-STO 时，接下来的两个字节还要说明 Send-Timeout 的大小。

4.10 总线和信息的循环时间及估计

总线及信息的循环时间在现场总线中非常重要，虽然有关它们的大部分参数和最终用户的关系不大，但对它们进行一些了解和认识有助于对总线系统工作原理的理解。而且在使用工具软件进行系统组态时，也需要对其中的某些参数进行设置，所以本节主要介绍总线及信息的循环时间的概念及其计算方法。

4.10.1 有关总线时间的一些术语

1. T_{bit}

位时间。总线上传送一个位所需要的时间。其值为比特率的倒数。例如 1 个 T_{bit} 在比特率为 12000kbit/s 时，其值为 1/12000000ns = 83ns。

2. T_{syn}

同步时间。每个从站在接收下一个请求报文开始前必须等待的一个空闲时间。典型值为 33T_{bit}。

3. T_{id1}

主站在接收完最后一个响应位后，在发送下一个请求前必须等待的时间。该时间至少为 T_{syn} 加上一个安全的余量。典型值为 75T_{bit}。

还有一个 T_{id2}，它是指主站发送完请求信息的最后一位后，没有收到从站的响应信息，而再次发送下一个请求报文前必须等待的时间。

4. T_{SDR}

从站延迟时间。从从站接收完主站的请求报文到它发送响应报文前必须等待的时间。$T_{SDR-min}$ 为最少的等待时间，其典型值为 11 个 T_{bit}。$T_{SDR-max}$ 为最大的等待时间，该时间和比特率有关，已经指定的 $T_{SDR-min}$ 和 $T_{SDR-max}$ 见表 4-11。

表 4-11 不同的比特率对应的 $T_{SDR-min}$ 和 $T_{SDR-max}$ （单位：T_{bit}）

比特率/kbit/s	9.6～187.5	500	1500	3000	6000	12000
$T_{SDR-min}$	11					
$T_{SDR-max}$	60	100	150	250	450	800

5. T_{TD}

传输延迟时间。一个位信息从发送到接收在物理介质上所延迟的时间。它主要和电缆的长度以及中继器有关。对 PROFIBUS DP 电缆来说，每 100m 的延迟时间大约为 0.5μs。每个中继器的延迟时间为 1 个 T_{bit}。

6. T_{MC}

信息循环时间。其值为：**主站发送请求信息时间 + T_{SDR} + 从站响应信息时间**

7. T_{BC}

总线循环时间。其值为 T_{MC} 加上一些时间余量。在多主站系统中，它的值为各个单主站的 T_{MC} 相加。

4.10.2 循环时间及估计

总线及信息的循环时间和以下几个因素有关：

1）比特率；

2）从站的数量；

3）I/O 数据的总量；

4）从站需要的延迟时间。

图 4-32 为单主站系统的循环时间示意图。

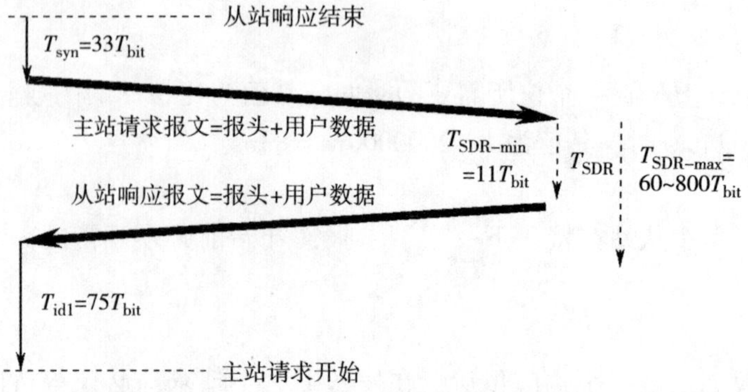

图 4-32 单主站系统的循环时间示意图

在讲解循环时间估计公式前，我们回忆一下，PROFIBUS 报文中的每一个字节的特征码都由 11 位组成，即一个起始位，一个停止位，一个校验位和 8 个数据位。对于 PROFIBUS 报文，每个数据交换报文中除了数据单元外，还有 9 个字节的报头和报尾（SD、LE、LER 等）。所以信息循环时间 T_{MC} 的估算公式为

$$T_{MC}=[T_{syn}+T_{id1}+(2\times 9+\text{输入数据字节}+\text{输出数据字节})\times 11+T_{SDR}]\times T_{bit}\times\text{从站数}$$

$$=[33+75+(2\times 9+\text{输入数据字节}+\text{输出数据字节})\times 11+11]\times T_{bit}\times\text{从站数}$$

余量一般加 20% ~50%。

［**例 4-16**］ 一个 PROFIBUS 系统有一个主站，连接有 7 个从站，每个从站都有 2 个字节的输入数据和 1 个字节的输出数据，系统的比特率为 1500kbit/s。信息循环时间计算如下：

$T_{bit}=1/1500000=667\text{ns}$

$T_{MC}=[33+75+(2\times 9+2+1)\times 11+11]\times 667\times 7\text{ns}=1634150\text{ns}=1.63415\text{ms}$

考虑 40% 的余量后：

$T_{MC}=1.63415\text{ms}\times 140\%=2.28781\text{ms}$

对于 T_{BC}，则还需加上托肯报文时间（3 个特征码时间），再加上 FDL 请求时间（对于每个请求和响应来说为 6 个特征码时间），为了考虑各种延迟，需再加一些余量。

本章小结

本章是本书的重点内容，主要讲解 PROFIBUS 的工作过程和 DP-V0/V1 报文。学习好报文的结构和组成对深入理解 PROFIBUS 的核心知识，解决现场的实际问题非常有必要，掌握报文的细节是成为一个高级 PROFIBUS 技术工程师的必要条件。

PROFIBUS 在进行数据交换时，主站之间采用的是令牌总线方式，令牌在各个主站之间按序传递；在主站和从站之间，采用的是轮询方式，哪个主站握有令牌，该主站就有权力和它控制的从站进行数据交换。这样的循环一直进行下去，从站把最新的输入数据送到主站，主站则根据用户控制程序和各有关信号的状态计算出最新的输出信号的状态，并把输出信号送到相应的从站去控制执行电器的动作，这就是 PROFIBUS 系统最基本的工作过程。

PI 为在 PROFIBUS 中使用的设备都定义了行规，行规对每个总线设备或装置的 I/O 数据、操作以及功能都进行了清晰的描述和明确的规定。行规是独立于任何一个制造商的，它保证了“互换性”和“互操作性”在现场总线技术中的实现。

DP-V0 报文主要由参数化、诊断和数据交换等报文组成。参数化报文主要指定主站和从站的关系，以及指定从站的操作方式，主要包括通信参数、功能设定、装置参数和 ID 号等。组态报文则告知从站设备的详细 I/O 信息。当出现异常时，PROFIBUS DP 提供方便的、功能强大的诊断信息报文，以对故障进行分析和解决。数据交换报文是所有报文中使用得最多的报文，因为在绝大部分时间里主站和从站之间进行的就是数据交换报文的传递。

PA 用于过程控制系统。过程控制的主要特点是模拟量控制为主，各种控制参数、报警参数较多，系统对安全性要求较高。PA 使用 DP-V1，它是 DP-V0 的扩展。在 DP-

V1 中既有用于过程实时值和设备状态的循环数据交换，也有用于设定值、报警设定值等参数的非循环数据交换。DP-V1 对循环数据处理的有些报文是和 DP-V0 一样的，它的特殊之处是加上了 MS1 和 MS2 非周期性数据通信。在这些非循环数据交换中，1 类主站和从站之间的通信称为 MS1 通信；2 类主站和从站之间的通信称为 MS2 通信，所以 DP-V1 的通信由循环通信和非循环通信 MS1、MS2 组成。因为 DP-V1 中的循环数据交换报文和 DP-V0 大同小异，所以学习 DP-V1 时，重点是学习 MS1 和 MS2 的数据交换过程和报文结构。

本章实验建议

建议完成附录 A 中的实验 3。在进行实验之前，需要学生完成实验 2，并熟悉 SIEMENS STEP7 的使用。实验前，需要老师讲解报文分析工具的使用。

习题和思考题

1. 在 PROFIBUS 中，主站和主站之间、主站和从站之间是怎样进行数据交换的？
2. DP 和 PA 在链路层的报文结构有何不同？
3. MS0、MS1 和 MS2 属于什么样的应用关系？
4. 行规在 PROFIBUS 协议结构中的作用是什么？行规的种类有哪些？
5. 从行规的角度来看，HART 设备是通过什么方法加入到 PROFIBUS 网络中的？
6. PA 设备的块模型中包括哪几种块？其作用分别是什么？
7. PROFIBUS 中的 DP-V0 的主要报文类型有哪些？请简述它们的主要作用。
8. 简要解释下列术语：

1）令牌；

2）服务存取点。

9. DP 中 1 类主站的四种操作模式是什么？简要解释在每种模式下主站和它的从站之间的相互作用。
10. 简要解释 PROFIBUS DP 从站的看门狗定时器。
11. 简要解释“sync”和“freeze”方式的意思。什么情况下使用这些模式？
12. 几个 PROFIBUS 的报文如下所示。对每个报文，试完成：

1）指出每个字节的功能；

2）指出该报文的种类；

3）和该报文相关的站点地址是什么？

4）以下请求报文希望得到的响应报文是什么？

①

68_h	05_h	05_h	68_h	$8A_h$	81_h	$5D_h$	$3C_h$	$3E_h$	$D2_h$	16_h

②

68_h	$0C_h$	$0C_h$	68_h	88_h	81_h	$7D_h$	$3D_h$	$3E_h$	98_h	01_h	$0A_h$	$0B_h$	$B7_h$	60_h	01_h	$C7_h$	16_h

③

68_h	05_h	05_h	68_h	28_h	01_h	$7D_h$	00_h	01_h	$A7_h$	16_h

④

68_h	07_h	07_h	68_h	FF_h	81_h	54_h	$3A_h$	$3E_h$	02_h	00_h	DF_h	16_h

13. 一个组态报文的数据单元包含下面 3 个字节，请解释他们的含义。

$D1_h$	23_h	70_h

14. 一个从站只有一个模块，它的 I/O 特性如下所述，试写出它的组态报文中的数据单元的内容。

1）1 个字节的输出，字节一致；

2）3 个字节的输入，且全部一致；

3）3 个字节的制造商特殊数据：00_h，03_h，80_h

15. 使用报文分析工具捕捉到的一段报文如下所示，试解释它的详细含义。

Adr	SAP	Fc	DataLen	Data
01←10	3E←3C	08	06	12 05 00 01 B7 60

16. 在建立起一个网络后，一个从站未和主站进行数据交换。捕捉到的诊断报文如下所示。

Adr	SAP	Fc	DataLen	Data
01←16	3E←3C	08	06	00 0C 00 02 80 1D

请问：从站和主站的地址是什么？为什么该从站不和主站进行数据交换？

17. 简要解释当一个正在进行循环数据交换的从站出现问题后，它是如何向主站报告的？主站随后又是如何处理的？

18. 全局控制可以完成哪些任务？

19. DP-V1 中有哪些通信类型？

20. 在 PA 装置的数据链中，有一个测量值的信息质量字节，该字节的作用是什么？当该字节为 0x80 时，它表示什么意思？

21. 一个 DP-V1 从站由 DP-V1 主站控制。该从站的 ID 号为 4523，不需要“同步”和“锁存”模式，看门狗时间为 25ms，该从站有两个固定的模块：

- 一个 2 字节的模拟量输入模块，数据类型为 16 位字的无符号数。
- 一个 4 字节的模拟量输出模块，数据类型为 16 位字的无符号数。

即使出现组态错误，我们也希望该从站与主站进行数据交换。该从站只使用过程报警和诊断报警，主站在同一时间能处理的故障报警数为 1 个。

1）写出该从站的可能的参数化报文；

2）写出该从站的可能的组态报文；

3）如果开始时从站没有模块插入，写出从站的诊断响应报文。

22. 发给一个 DP-V1 从站的组态请求报文的数据单元如下所示，试分析其每个字节中每一位的含义。

81_h	$C1_h$	07_h	41_h	$C1_h$	07_h	81_h	27_h	09_h

23. 一个DP-V1从站的诊断响应报文的数据单元如下所示，试分析其每个字节中每一位的含义。

08_h	$0C_h$	00_h	01_h	80_h	$6A_h$	49_h	00_h	01_h	00_h	00_h	00_h	00_h	00_h	00_h

14_h	82_h	00_h	00_h	00_h	00_h	02_h	00_h	00_h	00_h	00_h	00_h	00_h	00_h	00_h

00_h	00_h	00_h	00_h	00_h

24. 进行MS2通信时，是如何建立通信联系的？

25. 试讨论显著影响PROFIBUS DP网络总线循环时间的因素。

第5章　PROFINET基础及安装技术

既然现场总线技术已经在工业通信网络中显示出了其强大的生命力和优势，那么为什么还要发展和使用工业以太网？

首先，现场总线的国际标准IEC61158不是一个十分成功的标准，该标准的第2版发布后，围绕着它的争议就没有间断过。IEC61158给出的是多个现场总线技术并存的结果，随着时间的推移，虽然市场上已显现出某些现场总线技术失去竞争力的现实和趋势，但数种现场总线技术在实际应用中并存的局面毕竟是事实，不同的总线技术造成了工业控制网络之间在选择和使用上的种种不便。

虽然现场总线技术是开放的，其互换性和互操作性都很好，但大多数情况是针对某一种现场总线技术而言的，不同的现场总线技术之间虽说可以通过网关进行互连互通，但这时设备和装置之间的互换性和互操作性基本上就丧失了。此外，现场总线的数据吞吐能力也比较低，在底层应用还没多大问题，但对于一些实时性要求非常高的应用场合，或在企业网络的高层实施信息综合和管理时，现场总线技术就显现出了它的局限性。所以，功能更强大、技术更普及、标准更统一的工业网络成为业界共同的追求。

既然大家的想法是一致的，那么什么样的网络技术能满足这样的要求呢？显然以太网和TCP/IP是首选。以太网技术经过多年的发展，特别是在因特网中的广泛应用，使得它的技术非常成熟和完善。以太网和TCP/IP的结合成为IT行业中事实上的标准，它们得到了广大产品制造商和用户的普遍认同。所有这一切使得广大的用户了解和掌握了以太网及TCP/IP技术，另一方面支持它们的软硬件产品也非常丰富，从而使产品的价格低廉、质量优良。另外，以太网技术还在飞速发展着，主流以太网已变为100Mbit/s，1000Mbit/s、10GMbit/s也已使用，它的数据传输速度高，满足实时控制的要求和高层信息化的要求。现在绝大多数企业的局域网都使用以太网，如果在工业网络中也使用以太网技术，则可以使信息集成更为方便和简单，同时也使得电子商务、电子制造的实现更加方便，最重要的是整个工业控制网络的结构会变得更加简单（一网到底）。

IEC61158第4版主要是为适应实时以太网的发展而修订的，但最终还是出现了用户不愿看到的情况。在第4版中，依然是多种技术（目前是11种实时以太网）并存的局面，这和原来IEC61158前3版中多种现场总线技术并存的情况一模一样。所以在巨大的商业利益和其他多种因素影响的工业控制领域的标准之争中，不要期望有一个统一的技术标准这种理想情况出现。在实时工业以太网时代，还是谁的技术好、服务好，谁就能占有更多的市场份额。而一些实时工业以太网技术虽然挤进了IEC61158（第4版）国际标准，但最终仍然避免不了被市场淘汰的结果。

必须指出，实时工业以太网完全代替现场总线技术，恐怕还要等待一个较长的时间。在很多工业自动化应用领域，现场总线技术仍将发挥巨大的作用。最有可能的结果是传统的现场总线技术和实时工业以太网各有适合的使用场合，它们将共存于工业控制应用领域。

本章首先介绍与实时工业以太网技术有关的基础知识，然后介绍在实时工业以太网技术中经常用到的一些重要概念和技术，最后讲解实时工业以太网的代表——PROFINET的基础知识和安装技术。

5.1 以太网和 IEEE 802.3

5.1.1 以太网的产生

以太网起源于20世纪60年代后期到70年代早期夏威夷大学Norman Abramson开发的ALOHA网络，ALOHA将Oahu的主要大学校园网站与夏威夷群岛四个以上的其他大学校园用无线电相连，通过一种争用（contention）技术，实现网络上的多个节点使用同一个信道进行通信，它们可以在有数据要发送的任何时候发送数据。该方法没有提供允许一个节点检测是否有另一个节点正在发送数据的机制，也没有对可能发生的冲突（collisions）进行处理的过程，所以当两个或多个节点同时试图发送数据时就会发生冲突。由于没有机制来处理同时传送数据的不可测事件，所以ALOHA需要多次传送。

以太网（Ethernet）是一种局域网（LAN）协议，它是20世纪70年代中期由Xerox、Intel，以及DEC（数据设备公司）在Xerox的Palo Alto研究中心（PARC）联合开发的。在ALOHA的基础上，PARC的Bob Metcalfe和David Boggs开发了一种采用带碰撞检测的载波侦听多址访问（CSMA/CD）协议的网络来连接办公室的计算机、打印机等办公设备，并将该网络命名为以太网。所谓“以太”是早期人们认为存在于真空中，作为电磁波传播介质的一种物质，即发光的以太（luminiferous ether）。1887年，著名的Michalson-Mloey实验发现电磁波可以在真空中传播，从而否定了以太的存在。以太网的发明者给它起这个名字，一方面是表明该网络是以ALOHA（无线电传输）为基础开发的；另一方面是表明该网络的一个特点：像以太充斥在空间任何地方一样，数据被网线送往每一个节点，这类似于原来人们认为的电磁波在以太中的传播。

1980年，DEC、Intel和Xerox共同发布了一个厂商标准，即以太网的DIX1.0版（以三家公司的首字母命名）。1982年，又联合发布了DIX2.0版。以太网虽然很成功，但它却不是一种被接受的国际局域网技术标准。第2章已介绍过，IEEE 802标准委员会致力于制定局域网标准，其中的IEEE 802.3子委员会本想将DIX2.0作为它的标准，但DIX联盟想继续保留其专利权。为了避免任何侵害专利的行为，IEEE对DIX2.0进行了修改，产生了IEEE 802.3规范。由于IEEE在美国和国际标准化权威机构的影响，IEEE 802.3最终成为ISO的标准ISO 88023。

由于 IEEE 802.3 是以 DIX2.0 为基础的，所以这两种以太网的规范非常相似，但它们在电缆、收发器功能和帧格式等方面都有明显的区别。严格地说，符合 DIX2.0 标准的网络才是真正的以太网（Ethernet），但现在除了 Ethernet Ⅱ 报文帧以外，DIX2.0 标准基本上已没人使用了，所以现在我们听到的、看到的和使用的以太网都指的是 IEEE 802.3。

5.1.2　以太网的物理层

1. 10Mbit/s 和 100Mbit/s 以太网

到目前为止，IEEE 802.3 标准定义了 20 余种以太网，分类的依据主要是传输介质和波特率的不同。它使用下面通用的格式来命名：

信号速率（Mbit/s）带宽（基带或宽带）- 长度（m）或电缆类型

图 5-1 所示是命名的举例。

图 5-1　IEEE 802.3 局域网命名举例

除了一种以太网（10BROAD36）是宽带网络外，其他类型的以太网都是基带网络。所谓宽带指的是在一条线上有多个信道（即信号频率），不同的数据可以通过使用不同的信道在同一物理介质上传播，宽带采用 PSK 相移键控编码；基带是指在一条线上只有一个信道，所有的数据传输只能使用这个信道。10Mbit/s 以太网基带传输采用 Manchester 编码。10BASE5 是最早也是最经典的以太网标准。1990 年发布的 10BASE-T 是以太网发展史上的一个里程碑，它在双绞线上实现了 10Mbit/s 的数据传输。随着对网络速度要求的不断提高，10Mbit/s 以太网已被淘汰。

1995 年通过了快速以太网标准 IEEE 802.3u（1998 年 IEEE 802.3u 并入了 IEEE 802.3），其规范概要见表 5-1。

表 5-1　IEEE 802.3u 快速以太网规范概要

类　型	100Mbit/s 描述	特　点
100BASE-TX	传输介质：两对 5 类 UTP 或者 STP；拓扑：星形；最大网段长度：100m；连接器：5 类兼容的 8 针模块（RJ-45）；媒体访问控制：CSMA/CD；网络直径：当使用一个 Ⅰ 类或 Ⅱ 类转发器时为 200m；当使用两个 Ⅱ 类转发器时为 205m；当使用 UTP/光纤的混合电缆和一个 Ⅰ 类转发器时为 261m，当使用 UTP/光纤的混合电缆和一个 Ⅱ 类转发器时为 289m，当使用 UTP/光纤的混合电缆和两个 Ⅱ 类转发器时为 216m，杂项：全双工运行	主流百兆以太网技术；使用 4B/5B 编码、NRZI 编码和 MLT-3 编码机制；对电缆要求苛刻，所有的部件必须保证是 5 类兼容的

（续）

类　型	100Mbit/s 描述	特　点
100BASE-T4	传输介质：四对3类以上UTP；拓扑：星形；最大网段长度：100m；连接器：8针模块（RJ-45）；媒体访问控制：CSMA/CD；网络直径：当使用一个Ⅰ类或Ⅱ类转发器时为200m，当使用两个Ⅱ类转发器时为205m，当使用UTP/光纤的混合电缆和一个Ⅰ类转发器时为231m，当使用UTP/光纤的混合电缆和一个Ⅱ类转发器时为304m，当使用UTP/光纤的混合电缆和两个Ⅱ类转发器时为236m，杂项：半双工运行	支持级别较低的电缆；使用8B/6T编码机制；必须使用全部的四对导线；不支持全双工
100BASE-FX	传输介质：双股62.5/125多模光纤；拓扑：星形；最大网段长度：412m（半双工）或2000m（全双工）；连接器：ST、SC或FDDI媒体接口连接器；媒体访问控制：CSMA/CD；网络直径：当使用一个Ⅰ类转发器时为272m，当使用一个Ⅱ类转发器时为320m，当使用UTP/光纤的混合电缆和一个Ⅰ类转发器时为231m，当使用两个Ⅱ类转发器时为228m，当使用UTP/光纤的混合电缆和两个Ⅱ类转发器时为236m；杂项：设计主要用于互连快速以太网的转发器	使用4B/5B编码和NRZI编码机制；一股光缆用于发送数据，一股用于接收，支持全双工。拥有和100BASE-TX相同的信号系统

100BASE-T4使用3类UTP（Unshielded Twisted Paired），它使用UTP中的全部4对线，其网段的最大长度为100m，它不支持全双工通信。100BASE-TX（Twisted eXtended specification）所使用的是5类UTP，在半双工和全双工模式下，网段的最大长度都是100m。100BASE-FX的传输介质是光纤，其网段的最大长度在半双工模式下为412m，在全双工模式下可达到2000m。

对以太网速度的追求从未停止过，从1998年开始陆续发布了吉位（千兆位）以太网1000BASE系列，从2002年开始陆续发布了万兆以太网10GBASE系列。在对网速要求较高的场合已大量使用千兆以太网。

现在的工业以太网技术都是基于快速以太网技术开发的，在工业控制网络的应用领域，我们接触到的都是百兆以太网。PROFINET使用的是100BASE-TX和100BASE-FX。

2. 4B/5B、NRZI和MLT-3编码

（1）相关编码技术

在通信网络中，接收端需要从接收的数据中恢复时钟信息来保证同步，这就需要线路中所传输的二进制码流有足够多的跳变，即不能有过多连续的高电平或低电平，否则无法提取同步信息。

10M以太网使用的是Manchester编码。Manchester编码可以保证线路中码流有充分的跳变，因为它是用电平从“－”到“＋”的跳变来表示“1”，用电平从“＋”到“－”的跳变来表示“0”，但是这种编码方式的效率太低，编码效率是50%，即当数据传输速率为10Mbit/s时，就需要20Mbaud的信号传输速率，所以对系统和设备提出了较高的要求。

百兆以太网（100BASE-TX）发送码流时，先进行 4B/5B 编码和 NRZI（Non-Return-to-Zero Inverted Code）编码，再进行 MLT-3 编码，最后再上线路传输。百兆以太网（100BASE-FX）用的是 4B/5B 编码和 NRZI 编码组合方式；千兆以太网用的是 8B/10B 编码与 NRZ 编码组合方式；万兆以太网用的是 64B/66B 编码。

（2）4B/5B 编码

4B/5B 编码其实就是用 5bit 的二进制码来代表 4bit 二进制码。使用 4B/5B 编码后，在数据传输速率为 100Mbit/s 的情况下，其调制速率为 100M ×（5/4）= 125Mbaud，所以此编码的效率是 100/125 = 80%。4B/5B 编码的目的就是让码流产生足够多的跳变，同时又提高了效率。4 位二进制共有 16 种组合，5 位二进制共有 32 种组合，如何从 32 种组合中选取 16 种来使用呢？这里需要满足以下规则：

1）每个 5 比特码组中不含多于 3 个“0”；

2）或者每个 5 比特码组中包含不少于 2 个“1”。

4B/5B 编码映射见表 5-2。

表 5-2　4B/5B 编码映射表

十进制数	4 位二进制数	4B/5B 码
0	0000	11110
1	0001	01001
2	0010	10100
3	0011	10101
4	0100	01010
5	0101	01011
6	0110	01110
7	0111	01111
8	1000	10010
9	1001	10011
10	1010	10110
11	1011	10111
12	1100	11010
13	1101	11011
14	1110	11100
15	1111	11101

（3）NRZI 编码（Non-Return-to-Zero Inverted Code）

为保证发送站点和接收站点之间的同步，百兆以太网在进行 4B/5B 编码后还需要进一步编码：4B/5B 码流的每个码被当做一个二进制值并使用 NRZI 来编码。NRZI 编码是一种两电平的单极性编码。其规则是：bit 起始时刻有跳变表示“1”，无跳变表示“0”。NRZI 编码的优点是使用了差分编码，差分编码的信号解码是基于相邻信号元素间是否有跳变，而不是看每个信号的绝对值。在噪声和畸变存在的情况下，检测跳变比检测一个阈值更可靠。NRZI 等编码示意图如图 5-2 所示。

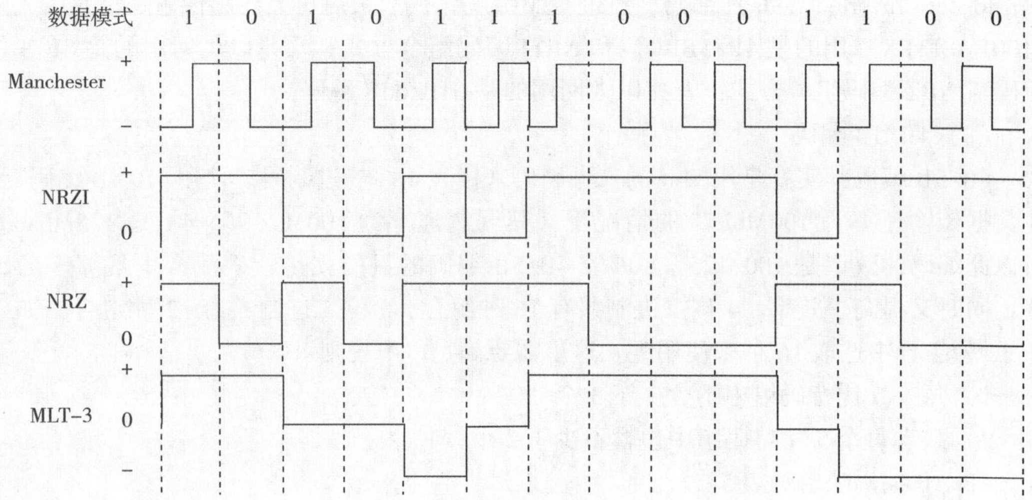

图 5-2　NRZI、MLT-3 等编码举例

100BASE-FX 使用 4B/5B + NRZI 编码的方案，为了转换为光信号，采用了强度调制技术，即“1”用一个光脉冲表示，“0”用无脉冲或极小强度的光脉冲表示。

（4）MLT-3 编码（Multi-Level-3 Transmit code）

4B/5B + NRZI 编码的方案可以用在光纤介质上，但在 UTP 或 STP 上传输 125MHz 的信号时，信号在传输过程中衰减过大，所以就可能带来问题。为此采用与 MLT-3 编码结合的方案来解决该问题。

在 100BASE-TX 中，进行编码的步骤大致是先经过 4B/5B 编码，再把经过扰码器后的 NRZI 扰码信号（NRZ）变换为三电平的 MLT-3 编码信号；使用扰频技术是为了产生一个更一致的频谱分布，为 MLT-3 做准备。

其实，4B/5B 编码映射的规则是由 MLT-3 码的特点来决定的。MLT-3 码的特点逢“1”跳变，逢“0”不跳变。为了让 4B/5B 编码后的码流中有足够多的跳变，就需要编码后的码流中有尽量多的“1”和尽量少的“0”。MLT-3 具体的编码规则如下：

1）如果下一个输入为“0”，则电平保持不变；

2）如果下一个输入为“1”，则电平产生跳变，此时又分两种情况：

① 如果前一输出为“+1”或“−1”，则下一个输出为“0”；

② 如果前一输出为“0”，则下一个输出的信号极性和最近的一个非“0”相反。

MLT-3 编码示例如图 5-2 所示。

MLT-3 是具有三电平波形（+1、0、−1）的编码，一个由 1 组成的长序列产生输出信号的最高频率，此时信号不断重复 1、0、−1、0 模式，这种模式的周期长度为四分之一时钟频率，所以减低了信号跳变的频率。当 4B/5B 编码后，最高的传输速率为 125MHz 时，经过 MLT-3 后，会变成 31.25MHz 的信号，即原来的 1/4。一般情况下，这样的结果是将传输信号的能量集中在 30MHz 以下，所以减少了由于干扰而产生的问题。另外，这种编码方式在相同的数据传输速率下，不要求更宽的带宽传输介质。

5.1.3　以太网的数据链路层

1. 全双工以太网介质访问控制方式

以太网的数据链路层分为媒体访问控制（MAC）子层和逻辑链路控制（LLC）子层。

MAC 子层的主要功能包括数据帧的封装/卸装、帧的寻址和识别、帧的接收与发送、链路的管理、帧的差错控制等。MAC 子层非常重要的一项功能是仲裁介质的使用权，即解决网络上的所有的节点共享一个信道所带来的信道争用问题。

LLC 子层的主要工作是控制信号交换、数据流量控制（Data Flow Control）、解释上层通信协议传来的命令并且产生响应，以及克服数据在传送的过程中所可能发生的种种问题。各种不同的 MAC 都使用相同的 LLC 子层通信标准，使更高层的通信协议可不依赖局域网络的实际架构。

IEEE 802.3 以太网使用的 CSMA/CD 的介质访问方式在第 2 章已做过介绍。IEEE 802.3X（已并入 IEEE 802.3）中定义的全双工以太网（Full-Duplex Ethernet）100BASE-TX 和 100BASE-FX 的 MAC 层虽然还是 CSMA/CD，但结果却有很大的不同。

在全双工方式下，使用两对介质的 UTP 或 STP 电缆时，电缆的一对用于传输数据，而另外一对用于接收，点到点之间可以同时发送和接收数据。在该方式下，各站点都必须配置成全双工通信工作模式，并且其物理介质规范也必须满足全双工通信工作模式的要求。全双工方式只能在两个站点间点到点的链路上使用，这时没有别的站点来竞争对链路的访问权，所以也不会产生冲突。

全双工以太网仍然使用以太网帧格式、同样的最小帧长和同样的物理层协议，只是采用了具有可以分割冲突域和自协商功能的交换机。所以在全双工下的 MAC 层，交换机屏蔽了 CSMA/CD。它的优点是：吞吐率是半双工的 2 倍；不再需要载波监听和冲突检测，所以也没有因为冲突而带来的站点的重传；站点和交换机之间的距离也不再受最短帧长（512B）的限制，而纯粹考虑的是链路的物理特性。其缺点是：全双工必须是点到点的链路，也就是说中间不能有转发器。另外，它也可能出现站点发送过快的情况，这时可通过使用暂停帧（Pause Frame）来进行流量控制。所以全双工方式的互连设备要求使用局域网交换机，需要能够暂时缓存站点发送的帧，而不能是共享式集线器。

2. 以太网帧格式

IEEE 802.3 帧中的所有域与 DIX 以太网帧格式几乎是完全相同的。历史上，网络设计者和用户一般都把类型域和长度域使用上的差别作为这两种帧格式的主要差别。DIX 以太网不使用 LLC，而是使用类型域支持向上复用协议；IEEE 802.3 需要 LLC 实现向上复用，因为它用长度域取代了类型域。以太网帧的格式发展过程大致经历了以下几个阶段：

1）1980 年　DIX 制定了 Ethernet I 的标准。

2）1982 年　DIX 又制定了 Ehternet II 的标准（即 ARPA 标准），取代了 Ethernet I 的标准。

3）**1982 年** IEEE 开始制定 Ethernet 的国际标准 IEEE 802.3。1983 年，Novell 很快就推出了基于 IEEE 的 802.3 原始版开发了专用的 Ethernet 帧格式，即 Raw 版。

4）**1985 年** IEEE 公布了 Ethernet 802.3 的 SAP 版本以太网帧格式。现在已很少使用。

5）**1985 年** 随后，IEEE 又公布了 Ethernet 802.3 的 SNAP（Sub Network Access Protocol）版本以太网帧格式。

几种以太网 MAC 帧格式如图 5-3 所示。

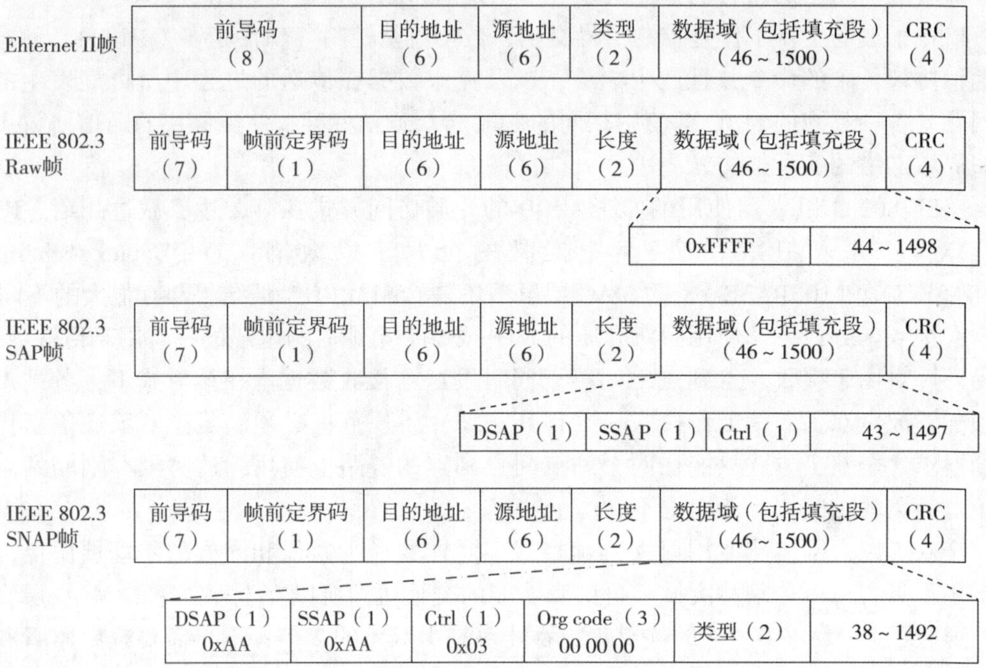

图 5-3 以太网 MAC 帧格式

在图 5-3 中，有：

1）**前导码** 7 字节，表示数据流的开始，每个字节都是“1”和“0”的交替代码 10101010。它用于通知接收端即将有数据到来，使接收端能够利用编码的信号跳变来同步时钟。

2）**帧前定界符**（Start Frame Delimiter，SFD） 1 个字节，用来指示数据帧的开始，该字节编码形式为 10101011。

3）**目标地址和源地址** 接收方和发送方的 MAC 地址，分别为 6 个字节。

4）**类型/长度** 2 个字节。

5）**数据域** 长度为 0～1500 个字节，但为了检测碰撞的需要，如果数据区的长度小于 46 个字节，则自动在后面增加填充段（padding）（使用字符 0）补齐。

6）**CRC 码** 4 字节。循环冗余校验码 CRC 校验的范围从目的地址开始到数据域结束。

Ethernet II 帧与 802.3 Raw 的标准有两个不同。DIX 不使用帧前定界符 SFD，它把前8个字节作为一个整体，作为前导码用于同步。前8个字节在功能上对Ehternet II帧和802.3的“前导码（7字节）+帧前定界码（1字节）”标准帧是没有区别的，只是所使用的名称不同。另一个不同是Ethernet II类型字段指明帧中数据字段使用何种特定的想通过以太网传输的协议。常用的上层协议类型有IP：0x0800、ARP：0x0806、SNMP：0x814C等。两字节的IEEE长度字段在帧中所占的位置与DIX类型字段一致，用来指明数据域的长度。

IEEE完成DIX类型字段任务则要依靠802.3之后的其他协议头。为了区别802.3数据帧中所封装的数据类型，引入了IEEE 802.2SAP和SNAP的标准。它们都工作在数据链路层的LLC子层，通过在802.3帧的数据字段中划分出被称为服务访问点（SAP）的新区域来解决识别上层协议的问题，这就是802.2LLC的SAP标准。LLC标准包括两个服务访问点，即源服务访问点（SSAP）和目标服务访问点（DSAP）。每个SAP只有1个字节长，其中仅保留了6bit用于标识上层协议，所能标识的协议数有限。因此，又开发出另外一种解决方案，在SAP帧格式的基础上又新添加了一个2个字节长的类型域（同时将SAP的值置为AA），从而使其可以标识更多的上层协议类型，这就是IEEE 802.2SNAP。

在1995年到1996年间，IEEE 802.3X任务组为支持全双工操作对已有标准作了补充。帧格式方面的最大变化是：MAC控制协议使用DIX以太网风格的类型域来唯一区分MAC控制帧与其他协议的帧。这是IEEE 802委员会第一次使用这种帧格式。只要该任务组把MAC控制协议对类型域的使用合法化，就能把任何IEEE 802.3帧对类型域的使用合法化。IEEE 802.3X在1997年成为IEEE通过的协议。这使原来“以太网使用类型域而IEEE 802.3使用长度域”的差别消失。IEEE 802.3经过IEEE 802.3X标准的补充，支持这个域作为类型域和长度域两种解释，两者都是“IEEE 802.3格式”。作为类型域用法标准化的一部分，IEEE承担了为类型域设定惟一值的责任（原来是Xerox对类型域赋值）。

IEEE没有分配小于1536（即0x0600）的数作为协议类型代码，而数据字段的最大值为1500字节，所以一台设备可以很容易地从源地址之后的两个字节来判断是哪种类型的帧，如果值为1536（十进制）或更高则为类型字段，意味着是Ethernet II帧；如果从源地址之后的两个字节小于1536，则可确定是长度字段，为IEEE 802.3帧。

Ethernet II帧是目前使用最广泛帧格式，特别是在数据传输上。PROFINET使用该帧格式完成各种数据的传输。

3. 数据优先权和服务质量

（1）虚拟局域网

使用交换机技术可产生虚拟局域网（Virtual LAN，VLAN），通过VLAN技术，一个扩展的LAN可以被分割成几个逻辑上处于不同位置的虚拟网络，每个虚拟网络被分配一个标识，帧只在具有相同VLAN标识的网段间转发，从而可以限制广播帧的扩散范围。

与连接到物理上的LAN的节点不同，组成VLAN的节点并非在物理上连接到同一网段，它们是使用特殊的软件将交换机中的几个端口，在虚拟的意义上连接在一起，所以VLAN的策略非常适合动态的网络环境。VLAN还可以减少拥塞和隔离的问题，并可提高网络的安全性。

（2）几个标准

数据优先权（Data Prioritization）和服务质量（Quality of Service，QoS）是与数据链路层相关的两个概念。数据优先权主要为数据帧分配优先级，而QoS主要为具体的传输建立确定的参数（确定性问题）。为了解决拥塞、竞争等问题，除了保证有足够的带宽外，还必须保证传输延时（即等待时间）是可预测和有保障的，这就是QoS的实质。

为此，IEEE开发了一些数据链路层协议。1998年，IEEE批准了一些链路层定义扩展帧格式的标准，如IEEE 802.3AC（带有动态GVRP标记的VLAN标准，已作为IEEE 802.3的一部分）、IEEE 802.1Q（专为以太网而开发的VLAN标准，以支持以太网上的VLAN标记）、以及IEEE 802.1P（有关流量优先级LAN第2层的QoS/CoS（服务分类）协议）等。VLAN协议允许将一个标示符或“tag”插入到以太网帧中，以表示此帧属于VLAN帧。它允许帧根据位置分配到本地组中。这提供了多种便利，如方便网络管理，允许组成工作组，以增进网络安全，提供一种方法以限制广播域等。

另外，在现有的标准不能满足要求的情况下，PI计划将PROFINET的概念添加到IEEE 802的标准以太网协议中去。

（3）VLAN帧

IEEE 802.1Q为以太网提供了数据优先级的解决方案。网络设备利用VLAN ID来识别报文所属的VLAN，根据报文是否携带VLAN Tag以及携带的VLAN Tag值，来对报文进行处理。

为了具备这种功能，需要在原有以太网帧的源地址和类型域之间插入一个4个字节的802.1Q的头，VLAN标记的头两个字节由“802.1Q标记类型”组成。TPI的值为0x8100时说明该帧使用了VLAN标记。由于附加了VLAN标记，标准以太网帧的最大长度由原来的1518字节增加到1522字节。带VLAN标识符的以太网帧格式如图5-4所示。

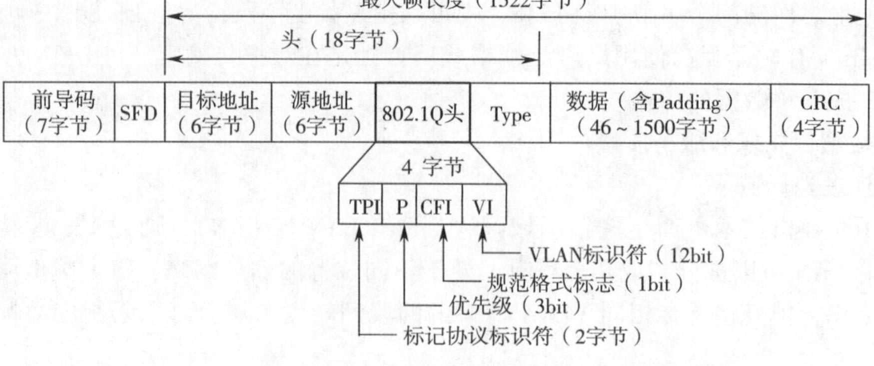

图5-4 带有IEEE 802.1Q头的IEEE 802.3帧格式

使用 IEEE 802.1Q 后解决了优先级的问题，但必须考虑由此而带来的与标准 802.3 设备的不兼容问题。

图 5-4 中的 VLAN 4 字节内容如下：

1）**TPI** Tag Protocol Identifier，标签协议标识符。用来判断本数据帧是否带有 VLAN Tag，长度为 2 个字节，缺省取值为 0x8100。

2）**P** Priority，表示报文的 802.1P 优先级，长度为 3bit，用以设定以太网帧的优先权级别。

3）**CFI** Canonical Format Indicator，标准格式指示位。长度为 1 个 bit。标识 MAC 地址在不同的传输介质中是否以标准格式进行封装，取值为 0 表示 MAC 地址以标准格式进行封装，为 1 表示以非标准格式封装，缺省取值为 0。

4）**VI** VLAN ID，标识该报文所属 VLAN 的编号，用以惟一标示该帧属于哪一个 VLAN。长度为 12bit，取值范围为 0～4095。由于 0 和 4095 为协议保留取值，所以 VLAN ID 的取值范围为 1～4094。

4. MAC 地址

网络的绝对寻址要求每一个站点本身都必须有可以访问的地址，这个地址就是 MAC 地址，或硬件地址、以太网地址、网卡地址，它用来定义网络设备的位置。制造商会为每一个以太网接口配置一个固定的且全球范围内都明确的地址。MAC 地址通常是由设备生产厂家写入网卡的 EPROM 中。

如图 5-5 所示，MAC 地址的长度为 6byte，其中 24～47 位为组织唯一标识符 OUI（Organizationally Unique Identifier），从 IEEE 组织获得，是识别 LAN 节点的标识。0～23 位由厂家自己分配。

在 IEEE 规定在 IEEE 802.3 中，字节的最高位在最右边，所以 MAC 地址中的最高位 bit40 表示该地址是单播地址还是多播地址：如果为 0，则表示站点为单播地址；如果为 1，则表示多播地址，即为多地址的一组站点；如果地址的内容全为 1，则表示该帧为广播帧，该帧发给网络上的所有站点。次高位 Bit41 表示该地址是全局地址还是局部地址：该位为 0 时表示全局地址；为 1 时表示局部地址。全局地址由 IEEE 分配，这样可以保证世界上没有任何两个节点地址是相同的；局部地址可以自行分配，只要保证网络内部没有两个节点地址是一样的就行了。

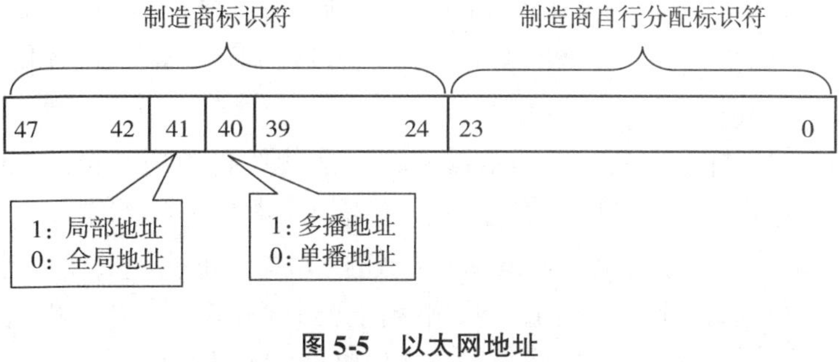

图 5-5 以太网地址

对PROFINET设备来说，PI为用户提供PI自己的OUI：00-0E-CF-××-××-××。小型的设备制造商不一定申请自己的以太网地址，而只需向PI申请使用PI的OUI即可。对于大型的设备制造商，可申请自己的OUI，每个制造商可以制造总数为2^{24}，即16777214个不同的设备。

一些大公司和组织的和PROFINET有关的OUI有：

1）00-0E-8C，SIEMENS；

2）00-30-DE，WAGO；

3）00-0A-45，Phoenix Contact；

4）00-0E-CF，PI；

5）00-00-0C，Cisco。

特殊的MAC地址有

1）FF-FF-FF-FF-FF-FF，广播地址；

2）01-EF-CF-00-00-00，PI设备的多播地址；

3）01-80-C2-00-00-0E，LLDP的多播地址。

5.1.4 用于以太网的几个功能

1. 自动协商

自动协商（Auto-negotiation）允许一个设备向链路远端的设备通告自己所运行的工作方式，并且侦听远端通告相应的运行方式。自动协商的目的是给共享链路的两台设备提供一种交换信息的方法，它们互相交换参数，并利用这些参数使各自支持的基本通信数据相适应，自动配置它们工作在最优能力下。

自动协商的内容主要包括通信模式、运行速率以及流控等参数。一旦协商通过，链路两端的设备就锁定在同样的通信模式和运行速率。

2. MDI/MDIX自动交叉

MDI（Media Dependent Interface）口是快速以太网100BASE-T定义的与介质有关的接口。我们知道，用集线器连接网络接口卡时，其发送和接收对通常是相互连接的；集线器之间连接时，通常需要一条跨接电缆，其中的发送和接收对是反接的。MDI是正常的UTP或STP连接，而MDI-X连接器的发送和接收对在内部是反接的，这就使得不同的设备（如集线器-集线器或集线器-交换机），可以利用常规的UTP或STP电缆实现背靠背的级联。常见的网线也主要分两种：一种是正线，另一种是反线。一般来说正线用于交换机连接路由器，交换机连接PC；而反线则用于交换机连接交换机，路由器连接路由器，PC连接PC以及路由器连接PC。

所谓MDI/MDIX自动交叉（Autocrossover），或跳线自适应、自适应线序等，是指支持MDI/MDIX自动适应的端口允许用户从任何一个端口连接到工作站、服务器或其他路由器/交换机时，不需改变通常的双绞线连接方式，正线、反线都可以正常工作，如图5-6所示，这样就能避免接错输入输出线而导致的故障，对用户来说，安装会简单很多，这种方式也称为1:1电缆接线方式。PROFINET中的交换机必须支持这种方式。

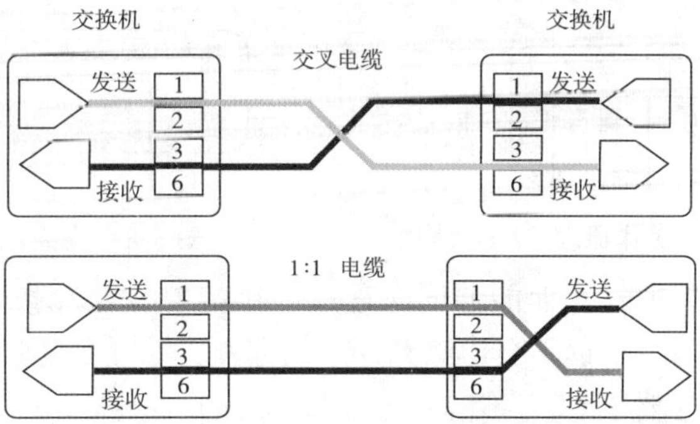

图 5-6 自动交叉和 1:1 电缆接线

5.1.5 以太网中使用的主要设备

1. 集线器

集线器（Hub）（或中继器）属于物理层的设备，它最基本的功能就是扩大网络的覆盖范围。如图 5-7 所示，它从一个端口接收信息，将其放大到正常的输出水平，并把它复制到其他端口发送出去。在进行数据通信时，所有的端口都被占用，所以由 Hub 生成的网段称为“共享式”网段。通过 Hub 连接起来的局域网仍然属于同一个冲突域，它不能提供网段之间的隔离。

集线器端口的速度低，信号转发为“一到多”的方式，不能无冲突地传输，所以“共享式”网络不符合实时工业以太网的要求。现在，集线器已基本退出了历史舞台。

2. 网桥

网桥（bridge）的作用是互联两个或多个单独的局域网或网段。它属于链路层的设备，它的作用是通过其“过滤和转发”功能来实现的。当网桥收到一个 MAC 帧时，就检查该帧的源地址和目的地址，如果目的站点和源站点在同一个网络，则不对其进行转发，这就实现了过滤功能，也完成了对网络的隔离。否则根据它所保持的路由表选择正确的网络来进行转发。

为了保证可靠性，某些网络可能有多个网桥，这有可能导致网络环路。当帧被循环地从一个网桥转发到另一个网桥而永远不会到达目的地时，就发生了网络环路。IEEE 802.1D 中定义的生成树算法描述了网桥（也包括交换机）怎样相互通信以避免网络环路。

3. 交换机

交换机从本质上说是多端口的网桥，或高效能的网桥。它们的主要区别是体系结构不同，网桥是为共享介质的局域网而设计的，而交换机却允许多个端口之间的并发通信。交换机每个端口都分配一个 MAC 地址，端口之间的数据通信是硬件实现并且是交换机内部电路的一部分（称为交换矩阵，switch matrix）。当一个数据帧进入交换机的某个端口，端口的网络适配器将该帧的 MAC 地址转换成具体的交换机端口地址，对帧的转发采用了高效的交换逻辑来实现，然后将其传送到其目的端口。因此，交换机的数据通信基于静态的端口到 MAC 地址的关联。交换机的工作原理如图 5-8 所示。

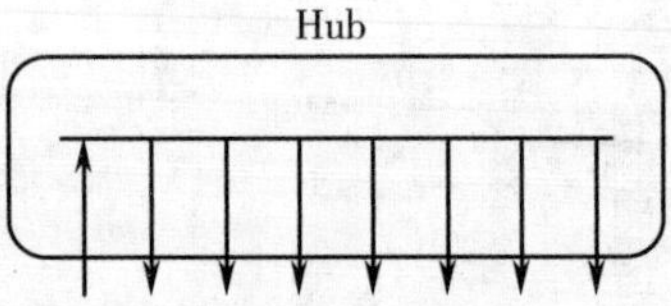

图 5-7　集线器工作原理

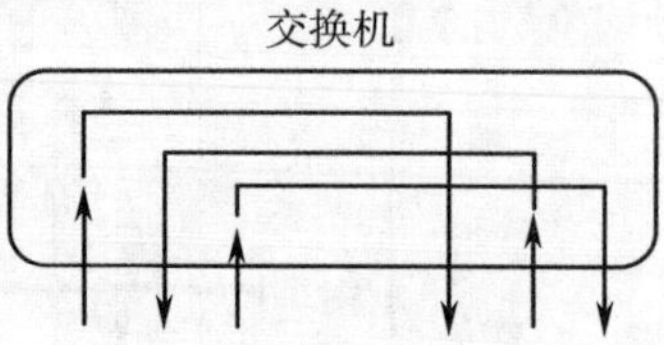

图 5-8　交换机工作原理

交换机支持全双工模式，即能够同时通过一个端口发送和接收帧，以全双工模式连接到以太网端口的站点永远不会检测到冲突的存在，吞吐量超过原来的一倍。

交换机的种类主要有“存储转发（Store and Forward）式”和“直通（Cut Through）式”。如图5-9所示，存储转发技术是将转发的帧完全接收好放入缓存后再发送至目的端口，这样在转发帧之前可首先进行差错检测，把那些出错的帧丢掉，所以转发延迟时间较长；直通交换技术是在收到帧中的目的地址字段后就开始把它和交换机中的转发表比较，查找到目的地址后就直接将帧转发到目的端口。直通式技术延迟时间短，但没有差错检测机制，可能把一些错误帧也转发出去，所以会浪费一些带宽。现在的混合式交换机（Hybrid Switch）集成了存储转发式（可靠的帧传输）和直通式（低延时）的优点，它为每个端口设置错误率门限，错误率超过时，从直通式改为存储转发式，错误率低于该门限时，又自动从存储转发式改为直通式。

交换机技术是支撑实时工业以太网的主要技术。

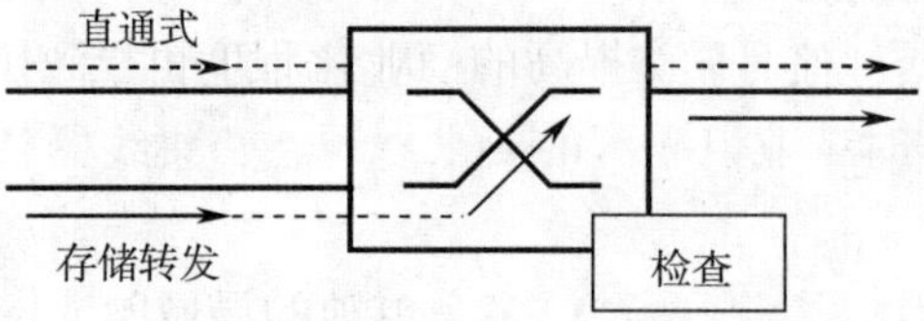

图 5-9　“存储转发式”和“直通式”交换机工作原理

4. 路由器

路由器（Router）有时也称网关（Gateway）属于网络层的网络互连设备，其主要功能是进行路由选择和分组转发。转发时，路由器读取分组的网络层协议头（如IP头），根据其目的地址信息（即IP地址，包括网络号和主机号），选择合适的路由，把该分组信息传递到下一个路由器或最终的目的主机。所以路由器和交换机最主要的区别是：以太网交换机是利用目的节点MAC地址作为其转发决策，而路由器则利用协议报头中的网址作为其转发决策。

现在某些交换机也具有了路由选择的功能。

5.2　因特网与TCP/IP

5.2.1　概述

1. 因特网

作为对前苏联发射第一颗人造地球卫星做出的响应，1957年，美国国防部组建了高级研究计划署（Advanced Research Project Agency，ARPA），ARPA 的任务是打造美国国防及军事应用科技在世界上的领先地位。1969 年，ARPA 建立了一个早期的互联网 ARPANET，基于分组交换的 APRANET 技术最初连接了 4 个节点——斯坦福研究院、加州大学圣巴巴拉分校、加州大学洛杉矶分校和犹他大学。这时候的因特网就是 ARPANET。

大约在 1983 年，为了应对日本政府超级计算机计划的挑战，美国国会授权国家科学基金会（The National Science Foundation，NSF）资助美国国家超级计算机中心的建立和运行。到 1985 年末，在美国全国范围内建立了 6 个这样的中心。这些中心同时连接到 ARPANET。超级计算机中心联网后，为了向研究人员提供从其所在的研究机构到这些中心的直接便利的访问，1986 年，NSF 开始资助建设国家骨干网。最后，该网络发展成为一个三层网络，包括骨干网、若干区域或中级网络，以及高等院校的局域网。到 20 世纪 80 年代，其他政府机构（如能源部、国家宇航局）也开始组建自己的专用网络，这些网络都与 NSFNET 相连。最后，所有这些政府资助的网络就形成了所谓的因特网，所以因特网由许多不同的网络组成，而不能说 NSFNET 就是因特网。

随着 NSFNET 的日益盛行，商业团体很快意识到这里面蕴藏着巨大的商机，但 NSFNET 的运营策略使它不能用于商业，而只限在教育研究中使用。所以在 20 世纪 90 年代早期诞生了商业因特网交换中心（Commercial Internet eXchange，CIX）以满足商业市场日益增长的需要。CIX 是由商业联盟和非盈利的区域网络提供者组成的合资机构。1990 年 ARPANET 退役，因特网日益提高的商业化程度也导致了 NSF 在 1995 年 4 月 30 日停止了 NSFNET 骨干网的服务。

最初，因特网就是 APRANET，随后因特网又演变为由 NSFNET 连接的许多网络的集合，现在 ARPANET 和 NSFNET 都让位于商业化的因特网，后者已将因特网从网络集合转变为全球范围的公众网络。

2. TCP/IP

TCP/IP 的历史和 ARPANET 的发展紧密相关。当时为了解决网络互连的问题，人们制定了一系列的协议，其中最重要的协议就是传输控制协议/因特网协议（Transmission Control Protocol/Internet Protocol，TCP/IP）。规范地说，TCP/IP 实际上是一个庞大的协议族，如图 5-10 所示。它不仅包括网络层和传输层的协议，也包括应用层的一些协议。ARPANET 最初的设计基于网络控制协议，它基于以下两个原则：一是物理网络不完全可靠；二是网络协议不能依赖于特定的硬件或软件。非可靠物理网络的假设初看上去非常奇怪，但我们已经知道 ARPANET 是国防部的一个计划，为应对物理层网络不可预知的毁坏，这样的设计要求可保证即使遭受核打击也能正常通信。正是这一点（高可靠性和高健壮性），大大促进了 TCP/IP 的发展；而不依赖特定的硬件和软件的原则，则使得 TCP/IP 可广泛地应用在各种硬件和软件平台上。

TCP/IP 的基本规范是由因特网之父 Vinton G. Cerf 和 Robert E. Kahn 在 1974 年共同编写的，他们还拓展了网关的思想。TCP/IP 开发的思路是互连不同的分组网络，以使主机无需知晓中间网络的有关信息。到 1982 年，ARPA 将 TCP/IP 定为 ARPANET 的协议族，同时国防部也宣布其为军用标准。这产生了互联网的第一个定义，即互联的网络集合，特别是使用TCP/IP的网络集合。而因特网就是连接起来的TCP/IP互联网。20世纪80年代，UNIX绑定了TCP/IP，NSF也命令组成NSFNET的所有NSF资助的超级计算机中心和计算机网络将TCP/IP作为其网络通信协议。所有这一切基本上确定了TCP/IP在网络通信协议中事实上的标准地位。

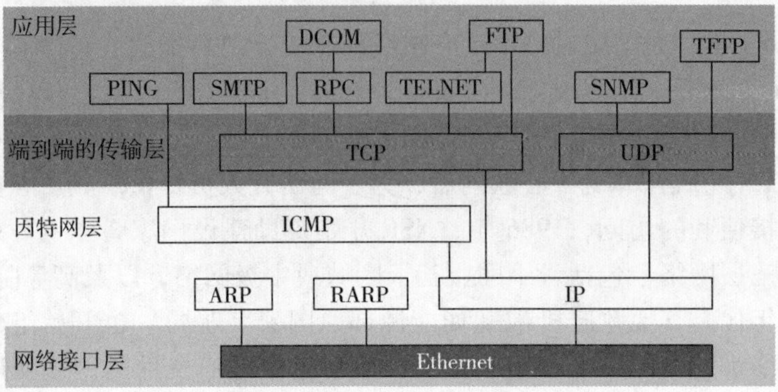

图5-10　TCP/IP协议族

3. TCP/IP与OSI的比较

TCP/IP的发展比OSI模型要早几年，两者都有相同的设计目标，即为了实现异构计算机网络之间的协同工作。OSI模型和协议一开始就是作为国际标准来设计的，但其过于庞大和复杂，实现起来比较麻烦，实际上其中有些层的设置并不是那么有必要。而TCP/IP不是这样，因为它是美国国防部的一个研究计划，所以TCP/IP并没有预计要成为国际标准，但令人始料不及的是它却成了网络互连事实上的标准，其协议被广泛采用。而专门作为标准而设计的OSI参考模型，尽管已经证明对于讨论计算机通信网络非常有用（如果不包含会话层和表示层的话），但其协议却没有怎么使用。

实际上TCP/IP也没有什么模型，只是后来人们要把它和OSI模型进行比较，才比照着OSI的相应层的定义建立了TCP/IP参考模型。TCP/IP模型和OSI模型的层次比较如图5-11所示。

	OSI层次	TCP/IP层次	包含的协议	
7	应用层	应用层	SNMP TFTP DFS DNS BOOTP	FTP Telnet Finger SMTP POP
6	表示层			
5	会话层			
4	传输层	端到端的传输层	UDP	TCP
3	网络层	因特网层	IP	
2	数据链路层	网络接口层	网络接口卡	
1	物理层		传输媒体	

图5-11　TCP/IP模型和OSI模型层次比较

由于TCP/IP协议体系早于OSI模型，所以TCP/IP并没有特意设计成像OSI模型那样的分层结构，它也不完全符合OSI的7层模型。从图5-11看出，TCP/IP只有4

层，但最下面的网络接口层实际上不是通常意义上的层，它仅仅是网络层和底层的接口。TCP/IP 协议本身并没有数据链路层和物理层。在实际应用时，它借用了其他通信网络上的数据链路层和物理层，TCP/IP 协议通过它的网络接口和这些通信网络连接起来。正因为如此，TCP/IP 才能作为因特网的基础。在多种局域网（如以太网）、多种广播网（如公共数据网）中广泛应用。

5.2.2　TCP/IP 各层的功能

1. 网络层

（1）IP 协议

网络层要实现的功能是把数据包由源节点送到目的节点。要实现这一功能，网络层需要解决报文格式定义、路由选择、阻塞控制和网际互连等一系列问题。TCP/IP 中的网络层基于无连接的不可靠数据报文服务（Unreliable Datagram Service），这就意味着每个数据报文都必须包含目的节点的地址。

其工作原理是：源节点的传输层把要传输的数据流分为一个个的数据报文，交给网络层；网络层根据一定的算法，为每个数据报文单独选择路由；每个数据报文沿着所选择的路由到达目的节点后，由目的节点的网络层拼装成原始的数据报文，然后上交给目的节点的传输层。

该层的核心和灵魂是因特网协议 IP。IP 协议不保证服务的可靠性，它不提供任何核查或追踪功能，不检查报文的遗失或丢弃，端到端的差错控制及数据报流的排序等工作都由高层协议负责。

IPv4 数据报格式如图 5-12 所示。

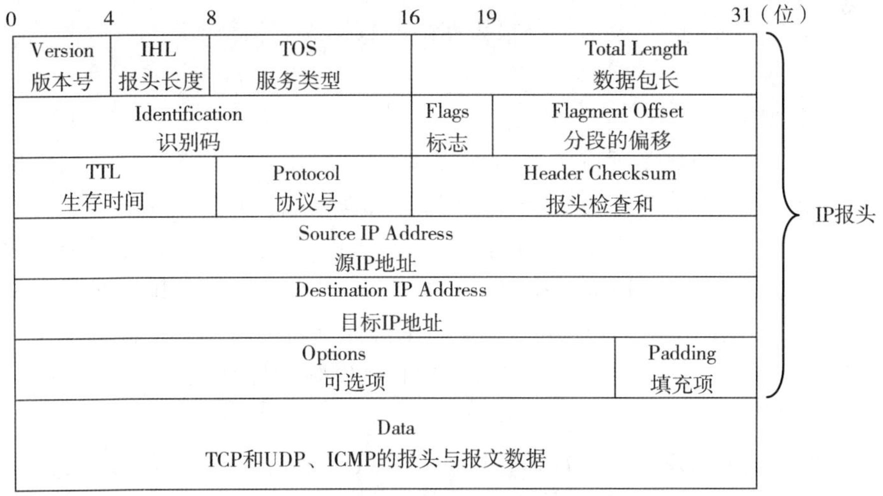

图 5-12　IPv4 数据报格式

在图 5-12 中，有

1）版本号（Vision）　4bit。现在的版本号为 4。

2）报头长度（Internet Header Length，IHL）　4bit。报头长度的单位为 4 个字节，

所以 IP 报头的最大长度为 15×4=60 字节，当没有后面的“选项”时，其值为 5（典型值），这时的报头长度为 5×4=20 字节。

3）**服务类型**（Type of Service，TOS） 1 个字节。表示 IP 服务的质量，当其值为 0、1、2 时，表示优先级服务。在 PROFINET 中，为 0。

4）**数据包长度**（Total Length） 2 个字节。

5）**识别码**（Identification，ID） 2 个字节。每当发送一个 IP 数据包，识别码的值就加 1，到 65535 时，正好循环一回。

6）**标志**（Flags） 3bit。IP 数据包分段处理标志。在 PROFINET 中，不使用分段处理，所以其值为 0。

7）**分段的偏移**（Fragment Offset） 13bit。指明被分割的数据处于原始数据报的什么位置，以 8 字节为单位。PROFINET 中，该字段域为 0。

8）**生存时间**（Time To Live，TTL） 1 个字节。原指 IP 数据报在网络中正常存在的时间，以秒为单位。在实际使用中，表示 IP 数据报实际可以通过的路由器的个数。由传送 IP 数据报的主机赋予初始值，每通过一个路由器就减 1，当其为 0 时，就将该帧丢弃。值的范围为 1~255。

9）**协议号**（Protocol） 1 个字节。表示上层协议的代号。例如，使用 TCP 时为 0x06，使用 UDP 时为 0x11。

10）**报头检查和**（Header Checksum） 2 个字节。

11）**源 IP 地址**（Source IP Address） 4 个字节，即发送端 IP 地址。

12）**目标 IP 地址**（Destination IP Address） 4 个字节，即接收端 IP 地址。

13）**可选项**（Options）**和填充项**（Padding） 在 PROFINET 中未使用。不含这两项，IP 协议报头为 20 字节。

14）**数据域**（Data） 包括上层报头在内的数据。

（2）IP 地址

1）IP 地址组成。

IP 地址在因特网的数据传输中起着非常重要的作用，它用来在因特网中标识节点位置的节点地址。IPv4 的节点地址由 32 位二进制数组成，分为 4 组，每组 8 位，中间用圆点隔开。因为我们很难读懂二进制数字，所以 IP 地址一般采用十进制数表示，如 204.163.25.39 就是一个 IP 地址。IP 地址由主机标识（Host ID）和网络标识（Network ID）两部分组成，网络 ID 对应网络编址，而主机标识对应网络中的站点编址，这样有利于将许多站点连成一个组，从而更加方便地找到实际的计算机。

2）IP 地址的分类。

IPv4 地址又分为 5 类（A、B、C、D、E），其中 A、B、C 类有实际应用。A 类地址最高的 1 位为 0，B 类地址最高的 2 位为 10，CA 类地址最高的 3 位为 110。在 A~C 类 IP 地址中，对网络 ID、主机 ID 部分做了明确规定。如果网络 ID 比较长，网络中留给主机的地址数就少；网络 ID 短，网络中留给主机的地址数就多。

D 类地址是为多播设计的，地址范围在 224.×.×.×~239.×.×.×；E 类地址是为未来应用定义的，其地址范围在 240.×.×.×~255.×.×.×。

IP 地址的分类如图 5-13 所示。A、B、C 类网络的地址范围见表 5-3。

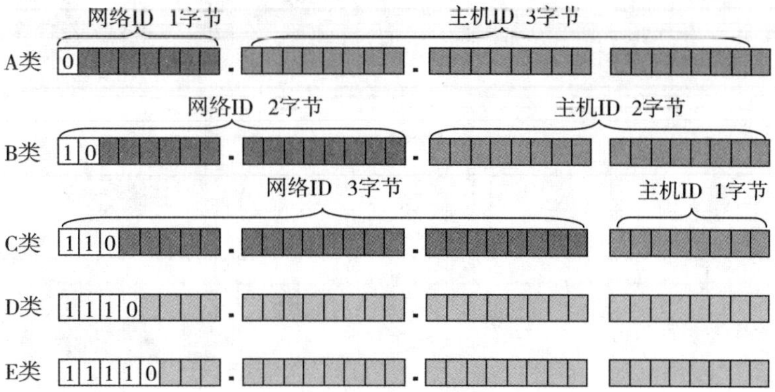

图 5-13　IP 地址的分类

表 5-3　IP 网络类型、地址范围和相应的子网掩码

网络类型	IP 地址范围	网络 ID	主机 ID	子网掩码
A	0. 0. 0. 0 ~ 127. 255. 255. 255	1B	3B	255. 0. 0. 0
B	128. 0. 0. 0 ~ 191. 255. 255. 255	2B	2B	255. 255. 0. 0
C	192. 0. 0. 0 ~ 223. 255. 255. 255	3B	1B	255. 255. 255. 0

注：表中 IP 地址范围中的地址不全是有效的 IP 地址，有些地址有特殊用途，如广播地址、回环地址和保留地址等。

3）子网掩码

使用子网是为了减少 IP 的浪费。因为随着互联网的发展，产生了越来越多的网络，有的网络多则几百台设备，有的只有区区几台，这样就浪费了很多 IP 地址。为了提高 IP 地址的使用效率，可以把一个网络通过子网掩码（Subnet Mask，SM）划分为多个子网。通过交换机相连的设备都处于同一个子网内，一个子网内的所有设备相互之间可以直接通信。在同一个子网内所有设备的子网掩码都是相同的，子网在物理上受路由器的限制。

子网掩码的引入可以将 IP 地址中的网络部分掩盖掉，从而把 IP 地址中的网络部分和实际站点部分分开，提高了搜索效率。

子网掩码的组成就是把代表网络地址的部分均置为 1，把表示主机部分的各个 bit 都置为 0，所以可以明确地标识出网络部分的地址到何处为止。

与 A、B、C 类网络对应的子网掩码见表 5-3。

举例：若一个 B 类 IP 地址为：142. 128. 32. 140，SM 为：255. 255. 255. 0，则该 IP 地址中的网络 ID、子网 ID 和主机 ID 的划分如图 5-14 所示。

（3）其他重要协议

除 IP 外，作为对 IP 的补充，网络层还包括其他一些重要协议，如：ARP、RARP、ICMP 和 IGMP 等。

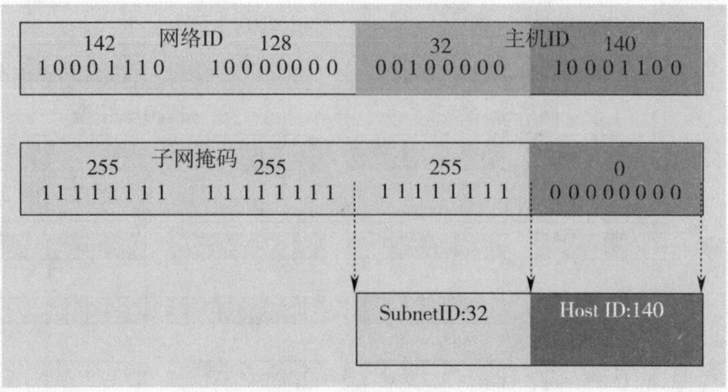

图 5-14 网络 ID、子网 ID 和主机 ID 的划分

1）**地址解析协议**（Address Resolution Protocol，ARP） 用于在已知 IP 地址的情况下确定物理地址。

2）**反向地址解析协议**（Reverse Address Resolution Protocol，RARP） 用于在已知物理地址的情况下确定 IP 地址。

3）**因特网控制消息协议**（Internet Control Message Protocol，ICMP） 主要负责因路由问题而引起的差错报告和控制，也可用于网际测试。它是封装在 IP 数据报中传输的，它部分弥补了 IP 在可靠性方面的缺陷。

4）**因特网组管理协议**（Internet Group Management Protocol，IGMP） 用于多目的传送设备之间的信息交换协议。

5）**简单网络管理协议**（Simple Network Manegment Protocal，SNMP） 为了实现远程网络管理，SNMP 定义了一套管理信息存储、传递的标准，使得各种设备可以被统一管理。

2. 传输层

（1）端口的概念

在 Internet 上，各主机间通过 TCP/IP 或 UDP/IP 协议发送和接收数据包，各个数据包根据其目的主机的 IP 地址来进行互联网络中的路由选择。可见，把数据包顺利的传送到目的主机是没有问题的，但大多数操作系统都支持多程序（进程）同时运行，那么目的主机应该把接收到的数据包传送给众多同时运行的进程中的哪一个呢？

传输层与网络层在功能上的最大区别是传输层提供进程通信能力，其基本目的是为通信双方的主机提供端到端的服务。从这个意义上讲，网络通信的最终地址就不仅仅是主机地址了，还包括可以描述进程的某种标识符。为此，TCP/IP 或 UDP/IP 协议使用了协议端口（简称端口）的概念，用于标识通信的进程。

端口是一种抽象的软件结构（包括一些数据结构和 I/O 缓冲区）。应用程序（即进程）通过系统调用与某端口建立连接（即绑定），之后传输层传给该端口的数据都被相应进程所接收，相应进程发给传输层的数据都通过该端口输出。

每个端口都拥有一个叫端口号（port number）的整数型标识符，用于区别不同端口，该端口号可用于寻址。由于传输层的两个协议 TCP 和 UDP 是完全独立的两个软件模块，因此各自的端口号也相互独立。

端口号可分为 3 大类：公认端口（WellKnown Ports）、注册端口（Registered Ports）和动态和/或私有端口（Dynamic and/or Private Ports）。其中公认端口号从 0 到 1023，它们紧密绑定于一些服务，通常这些端口的通信明确表明了某种服务的协议。例如，TCP 的端口 21 绑定 FTP、25 绑定 SMTP、23 绑定 Telnet、80 绑定 HTTP，UDP 的端口 161 绑定 SNMP 等。

对 PROFINET 来说，TCP 和 UDP 绑定的端口号都相同，分别是 34962（即 0x8892）绑定 PROFINET RT，34963 绑定 PROFINET RT 多播，34964 绑定 PROFINET RT 上下文管理。

传输层协议要具备寻址、建立连接、拆除连接、流控制和缓存、多路复用、崩溃恢复等一系列的功能。

（2）TCP 和 UDP

传输层协议有两种：传输控制协议（TCP）和用户数据报协议（UDP）。TCP 提供的是面向连接的、端到端的可靠的通信协议。TCP 速度慢、效率低，但可靠性和安全性高。TCP 通常和无连接的 IP 一起使用。

UDP 是传输层上与 TCP 并行的一个独立协议，它和 IP 一样是无连接的协议，所以它的效率高，但不可靠。每个 UDP 报文中除了包含用户发送的数据外，还有报文的目标端口号和源端口号，从而 UDP 可以把报文传送给正确的接收者。UDP 适合在简单的交互场合使用。

TCP 的报头格式如图 5-15 所示。PROFINET CBA 使用 TCP/IP 来完成相关任务。

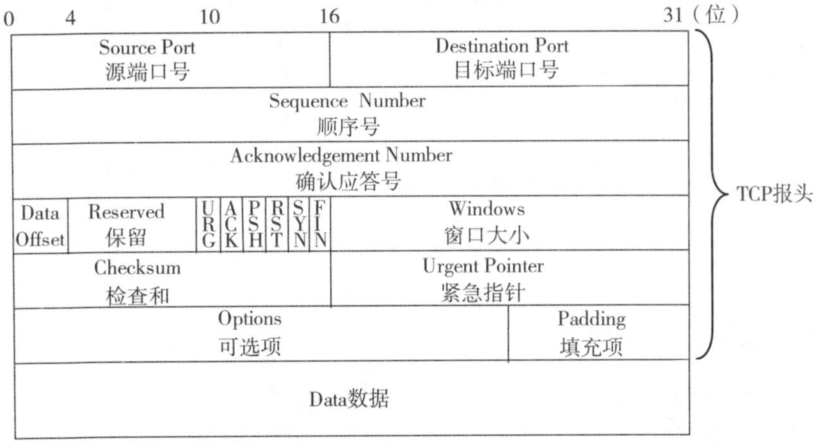

图 5-15　TCP 报头格式

在图 5-15 中，有：

1）源端口号（Source Port）　2 个字节，即发送端端口号。

2）目标端口号（Destination Port） 2个字节，接收端端口号。

3）顺序号（Sequence Number） 4个字节。标识数据的到达顺序并保证可靠性。

4）确认应答号（Acknowlegement Number） 4个字节。数据包的肯定确认应答号。

5）数据偏移（Data Offset） 4bit。表示由TCP所传送的数据是从什么地方开始的。单位是4字节。

6）保留段（Reserved） 6bit。全为0。

7）标志代码位（Code bit） 6bit。

① URG（Urgent flag）：为1时，表示包中有需要紧急处理的数据。

② ACK（Acknowledgement flag）：为1时，表明确认应答号的字段有效。

③ PSH（Push flag）：为1时，表明应当尽快把数据传输给应用程序；为0时，表明允许数据在缓冲器内存放一段时间。

④ RST（Reset flag）：为1时，表示要强制切断连接。

⑤ SYN（Synchronize flag）：为1时，表明有确立连接的请求，这时就要把顺序号的初始值作为顺序号字段的值，以便开始通信。

⑥ FIN（Fin flag）：为1时，表明这是通信的最后分段。

8）窗口大小（Windows） 2个字节。用于流控制。

9）检查和（checksum） 2个字节。

10）紧急指针（Urgent Pointer） 2个字节。指示必须紧急处理的数据所存放的场所。URG为1时有效。从TCP报头后的数据开始，到由此紧急指针所指出的长度（字节数）的数据，就是必须紧急处理的数据。

11）可选项（Options）**和填充项**（Padding） 在PROFINET中未使用。

UDP的报头格式如图5-16所示。可以看出，UDP要比TCP简单很多。PROFINET IO使用UDP/IP完成某些数据的传输任务。

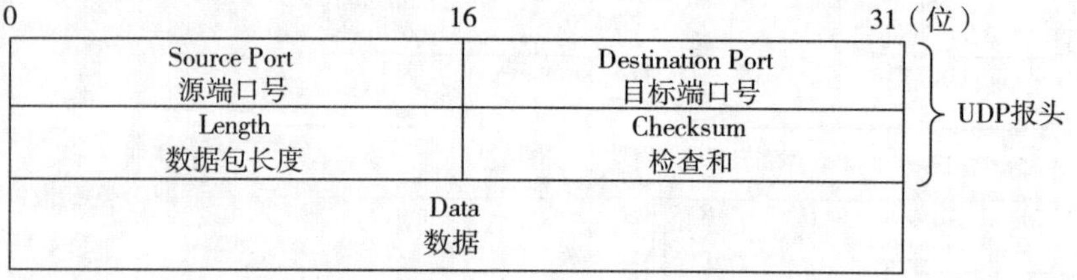

图5-16 UDP报头格式

在图5-16中，有：

1）源端口号（Source Port） 2个字节，发送端端口号。

2）目标端口号（Destination Port） 2个字节，即接收端端口号。

3）数据包长度（Length） 2个字节。包括UDP报头和数据长度，单位为8字节。

4）检查和（Checksum） 2个字节。

（3）套接字（Socket）

应用层通过传输层进行数据通信时，TCP 和 UDP 会遇到同时为多个应用程序进程提供并发服务的问题。

区分不同应用程序进程间的网络通信和连接，主要有 3 个参数：通信的目的 IP 地址、使用的传输层协议（TCP 或 UDP）和使用的端口号。将这 3 个参数结合起来，与一个“插座 Socket”绑定，就形成了一个套接字接口。应用层和传输层通过套接字接口，区分来自不同应用程序进程或网络连接的通信，实现数据传输的并发服务。套接字的形象表示如图 5-17 所示。

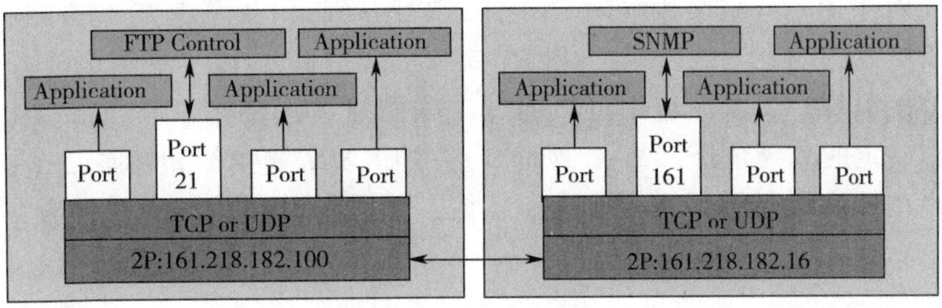

图 5-17　套接字

Socket 可以看成两个程序进行通信连接的一个端点，是连接应用程序和网络驱动程序的桥梁。Socket 在应用程序中创建，通过绑定与网络驱动建立关系。此后，应用程序送给 Socket 的数据，由 Socket 交给网络驱动程序向网络上发送（Send 服务）；或计算机从网络上收到与该 Socket 绑定 IP 地址和端口号相关的数据后，由网络驱动程序交给 Socket，应用程序便可从该 Socket 中提取接收到的数据（Receive 服务）；完成相关的服务后，可以清除连接。网络应用程序就是这样通过 Socket 进行数据的发送与接收的。

3. 应用层

TCP/IP 的高层为应用层，它不像 OSI 划分的那么细致和明确，但这也正是它简单、易实现的优点。应用层有很多协议来满足不同应用的需要，常见的和 TCP 对应的有远程仿真终端协议（Telnet）、文件传输协议（FTP）、简单邮件传输协议（SMTP）和邮件协议（POP）。基于 UDP 的应用层协议有普通文件传输协议（TFTP）、网络文件系统（NFS）、简单网络管理协议（SNMP）、自举（引导）协议（BOOTP）和域名服务（DNS）。

上述应用层的一些协议也会在实时工业以太网中应用到。

5.3　工业以太网和实时以太网

5.3.1　工业以太网

所谓工业以太网，就是基于以太网技术和 TCP/IP 技术开发出来的一种工业通信网络，简单来说，工业以太网就是在工业控制系统中使用的以太网。按照国际电工委员会IEC/SC65C的定义，工业以太网是用于工业自动化环境，符合IEEE 802.3标准，按照IEEE 802.1D“媒体访问控制（MAC）网桥”规范和IEEE 802.1Q“局域网虚拟网桥”规范，对其没有进行任何实时扩展而实现的以太网。通过采用减轻以太网负荷、提高网络速度、采用交换式以太网和全双工通信、采用优先级和流量控制及虚拟局域网等技术，到目前为止可以将工业以太网的实时响应时间做到5~10ms，相当于现有的现场总线。工业以太网在技术上与商用以太网是兼容的。

图5-18所示为工业以太网帧结构及数据封装过程。在应用程序中产生的需要在网络中传输的用户数据，将分层逐一添加上各层的首部信息。在应用层加上应用首部信息成为数据包送往传输层；在传输层加上包括端口号的TCP或UDP首部，成为分组信息（对TCP）或报文段（对UDP）送往网络层，在发送方和接收方主机之间建立起一条可靠的端到端的连接；在网络层加上包括IP地址（逻辑地址）的IP头成为数据包，使得每一个数据包都可以通过互联网络进行传输；最后在以太网的链路层加上包含确定的物理地址（MAC地址）的IEEE 802.3帧头和帧尾，封装为以太网的数据帧。在传输媒介上，帧转换为比特流，并采用数字编码和时钟方案进行可靠传输。

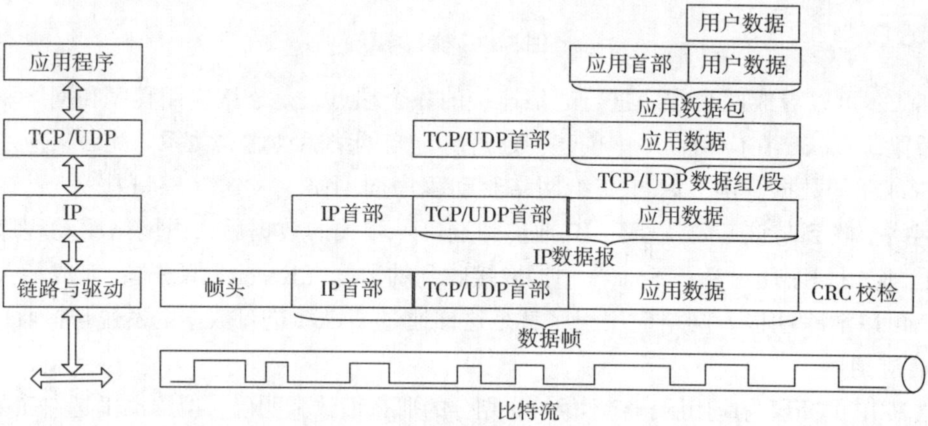

图5-18 工业以太网帧结构及数据封装过程

在传统意义上的工业以太网中，一般使用TCP/IP传输非实时数据，使用UDP/IP传输实时数据。但这毕竟距离实际工业自动化应用的实时性、确定性和可靠性的要求还相差较远，所以常见的是现场总线技术和工业以太网技术结合，底层使用现场总线，上层使用工业以太网。

5.3.2 实时工业以太网

对于响应时间小于5ms的应用，传统意义上的工业以太网已不能胜任，为了满足高实时性能应用的需要，各大公司和标准组织纷纷提出各种提升工业以太网实时性的技术解决方案。这些方案都建立在IEEE 802.3标准的基础上，通过对其和相关标准的实时扩展提高实时性，并且做到与标准以太网的无缝连接，这就是实时以太网RTE（Real Time Ethernet）。为了规范这部分工作的行为，2003年5月，IEC/SC65C专门成立了 WG11 实时以太网工作组。该工作组负责制定 IEC 61784-2 “基于 ISO/IEC 8802.3 的实时应用系统中工业通信网络行规” 国际标准，该标准中的 11 种实时以太网种类及其行规集参见第 1 章中表 1-4 和表 1-6。比较有影响的实时以太网有 FF 的高速以太网 HSE（High Speed Ethernet）、Rockwell 的 Ethernet/IP、PI 的 PROFINET、Schneider 的 MODBUS-RTPS、BECKHOFF 的 EtherCAT 等。本书主要讲解市场占有率最高的 PROFINET 技术。

目前，国际上成立了一些组织，如工业以太网协会（Industrial Ethernet Association，IEA）、工业自动化开发网络联盟（Industrial Automation Network Alliance，IAONA）等，来推动和促进以太网技术在工业自动化领域和嵌入式系统中的发展和应用。但从目前的情况看，工业以太网技术就像十多年前的现场总线技术一样，也形成了狼烟四起、群雄争霸的局面，谁将在实时工业以太网时代取胜，还需要时间和市场来下定论。

从应用的角度出发，现场总线技术在工业控制网络中的技术优势也不是实时工业以太网马上就能取代的，所以说，虽然实时工业以太网是目前的研究开发热点和未来的方向，但要彻底取代现场总线技术还为时尚早。

5.4 PROFINET 基础

5.4.1 概述

1999 年，PROFIBUS 国际组织 PI 开始研发工业以太网技术——PROFINET，由于其背后强大的自动化设备制造商的支持和 PROFIBUS 的成功运行，2000 年底，PROFINET 作为第 10 种现场总线列入了 IEC61158 标准中。

PROFINET 是自动化领域开放的工业以太网标准，它基于工业以太网技术、TCP/IP 和 IT 标准，是一种实时以太网技术，同时它无缝地集成了现有的现场总线系统（不仅仅包含 PROFIBUS），从而使现在对于现场总线技术的投资（制造者和用户）得到保护。

PROFINET 是为制造业和过程自动化领域而设计的集成的、综合的实时工业以太网标准，它的应用从工业网络的底层（现场层）到高层（管理层），从标准控制到高端的运动控制。在 PROFINET 中，还集成了工业安全和网络安全功能。PROFINET 可以满足自动化工程的所有需求，为基于 IT 技术的工业通信网络系统提供各种各样的解决方案，各种和自动化工程有关的技术都可以集成到 PROFINET 中。如图 5-19 所示，许多 PROFINET 的基础支撑技术已开发完成，并且已可以在以分布式 I/O 为主的控制系统（如制造业自动化）中应用，有关 PROFINET 在过程控制中的应用、安全技术、网络安全技术等规范也会很快开发完毕。

PROFINET 是一种先进的工业通信网络技术，它涉及的技术面广、内容深，本书对其核心技术 PROFINET 的通信体系、安装技术、PROFINET I/O 进行详细讲解，而对 PROFINET CBA 技术做一个概括性的讲解。

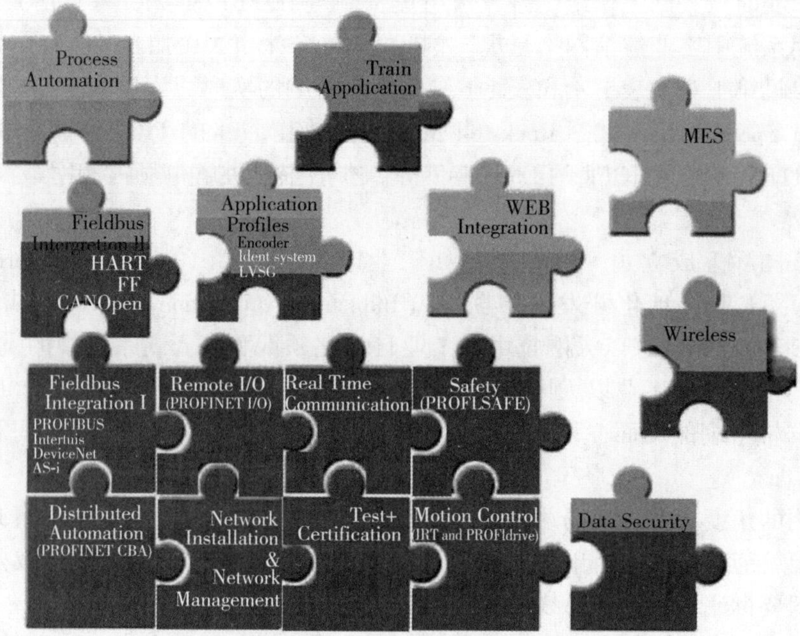

图 5-19 PROFINET 功能的模块化结构示意图

5.4.2 PROFINET 的市场情况

据 2010 年 PI 的报告，在工业自动化应用领域，PROFINET 的节点数已达到 300 多万个，虽然和 PROFIBUS 的规模不能相比，但其市场增长速度已超过了 PROFIBUS，如图 5-20 所示。在 2007 年，每 15 个销售的 PROFIBUS/PROFINET 产品中有一个 PROFINET 产品，2008 年是每 12 个，2009 年是每 7 个，到 2010 年达到了每 6 个中就有一个 PROFINET 产品，由此可以看出 PROFINET 产品的上升势头。

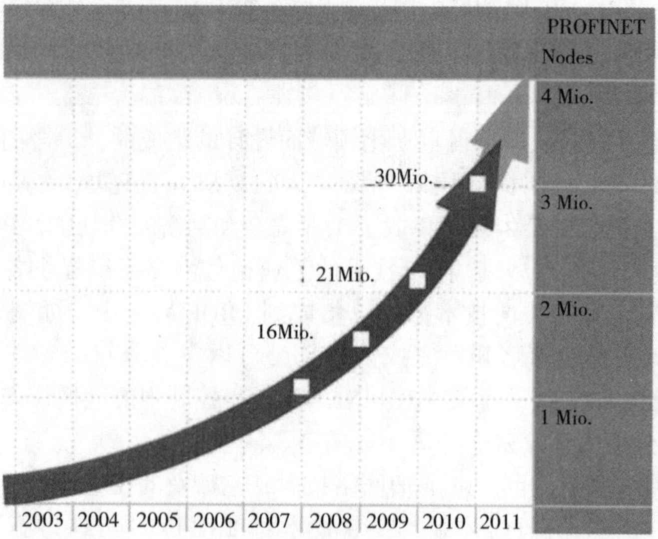

图 5-20 PROFINET 的市场情况（截止到 2010 年底）

5.4.3　PROFINET 和 PROFIBUS 的主要区别

PROFIBUS 和 PROFINET 是完全不同的两种技术，没有什么太大的关联。PROFIBUS 属于传统的现场总线技术，在工业自动化领域得到了极为成功和普遍的应用。而 PROFINET 属于实时工业以太网技术，在工业自动化领域刚刚开始使用。之所以这两种技术经常被一起提及，是因为它们都是 PI 推出的现场总线技术，而且兼容性好。在相当长的时间里，它们会并存下去。

表 5-4 列出了对两者在某些功能和技术指标方面进行的简单比较，并不能代表在工业自动化领域使用时，两种技术孰优孰劣。

表 5-4　PROFINET 和 PROFIBUS 的比较

项　目	PROFINET	PROFIBUS
最大传输速率	100Mbit/s	12Mbit/s
数据传输方式	全双工	半双工
典型拓扑方式	星形	线型
一致性数据范围	254 字节	32 字节
用户数据区长度	最大 1440 字节	最大 244 字节
网段长度	100m	12Mbit/s 时 100m
诊断功能及实现	有极强大的诊断功能，对整个网络的诊断实现简单	诊断功能不强，对整个网络诊断的实现困难
主站个数	任意数量的控制器可以在网络中运行，多个控制器不会影响 IO 的响应时间	DP 网络中一般只有一个主站，多主站系统会导致循环周期过长
网络位置	可以通过拓扑信息确定设备的网络位置	不能确定设备的网络位置

从上表可以看出，PROFINET 在通信速率、传输数据量等方面远超过 PROFIBUS，但在过去 10 多年的实践中，PROFIBUS 完全能够满足绝大部分工业自动化实际应用的需要。所以通信速率或数据量等并不是 PROFINET 超越 PROFIBUS 的理由。反而在工业应用中倡导的通信速率“够用就好”的原则得到了很好的发挥和验证。

在网络拓扑方面，符合工业自动化领域需求的是线形串行连接，这也是现场总线技术得到规范应用的最大优势。但 PROFINET 的典型拓扑是星形连接，这样在底层一对一的物理连接，势必造成安装成本的增加和安装操作的不便。虽然也可以通过集成有交换机的两端口 IO 设备实现线形串行连接，但这并不是真正意义上的线形串行连接，一旦哪个 IO 设备停电，则整个后面的网络就会中断。但 PROFINET 支持多种拓扑结构，从某些方面来讲也是它的一个优势。

在对等时同步控制技术有苛刻要求的运动控制领域，PROFINET 的 IRT 技术和极高的传输速率可以使其循环周期达到 250μs 和抖动时间小于 1μs，这是 PROFIBUS 所不能完成的任务。另外 PROFINET 整个网络使用一种协议，并基于以太网连接在一起，所以非常容易实现对整个网络的诊断。在系统的报警处理和故障诊断方面，PROFINET 有其不可比拟的优势。它还可以借助于 IT 技术中许多成功的技术实现 PROFINET 的一些功能，而这些也是 PROFIBUS 不能比拟的。

PROFIBUS 和 PROFINET 都有最适合自己使用的场合和领域，但 PROFINET 作为一种较新的技术，随着其自身的不断完善，将是未来发展和应用的趋势。

5.4.4　PROFINET 的组成

如图 5-21 所示，PROFINET 技术主要由 PROFINET IO 和 CBA 两大部分组成，它们基于不同实时等级的通信模式和标准的 WEB 及 IT 技术，实现所有自动化领域的应用。

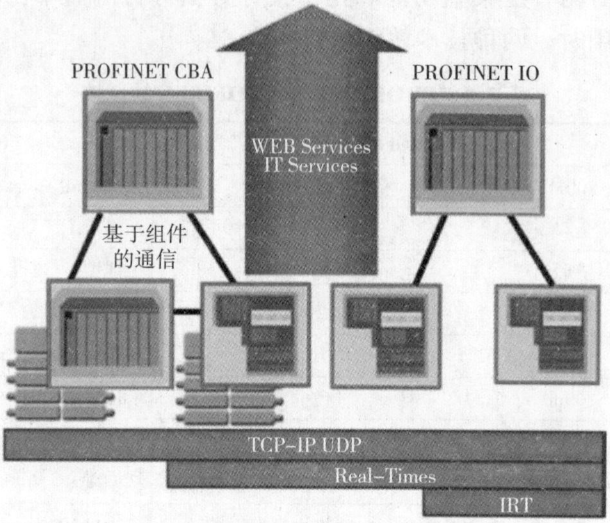

图 5-21　PROFINET 的组成

PROFINET IO 主要用于完成制造业自动化中分布式 I/O 系统的控制。通俗地讲，PROFINET IO 完成的是对分散式（Decentrial Periphery）现场 IO 的控制，它做的工作就是 PROFIBUS DP 做的工作，只不过把过去设备上的 PROFIBUS DP 接口更换成 PROFINET 接口就行了。带 PROFINET 接口的智能化设备可以直接连接到网络中，而简单的设备和传感器可以集中连接到远程 I/O 模块上，通过 I/O 模块连接到网络中。PROFINET IO 基于实时通信（RT）和等时同步通信（IRT），PROFINET IO 可以实现快速数据交换，实现控制器（相当于 PROFIBUS 中的主站）和设备（相当于从站）之间的数据交换，以及组态和诊断功能。总线的数据交换周期在毫秒范围内，在运动控制系统中，其抖动时间可控制在 1μs 之内。

PROFINET 基于组件的自动化（Component-Based Automation，CBA）适用于基于组件的机器对机器的通信，通过 TCP/IP 协议和实时通信满足在模块化的设备制造中的实时要求。CBA 技术是一种实现分布式装置、机器模块、局部总线等设备级智能模块自动化应用的概念。做一个比较的话，就会马上对 CBA 有一个初步的认识。PROFINET IO 的控制对象是工业现场分布式 I/O 点，这些 I/O 点之间进行的是简单的数据交换；而 CBA 的控制对象是一个整体的装置、智能机器或系统，它的 I/O 之间的数据交换在它们内部完成，这些智能化的大型模块之间通过标准的接口相连，进而组成大型系统。

PROFINET CBA（非实时）的通信循环周期大约为 50 ~ 100ms，但在 RT 通道上达到毫秒级也是可能的。

5.4.5　PROFINET 的通信协议模型

在介绍 PROFINET 通信系统前，先看一下 PROFINET 通信系统模型和 ISO 的 OSI 模型的对比，如图 5-22 所示。

ISO/OSI	PROFINET			
7b	PROFINET IO　服务（IEC 61784） PROFINET IO　协议（IEC 61158）		PROFINET CBA （IEC 61158）	
7a		无连接RPC	DCOM 面向连接的RPC	
6				
5				
4		UDP（RFC768）	TCP（RFC 793）	
3		IP（RFC791）		
2	根据IEC 617842的实时增强型 IEEE 802.3全双工，IEEE802.1P优先标识			
1	IEEE 802.3 100BASE-TX，100BASE-FX			

图 5-22　PROFINET 通信系统模型和 OSI 模型的比较

从图 5-22 中可以看出，PROFINET 的物理层采用了快速以太网的物理层，数据链路层采用的也是 IEEE 802.3 的标准，但采取了一些改进措施来满足其实时性的要求。

网络层和传输层采用了 IP/TCP/UDP，OSI 中的第 5 层、第 6 层未用，根据分布式系统中 PROFINET 控制的对象不同，应用层分为无连接和有连接两种。下面会在有关章节对各层的技术进行讲解。

5.4.6　GSD 文件

与 PROFIBUS 一样，PROFINET 中 IO 设备的特点也是由 GSD 文件来描述的。在 GSD 文件中，IO 设备的特性（特性参数等）、各模块的数量及类型、模块参数、诊断文本等都有详细的规定。

1. XML

与 PROFIBUS 中的 GSD 不同，PROFINET 的 GSD 是用 XML 来编写的。XML（eXtensible Markup Language）即可扩展标记语言，与 HTML 一样，都是 SGML（Standard Generalized Markup Language，标准通用标记语言）。本书已在 2. 4. 2 一节中对 XML 进行了介绍。XML 是 Internet 环境中跨平台的，依赖于内容的技术，是当前处理结构化文档信息的有力工具。XML 是一种简单的数据存储语言，它使用一系列简单的标记描述数据，而这些标记可以用简便的方式建立。XML 易于掌握和使用，在工业以太网中得到了广泛的应用。

使用 XML 的主要好处有：

1）它是关于数据描述的开发标准；

2）在IT领域被广泛接受；

3）不依赖于制造商，免费获得编译器；

4）通过XML纲要（schema），可使用随标准工具一起提供的范例数据；

5）借助于标准工具，XML文件可转换为其他格式；

6）可以获得处理XML文件的数字工具。

制造商可从PI获得描述PROFINET IO现场设备的XML纲要，这有助于GSD的开发者了解哪些数据必须登录，以及以哪种格式登录，使得创建和检查GSD文件变得容易。

2. 设备标识

如图5-23所示，PROFINET IO设备都有唯一的设备ID（Device-Ident-Number），其中的16位是设备制造商的标识符，由PI指定给每个制造商。另外16位是设备标识符，由每个制造商自己指定，用来表明设备类和设备族。在启动过程中，IO设备比照自己所存储的ID来校验由IO控制器所提供的ID。ID也包含在GSD文件中。

制造商ID（2字节）	设备ID（2字节）

图5-23 PROFINET的设备标识

例如，SIEMENS公司ID为002A，ET200S系列设备ID为0301；WAGO公司的ID为011D，WAGO-I/O-SYSTEM 750/753系列设备ID为02EE等。

3. 命名规则

GSD文件的命名规则如下：

GSDML-[GSD schema version]-[manufacture name]-[name of device family]-[date].xml

其中，GSD schema version为所使用的GSD纲要版本号；manufacture name为制造商名字；name of device family为GSD中所描述的设备族；Date为GSD发布的日期，格式为：yyyymmdd；

举例：Phoenix Contact公司的IL系列PROFINET IO设备的GSD文件名字如下：

GSDML-V2.1-Phoenix Contact-IL PN BK DI8 DO4 2TX-V2.0-20100811.xml

PROFINET GSD文件的名字比PROFIBUS的长，文件大小约为PROFIBUS GSD文件的20倍。另外和PROFIBUS不同的是，PROFINET增加了子模块的标识符，所以IO设备的编址会更加详细。

5.4.7 PROFINET IO设备类型

PROFINET IO中主要有以下几种设备：

1）IO控制器（IO Controller） 一般由PLC来担任该角色，系统运行时，自动循环执行写在PLC中的用户控制程序。IO控制器相当于PROFIBUS DP中的主站。

2）IO监视器（IO Supervisor） 用户可以使用IO监视器进行组态、编程，然后把它们下载到IO控制器中；它也可以用来对系统进行诊断和分析。它相当于PROFI-

BUS DP 中的 2 类主站。

3）IO 设备（IO Devices）　它们是分散于控制现场的各种装置、设备或子系统，它相当于 PROFIBUS DP 中的从站。

4）IO 参数服务器（IO parameter server）　是一个服务器站，它用来存储和装载 IO 设备的应用组态数据（记录数据元素），它很少使用。

5.4.8 PROFINET 的一致性分类

根据各 IO 设备所具备的功能不同，它们被分为 3 类：CC-A、CC-B 和 CC-C，如图 5-24 所示。

1）CC-A　提供 PROFINET IO 最基本的 RT 通信、基于以太网的通信、简单的报警和诊断等功能，PROFINET 无线功能只能在 CC-A 中实现。

2）CC-B　在 CC-A 的基础上，增加了基于 IT 机制的网络诊断功能（SNMP）、网络拓扑信息功能（LLDP）等，特别为过程控制使用的系统冗余功能包含在 CC-B 中，定义为 CC-B（PA）。

3）CC-C　在 CC-B 基础上，增加了基于硬件支持的宽范围的等级功能，增加了等时同步控制的 IRT 功能。

一个 CC-A 类设备就不具备 IRT 的功能，所以不能参与等时同步控制。在进行工程设计时，首先要根据任务的需求，选择符合要求的 PROFINET 系统设备和网络组件。

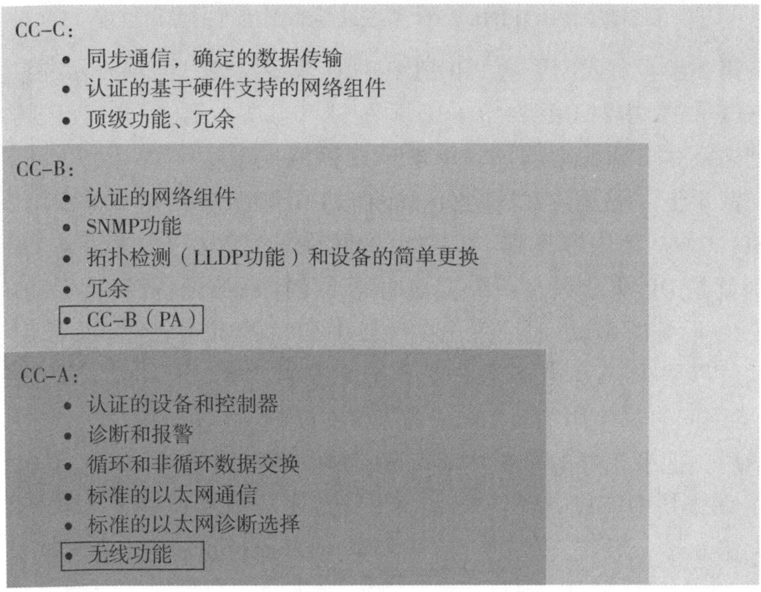

图 5-24　PROFINET 设备的一致性分类

5.4.9 从系统组态到运行的工作过程

PROFINET 和 PROFIBUS 是两种完全不同的技术，但由于都是 PI 的产品，所以在最大程度上保护用户的权益，除在系统无缝集成等方面有全面的考虑外，在最终用户的使用和操作上，特别是对系统的组态过程，及程序编写上，其软件平台保持了高度的一致性。

图 5-25 所示为一个 PROFINET IO 系统从组态到运行的整个过程的简单示意图。

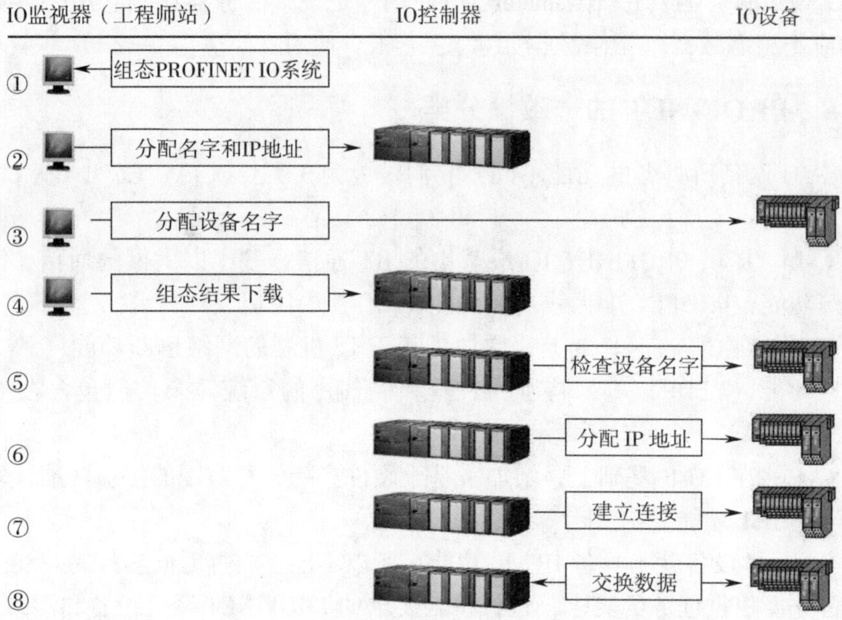

图 5-25 PROFINET IO 系统从组态到运行的整个过程

第 1 步 ~ 第 2 步 对西门子的 PROFINET IO 系统来说，使用 Step7 建立工程，在硬件组态（HW-Config）中对 PROFINET IO 系统进行组态，组态的过程包括配置 IO 控制器，对其分配名字和 IP 地址，建立 PROFINET 网络。

第 3 步 ~ 第 4 步 配置各 IO 设备。和组态 PROFIBUS 从站一样，用鼠标把相应的 IO 设备的 GSD 文件从库中拖曳到 PROFINET 网络上。PROFINET 设备和 PROFIBUS 从站最大的区别就是 DP 从站只有一个从站地址，使用从站设备面板上的 DIP 开关设置；而 PROFINET IO 设备的 MAC 地址固化在设备中，它需要一个名字。使用 IO 监视器分配设备名字的过程是在 Step7 组态软件平台上完成的。实际上分配 IO 设备名字是 IO 监视器和 IO 设备之间通过使用 IT 的 DCP 等协议交换报文实现的。

组态完毕后，把组态好的全部内容下载到 IO 控制器中。如果需要编写控制程序，则需要用户在 OB1 块中完成。

第 5 步 ~ 第 6 步 系统开始运行后，IO 控制器通过检查设备名字首先确认它所控制的 IO 设备，并为其分配 IP 地址。

第 7 步 建立连接包括建立应用关系和各种通信关系，对 IO 设备进行参数配置。这类似于 PROFIBUS 中的上电过程中的参数化和检查组态环节。PROFINET 中的所有联系都是基于虚拟的应用关系 AR 的，只有两者之间存在 AR，才有可能进行对话。具体能干什么事情，则要在 AR 基础上再建立各种通信关系 CR。详见第 6 章中的相关内容。

第 8 步 如果在建立连接的过程中没有问题，则进入正常的循环数据交换过程。

IO 通信总是通过一个请求报文和一个响应报文来完成的。IO 控制器把最新的经过计算后的输出数据给响应的 IO 设备，而 IO 设备则把最新的输入数据给控制器。这类似于 PROFIBUS，但不同的是 PROFINET 中的报文交换是全双工的，它们的通信受时间监控。

从系统组态到系统运行的过程也可用图 5-26 形象地表示。

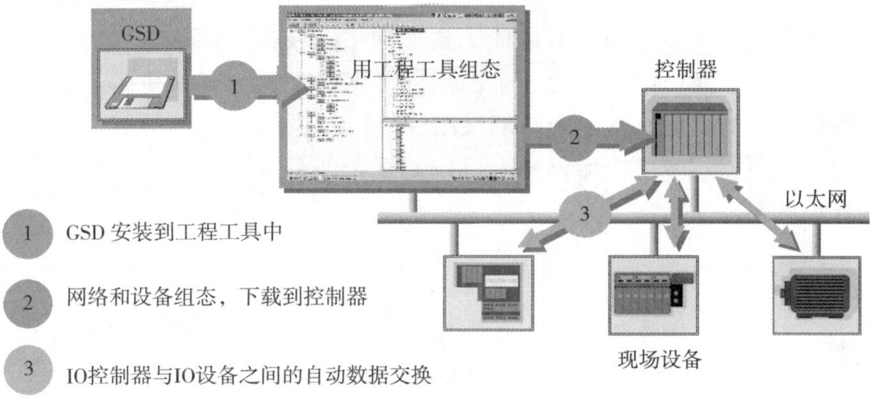

图 5-26　PORFINET 系统的组态到运行过程示意图

5.5　PROFINET 安装技术

5.5.1　网络结构

基于以太网技术的网络拓扑有多种形式，常见的有星形、树形、环形，典型代表是星形。线形网络最适合于在工业控制系统中使用，但传统以太网中很少有线形网络拓扑。PROFINET 支持包括线形在内的所有网络拓扑形式。

1. 星形网络

所有的站点连接到中央的信号分配器（交换机）上，形成了星形结构网络。在星形网络中，单个站点出问题不会影响其他站点设备的使用，但中央的交换机出现故障会造成整个星形网络的瘫痪。星形网络拓扑如图 5-27 所示。

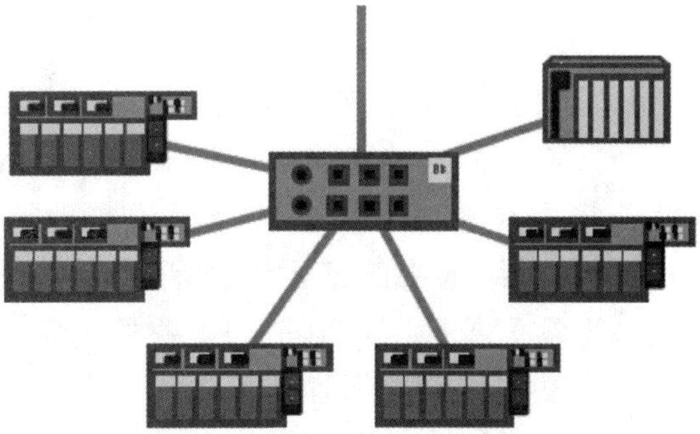

图 5-27　星形网络拓扑

星形网络的主要优点是：增加或去除站点灵活；容易管理、监控和诊断网络；有源网络组件集中在一个地方，所以容易应对不利的环境因素如温度、污染等，另外单独供电也容易实现。主要缺点是：因为从交换机到各站点之间是一对一的物理连接，所以布线麻烦，成本高。

2. 树形网络

把几个星形网络连接在一起就组成了树形网络。在树形网络中，可能会混合使用铜缆和光缆，一个交换机可以作为一个星形网络的分配器。交换机基于地址进行信息路由，实现相互间的通信。树形网络的级联深度以及网络的总扩展能力仅受通信链路信号传播时间的限制。使用树形网络，可以把复杂的系统分割成独立的几个部分。树形网络拓扑如图5-28所示。

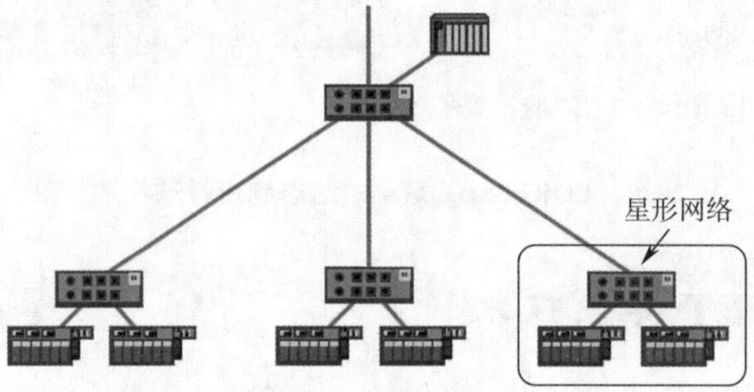

图5-28 树形网络拓扑

树型网络的主要优点是：由于局部的数据通信可以限制在星形网络内，所以整个网络的传输能力强、数据安全性高；网络层次清晰；网络整体可靠性高。

3. 环形网络

当对网络的可靠性有较高要求时，可以使用具有冗余功能的环形拓扑网络。在环形网络中，所传输的信息按照固定的方向从一个站点传递到下一个站点，所以需要一种特殊机制，以保证环中至少有一个网络组件在逻辑上仍然将环当作一条总线。这种网络组件就是具有冗余管理器的交换机。当网络出现断点时，在一定时间内，冗余管理器可以重新配置网络，使数据通信方向改变。

4. 线形网络

在FCS中，最常用的网络拓扑形式是总线型，但以太网中没有纯粹的线形网络拓扑。线形网络结构的优点非常突出，比如布线成本最节省，网络安装简单，更换设备容易等。PROFINET借助于集成在各个设备中的交换机实现了线形网络结构。但和PROFIBUS相比，PROFINET线形结构中的某个设备断电时，整个后面的网络就会瘫痪，所以它不适合用在各站点需要单独断电维护的工业控制系统中。另外当信息在线形网络中传递时，每经过一个交换机都会增加信号传输延迟时间，所以只有那些对时间要求不高的系统中才可使用线形网络。

PROFINET线形网络拓扑如图5-29所示，每个设备中都集成了交换机。

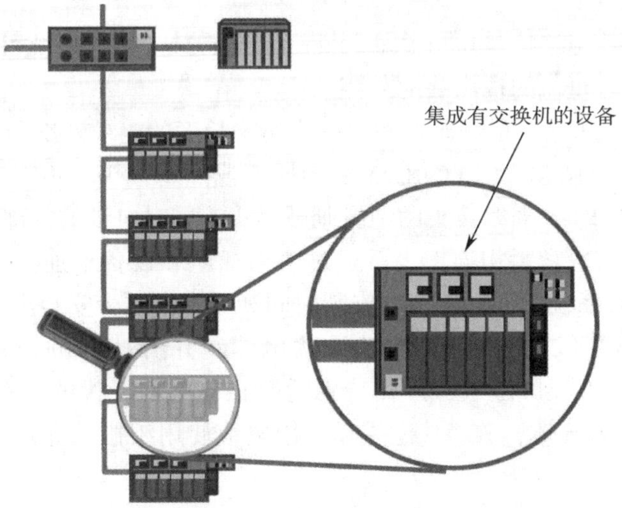

图 5-29　PROFINET 线形网络拓扑

5.5.2　电气网络传输介质和连接

1. 铜缆

(1) 电缆的电气传输标准

在 PROFINET 网络中，有线电气网络的信号传输是通过对称的铜质电缆完成的。将来的 PROFINET 会支持千兆以太网标准，目前 PROFINET 支持百兆以太网 100BASE-TX：采用两对导线。在 ISO/IEC 11801 中总共定义和标准化了 5 类（1～5）双绞线，随着类别号的增大，双绞线的传输特性也随之提高。PROFINET 电缆特性必须符合 CAT5 的要求。

工业上一般使用的是两对 STP，导线通过颜色来标识：黄色/橙色的一对用来发送，白色/蓝色的一对用来接收。双绞线总是实现发送器和接收器之间的点对点连接，为了保证传输质量，传输链路只应当由一段电缆组成。在特殊情况下（如使用两条机柜连入线），则传输链路可能由 3 段组成。

PROFINET 电气传输标准见表 5-5。

表 5-5　PROFINET 电气传输标准

特　征	参　数
标准	IEC61158
电缆类型	2 对，对称的屏蔽铜缆
电缆类	100BASE-TX，CAT5
特征阻抗	100Ω
传输速率	100Mbit/s
最大分段长度	100m
最大分段数	3
连接	RJ45 插塞接头，M12 接头
最大连接数	每个连接 6 对接头/插座

（2）IE FC 电缆

工业以太网的快速连接（Industrial Ethernet Fast Connect）系统可以保证 PROFINET 系统的快速、方便、可靠的现场装配。

利用 IE FC 剥线工具可以一次性剥去一个精确长度的电缆外皮和编织屏蔽层。使用剥好的电缆可以快速地连接 IE FC RJ45 引出插座或插塞接头，不需要特殊的工具，就可以可靠地连接 FC RJ45 插塞接头的绝缘刺破触头，同时电缆的外部屏蔽层和 FC RJ45 接头的接地金属片装置紧紧相连，之后通过引出插座和设备地连接在一起，满足一致接地的要求。IE FC 系统可以显著节约安装时间和成本，减少安装出错的机会。

IE FC 电缆为 2 ×2 的径向对称性结构电缆，并有特殊的设计用于快速连接。PROFINET 电缆具有 2 层屏蔽层，因此特别适合在有电磁干扰的工业环境中使用。FC TP 标准电缆使用实心导体，FC TP 拖缆和船用电缆使用绞扭的导体。这些电缆的性能超过了 CAT5。

FC 4 ×2 电缆适合于 8 芯布线，即在一条电缆中连接 100Mbit/s 以太网的两条网络连接线，这种电缆也可以扩展到 1000Mbit/s 网络（需要 8 芯电缆）。还有一种 FC 混合电缆，其中 4 芯用于数据传输，4 芯用于电源线。

针对不同的应用情况，有多种 PROFINET 的 IE FC 电缆可以选择。PROFINET IE FC 电缆的类型简述如下：

1）**IE FC 标准电缆 GP2 ×2**（A 型）　标准的总线电缆，采用实心导体，适合于快速装配的特殊设计，如图 5-30 所示。

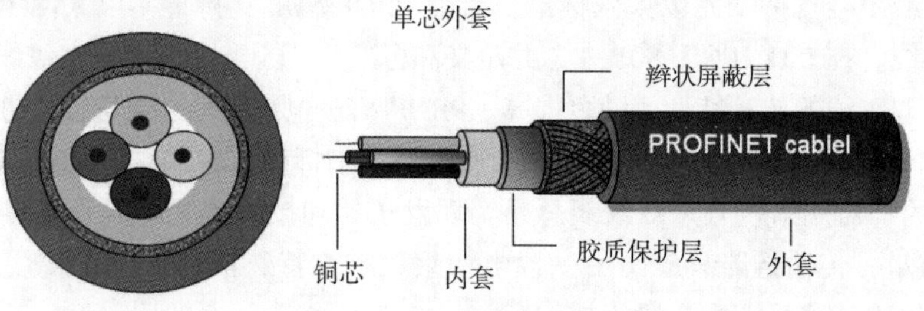

图 5-30　PROFINET 标准 A 型电缆及截面

2）**IE FC 标准电缆 GP4 ×2 和 IE FC 软电缆 GP4 ×2**　用来设计 8 芯布线系统，具有吉比特承载能力。8 芯布线可以实现两条以太网连接。

3）**IE FC 软电缆 GP2 ×2**（B 型）　软总线电缆，用于需要偶尔移动的特殊应用。

4）**IE FC 拖缆 GP2 ×2**（C 型）　很柔软的总线电缆，用于需要偶尔移动的特殊应用。

5）**IE FC 扭转电缆 GP2 ×2**（C 型）　很柔软的总线电缆，用于需要经常移动的特殊应用（如机械手）。

6）**IE FC 船用电缆 2 ×2**　特别用于船上的总线电缆。无卤素，船级社认证。

7）**IE FC 混合电缆**　柔性总线电缆，为站点提供通信线路（2 ×2）和电源线路（2 ×2），可以把数据和电源同时供给现场设备。电源传输是经过隔离的，仅取决于电缆的截面和长度。

(3) IE TP 软线

IE TP 软线用来把数据终端连接到工业以太网 FC 布线系统，它们适合于在较低的 EMC 环境使用，比如控制室等。这些电缆比较柔软，容易装配。它们必须符合 ISO/IEC 11801 和 EN50173 的 CAT5 或 CAT6 的标准。因为不是 FC 电缆，所以剥线时使用普通的以太网线剥线工具即可。需要注意的是，两个设备之间可以接入的双绞线的最大长度是 10m。

2. 连接器

(1) IE FC RJ45 连接器

FC RJ45 连接器可以快速地连接 2×2 芯 FC 电缆，并将其简单、可靠地连接到数据终端和网络组件上。FC RJ45 连接器具有坚固的金属外壳，可防止数据通信受到干扰。两个数据终端/网络组件的距离可以达到 100m。有两种 FC RJ45 连接器可供使用，最常用的是 180°（直型）电缆引出插座，另一种是 90°（角型）电缆引出插座（供 ET200S 使用）。

打开 FC RJ45 连接器的外壳，里面有彩色标记，可指示安装者正确地把线芯插入正确的刀形端子中。把使用剥线器剥制好的电缆端插入刀形端子后，压紧使之与导线可靠接触。因为集成有 4 个绝缘刺破型触点，所以 FC RJ45 连接器可以很容易连接 FC 电缆，防止接线错误和故障。

数据终端（如交换机）外壳上带有一个固定夹（支架），可减轻接头和安装电缆的应力负荷。

RJ45 连接器（包括 FC 型、IP67 防护型和一般连接器）如图 5-31 所示，其端子分配和导线分配见表 5-6。

a）IP20防护，FC连接器　b）IP20防护，一般连接器　c）IP67防护

图 5-31 RJ45 连接器

表 5-6 RJ45 和 M12 连接器的端子分配和导线分配

端子信号	功　能	导线颜色	RJ45 连接器端子分配	M12 连接器端子分配
TD+	发送数据+	黄	1	1
TD-	发送数据-	橙	2	3
RD+	接收数据+	白	3	2
RD-	接收数据-	蓝	6	4

(2) M12 连接器

在防护等级要求较高的环境中，使用达到 IP67 防护等级要求的 M12 连接器是必需

的。它带有一个 D-coding，适合数据传输使用的 M12 连接器是在 IEC61076-2-101 中标准化的。使用 M12 时，设备一端使用插座，而 M12 接头装配在电缆上。M12 连接器的防护等级高，但安装使用不便，占用空间多。

M12 连接器如图 5-32 所示，其端子分配和导线分配见表 5-6。

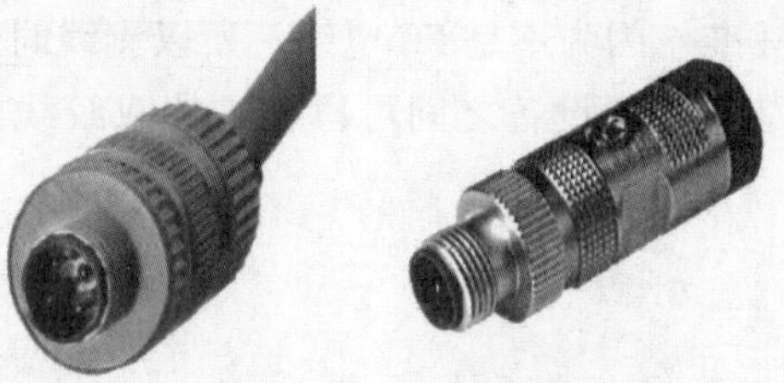

a）IP67防护，M12连接器

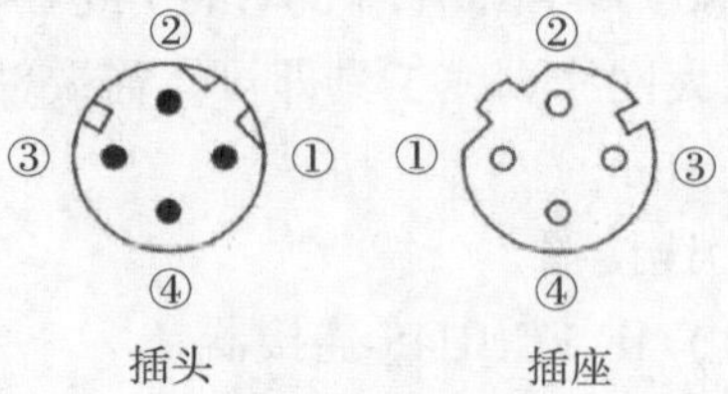

b）端子分配和D编码

图 5-32　M12 连接器

（3）混合连接器

如果现场设备在连接中同时需要 24V 电源，则可选择使用 IE FC 混合电缆，但相应的也必须使用混合连接器。这样布线的成本可以大大减少。24V 端子也设计为快速连接的，这意味着可以把 4 根截面积为 1.5mm²的导线与一条屏蔽以太网电缆一同接到一个插塞接头中。混合接头主要用在项目组 SCALANCE W 无线模块中。混合布线连接器如图 5-33 所示。

图 5-33　混合连接器

（4）IE FC 引出插座

IE FC 引出插座用来把 IE FC 电缆和 IE TP 电缆相连。有两种引出插座可用：一种是用于 4 芯 FC 电缆的；一种是模块化引出插座，用于 8 芯 FC 电缆，用在两条 100Mbit/s 的以太网中，或一条 1000Mbit/s 的以太网中。

3. 电缆安装及装配注意事项

（1）安装注意事项

1）线缆间距：参考线缆分类，相同类型的线缆（包括带屏蔽层的电源线）可以放在一起铺设，不同类型的线缆要保持最小的规定距离。

2）不同种类线缆的铺设：受条件限制，不同类型的线缆在一起铺设时，必须使用相互隔离且接地良好的金属管道（或桥架）。

3）交叉：不同种类的线缆交叉时要使用直角交叉的规则。

4）电缆进入控制柜接地要求：在开关柜的入口处，进入开关柜的所有电缆的屏蔽层都要连接到等电势焊接导体上，也就是务必让屏蔽层通过大小适当的区域连接到功能地上，如图 5-34a 所示。有很多供应商对此提供专用安装部件。为了避免由移动造成的电缆损坏，务必在接地导体上对电缆进行机械固定。

5）电缆进入控制柜要求：不允许其他电缆和屏蔽层裸露处的 PROFINET 电缆平行铺设。如图 5-34b 所示。

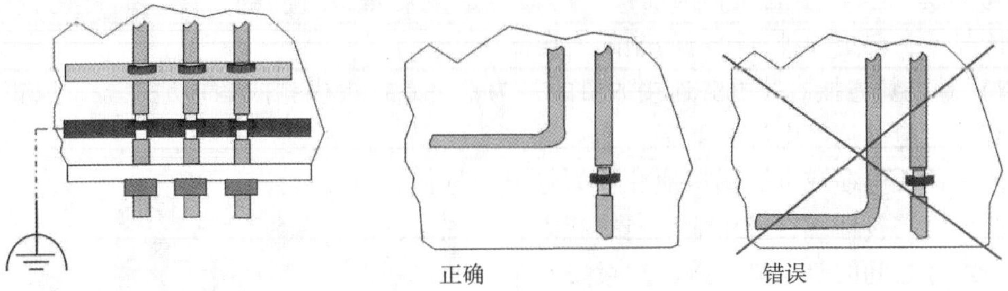

a）可靠接地　　b）平行布置要求

图 5-34　电缆进入控制柜布线要求

6）避免电缆过分弯曲：对于单一弯曲，弯曲半径的典型值不应小于电缆直径的 10 倍。

7）避免电缆过分挤压和扭曲。

8）避免锋利的线槽或控制柜边沿划伤线缆。

9）在可能的情况下，留出一定的余量。

（2）装配注意事项

1）使用快速连接系统。强烈建议使用配套的 FC 电缆和连接器，并使用相应的剥线工具。

2）正确选择连接器。RJ45 和 4 针的 M12 连接器是最常用的连接器。必须选择类型合适的连接器，以满足装配的需求。在开关柜内 IP20 环境中，使用 RJ45 连接器。在对接口防护有更高要求（IP65/67）的情况下，可使用具有推拉式外壳的 RJ45 连接器或 D 编码 M12 连接器。

3）成对使用电缆线的发送对和接收对。要将成对的两根线一起使用，即总是将黄、橙（发送对）作为一对一起使用，将白、蓝（接收对）作为一对一起使用。

4）屏蔽层接地。每个设备的电缆屏蔽层一定要接地，这一般通过连接器实现。另外，设备务必也要接地。

5）连接器的装配。装配连接器时，要确保屏蔽层恰当连接。屏蔽层和信号线之间不应该有任何连接。合上连接器时请小心，否则可能损坏芯线或引起短路。如果重新组装连接器或者二次移动连接器，应该剪掉电缆端线，并重新剥线。否则，有可能造成接触不良。

6）M12 连接器的使用。在恶劣的工业环境中，4 针 M12 连接器被广泛使用。M12 连接器的连接技术因制造商的不同而有所差异。但螺钉固定技术和绝缘防护技术是其主要方面。

① 确保剥好的电缆及屏蔽层规格和使用的连接器相符。

② 务必将芯线颜色和连接卡编号正确配置。

③ 在 M12 连接器上连接屏蔽层时，通常将金属织网向后压到金属套管上，要在套管上套上一个垫圈，以便密封连接器。确保屏蔽线不和垫圈接触，以及屏蔽层和数据线之间没有短路。

④ 要确保连接器内的芯线在安装螺纹外壳时不被扭曲。

⑤ 如果连接器不能顺利的插接，请检查连接器是否有问题，比如插针是否变形。这种情况下，要更换掉这个有问题的连接器。

7）等电势连接。等电势连接的目的是为整个系统提供相同的接地电位。这样，就不会有均衡电流流经电缆屏蔽层。

使用铜质电缆或者镀锡接地柱作为等电势导体。将等电势导体与接地螺钉或接地柱连接起来，实现系统以及系统组件之间的等电势连接。注意要有足够的接触面积，如图5-35所示。

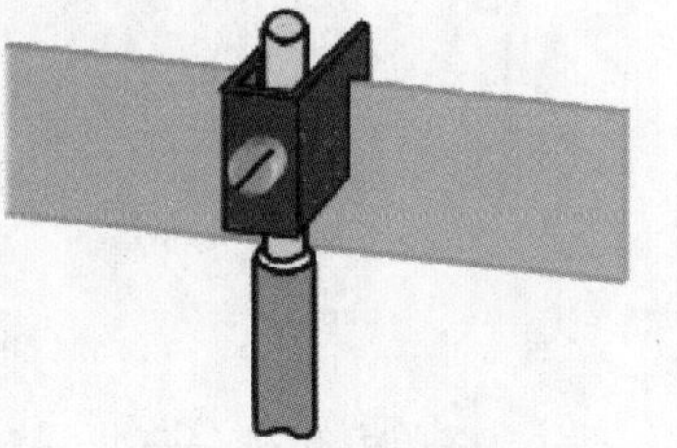

图5-35　等电势连接

屏蔽层是PROFINET铜质电缆的重要组成部分。它可屏蔽来自环境的电磁干扰，保护电缆中的数据芯线不受影响。为了确保屏蔽层可以充分实现这一功能，一定要将它和车间的等电势系统连接起来。

在电势差比较大的地方，最好的办法是使用光缆。

5.5.3　光缆及其连接

1. 光缆

PROFINET支持100BASE-FX，所以传输介质可以使用光缆。在电磁干扰严重或长距离传输时，光缆显示出不可比拟的优越性，比如不会受电磁干扰影响、带宽比铜缆大、重量比铜缆轻、不需要避雷措施、能很好地防止窃听等。

PROFINET提供了以下4种光缆：

1）塑料光纤（POF）；

2）塑料包层石英光纤（PCF）；

3）全二氧化硅多模光纤；

4）全石英单模光纤。

在PROFINET中，玻璃光缆没有塑料光缆使用普遍。组装精细的玻璃光纤是高度精确的工作，必须使用专门的工具和经过专业的培训才能完成。使用玻璃光纤电缆时通常采用加工好的现成电缆，这样的电缆虽然更可靠，但也更昂贵。

依据应用的需要，光缆的设计分为两种：

1）B型光缆：适用于固定或活动性的场合。

2）C型光缆：适用于特殊应用，如永久性运动或振动或扭转场合。

由于光信号在光纤上传输时的衰减，光纤的最大长度是有限制的，当然这也受到光信号波长的影响。一些光纤的典型数据见表5-7。

表5-7　光纤纤芯、线径及传输距离的典型值

光纤类型	纤芯直径/μm	保护套直径/μm	传输路径（典型值）/m
塑料光纤（POF）	980	1000	达到50
塑料光纤（PCF）	200	230	达到100
多模	50或62.5	125	达到2000
单模	9～10	125	达到14000

PROFINET 使用的光缆类型主要有 FO 标准光缆、室内用光缆、软光纤拖曳光缆和船用双工光缆。标准光缆如图 5-36 所示。

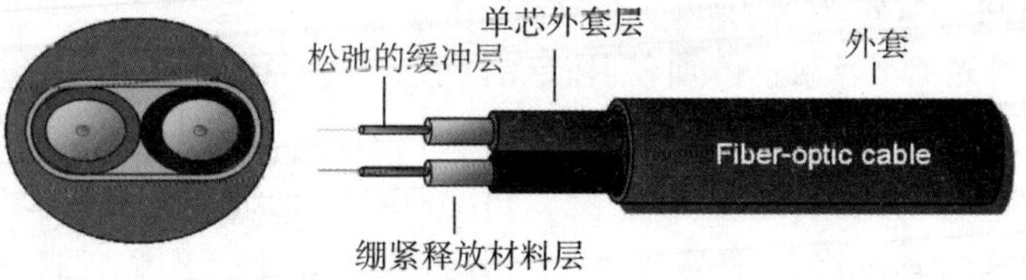

图 5-36　FO 标准光缆及截面

2. FO 接头和连接

(1) SC-RJ 连接器

SC-RJ (Subscriber Connector- Registered Jack) 连接器符合 IEC874-19 规范。其外形为方形，尺寸小，组装精度高。

基础型的连接器适用于防护等级为 IP20 的环境，在开关柜或电气室内，使用基础型的连接器。而在恶劣的环境状态下或需要 IP65/68 防护等级的应用场合中，则要使用 SC-RJ 推拉型连接器。对于 PROFINET 光纤网络（玻璃或塑料），通常选用 SC-RJ 型连接器。SC-RJ 连接器是一种全双工连接器。该连接器的两根插针，分别用于接收和发送数据，由外壳包裹着，总是作为一个整体进行插拔。

(2) ST 插塞接头

ST 插塞接头也称为 BOFC 接头，它是 AT&T 公司确定的标准（IEC874-10），适合于单模和多模光纤。ST 是传统的工业级连接器，但在 PROFINET 系统中，不推荐使用 ST 连接器。

ST 连接器是带卡销的单芯线连接器。对于一对光纤芯线的连接，由于是分根单独进行的，所以务必注意对发送光纤和接收光纤的正确分配。

光缆的 SC 和 ST 接头如图 5-37 所示。

a）SC-RJ和SC-RJ推拉型连接器

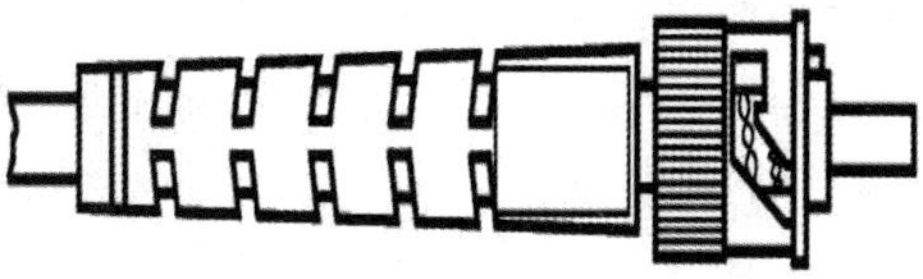

b）ST（BOFC）接头

图 5-37　光缆的 SC 和接头 ST

3. 光缆安装和装配注意事项

1）保持端面清洁：连接器的光学端面被污染后，会降低信号传输的可靠性和质量。在将它连接到 PROFINET 设备上以前，要清洁它的光学端面。可以使用防尘保护帽保护未使用的连接器和插座，准备装配时再去掉保护帽。

2）连接器有 SC-RJ、SC-RJ 推合式等，要根据待连接的设备、防尘防水（IP 防护等级）的环境要求，以及所用的光缆，选择适合的连接器。

3）对于多模光纤，通常使用50/125μm型和62.5/125μm型。请注意：从不同网段连接传输线时，务必将线型相同的网段放在一起。否则，在网段接合处，将由于光纤芯线的直径不同，会带来额外的连接麻烦。

4）装配玻璃光纤电缆时必须使用专门的工具，而且必须要接受过专门的操作培训。

5）塑料光缆可以按照说明自己装配。PROFINET光缆在外皮上印了标志，来指示传输方向。在把连接器的发送部分和接收部分装入外壳中时，要保证连接正确。

5.5.4 网络部件

PROFINET中的所有设备都使用有源部件相连，PROFINET中的有源网络部件主要有交换机和路由器，交换机是组成PROFINET网络的核心设备。交换机把各个IO控制器和IO设备连接在一起，组成小的子网，而路由器则可以连接各个小的子网组成大的网络。有关交换机和路由器的基本知识前面已做过介绍，此处不再赘述。

PROFINET中的交换机必须具备的功能有

1）支持符合ISO/IEC 8802-3的以太网（10/100Mbit/s）；

2）支持符合IEEE 802.1D、IEEE 802.1P和IEEE 802.1Q的以太网；

3）符合存储器容量规定；

4）支持冗余；

5）支持标准化的诊断路径；

6）支持全双工模式

7）支持自协商功能

8）支持自动交叉功能。

对PROFINET来说，交换机在接收报文后小于10μs的时间内将其传递，并且必须满足支持4个优先权等级的要求。存储器的容量应能承受在所有端口上若干毫秒的满负荷（每个端口可接收12500Bytes/s）。另外，交换机是一个有源部件，在其失效后会导致其后面的系统的瘫痪，因此重要场合的冗余支持是必要的。

路由器可以将两个不同的子网相连，依据IP地址可以确定数据包的发送路由。PROFINET的实时通信不能越过一个网络的限制，它只能在同一个网络中运行，所以路由器不能使用在PROFINET的实时通信中。

5.6 组态一个简单的PROFINET网络

5.6.1 系统组成及架构

1. 系统组成

采用S7-300系列CPU315-2PN/DP作为PROFINET网络的IO控制器，它有2个PROFINET接口，1个DP接口。在本系统中，1个PROFINET接口用于下载组态结果和程序，1个PROFINET接口用于连接PROFINET网络。

BECKHOFF 公司的 BK9103、WAGO 公司的 WAGO750-370、SIEMENS 公司的 ET200M 作为 IO 设备。交换机使用 SIEMENS 公司的 SCALANCE-X208。

2. 系统架构

ET200M 和 WAGO750-370 采用线形连接，并且它们与 BK9103、IO 控制器通过交换机 SCALANCE-X208 组成星形结构，如图 5-38 所示。

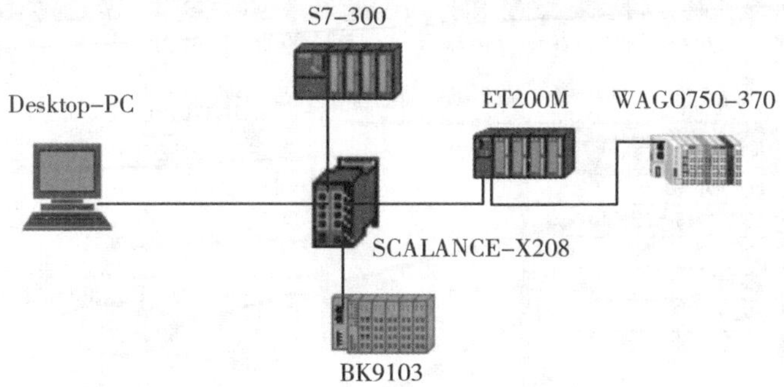

图 5-38 系统架构

5.6.2 组态过程

1. 组态 IO 控制器

1）双击桌面上的图标，打开 SIMATIC Manager 软件。

2）新建一个工程，按照方便查找的路径存放，并给工程命名，例如 PROFINET_config。

3）在 SIMATIC Manager 主界面中，选中 PROFINET_ config，然后在工具栏中使用 Insert/Station 选择插入新站点 SIMATIC 300 Station。

4）SIMATIC 300 Station 插入后，在工程 PROFINET_ config 中选中 SIMATIC 300（1），然后双击 Hardware 进入硬件组态界面。如图 5-39 所示。

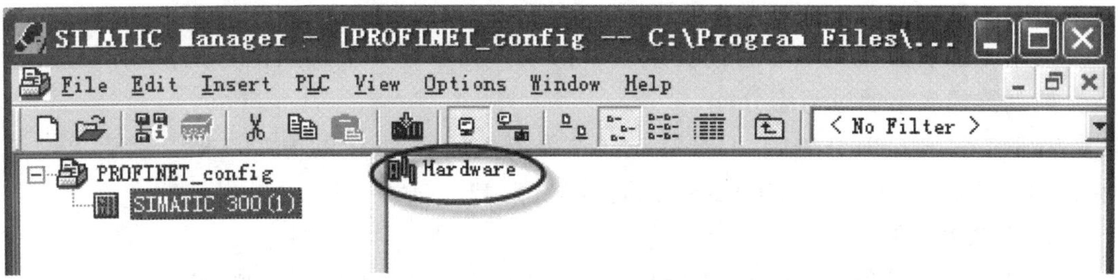

图 5-39 打开硬件组态软件 Hardware

5）在组态过程中，添加的 GSD 要与其硬件的订货号相一致，IO 控制器的组态画面如图 5-40 所示。

① 首先添加机架 UR（在 RACK-300 里面双击 Rail）。

② 在槽1中添加PS电源。

③ 在槽2中添加具体型号的CPU单元。

④ 注意槽3要预留，用于扩展机架模块。

⑤ 从槽4开始按实际硬件顺序添加扩展模块，例如SM、CP模块。

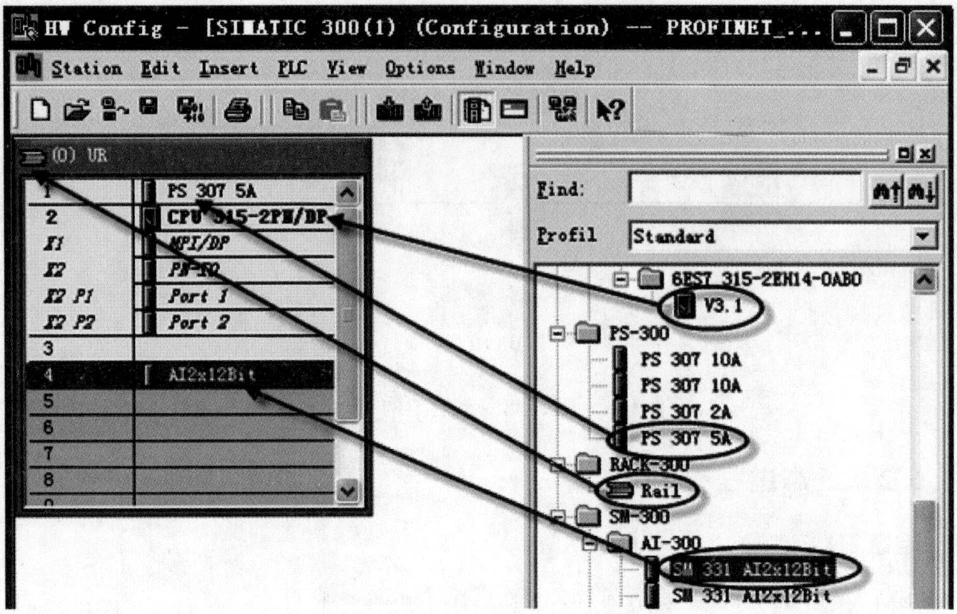

图5-40 CPU315-2PN/DP的组态画面

6）用鼠标双击机架中CPU的PN-IO槽，在弹出的属性对话框中可以修改设备名字，并单击Properties按钮，在弹出的新对话框中可以设置IO控制器的IP地址和子网掩码。IP地址默认为192.168.0.1，在本例中设置为192.168.0.10，子网掩码为255.255.255.0。新建一个PROFINET网络。IO控制器的参数设置如图5-41所示。

注意：IO控制器的名字必须在组态中修改，最好不要采用默认分配，在下载组态后，控制器的名字通过组态分配。

7）插入一个PROFINET-IO-System：先单击机架中CPU的PN-IO槽，然后单击菜单Insert插入一个PROFINET-IO-System，如图5-42所示。

2. 组态IO设备

1）BK9103设备：先在右侧GSD目录PROFINET IO中的Additional Field Devices/I/O/BK Device中将BK9103的GSD拖拽到PN网络总线上。然后单击其总线上的图标，在下面相应槽内组态其模块（注意：组态的模块顺序要与实际位置一致）。图5-43为BK9103的组态画面。

2）其他IO设备的组态过程与BK9103的相似，重复1）的组态过程，完成WAGO公司的WAGO750-370、SIEMENS公司的SCALANCE-X208和ET200M的组态。

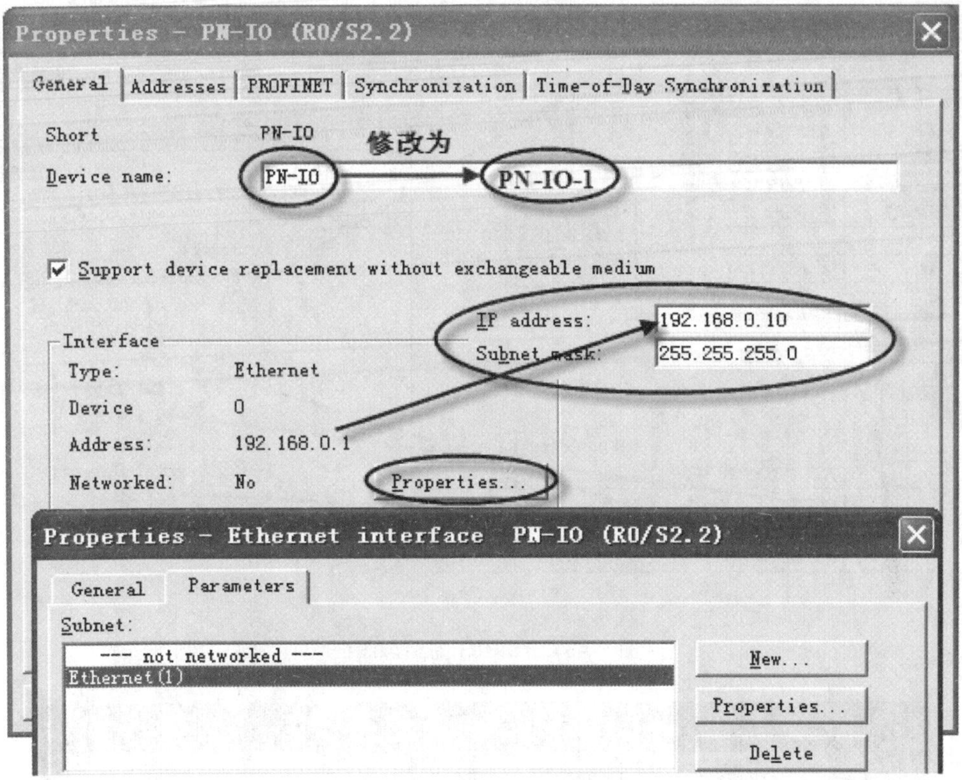

图 5-41　IO 控制器的参数设置

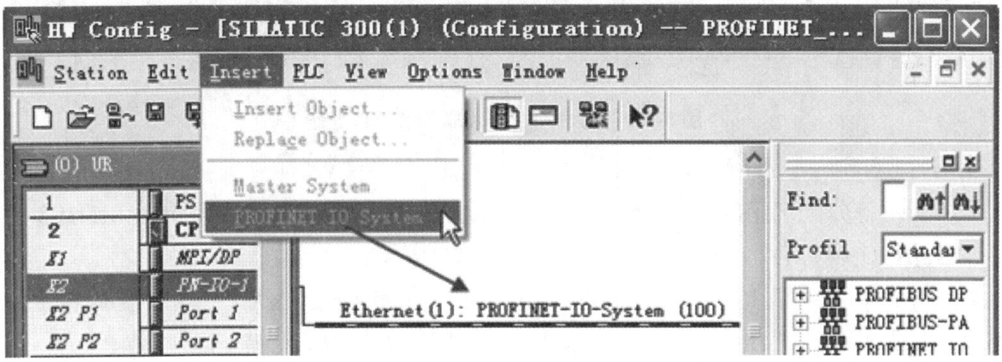

图 5-42　插入 PROFINET-IO-System

3. 分配 IP 地址

为 IO 设备分配 IP 地址：IO 设备分配 IP 地址的方法以 BECKHOFF 公司的 BK9103 举例说明，其他 IO 设备的 IP 地址设定方法与这个设备的相同。操作如下：双击网络上的 BK9103 的图标，单击弹出对话框中的 Ethernet 按钮，新弹出的对话框中可以设定 IO 设备的 IP 地址。设定此设备的 IP 地址为 192.168.0.11。待组态完毕后下载到 CPU 中即可将此 IP 地址分配给 BK9103 设备（特别注意：整个以太网网络中的 IP 地址不能冲突）。图 5-44 是为 BK9103 设备分配 IP 地址。

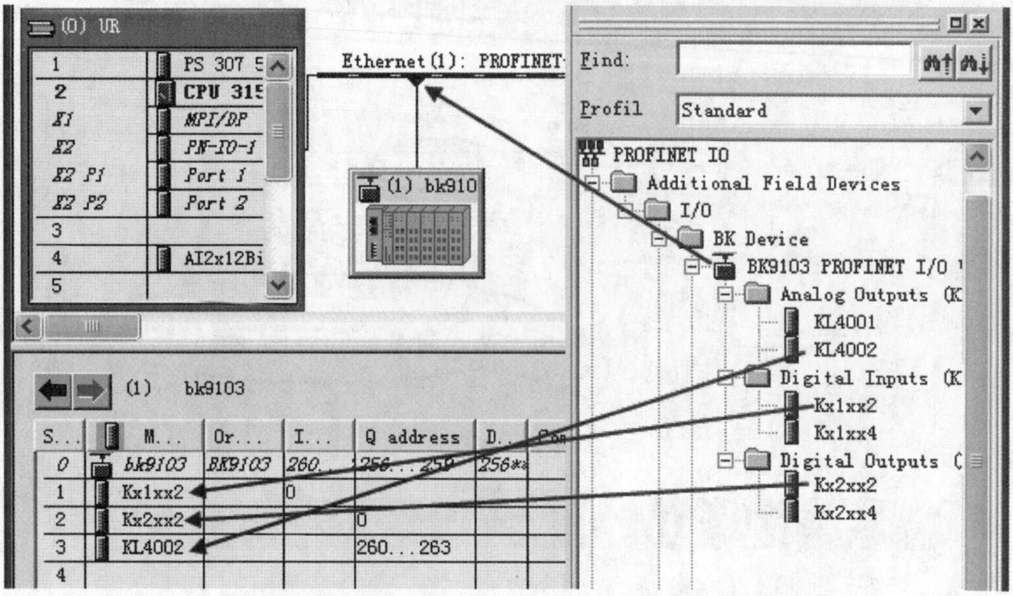

图 5-43　BK9103 的组态画面

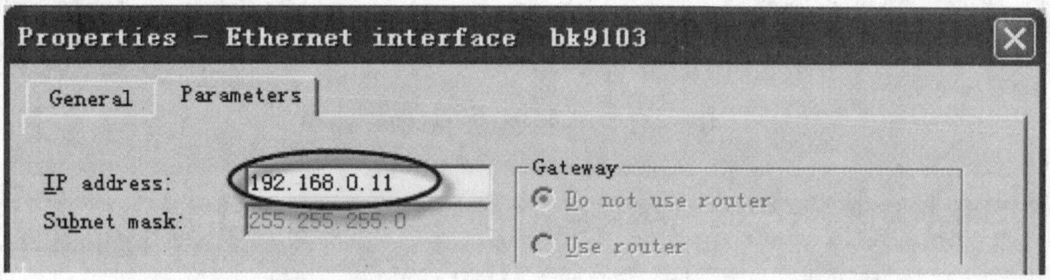

图 5-44　为 BK9103 设备分配 IP 地址

4. 分配名字

给 IO 设备分配名字：IO 设备的名字分配方法也以 BECKHOFF 公司的 BK9103 举例说明，其他 IO 设备名字的分配方法与这个设备的相同。

1）首先双击网络上的 BK9103 的 GSD 图标，在弹出的对话框中修改设备名字。如图 5-45 中所示，在“Device Name”一栏将 bk9103 修改为 bk9103-1。

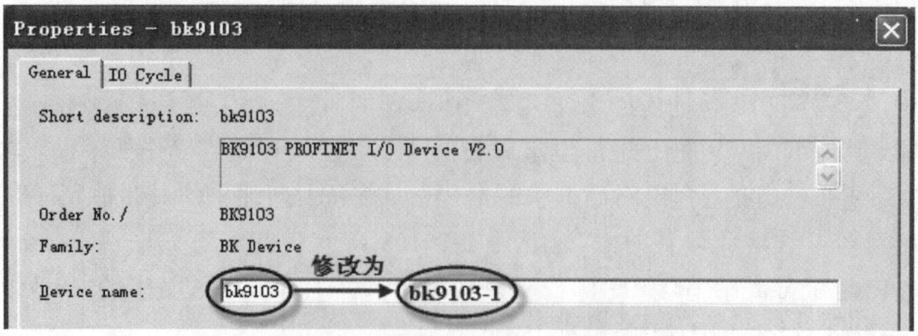

图 5-45　在组态中修改 bk9103 设备的名字

2）单击菜单“PLC \ Ethernet \ Assign Device Name”，打开在线分配设备名字的对话框，如图 5-46 所示。

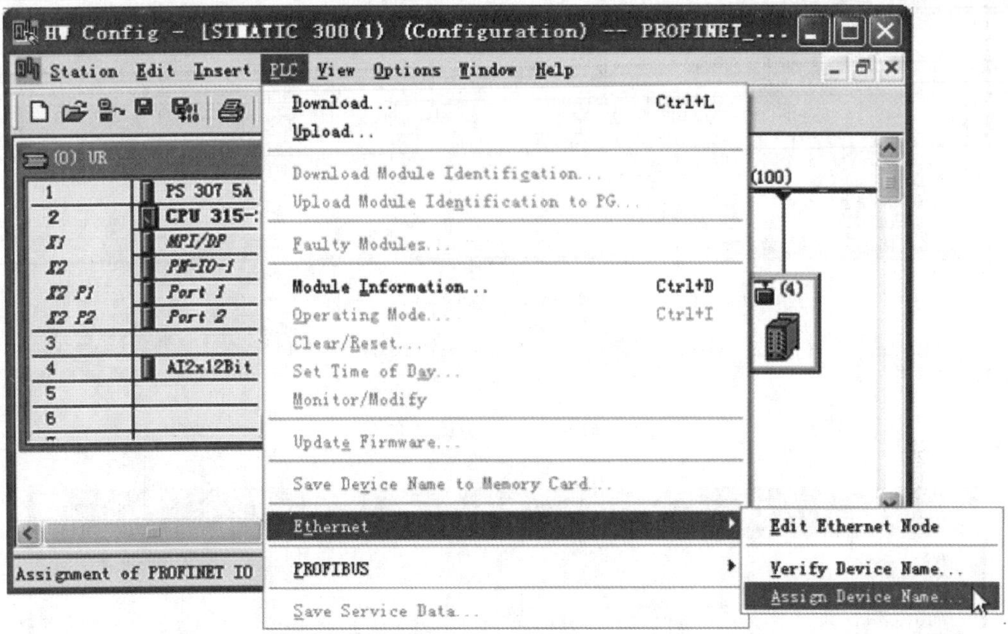

图 5-46　分配设备名字的菜单选项

注意：

① 在线分配设备名字时，要设置通信协议为 TCP/IP，否则组态软件和设备无法通信。

② 在进行设备名字分配和下载组态时，计算机的 IP 地址要与设备的 IP 在同一个网段，即 IP 地址的前三个字节数据必须保持一致，否则会出现操作失败提示。

3）选择修改过的名字 bk9103-1 和相应的设备（通过 MAC 地址和设备类型描述区分或者通过点击 Flashing on 按钮可以看到相应设备上两个指示灯同时闪烁），单击 Assign name 即可完成设备名字的分配。其他 IO 设备名字的分配也是按照同样的方法来完成。图 5-47 所示为在线分配设备名字。

注意：组态中设备的名字要与其在线分配的名字相一致，否则会报错。

4）确认组态中设备的名字与其在线分配的名字是否一致，单击菜单“PLC \ Ethernet \ Verify Device Name”进行查看，如图 5-48 所示。

5. 下载组态

组态完成后保存编译组态信息并将其下载到 IO 控制器中。选择 TCP/IP 下载方式，点击图标 下载。

5.6.3　系统运行

下面编写一段简单程序来说明 PROFINET 系统的运行。

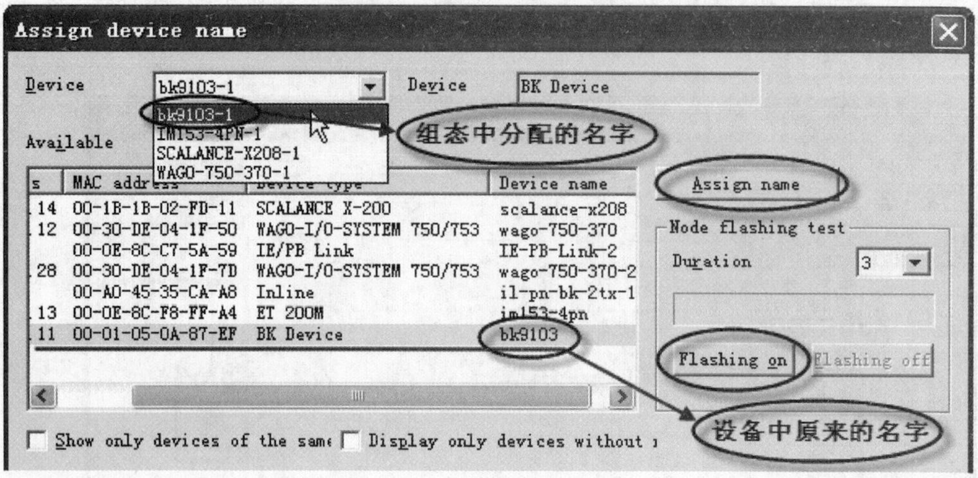

图 5-47 在线分配设备名字

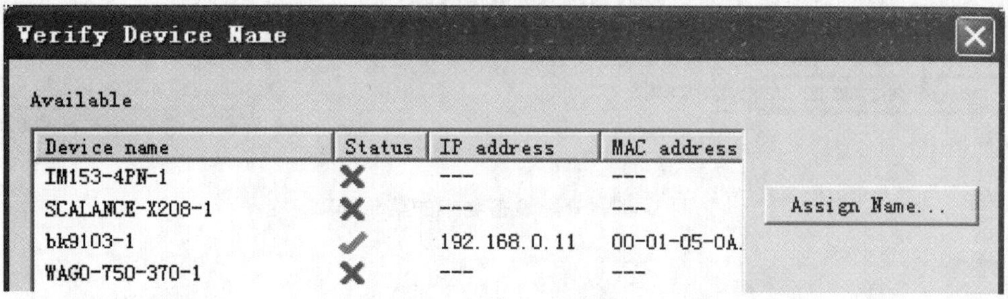

图 5-48 确认组态中设备的名字与在线分配的名字是否一致

通过 WAGO750-370 设备上的 I1.0 控制自身的 Q2.0，并且使用定时器 T5，延时 5s 控制 BK9103 设备上的 Q0.1；同时通过 WAGO750-370 设备的模拟量输入通道采集数据存放到 DB11 中，进行处理后通过 BK9103 的模拟量输出通道输出。两个设备的地址分配情况如图 5-49 所示，DB11 中的地址分配情况如图 5-50 所示。

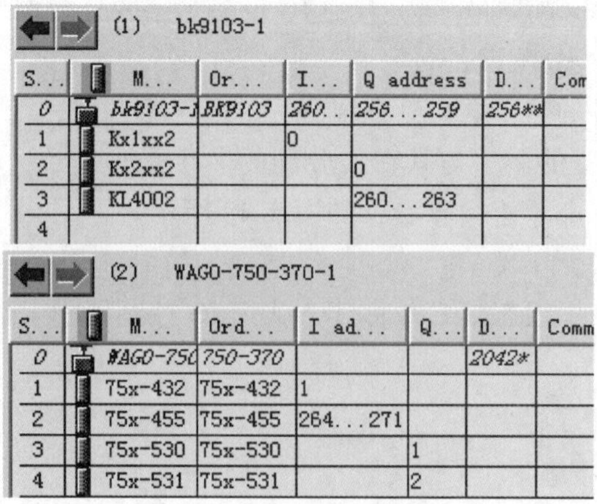

图 5-49 设备地址分配情况

Address	Name	Type	Initial value
0.0		STRUCT	
+0.0	DB_VAR	INT	0
+2.0	caishu1	DWORD	DW#16#0
+6.0	caishu2	WORD	W#16#0
=8.0		END_STRUCT	

图 5-50　DB11 中地址分配情况

使用 STEP7 中的 LAD 语言在组织块 OB1 中编制一段包含 IO 设备数字量输入（连接按钮开关的输入端）和 IO 设备数字量输出（连接有指示灯输出的端子），模拟量输入（模拟量输入端连接信号源）和模拟量输出（可以观察模拟量输出端的数据）的程序，实现上述的功能，并需要在 DB11 中为相应存储单元分配地址。程序设计如图 5-51 所示。

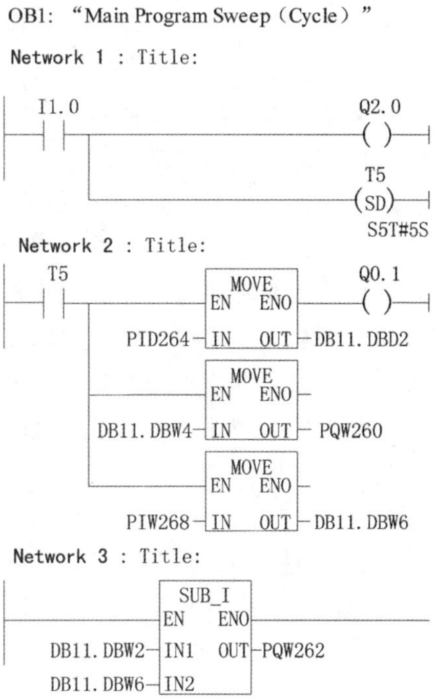

图 5-51　简单程序设计举例

程序解析：当连接 I1.0 的按钮开关按下时，I1.0 接通，Q2.0 有输出点亮第一个指示灯，同时触发 T5 开始计时；5s 计时时间到，T5 的常开触点闭合，Q0.1 有输出点亮第二个指示灯，同时模拟量输入 PID264 将采集的数据传送给 DB11.DBD2 并存储，存储在 DB11.DBW4 中的数据通过模拟量输出 PQW260 进行输出，模拟量输入 PIW268 将采集的数据传送给 DB11.DBW6 并存储；最后将存储在 DB11.DBW2 中的数据减去 DB11.DBW6 中的数据并将结果通过 PQW262 输出，完成了数据的采集、处理和输出。

程序编写完成，检查无误后，将其下载到 CPU315-2PN/DP 中。前面组态信息已下载，此时只需下载程序块。在 SIMATIC Manager 主界面中，选中 Blocks，然后点击图标下载，如图 5-52 所示。

下载完成后，PLC 开始运行程序，进行在线调试。打开 OB1，在 OB1 的菜单栏中点击图标进行在线监视程序的运行，然后手动控制按钮开关，观测输出是否按程序要求的结果运行，模拟量的数据也可以在变量表中进行在线监测。

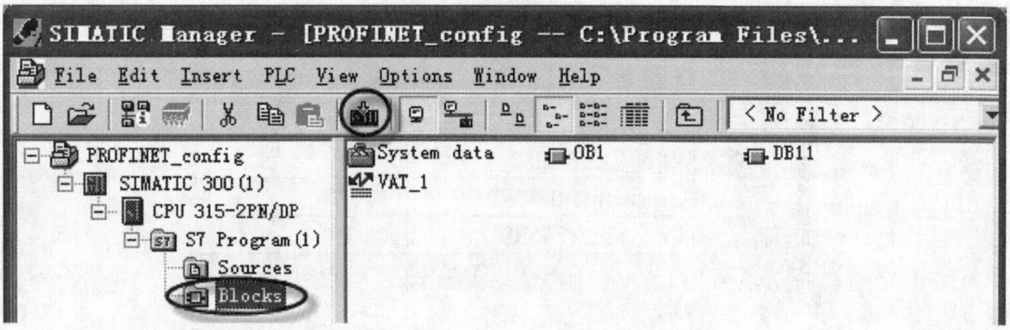

图5-52　程序块的下载

本章小结

实时工业以太网将会是未来工业控制网络的主体，但我们必须对两个问题有清晰的认识：①在工业控制网络领域，工业以太网还代替不了现场总线技术，所以现场总线技术还将作为主角在工业控制网络中使用下去；②实时工业以太网的国际标准也不可能统一到以某个公司的某一种技术为主的平台上，从而来避免多标准的混乱现状。所以未来相当长的时间内，可能是现场总线技术和实时以太网共存的局面，而且仍然是主流的现场总线技术和实时以太网技术占据市场的主导地位。

实时工业以太网技术的基础是以太网和TCP/IP。本章首先介绍了这两种技术的基本概念，并对相关知识进行了重点讲解。

工业以太网使用的是IEEE 802.3U（已并入IEEE 802.3）快速以太网（100Mbit/s）技术，仍然基于CSMA/CD介质访问方式。但消除了竞争的全双工以太网、IEEE 802.1Q虚拟局域网VLAN，以及规定了优先级的IEEE 802.1P为改善以太网的实时性和确定性提供了解决方案。

TCP/IP是网络通信协议中事实上的国际标准，它在世界范围内得到普遍应用，拥有众多的成熟技术，这些为其应用于工业网络提供了充分的理由。

PROFINET IO和PROFIBUS DP在使用上有非常多相似的地方，但在系统刷新周期、等时同步技术IRT的应用、系统故障诊断等方面，PROFINET有着不可比拟的优势。

由于PROFINET与PROFIBUS是完全不同的两种技术，所以PROFINET的安装技术也有很大不同。PROFINET网络基础基于交换机技术，其典型拓扑结构为星形连接，也不需要终端电阻。与PROFIBUS相同的地方是FC系统同样也适合于PROFINET，另外电缆安装规范也相同。

习题和思考题

1. 简述以太网的产生和发展历史。
2. 说出100BASE-TX、100BASE-FX所表示的意思。

3. 什么是 4B/5B 编码？其映射规则是如何确定的？为什么？

4. 为什么在 100BASE-TX 中使用 MLT-3？其编码规则是什么？

5. 一个数据序列为 1001101000111011，试绘出其对应的 NRZI、MLT-3 编码的信号波形（假设起始电平为 0）。

6. Ethernet Ⅱ 以太网帧由哪些部分组成，其长度分别是多少？

7. MAC 地址的作用是什么？它是如何组成的？

8. PI 的 PROFINET 设备的 MAC 地址是什么？生产规模大小不同的厂商如何为自己的 PROFINET 产品分配 MAC 地址？

9. 通过哪些改进的技术提高了以太网的实时性和确定性？这些技术对应的国际标准编号是什么？

10. 试解释以太网中自协商和自动交叉等功能的特点。

11. 试解释集线器、网桥、交换机和路由器的作用和特点。

12. 共享式网络和交换式网络最大的区别是什么？

13. 试叙述 TCP/IP 模型和 ISO/OSI 模型的主要区别。

14. 试简述 IP、TCP、UDP 的作用和特点。

15. IP 地址由哪些部分组成？IP 地址是如何分类的？

16. 为什么要使用子网掩码？

17. 端口的作用是什么？

18. SOCKET 的作用是什么？

19. 什么是工业以太网？什么是实时工业以太网？

20. PROFINET IO 和 PROFIBUS DP 的主要区别体现在哪些方面？

21. 在未来的发展过程中，PROFINET 和 PROFIBUS DP 在工业自动化领域的应用中，大概会形成什么样的市场辩证关系？

22. PROFINET 的 GSD 文件和 PROFIBUS 的 GSD 文件，其最大区别是什么？

23. PEOFINET IO 的主要设备类型有哪些？

24. 按一致性分类，PROFINET 设备分哪几类？每种类型的主要功能有哪些？

25. PROFINET 的拓扑形式有哪些？典型的拓扑结构是什么？

26. PROFINET IO 的连接器主要有哪些类型？

27. PROFINET 电缆中有几对线？每对线的作用是什么？是按什么颜色区分的？

28. 使用 FC 技术的好处是什么？

29. 在 PROFINET 实时控制中，对使用的交换机有什么要求？

第6章　PROFINET 技术

本章首先讲解 PROFINET 的实时通信技术，然后重点讲解 PROFINET IO 技术，最后介绍 PROFINET CBA 技术。

6.1　PROFINET 实时通信技术

6.1.1　通信等级

在工业控制过程中，不同的应用对象对通信的实时性要求也不同。比如一些过程参数的设定值、报警上下限设定值就没有特别的实时性要求；实际过程参数采样值和控制值除了进行循环更新外，还必须满足一定的实时性（一般要求小于 10ms）要求。对运动控制系统来说，对实时性的要求更高，并且对抖动时间（Jitter）也有要求。在这种情况下，必须采用等时同步控制方式才能解决问题。实时工业以太网技术必须满足自动化控制网络的所有要求，即：

1）小数据量的高效、高频率的数据交换；

2）实时通信；

3）等时同步；

4）现场总线的线形网络结构。

PROFINET 基于以太网通信标准，并把它改造为可进行缩放的模型，对不同的应用采取不同的通信方案，非常巧妙地解决了在同一个系统中满足所有不同级别实时通信要求的问题。其通信性能等级如图 6-1 所示，采用的技术和具体应用场合是：

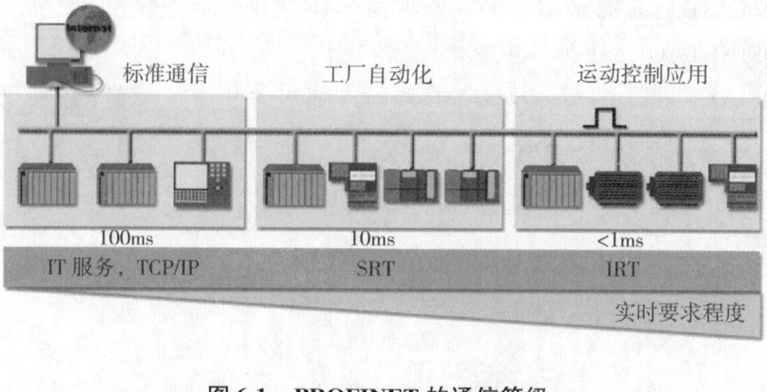

图 6-1　PROFINET 的通信等级

1）使用 TCP/UDP 和 IP，解决非苛求时间的数据通信，如组态和参数赋值；

2）使用软实时（SRT）技术，解决苛求时间的数据通信，如自动化领域的实时数据；

3）使用等时同步实时（IRT）技术，解决对时间要求严格同步的数据通信，如运动控制。

虽然 100Mbit/s 以太网的速度比 PROFIBUS 高一个数量级，但真正的数据传输速度在很大程度上受以下几个因素的影响：

1）数据终端的本地实现类型及方式；

2）网络拓扑结构；

3）所用网络组件的特性，例如交换方式（直通式或存储转发）或协议的优先级等。

在 PROFINET 中，PROFINET CBA 采用 TCP/IP（非实时）和实时通信（RT），它允许时钟周期由 TCP/IP 的 100ms 量级提升到 RT 的 10ms 量级，从而更适合于 PLC 之间的通信。PROFINET IO 采用 RT 交换数据，其时钟周期达到了 10ms 量级，非常适合于在工厂自动化的分布式 I/O 系统中应用。等时同步实时通信 IRT 能够使时钟周期达到 1ms 量级，所以其适合于运动控制系统使用。

PROFINET CBA 包含了 TCP/IP 和 RT 两种通信方式，而 PROFINET IO 则包含了 UDP/IP、RT 和 IRT 通信技术。

6.1.2 通信通道模型

1. 数据更新过程

PROFINET 中的通信采用的是提供者和消费者方式，数据生产者（比如现场的传感器等）把信号传送给消费者（比如 PLC），然后消费者根据控制程序对数据进行处理，再把输出数据返给现场的消费者（比如执行器等），数据更新的过程如图 6-2 所示。

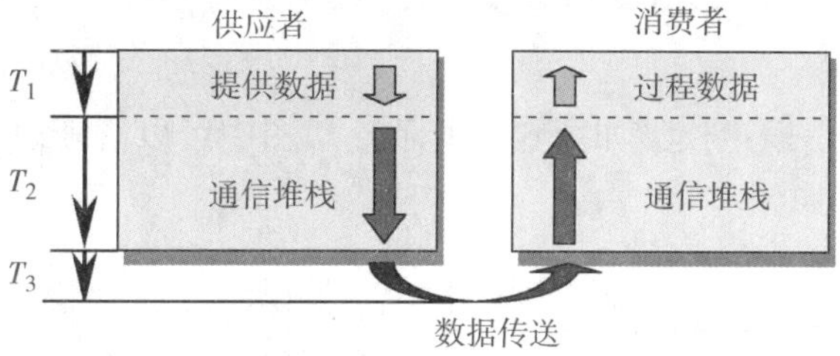

图 6-2 PROFINET 中数据更新过程及影响因素

下面分析一下影响数据循环周期的因素，以及提高响应速度（缩小循环时间）的方法。图 6-2 中的 T1 是数据在提供者处检测采集和在消费者处进行处理的时间，属于循环时间的范围，这段时间与通信协议无关；T2 是数据通过数据提供者一端的通信栈进行编码和消费者一端通信栈进行解码所需要的时间；T3 是数据在介质上传输所需要的时间。一般来说，对于 100Mbit/s 的以太网，T3 这段时间几乎可以忽略不计。由此看出，解决工业以太网实时性的关键技术就是减少数据通过通信栈所占用时间。

2. 对协议栈的改造

针对影响实时性的关键因素，在实时通信中，PROFINET 对通信协议栈进行了改造。TCP/IP 或 UDP/IP 都不能满足过程数据循环更新时间小于 10ms 的要求，对以太网中影响实时性和确定性的因素也必须改进才能满足工业自动化领域的要求。在 PROFINET 实时通信技术中，抛弃了 TCP/IP 部分，使帧的长度大大减少，通信栈需要的时间也缩短了，从而发送周期可以变短。它采用了 IEEE 802.3 优化的第 2 层协议，由硬件和软件实现自己的协议栈，从而实现了不同等级要求的实时通信。由于没有使用第 3 层协议，所以失去了路由功能。但借助于 MAC 地址，PROFINET 实时通道保证了不同站点能够在一个确定的时间间隔内完成对时间要求苛刻的数据传输任务。PROFINET 非实时和实时通信过程的数据封装过程如图 6-3 所示。

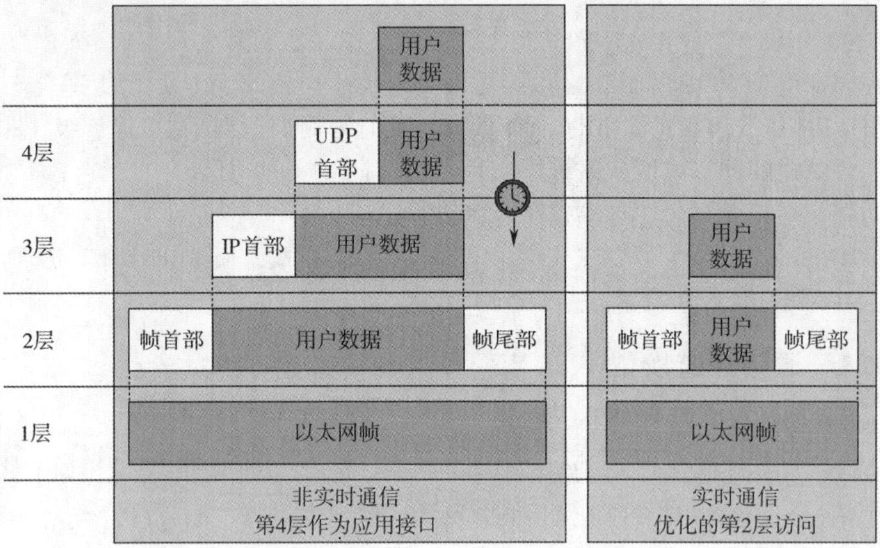

图 6-3 PROFINET 对协议栈的改造

3. 通信通道模型

PROFINET 的通信通道模型如图 6-4 所示。从图中可以清晰地看出非实时通道和实时通道的构成。

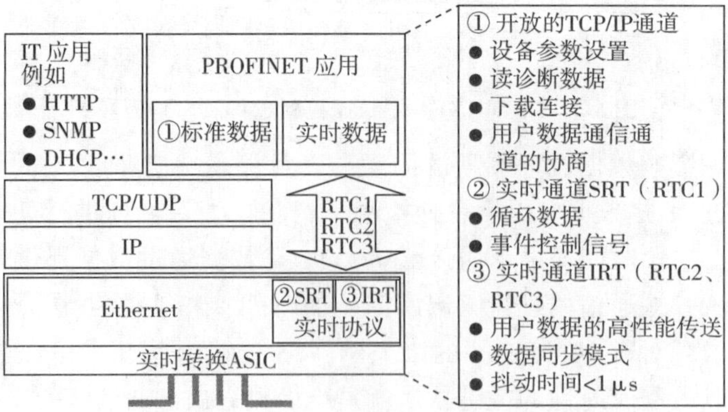

图 6-4 PROFINET 的通信通道模型

在图 6-4 中，标准 IT 的应用层协议可用于 PROFINET 和 MES、ERP 等高层网络的数据交换，开放的标准 TCP/UDP/IP 通道可用于设备的参数化、诊断数据读取等。实时通道 SRT 用于高性能的数据通信，如循环数据传输和事件控制信号等。等时同步实时通道 IRT 用于抖动时间小于 1μs 的等时模式。

PROFINET 实时协议保证了周期数据和控制消息（报警）的高性能传输。PROFINET 的实时功能有 RT 和 IRT，分为三种实时类型（Real Time Category，RTC）。

RTC1，即 RT。适合周期性数据传输，可以满足大部分工厂自动化的应用要求。不需要特殊的硬件支持，对所有交换机没有特殊要求。具有实时通信（RT）功能的 PROFINET IO 是集成 I/O 系统的最优解决方案。该解决方案也可使用设备中的标准以太网以及市场上可购买到的工业交换机作为基础架构部件。

RTC2 和 RTC3 都是 IRT，需要特殊的硬件支持，分别用于实现高性能的控制任务和运动控制任务。

6.1.3 循环数据交换原理

PROFINET 的实时协议按照提供者/消费者（或发送器/接收器）模型进行实时数据传输。PROFINET 中的 IO 控制器和 IO 设备既可以作为提供者，也可以作为消费者。循环数据由提供者以固定的间隔发送给消费者，传输时数据未经保护，也不需要消费者确认。消费者在规定的监视时间内未收到任何数据，则会向应用传递一个相应的差错报文。PROFINET 循环数据交换的原理如图 6-5 所示。

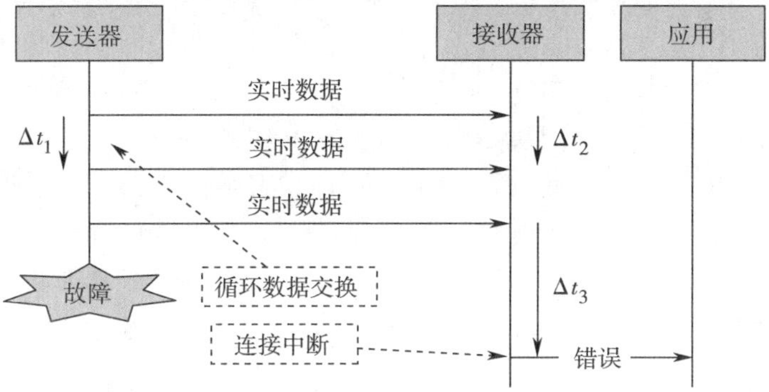

图 6-5 PROFINET 循环数据交换原理示意图

PROFINET 循环数据交换遵循下列规则，这也是提供者/消费者模型的通用规则：

1）循环数据交换是面向连接的，其连接建立和释放由较高层次的协议来完成。

2）在该通道上，提供者不会接收消费者的确认信息，也不会接收差错信息。在另外一个相反的通道上，它可以收到一个隐含的确认信息。

3）只有长度未超过以太网数据包总长度（包括所有的协议首部）的报文才能在提供者和消费者之间传递，所以循环实时数据交换不支持数据的分段和合段（再组装）。

4）在提供者和消费者上，数据的用户接口以缓冲模式进行操作。如果提供者的应用刷新速率大于发送间隔，则传送给消费者的值不一定就是全部的最新值；如果提供者的应用刷新速率小于发送间隔，则传送给消费者的值是其全部的最新值。

5）几个时间概念。

① 必须为每个提供者指定更新发送时间间隔 Δt_1。该值必须是一个适当的最小值，但不能比所允许的值小。它可以是一个较大的值。

② 每个消费者规定提供者的控制时间间隔，消费者使用 Δt_2 监视提供者事先定义好的数据的常规传送。此间隔可以和 Δt_1 存在一定的对应关系。

③ Δt_1 和 Δt_2 由组态及相应设备的特性决定。

④ 消费者通过监控时间间隔 Δt_3 来监控数据的收到情况。一般来说 Δt_3 和 Δt_2 的关系为 $\Delta t_3 = n\Delta t_2$。当监控时间超过 Δt_3 时，消费者就要向应用传递相应的出错报文。

6.1.4　等时同步实时通信

在运动控制系统中，RT 方案还远远不够。运动控制系统要求循环刷新时间小于 1ms，循环扫描周期的抖动时间不大于 1μs。为此，PROFINET 在快速以太网的第 2 层协议上定义了基于时间间隔控制的传输方法 IRT；另外，PROFINET 的同步使用 PTP 实现，而且对其进行了扩展，从而实现了更高的时间控制精度和更好的同步。

1. PTP

要满足运动控制对实时性的要求，必须使参与控制的各个节点的时钟准确同步，以便使网络各节点上的控制功能可以按一定的时序协调动作。也就是说网络上的各节点之间必须有统一的时间基准，才能实现动作的协调一致。

IEEE 1588 定义了一种精确时间协议（Precision Time Protocol，PTP），它的基本功能是使分布式网络内各节点的时钟与该网络的基准时钟保持同步。在由多个节点连接构成的网络中，每个节点一般都有自己的时钟。IEEE 1588 精确时间同步是基于组播通信实现的。根据时间同步过程中角色的不同，该系统将网络上的节点分为主时钟节点和从时钟节点。提供同步时钟源的时钟为主时钟，它是该网段的时间基准。而与之同步、不断遵照主时钟进行调整的时钟称为从时钟。一个简单系统包括一个主时钟和多个从时钟。一般来说，任何一个网络节点都可以担任主时钟或从时钟，但实际上主时钟由精度最高的节点担任。从时钟通过周期性地交换同步报文实现和主时钟之间的同步。

在需要精确同步的 IRT 通信中，PROFINET 使用基于 IEEE 1588 的精确透明时钟协议（Precision Time Clock Protocol，PTCP），通过周期发送的 Sync 同步帧和启动时使用的 FlollowUP 帧、DelayReq 帧、DelayRes 帧，自动精确地记录传输链路的所有时间参数，包括确定线路上的延迟、发送方和接收方发送装置的延迟等，从而实现系统同步。建立同步网络是由 PROFINET 中的 ASIC（专用集成电路）实现的。IO 控制器一般作为主时钟节点。

2. IRT 通道

网络环境下的通信实时控制，除严格的同步外，各节点的通信调度与媒体访问控制方式必须具有严格的确定性，以保证对时间要求苛刻的控制任务的完成。在传输 IRT 帧时，有可能发生 RT 帧塞入，会造成 IRT 数据的一定抖动。PROFINET 使用一种间隔控制器把传输周期分成不同的区间，实现了严格的 IRT 数据传输的确定性。如图 6-6 所示，在 IRT 的循环周期中，时间被分成两部分，即时间确定的等时通信部分和开放的标准通信部分。对时间要求苛刻的实时数据在时间确定性通道中传输，而对时间要求不高的数据（如 RT、UDP/IP 报文）在开放性通道中传输。IRT 通道就像专门留给实时数据的专用高速公路，即使它处于空闲状态，别人也不能使用。

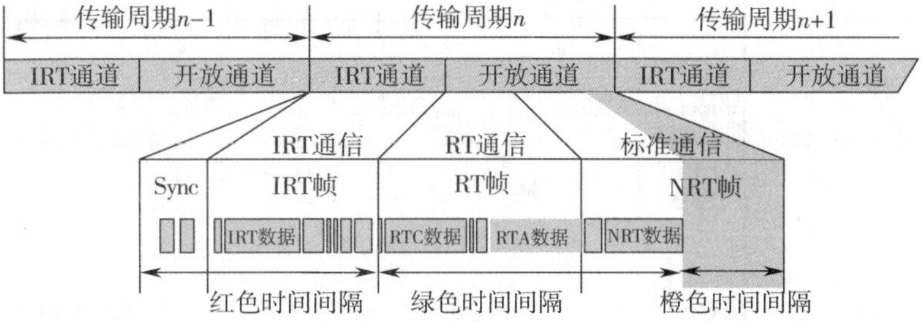

图 6-6 IRT 总线循环时间分配示意图

在图 6-6 中，有：

1）**红色时间间隔** 传输 IRT 帧（RTC3、RTC2 帧）的时间间隔。时间间隔的大小由站点数和周期数的多少决定。无苛刻时间要求的帧被 ASIC 缓存下来，直到绿色时间间隔开始传送。

2）**绿色时间间隔** 传输 RT 帧（RTC1 帧，包括循环实时数据 RTC 和非循环实时数据 RTA），以及遵照 IEEE 802.1P 分配了优先级的非实时帧（NRT 帧）。携带优先级的 NRT 帧的传输时间不能持续到橙色时间间隔。

3）**橙色时间间隔** 该时间间隔内只能发送 NRT 帧，其传输任务在传输周期结束前终止。该时间间隔必须足够大，以使至少一个具有最大长度的以太网帧能够得到完整的传输。

等时同步数据传输的实现基于硬件，具备此功能的 ASIC 具有针对实时数据的循环同步和数据间隔控制功能。基于硬件的实现方案能够满足极高的顺序精度控制要求，同时也释放了承担 PROFINET 识别通信任务的 CPU 的负担。

3. 等时控制

如图 6-7 所示，对 I/O 信号而言，输入信号需要从 IO 设备中采集，经过在设备中的背板总线传输周期，准备在 IRT 周期开始时在 PROFINET 中传输；经过 IO 控制器将应用程序处理后得出的输出信号经过 PROFINET 网络传输给相应的 IO 设备后，也要经过其设备中的背板总线传输周期，然后到达输出点输出。不同的 IO 设备，不同的参与同步控制的 I/O 点，如何实现

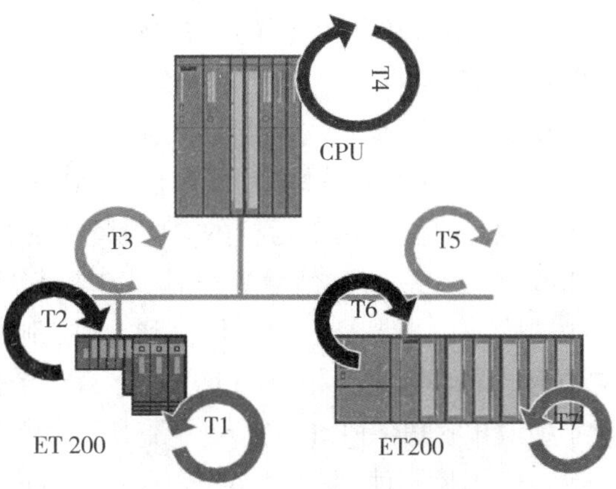

图 6-7 I/O 信号在网络中的传输过程

精确的“同时输入采样”和“同时输出刷新”的呢？

图6-8所示为等时模式的处理过程（和国际标准中的叙述相比，对图6-8以及下面的概念进行了简化处理）。

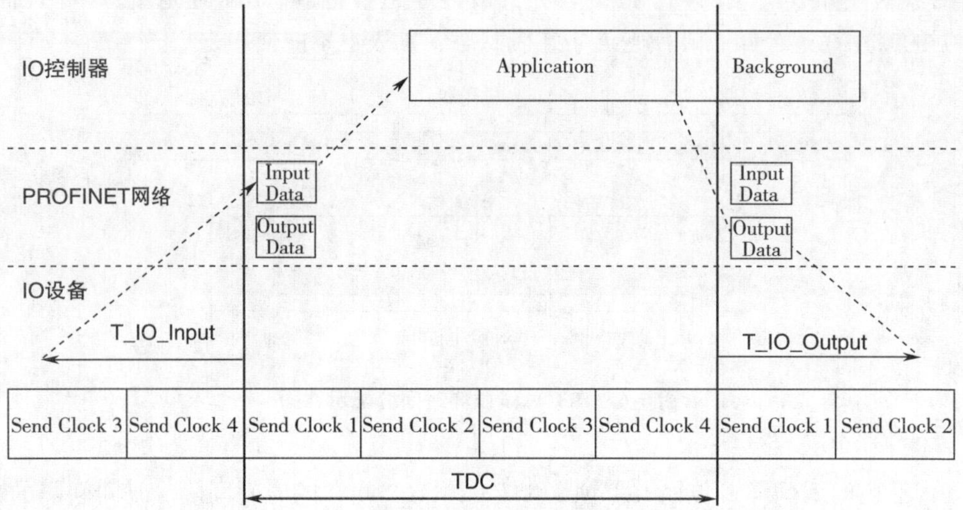

图6-8　等时模式工作过程

T_IO_Input（Time IO Input）：获取设备输入信号的时间，包括最小的信号准备时间、电子模块转换时间、背板总线的传输时间。一般来说，T_IO_Input的选择对于所有的输入模块都是相同的，以最慢的模块为基准来定义该时间。

T_IO_Output（Time IO Output）：设备获取输出信号的时间，包括所有节点的循环数据传输的最短时间，以及设备背板总线传输时间、信号准备时间和电子模块转换时间。

TDC（Time Data Cycle）：应用数据周期时间，包括用来传送输入和输出的等时同步数据周期的所有部分。

在PROFINET中，抖动控制是通过“等距”的概念实现的。

IO控制器在所选择的段（Phase）内通过发送时钟（Send Clock）来决定同步化点。关于发送段和发送时钟的概念将在下一节讲解。

PROFINET使用具有等距功能的SYNCH Event服务向IO设备的应用指出已经开始了一个新的等时同步发送周期，该模式服务同时也能表明是否接到了一个有效的Sync同步帧。参与等时同步模式功能的所有IO设备，通过SYNCH Event来同步其输入和输出行为。以等时同步模式运行的IO设备中的状态机关系如图6-9所示。

当SYNCH Event的信号到来时，IO控制器集中读取上一个扫描周期所有最新的同步域中的输入信号，经过网络传输到IO控制器，再经过应用程序计算后，把最新的输出结果通过网络传输到相应的IO设备，同步域中各设备最新的输出结果在下一个循环周期集中输出。PROFINET实现了要求最为严苛的等时控制功能。

等时应用控制使用的“Global Cycle Counter”时基为1ns，可控制来自SYNCH Event.ind的信号精度达到小于1μs，满足了抖动小于1μs的等时实时控制的要求。

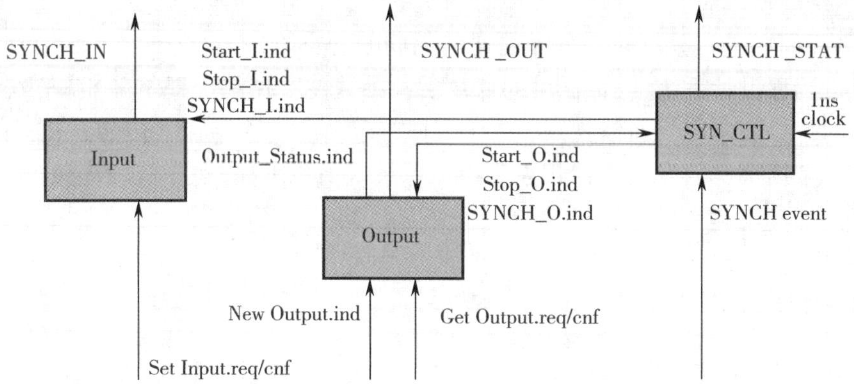

图 6-9 以等时同步模式运行的 IO 设备中的状态机关系

4. IRT 的分类

IRT 分为两种：一种是 IRT High flexibility（高度灵活性），即实时类型 2（RTC2）；另一种是 IRT Top performance（顶级性能），即实时类型 3（RTC3）。

（1）IRT High flexibility

数据通过预留的带宽部分传输，所以需要使用特殊的交换机，但在组态时不需要对通信进行路径规划。它不是等时控制系统。其应用介于工厂自动化和运动控制之间，既可以保证数据的实时通信，也可以保证具有足够的确定性。其主要应用场合有

1）I/O 生产数据通信的大量应用要求极高性能和确定性时；

2）线形网络拓扑结构中，许多节点的 I/O 生产数据通信要求极高性能时；

3）有大量 TCP/IP 的数据和生产数据一起并行传输时。

当设备或网络故障，以至于同步功能不能完成时，IRT High flexibility 会自动降级转换为 RT 通信。

由于 RTC2 的帧不需要事先规划，所以必须对 IRT 的预留通道保留一些余量，但这样会造成带宽达不到最佳的利用，数据循环时间也不十分准确。

（2）IRT Top performance

IRT Top performance，适合运动控制应用的周期性数据传输，但需要使用特殊的交换机，在组态时需要对通信进行调度。它除了具有 RTC2 的功能外，还具有优化带宽的作用。配合等时功能，可以完成对时间要求苛刻的运动控制任务。

与 RTC2 相比，RTC3 在组态时，必须有一个清晰的通信规划，这需要在系统组态时完成。这是一种基于规划算法的优化任务，该算法需要几个主要输入参数：

1）网络拓扑；

2）传输路径中的通信节点的性能数据；

3）源节点和目的节点；

4）需要传输的数据量；

5）连接路径的组态属性（冗余传输等）。

通过相应的计算之后，每一个传输和每一个交换机都会获得如下输出数据：

1）接收位置（数据）和（或）一个或更多的发送器端口（数据）；

2）传送的精确时间点；

3）当对周期进行分割时，分配的通信周期的确定阶段。

在通过工程设计系统（Step7）的计算后，参数化数据将分配给各相应站点。

组态的拓扑信息用于通信规划，I/O数据在定义的传输路径上传输，每一个通信节点的每一个数据报文的发送和接收点都得以保证。所以RTC3可以对预留的带宽进行优化，使带宽的使用达到最佳。

6.2 PROFINET IO

6.2.1 概述

PROFINET IO的功能相当于PROFIBUS DP，非常适合应用在各种自动化系统中，特别是在制造业自动化系统中使用。虽然PROFINET和PROFIBUS是两种完全不同的技术，但在PROFINET IO中，使用了许多和PROFIBUS相同的术语和概念。

作为一种先进的工业控制网络，PROFINET IO可以做到：

1）容纳范围广：从小的设备、装置、子系统到复杂的网络系统都可以连接到PROFINET中；

2）提供了强大的实时循环通信功能；

3）可快速传输消息；

4）提供层次清晰的诊断信息；

5）快速检测和修正临时或永久性的错误；

6）启动时间短；

7）容易安装；

8）能够抵御极端的环境条件。

6.2.2 IO设备模型

1. 基本组成

在PROFINET IO中，设备模型增加了子槽的分级。这样使得设备地址的定义更加详细和灵活。

PROFINET IO设备的模型如图6-10所示。

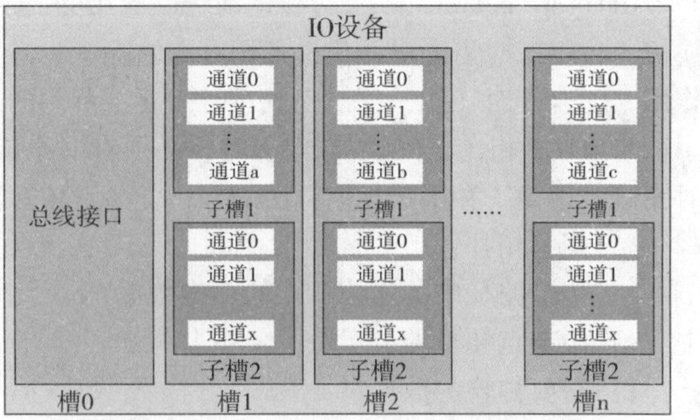

图6-10 PROFINET IO设备的模型

1）槽 描述了IO设备中硬件模块或逻辑单元等组件或功能的结构。槽模型是通过数字引用的抽象地址模型。实际的硬件模块或虚拟的功能单元可能占用多个槽。槽的设备特性在 GSD 文件中规定。

槽的编号为 0～32767（0x7FFF），之间可以有间隔，一个槽上可以有若干个子槽。

设备制造商可以定义某个特定的槽/子槽组合来表示该 IO 设备本身，它称之为设备访问点（DAP），DAP 在 GSD 文件中描述。一般使用槽号 0 和特定的子槽描述设备本身。

2）子槽　描述了槽中硬件单元或逻辑单元等组件或功能的结构。一个子槽上可以有若干个通道，这些通道可以是输入和/或输出数据元素的进一步细分。可以通过子槽号 1～32767 寻址子槽。

子槽号 0 与 AlarmType 中的“Pull”一起使用以寻址 IO 设备内的某个模块，即用来表示特殊情况“pull module”下的模块，这意味着“实际”子槽 0 不存在，且不应包含 IO 通道、诊断或记录数据。

模块通过槽来寻址，子模块通过子槽来寻址。模块和子模块都可以热插拔。IO 设备分为模块化设备和紧凑型设备，两者的区别是紧凑型设备（虚拟模块/子模块）对槽/子槽有固定的定义，且不允许修改。

3）通道　指定了具体的输入/输出数据的结构，它们可以是输入和/或输出数据元素的进一步细分。

IO 数据（通道）在槽/子槽内定义，在实际应用中，对通道的使用有两种方式：

① 一组通道作为一个整体单元来考虑，它们被指定给一个 IO 控制器。例如一个子模块上的 4 个通道组合在一起，分配给一个控制器。

② 每个通道可以单独操作，它们以比特级的模式指定给不同的 IO 控制器。例如一个子模块上的 4 个通道可以分别作为单独的对象指定给不同的控制器。

2. API

在应用进程环境中，一个应用可以被划分为若干部分，并被分布到网络上的若干台设备。每一个部分被称为应用进程（Application Process，AP）。一台设备可以有几个 AP。在此情况下，每个单一的 AP 用一个 AP 标识符（Application Process Identifier，API）来唯一地标识。每个 AP 应通过 API（x）（$0 < x < = $0xFFFFFFFF）来寻址。

每个 IO 设备应至少有一个 API = 0 的缺省 AP（Default AP），缺省 AP 提供与设备有关的信息。

应用进程概览如图 6-11 所示。

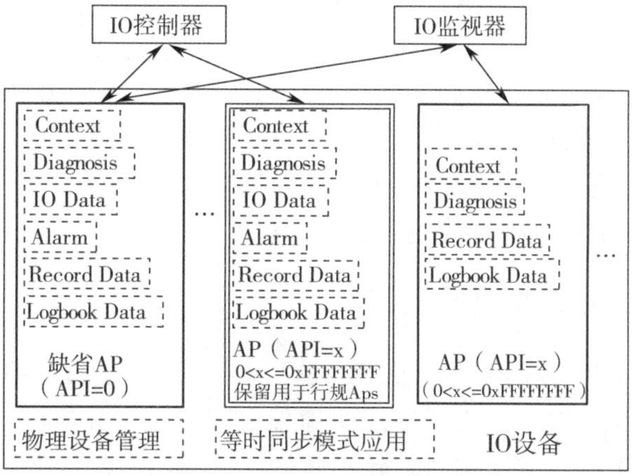

图 6-11　应用进程概览

一个 AP 可以被分布到几个槽和子槽。图 6-12 所示为 IO 设备的 AP、数据元素、槽和子槽之间的关系。这些灰色的逻辑框用以说明不存在“实际的”子槽 0。

子槽 0x8000 ～ 0x8FFF 应用来编址子槽上的接口和端口，它们可以分布在所有槽上，但在某个槽上不应存在一个子槽号的重复使用。子槽 0x8000 ~ 0x8FFF 仅在 API 0 中使用。

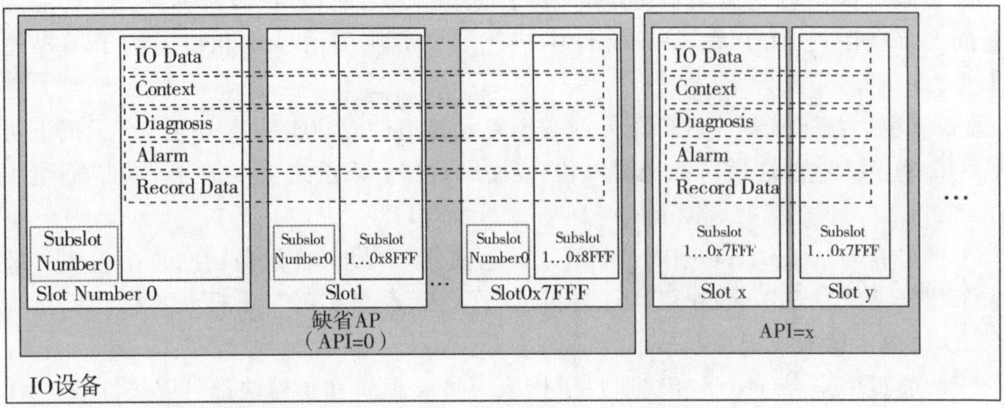

图 6-12　IO 设备中 AP、数据元素、槽和子槽的关系

另外，除了制造商和行规特定地址模型的使用外，索引 Index 0 ~ 0x7FFF 由设备制造商使用，用于在所寻址的 AP 范围内的用户特定记录数据元素。API 0 的索引是制造商特定的。

总结上述内容，可以看出，IO 设备是由下列元素分层组成的：

1）一个或多个 IO 设备；

2）每个 IO 设备实例包括一个或多个由其 API 引用的应用进程；

3）每个 API 包括一个或多个槽；

4）每个槽包括一个或多个子槽；

5）每个子槽包括一个或多个通道。

6.2.3　数据元素

PROFINET 中有三种数据元素：

1）**IO 数据**　通过确定的设备、槽、子槽和通道来引用，用于输入/输出数据的循环交换。

2）**记录数据**　包括参数化、诊断信息、运行日志、组态信息、标识信息，以及设备制造商定义的记录数据元素等，通过非循环通信传送。

3）**报警数据**　包括系统定义的事件（如模块的插入或拔出）、用户定义的事件（如被控制系统检测到的诊断报警或过程报警等），通过实时通信非循环方式传递。

6.2.4　应用关系

PROFINET 中的数据交换和信息交换是通过各种通信关系（Communication Relationship，CR）来实现的，而通信关系是建立在应用关系（Application Relationship，AR）之上的。应用关系是允许通信通道上两个设备之间进行数据交换逻辑的、虚拟的因素，真正的数据交换通过 CR 完成。在 PROFINET 中，可以有多个 AR，但至少有两个 AR，即控制器和 IO 设备之间的 AR，以及监视器和 IO 设备之间的 AR。IO 设备的响应是被动的，它等待 IO 控制器或监视器与之建立通信。

使用 AR，IO 控制器/监视器能执行如下事件：

1）从 IO 设备读输入值；

2）向 IO 设备写输出值；

3）从 IO 设备接收报警事件（中断）；

4）从/向 IO 设备读/写非周期数据（记录）。

PROFINET IO 控制器、监视器和 IO 设备之间 AR、CR 及其完成的功能如图 6-13 所示。

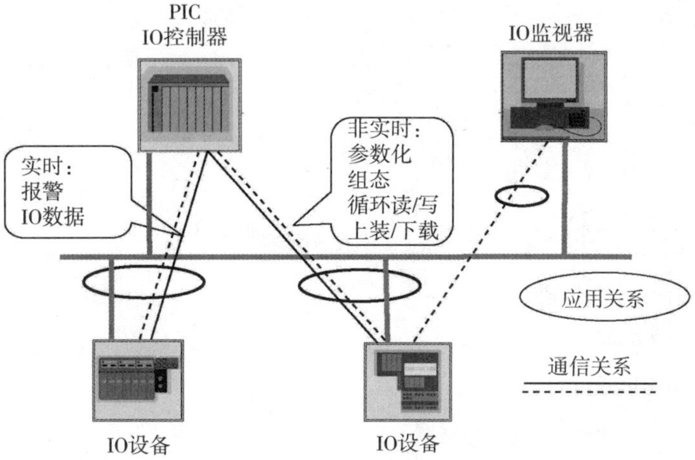

图 6-13 PROFINET IO 的 AR、CR 及其实现的功能

6.2.5 通信关系

1. 通信关系类型

每个 AR 中可以有多个 CR，CR 的多少由 FrameID 和 EtherType 决定。以下三种 CR 是最基本的。

1）非循环 CR（Acyclic CRs） 它是最先建立起来的 CR，用来传递组态数据、启动参数、诊断数据等对时间要求不苛刻的数据。其他 CR 可使用上下文管理（CM）来建立。

2）I/O 数据 CR 它用来在控制器和 IO 设备之间循环交换实时 I/O 数据。

3）报警 CR 它用来传递报警信息，是非循环的。

位于控制器和设备的软件栈中的 CM 贯穿于通信关系的建立过程，CM 使用槽、子槽模型来寻址数据元素。

PROFINET 的各种通信关系如图 6-14所示。

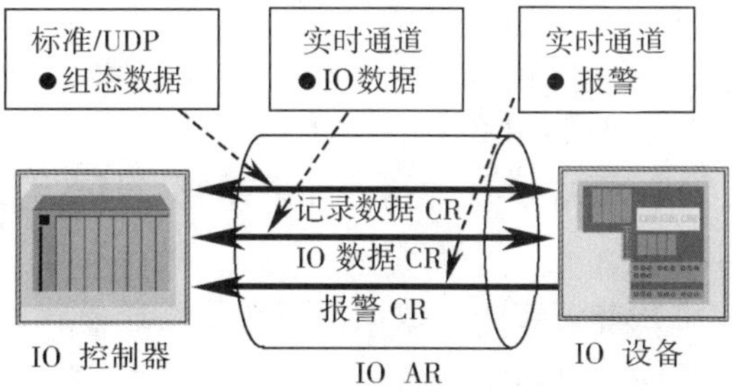

图 6-14 PROFINET 的各种通信关系

2. 记录数据 CR

记录数据 CR 在记录数据客户端（典型的是控制器）和记录数据服务器（典型的是 IO 设备）之间建立，记录数据的非循环发送是通过记录 CR 实现的。记录数据中传输的数据和读写性质见表 6-1。

表 6-1 记录数据中传输的数据和读写性质

数据类型	内容	读/写
记录数据元素	记录	R/W
诊断数据元素	诊断数据	R/W
IO 数据元素	I/O 数据	R
IO 数据替代值	替代值	R/W
标识数据元素	标识数据	R/W
AR 数据	AR 特定数据	R/W
日志数据	日志数据	R/W
物理设备数据	设备数据	R/W
组态数据	组态数据	R/W
期望模块和插入模块间的差别	正确组态和实际组态之间的差别	R/W

记录数据 CR 有如下特性：

1）非循环（Acyclic）；

2）双向（Bi-direction）；

3）一对一（One-to-one）；

4）面向连接（Connection-oriented）；

5）排队（Queued）；

6）证实（Confirmed）；

7）客户机/服务器模式（Client/Server）；

8）使用 Sequence Counter 重复监视。

3. I/O 数据 CR

（1）I/O 数据 CR 特性

IO 数据 CR 的任务是交换控制器和 IO 设备之间的数据，这也是 PROFINET 的最主要的工作内容。消费者在建立 IO 数据 CR 时，会传输下列参数：

1）待传输的 I/O 数据元素列表，以及 I/O 数据元素的结构，建立槽和子槽的列表元素；

2）一些发送（或传输）参数（发送时钟、缩放比例、发送段和序列等）；

IO 数据 CR 的特性如下：

1）缓冲器-缓冲器 如果需要，每侧可向本地存储器写入数据，或从本地存储器读出数据；

2）非证实的 数据消费者不发送显式确认，但会通过反方向的 I/O 数据将消费者状态 IOCS 隐含地报告；

3）支持提供者/消费者模式 消费者监视通信，重复监视通过对 RT 帧中的周期计数器（CycleCounter）进行评估来完成；

4）循环的　I/O 数据以一个固定的循环周期发送，更新速率可随设备不同而不同。同样，发送时间间隔也可不同于接收时间间隔。IO 通信的另外一个优点是所组态的数据不必在每个循环中都发送。此外，它还可以指定传送的 I/O 数据序列，所以总线循环可以被优化。

IO 数据 CR 的方向总是从提供者到消费者，提供者总是只在一个 CR 上发送数据。这些数据总是被指定为某个子模块，也就是说，必须指定至少一个子模块来发送 I/O 数据。如果在不同的 AR 上需要相同的数据，则必须创建另一个 I/O 数据 CR。

同一种 I/O 数据元素的传输值具有一定的长度，子模块与 IO 控制器之间的传输通道确保了 I/O 数据元素的一致性传输，PROFINET 不支持 I/O 数据元素间的一致性。

（2）几个重要概念

1）发送时钟时间（Send Clock）、**刷新时间**（Refresh Time）**和带宽**（Bandwidth）

发送时钟时间就是 PROFINET 通信所定义的最小时间间隔。它是一个时间基准，可以根据具体所使用的设备来确定发送时钟（一般取决于网络中刷新时间最快的那个设备的刷新时间）。其值为某个整数和基本时间单元 31.25μs 的乘积，即

$$T_{\text{Send Clock}} = \text{SendClock Factor} \times \text{Base Clock}$$

式中，SendClock Factor 为发送时钟因子，取值范围是 1 ~ 128；Base Clock 为时基，为 31.25μs。

当发送时钟因子为 32 时，发送时钟时间就是 1ms。

刷新时间就是每个 IO 设备和 IO 控制器之间进行一次 I/O 数据交换所需要的时间。每个设备都有自己的刷新时间，它需要和减速比一起确定。刷新时间在组态时确定。

发送时钟时间被分割为传输实时数据的时间间隔和传输非循环（如 TCP/IP）数据的时间间隔。这种分割的比例形成了相应带宽的百分比配置，如图 6-15 所示。

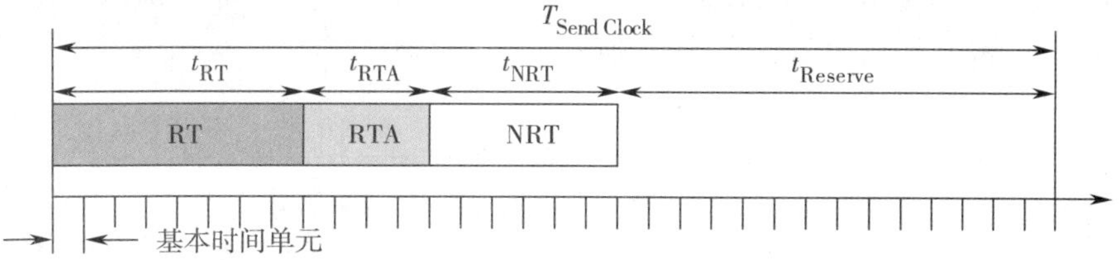

图 6-15　发送时钟时间和带宽分割

在图 6-15 中，有 RT、RTA 的数据带宽为 $(t_{RT} + t_{RTA}) / t_{\text{Send Clock}}$；NRT 的数据带宽为 $t_{NRT}/t_{\text{Send Clock}}$。

2）减速比（Reduction Ratio）　并不是所有数据都需要高速的传输，所以不同的设备传输频率也可以不同。对实时性要求低的数据可通过一个基于发送时钟时间的缩放比例进行传输。减速比用来指示一个帧被发送的频度，或一个设备和控制器交换数据的频度。各设备的刷新时间为

设备刷新时间（或发送时间间隔）= 发送时钟时间 ×2^n

式中，n 为缩放比例；2^n 为缩放系数。刷新时间最快的那个设备的 n 为 0，缩放系数

为1。

3）发送段（Phrase）　一个发送段对应于发送时钟时间。发送段的典型值为1～4个。根据所选择的缩放比例的不同，在系统组态时把IO数据CR中的循环数据分配到各个发送段之中。

4）传输周期（Transmission Cycle）　IO控制器最大的缩放对应的就是传输周期，它对应于那个数据刷新时间最长的设备。在一个传输循环周期中，所有的IO设备都从IO控制器那里收到了新的输出数据，所有的IO设备也都将它们最新的输入数据发送给了IO控制器。

5）帧发送偏移（Send Offset Frame）　一个帧被发送时的那个总线循环开始的相关发送偏移，为250ns的整数倍。可以事先确定把一个帧分配进入各个发送段的顺序，进一步优化发送过程。

6）看门狗时间（Watchdog Time）　在组态时，每个设备需要设置一个看门狗时间。在进行I/O数据刷新时，如果某次的刷新时间超过了看门狗时间，则会报错。看门狗时间一般取值为3倍（缺省值）的设备刷新时间。由于网络拓扑形式不同或其他NRT报文传输的影响，设备的I/O刷新时间也会不同。所以可以适当增大看门狗时间，以避免其不正常溢出。

举例：一个PROFINET系统，有3个IO设备。系统发送时钟为1ms（对应于发送时钟因子SendClock Factor为32），所以发送段也为1ms。设备1要求的循环刷新时间最短，为1ms。发送段时间和发送时钟是按下式计算的，即：

$$T_{\text{Phase}} = T_{\text{Send Clock}} = \text{SendClock Factor} \times \text{Base clock} = 32 \times 31.25\mu\text{s} = 1\text{ms}$$

设备2的缩放比例为1，缩放系数为2^1，所以其刷新时间为2ms；设备3的缩放比例为2，缩放系数为2^2，其刷新时间为4ms。传输循环周期由4个发送段组成，传输循环周期为最大的I/O设备刷新时间，即

$$T_{\text{Cycle}} = \text{MAX}(\text{ReductionRatio}) \times \text{Send Clock Factor} \times \text{Base clock} = 4\text{ms}$$

PROFINET帧的传输过程如图6-16所示。

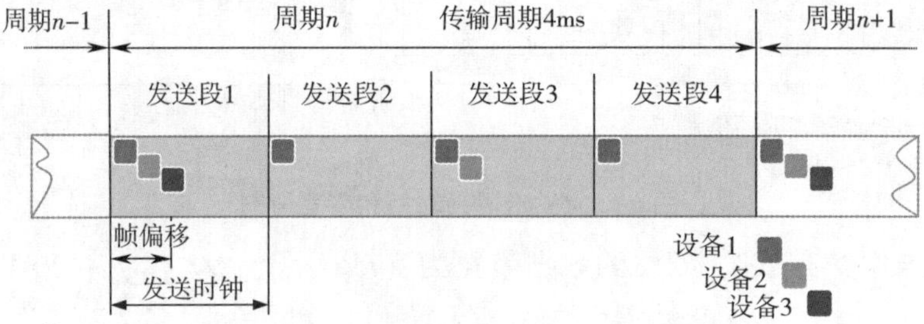

图6-16　PROFINET帧的传输过程

4. 报警CR

(1) 报警CR特性

IO设备使用报警CR向IO控制器发送报警信息。其特性如下：

1）非循环的（Acyclic）　一旦出现报警就报告；

2）排队的（Queued）　数据被保存在临时存储器，并立即转发给应用；

3）即证实的（Confirmed）　每个请求都有显式的确认。发送方必须在确定的时间内得到来自协议层或用户层的确认，或者接收一个差错报文。在得到确认之前，发送方可以发送多次报警信息。

4）有向的（Directed）　报警发送从报警源到接收者，并由源监视该传输过程。

5）安全的（Secure）　重复监控由 SequenceCounter 保证。

因为报警 CR 属于非循环服务，所以它不支持数据的分段和组装。报警必须由同一帧传输。

建立报警 CR 时，必须规定源和接收器的所在端。原则上，IO 控制器和 IO 设备都可以作为源和接收器来工作，但一般情况下，IO 控制器作为接收器，而 IO 设备作为源。

（2）报警类型及优先级

PROFINET IO 控制器定义了所传输报警的优先级。在一条报警 CR 中，能同时传送一个高优先级报警和一个低优先级报警。源和接收器总是尽快地处理高优先级报警，并保证提供充足的资源，使低优先级的报警不能明显地延迟于高优先级报警的处理。PROFINET IO 报警类型和优先级见表 6-2。

表 6-2　PROFINET IO 报警类型和优先级

报警优先级	报警类型	触发事件
高	过程报警	过程中发生的事件，如温度超限
低	诊断开始（结束）报警	IO 设备与相连组件间的故障或诊断事件（如断线）的发生或解除
	拔出报警	从模块化 IO 设备移走了一个模块/子模块
	插入报警	向模块化 IO 设备插入了一个模块/子模块，插入后，对应模块/子模块的参数会被再次加载
	插入错误报警	插入了不正确的模块/子模块
	子模块返回报警	指示提供者或消费者子模块的输入或输出数据的状态变化：从无效（BAD）到有效（GOOD）
	状态报警	指示模块/子模块状态的变化
	更新报警	指示模块/子模块参数的变化
	制造商特定报警	指示制造商特定的报警类型
	冗余报警	在主 IO 控制器发生故障时发信号给从 IO 控制器
	行规特定报警	指示 IO 设备与 PNO 行规准则的特定行规之间的共识
	监视器控制报警	指示 IO 监视器接管了模块/子模块的控制
	监视器释放报警	指示 IO 监视器、IO 控制器或 IO 设备的本地访问释放了对模块/子模块的控制。紧随监视器释放报警的协议序列跟插入报警序列一样
	返回报警	指示：在没有重新参数化的情况下，IO 设备为某个特殊的输入元素重新分发有效数据；输出元素能再次处理接收到的数据

（续）

报警优先级	报警类型	触发事件
低	多播提供者通信停止报警	指示提供者的I/O数据在多播传输过程中超时
	多播提供者通信运行报警	指示提供者对I/O数据的多播传输重新开始
	端口数据改变通知报警	指示端口数据的改变
	同步数据改变通知报警	指示时间同步的改变
	等时同步实时模式问题通知报警	指示在使用等时同步实时模式时出现的问题

6.2.6 通信路径及使用的协议

1. 通信栈

PROFINET IO的通信路径可以用其通信栈或软件栈来形象地表示。如图6-17所示，PROFINET IO的通信栈分为实时和非实时两部分，实时部分又分为循环和非循环两部分。它们分别支持自动化系统的各种应用和功能。

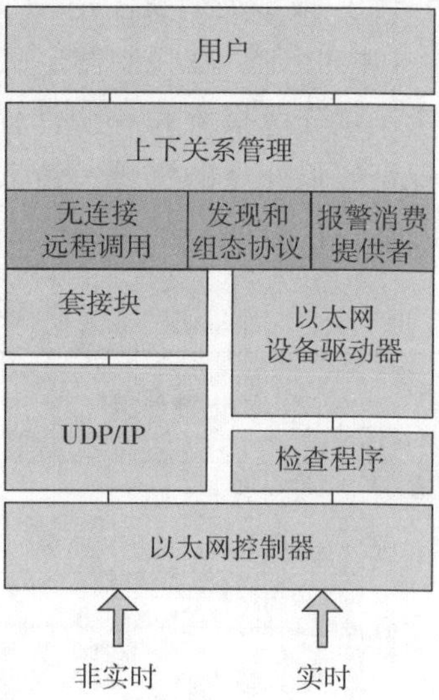

图6-17 PROFINET IO的通信栈

图6-17中几个块的说明如下：

（1）上下关系管理（Context Management，CM）

IO设备把来自自动化工程的输入数据传递给IO控制器，并接收来自IO控制器的信号控制该自动化过程的输出数据。IO监视器也能同时与IO设备进行通信。为了允许所有数据交换能够进行，必须确定应用与通信的关系。CM的任务就是管理应用与通信的关系。

1）应用关系的初始化；

2）通信关系的初始化；

3）为通信关系设置相关通信参数，如超时和处理模式；

4）实现数据交换的明确标识；

5）GSD文件中描述参数的发布。

（2）无连接远程调用（Connectionless Remote Procedure Calls，CL RPC）

CL RPC可以提供：

1）无连接RPC的实现；

2）与高层CM的接口；

3）与低层SOCK的接口。

（3）报警消费提供者（Alarm Consumer Provider，ACP）

ACP主要执行下列任务：

1）报警处理；

2）为了与应用进行循环 I/O 数据交换，在 EDD 与 CM 之间高速传送 Buffer-Lock 服务和 Buffer-Unlock 服务。

（4）发现和组态协议（Discovery and basic Configuration Protocol，DCP）

DCP 包含下列内容：

1）经由以太网分配 IP 地址和设备名称；

2）与高层 CM 的接口；

3）与低层 SOCK 的接口。

（5）以太网设备驱动器（Ethernet Device Driver，EDD）

它提供发送和接收循环 RT 帧、非循环 RT 帧和非 RT 帧的机制，并根据所接收的 Ether-Types，EDD 分支到 NRT 路径（EtherType =0x0800）或 RT 路径（EtherType =0x8892）。

（6）检查程序（Checker）

检查程序为 EDD 提供支持。

（7）套接块（Sock）

1）发送和接收 UDP 帧；

2）与高层 CL RPC 接口；

3）低层接口是一个套接抽象接口。

2. 传输通道及协议

1）NRT 通道　系统启动总是由 CM 通过 NRT 路径来完成的。此外，对于时间要求不是非常严格的数据（如读、写记录等）也通过 NRT 路径。

2）RT 通道循环部分　用户数据交换总是在 ACP 的实时通道来进行。此外，它还完成对通信关系的监视任务，如当重要的通信关系发生问题时，必须非常快速地将进程切换至安全状态。

3）RT 通道非循环部分　完成对实时性要求高，但不需要循环交换的信息的处理。

PROFINET IO 数据通道及使用协议见表 6-3。

表 6-3　PROFINET IO 数据通道及使用协议

通道	协议	服务/功能
标准数据	UDP	设备的参数化
		诊断数据的读取
		互联的加载
		数据的非周期读写
	IP	在互联网络中传输数据
	DHCP	在网络中，负责 IP 地址核心的、自动的分配
	DNS	管理基于 IP 的网络的逻辑名字
	DCP	分配 PROFINET 的设备地址和名字
	SNMP	管理网络节点（服务器、路由器、交换机等）。包括状态和统计信息的读取或通信错误的检测

（续）

通道	协议	服务/功能
标准数据	ARP	把 IP 地址映射到对应的 MAC 地址
	ICMP	传输错误信息
实时数据	RT 协议	数据的周期传输
		中断（数据）的非周期传输
		时种同步
		通用管理功能
	LLDP	邻居识别。与直接邻居交换自身的 MAC 地址、设备名字和端口号
	PTCP	时钟同步
	用于管理网络组件介质冗余的协议	

6.2.7 主要报文的帧结构

1. 实时通信报文帧结构

实时帧主要用于数据交换和报警等。

从图 6-4 中可知，提高通信的实时性主要应该通过优化通信栈来实现。PROFINET 是通过软件的方法来完成实时通信功能的。其采取的主要措施是：去除一些协议层（UDP/IP），减少报文长度；提高通信双方传输数据的确定性，把数据传输准备的时间减至最少；采用 IEEE 802.1Q 标准，增加对数据流传输优先级处理环节。PEOFINET 把实现 RT 功能的标志嵌入到了以太网的帧结构中，如图 6-18 所示。

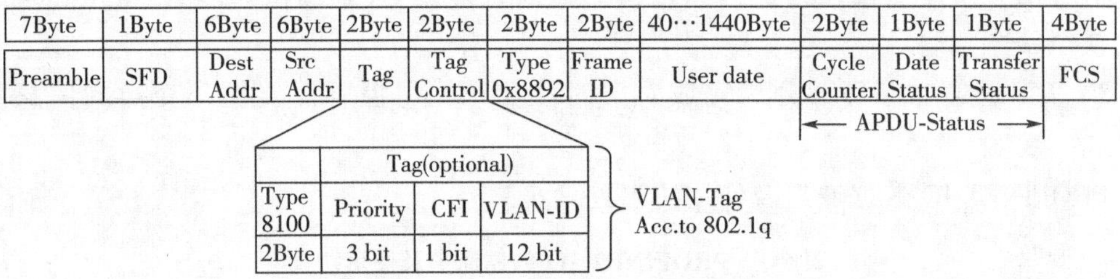

图 6-18 PROFINET RT 的帧结构

为了完成 RT 数据的优先传输，IEEE 802.1Q 的 VLAN 标志插入到了 RT 帧中。VLAN 由 4 个字节组成，其中有表示优先级的 3 个位。在 RT 帧中有两个最重要的协议元素：一个是以太网类型（EtherType），PROFINET 使用以太网类型（EtherType）的 0x8892 表示该帧是 RT 帧，该类型是由 IEEE 指定的区别于其他协议的唯一标准；另外一个是帧 ID 码（FrameID），它用来编址两个设备间的特殊的通信通道。仅使用 FrameID 就可以快速选择和识别 RT 帧而不需要任何多余的帧头标志。

在一个循环数据包的末端是 APDU-Status，它由以下三个元素组成：

1）周期计数器（2 个字节） 它指示以 31.25μs 为增量的有关发送时刻，它是数据包在其期间被发送的次数，而不是该数据包被发送的实际时间点。该计数器的主要目的是检查冗余结构中的旧数据包。

2）数据状况（1 个字节）　显示发送方的状态。

3）发送状态（1 个字节）　总为 0。

RTC1 和 RTC2（IRT High flexibility）都使用 RT 帧结构，它们的实时优先级都为 6。

PROFINET 实时帧的协议组成部分见表 6-4。

表 6-4　PROFINET 实时帧的协议组成部分

协议组成部分	含　义
前导码	数据包的开始部分 7 字节 "1" 和 "0" 交替的序列，用于接收器同步
SFD	帧开始定界符（10101011） 字节尾部的两个 "1" 确定数据包目的地址的开始
目的地址	数据包的目的地址 六字节中的前三字节标识制造商，其他由制造商按照需要指定
源地址	数据包的源地址或发送器地址
VLAN tag	长度段或数据包的类型 ID 值小于 0x0600：IEEE 802.3 长度块 值为 0x0600：Ethernet Ⅱ 类型块 值为 0x8100：数据包包含一个 VLAN TPID
VLAN TPID	VLAN 标签协议标识符
用户优先级	数据包的优先级 0x00：IP（RPC），DCP 0x01～0x04：保留 0x05：低优先级 RTA，低优先级 RTA_UDP 0x06：RTC1，RTC2，RT_UDP 高优先级 RTA，高优先级 RTA_UDP 0x07：保留
CFI	符合规则的格式指示符 0：以太网 1：令牌环网
VLAN ID	对 VLAN 的标识 0x000：传输有优先权的数据 0x001：标准设置 0x002～0xFFE：自由使用 0xFFF：保留
以太网类型	跟在 VLAN 之后，对网络协议类型进行标识 0x8892：PROFINET 的 RTC，RTA，DCP，PTCP，MRRT 0x0800：IP（UDP，RPC，SNMP，ICMP） 0x0806：ARP 0x88E3：MRP 0x88CC：LLDP

（续）

协议组成部分	含　义
FrameID（帧类型标识符）	RT帧及其他主要帧类型的标识 0x0100～0x7FFF：RTC3，单播、多播 0x8000～0xBBFF：RTC2，单播 0xBC00～0xBFFF：RTC2，多播 0xC000～0xF7FF：RTC1，单播（RT以及RT_UDP） 0xF800～0xFBFF：RTC1，多播（RT以及RT_UDP） 0xFC01：报警（高）（RT以及RT_UDP） 0xFE01：报警（低）（RT以及RT_UDP） 0xFEFC：DCP-Hello-ReqPDU 0xFEFD：DCP-Get-ReqPDU，DCP-Get-ResPDU DCP-Set-ReqPDU，DCP-Set-ResPDU 0xFEFE：DCP-Identify-ReqPDU 0xFEFF：DCP-Identify-ResPDU
RT数据	实时数据在帧里传输的数据的用法和结构没有具体定义。下面是PROFINET中的使用 PROFINET CBA：与字节流具有相同QoS值的互连数据 PROFINET IO：I/O数据，还包括提供者状态和消费者状态 如果实时帧的长度小于64B，则实时数据的长度必须扩展到最少40B
APDU状态	应用协议数据单元状态 实时数据帧的状态
Cyclecnt.	周期计数器：在big endian格式下，每增加1代表时间增加31.25μs 对发送器：每经过一个发送周期，发送器就将计数器加1 对接收器：通过计数器的值可以看出追赶过程
数据状态	bit0：（状态） 0：次要的。标识冗余模式中的次通道 1：主要的。标识冗余模式中的主通道 bit1、bit3、bit6、bit7：0 bit2：（数据有效性） 1：数据有效 0：数据无效（仅在启动阶段允许） bit4：（过程状态） 0：生成数据的过程处于不活动状态 1：生成数据的过程处于活动状态 bit5：（问题指示器） 0：问题存在。已发诊断信号，或诊断正在运行 1：无可知的问题
Transf. status	传送状态 bit0～bit7：0
FCS	帧检验序列 32位校验和。对整个以太网帧进行循环冗余校验（CRC）

2. IRT 的帧结构

如图 6-19 所示，IRT Top performance（顶级性能），即实时类型 3（RTC3）的帧是基于时间的通信，它具有明确的传输时间点。IRT 帧由其在传输周期中所处的位置、帧类型标识符（FrameID）和 Ethertype 0x8892 明确确定。IRT 帧基本上和 RT 帧相同，与 RT 帧相比，它不需要使用 VLAN 标签进行优先级分配。

前导码	SFD	目的地址	源地址	类型	帧类型标识符	IRT 数据	FCS
7B	1B	6B	6B	2B	2B	36 ~ 1490B	4B

图 6-19　IRT 帧结构

在图 6-19 中，Frame ID 为 0x0100 ~ 0x7FFF，即周期性的、RTC3 的帧。帧中的 IRT 等时同步实时数据的结构和用途没有定义，其数据长度为 36 ~ 1490 字节。

3. NRT 的帧结构

在 PROFINET IO 中，名称和地址分配等过程使用的是基于 IT 的标准协议 ARP 和 DCP。除此之外，NRT 服务如启动过程中的建立连接、通信关系的建立、读服务（诊断数据，以及标识和维护数据（I&M））、写服务（设备相关信息）等，都需要非实时的信息交换。NRT 帧结构如图 6-20 所示。

前导码	SFD	目的地址	源地址	VLAN	类型	IP/UDP	RPC	NDR	数据	FCS
7B	1B	6B	6B	4B	2B	28B	80B	20B	最大 1372B	4B

图 6-20　NRT 帧结构

在 NRT 中，VLAN 是可选项，一般情况下不使用，但设备必须支持“使用”或“不使用”VLAN 这两种情况。

6.2.8　名称和地址分配及报文

1. 名称和地址分配序列

使用 IO 监视器对系统进行组态时，对 IO 设备就进行了名称和 IP 地址的分配，这是在系统硬件组态时完成的。设备名字用于在运行期间对 IO 设备进行明确的标识，且可以由用户在域名服务系统（Domain Name Services，DNS）名字转换范围内对其进行自由选择。设备名字必须符合 DNS 的转换规则，即限制在 240 个字符内（字母、数字、连字符），且无特殊字符。

在名称和地址的分配过程中，PROFINET IO 使用了 IT 领域中广为人知的 ARP（Address Resolution Protocol）和 DCP（Discovery and basic Configuration Protocol）。具体的 IO 监视器和 IO 设备之间名称分配过程是基于 Step7 的硬件组态平台完成的，此处不再介绍这些报文。

在系统启动阶段，IO 控制器对所连接的 IO 设备开始标识启动。根据所返回的设备名称和 MAC 地址，IO 控制器给 IO 设备分配最终 IP 地址。过程如下：启动 PROFINET IO 系统时，上下关系管理器 CM 假设 IO 设备已经具有了 IP 地址，IO 控制器以某种搜索标准首先检查该名字的设备是否已经存在，如果存在，则检查是否已经分配了 IP 地址。当确实有一个此名称的设备存在，且没有其他节点使用此 IP 地址时，才能确定此 IP 地址对应的 MAC 地址。

在启动阶段由 IP 发起的 ARP 请求和响应序列如图 6-21 所示。

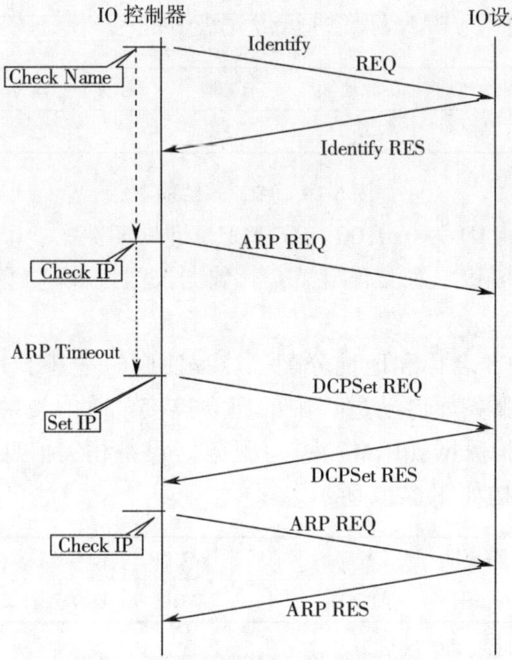

图 6-21　检查设备名字和分配 IP 地址序列

2. 识别请求（Identify Request）

IO 控制器使用 Identify Request 来查询 IO 设备是否满足特定的检索条件（例如 Name）。该帧结构如图 6-22 所示。

P	SFD	DestAddr	SrcAddr	VLAN	EtherType	FrameID	DCPHdr	DCPData	FCS
7	1	6	6	4	2	2	10	4 + n	4

图 6-22　Identify Request 帧结构

在图 6-22 中，有

1）**DestAddr 和 SrcAddr**　源地址和目的地址。由于未规定目的地址，因此在 DestAddr 中登录多点广播地址：01-0E-CF-00-00-00。

2）**EtherType**　为 0x8892，用于实时通信。

3）**FrameID**　DCP-Identify-ReqPDU 的 ID 为 0xFEFE。

4）**DCPHdr**　包含服务 ID（Identify = 5. 0）、事件处理号和块长度。用于识别（Identify）的可选参数响应延迟因素（Response delay factor）也非常重要，如果为了扩展它们而期望多个响应，则应使用此参数。DCP 首部见表 6-5。

表 6-5 DCP 首部

N	Octet N	Octet N+1	Octet N+2	Octet N+3	类型	字段名
0	srv	00000rss	xid_0	xid_1	Uinteger8 Uinteger8 Uinteger16	srv（3 = Get. 4 = Set，5 = Ident） r（0 = success，1 = 请求不被支持） ss（0 = Req，1 = Res） xid 事务处理 ID
4	xid_2	xid_3	$rdly_0$	$rdly_1$	Uinteger16 Uinteger16	Xid 事务处理 ID 响应延迟因子
8	$vlen_0$	$vlen_1$			Uinteger16	vlen：VarPartLen
12	≫后接：表 6-6 类型列表和数据列表					

5）**DCP Data** 包含块 ID 和数据块长度。DCP 类型和数据见表 6-6 ~ 表 6-8。

表 6-6 DCP 类型和数据

N	Octet N	Octet N+1	Octet N+2	Octet N+3	类型	字段名
0	选项	子选项	len_0	len_1	Uinteger8 Uinteger8 Uinteger16	选项（1 = IP，2 = DevProperties，3 = DHCP，4 = Reserved，5 = Control，6 = Dev 初始选项） 子选项（见表 6-7） len（无部首）
4	sts_0	sts_1			Uinteger16	sts：状态（不用于识别和 Get 请求）
6	≫数据					

表 6-7 DCP 选项/子选项的值

选项	子选项	Octets	用法
1	1	6	MAC 地址
	2	14	IP 参数 块信息：2 个字节（0 = 无 IP 参数，1 = 设置 IP 参数，2 = 通过 DHCP 设置 IP 参数），IPv4：4 字节，Subnet-Mask：4 字节，DefaultR：4 字节
2	1		制造商特定的
	2		站名
	3	4	设备 ID（制造商，设备类型）
	4	1	设备所承担的角色（1 = 设备，2 = 控制器，4 = 多个设备，8 = 监视器）
	5		设备选项
	6		Alias Name
3	所有 DHCP 选项		参见 RFC2132
4			保留

（续）

选项	子选项	Octets	用　法
5	1		开始事务处理
	2		结束事务处理
	3		发信号
	4		响应（0＝无差错，1＝不支持的选项，2＝不支持的子选项，3＝不设置值，4＝资源）

表 6-8　Status 的值

服　务	值	用　法
Set Request	0	易失存储
	1	非易失存储
Set Response		总是 Option/Suboption
Get Response		选项/子选项，是否 Control/Response
	0	不设置 IP
	1	设置 IP
	2	通过 DHCP 获得 IP

3. 识别响应（Identify Response）

IO 控制器使用 Identify Response 接收一个满足筛选条件的相应站点的响应。该帧结构如图 6-23 所示。

P	SFD	Dest Addr.	SrcAddr.	VLAN	Ether Type	FrameID	DCP Hdr	DCP Response	…	DCP Response	FCS
7	1	6	6	4	2	2	10	6＋n		6＋n	4

图 6-23　Identify Response 帧结构

在图 6-23 中，有

1）**EtherType**　为 0x8892，用于实时通信。

2）**FrameID**　DCP-Identify-ResPDU 的 ID 为 0xFEFF。

3）**DCPHdr**　DCP 首部见表 6-5。

4）**DCP Response**　见表 6-6。

4. 地址转换协议 ARP（Address Resolution Protocol）

ARP 用于在已知 IP 地址的情况下确定物理地址。IO 控制器使用该标准 IT 协议来决定谁在使用已指定的 IP 地址，这通过对所有站点进行广播调用和专用的 IP 地址来完成。该帧结构如图 6-24 所示。

P	SFD	DestAddr	SrcAddr	VLAN	EtherType	HWA PRA	HLenPLen	Opc	HSnd	PSnd	HTar	PTar	FCS
7	1	6	6	4	2	4	2	2	6	4	6	4	4

图 6-24　ARP 帧结构

在图 6-24 中，有

1）**DestAddr 和 SrcAddr**　源地址和目的地址。由于未规定目的地址，因此在 DestAddr 中登录广播地址：FF-FF-FF-FF-FF-FF。

2）**EtherType**　为 0x0806，上层使用 ARP。

3）**HWA**　Hardware address space，有硬件地址的种类，16 位。若是以太网，则为 1。

4）**PRA**　Protocol address space，协议地址类别，16 位。使用 IP 时，为 0x0800。

5）**HLen**　Byte Length of each hardware address，硬件地址长度，1 字节。以太网地址时，值为 6。

6）**PLen**　Byte Length of each protocol address，上层协议地址长度，1 字节。使用 IP 时，值为 4。

7）**Opc**　Operation Code，2 字节。ARP 请求时为 1，ARP 响应时为 2。

8）**HSnd**　Hardware address of sender，6 字节，包含发送方的 MAC 地址。

9）**PSnd**　Protocol address of sender，4 字节，包含发送方的协议地址，即 IP 地址。

10）**HTar**　Hardware address of target of this packet，6 字节，包含目的站点的 MAC 地址。在请求时为 FF-FF-FF-FF-FF-FF，因为此时未知。

11）**PTar**　Protocol address of target of this packet，4 字节。包含目的站点的 IP 地址。

5. 设定请求（Set Request）

IO 控制器使用 Set Request 将参数写入到 IO 设备。该帧结构如图 6-25 所示。

P	SFD	DestAddr	SrcAddr	VLAN	EtherType	FrameID	DCP Hdr	DCP Data	…	DCP Data	FCS
7	1	6	6	4	2	2	10	4 + n		4 + n	4

图 6-25　Set Request 帧结构

在图 6-25 中：

1）**DestAddr 和 SrcAddr**　源地址和目的地址。由于未规定目的地址，因此在 DestAddr 中登录多点广播地址：01-0E-CF-00-00-00。

2）**EtherType**　为 0x8892，用于实时通信。

3）**FrameID**　DCP-Set-ReqPDU 的 ID 为 0xFEFD。

6. 设定响应（Set Response）

IO 设备使用 Set Response 来确认接收到一个设定请求。该帧结构如图 6-26 所示。

P	SFD	DestAddr.	SrcAddr.	VLAN	EtherType	FrameID	DCP Hdr	DCP Response	…	DCP Response	FCS
7	1	6	6	4	2	2	10	4 + n		4 + n	4

图 6-26　Set Response 帧结构

7. DHCP 的使用

PROFINET 也可以使用 IT 领域的另外一个标准协议 DHCP（Dynamic Host Configuration Protocol），即动态主机组态协议来对 IO 设备进行地址分配。这时要单独使用一个专用的服务器进行地址分配，该服务器直接为IO设备分配IP地址。与DCP相反，IO设备在DHCP中主动请求一个地址。关于DHCP及其专用的服务器，此处不再赘述。

8. 举例

PROFINET IO设备基于IP地址和MAC地址寻址，图6-27所示的例子描述了PROFINET IO中地址和设备名字分配的所有过程和方法。

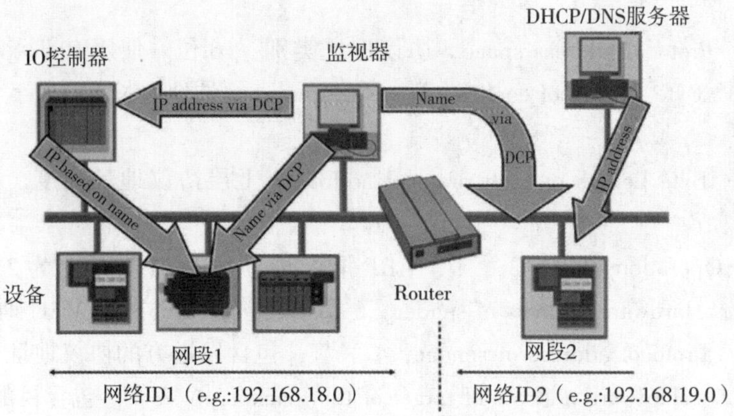

图6-27 PROFINET IO网络地址和设备名字配置方法

MAC地址固化在IO设备中，组态时，IO监视器基于MAC地址和DCP协议给IO设备分配名字。组态完成后，安装有工程工具的IO监视器把组态信息下载到IO控制器，包括连接IO设备的IP地址。运行时，控制器通过DCP为IO设备分配一个特定的基于名字的（与MAC地址关联）IP地址。此外，DHCP服务器也可以为IO设备分配IP地址。

6.2.9 系统启动及连接建立过程

1. 系统启动过程

系统启动是在NRT路径上通过UDP/IP来完成的。主动的IO控制器启动被动的IO设备，IO控制器指定所要循环发送的数据（带或不带缩减系数），而且还定义了各个模块的选项（如测量范围、允许的诊断、筛选次数等）。

在系统启动时，控制器使用一个连接帧来建立和IO设备之间的AR。在建立AR时，控制器完成了以下工作：

1）把有关AR的参数传递给IO设备；

2）建立起IO数据CR，并把CR的参数传递给IO设备；

3）建立起报警CR，并把其CR的参数传递给IO设备；

4）设备模型的匹配。

这一段时间的工作靠交换几组报文来完成。IO设备对收到的数据进行检查并初始化所请求的CR，对检查出的各种错误会传回控制器/监视器。具体过程如下：

IO控制器使用连接序列（Connect sequence）启动循环状态机，传递建立AR和各种CR所需要的参数，循环状态机用来监视通信关系。随后，IO控制器使用写请求

(Write Request) 启动参数化过程，即进行设备模型匹配。参数化过程以控制命令"EndOfPrm" (DControl. req) 结束。最后，IO 设备以控制命令"Application Ready" (CControl. req) 确认 AR 和 CR 建立完成，在 IO 控制器对 CControl. req 作出肯定的响应后，IO 控制器和 IO 设备之间就进入到循环的 I/O 数据交换阶段了。

在启动过程中，上下关系管理器 CM 的任务就是根据所接收的组态数据，在 IO 控制器和 IO 设备之间或 IO 监视器和 IO 设备之间建立应用关系 AR 和通信关系 CR。

PROFINET IO 的启动过程如图 6-28 所示。

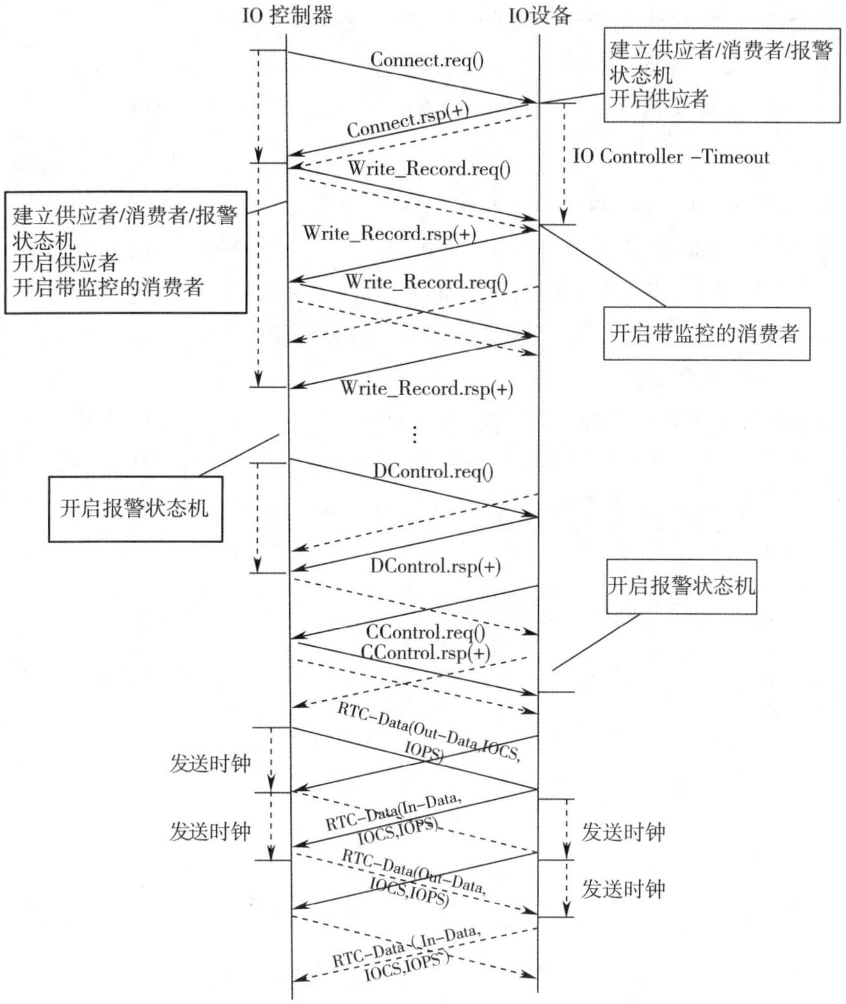

图 6-28　PROFINET IO 的启动过程

2. 连接请求 (Connect Request)

使用 Connect Request，IO 控制器（或 IO 监视器），可发起与 IO 设备的连接请求，以建立所有的 AR 和 CR，并对 IO 设备进行参数化。Connect Request 报文的帧结构如图 6-29 所示。

P	SFD	Dest Addr.	Src Addr.	VLAN	Ether Type	IP UDP	RPC	NDR	AR block	CR Input	CR Output	Exp SubM	…	Exp SubM	Alarm CR	FCS
7	1	6	6	4	2	28	80	20	58+name	66+…	66+…	36/42		36/42	26	4

（VLAN：可选）

图 6-29 Connect Request 报文帧结构

在图 6-29 中，有

1）以太网首部 见表 6-4。

2）VLAN 是可选字段，非实时通信一般不包含此字段。

3）Ether Type 为 0x0800（IP），用于 NRT 通信。

4）IP/UDP 首部 见图 5-12 中 IP 协议报头格式（20 个字节）和图 5-16 中 UDP 协议报头格式（8-字节）。

5）远程过程调用（Remote Procedure Call，RPC） 远程过程调用（RPC）是一种通过网络从远程计算机程序上请求服务，而不需要了解底层网络技术的协议。RPC 协议假定某些传输协议（如 TCP 或 UDP）的存在，为通信程序之间携带信息数据。在 OSI 网络通信模型中，RPC 跨越了传输层和应用层。RPC 使得开发包括网络分布式多程序在内的应用程序更加容易。

RPC 采用客户机/服务器模式。请求程序就是一个客户机，而服务提供程序就是一个服务器。首先，调用进程发送一个有进程参数的调用信息到服务进程，然后等待应答信息。在服务器端，进程保持睡眠状态直到调用信息的到达为止。当一个调用信息到达，服务器获得进程参数，计算结果，并发送答复信息，然后等待下一个调用信息。最后，客户端调用过程接收答复信息，获得进程结果，然后调用执行继续进行。

RPC 协议的 UDP 端口号为 111。

RPC 首部见表 6-9。其包含服务 ID、接口、所选择的对象，以及用于重复的有关参数。数据按“big endian”（Motorola 格式）或“little endian”（Intel 格式）表示，如果用“little endian”格式存储字和双字，则最先传输最低有效位字节。

表 6-9 远程过程调用 RPC 首部

N	Octet N	Octet N+1	Octet N+2	Octet N+3	类型	字 段 名
0	04	p	flg	00	UInteger8 UInteger8 UInteger8	版本 4（无连接 RPC） p：信息包类型（0=Req，1=Ping，2=Resp，4=Work，5=nocall，6=rej，7=ack，8=canc，9=Fack，10=CncAck） Flg：32=idempot，4=fragm，2=lastf
4	d	00	00	sh	UInteger8 UInteger8	d：0=big _ endia，16=little _ endian sh：Serial High

（续）

N	Octet N	Octet N+1	Octet N+2	Octet N+3	类型	字 段 名
8	tl_0	tl_1	tl_2	tl_3	UInteger32 UInteger16 UInteger16 Octet [2] Octet [6]	对象 UUID（16 字节） tl：时间低（DEA00000） tm：时间中（0x6C97） thv：时间高和版本（0x11D1） cl：时钟 [2]（0x82，0x71） nd：实例，设备，制造商
12	tm_4	tm_5	thv_6	thv_7		
16	cl_0	cl_1	nd_0	nd_1		
20	nd_2	nd_3	nd_4	nd_5		
24	tl_0	tl_1	tl_2	tl_3	UInteger32 UInteger16 UInteger16 Octet [2] Octet [6]	接口 UUID（16 字节） tl：设备 = DEA00001，控制器 = DEA00002 tm：时间中（0x6C97） thv：时间高和版本（0x11D1） cl：时钟 [2]（0x82，0x71） nd：节点 [6]（00-A0-24-42-DF-7D）
28	tm_4	tm_5	thv_6	thv_7		
32	cl_0	cl_1	nd_0	nd_1		
36	nd_2	nd_3	nd_4	nd_5		
40	tl_0	tl_1	tl_2	tl_3	UInteger32 UInteger16 UInteger16 Octet [2] Octet [6]	活动 UUID（本地）（16 字节） tl：时间低 tm：时间中 thv：时间高和版本 cl：时钟 [2] nd：节点 [6] 包含 MAC 地址
44	tm_4	tm_5	thv_6	thv_7		
48	cl_0	cl_1	nd_0	nd_1		
52	nd_2	nd_3	nd_4	nd_5		
56	bt_0	bt_1	bt_2	bt_3	UInteger32	bt：服务器引导时间
60	ifv_0	ifv_1	ifv_2	ifv_3	UInteger32	ifv：接口版本（1）
64	sqn_0	sqn_1	sqn_2	sqn_3	UInteger32	sqn：序列号
68	op_0	op_1	ih_0	ih_1	UInteger16 UInteger16	op：操作编号（0 = 连接，1 = 释放 2 = 读，3 = 写，4 = 控制） ih；接口提示（0xFFFF）
72	ah_0	ah_1	lb_0	lb_1	UInteger16 UInteger16	ah：活动提示（0xFFFF） lb：主体的长度
76	fn_0	fn_1	0	sl	UInteger16 UInteger8	fn：分段号 sl：serial low
80	参见表 6-10 NDR Data Req 或表 6-15 NDR Data Res					

6）请求 NDR　网络数据表示（Network Data Representation，NDR）是为了满足 RPC 块的数据表示规则，它包含数据块的大小，其数据表达式的格式与 RPC 首部的格式相同，需要 20 个字节。请求报文中的 NDR 数据见表 6-10。

表 6-10　NDR Data Req

N	Octet N	Octet N+1	Octet N+2	Octet N+3	类型	字 段 名
0	$amax_0$	$amax_1$	$amax_2$	$amax_3$	UInteger32	amax：ArgsMaximum
4	$alen_0$	$alen_1$	$alen_2$	$alen_3$	UInteger32	alen：ArgsLength
8	$mcnt_0$	$mcnt_1$	$mcnt_2$	$mcnt_3$	UInteger32	mcnt：最大计数（与 ArgsMaximum 具有相同值）
12	0	0	0	0	UInteger32	Offset
16	$acnt_0$	$acnt_1$	$acnt_2$	$acnt_3$	UInteger32	acnt：实际计数（与 ArgsLength 具有相同值）
20	参见表 6-24 Write Req、表 6-32 Read Req、表 6-11 Connect ARBlockReq、表 6-26 ControlBlockConnect/Release					

7）请求 AR block　主要包含此连接唯一的标识符，控制器的标识符、某些标签和 MAC 地址，连接监视器的 timeout 值及站名称。编码采用摩托罗拉格式。请求报文中的 AR 块见表 6-11。

表 6-11　ConnectARBlockReq

N	Octet N	Octet N+1	Octet N+2	Octet N+3	类型	字 段 名
0	0x01	0x01	$blen_0$	$blen_1$	Uinteger8 UInteger8 UInteger16	请求 btype： blen：块长度
4	verh（1）	verl（0）	$atyp_0$	$atyp_1$	UInteger8 UInteger8 UInteger16	verh：版本高（1） verl：版本低（0） atyp：AR 类型（1 = 单一，2 = 共享，3 = CIR，4 = Cred，5 = Dred，6 = SV）
8	tl_0	tl_1	tl_2	tl_3	UInteger32 UInteger16 UInteger16 Octet［2］ Octet［6］	ARUUID（组态工具） tl：时间低 tm：时间中 thv：时间高和版本 cl：时钟［2］ nd：节点［6］
12	tm_4	tm_5	thv_6	thv_7		
16	cl_0	cl_1	nd_0	nd_1		
20	nd_2	nd_3	nd_4	nd_5		
24	sk_0	sk_1	ma_0	ma_1	UInteger16 Octet［6］	sk：会话密钥 ma：通信发起方 MAC 地址
28	ma_2	ma_3	ma_4	ma_5		
32	tl_0	tl_1	tl_2	tl_3	UInteger32 UInteger16 UInteger16 Octet［2］ Octet［6］	通信发起方对象 UUID tl：时间低（DEA00000） tm：时间中（0x6C97） thv：时间高和版本（0x11D1） cl：时钟［2］0x82，0x71 nd：节点［6］包含实例，设备，制造商
36	tm_4	tm_5	thv_6	thv_7		
40	cl_0	cl_1	nd_0	nd_1		
44	nd_2	nd_3	nd_4	nd_5		

（续）

N	Octet N	Octet N+1	Octet N+2	Octet N+3	类型	字 段 名
48	ap_0	ap_1	ap_2	ap_3	UInteger32	ap：AR 特性（0x000000B9）（1 = Primary +8 = Takeover +16 +32 = FastE +128 = RT）
52	cma_0	cma_1	spt_0	spt_1	UInteger16 UInteger16	cma：通信发起后活动超时（Base 100ms） spt：发送 UDP 端口号
56	ln_0	ln_1			Octet［ln］	ln：站名长度
58 + ln	参见表 6-12 IOCRBlockReq					

8）请求 CR Input/Output 包含有关 RT 帧的地址信息和长度规范，以及发送周期。此外，在一个可变部分指示用户数据区中所有 I/O 对象的位置和消费者的状态。请求报文 IOCR 块见表 6-12。

表 6-12 IOCRBlockReq

N	Octet N	Octet N+1	Octet N+2	Octet N+3	类型	字 段 名
0	0x01	0x02	$blen_0$	$blen_1$	Uinteger8 Uinteger8 Uinteger16	请求 btype： blen：块长度
4	verh（1）	verl（0）	$ctyp_0$	$ctyp_1$	Uinteger8 Uinteger8 Uinteger16	verh：版本高（1） verl：版本低（0） ctyp：（1 = 输入，2 = 输出）
8	ref_0	ref_1	lt_0	lt_1	Uinteger16 Uinteger16	ref：IOCR 引用 lt：LT 字段（0x8892）
12	0	0	0	1	Uinteger32	IOCR 特性
16	dl_0	dl_1	fid_0	fid_1	Uinteger16 Uinteger16	dl：IOCR 数据长度 fid：FrameID 字段
20	sc_0	sc_1	rr_0	rr_1	Uinteger16 Uinteger16	sc：发送时钟系数 rr：减速比（1，2，4，..，128）
24	ph_0	ph_1	sq_0	sq_1	Uinteger16 Uinteger16	ph：分段（1.. rr） sq：顺序（0）
28	sof_0	sof_1	sof_2	sof_3	Uinteger32	sof：发送偏移（0xffffffff）
32	wd_0	wd_1			Uinteger16	wd：看门狗监视器（缺省值：3 倍的发送时钟）
34	dh_0	dh_1	tgh_0	tgh_1	Uinteger16 Uinteger16	dh：数据保持（发送时钟） tgh：VLANTag IO-数据，0xC000

（续）

N	Octet N	Octet N+1	Octet N+2	Octet N+3	类型	字段名
38	ma_0	ma_1	ma_2	ma_3	Octet［6］	ma：点广播地址（01-0E-CF-00-01-00）
42	ma_4	ma_5	na_0	na1	Uinteger16	na：API的个数
0	ap_0	ap_1	ap_2	ap_3	Uinteger32	ap：API
4	do_0	do_1			Uinteger16	do：IO对象的个数
0	sl_0	sl_1	ssl_0	ssl_1	Ulnteger16 Uinteger16	sl：槽 ssl：子槽
4	of_0	of_1			Uinteger16	of：IO对象在帧中的偏移
6	so_0	so_1			Uinteger16	so：IOCS对象的个数
0	sl_0	sl_1	ssl_0	ssl_1	Ulnteger16 Uinteger16	sl：槽 ssl：子槽
4	of_0	of_1			Uinteger16	of：IO对象在帧中的偏移
46+6*do+6*so+8*na			参见表6-14 AlarmCRBlockReq			

9）ExpSubM 即所期望的子模块。主要包含带有标识的所有子模块、槽和子槽号，以及输入/输出对象的长度指示。其报文见表6-13。

表6-13 ExpectedSubmoduleBlockReq

N	Octet N	Octet N+1	Octet N+2	Octet N+3	类型	字段名
0	0x01	0x04	$blen_0$	$blen_1$	Uinteger8 Uinteger8 Uinteger16	请求 btyp blen：块长度
4	verh（1）	verl（0）	na_0	na_1	Uinteger8 Uinteger8 Uinteger16	verh：版本高（1） verl：版本低（0） na：API的个数
0	ap_0	ap_1	ap_2	ap_3	Uinteger32	ap：API
4	sl_0	sl_1			Uinteger16	sl：槽
6	mid_0	mid_1	mid_2	mid_3	Uinteger32	mid：模块ID
10	mp_0	mp_1			Uinteger16	mp：模块特性（0）
12	sm_0	sm_1			Uinteger16	sm：子模块的个数
0	ssl_0	ssl_1			Uinteger16	ssl：子槽
2	$smid_0$	$smid_1$	$smid_2$	$smid_3$	Uinteger32	smid：子模块ID
6	smp_0	smp_1			Uinteger16	smp：子模块特性（0=无IO，1=输入，2=输出，3=IO）
0	dd_2	dd_3	dl_2	dl_3	Uinteger16 Uinteger16	dd：数据描述（0=保留，1=输入，2=输出） dl：子模块数据长度
4	lc	lp			Uinteger8 Uinteger8	lc：长度IOCS（1） lp：长度IOPS（1）
8+14*na+8*sm+6*ioel		ioel是所有元素的总和；根据smp，一个模块可有一或两个io元素				

10）请求 Alarm　主要包含引用、VLAN 标签、重复次数、定时器，以及用户数据的长度规定。报警 CR 块请求报文见表 6-14。

表 6-14　AlarmCRBlockReq

N	Octet N	Octet N+1	Octet N+2	Octet N+3	类型	字 段 名
0	0x01	0x03	$blen_0$	$blen_1$	Uinteger8 Uinteger8 Uinteger16	请求 btype blen：块长度（22）
4	verh（1）	verl（0）	$ctyp_0$	$ctyp_1$	Uinteger8 Uinteger8 Uinteger16	verh：版本高（1） verl：版本低（0） ctyp：CR 类型（1）
8	lt_0	lt_1			Uinteger16	lt：LT 字段（0x8892）
10	$prop_0$	$prop_1$	$prop_2$	$prop_3$	Uinteger32	prop：特性（0＝使用特性，1＝一个 CR 缺省）
14	to_0	to_1	$ttry_0$	$trty_1$	Uinteger16 Uinteger16	to：100ms 范围内的超时（1） rtry：重试（3）
18	ref_0	ref_1	rr_0	rr_1	Uinteger16 Uinteger16	ref：发送方的引用 rr：最大报警数据长度（200-1432）
22	tgh_0	tgh_1	tgl_0	tgl_1	Uinteger16 Uinteger16	tgh：高（优先权）报警数据的 VLAN Tag（0xC000） tgl：低（优先权）报警数据的 VLAN Tag（0xA000）
26	≫参见表 6-13 ExpectedSubmoduleBlockReq					

3. 连接响应（Connect Response）

在 IO 设备检查能否建立连接后，用 Connect Response 来响应一个建立连接的请求。这个帧的结构如图 6-30 所示。

P	SFD	Dest Addr.	Src Addr.	VLAN	Ether Type	IP UDP	RPC	NDR	AR block	CR Input	CR Output	Alarm CR	Module Diff.	FCS
7	1	6	6	4	2	28	80	20	34	12	12	12	14 + 18 * Slot	4

图 6-30　Connect Response 的帧结构

在图 6-30 中，有：

1）响应 NDR　它包含数据块的大小，其数据表达式的格式与 RPC 首部的格式相同，需要 20 个字节。此外，此处应说明请求的状况。

如果执行被无差错地完成，则将所有状况字节设置为 0，如果出错，则执行总是以“0xDB 0x81”开始，用 ErrorCode1（差错代码 1）（通常包含故障块（编码 1～4））、ErrorCode2（差错代码 2）指示不正确的参数。如果存在多个不正确的参数，则显示第一个参数。在错误极端严重的情况下，还应显示相应状态机的差错代码。

响应报文中的NDR数据见表6-15～表6-19所列。

表6-15 NDR Data Res

N	Octet N	Octet N+1	Octet N+2	Octet N+3	类型	字 段 名
0	ec	ed	ec1	ec2	UInteger8 UInteger8 UInteger8 UInteger8	ec：ErrorCode（0，0xDB-DF） ed：ErrorDeCode（0，0x80，0x81） ec1：ErrorCode1（0x80作为DPV） ec2：ErrorCode2
4	$alen_0$	$alen_1$	$alen_2$	$alen_3$	UInteger32	alen：ArgsLength
8	$mcnt_0$	$mcnt_1$	$mcnt_2$	$mcnt_3$	UInteger32	mcnt：最大计数
12	0	0	0	0	UInteger32	Offset
16	$acnt_0$	$acnt_1$	$acnt_2$	$acnt_3$	UInteger32	acnt：实际计数（与ArgsLength具有相同值）
20	参见表6-25 Write Res、表6-33 Read Res、表6-20 Connect ARBlockRes、表6-26 ControlBlockConnect/Release					

表6-16 ErrorCode的值

值	含 义	用 法
0	无差错	
1 to 0x80	保留	
0x81	PNIO	LogData
0x82 to 0xCE	保留	
0xCF	RTA差错	在ERR-RTA-PDU和UDP-RTA-PDU内
0xD0 to 0xD9	保留	
0xDA	AlarmAck	在Date-RTA-PDU和UDP-RTA-PDU内
0xDB	IODConnectRes	在CL-RPC-PDU内
0xDC	IODReleaseRes	在CL-RPC-PDU内
0xDD	IODControlRes， IOCControlRes， IOSControlRes	在CL-RPC-PDU内
0xDE	IODReadRes	在CL-RPC-PDU内仅使用 ErrorDecode = PNIORW
0xDF	IODWriteRes	在CL-RPC-PDU内仅使用 ErrorDecode = PNIORW
0xE0 to 0xFF	保留	

表 6-17　ErrorDecode 的值

值	含　义	用　法
0 to 0x7F	保留	
0x80	PNIORW，等效于 DPV1	用于 Read，Write 的用户差错编码的上下文中
0x81	PNIO	用于其他服务或内部服务的上下文中，例如：RPC 差错
0x82 to 0xFF	保留	

表 6-18　当 ErrorDecode 为 PNIORW 时，ErrorCode1 的值
（注意：Errorcode1 字节分成 2 个字段）

差错类型（十进制）	含　义	ErrorCode（十进制）
0 ~ 9	保留	未规定*
10	应用	0 = 读差错 1 = 写差错 2 = 模块故障 3 ~ 6 = 未规定 7 = 忙 8 = 版本冲突 9 = 不支持特性 10 ~ 15 = 用户特定的
11	访问	0 = 索引无效 1 = 写长度差错 2 = 槽/子槽无效 3 = 类型冲突 4 = 存储区无效 5 = 状态冲突 6 = 访问被拒绝 7 = 范围无效 8 = 参数无效 9 = 类型无效 10 = 备份 11 ~ 15 = 用户特定的
12	资源	0 = 读限制冲突 1 = 写限制冲突 2 = 资源忙 3 = 资源不可用 4 ~ 7 = 未规定 8 ~ 15 = 用户特定的
13 ~ 15	用户特定的	

注：未规定的值用于遗留编码，并将不作任何改变地传递给应用。

表 6-19 当 ErrorDecode 为 PNIO 时，ErrorCode1 和 ErrorCode2 的值

ErrorCode1	含 义	ErrorCode2	含义/用法
0	保留	0～255	保留
1	连接参数出错 故障 ARBlockReq	0 ... 13 14～255	BlockType 中的差错 ... StationName 中的差错 保留
2	连接参数出错 故障 IOCRBlockReq	0 ... 23 24～255	BlockType 中的差错 ... IOCSFrameOffset 中的差错 保留
3	连接参数出错 故障 ExpectSubmoduleBlockReq	0 ... 7 8～255	BlockType 中的差错 ... SubmoduleLength 中的差错 保留
4	连接参数出错 故障 AlarmCRBlockReq	0 ... 15 16～255	BlockType 中的差错 ... AlarmCPTagHeaderLow 中的差错 保留
5	连接参数出错 故障 PrmServerBlockReq	0 ... 8 9～255	BlockType 中的差错 ... ParameterServerStationName 中的差错 保留
6～19	保留	0～255	保留
20	IODControl 参数出错 故障 ControlBlockConnect	0 ... 9 10～255	BlockType 中的差错 ... ControlBlockProperties 中的差错 保留
21	IODControl 参数出错 故障 ControlBlock，一个插报警	0 ... 7 8～255	BlockType 中的差错 ... ControlBlockProperties 中的差错 保留
22	IOXControl 参数出错 连接建立之后的故障 ControlBlock	0 ... 7 8～255	BlockType 中的差错 ... ControlBlockProperties 中的差错 保留

（续）

ErrorCode1	含　义	ErrorCode2	含义/用法
23	IOXControl 参数出错 故障 ControlBlock，一个插报警	0 ... 7 8～255	BlockType 中的差错 ... ControlBlockProperties 中的差错 保留
24～39	保留	0～255	保留
40	释放参数出错 故障 ReleaseBlock	0 ... 7 8～255	BlockType 中的差错 ... ControlBlockProperties 中的差错 保留
41～59	保留	0～255	保留
60	AlarmAck 差错代码	0～255	不支持 0 报警类型
61	CMDEV	0～255	用法见协议机
62	CMCTL	0～255	用法见协议机
63	NRPM	0～255	用法见协议机
64	RMPM	0～255	用法见协议机
65	ALPMI	0～255	用法见协议机
66	ALPMR	0～255	用法见协议机
67	LMPM	0～255	用法见协议机
68	MMAC	0～255	用法见协议机
69	RPC	0 1 2 3 4 5 6 7 8 9～255	保留 ERR _ REJECTED ERR _ FAULTED ERR _ TIMEOUT ERR _ IN _ ARGS ERR _ OUT _ ARGS ERR _ DECODE ERR _ PNIO _ OUT _ ARGS ERR _ PNIO _ APP _ TIMEOUT 保留
70	APMR	0～255	用法见协议机
71	APMS	0～255	用法见协议机
72	CPM	0～255	用法见协议机
73	PPM	0～255	用法见协议机
74	由 DCPUCS 使用	0～255	用法见协议机
75	由 DCPUCR 使用	0～255	用法见协议机
76	由 DCPMCS 使用	0～255	用法见协议机
77	由 DCPMCR 使用	0～255	用法见协议机
78	FSPM	0～255	用法见协议机

（续）

ErrorCode1	含　义	ErrorCode2	含义/用法
79～252	保留	0～255	保留
253	有 RTA 用于协议差错 RTA_ERR_CLS_PROTOCOL	0 1 2 3～255	保留 序列号差错 （RTA_ERR_CODE_SEQ）差错 实例关闭（RTA_ERR_ABORT） 保留
254	保留	0～255	保留
255	用户特定	0～255	用户特定

2）响应 AR block　主要包含此连接的唯一标识符，控制器的标识符、某些标签和 MAC 地址，连接监视器的 timeout 值及站名称，编码采用摩托罗拉格式。响应报文中的 AR 块见表 6-20。

表 6-20　ConnectARBlockRes

N	Octet N	Octet N+1	Octet N+2	Octet N+3	类型	字　段　名
0	0x81	0x01	$blen_0$	$blen_1$	Uinteger8 Uinteger8 Uinteger16	响应 btype blen：块长度（30）
4	verh（1）	verl（0）	$atyp_0$	$atyp_1$	Uinteger8 Uinteger8 Uinteger16	verh：版本高（1） verl：版本低（0） atyp：ARType（1=单一，2=共享，3=CIR，4=Cred，5=Dred，6=SV）
8	tl_0	tl_1	tl_2	tl_3	Uinteger32 Uinteger16 Uinteger16 Octet［2］ Octet［6］	ARUUID（组态工具） tl：时间低 tm：时间中 thv：时间高和版本 cl：时钟［2］ nd：节点［6］
12	tm_4	tm_5	thv_6	thv_7		
16	cl_0	cl_1	nd_0	nd_1		
20	nd_2	nd_3	nd_4	nd_5		
24	sk_0	sk_1	ma_0	ma_1	Uinteger16 Octet［6］	sk：会话密钥 ma：CMR MAC 地址
28	ma_2	ma_3	ma_4	ma_5		
32	spt_0	spt_1			Uinteger16	spt：发送 UDP 端口号
34	参见表 6-21 IOCRBlockRes					

3）响应 CR Input/Output　包含有关 RT 帧的地址信息和长度规范等简单信息。响应报文 IO 块见表 6-21。

表 6-21 IOCRBlockRes

N	Octet N	Octet N+1	Octet N+2	Octet N+3	类型	字 段 名
0	0x81	0x02	$blen_0$	$blen_1$	Uinteger8 Uinteger8 Uinteger16	响应 btype blen：块长度（8）
4	verh（1）	verl（0）	$ctyp_0$	$ctyp_1$	Uinteger8 Uinteger8 Uinteger16	verh：版本高（1） verl：版本低（0） ctyp：CR 类型（1 = 输入，2 = 输出）
8	ref_0	ref_1	fid_0	fid_1	Uinteger16 Uinteger16	ref：IOCR 引用 fid：FrameID 字段
12	参见表 6-22 AlarmCRBlockRes					

4）响应 Alarm 主要包含用以标识非循环数据的引用参数（见表 6-19），以及用户数据的长度规定。报警 CR 块响应报文见表 6-22。

表 6-22 AlarmCRBlockRes

N	Octet N	Octet N+1	Octet N+2	Octet N+3	类型	字 段 名
0	0x81	0x03	$blen_0$	$blen_1$	Uinteger8 Uinteger8 Uinteger16	响应 Btype. . blen. . 块长度（8）
4	verh（1）	verl（0）	$atyp_0$	$ctyp_1$	Uinteger8 Uinteger8 Uinteger16	verh. . 版本高（1） verl. . 版本低（0） atyp. . 报警类型（1）
8	ref_0	ref_1	rr_0	rr_1	Uinteger16 Uinteger16	ref. . 发送方的引用 rr. . 最大报警数据长度（200～1432）
12	≫参见表 6-23 ModuleDiffBlock					

5）ModuleDiff 主要包含带有标识的所有子模块、槽和子槽号，以及模块和子模块的状态（仅包含那些有问题的模块和子模块）。其报文见表 6-23。

表 6-23 ModuleDiffBlock

N	Octet N	Octet N+1	Octet N+2	Octet N+3	类型	字 段 名
0	0x81	0x04	$blen_0$	$blen_1$	Uinteger8 Uinteger8 Uinteger16	响应 btype blen：块长度（20，28，36. .）
4	verh（1）	verl（0）	na_0	na_1	Uinteger8 Uinteger8 Uinteger16	verh：版本高 Version（1） verl：版本低（0） na：API 的个数

（续）

N	Octet N	Octet N+1	Octet N+2	Octet N+3	类型	字段名
0	ap_0	ap_1	ap_2	ap_3	Uinteger32	ap：API
4	ns_0	ns_1			Uinteger16	ns：槽数
0	sl_0	sl_1			Uinteger16	sl：槽
2	mid_0	mid_1	mid_2	mid_3	Uinteger32	mid：模块 ID
6	ms_0	ms_1	sm_0	sm_1	Uinteger16 Uinteger16	ms：模块状态（0=无模块，1=错误的模块，2=合适，3=Subst） sm：子模块数（1）
0	ssl_0	ssl_1	$smid_0$	$smid_1$	Uinteger16	ssl：子槽
4	$smid_2$	$smid_3$	sms_0	sms_1	Uinteger32 Uinteger16	smid：子槽 ID sms：子模块状态 （0=无子模块，1=错误的子模块，2=被IO控制级锁定（LockedCtrl），3=保留，4=应用准备未完成，5=保留，6=保留，7=代替，8~7FFF=保留）
8+6*na+10*ns+8*sm						

4. 写请求（Write Request）

在启动期间，IO 控制器使用 Write Request 将各子模块的参数（在 GSD 文件中定义的）传输到 IO 设备，使用单独的 Write Request 为每个模块/子模块定义单独的参数集。只有在成功进行连接后，才允许此操作。Write Request 帧结构如图 6-31 所示。

P	SFD	DestAddr.	SrcAddr.	VLAN	EtherType	IP UDP	RPC	NDR	Writeblock	WriteData	FCS
7	1	6	6	4	2	28	80	20	64	…	4

图 6-31 Write Request 帧结构

在图 6-31 中，有

1）**请求 NDR** 见表 6-10。

2）**请求 Write block** 主要包含此连接唯一的标识符、该对象的地址和长度，编码采用摩托罗拉格式。请求报文中的写块见表 6-24。

3）**Write Data** 包含所寻址的子模块的参数赋值数据。

表 6-24 WriteReq

N	Octet N	Octet N+1	Octet N+2	Octet N+3	类型	字段名
0	0x00	0x08	$blen_0$	$blen_1$	UInteger8 UInteger8 UInteger16	请求 btype. . blen. . 块长度
4	verh（1）	verl（0）	sq_0	sq_1	UInteger8 UInteger8 UInteger16	Verh. . 版本高（1） Verl. . 版本低（0） sq. . 顺序

（续）

N	Octet N	Octet N+1	Octet N+2	Octet N+3	类型	字段名
8	tl_0	tl_1	tl_2	tl_3	UInteger32	ARUUID（组态工具） tl.. 时间低
12	tm_4	tm_5	thv_6	thv_7	UInteger16 UInteger16	tm.. 时间中 thv.. 时间高和版本
16	cl_0	cl_1	nd_0	nd_1	Octet [2]	cl.. 时钟 [2]
20	nd_2	nd_3	nd_4	nd_5	Octet [6]	nd.. 节点 [6]
24	ap_0	ap_1	ap_2	ap_3	UInteger32	ap.. API（0，0x8000）
28	sl_0	sl_1	ssl_0	ssl_1	UInteger16 UInteger16	sl.. 槽 ssl.. 子槽
32	0	0	idx_0	idx_1	UInteger16 UInteger16	填充 idx.. 索引
36	len_0	len_1	len_2	len_3	UInteger32	len.. 数据长度
40	0	0	0	0		填充
44	0	0	0	0		填充
48	0	0	0	0		填充
52	0	0	0	0		填充
56	0	0	0	0		填充
60	0	0	0	0		填充
64	≫ 后接 write data					

5. 写响应（Write Response）

IO 设备使用 Write Response 来确认参数赋值数据的接收，之后可以传送其他的数据。Write Response 帧结构如图 6-32 所示。

P	SFD	DestAddr.	SrcAddr.	VLAN	EtherType	IP UDP	RPC	NDR	Writeblock	FCS
7	1	6	6	4	2	28	80	20	64	4

图 6-32 Write Response 帧结构

在图 6-32 中，有

1）响应 NDR 见表 6-15。

2）响应 Write block 主要包含此连接唯一的标识符（ARUUID、version）、该对象的地址（槽、子槽）和长度，编码采用摩托罗拉格式。其结构对应于请求帧中的 Write block，所不同的是两个用于发送信息的附加字段。响应报文中的写块见表 6-25。

表 6-25 WriteRes

N	Octet N	Octet N+1	Octet N+2	Octet N+3	类型	字 段 名
0	0x80	0x08	$blen_0$	$blen_1$	UInteger8 UInteger8 UInteger16	响应 btype. blen.. 块长度
4	verh（1）	verl（0）	sq_0	sq_1	UInteger8 UInteger8 UInteger16	Verh.. 版本高（1） Verl.. 版本低（0） sq.. 顺序
8	tl_0	tl_1	tl_2	tl_3	UInteger32	ARUUID（组态工具） tl.. 时间低
12	tm_4	tm_5	thv_6	thv_7	UInteger16 UInteger16	tm.. 时间中 thv.. 时间高和版本
16	cl_0	cl_1	nd_0	nd_1	Octet［2］ Octet［6］	cl.. 时钟［2］ nd.. 节点［6］
20	nd_2	nd_3	nd_4	nd_5		
24	ap_0	ap_1	ap_2	ap_3	UInteger32	ap.. API（0，0x8000）
28	sl_0	sl_1	ssl_0	ssl_1	UInteger16 UInteger16	sl.. 槽 ssl.. 子槽
32	0	0	idx_0	idx_1	UInteger16 UInteger16	填充 idx.. 索引
36	len_0	len_1	len_2	len_3	UInteger32	len.. 数据长度
40	$adv1_0$	$adv1_1$	$adv2_0$	$adv2_1$	UInteger16	adv1.. AddValue1 adv2.. AddValue2
44	ec	ed	ec1	ec2	UInteger8 UInteger8 UInteger8 UInteger8	ec.. ErrorCode ed.. ErrorDecode ec1.. ErrorCode1 ec2.. ErrorCode2
48	0	0	0	0		填充
52	0	0	0	0		填充
56	0	0	0	0		填充
60	0	0	0	0		填充
64						

6. Dcontrol Request/ Dcontrol Response

IO 控制器使用 Dcontrol 请求发出完成参数化的信号。随后 IO 设备使用 Dcontrol 响应来确认 IO 控制器的请求。两者报文结构相同，不同的是 NDR 单元中，一个是请求 NDR，一个是响应 NDR。另外，Control Block 的内容也有所差异。Dcontrol Request/ Dcontrol Response 的帧结构如图 6-33 所示。

P	SFD	DestAddr.	SrcAddr.	VLAN	EtherType	IP UDP	RPC	NDR	Controlblock	FCS
7	1	6	6	4	2	28	80	20	32	4

图 6-33　Dcontrol Request/ Dcontrol Response 帧结构

在图 6-33 中，有：

1）请求报文的 Control block　主要包含此连接唯一的标识符以及命令的类型，编码采用摩托罗拉格式。

2）响应报文的 Control block　主要包含此连接唯一的标识符、它返回该调用的参数，编码采用摩托罗拉格式。

报文中的 Control block 的连接与释放见表 6-26。

表 6-26　ControlblockConnect/Release

N	Octet N	Octet N + 1	Octet N + 2	Octet N + 3	类型	字　段　名
0	r	btype	$blen_0$	$blen_1$	Uinteger8 Uinteger8 Uinteger16	r. . 1 = 请求，0x81 = 响应 btype. . 0x10 = 使用 IODControl 0x12 = 使用 IOCControl 0x13 = 使用 Release blen：块长度（28）
4	verh（1）	verl（0）	0	0	Uinteger8 Uinteger8 Uinteger16	verh：版本高（1） verl：版本低（0） 保留
8	tl_0	tl_1	tl_2	tl_3	 Uinteger32	ARUUID（组态工具） tl：时间低
12	tm_4	tm_5	thv_6	thv_7	Uinteger16 Uinteger16	tm：时间中 thv：时间高和版本
16	cl_0	cl_1	nd_0	nd_1	Octet［2］	cl：时钟［2］
20	nd_2	nd_3	nd_4	nd_5	Octet［6］	nd：节点［6］
24	sk_0	sk_1	0	0	Uinteger16 Octet［2］	sk：会话密钥 保留
28	cc_0	cc_1	cp_0	cp_1	Uinteger16 Uinteger16	cc：控制命令 cp：控制特性
32						

7. CControl Request

IO 设备使用 CControl 请求对建立的连接进行确认。CControl Request 的帧结构如图 6-34 所示。

P	SFD	DestAddr.	SrcAddr.	VLAN	EtherType	IP UDP	RPC	NDR	Controlblock	ModuleDiff.	FCS
7	1	6	6	4	2	28	80	20	32	14 + 18 * Slot	4

图 6-34　CControl Request 帧结构

在图6-34中，有

1）**请求NDR**　见表6-10。

2）**Control block**　见表6-26。

3）**ModuleDiff**　见表6-23。

8. CControl Response

IO控制器使用CControl响应对IO设备的请求进行确认。CControl Response的帧结构如图6-35所示。

P	SFD	DestAddr.	SrcAddr.	VLAN	Ether Type	IP UDP	RPC	NDR	Controlblock	FCS
7	1	6	6	4	2	28	80	20	32	4

图6-35　CControl Response帧结构

在图6-35中，有

1）**响应NDR**　见表6-15。

2）**Control block**　见表6-26。

9. 循环数据交换

如图6-28所示，IO数据CR建立起来后，IO控制器和IO设备之间就开始了循环的数据交换过程。数据交换报文的帧格式如图6-18所示。其中的数据单元最小为40字节。数据单元中包括实时的I/O数据，IO提供者状态IOPS（IO Provider Status）和IO消费者状态IOCS（IO Consumer Status）。使用IOPS和IOCS，可以使IO控制器和IO设备评估传输I/O数据的质量。

IOPS与数据一起由提供者传输，所以它与数据值一致。但IOCS只能在消费者收到数据后由消费者传回提供者，所以IOCS与数据值不一致。IOPS和IOCS的值可以为GOOD或BAD，针对不同的故障确定了BAD的不同值（BAD-BY-CONTROLLER，BAD-BY-DEVICE）。IOPS和IOCS的意义见表6-27，IO控制器和IO设备中使用的IOPS和IOCS如图6-36所示。

表6-27　IOPS和IOCS对输入数据和输出数据的意义

数据	IOPS	IOCS
输入	• IOPS描述了输入数据提供者的状态，并与实际数据一起由IO设备传输到IO控制器 • IOPS在传输路径中提供背景，如子模块、模块、IO设备或具有标识无效输入数据工具的IO控制器本身 • IO控制器的控制应用可能只会处理那些IOPS = GOOD的值。IOPS = BAD的值必须由相应的默认值代替，且子模块会标记为故障	• IOCS描述了输入数据消费者的状态，并从IO控制器传输到IO设备 • 它帮助IO设备识别各种通信问题，并提供信息，即IO控制器是否正在处理分发到的输入值（如IO控制器处于STOP状态） • IO设备对IOCS = BAD的响应是制造商特定的

（续）

数据	IOPS	IOCS
输出	• IOPS 描述了输出数据提供者的状态，并与实际数据一起由 IO 控制器传输到 IO 设备 • 它帮助识别各种通信问题，并为 IO 设备提供信息，即 IO 控制器当前是否可以设定分发到的输出的值（如 IO 控制器处于 STOP 状态） • IO 设备可能只会处理 IOPS = GOOD 的值。IOPS = BAD 的值必须有相应的默认值代替	• IOCS 描述了输出数据消费者的状态，并由 IO 设备传输到 IO 控制器 • 它帮助 IO 控制器识别各种通信问题，并提供信息，即 IO 设备当前是否可以将分发到的输出的值传递给过程（比如一个模块已经从一个模块化 IO 设备上移走） • IOCS 可以被传输路径上的所有背景设定，如子模块、模块、IO 设备或 IO 控制器自身 • IO 控制器对 IOCS = BAD 的响应是制造商特定的。对于 SIMATIC S7 CPU，子模块标识为故障

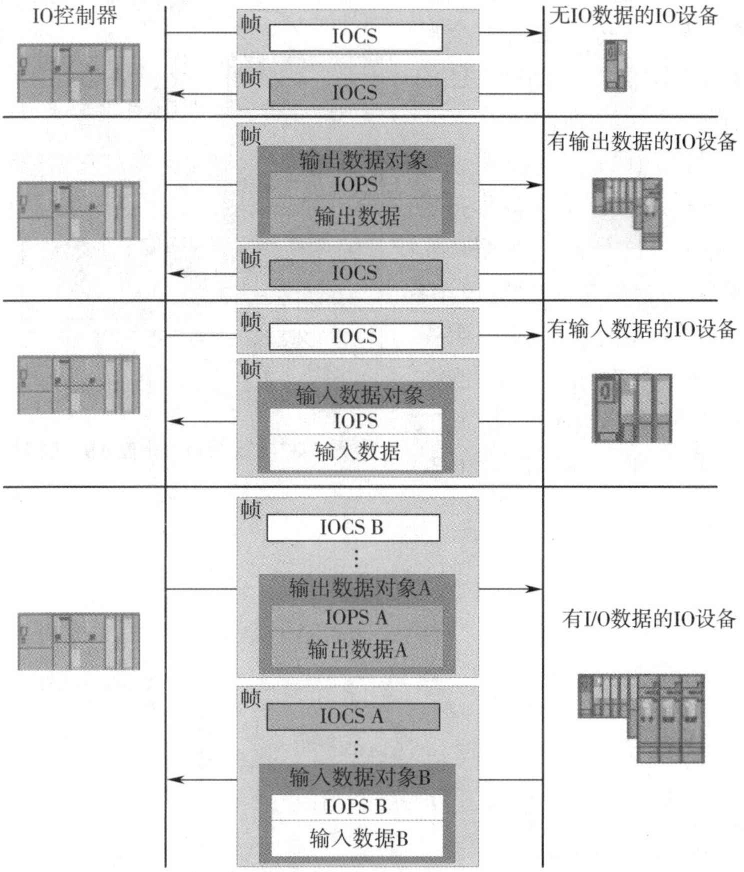

图 6-36　IO 控制器和 IO 设备中使用的 IOPS 和 IOCS

在 IO 数据交换过程中，看门狗时间（Watchdog time）是一个非常重要的参数。通过 STEP7，使用更新时间的整数倍来设置看门狗时间，该时间也可由用户修改。如果在看门狗时间内 IO 控制器没有为 IO 设备提供输入或输出数据，IO 设备将出现故障并给出替换值。这种情况将作为站故障报告给 IO 控制器。

6.2.10 报警处理及相关报文

1. 报警

PROFINET IO 传输的高优先级事件主要是报警信息。这包括系统定义的事件（如插拔模块）和用户定义的事件，如在控制系统中检测到的一些事件或者发生在控制过程中的一些事件（例如，锅炉压力过高）等。如果报警信息来源于过程连接（例如超出极限温度），那么就必须使用过程报警。

诊断和状态信息代表了在系统中出现的一些非致命的错误，这些信息都不会向高一级的控制器传输。如果故障或事件发生，如在一个 IO 设备或与之连接的组件出现问题（如断线），就必须使用诊断报警。

在 PROFINET 中，对报警信息和诊断信息进行了区分。每一个致命的错误通常都用报警来表示，每个报警都会触发进入诊断缓冲区。报警/诊断信息的结构和处理过程如图 6-37 所示。

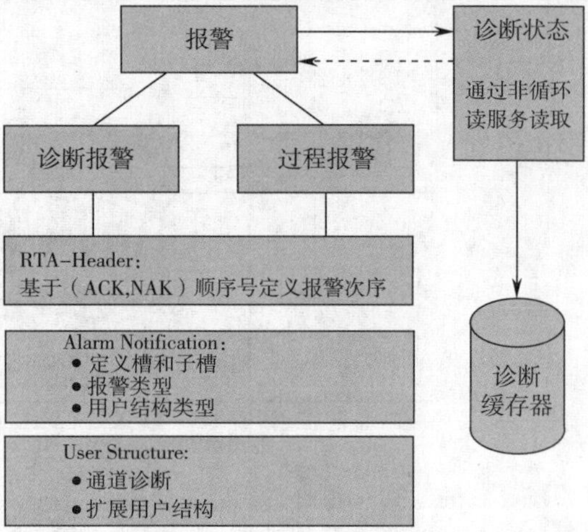

图 6-37 报警/诊断信息的结构和处理过程

PROFINET 系统中的所有进程事件都必须使用报警来发送。IO 设备将报警作为实时报文传送，这是通过非循环实时协议 RTA 来实现的。与实时协议 RT 一样，RTA 也赋予优先级。所有报警都必须得到 IO 控制器的确认。PROFINET 中的优先级和报警类型见表 6-2。PROFINET 报警处理过程如图 6-38 所示。

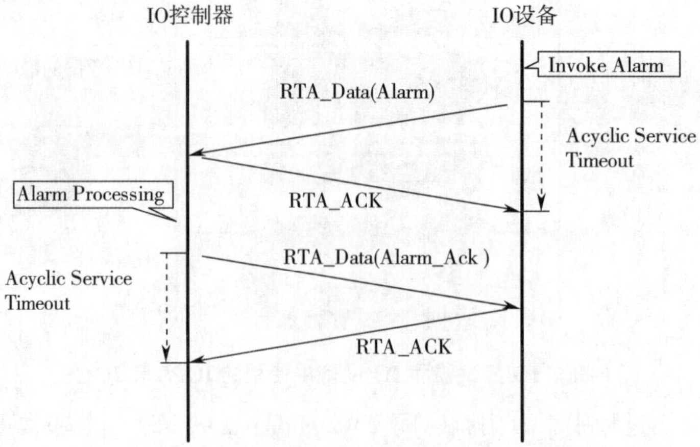

图 6-38 PROFINET 的报警处理过程

2. 报警通知（Alarm Notification）

IO 设备使用 Alarm Notification Request RTA-Data（Alarm）向 IO 控制器发出报警信号。该帧的结构如图 6-39 所示。

P	SFD	Dest Addr.	Src Addr.	VLAN	Ether Type	FrameID	RTA Header	Alarm Notification	FCS
7	1	6	6	4	2	2	12	64	4

图 6-39 Alarm Notification Request RTA-Data（Alarm）帧结构

在图 6-39 中，有

1）**EtherType** 为 0x8892，用于实时通信。

2）**FrameID** 定义了两个通道，即 0xFC01 Alarm High 和 0xFE01 Alarm Low。

3）**RTA Header** 主要包括源和目的的本地引用、标志、用于检查副本的序列号，以及“Alarm Notification”的长度规定。RTA Header 单元内容见表 6-28。

表 6-28 RTA Header

N	Octet N	Octet N+1	Octet N+2	Octet N+3	类型	字段名
0	$dref_0$	$dref_1$	$sref_0$	$sref_1$	Uinteger16 Uinteger16	dref：目的引用 serf：源引用
4	vvvvtttt	fffffwwww	$sseq_0$	$sseq_1$	Uinteger8 Uinteger8 Uinteger16	vvvv：（1）版本 tttt：（1 = Data，2 = NAK，3 = ACK，4 = ERR） ffff：（DATA 时 =1，否则 =0） wwww：（1）Window sseq：SecdSeqNum
8	$aseq_0$	$aseq_1$	$vlen_0$	$vlen_1$	Uinteger16 Uinteger16	aseq：AckSeqNum vlen：VarPartLen
12	参见表 6-29 Alarm Notification 报警通告或表 6-31 报警确认					

4）**Alarm Notification** 包含报警 ID（诊断、过程、插入、状态等），所选择的对象寻址信息（槽、子槽、模块标识号等），以及通用状态参数。在特殊情况下，还存储结构信息。如果包括通道诊断，则指出通道号、通道类型（bit、byte 或 word）和差错类型。Alarm Notification 单元内容见表 6-29 和表 6-30。

表 6-29 Alarm Notification

N	Octet N	Octet N+1	Octet N+2	Octet N+3	类型	字段名
0	0x00	btype	$blen_0$	$blen_1$	Uinteger8 Uinteger8 Uinteger16	请求 btype. 报警高（1），报警低（2） blen：块长度

（续）

N	Octet N	Octet N+1	Octet N+2	Octet N+3	类型	字段名
4	verh（1）	verl（0）	$atyp_0$	$atyp_1$	Uinteger8 Uinteger8 Uinteger16	verh：版本高（1） verl：版本低（0） atyp：报警类型（1=诊断，2=过程，3=拔，4=插，5=状态，6=更新，7=读，8=CtrlSV。9=RelSV，10=插错误，11=返回子模块，12=空诊断，13=Subscr，15=端口信息，16=同步，17=等时同步）
8	ap_0	ap_1	ap_2	ap_3	Uinteger32	ap：API（0，0x8000）
12	sl_0	sl_1	ssl_0	ssl_1	Uinteger16 Uinteger16	sl：槽 ssl：子槽
16	mid_0	mid_1	mid_2	mid_3	Uinteger32	mid：模块 ID
20	$smid_0$	$smid_1$	$smid_2$	$smid_3$	Uinteger32	smid：子模块 ID
24	a0dmcsss	sssssss	usi_0	usi_1	Uinteger16 Uinteger16	a：AR 问题指示器 d：存在诊断 m：存在制造商特定的诊断 c：存在通道诊断 s：s：序列号 usi：用户结构 ID（0x8000=与通道有关，0x8001=诊断数据）
28	与通道有关的诊断 | 其他诊断					

表 6-30　与通道有关的诊断

N	Octet N	Octet N+1	Octet N+2	Octet N+3	类型	字段名
28	cn_0	cn_1	dddee000	00000ttt	UInteger16 UInteger16	cn：通道号（0x8000=子模块） ddd： 0=制造商专用 1=输入 2=输出 3=输入/输出 4~7=保留 ee： 0=所有后续诊断消失 1=出现 2=消失 3=消失、其他保持 ttt：1=1bit，：，7=64bit
32	$etyp_0$	$etyp_1$			UInteger16	etyp：ErrorType

3. 在协议层对报警通知的确认（RTA-ACK）

IO 控制器使用 RTA-ACK 对 RTA-Data 帧的协议层进行确认。告知已收到 RTA-Data

帧，具备了接受下一个帧的资源，不需要重复。该帧的结构如图 6-40 所示。

P	SFD	Dest Addr.	Src Addr.	VLAN	Ether Type	FrameID	RTA Header	FCS
7	1	6	6	4	2	2	12	4

图 6-40 RTA-ACK 帧结构

4. 在用户层对报警通知的确认（RTA-Data. req）

IO 控制器使用 RTA-Data. req（Alarm-ACK）对 RTA-Data 帧的用户层进行确认。IO 设备在收到 IO 控制器的该请求报文后，才可确信该报警已被保存。该帧结构如图 6-41 所示。

P	SFD	Dest Addr.	Src Addr.	VLAN	Ether Type	FrameID	RTA Header	Alarm ACK	FCS
7	1	6	6	4	2	2	12	64	4

图 6-41 RTA-Data. req（Alarm ACK）帧结构

在图 6-41 中，有：

Alarm ACK 包含报警 ID（诊断、过程、插入、状态等），所选择的对象寻址信息（槽、子槽、模块标识号等），以及提供通用状态的参数。Alarm ACK 单元内容见表 6-31。

表 6-31 Alarm ACK

N	Octet N	Octet N + 1	Octet N + 2	Octet N + 3	类型	字 段 名
0	0x80	btype	$blen_0$	$blen_1$	UInteger8 UInteger8 UInteger16	请求 btype. 报警高（1），报警低（2） blen：块长度
4	verh（1）	verl（0）	$atyp_0$	$atyp_1$	UInteger8 UInteger8 UInteger16	verh：版本高（1） verl：版本低（0） atyp：报警类型（1 = 诊断，2 = 过程，3 = 拔，4 = 插，5 = 状态，6 = 更新，7 = 读，8 = CtrlSV，9 = RelSV，10 = 插错误，11 = 返回子模块）
8	sl_0	sl_1	ssl_0	ssl_1	UInteger16 UInteger16	sl：槽 ssl：子槽
12	00dmcsss	ssssssss	ec	ed	UInteger16 UInteger8 UInteger8	d：存在诊断 m：存在制造商特定的诊断 c：存在通道诊断 s：s：序列号 ec：ErrorCode（0，0xDA） ed：ErrorDeCode（0，0x81）
16	ec1	ec2			UInteger8 UInteger8	ec1：ErrorCode1（0，0x3C） ec2：ErrorCode2（0，0x3C） （0 = ALTypNotSupp）

IO 设备在收到 IO 控制器的 RTA-Data. req（Alarm ACK）后，在协议层对该请求进行确认，确认的响应报文也是 RTA ACK。

6.2.11 Read/Write 服务及报文

1. Read/Write 服务序列

Read/Write 服务用于完成某些非循环数据的交换，这些任务对时间没有严格的要求，所以使用 RPC 协议来执行这些功能。在极端的情况下，某些 Read/Write 服务的操作可能在几秒钟之内才能完成。

Read/Write 服务序列对应于上下关系管理调用，主要由两个调用组成，即一个请求调用和一个响应调用。Read/Write 服务序列如图 6-42 所示。

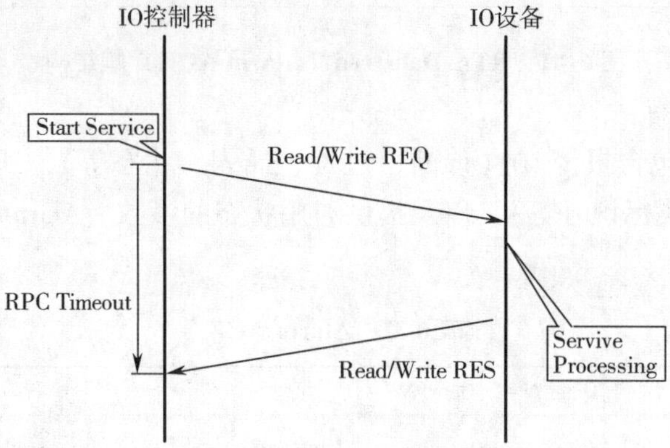

图 6-42 Read/Write 服务序列

有关 Write Request 和 Write Response 的内容请参见本书 6.2.7 节，此处不再赘述。

2. 读请求（Read Request）

Read Request 用于向设备请求数据。Read Request 的帧结构如图 6-43 所示。

P	SFD	Dest Addr.	Src Addr.	VLAN	Ether Type	IP UDP	RPC	NDR	Readblock	FCS
7	1	6	6	4	2	28	80	20	64	4

图 6-43 Read Request 帧结构

在图 6-43 中，有

1）请求 NDR 见表 6-10。

2）EtherType 为 0x8100，用于非实时通信。

3）请求 Read block 主要包含此连接唯一的标识符、该对象的地址和长度，编码采用摩托罗拉格式。请求报文中的读块见表 6-32。

表 6-32 ReadReq

N	Octet N	Octet N+1	Octet N+2	Octet N+3	类型	字段名
0	0x00	0x09	$blen_0$	$blen_1$	UInteger8 UInteger8 UInteger16	请求 btype. blen：块长度（=60）

（续）

N	Octet N	Octet N+1	Octet N+2	Octet N+3	类型	字 段 名
4	verh（1）	verl（0）	sq_0	sq_1	UInteger8 UInteger8 UInteger16	Verh：版本高（1） Verl：版本低（0） sq：顺序
8	tl_0	tl_1	tl_2	tl_3	UInteger32 UInteger16 UInteger16 Octet［2］	ARUUID（组态工具） tl：时间低 tm：时间中 thv：时间高和版本 cl：时钟［2］
12	tm_4	tm_5	thv_6	thv_7		
16	cl_0	cl_1	nd_0	nd_1		
20	nd_2	nd_3	nd_4	nd_5	Octet［6］	nd：节点［6］
24	ap_0	ap_1	ap_2	ap_3	UInteger32	ap：API（0x8000）
28	sl_0	sl_1	ssl_0	ssl_1	UInteger16 UInteger16	sl：槽 ssl：子槽
32	0	0	idx_0	idx_1	UInteger16 UInteger16	填充 idx：索引
36	len_0	len_1	len_2	len_3	UInteger32	len：数据长度
40	tl_0	tl_1	tl_2	tl_3	UInteger32 UInteger16 UInteger16 Octet［2］	目标 UUID（组态工具） tl：时间低 tm：时间中 thv：时间高和版本 cl：时钟［2］
44	tm_4	tm_5	thv_6	thv_7		
48	cl_0	cl_1	nd_0	nd_1		
52	nd_2	nd_3	nd_4	nd_5	Octet［6］	nd：节点［6］
56	0	0	0	0		填充
60	0	0	0	0		填充
64						

3. 读响应（Read Response）

使用 Read Response，可使所请求的数据在 RPC 监视时间内被发送。Read Response 的帧结构如图 6-44 所示。

P	SFD	DestAddr.	SrcAddr.	VLAN	EtherType	IP UDP	RPC	NDR	Readblock	ReadData	FCS
7	1	6	6	4	2	28	80	20	64	…	4

图 6-44 Read Response 帧结构

在图 6-44 中，有

1）响应 NDR 见表 6-15。

2）EtherType 为 0x8100，用于非实时通信。

3）响应 Read block 主要包含此连接唯一的标识符、该对象的地址和长度，编码采用摩托罗拉格式。其结构对应于请求帧中的 Read block，所不同的是两个用于发送信息的附加字段。响应报文中的读块见表6-33。

表6-33　ReadRes

N	Octet N	Octet N+1	Octet N+2	Octet N+3	类型	字段名
0	0x80	0x09	$blen_0$	$blen_1$	UInteger8 UInteger8 UInteger16	响应 btype. blen：块长度（=60）
4	verh（1）	verl（0）	sq_0	sq_1	UInteger8 UInteger8 UInteger16	Verh：版本高（1） Verl：版本低（0） sq：顺序
8	tl_0	tl_1	tl_2	tl_3	UInteger32	ARUUID（组态工具） tl：时间低
12	tm_4	tm_5	thv_6	thv_7	UInteger16 UInteger16	tm：时间中 thv：时间高和版本
16	cl_0	cl_1	nd_0	nd_1	Octet［2］	cl：时钟k［2］
20	nd_2	nd_3	nd_4	nd_5	Octet［6］	nd：节点［6］
24	ap_0	ap_1	ap_2	ap_3	UInteger32	ap：API（0，0x8000）
28	sl_0	sl_1	ssl_0	ssl_1	UInteger16 UInteger16	sl：槽 ssl：子槽
32	0	0	idx_0	idx_1	UInteger16 UInteger16	填充 idx：索引
36	len_0	len_1	len_2	len_3	UInteger32	len：数据长度
40	$adv1_0$	$adv1_1$	$adv2_0$	$adv2_1$	UInteger16	adv1：AddValue1 adv2：AddValue2
44	0	0	0	0		填充
48	0	0	0	0		填充
52	0	0	0	0		填充
56	0	0	0	0		填充
60	0	0	0	0		填充
64	≫后接用户数据 READ DATA					

DiagnosisBlock（诊断块）

MulticastConsumerInfoBlock（多点广播消费者信息块）　　I&M0

ExpecedIdentificationDataBlock（所期望的标识数据块）　　I&M1

RealIdentificationData（实际标识数据）　　I&M2

SubstituteValue（替代值）　　I&M3

RecordInputDataObjectElement（记录输入数据元素元素）　　I&M4

RecordOutputDataObjectElement（记录输出数据元素元素）　　MCR块

RecordOutputDataSubstituteObjectElement（记录输出数据替代值对象元素）

ARData（AR）

LogData（日志数据）

APIData（API数据）

6.2.12　网络诊断和管理

CC-B 类以上的设备支持网络诊断和拓扑检测功能。PROFINET 使用简单网络管理协议（Simple Network Management Protocol，SNMP）实现这些功能。在具备这些功能的设备上，集成有 MIB2（Management Information Base2）和 LLDP-EXT MIB（Link Layer Discovery Protocol-MIB），和 SNMP 一样，使用 PROFINET 的非循环服务也可从 PDEV（Physical DEVice object）中获取诊断和拓扑信息。

1. 简单网络管理协议

SNMP 用来对通信线路进行管理。使用 SNMP 进行网络管理需要管理基站、管理代理、管理信息库和网络管理工具。

管理基站：通常是一个独立的设备，它是网络管理者进行网络管理的用户接口。基站上必须装备有管理软件、用户接口和从 MIB 取得信息的数据库。同时为了进行网络管理它应该具备将管理命令发出基站的能力。

管理信息库（Management Information Base，MIB）：由网络管理协议访问的管理对象数据库，MIB 是对象的集合，它代表网络中可以管理的资源和设备。每个对象基本上是一个数据变量，它代表被管理对象方面的信息。

管理代理：是一种网络设备，如主机、交换机等，这些设备都必须能够接收管理基站发来的信息，它们的状态也必须可以由管理基站监视。管理代理响应基站的请求进行相应的操作，也可以在没有请求的情况下向基站发送信息。

SNMP 的基本功能是获取、设置和接收代理发送的意外信息。获取指的是由基站发送请求，代理根据这个请求回送相应的数据。设置是基站设置管理对象（也就是代理）的值。接收代理发送的意外信息是指代理可以在基站未请求的状态下向基站报告发生的意外情况。

SNMP 为应用层协议，是 TCP/IP 协议族的一部分。它通过用户数据报协议（UDP）来操作。SNMP 提供了一种从网络上的设备中收集网络管理信息的方法，也为设备向网络管理工作站报告问题和错误提供了一种方法。通过将 SNMP 嵌入数据通信设备，如交换机，就可以从一个中心站管理这些设备，并以图形的方式查看信息。

在 PROFINET 网络中，为了读出各种相关数据、端口数据和邻居检测信息，并为了检测 PROFINET 设备，CC-B 和 CC-C 类型的设备必须有 SNMP 功能。

2. 邻居检测

PROFINET 的网络拓扑具有多样性，为了检测设备之间精确的、详细的互连情况，PROFINET 使用了基于 IEEE 802.1AB 的 LLDP。

链路层发现协议（Link Layer Discovery Protocol，LLDP）是一个标准的以太网协议。它为以太网网络设备，如交换机、路由器和无线局域网接入点定义了一种标准的方法，使其可以向网络中其他节点公告自身的存在，并保存各个邻近设备的发现信息。例如设备配置和设备识别等详细信息都可以用该协议进行公告。

在 PROFINET 中，现场设备通过每一个交换机端口与其互连的设备交换地址信息，因此其“邻居”可以明确地确认它们所处的位置。

可以使用工程工具来图形化地显示 PROFINET 的系统拓扑架构，以及各端口的诊断信息。使用 SNMP 可以集成在邻居检测中得到的所有信息，这可以使操作人员和工程师快速浏览网络的状态。如图 6-45 所示的例子是一个简单的 PROFINET 网络的拓扑和网络诊断信息的图形化显示画面。

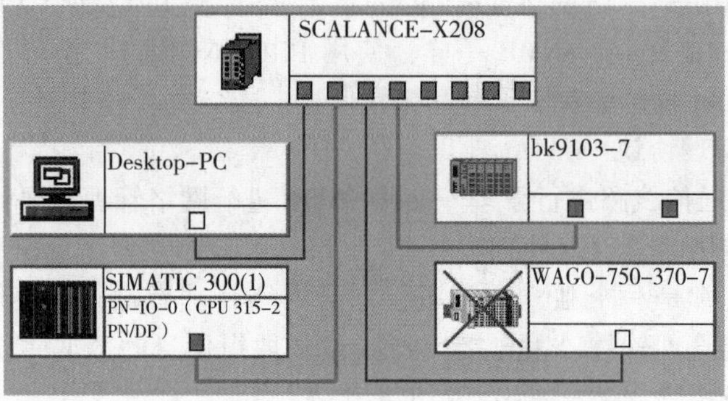

图 6-45　LLDP 和 SNMP 的使用

3. 设备更换

在过去，如果一个控制系统中的现场设备损坏或故障而需要更换时，可能还需要做不少工作。但对 CC-B 以上的设备来说，现在就不需要使用什么工程工具，直接将设备放在网络拓扑中即可，它会自动接收到和原来设备相同的名字和参数。

如图 6-46 所示，更换设备后，IO 控制器首先对第一个设备进行初始化工作，然后向其请求邻居端口信息，邻居端口信息被证实后，邻居地址和名称等信息告诉下一个相连的设备，依此类推。

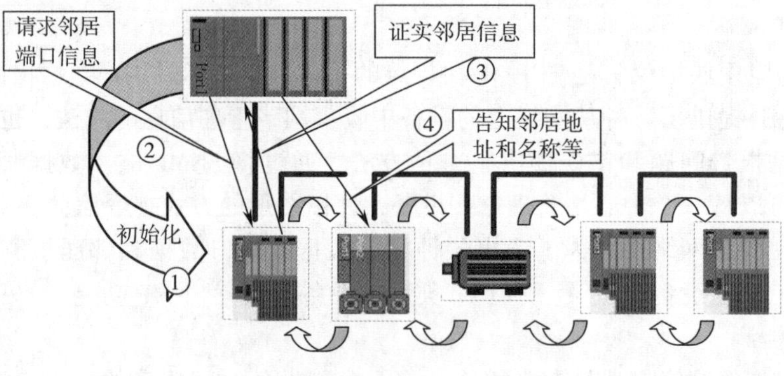

图 6-46　更换设备和 LLDP 工作过程

4. 网络诊断信息的集成

使用交换机时，它必须作为一个 PROFINET IO 设备组态到系统中。对于低电平以太网线缆等故障，交换机可以直接报告给 IO 控制器。这种交换机可以通过报警 CR 使用非循环报警功能传输诊断信息。通过交换机，网络诊断信息可以集成到 IO 系统的诊断中，如图 6-47 所示。

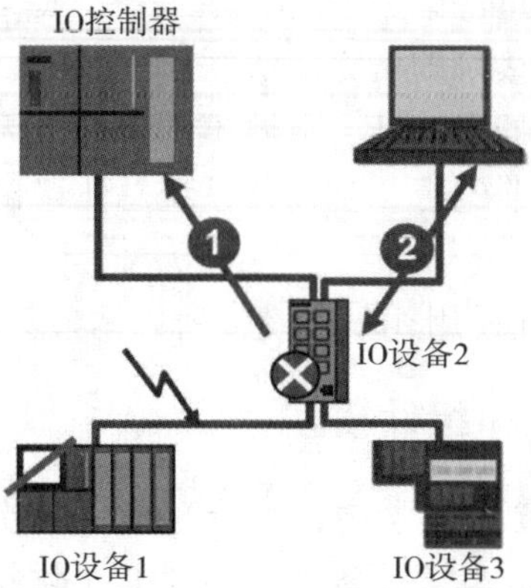

图 6-47 网络诊断信息的集成

6.3 PROFINET CBA

6.3.1 概述

在工业生产过程中存在着许多功能相同的装置或工艺过程相似的环节，自动化领域的发展已进入到了创建模块化装置和机器的阶段，我们可以把这些典型装置或环节做成标准组件模型，在使用它们时只需要进行简单的外部连接，即可完成复杂的控制任务。PROFINET CBA 就是使用基于预组装组件的技术来完成分布式自动化任务的。

如图 6-48 所示，在一个典型的饮料生产线中，可以把洗瓶、罐装、封口和包装等环节都看成是单独的一个整体环节，每个环节完成自己的任务，工作按顺序依次进行，这些不同的子系统或设备可以由一家或多家制造商来开发、测试和投运。工程师所关心的仅仅是每个模块与外界的接口规定，而不必去关心它们内部是如何完成各自的控制任务的。

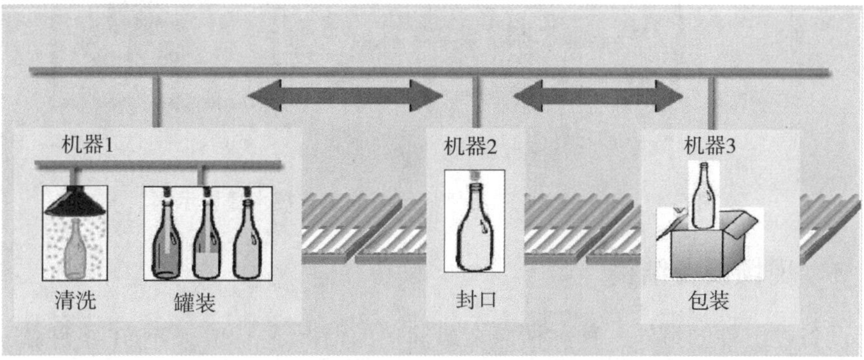

图 6-48 典型饮料生产线流程举例

由此我们可以看出 PROFINET CBA 所带来的好处有：

1）大大减少了设计工作量；

2）组件之间只需少量的接口即可完成级联；

3）每个模块都具有高度的自治性，从测试到诊断都无需对整个系统进行操作；

4）单个的组件调试可提前进行，从而使系统总体调试简单化；

5）系统维护变得容易。

由于 PROFINET CBA 现在使用还不普及，所以本节只对其基本概念进行简单介绍。

6.3.2 工艺技术模块和组件模型

在前面提到的饮料生产线的例子中，每个独立的环节在组成上都有相似的地方，那就是它们都是由机械、电气/电子设备和控制逻辑（软件）来实现其功能的。由这些要素构成的整体单元就是工艺技术模块，所以说一个工艺技术模块代表的是一个专用的组件，它包括机械的、必需的电控装置和相关的软件。

在划分和定义工艺技术模块时，必须周密地考虑在不同使用设备中它们的可复用性、成本和实用性。划分得过小、过细，则会定义太多的 I/O 参数，增加设计成本和管理难度；划分得过大、过粗，则会降低其复用性。

从用户的角度出发，工艺技术模块必须具有可操作的功能，即通过接口从外部对其进行操作。而 PROFINET 组件就是用户可从外部操作的工艺技术模块，也就是具备外部接口的工艺技术模块。图 6-49 所示就是 PROFINET 组件表示填充这个工艺技术模块的例子。每个组件有一个接口，它包含多个能与其他组件进行交换或用其他组件激活的变量，PROFINET 组件接口是按照 IEC61499 来规定的。

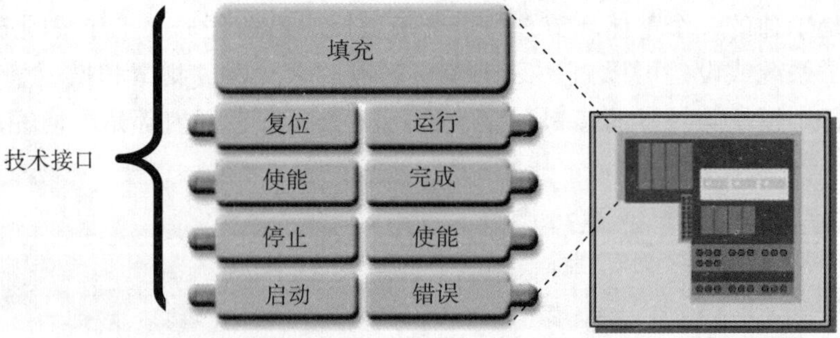

图 6-49 PROFINET 组件表示填充工艺技术模块示例

6.3.3 现场设备结构

现场设备是组件的另外一种称谓，在最简单的情况下，PROFINET 组件就是现场设备。但是，也可以把多个现场设备组合成一个组件。具有特定功能的现场设备和组件是由制造商为用户开发出来的。一般情况下，用户不必知道现场设备内部的详细情况。

组件模型中 PROFINET 现场设备的结构如图 6-50 所示。

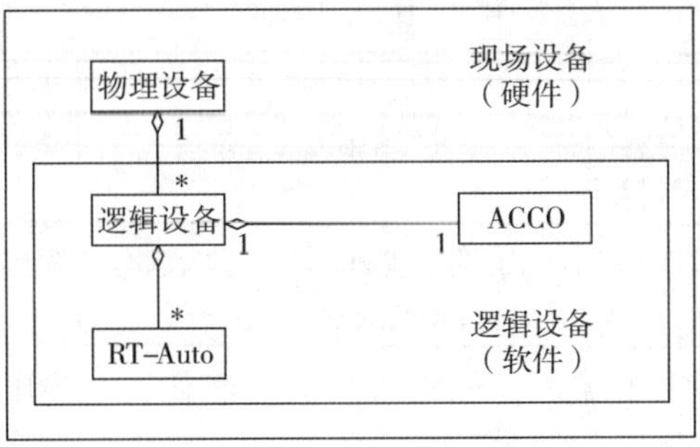

1表示单个，*表示多个。

图 6-50 组件模型中 PROFINET 现场设备的结构

一个现场设备至少由以下几部分组成：

1）只有一个物理设备（PDev） PDev 提供对以太网的访问进口，它包含 MAC 地址和 IP 地址。每个组件都使用 PDve 来寻址。与该组件发生联系的其他设备就是通过 PDev 来登入的。

2）一个或多个逻辑设备（LDev） 它是实际应用（用户程序）的登入点，它和 RT-Auto 中的可执行的用户程序相对应。

每个 LDev 有一个活动控制链接对象（Active Control Connection Object，ACCO），ACCO 是 PROFINET 组件的核心部分。ACCO 集成在每个 CBA 设备内，它既可以作为提供者，也可以作为消费者。ACCO 确保 PROFINET CBA 设备中数据交换的协调，负责建立所组态的通信关系。对于 CBA，所有的通信都是由 ACCO 发起的。作为提供者，它自动准时地向消费者发送相关消费者所请求的数据；作为消费者，它向相应的 RT-Auto 提供所接收的数据。图 6-51 说明了 ACCO 的工作原理。

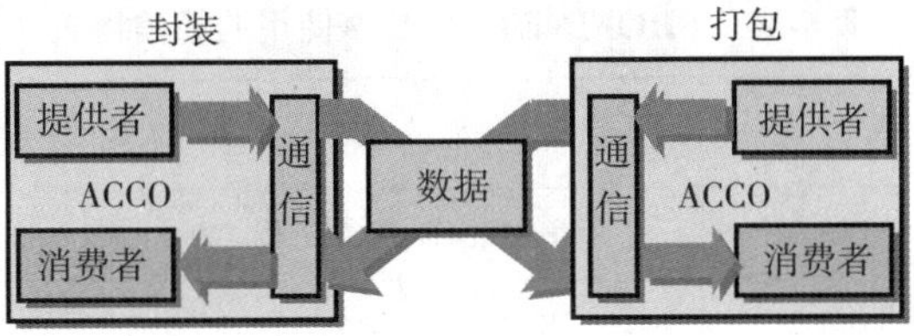

图 6-51 ACCO 的工作原理

3）每个 LDev 有一个或多个运行期对象（RT-Auto） 实时自动化（Real-Time Auto），即包含着工业技术功能要求的可执行程序，总是被指定给一个 LDev，在一个现场设备中可以有多个 RT-Auto。

6.3.4 PROFINET CBA 的通信

1. 连接

设备技术接口之间的通信叫做互连。互连用来在 PROFINET 组件之间交换过程数据。互连是在 SIMATIC iMap 中组态的。SIMATIC iMap 是一种独立于制造商的工程工具，用来简单地集成分布式自动化系统中来自不同供应商的设备和组件，完成组态

PROFINET CBA 应用。组态用图形化的方式实现。

在加载了互连组态后，PROFINET 控制器会立即自动建立互连。互连管理和数据交换基于提供者/消费者模型。

在互连中要使用如下规则：

1）相同数据类型的连接可以互连。如果是混合数据类型的连接，则它们的类型结构必须相同，即数组和结构必须具有同样的格式。

2）输出可以互连到多个输入，但输入只能互连到一个输出。

互连有以下三种类型：

1）常值 给输入提供一个恒定的值。

2）非循环互连 用来交换没有严格时间要求的过程数据。使用 DCOM 有线通信协议和 TCP/IP 实现数据的传输。

3）循环互连 用来实时交换有严格时间要求的过程数据。使用 PROFINET 实时协议传输。

2. 协议

PROFINET CBA 通信的基础是开放的标准的应用。PROFINET 控制器之间的非循环通信使用的是 TCP/IP，同时 TCP/IP 也是 HMI/工程系统和 PROFINET 控制器之间的通信协议。在这两种情况下，它们都使用 DCOM 有线通信协议访问 PROFINET 控制器中的工程数据和过程数据。对 PROFINET CBA 中的循环通信，则使用 PROFINET IO 中的 RTC1。

通过代理功能，现场总线系统（如 PROFIBUS）可以集成到 PROFINET 中，从而连接到 PROFINET 控制器。

PROFINET CBA 中使用的通信协议见表 6-34，其使用场合如图 6-52 所示。

表 6-34 PROFINET CBA 中使用的通信协议

图 6-52 中的序号	使用协议	应用场合
①	TCP/IP，DCOM	PROFINET CBA 工程
②	TCP/IP，DCOM	PROFINET CBA 运行时
③	UDP/IP，RPC	PROFINET IO 运行时
④	实时协议	PROFINET CBA 运行时/ PROFINET IO 运行时
⑤	TCP/IP，OPC	HMI
⑥	PROFIBUS DP	PROFIBUS
⑦	TCP/IP，S7 通信	组态，编程

DCOM 有线通信协议位于 ISO/OSI 7 层通信模型的最顶层，它基于 RPC，并利用 RPC 的现场为自己服务。DCOM 有线通信协议不能完全独立于 RPC。DCOM 有线通信协议数据包的结构如图 6-53 所示。

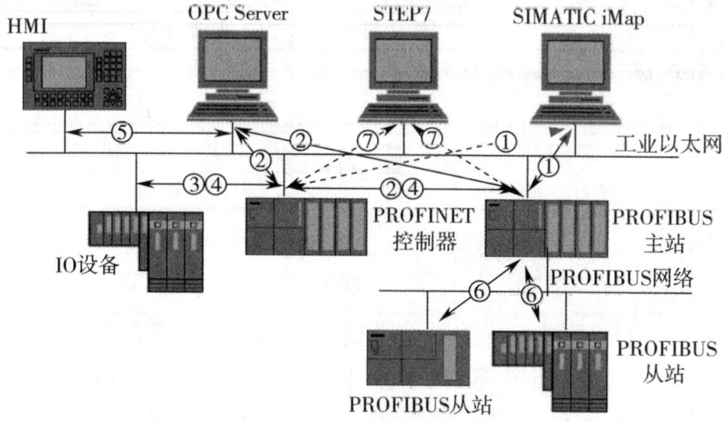

图 6-52　PROFINET CBA 中通信协议的使用场合

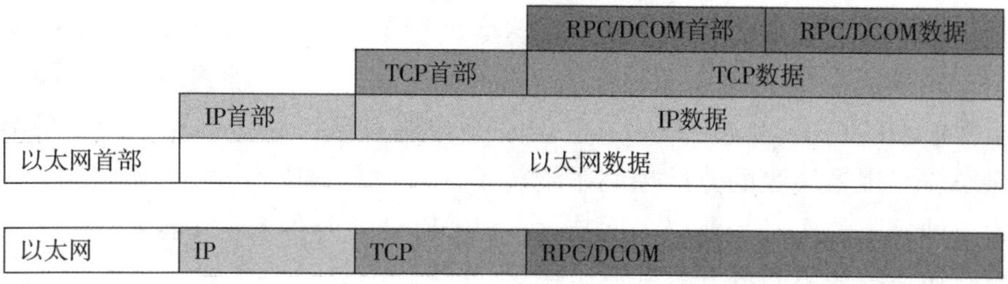

图 6-53　DCOM 有线通信协议数据包结构

6.3.5　PROFINET CBA 的使用过程

对 PROFINET CBA 在一个系统中的应用来说，其创建或设计过程一般包括以下三个阶段：

1）创建组件；

2）组件互连；

3）把互连信息下载到现场设备。

标准的组件是由机器制造商为用户提供的，但有些情况下需要系统工程师亲自去创建组件。组件用标准化的 PCD（PROFINET Component Description）来描述，PCD 的作用和 GSD 文件一样。PCD 使用 XML 来描述 PROFINET 组件和它们的技术接口，并以 XML 文件的形式来存储。

在创建组件时，相关的工具还将生成全球唯一的标识符 UUID（Universal Unique Identifier），用来标识组件及其功能。UUID 可以保证只有功能相同的组件才有相同的 UUID。

工程师在进行 CBA 组态时，工作非常简单。只要使用 PROFINET 互连编辑器，把使用 PCD 文件描述的 PROFINET 组件按控制系统功能的要求连起来就可以了。工程师所做的工作大部分是点击鼠标把相关 PCD 从库中取出，拖放到一个应用中即可。

接下来的工作是给现场设备分配 IP 地址，IP 地址在工程工具中分配。

在完成组件互连和地址分配后，工程工具将通信所需要的所有数据下载到相关的现场设备中，这样每个设备都知道了其对等的通信伙伴和通信关系，以及所要交换的信息。到此 PROFINET CBA 就可以应用了。

本章小结

PROFINET IO 是实时以太网技术的典型代表，不论在技术上，还是在市场方面都处于绝对的领导地位。

PROFINET 采用可以进行缩放的通信模型，对不同的应用采取不同的通信方案，非常巧妙地解决了在同一个系统中满足所有不同级别的实时通信要求的问题。它的通信性能等级是：使用 TCP/UDP 和 IP，解决非苛求时间的数据通信，基于因特网的一些标准协议在 PROFINET 中得到了广泛应用；使用软实时（SRT）技术，解决苛求时间的数据通信；使用等时同步实时（IRT）技术，解决对时间要求严格的同步数据通信。

PROFINET 采用基于提供者/消费者模型进行数据交换。PROFINET IO 的使用和 PROFIBUS DP 类似，它主要应用于分散型 I/O 的使用场合。而 PROFINET CBA 是基于分散型组件模型的自动化应用技术，它把一个控制设备、装置、总线系统等看作一个整体智能块，实现模块级的分散控制系统。

作为一种领先的实时工业以太网技术，PROFINET 仍在飞速发展着，它的一些后续技术和规范还在源源不断的开发和制定中。

习题和思考题

1. PROFINET 的通信等级是如何划分的？不同通信等级主要是为完成什么样的任务而设计的？
2. 对 PROFINET 数据更新速度影响最大的因素是什么？PROFINET 采用了什么措施来解决该问题？
3. 试从通信通道模型的角度来分析 PROFINET 实时通信的实质。
4. 简述提供者和消费者模型的工作过程。
5. 在 PROFINET 中，RT 报文帧中哪几部分体现了实时控制的需求？
6. PROFINET 是如何解决“运动控制严苛时间要求”问题的？
7. IRT 采用什么技术实现了同步控制和等时控制？
8. 在 IRT 的帧中，为什么不需要 VLAN？
9. 从 PROFINET IO 设备模型分析其主要组成。子槽 0 主要作用是什么？
10. 简述 API 的实质。
11. PROFINET IO 中的主要数据元素有哪些？
12. 简述 AR 和 CR 的实质。主要的 CR 有哪些？它们主要完成什么任务？
13. 试解释发送时钟、刷新时间、缩放系数、段、循环周期和看门狗等概念。
14. 针对控制任务“快/慢”不同的要求，PROFINET 采取了什么措施优化了帧的传输过程？

15. CM 的作用是什么？

16. 简述 PROFINET IO 的启动过程。

17. IOPS 和 IOCS 的作用是什么？它们是如何使用的？

18. 在 PROFINET 中，使用 SNMP 和 LLDP 来完成什么任务？

19. PROFINET IO 主要的使用场合是什么？PROFINET CBA 的内涵是什么？试分析这两者的主要区别。

20. CBA 中工业技术模块划分的原则是什么？

21. CBA 现场设备由哪几部分组成？各部分的主要作用是什么？

22. 什么是 CBA 组件之间的互连？互连时应遵从什么原则？互连的类型有哪些？

第7章　AS-i技术及应用

现场总线的延伸有两个方向：一个是横向的（horizontal），另一个是纵向的（vertical）。本章中所讲的AS-i技术就是一种最底层的现场总线，也是其他高层现场总线纵向延伸的低端。PROFINET和PROFIBUS等可以解决现场级和车间级设备的通信问题，但工业自动化现场的信号交换（输入和输出）均是要具体到每个器件（包括各种传感器和执行器），这些信号分散在工业现场和生产线或大型装置上的各个角落，而且数量多，不可能全部直接连到PROFINET或PROFIBUS等现场级总线上面。要想实现工业自动化的全数字化、网络化，就必须有底层设备级的现场总线，各个具有数字通信能力的现场设备（元器件）作为从站连接到它们的主站，通过它们的主站或其他接口连接到上层现场总线，从而形成完整的工业通信网络架构。

7.1　AS-i技术概述

7.1.1　AS-i概述

AS-i（Actuator Sensor Interface）是最简单的和成本最低的底层现场总线，它通过高柔性和高可靠性的单根电缆把现场具有通信能力的传感器和执行器简便地连接起来，组成AS-i网络。它可以在简单应用中自成系统，更可以通过连接单元连接到各种现场总线或通信系统中，如PROFIBUS、PROFINET、CAN、Interbus、FF、LON等。它取代了传统自控系统中繁琐的底层接线，实现了现场设备信号的数字化和故障诊断的现场化、智能化，大大提高了整个系统的可靠性，节约了系统安装调试成本。

各种现场元器件的智能化和数字化是自动化技术飞速发展的需要，AS-i总线把这些二进制的元器件（如传感器、执行器、按钮、阀和继电器等）通过特殊的单根双芯电缆连接起来，接到它们的主站，如PLC、PC、CNC或上层现场总线控制器等，如图7-1所示。AS-i电缆既传送信号，也提供电源。最初AS-i主要是为处理二进制开关量信号而开发的，所以它被称为位式总线，经扩展后它也可以处理模拟量信号了，但它的主要处理对象还是开关量信号。

AS-i在整个自动化网络中的位置如图7-2所示。从该图中也可以看出它主要连接开关量信号，而PROFIBUS PA主要处理的是模拟量信号，一些驱动控制的现场设备则交给PROFIBUS去处理。

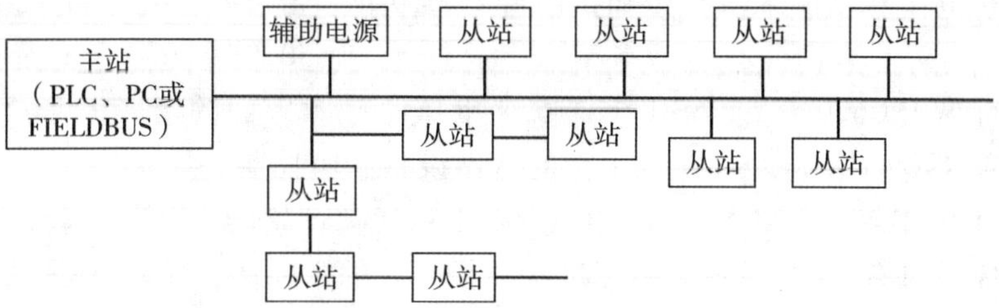

图 7-1　AS-i 网络的连接

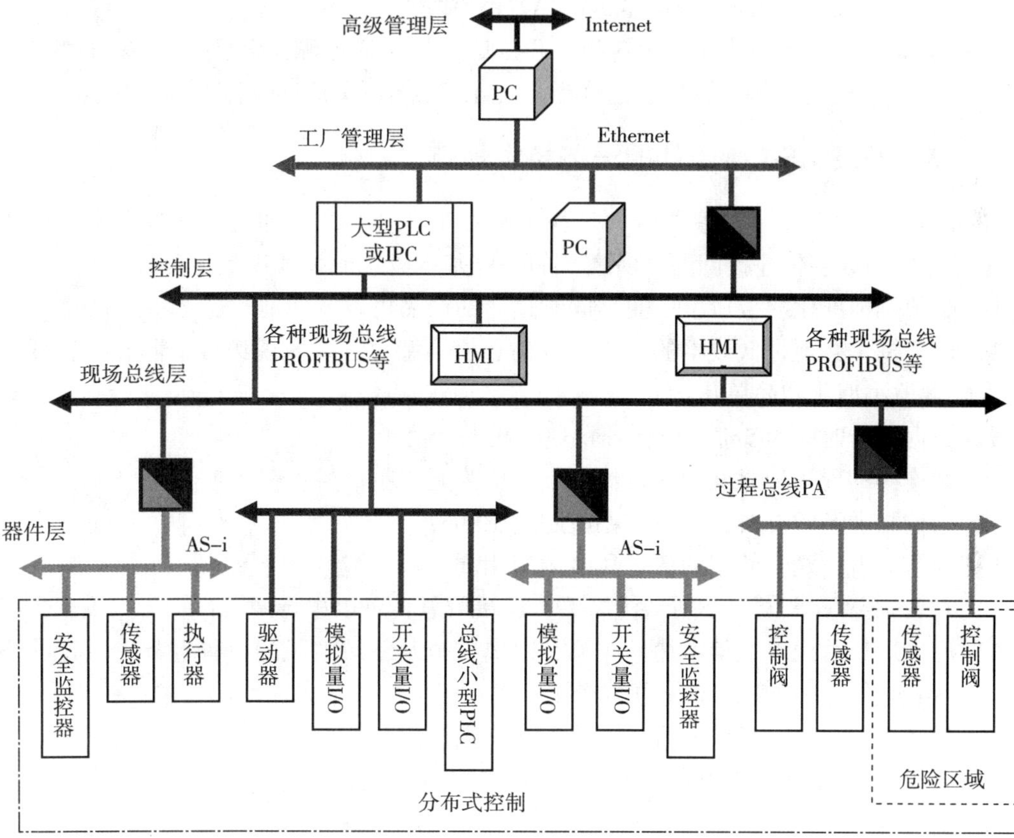

图 7-2　AS-i 在工业控制网络中的位置

7.1.2　AS-i 的产生和发展

AS-i 是为了解决底层现场总线的问题而研究开发的，在研究开发时间上比 PROFIBUS 稍晚。1990 年在德国政府的支持下，由 11 个传感器和执行器的制造商和 2 家研究所组成的项目组开始研究开发 AS-i。很快，AS-i 最初的也是最基本的版本就开发成功，并逐渐推广使用，而且受到普遍欢迎。AS-i 作为一种生命力极强的新技术，它还在不断地发展着，所以其版本也在更新，其功能更加强大和完善。最显著的一次更新是AS-i V2.1 的发布。该版本在三个方面有大的变化，即增加了模拟量直接处理功能；使用了

A/B 技术，扩展了从站的数量；增加了故障诊断功能。在 1999 年它的 V2.0 版本成为欧洲标准 EN50295，2002 年扩展版本 V2.1 也写入了 EN50295，2000 年 6 月 AS-i 成为国际现场总线标准 IEC62026-2。AS-i 在“安全工作”技术方面的发展也非常快，其标志之一就是出现了专门用于 AS-i 安全工作的从站设备和监控器。

AS-i 国际联合会（AS-International Association）由开始的 11 家发起商在 1991 年组成，最初的成员只有 30 个左右。由于现场总线开放的重要性，随后 AS-i 的全部技术细节向所有的制造商和用户公开。现在它在世界范围内的会员已经有 100 多个，并且在多个国家有用户组织，AS-i 制造商能为广大的用户提供 600 多种产品和相应的服务。AS-i 交易组织（AS-i Trade Organization，ATO）成立于 1996 年，会员单位可以通过 ATO 对他们的产品进行一致性方面的测试和认证，只有通过测试和认证的 AS-i 产品才可冠以 AS-i 标志进行销售和使用，这样做保证了广大用户的切身利益。

7.1.3 开发 AS-i 所遵从的一些技术规范

在 AS-i 开发的初期，其主要目的是找一种在工业现场底层通信的解决方案，解决开关量元器件的数字化连接问题。所遵从的一些基本概念或技术规范主要包括：

1）必须是标准化的接口，以便不同制造商的产品可以方便地互连；

2）通信技术必须是低成本的，通信设备必须小型化，以便现场传感器和执行器可以最大限度地小型化和简单化；

3）数据更新时间为 5ms，以保证快速的决断行为；

4）所连接的现场传感器和执行器大部分应为开关量信号；

5）在控制现场的总线长度一般不应超过 100m；

6）为了节省连线，数据的传送和电源使用同一根电缆；

7）对 AS-i 装置来说，必须结构简单、连接可靠且可以进行调试；

8）许多现场总线对通信电缆的布局、隔离屏蔽及终端电阻的设置等都有一定的要求，而 AS-i 允许最大限度柔性的电缆连接，它在以上的几个方面均无要求；

9）智能型的传感器可以进行故障诊断和参数设定；

10）AS-i 设备必须具有很好的鲁棒性，以适应在各种环境，包括恶劣环境的下安全可靠地使用；

11）即使在恶劣的电磁环境中，通信也必须可靠。

AS-i 技术开发和发展的结果远远超过了当初的预想，现在的 AS-i 技术和产品不仅能满足上面技术规范的要求，而且增加了模拟量处理功能，它也可以集成到安全保护系统中，提供故障情况下的紧急停车和保护功能。所有 AS-i 新的扩展功能均 100% 地向前兼容，这样就保证了在同一个 AS-i 网络中的新旧版本的装置均可正常工作。

7.1.4 AS-i 的主要优点

AS-i 技术有以下几方面的优点。

1. 简单

主站和从站的内部程序都是生产厂商在设备出厂时已写好的，数据传送也是事先定义好的，用户只需进行一些必要的参数设置和系统连接就可以运行；它的简单还体现在接线上，一般不需要传统的剥线等操作。

2. 节约成本

和传统的底层接线及设备维护相比，一般可节约 40% 的成本。在传统的接线中，每个装置的每个信号都要分别连接到控制器或 PLC，有些现场装置还需要提供电源，如图 7-3 所示。所有这些既需要大量的接线，提高了成本，也带来了潜在的故障，且不易维护。AS-i 系统彻底消除了这些缺陷，它不仅省去了大量的电缆连接，也省去了各种电缆槽、盘架和大量的端子，而且它还提供高智能的故障诊断功能，如图 7-4 所示。所有这一切，使日后的系统维护成本也大大降低，虽然它的初期设备成本较高，但综合起来，使用 AS-i 还是可以明显地节约成本。

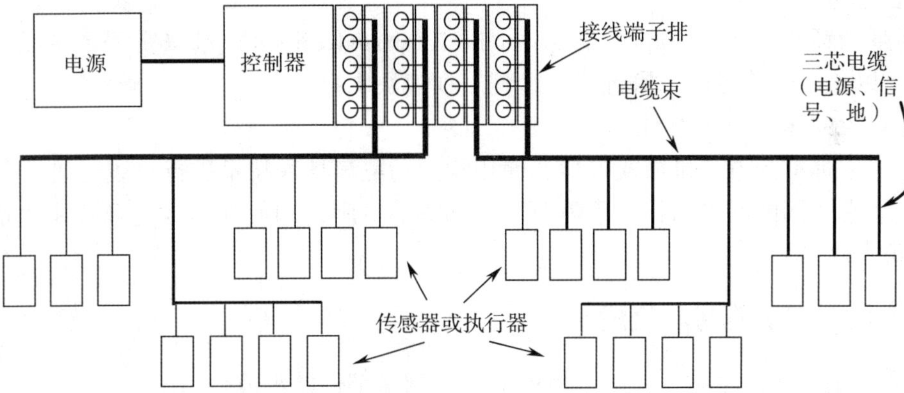

图 7-3 传统自控系统的底层设备接线

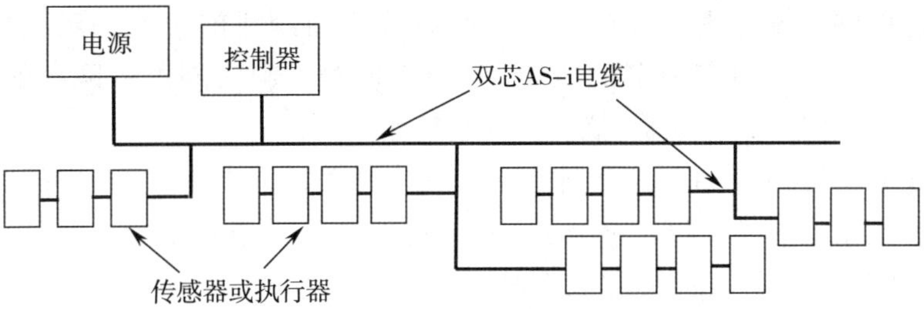

图 7-4 AS-i 系统的设备连接

3. 可靠性高

在通信数据的可靠性方面，采取了许多抗干扰措施，如使用 APM 技术和差错校验等。AS-i 对网络和从站设备提供不间断的监控，而且具有极强的诊断功能。从设备的硬件到软件都按照高可靠性的规范和协议开发和制造，所有这些都保证了 AS-i 系统的高可靠性。

4. 速度快

对所有从站进行一次扫描的时间为 5ms，可以满足大多数控制系统的实时性的要求。

7.1.5 AS-i的主要特点（Version 2.0）

AS-i（Version 2.0）的主要特点有：

1）AS-i网络中只有一个主站，从站最多可有31个。

2）每个从站可有4个数字量输入和4个数字量输出，整个网络中最多可有124个数字量输入和124个数字量输出。

3）网络连接电缆为双芯、非屏蔽、1.5mm^{2}的黄色异型电缆或圆形电缆。可以采用任何连接方式连接，长度最大为100m。

4）可以使用中继器来延伸网络电缆的距离，但最多只能使用2个中继器。

5）信号传送和从站设备的供电（DC30V）使用同一根电缆，所有从站能得到的最大供电容量为8A。

6）低功耗的ASIC（Application Specific Integrated Circuit）可以安置到主站或从站中，也可以集成到传感器、执行器和远程I/O模块中。

7）最大的循环周期为5ms。

8）采用标准的电子机械式接口，使用快速的隔离植入技术进行总线连接。

9）非常坚固的网络拓扑，不需要屏蔽和终端电阻，即使在恶劣的环境中也能保证通信的可靠性。

7.1.6 AS-i的基本组成

AS-i系统一般由主站、从站、供电单元和网络部件等组成。

1. 主站

AS-i是单主站系统，AS-i系统中的主站在精确的时间间隔内自动地完成和从站的通信任务，它提供系统管理、数据交换、参数设置和诊断信息等一系列的简单功能。AS-i主站的这些功能是由它内部的ASIC和微处理器一起实现的。网络的组态存放在EPROM中，一旦组态完成，AS-i就能自动运行了。

主站装置可以是PLC、PC或各种网关，其中网关最为常用。网关可以把AS-i连接到更高一层的网络中（如PROFIBUS），使其他的总线可以控制AS-i系统。网关作为AS-i主站的同时，也是其他高层总线的从站。

2. 从站

AS-i从站的作用是连接现场的I/O，它自身的ASIC可完成和主站的通信任务，同时ASIC中的EEPROM可以存储从站地址和ID号等信息。从站的ASIC中没有CPU，不需要进行程序操作。从站的ASIC必须成本低、体积小，以便保证大多数的制造商采用该技术。

AS-i从站一般有两种：第一种是智能型的装置，即ASIC直接安置在传感器或执行器中，它们可以直接接入AS-i总线，自身具有诊断等功能。图7-5所示为智能型的AS-i传感器或执行器的结构原理图。第二种是ASIC安置在AS-i模块中，这种模块提供远程I/O功能，有标准接口的传感器和执行器（没有ASIC，非智能型）可以连接到这种AS-i模块上，从而使一般的传感器或执行器通过他们接入到AS-i网络中。图7-6所示为标准 AS-i I/O 模块的结构原理图。

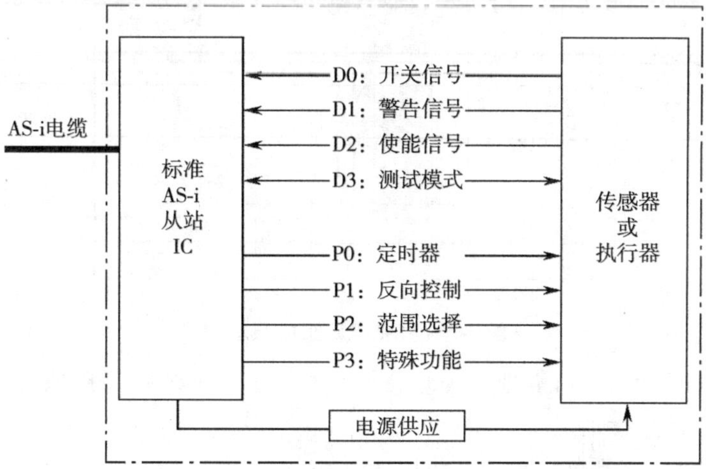

图 7-5　智能型的 AS-i 传感器或执行器结构原理图

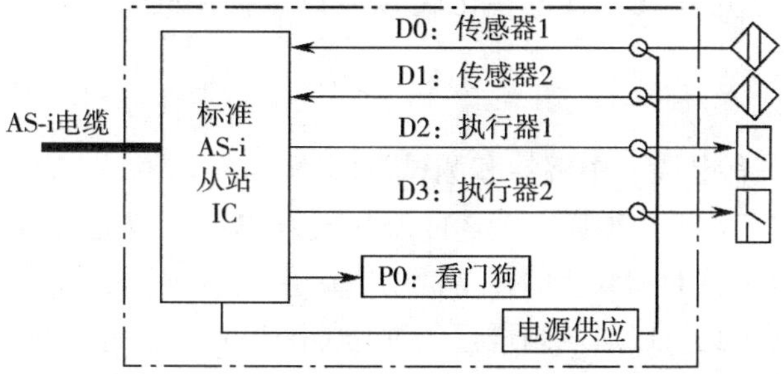

图 7-6　标准 AS-i I/O 模块结构原理图

还有的公司专门开发出一些 AS-i 的逻辑模块，如 SIEMENS 的 LOGO！等，它们也可以作为从站连接到 AS-i 网络中。

3. 供电单元

AS-i 系统的数据通信和从站供电使用同一根电缆，电源规格为 DC 29.5～31.6V。必须使用专门的电源，以保证数据解耦、主站和从站的供电。一般来说，每个从站使用 100mA 左右的电能，通过 AS-i 电缆所能提供的最大电源容量为 8A，有些从站可能需要较多的电能，这时对于这些耗电量大的执行器或 AS-i I/O 模块就需要通过辅助电源供电。

AS-i 的电源非常重要，它和一般的电源相比有很大的不同，其组成原理图如图 7-7 所示。

它的功能有以下 4 个：

1）**电源供应**　向 AS-i 网络提供主要电能。

2）**平衡网络**　AS-i 是在一种对称的、非接地的环境下运行的，为了达到最佳的干

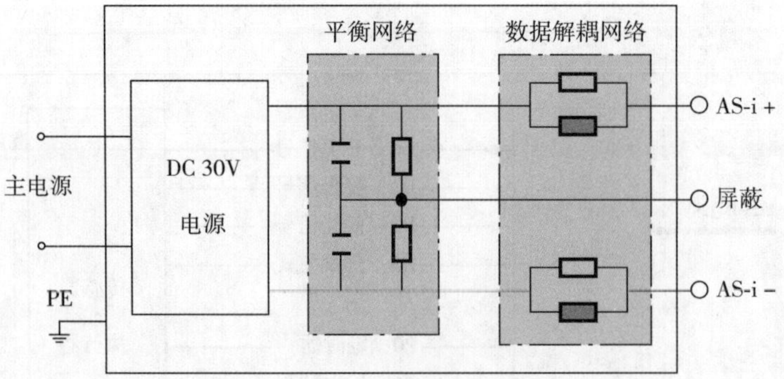

图 7-7　AS-i 电源组成原理图

扰抑制效果，要求网络尽可能地平衡。该平衡网络中的屏蔽线要接地（GND），在 AS-i 网络中也只允许该点接地。

3）数据解耦　该部分也集成在供电单元中，它由 2 组并联的电阻（39Ω）和电感（50μH）组成。它的功能是利用电感对电压脉冲的微分作用，把 AS-i 发送装置产生的电流信号转换成电压信号。另外，它也可以防止供电单元短路对 AS-i 网络造成损坏。

4）安全隔离　供电单元把强电转化成 AS-i 网络使用的安全电压，起到了安全隔离作用。

4. 网络部件

主要的网络部件有电缆、中继器和测试诊断工具。

电缆有黄色的 AS-i 异型电缆和圆形的 AS-i 总线电缆，黄色的 AS-i 异型总线电缆最为常用。此外，还有黑色的和红色的异型辅助电源供电电缆。中继器用于扩展 AS-i 网络的范围。测试和诊断工具可以对从站进行各种功能的检测。所有这些部件都是通用的。

AS-i 独特的黄色电缆和其他现场总线的电缆大不相同，它的主要特点是：非屏蔽、双芯非双绞线、异型端面。图 7-8 为异型 AS-i 电缆及安装结构图。防护等级达到了 IP67 要求，即使在使用过后也仍然一样可达到这种级别。和其他连接技术相比，AS-i 独特的穿刺安装技术使其安装更简便、可靠，更有利于防尘防水，更易无损扩展，这些都使其更适合在工程实际中应用。

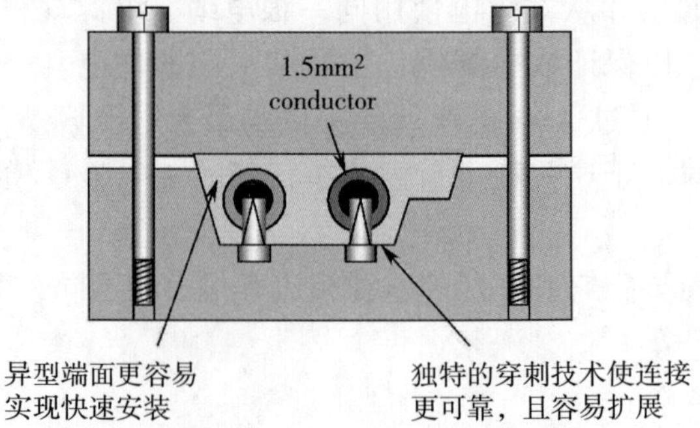

图 7-8　异型 AS-i 电缆及安装结构图

7.2 AS-i 技术解析

7.2.1 AS-i 的行规

行规是对一种设备详细而清晰的描述和规定。AS-i 的行规不仅对 I/O 作了规定，而且对数据位和参数位的用途和功能也作了规定。行规使得有关设备具有了互操作性，也就是说不同制造商的同一种规格产品可以相互替换，而不用更改任何控制程序。除此之外，行规还规定了设备物理特性方面的最细微的要求，比如型号和所使用的连接插针。行规是由 AS-i 国际组织制定的。

1. 主站行规

目前定义了 6 种主站行规：

1）**M0** 最小的标准主站规范，只支持数据 I/O。

2）**M1** 全部的标准主站规范，支持数据 I/O、参数设置和全部功能。

3）**M2** 简化的标准主站规范，支持数据 I/O 和参数设置。

4）**M0e** 同 M0，但支持扩展的 AS-i 地址（A/B 从站，AS-i V2.1）。

5）**M1e** 同 M1，但支持扩展的 AS-i 地址（A/B 从站，AS-i V2.1）。

6）**M2e** 同 M2，但支持扩展的 AS-i 地址（A/B 从站，AS-i V2.1）。

2. 从站行规

AS-i 从站可以用下面的形式表述：S-［I/O 码］.［ID 码］。AS-i 支持的设备范围非常广，从远程 I/O 模块、执行器、传感器到模拟量装置，I/O 码和 ID 码正是为了区分这些设备的功能和 I/O 类型而设置的。

I/O 码表示从站的 I/O 类型，范围为 0 ~ Fh；ID 码表示从站的功能，范围为 0 ~ Fh。这两种码都是制造商事先设置到从站设备中的，用户不能改变它们，但可以使用它们进行一些操作，如读取和检测等。表 7-1 所列为目前被 AS-i 组织定义的从站行规。

表 7-1 AS-i 从站行规

从站行规			ID 码															
		D0,D1,D2,D3	0	1	2	3	4	5	6	7	8	9	A	B	C	D	E	F
I/O 码	0	I, I, I, I	0.0	0.1									0.A	0.B				0.F
	1	I,I,I,O	1.0	1.1									1.A					1.F
	2	I,I,I,B	2.0										R					2.F
	3	I,I,O,O	3.0	3.1									3.A					3.F
	4	I,I,B,B	4.0										4.A					4.F
	5	I,O,O,O	5.0										5.A					5.F
	6	I,B,B,B	6.0										6.A					6.F
	7	B,B,B,B	7.0	7.1	7.2	7.3	7.4						7.A	7.B		7.D	7.E	7.F

（续）

	从站行规		ID码															
I/O码	8	O,O,O,O	8.0	8.1									8.A					8.F
	9	O,O,O,I	R										9.A					9.F
	A	O,O,O,B	A.0										R					A.F
	B	O,O,I,I	R	B.1									B.A					B.F
	C	O,O,B,B	C.0										C.A					C.F
	D	O,I,I,I	R	D.1									D.A					D.F
	E	O,B,B,B	E.0										E.A					E.F
	F	T,T,T,T	将来使用															V

表7-1中，I表示输入，O表示输出，B表示I/O，R表示保留，V表示新状态。第3列表示的是从站对应的I/O情况。具体含义（X为0～E不包括9B和D）如下：

S-X.0：远程I/O行规；

S-0.1：双重信号传感器行规；

S-0.B：安全型从站行规（安全工作型）

S-1.1：单传感器行规；

S-3.1：双传感器/执行器行规；

S-7.1：模拟量输入/输出行规（6～18位）；

S-7.2：扩展模拟量输入/输出行规（6～21位）；

S-7.3：集成的扩展模拟量输入/输出行规（16位，需集成的主站支持）；

S-7.4：集成的扩展模拟量输入/输出行规（16位）；

S-7.B：安全型传感器（安全工作型）；

S-X.A：为扩展的A/B从站保留（AS-i V2.1）；X为0～E，不包括2和A。

S-7.D：电动机控制继电器行规；

S-7.E：固态电动机控制继电器行规；

S-8.1：双重信号执行器行规；

S-B.1：有反馈的双执行器行规；

S-D.1：有监控的单执行器行规；

S-X.F：自由设备行规，如未定义的设备，用于制造商的一些特殊设备。

[**例7-1**] 智能型传感器行规解释。

S-1.1是单智能型传感器，它的行规的具体意义见表7-2。

表7-2 S-1.1单智能型传感器行规

数据位	I/O	功能	要求
D0	IN	传感器开关信号	必须
D1	IN	警告信号（1：OK；0：信号质量低下）	可选
D2	IN	传感器是否可以使用（1：可以；0：不可以）	可选
D3	OUT	传感器测试信号（1：测试中；0：正常方式）	可选

（续）

参数位	功　　能	要　　求
P0	选用电感传感器时，为定时器（0：ON；1：OFF） 选用光纤传感器时，为工作频率（0：低；1：高）	可选
P1	开关信号反向功能位（0：反向；1：正常）	可选
P2	选用电感传感器时，为传感器范围（0：低；1：高） 选用光纤传感器时，为定时器（0：ON；1：OFF）	可选
P3	特殊功能（0：ON；1：OFF）	可选

从上表中可以看出，它的 I/O 码，即组态号为 1，这表示它有 3 位输入，1 位输出。我们还知道它的 ID 号为 1。它的行规定义了它的数据位和参数位的功能，其中的一些位是可选的。

传感器的开关信号总是占用 D0，一般来说，当传感器物理信号有效时，D0 被置 1，如果需要的话，参数位 P1 可以用来改变 D0 的逻辑。D1 位可以告诉我们 D0 位信号的质量，给出一个警告。D2 位指示传感器是否工作。D3 位可以用来进行传感器的模拟操作。剩余的参数位用来对传感器进行可选功能和时序的设置，传感器采用的技术不同，具体的意义也不一样，如电感型传感器或光纤传感器等。

［**例 7-2**］　远程 I/O 行规。

远程 I/O 的使用非常普遍，它的行规定义了从 0 到 E 的 S-X.0，除了 9（1 入/3 出）、B（2 入/2 出）和 D（3 入/1 出）。它的数据位都未定义，它的参数位的定义见表 7-3。

表 7-3　远程 I/O 的参数位定义

参数位	功　　能	要　　求
P0	看门狗定时器（0：不允许；1：允许）	可选
P1	输入滤波器（0：ON；1：OFF）	可选
P2	未定义	
P3	未定义	

7.2.2　AS-i 的网络结构

1. 一般结构

AS-i 网络的结构几乎可以按工厂或现场的具体要求进行任何形式的连接，每个网段的长度不能超过 100m，网络走线可以是线形（见图 7-9），可以有分支（见图 7-10），而树形结构是常用的结构之一（见图 7-11），网络拓扑限制是不能为环形。AS-i 网络不需要终端电阻。主站和供电单元可以放在 AS-i 网络中的任何地方（见图 7-12），但是对主站和每个从站来说，必须保证它们的正常供电，电压降不能超过所允许的值。在图 7-9 ~ 图 7-12 中，PS 表示供电电源，M 表示主站，S 表示从站。

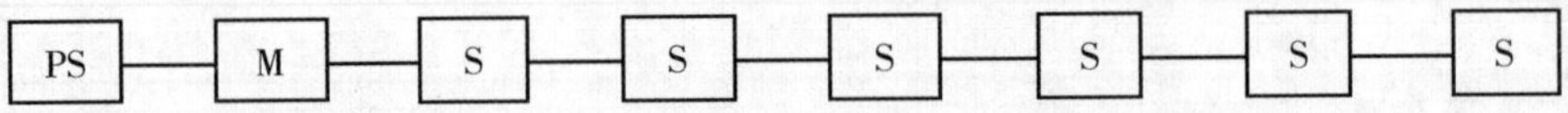

图 7-9　线形 AS-i 网络

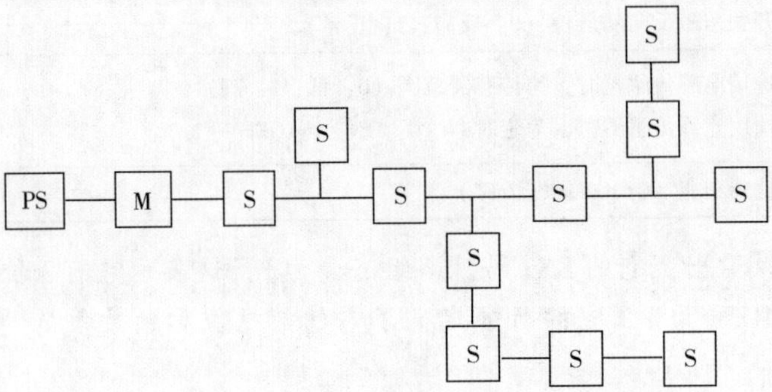

图 7-10　有分支的线形 AS-i 网络

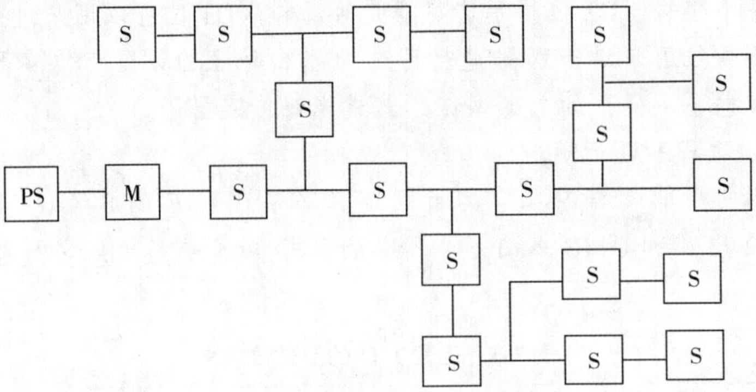

图 7-11　普通的树形 AS-i 网络

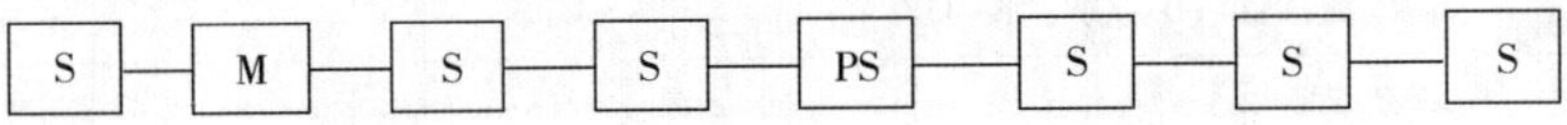

图 7-12　主站和供电单元在 AS-i 网络中的位置

2. 网络的扩展

(1) 使用中继器

AS-i 网络每个网段的长度限制在 100m 内，有时不能满足实际要求，这时可以使用中继器来扩展 AS-i 网络的长度。中继器可以把 2 个 AS-i 网段连接起来，提供信号的缓冲和隔离。每个网段均需要自己的供电单元。典型的 AS-i 网络扩展如图 7-13 所示。

每个中继器都带来了一定的信号延时，为了保证 AS-i 总线的循环时间不超过 5ms，中继器的数量受到了限制。具体规定是任意从站和主站之间的中继器的数量不能超过两个。由此看出，AS-i 网络的最大距离可以延伸到 300m。但因为 AS-i 网络可以进行任意的拓扑，可以看到图 7-14 中的网络长度可能远不止 300m。

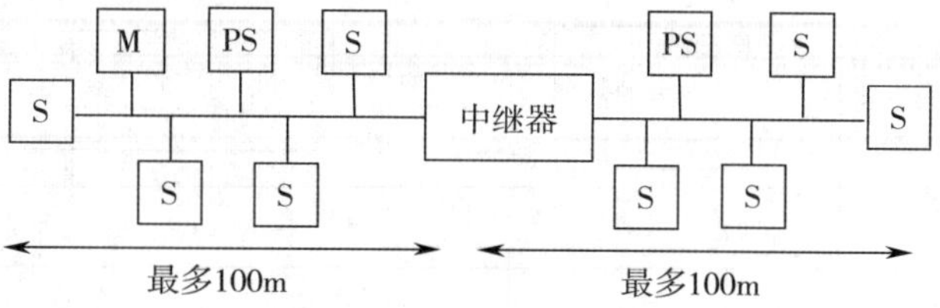

图 7-13　典型的 AS-i 网络扩展

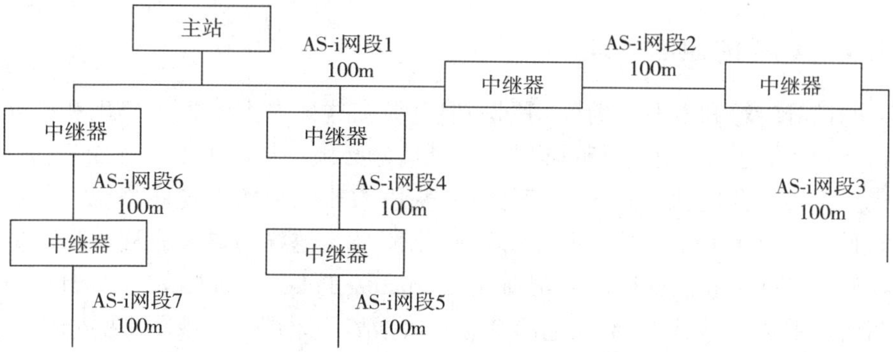

图 7-14　多中继器的使用

（2）使用网络扩展器

顾名思义，网络扩展器具有网络扩展功能，但它在使用上和中继器大不相同。使用网络扩展器的网段长度也不允许超过 100m，但该网段上不能有任何从站，也不使用电源。图 7-15 所示为使用网络扩展器和中继器的 AS-i 网络。

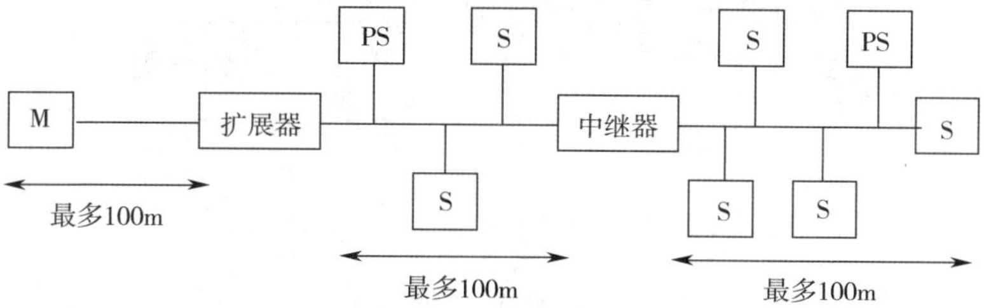

图 7-15　网络扩展器和中继器的使用

从网络扩展器的特点可以看出它主要用于仅仅需要增加网络长度的场合，所以最常用的网络扩展手段还是使用中继器。

（3）多主站系统

即使使用了中继器，AS-i 网络中从站的数量也不能超过 31 个（对 A/B 从站来说为 62 个）。对于从站数太多的系统，可以设置多个 AS-i 网络，也可以使用多主站的控制器，如图 7-16 所示。图 7-16 中的 PLC 中集成了两个 AS-i 主站，每个主站可以控制它自己的从站。

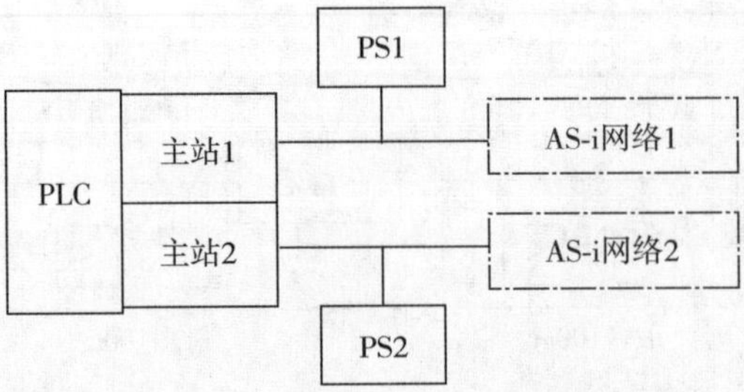

图7-16 双重主站的AS-i系统

7.2.3 AS-i的通信机理

AS-i的信号传输和电源供给使用同一根电缆，这样大大节省了费用和空间，但对信号的调制和传输也提出了独特的要求。一是信号必须叠加在电源上；二是信号的频率不能太高，高频时会使信号扩散；三是对所使用的非屏蔽的电缆线来说，它只能在低EMC区域使用。由此可知，如果使用一般的调制技术，这样的要求是无法实现的。

AS-i使用了一种新的交变脉冲调制（Alternating Pulse Modulating，APM）技术对信号进行调制。图7-17所示为AS-i电源供应和数据解调原理图，该图主要分解了AS-i专用供电装置的结构。在图7-17中，平衡的直流电源提供给AS-i电缆，数据解耦装置由并联的电感（50μH）和电阻（39Ω）组成，发送装置对数据进行MBP编码，传输装置通过APM快速地对该电流信号进行调制（方向、平滑），解耦装置可以把变化的电流信号转化为电压信号供接收装置接收。

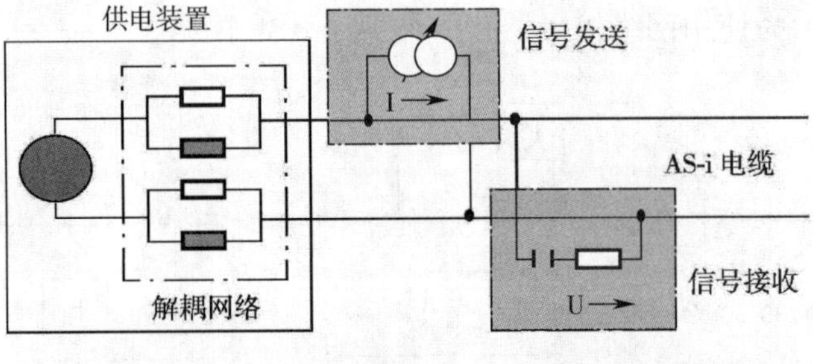

图7-17 AS-i电源供应和数据解调原理图

图7-18所示为APM的具体工作过程示意图。传输的数据按位的顺序排列（见图7-18a），首先它被转换成Manchester编码（见图7-18b），使用Manchester编码是因为它对每一个传输的位都能提供同步信号，而且整个序列的直流为0。然后经过正弦（sin）二次方信号脉冲调制它被平滑调制成电流信号（见图7-18c），APM的工作机理是在Manchester编码的电平发生跳变时才产生脉冲，即在其上跳变时产生一个正sin二次方脉冲，在其下跳变时产生一个负sin二次方脉冲。最后解耦装置把电流信号转化成总线上的装置都能接收的电压信号（见图7-18d），当传输电流通过解耦装置中的电感元件时会产生电压突变，每一个增加的电流会产生一个负电压脉冲，每一个减少的电

流会产生一个正电压脉冲。接收装置使用相反的过程把接收到的电压信号转换成原始的数据（见图 7-18e ~ h）。

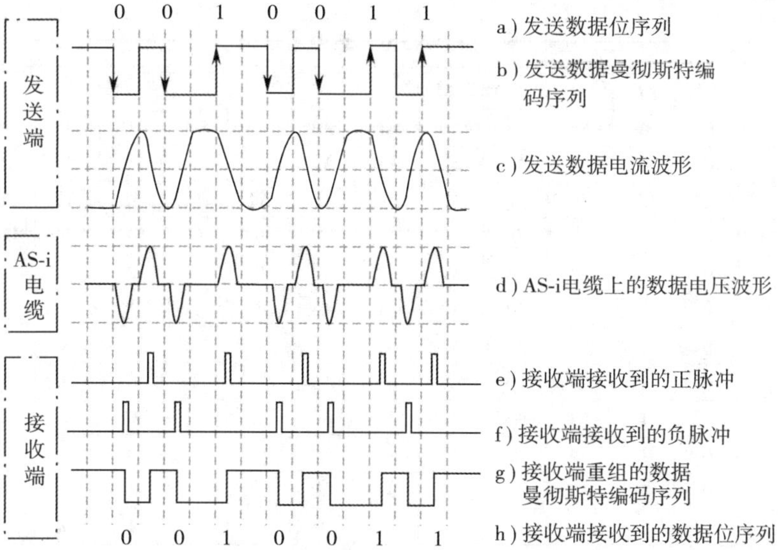

图 7-18　APM 工作过程示意图

把电流信号调制成平滑的形状（$\sin^2$），既可以满足低频的要求，又可以避免产生干扰或减少被干扰的可能，从而满足了 AS-i 信号传输的要求。

7.2.4　AS-i 的报文

在 AS-i 网络中，主站通过轮询的方式和从站之间进行通信，而通信中所有的数据交换都是通过报文的形式来实现的。每次主站向一个从站发出请求报文，从站检测到是自己的报文后，在一定的时间内向主站发出响应报文，主站收到该响应报文后，再向下一个从站发出轮询请求，这样一直进行下去，直到对所有的从站轮询完毕，主站再从头开始下一轮的循环。

1. AS-i 主站请求报文

AS-i 主站的请求报文包括 14 位，如图 7-19 所示。

SB	CB	A4	A3	A2	A1	A0	D4	D3	D2	D1	D0	PB	EB
0	0	1	0	1	0	1	0	0	1	1	0	1	1

图 7-19　AS-i 主站请求报文格式

图 7-19 中各数据位的意义如下：

SB：Start Bit，报文的起始位，总为 0。

CB：Control Bit，控制位，用于区别报文的不同功能。该位为 0 时，表示该报文为数据、参数或地址报文；该位为 1 时，表示该报文为控制命令报文。

A0 ~ A4：从站地址位。

D0 ~ D4：信息或数据位。报文种类不同，它们所代表的意思也不同。

PB：parity bit，奇偶校验位。

EB：End Bit，报文结束位，总是为1。

AS-i主站请求报文有12种，见表7-4。

表7-4　AS-i主站请求报文

	SB	CB	5位地址位					5位信息位					PB	EB
数据交换	0	0	A4	A3	A2	A1	A0	0	D3	D2	D1	D0	PB	1
写参数	0	0	A4	A3	A2	A1	A0	1	P3	P2	P1	P0	PB	1
设置地址	0	0	0	0	0	0	0	A4	A3	A2	A1	A0	PB	1
写扩展ID码1	0	1	0	0	0	0	0	0	ID3	ID2	ID1	ID0	PB	1
删除地址	0	1	A4	A3	A2	A1	A0	0	0	0	0	0	PB	1
复位AS-i从站	0	1	A4	A3	A2	A1	A0	1	1	1	0	0	PB	1
读I/O组态	0	1	A4	A3	A2	A1	A0	1	0	0	0	0	PB	1
读ID码	0	1	A4	A3	A2	A1	A0	1	0	0	0	1	PB	1
读扩展ID码1	0	1	A4	A3	A2	A1	A0	1	0	0	1	0	PB	1
读扩展ID码2	0	1	A4	A3	A2	A1	A0	1	0	0	1	1	PB	1
读状态	0	1	A4	A3	A2	A1	A0	1	1	1	1	0	PB	1
广播（复位）	0	1	1	1	1	1	1	1	0	1	0	1	PB	1

对照表7-4可以知道，图7-19所示的报文是一个数据交换请求报文，从站地址是21（10101），数据的值是6（00110）。

1）数据交换报文　该报文是最主要和使用最多的报文。数据口有多种用途，既可以用作输出口，也可以用作输入口，也可以同时有这两种功能。对从站来说，具体它的数据口作何用途，是由I/O组态决定的，当然这些都是在出厂前由制造商设定好的。对地址0不能执行该报文。

2）参数设定报文　即写参数报文。使用该报文可以设置从站传感器或执行器的一些功能，比如测量范围、激活定时器、测量方式和信号的负逻辑等。该报文执行完后，数据交换照常进行。对地址0不能执行该报文。

3）设置地址报文　使用该报文可以为一个地址为0的从站设置一个新的永久地址。当一个从站丢失后，主站通过06h的响应报文知道了该信息，直到完成新的从站替代丢失的从站后，主站才恢复和该从站的数据交换。这些过程都是自动完成的。

4）读I/O组态报文　使用该报文主站可以获得从站的数据口的信息，即该数据口是输出，还是输入，或者是输出/输入。该报文是和“读取ID码报文”一起使用的，以便获得确定的从站信息。

5）读ID码报文　ID码是AS-i从站身份的另外的一半组成部分，它用来说明从站的性质，例如“Ah”指的是具有扩展地址的从站，“Bh”指的是关于“安全工作方面的从站”。该报文是和“读取I/O组态报文”一起使用的，以便获得确定的从站信息。

6）读、写ID码1报文　这两条报文是新版本增加的。在从站的性质表达式中，我们没见到ID码1，既然可以对其进行写操作，说明它并不是像ID码和ID码2那样由制造商固化到从站中的。用户可以自己定义ID码的这一部分，就像制造商定义ID码一样。我们可以定义一些具有相同性质而在使用上又稍有不同的从站，使其具有一定的区别，以方便我们对它们进行操作和更换。如一组电机起动器，它们的性质是相同的，但在使用上它们的过电流能力不同，则我们用户就可以定义 ID 码 1 来区分它们。在报文中 ID 码 1 对标准从站为 4 位，对扩展地址的从站为 3 位。(扩展从站见下节介绍)

7）读 ID 码 2 报文　该报文也是新增的，它用于获得具有扩展地址的从站的更详细信息。对于具有扩展地址的从站，I/O 组态、ID 码和 ID 码 2 一起才能确定该从站完整的性质描述。

8）复位 AS-i 从站报文　使用该报文可以使从站回到初始状态，其效果就像上电初始化或按过从站上的复位按钮后一样。从站接收该报文后，给主站一个数据值为 06h 的响应报文。

9）删除操作地址报文　要更改一个从站的地址，必须先清除其原来的旧地址，使其为“0”，然后使用“设置地址”报文才能把它设置成为新的地址。

10）读状态报文　该命令可以读取相应从站状态寄存器的内容。从站的状态寄存器有 4 个标志位，它们的意义为：

① S0 为“地址易失”标志。当永久保存从站地址的内部路径出现问题时，该标志置位；

② S1 为“外围错误”标志。当从站检测到其外围有问题时，置位该标志；

③ S2 保留；

④ S3 为“读存储单元错误”。当读取某些存储单元内容发生错误时，置位该位。

11）广播报文　这也是 AS-i 新版本增加的报文。广播报文对全体从站有效，而且不需要应答报文，目前只有对全局从站的复位报文作了定义，更广泛的全局广播报文还有待于以后发布。

2. AS-i 从站响应报文

从站的响应报文由 7 位组成，如图 7-20 所示。

SB	D3	D2	D1	D0	PB	EB
0	0	1	0	1	1	1

图 7-20　AS-i 从站响应报文格式

各位的意思和请求报文基本相同，其中数据位根据请求报文种类的不同而不同，它既可以是从站的输入状态、ID 号和 I/O 码，也可以是从站的状态。

7.2.5　AS-i 从站地址设定

AS-i（V2.0）从站的地址为 1～31，即网络中最多只能有 31 个从站设备。从站的地址一般通过网络由主站设置，也可用手持的 AS-i 从站服务器（一种工具）设置，有些从站还可以通过按钮设置地址，也可以通过 PC 中的组态软件设置从站地址，其中手持式工具是最常用的。从站的地址一旦设定完毕就保存到 EEPROM 中。

也可以用 AS-i 主站请求报文（命令）对从站的地址进行更改设定。每次更改时，总是先把从站的地址设置为 0，然后再更改为需要的地址。

当一个从站出现问题后，我们可以在线把它拿掉，然后换上一个相同的从站设备

(该从站设备的地址事先设定为0)，然后主站可以自动检测它是否和原来的设备组态相同，若完全一样，则主站会自动把它的地址和相应的参数设置为和原来的相同，系统不用停机就能完成设备的更换工作，所以保存一些备件（地址为0）是非常重要的。

7.2.6 AS-i 主站操作

AS-i 主站有很多选择，但一般可分为 PLC、使用 PC 卡的软 PLC 和 SCADA、以及可以连接到其他现场总线的网关。小型 PLC 或网关一般从 AS-i 总线获取电源，其他情况可能要使用另外的电源供电。

多数主站提供的功能和操作模式基本相同，一般是通过制造商提供的相应软件在上位机上对从站进行组态，并编制相应的控制程序。

在主站中一般保存着从站的3种表，即

1）LAS（The List of Active Slaves）处于运行状态的从站表，这些从站是正在和主站进行数据交换的从站。

2）LDS（The List of Detected Slaves）被检测到的从站表，这些从站参数被临时存储在主站的暂存器中。

3）LPS（The List of Projected Slaves）组态的从站表，这是被组态好的从站信息，被存放在主站的永久存储器中。

这三种表是相辅相成的，一般来说 LPS 和 LAS 是一样的，但当从站出现故障，对故障进行处理时，LAS 和 LPS 就会不同。所有的主站都有下面几种操作模式：

1）离线模式 在该模式下，主站和从站之间没有数据交换。

2）组态模式 在该模式下，主站检测网络中的从站，如果发现新的从站，它会把该从站存储到 LDS 中，这样主站才能和该从站进行数据交换。在该模式下，从站的地址可以被重新设置。

3）保护模式 该模式也称为正常模式。在该模式下，主站使用 LPS，只要组态过的从站和检测到的从站相配，则进行数据交换。如果发现有从站和组态好的从站不吻合，则将报告组态错误，该从站也不会包括在 LAS 中。

只有在上电初始化和主站复位时主站才处于离线模式，所以主站在离线模式的时间非常短。初始化后，主站将搜寻网络中的从站，并建立 LDS 表。

主站在组态模式时，把 LDS 复制到 LAS（除去地址为0的从站），然后 LAS 被激活，主站进入数据交换状态。在组态阶段是把设定好的各个从站的信息都存储到 LPS 中的，如果想省事，也可以把这时的 LDS 作为 LPS 存储起来。

主站在保护模式时，按存储的 LPS 进行数据交换，如果 LPS 和 LDS 不相吻合，系统会报告组态错误，但数据交换会继续下去。像上一节所讲的那样，在 AS-i 工作的过程中，如果任何从站出现问题，则可在线更换该从站，主站可以自动对新换上的从站（开始地址为0）进行组态。

7.2.7 AS-i 的工作过程

下面简单讲解一下 AS-i 的数据传输过程，即它的工作过程。

AS-i 网络中只有一个主站，各种报文的传递均在该主站和它所组态的从站中进行。主站通过轮询的方式和从站进行通信，每次主站向一个从站发出请求报文，从站检测到是自己的报文后，在一定的时间内向主站发出响应报文，主站收到该响应报文后，再向下一个从站发出轮询请求，这样一直进行下去，直到对所有的从站轮询完毕，主站再从头开始下一轮的循环。

AS-i 网络中，数据传输的比特率为 167kbit/s，所以每一位的传输时间为：$T_{bit}=1/167000\mu s\approx 6\mu s$。主站发出请求报文后，会有一个暂停时间，该时间在 3 ~ 10T_{bit}。如果从站是同步传送的，则在 3 个 T_{bit}后，它会发出响应报文；如果从站不是同步传送的，则它需要在最终确定接收到合法的请求报文之前，要监测一下主站是否还给它有进一步的信息。这种情况下，暂停时间可能会多 2 个 T_{bit}。如果在 10 个 T_{bit}后，主站仍未接收到从站的响应报文，它会自动假定该从站无响应而对下一个从站发出请求。从站发出响应报文后的暂停时间在 1 ~ 2T_{bit}。

图 7-21 所示为主站和从站通信的过程示意图。主站使用带地址和 4 位数据位的报文发出请求报文，该 4 位数据位可作为主站的控制输出给从站。相应的从站接收到正确的请求报文后，对主站响应一个带 4 位数据位的报文，该 4 位数据位可作为从站的输入给主站。

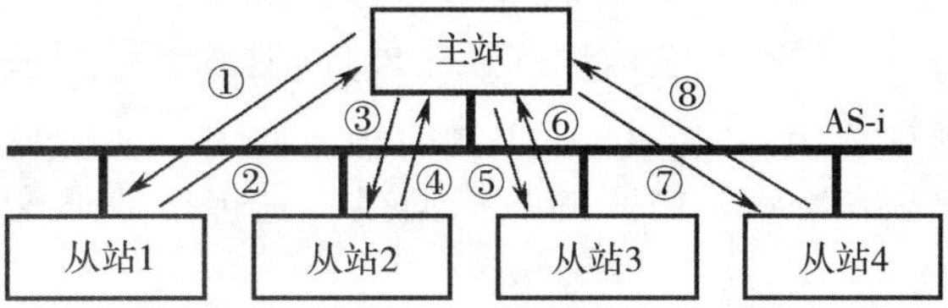

图 7-21 AS-i 主站和从站通信过程示意图

主站和从站之间的操作控制过程分几个阶段，在每个阶段都有不同的控制任务。具体内容如图 7-22 所示。首先是初始化阶段，初始化的操作在离线的状态下进行，当然在在线状态下，如果 AS-i 系统复位，也要进入初始化阶段；进入系统启动阶段后，所有被检测到的正确从站都进入激活状态；最后进入正常的周期性数据交换和系统处理阶段。

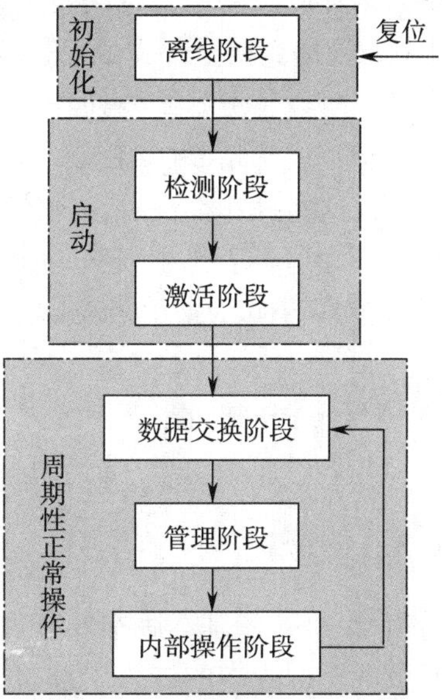

图 7-22 主站和从站之间的操作控制过程

1. 初始化

离线状态下的初始化使主站设置为基本状态，即所有输入映像寄存器都置为 0，所有输出映像寄存器都置为 1。这里对输出置“1”是从安全的角度来考虑的，对主站 PLC 来说，复位后，其输出都置为 0，再次上电后，它使用“写输出数据”报文和从站交换数据，但该报文的特点是要把主站的输出反相后输出。所以为了保证系统操作和避免其他事故的发生，初始化时输出数据映像寄存器都是置为1。另外，在初始化阶段，组态的参数也要复制到参数区，使其可以在接下来的从站激活阶段使用。

在AS-i系统运行过程中，如果发生错误，如电源电压低或其他故障，相应的故障设备都可以置"off line flag"标志，使系统复位，然后重新进入离线初始化阶段。

2. 启动

启动过程包括检测从站阶段和激活从站阶段。

在检测从站阶段，主站读取每一个从站的I/O组态和ID码，从站对主站的这两个请求做出响应，主站把这些数据存放在组态映像寄存器中，同时主站也把该从站记录到LDS中。

在激活从站阶段，主站向从站写入初始化参数值去激活从站。从站相应的动作要等到激活后才开始，这样就避免了第一个周期有些数据的不稳定所造成的不可靠的结果。在该阶段，对从站的操作要根据主站的工作方式而定。当主站工作在组态方式时，将激活所有检测到的从站（除去0号从站）；当主站工作在保护方式时，只有那些检测到的而且被组态的从站（LPS）被激活。被激活的从站被标记为LAS。

在激活从站阶段的最后，还要检测一下原来的组态是否和实际的一致，若一致，则置位"Config-OK flag"标志，然后进入正常的周期性循环过程。

3. 周期性正常操作

该操作过程完成主站和从站之间的数据交换。它包括数据交换、管理和内部处理等阶段。

在数据交换阶段，主站用轮询的方式和每个从站交换输出/输入数据，当某一次通信失败时，主站会把该报文再次传送给该从站，如果3次后还报告错误，则主站认为该从站已损坏或被移走，主站会把该从站从LAS、LDS中删除，并把它的输入映像寄存器置为0。数据交换全部完成后进入管理阶段。

在管理阶段，主站主要处理一些非周期性的报文请求和响应，如设置从站参数值、读从站状态、读从站I/O组态、读从站ID码、删除操作中的从站地址并置0、复位从站等。如果这些操作都没有，则该阶段可以自动跳过。

在内部处理阶段，主要处理新加入的从站问题，另外使用"Read I/O Configuration"报文对所有的从站再次确认，故障从站在该阶段可以再次被确认。

7.3 AS-i的扩展

7.3.1 概述

1990年AS-i的基本版本发布后，期间进行过小的改动，在1999年才推出了V2.1版。新版本对旧版本的进行了改进，增加了功能，并完全兼容。如图7-23所示，一般用3个图标来表示V2.1版的特点，其特点主要体现在以下三个方面：

1）从站的地址增加一倍。这样一个主站最多可以控制62个从站（见图7-23a）。

2）对模拟量的处理简单化（见图7-23b）。

3）对设备的诊断信息更加详细和完善（见图7-23c）。

a）　　b）　　c）

图7-23　V2.1特点图标

具有V2.1功能的主站可以自动识别V2.1从站，从而实现V2.1的各种功能，它也能像V2.0主站那样，处理V2.0从站；V2.0主站的AS-i网络中若有A/B从站，则按A从站对待该设备，而不能按B从站编址。

AS-i的扩展版本增加了从站的数量，降低了主站对应于每个从站的成本；另外也扩展了传感器、执行器和其他模块的范围，降低了主站使用智能器件的门坎。

7.3.2　AS-i V2.1从站的编址和ID码

1. 从站编址和扫描周期

V2.1的从站数增加了一倍，但为了不对原系统协议造成大的改动，所以仍使用1～31对从站进行编址。它采用了“A/B技术”，即每一个地址号都使用2次，之间用A和B区分，从而产生了“A从站”和“B从站”。另外一个概念是“标准从站”，符合V2.0的从站和除了ID码为A的从站都称为标准从站。

V2.1规定用ID码A来表示具有A/B从站功能的设备，即A/B从站的ID码都为A。在这里一定要分清楚A的含义，比如“从站8A”表示从站地址为8的A从站；而ID=A，表示AS-i从站设备的ID码为A，这里的A是一个16进制数。图7-24所示为一个混合AS-i系统的组成图。

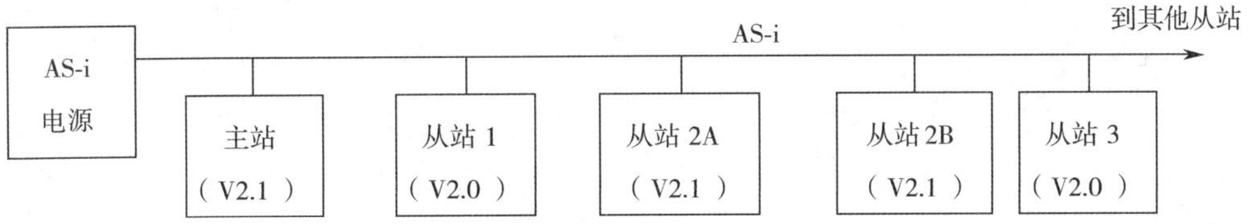

图7-24　混合AS-i系统的组成图

我们已经知道AS-i从站的扫描周期为5ms，但在V2.1中，由于从站数的增加，扫描周期也发生了变化。标准从站的扫描周期仍为5ms，A从站和B从站的扫描周期为10ms。对标准从站来说，在每个扫描周期都交换数据；而对A从站和B从站来说，则隔一个周期交换一次数据。V2.1的扫描工作过程如图7-25所示。

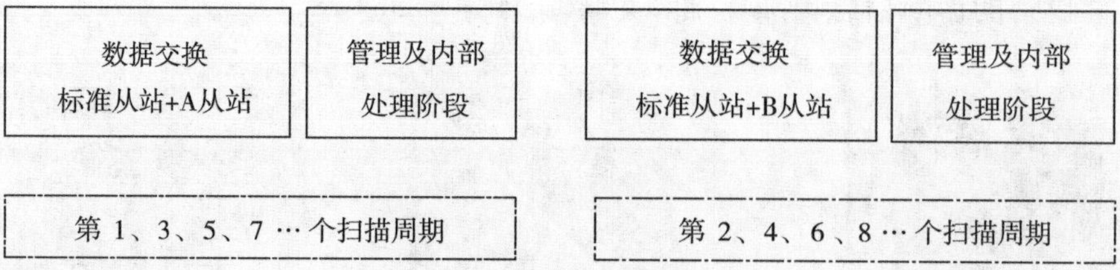

图 7-25 V2.1 的扫描工作过程

2. V2.1 报文中的数据位

在 AS-i V2.1 中，主站是采用请求报文中的第 4 个数据位 D3 来区分 A 从站和 B 从站的。这其实是一个小技巧，最大限度地减少了对原版本的改变。D3 作为选择（Select）位，当它置位时，代表 B 从站；当它复位时，代表 A 从站。V2.1 的主站请求报文和从站响应报文的格式如图 7-26 所示。

主 站请求报文	SB	CB	5 位地址位					5 位数据位					PB	EB
	0	0	A4	A3	A2	A1	A0	0	Sel	D2	D1	D0	PB	1

从 站响应报文	SB	4 位数据位				PB	EB
	0	D3	D2	D1	D0	PB	1

图 7-26 V2.1 的主站请求报文和从站响应报文的格式

对 A/B 从站来说，主站请求报文的输出数据位 D3 和参数数据位 D3 就不能像原来那样使用了，因为主站需要用它们来选择 A 或 B 从站。但由于从站的响应报文不受影响，所以从站输入数据的 D3 位（从站到主站）还和原来一样使用。A/B 从站（ID = A）的 I/O 码见表 7-5。大家可以观察它的 D3 位和表 7-1 中 D3 位的不同。注意：没有 S-2.A 和 S-A.A。

表 7-5 A/B 从站（ID = A）的 I/O 码

I/O 码	D3	D2	D1	D0
0H	IN	IN	IN	IN
1H	NONE	IN	IN	IN
2H	不存在			
3H	NONE	OUT	IN	IN
4H	IN	I/O	IN	IN
5H	NONE	OUT	OUT	IN
6H	IN	I/O	I/O	IN
7H	IN	I/O	I/O	I/O
8H	NONE	OUT	OUT	OUT
9H	IN	OUT	OUT	OUT

（续）

I/O 码	D3	D2	D1	D0
AH	不存在			
BH	IN	IN	OUT	OUT
CH	IN	I/O	OUT	OUT
DH	IN	IN	IN	OUT
EH	IN	I/O	I/O	OUT
FH	保留			

3. V2.1 从站的 ID2 码

为了更加详细地区分 AS-i 从站的特性和功能，V2.1 提供了 ID2 码，它的作用和 ID 码一样。它也是事先由制造商存储在 EEPROM 中，它的具体含义由 AS-i International 定义。借助于 ID2 码，可以更详细地描述从站设备的性能。V2.1 从站的规范都由 3 个码来定义，即

S-［I/O 码］.［ID 码］.［ID2 码］

对 ID = A 的 A/B 型从站来说，目前 AS-i International 为它定义了 4 个 ID2 码，见表 7-6。

表 7-6　A/B 型 AS-i 从站的 ID2 码

I/O 码	扩展 ID2 码															
	0	1	2	3	4	5	6	7	8	9	A	B	C	D	E	F
0	0. A. 0		0. A. 2									0. A. B			保留	保留
1	1. A. 0															
2	不存在															
3	3. A. 0	3. A. 1	3. A. 2												保留	保留
4	4. A. 0															
5	5. A. 0															
6	6. A. 0															
7	7. A. 0		7. A. 2									7. A. B				
8	8. A. 0		8. A. 2													
9	9. A. 0															
A	不存在															
B	B. A. 0		B. A. 2												保留	保留
C	C. A. 0															
D	D. A. 0															
E	E. A. 0															
F	保留															

ID2 码不单是为 A/B 型从站提供的，ID2 码属于 V2.1 的一项扩展内容，它也可以应用于其他从站。比如 S-7.3.3 就表示一个 4 通道模拟量执行器。从表 7-6 中可以看到

保留了一些代码资源，这为以后的进一步扩展预留了空间。

7.3.3 AS-i V2.1 的模拟量处理功能

1. 概述

AS-i V2.1 另外一个最主要的扩展功能就是在主站中集成了模拟量处理功能。在 AS-i V2.0 中也能对模拟量进行处理，但非常麻烦。当需要对模拟量进行输出时，需要用户进行编程，先把一个模拟量按 3 位一组进行分割，分别按顺序传送给从站，然后再由从站中的用户程序把它们组合起来，从而完成模拟量的输出控制。同样，当进行模拟量输入时，和上述过程原理一样，但方向相反。现在的 V2.1 中，虽然对模拟量的处理原理不变，但这些处理过程不再需要用户编程了，而是把这些概念集成到了主站中，同时提供了两种符合模拟量处理要求的从站行规，即 S-7.3 和 S-7.4。

最常用的是符合行规 S-7.3 的从站。S-7.3 解决了 16 位的模拟量处理问题，这包括了绝大部分的应用范围，大部分模拟量的传感器和执行器都可以使用 S-7.3 来完成主站和从站之间的数据传输。现在除了有 S-7.3 的传感器和执行器外，还有符合 S-7.3 的从站模块，它上面集成了 4 个模拟量通道，一些传统的模拟量传感器（如 0 ~ 10V 或 4 ~ 20mA）可以连接到这些模块上。

S-7.4 定义的功能更强大，但价格很贵，使用起来也更复杂。它可以处理更长的模拟量或字符串，有很多的设置选择功能。

虽然现在的 AS-i 加上了更加简便的模拟量处理功能，但其真正的优势在二进制器件的应用领域，现在它能处理模拟量只是说明它的功能更完善了。

2. 行规 S-7.3 的数据传输原理

行规 S-7.3 的使用对象主要是 16 位的模拟量传感器和执行器。图 7-27 所示为一个 S-7.3 传感器从站和主站通信的工作过程。

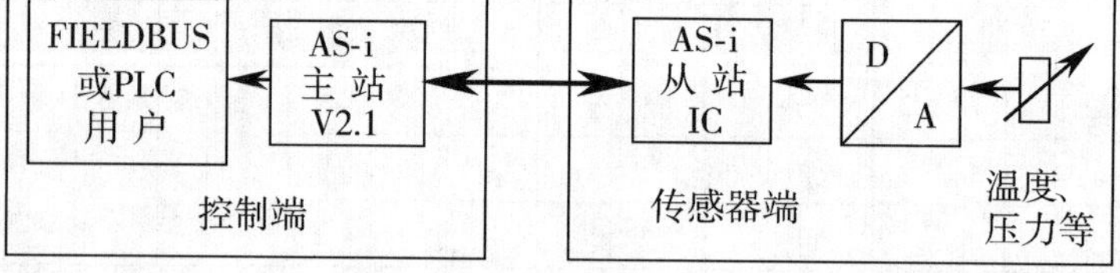

图 7-27 S-7.3 传感器从站和主站通信的工作过程原理图

图 7-27 中，传感器把测量到的模拟量通过 A-D 转换器转换为数字量，然后从站中的 IC 按 S7.3 的要求把它按 3 个一组进行分割，在接下来的 7 个连续周期把它传送给主站。主站接收完毕后，再按 S7.3 的要求把它重新组合起来。这样主站就可以把它按平常的模拟量送往上层主站或总线，也可以自己使用。如果是上层主站把一个模拟量传送给一个 AS-i 的现场执行器（如位置控制阀），其过程和上述相反，该位置控制阀必须是一个 S-7.3 从站。

AS-i 的请求和响应报文中的数据位都是 4 位，任何超过 4 位的数据都不可能一次传送完毕，所以 AS-i 中的模拟量要分成多次传输。为了不增加二进制数据的通信时间，AS-i 中的模拟量不是在同一个通信周期中连续传送的，而是在连续的不同周期中按 S-7. 3 规定的顺序依次完成。图 7-28 为 AS-i 中模拟量输入的请求和响应报文的数据部分的结构。

请求报文数据位

1	1	1	C
1	0	1	C
1	0	0	C
0	1	1	C
0	1	0	C
0	0	1	C
0	0	0	C

响应报文数据位

E3	E2	E1	C
D15	D14	D13	C
D12	D11	D10	C
D9	D8	D7	C
D6	D5	D4	C
D3	D2	D1	C
D0	O	V	C

通道地址（开始顺序）

D0~D15 ：16位数据

V：符号位

O：溢出位

C：校验位

图 7-28　模拟量输入的请求和响应报文的数据部分的结构

图 7-28 中，当主站发出第一个请求报文后，从站进行初始化并存储最新的模拟量数据，然后传送回下面要进行通信的通道地址。随后主站和从站之间在连续的通信周期中进行一问一答的请求和响应，直到模拟量传输完成。从图 7-28 中还可以看出，每组的第 4 位是一个校验位，而且在最后还有一个溢出检测位，所有这些都是要保证每一次通信的正确性，一旦出现错误则要重新进行通信，就像处理普通的二进制数据一样。除了符号位 V 外，D15 也为符号位。一个模拟量的传输需要 7 个周期才能完成，所以模拟量的通信周期一般为 $7 \times 5\text{ms} = 35\text{ms}$。对模拟量输出进行处理时，通信周期有时会达到 70ms。

行规 S-7. 3 规定，一个从站最多可以有 4 个连续的模拟量通道，和一个通道相比，大大降低了模拟量从站成本。

因为模拟量的处理需要 4 位数据位，所以对这样的从站就不能有 A/B 之分了，一个从站号码只能使用一次。在设计 AS-i 系统时要考虑到它对 AS-i 网络中从站总数的影响。

3. S-7. 4 行规简述

像 S-7. 3 一样，S-7. 4 也是基于 3 位一组的方式传输数据的。但它的功能更强大，为用户提供了更多的从站控制方式和数据通信方式，所以它的使用更加灵活，但价格较高。除了能处理一般的 16 位数据外，它还能进行参数设置和诊断字符串的传输等。它的数据传输可以是双向的，即 S-7. 4 提供 4I/4O 模块，它可以像一般的 4I/4O 的二进制模块一样工作。特别要注意的是，并不是所有的主站都支持 S-7. 4，所以在进行主站选择时要清楚这一点。

7. 3. 4　外围故障诊断

V2. 1 提供了一些新的从站故障诊断信息，它可以使主站能区别通信故障和从站

I/O的功能性故障。这些故障信息包含在“状态寄存器”中，主站可以读取它们。因为这些信息的读取只有在启动时才能进行，所以当外围故障出现时，从站会强制主站对它进行重新初始化，从而使主站获得这些信息。从站面板上的LED指示灯也可以指示这些故障。常见的故障有辅助电源消失、输出或输入短路、输出或输入开路等。

7.4 AS-i的安全工作

7.4.1 AS-i安全工作的概念

在自控系统中，人身安全和设备安全应该是第一位的。当安全事故发生时要求系统做出立即响应，为此在各种自控系统中采用了这样或那样的保障安全的措施。如果一个系统没有安全措施或安全措施没有达到标准的要求，则该系统是不能安全使用的。

标准的总线系统是不允许传递基于安全及保护的信息的，标准AS-i总线也一样。为了达到安全保护的目的，可采取的一些措施和方法有：

1）除了标准的总线系统外，再加上一些传统的安全设备。这样做费时、费力、费钱，而且与总线系统的先进概念相冲突，用户也不喜欢。

2）作为一种完全解决方案，开发出了基于CAN的特殊总线系统。在该系统中除了标准的外围设备外，许多和安全有关的装置也连接到了总线中。这虽然省去了用户电缆接线的麻烦，但在控制层还需要用户做许多工作来完成对系统的连接。

3）现在许多重要的总线系统（PROFIBUS）对基于安全信息的传递进行了扩展。对它们传输协议的补充满足了系统安全工作的基本要求。

AS-i的安全措施基于上述第三种方法。既要做到安全工作，又不改变系统的结构和通信协议，不增加太多的成本，这是很不容易的。但由于苛刻的欧洲标准和IEC有关标准的要求，以及市场原因，这些年对AS-i安全工作系统的研究和开发一直是个热点，竞争也非常激烈，后来9家公司还成立了专门的基金协会。在技术方面，Leuze和SIEMENS公司处于领先地位。

现在AS-i安全工作的实现原理非常巧妙。要实现全方位的安全，必须实现从传感器、数据传送到智能控制及执行机构的安全工作。AS-i的安全从站，如紧急开关、安全光栅、安全位置开关等，可以像一般的从站一样接在AS-i网络中，通过高可靠性的AS-i网络传递信息，它们的信息传递协议也和正常的AS-i通信协议一样。因为不能依靠PLC或上层主站通过AS-i主站处理这些安全信息，所以在AS-i安全工作中的关键设备是一个安全监测控制器。它被设计用来和AS-i主站一样接收相应的安全从站的信息，起到实时监测并及时对故障信息进行处理的作用。在工作过程中，一旦发现安全从站的信息异常或有紧急情况发生，它能使用自己的两路控制输出做出及时的反应，切断相关设备或电源，从而起到保护作用。图7-29为基于安全工作的AS-i网络连接示意图。

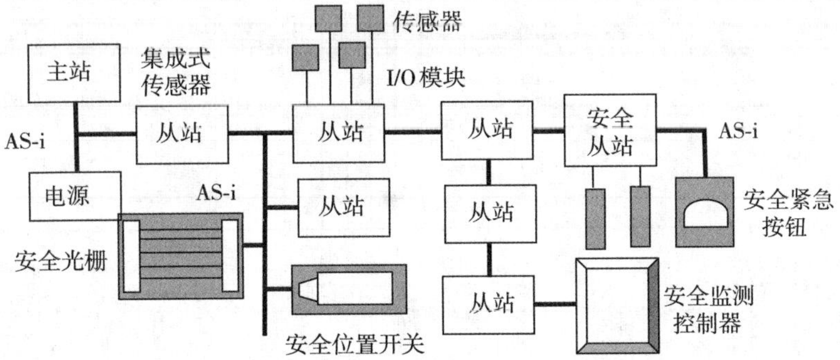

图 7-29　基于安全工作的 AS-i 网络连接示意图

从上面介绍的 AS-i 安全工作的实现结果中可以看出它具有如下的特点：

1）满足了系统安全工作的要求。

2）安全从站和一般的从站可以连接在同一个网络中，由同一个主站控制（当然安全监测控制器可以单独对安全从站的信息做出响应）。

3）加上安全措施后系统网络不用改变，这不仅意味着大大地降低了成本，而且该技术独立于制造商，这也为用户提供了较大的柔性。更为可贵的是，安全监测控制器具有完全的互操作性，它可以和任何控制单元以及任何制造商的从站一起工作。

4）已经使用的 AS-i 系统也可以增加安全工作的功能。

5）一个大的系统中可以安装几个安全监测控制器，这样它可以分别控制不同的设备。

6）像标准的从站设备一样，也有基于安全工作的从站模块，这样一般的传感器接到该模块上，就可以完成安全从站的功能。因为它上面可以连接多个传感器，所以降低了安全从站的成本。当然安全从站不允许再连接到安全模块上。

所有安全从站的行规号都定义为 S-7. B。安全工作的概念也和 AS-i V2. 1 完全兼容，但安全从站的地址必须使用单独的完全地址编号，即不能使用 A/B 从站对安全从站设备编址。

7.4.2　安全要求类别及标准

AS-i 的安全工作级别满足了欧洲和 IEC 有关标准的要求。在信号安全传输上满足 BIA（一家德国机构）、德国技术检测署和 IEC 61508［27］的要求，在安全类别控制要求方面达到了 EN 954-1［6］最高的第 4 类（Category 4）和 IEC 61508［19］第 3 级（Safety Integrity Level 3，SIL3）的要求。图 7-30 所示为按照 EN 954-1 对故障风险的分类，表 7-7 所列为对相应的故障风险所采取的措施和要求。

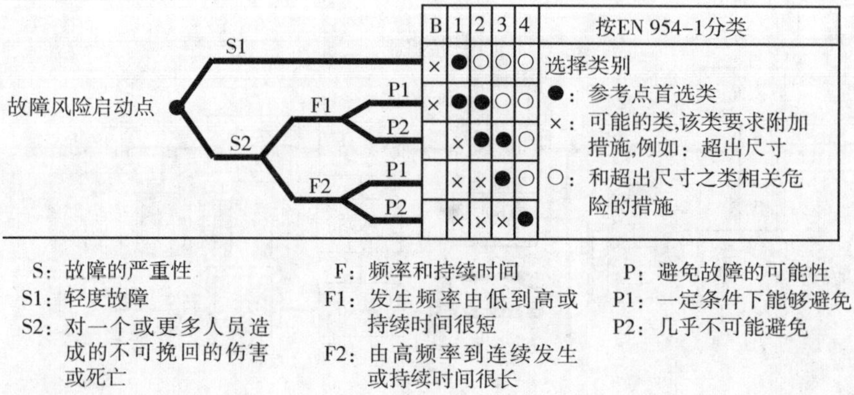

图 7-30　故障风险分类

表 7-7　按照 EN 954-1［6］的安全措施和要求分类

类　别	要　求	系 统 行 为	控 制 原 理
B	控制系统的设计原则是：能承受预期的故障影响	一个故障可以导致安全性能的丧失	主要靠选择系统组件来实现
1	必须达到 B 类的要求，并且要使用试验和测试过的安全组件和原理	像 B 类一样，但这里是更高的和安全有关的可靠性	
2	必须达到 1 类的要求，并且定期进行附加的安全性能测试	在下一个检测之前，该故障可以被确认	主要靠控制系统结构和方法来实现
3	必须达到 2 类的要求，并且当一个故障发生时，不会导致安全功能的丧失	当一个故障发生时，系统仍保持原来的安全性能	
4	必须达到 3 类的要求，当单个故障发生时，在下一个安全功能使能时或之前，该故障必须被确认	当一个故障发生时，系统仍保持原来的安全性能，并且故障得到确认	

在 EN60204 中，对停车的控制模式也进行了分类：

1）**0 类停车模式**　为非控制停车模式，在该模式下可以立即切断机器驱动器的供电电源。

2）**1 类停车模式**　为控制停车模式，在该模式下，只有当机器处于停车后或非工作时，才可以立即切断机器驱动器的供电电源。

3）**2 类停车模式**　为控制停车模式，在该模式下，机器驱动器一直处于供电状态（不允许使用紧急停车）。

7.4.3　AS-i 安全技术实现原理

AS-i 安全工作是基于传感器、安全从站、控制单元、主站和网络传输的。哪个部分出现问题或紧急情况都能反映出来。下面简要介绍一下 AS-i 安全工作技术的主要内容。

每一个安全从站都设计有自己的一套编码，该编码由 32 位二进制数组成，按每 4 位分成一组，像一般的从站一样和主站进行数据交换，只不过它们的编码数据主站是不用的。安全监测控制器和主站一样同时接收这些数据。对每一个安全从站来说，它的编码数据内容和每一组数据的排列顺序是固定的，而且是唯一的。对 32 位数据来说，这样不同的组合和排列可能有 0.4 亿个，但实际使用的大概有 100 万个。Leuze 电气公司定义了大约 95 万个编码，并把它们分配给安全从站的制造商，这样在安全从站出厂时，它的编码已经固化在了自己的存储器中。

在系统正常工作时，这些编码按顺序和主站通信，同时用于监测它的安全监测控制器也接收这些编码。安全从站在每个循环周期发出 4 位序列码，这样 32 位编码需要 8 次循环周期才能发完，然后再从头开始。紧急按钮按下或安全从站的传感器有效时，会产生一组特殊的编码“0000”，它会马上插入到目前的发送序列中，优先发送。在系统工作之前，通过组态软件已经把相应安全从站的编码写到了安全监测控制器中，安全监测控制器实时地接收这些编码并把它们和存储器中的正确编码进行比较，一旦发现编码的内容或顺序错误或编码为“0000”，则通过它自身的执行机构立即动作，进行安全保护。图 7-31 为 AS-i 安全从站和安全监测控制器的工作原理示意图。

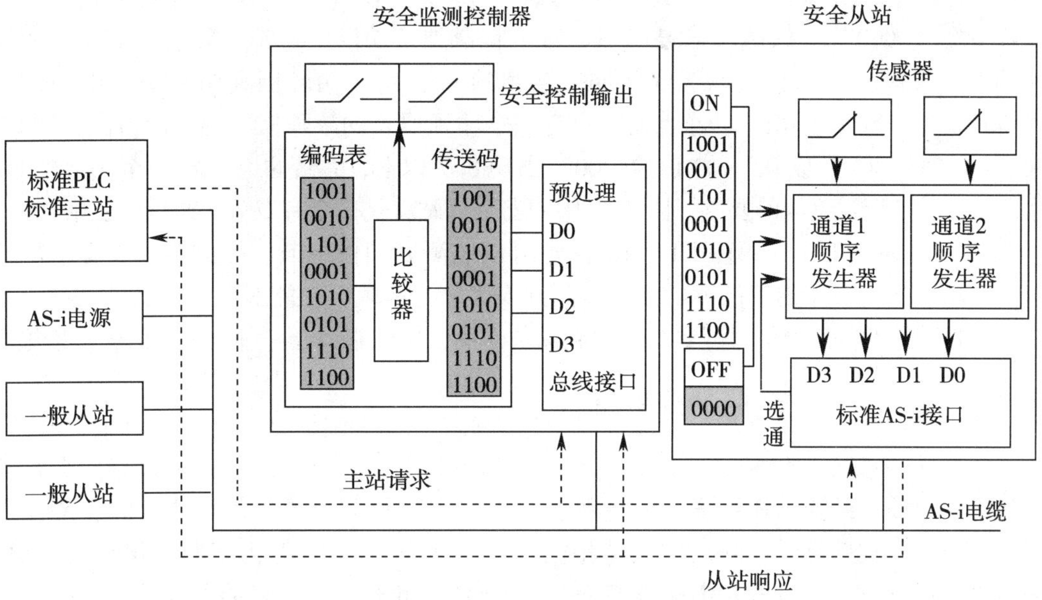

图 7-31　AS-i 安全从站和安全监测控制器的工作原理示意图

一个安全监测控制器有两路输出，它们可以单独使用，也可以相互配合使用。如图 7-32 所示，对于 EN954-1 中 B ~ 2 类安全要求的情况，从安全从站发出错误编码到安全监测控制器输出大概需要 35ms，完全达到了安全标准的要求。

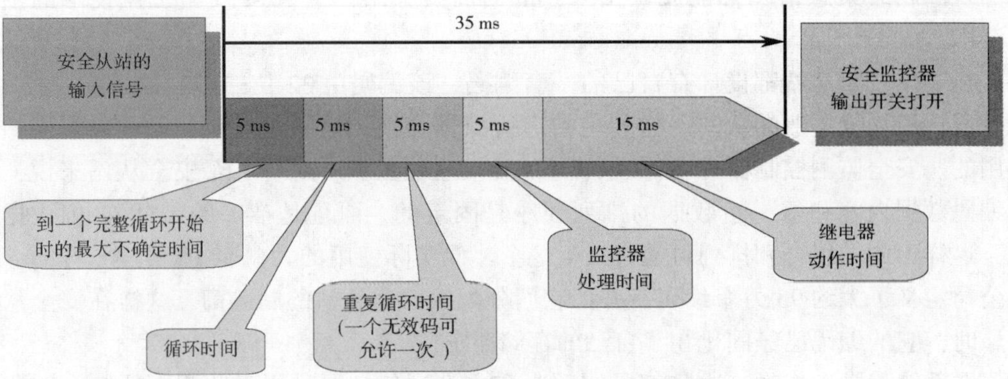

图 7-32　AS-i 响应时间示意图

如前所述，安全从站是按 4 位一组的方式顺序发送安全序列码的，急停按钮或安全传感器从站动作时发送的也是一组 4 位的“0000”。但在 EN954-1 中，对安全类型 3 以上的情况，必须使用信号冗余的方式来表述一个故障信号，即同一个故障信息使用两个相同功能的信号来表示。当其中一个信号有效时，系统不是马上动作，而是仍保持原有功能。为了实现安全类型 3 以上的安全要求，该类的 AS-i 安全从站配置了两路常闭触头的输入通道，它把 4 位一组的序列码拆为 2×2 位，这就意味着 2 组 8×2 位相互分立的编码要分别传送。例如，对于“0000”来说，当收到一个“00”时，还要等另一个“00”的到来，当 D0、D1 位的“00”和 D2、D3 位的“00”同时存在时，才算有一次“0000”，“故障”才被确认。对于安全类型 3 以上的安全要求，AS-i 中的设计是当故障情况出现 8 次以上（例如在连续的 8 个 AS-i 循环周期中从站发出的都是“0000”），安全保护输出才动作。而对只有一个输入通道的故障信号到来的情况，例如，D0、D1 位的“00”或 D2、D3 位的“00”出现 8 次以上，系统也会发出一个确认信号，这也满足了安全类型 4 的要求。图 7-31 中的安全从站就是一个有双输入通道的从站。

从 AS-i 安全工作的原理可以知道，它可以监测到通信中断、报文错误、安全从站损坏和响应丢失及延迟等故障，更能监测到人为安全故障，它能对从传感器、从站、主站、控制器等设备到通信过程等环节起到保护作用，所以它属于一种全方位的保护措施。

7.4.4　AS-i 安全监测控制器

每个 AS-i 安全监测控制器可以有一个输出保护通道（OSSD），也可以有两个相互关联或独立使用的输出保护通道。当系统出现安全事故或有紧急停止要求时，AS-i 安全监测控制器按照编制好的动作条件和程序输出动作，在 40ms 内切断它保护的对象。它的输出控制方式可以设置为 0 类停止模式、1 类停止模式或两者的混合模式。

AS-i 安全监测控制器使用前必须用相应的软件对其进行设定和组态。所以 AS-i 安全监测控制器要和其组态软件配合使用才能正确工作。

SIEMENS 的 AS-i 安全监测控制器有单 OSSD 和双 OSSD 两种类型，图 7-33 是双 OSSD 的面板和接线图，面板上每个端子的含义见表 7-8。从图中我们可以详细地了解到它的功能以及外围接线。

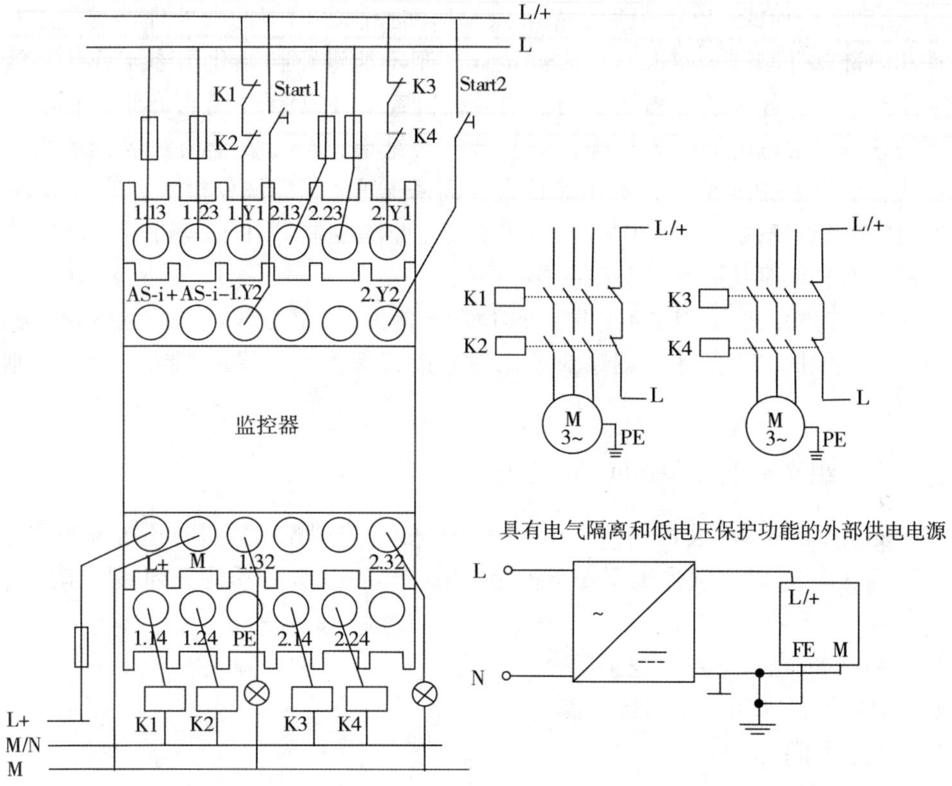

图 7-33　SIEMENS 双 OSSD 型 AS-i 安全监测控制器的面板和外围接线图

表 7-8　SIEMENS 双 OSSD 型 AS-i 安全监测控制器端子安排

端　　子	信号及描述
AS-i +	连接到 AS-i 总线
AS-i-	
L +	+24VDC 电源
M	GND/参考地
FE	功能地
1. Y1	EDM1（通道 1 接触器监控输入端）
1. Y2	STRAT1（通道 1 启动输入端）
1. 13	通道 1 开关输出 1
1. 14	
1. 23	通道 1 开关输出 2
1. 24	
1. 32	通道 1 “Safety on” 信息输出 1
2. Y1	EDM2（通道 2 接触器监控输入端）
2. Y2	STRAT2（通道 2 启动输入端）
2. 13	通道 2 开关输出 1
2. 14	
2. 23	通道 2 开关输出 2
2. 24	
2. 32	通道 2 “Safety on” 信息输出 2

AS-i 安全监测控制器的工作有三种模式：

1）**启动工作模式** 在上电后，AS-i 安全监测控制器内部的微处理器首先进行系统的硬件和内部软件测试。如果系统内部错误，则不能进行初始化组态工作，其输出也保持在断开状态；如果系统测试成功，则继续检查 EEPROM 中是否有组态信息，如果有，则检查其是否适配，如果正确，则装载组态结果，AS-i 安全监测控制器进入保护操作模式；如果 EEPROM 中没有组态信息，则系统进入组态操作模式，等待组态。

2）**组态操作模式** 在该模式下，AS-i 安全监测控制器和上位机通过串行接口相连，使用组态软件对其进行组态和设置。

3）**保护工作模式** 在该模式下，AS-i 安全监测控制器按照被监测的安全从站的状态、设定好的保护动作条件和程序对输出对象进行保护。如果内部错误出现，则立即断开输出。

7.4.5 组态软件 Asimon 的使用

Asimon 是 SIEMENS 公司的一个用于对 AS-i 安全监测控制器进行设置和组态的应用软件。使用 Asimon 时必须先编写安全控制逻辑，Asimon 会自动按下列顺序组织所使用的安全设备：

1）所有的安全从站及其逻辑组合；

2）EDM 设备（用于监测接触器）；

3）启动设备；

4）输出设备。

组态设备的事件顺序和逻辑计算结果分析如图 7-34 所示。

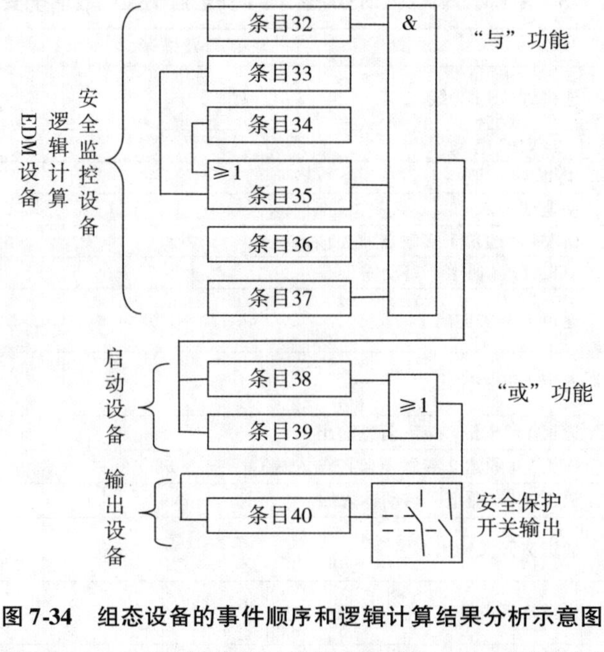

图 7-34 组态设备的事件顺序和逻辑计算结果分析示意图

下面分三步说明图 7-34 中的逻辑关系和结果。第一步，所有与该 AS-i 安全监测控制器有关的安全从站、EDM设备按“与”和“或”逻辑功能相连，其最终逻辑结果必须为“1”，才能使安全监测控制器的输出处于闭合的安全状态。第二步，启动装置决定OSSD的初始化检测，启动装置为ON后，才能完成启动条件的置位，所以它必须被完成一次。当第一步的逻辑结果为OFF时，启动条件可被复位。第三步，在完成第二步后，输出装置的电路在内部被释放，然后按照所进行的组态和其他设置参数等控制OSSD的输出，对设备和人身进行有效的安全保护。

Asimon的使用非常简单，图7-35是使用Asimon时的一个画面，从安全从站、紧急停车按钮、启动设备、系统设备等设备库中把使用的设备拖到相应的地方即可。

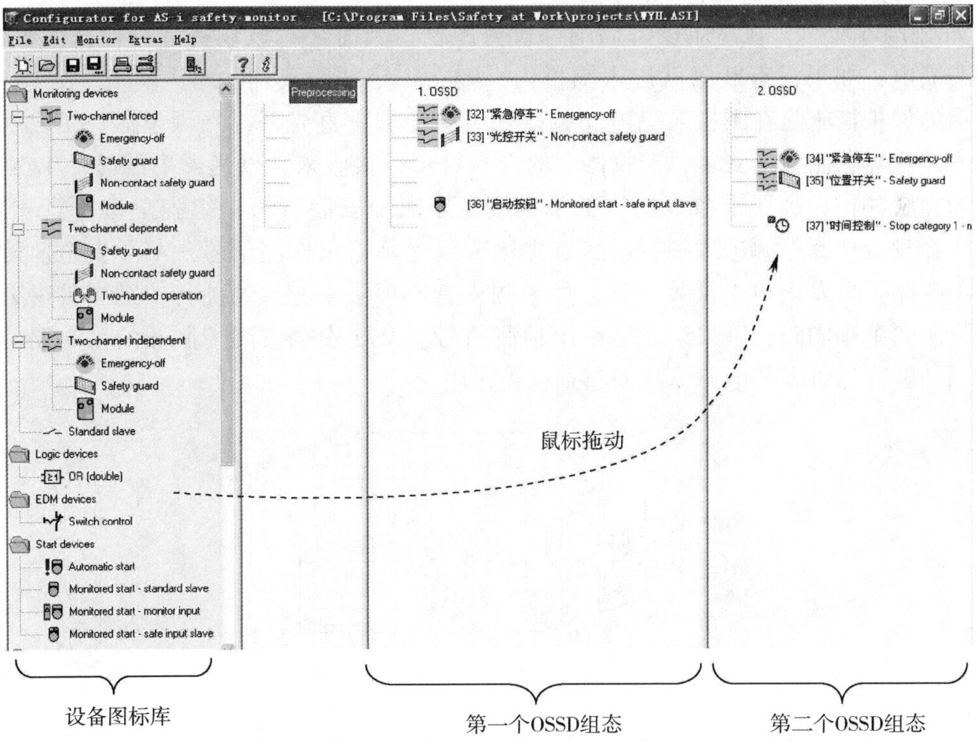

图7-35 使用Asimon时的一个画面

使用Asimon时，首先要确定安全监测控制器的输出形式：单输出、2组独立输出或2组非独立输出。接下来还要为它指定一个地址，如果不指定地址，则它仅作为监测控制器使用。然后还要输入所有从站的地址和它监测的从站的地址。随后的组态和安全逻辑编程工作就要按照各自系统的安全功能要求来进行了，具体的使用请参考Asimon使用手册。在PC上组态完后，把该组态文件下载到监测控制器中，然后把控制器连接到AS-i总线上，按照系统提示要求，属于该监测控制器的总线上的安全从站设备会把自己的安全序列码告诉控制器。当一切工作都正确完成后，具有安全监测功能的AS-i系统就可以开始正常工作了。在AS-i安全监测控制器处于安全保护操作模式（即正常工作模式）时，也可通过Asimon对其进行监视。

7.4.6　AS-i 安全工作举例

在一个电力系统现场总线控制系统（FCS）中，设备级 I/O 的现场总线采用 AS-i 来完成分布范围较大的现场开关量设备的逻辑控制，这样既实现了整个系统彻底的分散控制，也增加了系统的可靠性和灵活性。同时，AS-i 也为上层现场总线（如 PROFIBUS DP）提供所需要的现场设备的开关量信号。在一个高危险性的高压设备旁，为了人身安全采取了安全防护措施。这种保护手段可利用现有的 AS-i 网络来完成，这样不仅大大降低了安全措施的实施成本，也提高了安全事故发生时保护动作执行的快速性，同时也使得整个系统的设计更加合理。

如图 7-36 所示，在高压设备周围都设有围栏，当需要对该设备进行检查维护时，需要先断电；如果没有断电就进入围栏内，则在一定的距离内，对人员有生命危险。所采取的保护措施是在围栏入口内安装有一组安全型垂直光幕，光幕包括一个发送器和一个接收器，面对面安装，接收器中的二极管可以接收来自发送器中的红外 LED 发送的短光脉冲；在高压设备处前方的最小安全距离处安装有另一组安全型垂直光幕。当有人在没有切断电源进入围栏时，首先第一组光幕给出检测信号，AS-i 安全监测控制器的一路输出发出声光报警信号；如果闯入者不停下来，继续前行，则当其进入最小安全距离范围内时，第二组光幕给出检测信号，AS-i 安全监测控制器的另一路输出动作，切断高压设备的电源，从而起到保护作用。

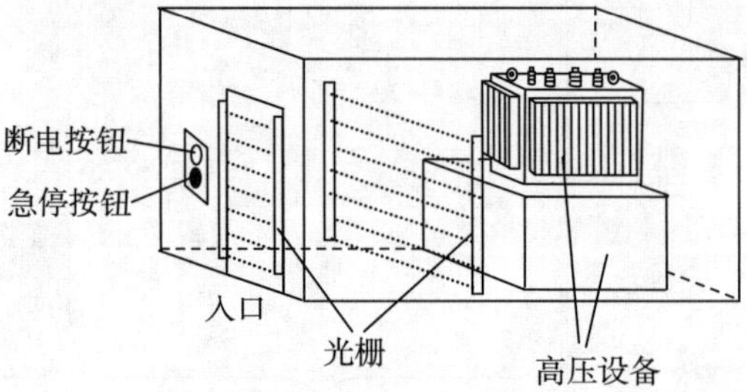

图 7-36　电力系统高压危险设备保护过程示意图

本 AS-i 系统中有关安全方面的传感器和接触器包括：

1）安全监测控制器：选用 SIEMENS 公司的双输出通道的产品；

2）光幕传感开关 1（“PSW1.1”和“PSW1.2”）：采用双输入通道安全从站型，分辨率为 50mm，长度为 1800mm 的标准光幕；

3）光幕传感开关 2（“PSW2.1”和“PSW2.2”）：同上；

4）用于声光报警的 HL 指示灯和电铃 HA；

5）切断高压设备电源的接触器 KM。

AS-i 安全监测控制器及外围接线图如图 7-37 所示。图中 1.Y1 为 EDM1 输入端，1.13、1.14 为第一路保护输出通道 1，1.23、1.24 为第一路保护输出通道 2，它们共同去控制声光报警；2.Y1 为 EDM2 输入端，2.13、2.14 为第二路保护输出通道 1，2.23、2.24 为第二路保护输出通道 2，它们共同控制接触器 KM，然后 KM 切断高压危险设备的电源。安全从站像一般从站一样串接在 AS-i 网络中。

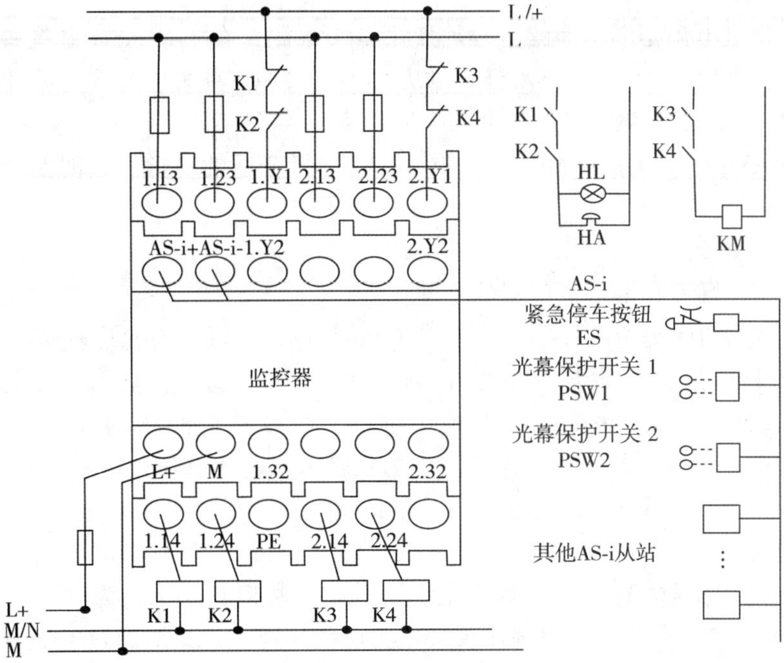

图 7-37　AS-i 安全监测控制器及外围接线图

图 7-38 为本系统 AS-i 安全监测控制器的 OSSD 组态图。该安全系统的逻辑比较简单，没有并联的安全逻辑和时间逻辑控制，组态时按照图 7-34 中的顺序要求把各个设备拖曳到指定位置即可。检查无误后把它下载到监测控制器中，就可以进行系统调试和运行了。

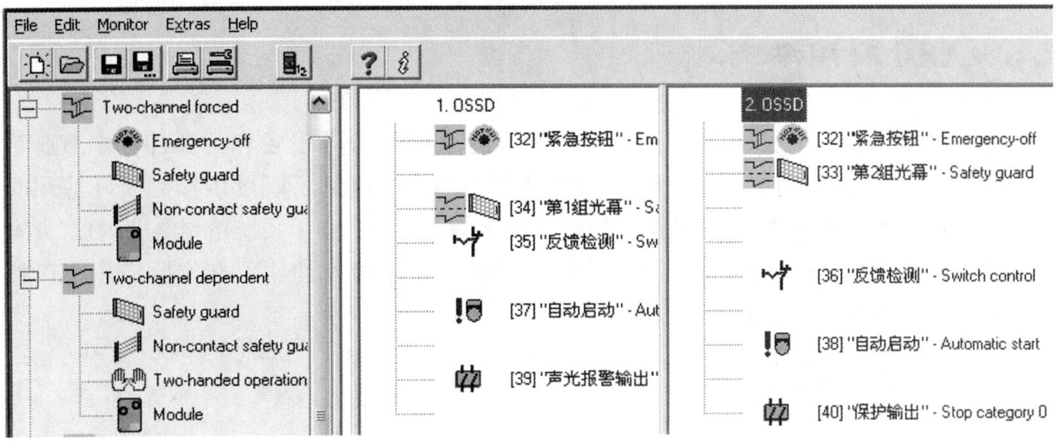

图 7-38　AS-i 安全监测控制器的 OSSD 组态图

7.5　AS-i 网络的接线和安装要点

对任何现场总线都一样，正确且合理的现场安装都是非常重要的。本节讲述 AS-i

总线在安装中主要的注意事项。

1. 关于电源

AS-i 的供电电源是多功能的，必须使用专用电源，在一个 AS-i 系统中也只允许该电源的平衡点接地（GND），其他任何地方都不能接地。此外，还要注意电压降对从站性能的影响。

当一些 AS-i 模块需要使用附加电源时，要选择合适的电源，这时需要黑色的辅助电源电缆连接。

2. 网络扩展

注意使用中继器和网络扩展器的不同：

使用扩展器时，每个网段不允许超过 100m，在该网段上不允许有从站和电源。

使用中继器时，每个网段也不允许超过 100m，并且每个网段有自己的电源。任何从站和主站之间不允许使用超过两个中继器，所以整个网络的长度看起来最多为 300m，但采取一些合理的安排后整个网络的长度可以达到 500m 左右。

一般来说，扩展器不允许接在中继器后面使用。

3. 电缆走线

一般要使用标准的黄色 AS-i 异型电缆，其中有两根芯线棕色为“+”极，蓝色为“-”极。为减少干扰，AS-i 电缆不要和电力电缆距离太近，对超过 DC60V 或 AC250V 的电源电缆，距离至少应为 10cm，对交流或直流超过 400V 的电源电缆，距离至少 20cm。不可避免要交叉时，最好采用直角交叉。

4. 从站的位置和接线

从站要依靠 AS-i 系统供电，AS-i 电源要尽量靠近从站（传感器和执行器）。不管是黄色 AS-i 电缆还是黑色辅助电源电缆，从站和它们连接时一定要压好、压紧。

7.6 AS-i 应用举例

为了使大家更多的了解 AS-i 系统，以及目前流行的 AS-i 设备和元器件，本节所举的每一个 AS-i 系统的例子所使用的 MASTER 都不同，这些例子既可以作为实际应用时的参考实例，也可以作为高校实验室的标准实验使用。在 AS-i 系统的结构图中，大家可以发现 AS-i 的接线十分灵活，这些连接在实验演示中经常使用，在实际应用中可按照方便和简洁的原则进行接线。

7.6.1 实例系统 1

1. 系统组成

该系统使用 ifm 公司的 AC1303 AS-i 主站单元，主站系统结构如图 7-39 所示。

系统中使用的元器件的具体型号和有关参数如下：

主站：ifm：AC1303。

主电源：ifm：AC1216，AS-i 电源。INPUT：85～220VAC/2.0～0.9A。OUTPUT：30.5VDC/2.8A。

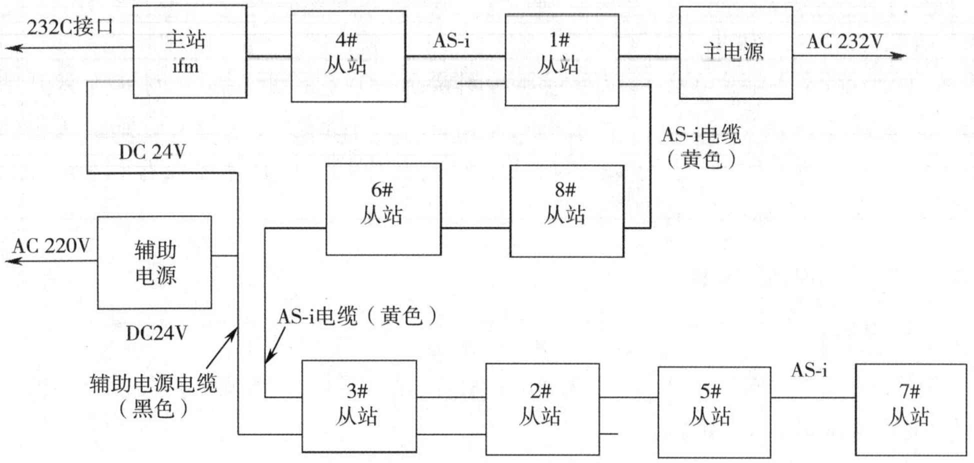

图 7-39　ifm 为主站的 AS-i 系统

辅助电源：WAGO：787- 612，INPUT：90 ~ 263VAC/1.2 ~ 0.6A，OUTPUT：24VDC/2.0 ~0.6A。

1#从站：S0.0。SIEMENS：3RG9001-0AA00，4IN。插座 3RG9010-0AA00。

2#从站：S7.0。ifm：AC2412，4IN/4OUT。

3#从站：S3.0。BRADHARRISON：TAS-422-CD4-00，2IN/2OUT。

4#从站：S1.1。P + F：OCT500-M1A-B3，智能光电开关。

5#从站：S8.0。P + F：VAA-4EA-K3-R，4OUT。

6#从站：S0.F。Burkert：SE32ASINTERF，流量开关。

7#从站：SB.A。idec：LA-A00S，指示灯。

8#从站：S1.1。PEPPERL + FUCHS：NBB6-F-B3，智能接近开关。

2. 系统运行

ifm 公司的 AS-i 系统做得非常好，它也是非常成功的 AS-i 设备供应商之一。本系统使用的是它的较早版本的软件 ecolog asi system Version 1.5。该软件可以进行 AS-i 系统的调试、编程和监控。在具体使用时大家可参考有关说明。

编程时一般使用 IEC61131-3 OPEN PLC 编程语言，下面给出一段小程序，以说明 ifm 系统的使用。在程序中输入点用% IXm. s. b 来表示，输出点用% QXm. s. b 来表示，其中 m 为主站号（ifm 主站中可以集成 2 个主站），s 表示从站地址，b 表示位地址。ifm 示例梯形图程序如图 7-40 所示。

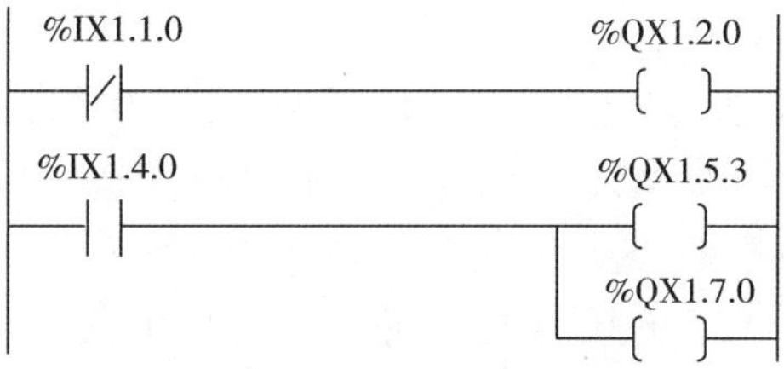

图 7-40　ifm 示例梯形图程序

将程序编写好后，下载到主站控制器中，然后就可以看到程序运行的结果了。可以在计算机上观察，也可以通过从站上的指示灯观察。把一个一般的接近开关连接到1#从站的第1路输入端，正常情况下它是常闭状态，当它接近金属物时变为常开状态。在2#从站的第1路输出端接一个一般的指示灯，可以看到当接近开关碰到金属物体时，该指示灯变亮。同样你可以用手遮挡4#从站的光电开关，这时你可以看到5#从站面板上的第4路输出灯亮，7#从站的idec智能指示灯也亮。

7.6.2 实例系统2

1. 系统组成

该系统使用SIEMENS公司的CP243-2 AS-i主站模块，该模块挂接在S7-200 PLC上，系统结构如图7-41所示。

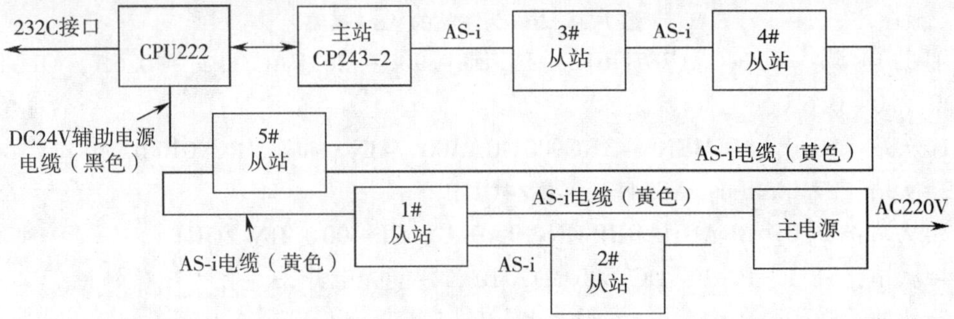

图7-41 SIEMENS CPU222为主站的AS-i系统

系统中使用的元器件的具体型号和有关参数如下：

主站：CPU222 PLC连接一个CP 243-2 AS-i主站模块。

主电源：SIEMENS：3RX9307-1AA00，INPUT：AC102 ~ 253V/2.8A，OUTPUT：DCAS-i 30V/4A。

辅助电源：使用CPU本身的DC24V，实验时够用。

1#从站：S0.0。SIEMENS：3RG9001-0AA00，4IN。插座3RG9010-0AA00。

2#从站：S7.0。Lumberg：IBA-4E/4A，4IN/4OUT。

3#从站：S3.F.F。SIEMENS：3RK1400-1BQ20-OAA3，2IN/2OUT。

4#从站：S1.1。P+F：OCT500-M1A-B3，智能光电开关。

5#从站：S8.0。P+F：VAA-4EA-K3-R，4OUT。

2. 系统运行

使用SIEMENS S7-200系列PLC连接一个AS-i主站模块构成AS-i系统，这样做有一定的好处，比如可节省软件投资，主站PLC上可以连接一般的I/O点，适合在混合系统中使用。因为S7-200 PLC不是专为AS-i设计的控制器，所以当在AS-i系统中使用时就显得没有其他厂家的AS-i系统方便，应该说是非常麻烦。这主要体现在系统诊断和存储单元的使用上。使用CP 243-2之前，必须搞清楚存储单元的使用和设计情况。

系统软件使用STEP7-Micro/Win32，CP 243-2作为S7-200 PLC的一个扩展模块，它

占用了一定的 PLC 的 I/O 资源以完成信息交换。下面简要地介绍一下 CP 243-2 的使用方法，以使大家能理解我们的示例程序，它的详细使用方法，请参考其使用手册。其他有关 S7-200 PLC 的使用请查阅参考文献［10］。

（1）地址编排

CP 243-2 AS-i 主站模块占用 PLC 的 8DI/8DO 和 8AI/8AO，其地址编排的原则是紧接着它前面的 PLC 和其他扩展模块的 I/O 地址，从最近的整数位开始。对本系统来说，PLC 是 CPU222，PLC 以及 CP 243-2 的地址编排见表 7-9。

表 7-9　PLC 以及 CP 243-2 的地址编排

CPU222		CP 243-2			
8DI	6DO	8DI	8DO	8AI	8AO
I0. 0	Q0. 0	I1. 0	Q1. 0	AIW0	AQW0
I0. 1	Q0. 1	I1. 1	Q1. 1	AIW2	AQW2
I0. 2	Q0. 2	I1. 2	Q1. 2	AIW4	AQW4
I0. 3	Q0. 3	I1. 3	Q1. 3	AIW6	AQW6
I0. 4	Q0. 4	I1. 4	Q1. 4	AIW8	AQW8
I0. 5	Q0. 5	I1. 5	Q1. 5	AIW10	AQW10
I0. 6		I1. 6	Q1. 6	AIW12	AQW12
I0. 7		I1. 7	Q1. 7	AIW14	AQW14

（2）CP 243-2 的状态字节和控制字节

编程时要用到一些信息建立起 AS-i 主站和 PLC 之间的联系，状态字节和控制字节就起这样的作用。CP 243-2 的状态字节，即它占用的 8DI，有下列含义：

位 0：ASI-MODE 位。为 0 时，表示 CP 243-2 处于保护状态；为 1 时，表示 CP 243-2 处于组态状态。

位 1：CP-READY 位。为 0 时，表示 CP 243-2 未准备好进入操作状态；为 1 时，表示可以对其进行操作。

位 6：ASI-RESP 位。为 0 时，可传送命令字节；为 1 时，可接收执行命令的响应结果。

其他位不用。

CP 243-2 的控制字节，即它占用的 8DO，有下列含义：

位 0 ~ 位 5：这几位值的范围为 0 ~ 63，用于选择数据存储区（Bank）的类型。

位 6：ASI-COM 位。执行命令选择位。为 1 时执行命令，响应后要复位。

位 7：PLC-RUN 位。告之 CP 243-2 PLC 的工作状态。在初始化时，一般置为 1。

（3）CP 243-2 的模拟量输入/输出区

CP 243-2 要处理的 AS-i 从站有 62 个，这其中又有许多不同的参数需要处理，光靠 8AI/8AO 是不够用的，所以用其控制字节的低 6 位来定义了 64 种不同的数据区的类型，这样就解决了这个问题。

64 种不同的数据区分别为 Bank0 ~ Bank63。比如对输入模拟量数据区来说，Bank0 表示从站 1 ~ 31 或 1A ~ 31A 的二进制的输入，Bank2 表示执行命令的响应数据，

Bank31 表示从站 1B ~ 31B 的二进制的输入等；对输出模拟量数据区来说，Bank0 表示从站 1 ~ 31 或 1A ~ 31A 的二进制的输出，Bank2 表示命令数据，Bank31 表示从站 1B ~ 31B 的二进制的输出等。

对 Bank0 来说，它的输入/输出存储区对应的从站地址和从站中的位地址见表 7-10。

表 7-10 输入/输出存储区（Bank0）对应的从站地址和从站中的位地址

输入字节（m）	输出字节（n）	位地址							
		Bit7	Bit6	Bit5	Bit4	Bit3	Bit2	Bit1	Bit0
m+0	n+0	保留				从站 1 或 1A			
m+1	n+1	从站 2 或 2A				从站 3 或 3A			
m+2	n+2	从站 4 或 4A				从站 5 或 5A			
…	…	…				…			
m+14	n+14	从站 28 或 28A				从站 29 或 29A			
m+15	n+15	从站 30 或 30A				从站 31 或 31A			

（4）CP 243-2 的命令

在 CP 243-2 中，诸如读取从站的 ID 码、I/O 码、改变从站地址等功能都是用命令的方式，通过编程来实现的。这样的命令有 32 条之多，表 7-11 为几条主要的命令。在实际应用时，这样的命令在程序中使用的并不多，因为事先都已通过其他工具（如 SIEMENS 的 BT200），把该做的工作都已经做了。但这些命令的提供为进行高级的控制提供了方便。

表 7-11 几条 CP 243-2 的命令和对应的响应

功能	命令			响应		
	命令号（hex）	下一字节内容	下一字节内容	命令号（hex）	下一字节内容	下一字节内容
写参数到从站	02	从站地址	参数	02	00 = OK	参数
读从站 ID 码	17	从站地址		17	00 = OK	ID 码
读从站 I/O 码	18	从站地址		18	00 = OK	I/O 码
改变从站地址	0D	旧的从站地址	新的从站地址	0D	00 = OK	

（5）示例程序

下面是一小段实验演示用程序，是用 SIEMENS S7-200 PLC 的 STL 语言编写的。V100 开始的 16 个字节中存放 AS-i 从站的输入点的状态；V200 开始的 16 个字节中存放 AS-i 从站的输出点的状态；VW300 中存放命令信息；VW400 中存放响应信息。具体程序如下：

```
NETWORK1
LD    SM0.1          //初始化脉冲
RI    Q1.0, 6        //选择 Bank0,为获取 AS-i 从站数据做准备
SI    Q1.7, 1        //开始对 AS-i 系统操作前,必须确认 PLC 为运行状态
NETWORK2
LD    I1.1           //CP 243-2 的 CP-READY 信号,若为 1,则执行数据传递任务
```

```
BMW  AIW0, VW100, 8   //把 AS-i 从站的输入信号状态送到 VW100 开始的存储单元中
NETWORK3  简单逻辑控制
LDI  V100.0           //1 号从站的第 1 个输入点上接一个负逻辑的接近开关
=    V201.4           //通过 V201.4 输出,即 2 号从站的第 1 个输出点
NETWORK4  简单逻辑控制
LD   V102.4           //4 号从站使能一个智能光电开关
=    V202.3           //通过 5 号从站第 4 位输出点输出
NETWORK5
LD   I1.1             // CP 243-2 的 CP-READY 信号,若为 1,则执行数据传递任务
BMW  VW200, AQW0, 8   //把内存中的状态送到 AS-i 的输出端
NETWORK6  AS-i 的命令功能
LD   I0.0             //外部控制信号,以便执行命令功能
EU                    //取上升沿信号
A    I1.1             // CP 243-2 的 CP-READY 信号必须为 1
AN   Q1.6             //执行命令选择位 ASI-COM,执行命令前为 0
AN   I1.6             // ASI-RESP 位,为 0 时,可传送命令字节
SI   Q1.1, 1          //选择 Bank2
BMW  VW300, AQW0, 8   //传送 VW300 中的命令信息
SI   Q1.6, 1          //执行命令时,该位 ASI-COM 必须为 1
NETWORK7  AS-i 的命令响应功能
LD   I1.1             // CP 243-2 的 CP-READY 信号必须为 1
A    Q1.6             //响应命令时,该位 ASI-COM 为 1
A    I1.6             // 等到 ASI-RESP 位为 1 时,才可接收执行命令的响应结果
SI   Q1.1, 1          //选择 Bank2
BMW  AIW0, VW400, 8   //执行命令的响应结果送到 VW400 中
RI   Q1.0, 6          // 重新选择 Bank0,以便其他逻辑控制使用。
RI   Q1.6,1           // ASI-COM 位,响应完成后要复位
```

这里有必要对 SIEMENS CP243-2 的命令执行和响应过程进行简单说明。在执行命令时的初始状态下，ASI-COM 位和 ASI-RESP 位都为 0，执行命令时要置位 ASI-COM 位。命令执行后，要检测 ASI-RESP 位，该位为 1 时，才可取出响应结果。然后必须把 ASI-COM 位复位，系统会自动复位 ASI-RESP 位，然后等待下一个命令的执行。

举例来说，对于本系统，通过系统软件 STEP7-Micro/Win32 上的有关功能可以把 16#1700 送到 VW300 中，然后执行程序，扳动一下接在 CPU222 输入端 I0.0 上的开关，我们再检查一下 VW400 中的内容，可以知道是 16#1700，这说明响应了 17 号命令。然后，再检查 VW402 中的内容，可以知道为 16#0000，其前两个数，即 V402 中的数就是 1#从站的 ID 码 0。

从使用过程来看，因为 SIEMENS 的 AS-i 网络要借助于 S7-200 PLC 或 S7-300 PLC 搭建，所以在具体使用时显得特别麻烦，另外其编程语言不是基于 IEC61131-3 的编程系统，所以在这些方面明显比不上 ifm 的 AS-i 主站。

7.6.3　基于 AS-i 的传送带控制系统

本节以一个传送带实验控制系统为例来说明 AS-i 控制系统的具体应用。程序设计中使用了 IEC61131-3 的编程语言，若大家阅读和学习有不便之处，则可先了解一下整个系统的结构，对 AS-i 的控制系统设计有一个初步认识，在进一步学习完本书最后一章 IEC61131-3 的编程语言后，再了解它的程序设计。

1. 传送带的工作过程及系统介绍

传送带工作过程如图 7-42 所示。

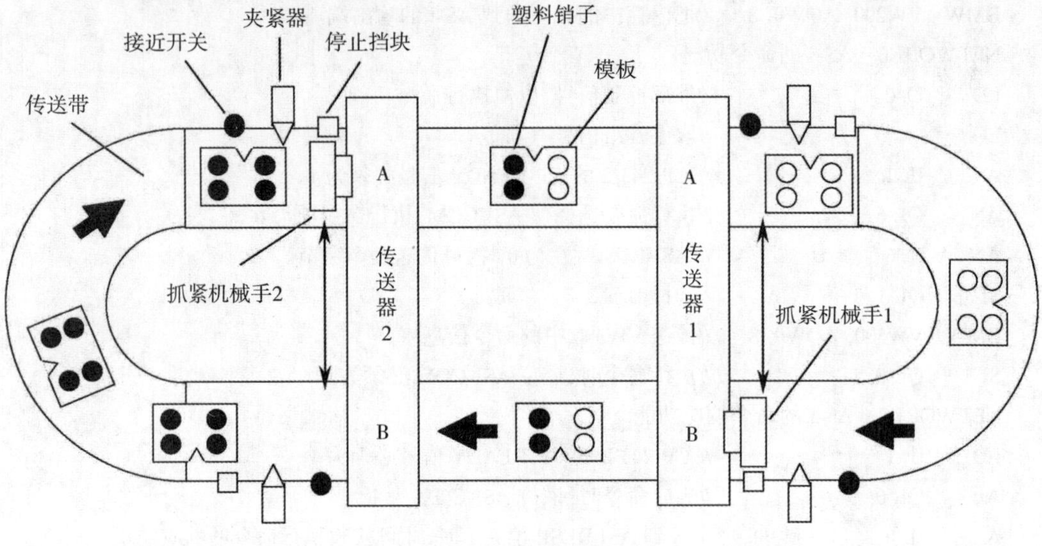

图 7-42　传送带工作过程

在图 7-42 中，开动传送带电动机后，传送带开始按设定好的速度匀速运动。若干个特制的模板随意放在传送带上的导槽中，该模板上开有四个孔，上面可以插四个塑料销子，抓紧机械手每次可以抓起两个销子。传送器 1 和传送器 2 高架在传送带的上方，它们是两个水平方向上的汽缸，沿垂直方向上还有两个汽缸，分别安装在两个传送器上。抓紧机械手可以沿垂直和水平方向运动。在垂直和水平方向上都装有位置检测接近开关。停止挡块和夹紧器也都是气动元件，分别用来阻挡模板和固定模板。其具体的工作顺序如下：

按下传送带运行开关后，插满销子的模板从传送带左侧开始随传送带运动，当传送器 2 的 A 端的接近开关检测到它后，A 端挡块伸出，使模板停止运行；夹紧器延时顶进，固定住模板；然后挡块延时缩回，同时停在 A 端上方的抓紧机械手 2 下行到下限位，抓住模板上前面的 2 个销子后运行到上限位，再从 A 处沿传送器 2 运行到 B 端，停在 B 端上方。在抓紧机械手 2 运行到 A 端上方后，A 端的夹紧器同时退回，模板又随传送带继续前进。前进到传送器 1 的 A 端时停止，抓紧机械手 1 做同样的动作，但这次抓起的是同样一块模板上的后面的 2 个销子，然后紧握销子的抓紧机械手 1 停在 B 端的上方。空模板首先运行到传送器 1 的 B 端停止，停在 B 端上方的抓紧机械手 1 下行到下限位，把 2 个销子插入到空模板的前 2 个孔中，抓紧机械手 1 上行，然后再沿传送器 1 运行到 A 端停在 A 端上方。在抓紧机械手 1 运行到 B 端上方的同时，装有 2 个销子的模板继续前进到传送器 2 的 B 端停止，这时停在 B 端上方的抓紧机械手 2 下行到下限位，把 2 个销子插入到空模板的后 2 个孔中，抓紧机械手 2 上行，然后再沿传送器 2 运行到 A 端，停在 A 端上方。在抓紧机械手 2 运行到 B 端上方的同时，装满销子的模板继续前进到传送器 2 的 A 端停止。至此新的循环开始。注意每个模板上销子不是必须插回自己的模板上去。

2. AS-i 控制系统硬件组成

整个控制系统的硬件有以下元器件及控制设备组成：

1）电动机及变频器。变频器直接控制电动机带动传送带运行，AS-i 主站没有对其进行控制。

2）AS-i 主站控制器。使用 ifm 的 AS-i controller E，型号为 AC1305/AC1306。它可以有一个（AC1305）或两个（AC1306）AS-i 主站，也可以有上层总线的接口或单独作为 AS-i 主站使用。

3）AS-i 电源。AS-i 信号解耦和供电的特殊 24V 电源，选用 ifm 的型号为 AC1216 的电源。

4）AS-i 附加电源。AS-i 从站的附加电源，ifm 的型号为 DN2011 的附加电源。

AS-i 主站（单主站型 AC1305）及电源部分的接线图如图 7-43 所示。

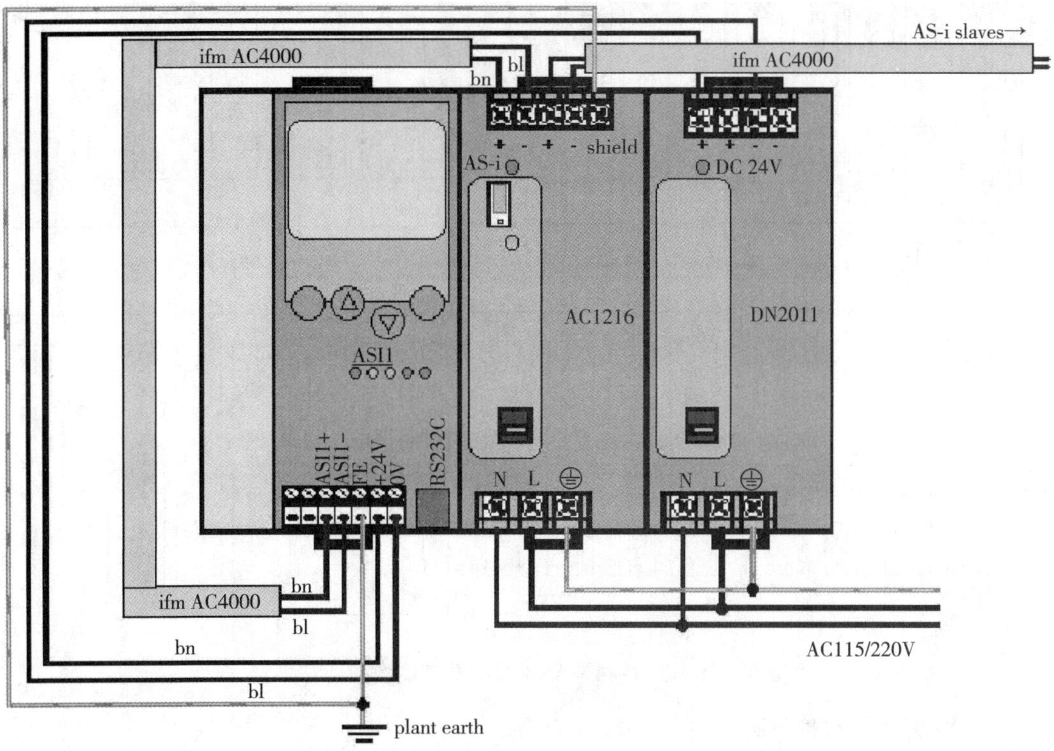

图 7-43　AS-i 主站及电源部分接线图

5）1#、3#、4#和6#从站使用Kuhnke的4输出气动控制型（Airbox）从站，型号为K-F-GE-BI。

6）2#和5#从站使用Hebiga Origa的集成式气动式汽缸，型号为Interact KL3151。这两个从站装置用来完成两处水平方向的运动。

7）接近开关使用P+H的NJ15-8GM-E2型传感器，对金属物敏感。

8）垂直运动汽缸使用Norgen的专为AS-i系统设计的产品，型号为M/261208/MR/I/45。

9）挡铁块和夹紧汽缸共有4套，分别安装在4个位置上，为气动元件，受AS-i控制。当传送带上的模板运行到A、B、C和D处时，用来使模板停止和固定模板。

AS-i控制系统结构如图7-44所示。

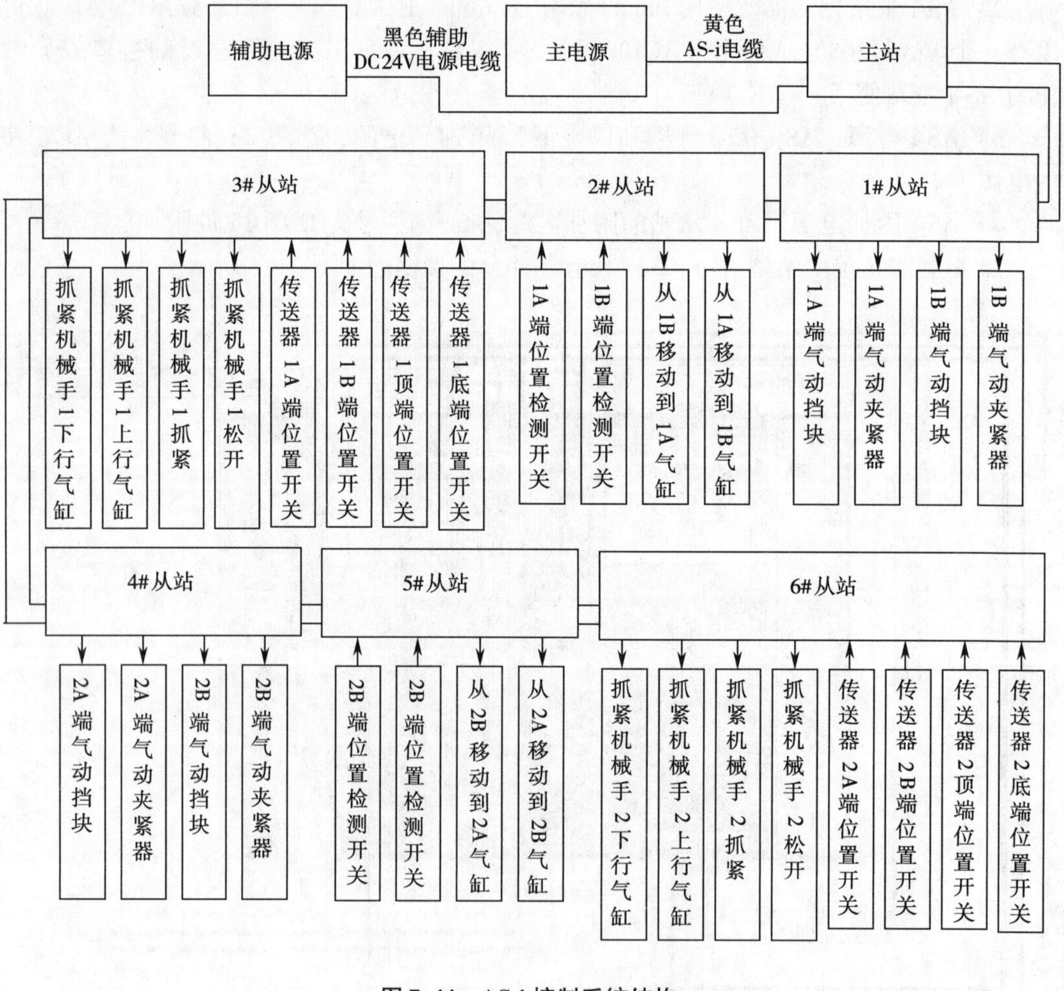

图7-44 AS-i控制系统结构

3. 控制系统软件设计

ifm的AS-i controller E使用CAA（CoDeSys for Automation Alliance）进行编程。

CAA 是使用最多的基于 IEC61131-3 的编程平台。AS-i controller E 和 IEC61131-3 的兼容程度非常高，在 CAA 平台上可以使用丰富的编程功能和技巧来完成程序设计任务。

本程序中我们自己做了 2 个功能块，系统中共有 4 处对模板进行操作，把这 4 处称为操作站，所以一个功能块是操作站块，另外一个功能块是传送器块。把这两个功能块编制好后，剩下的工作就简单多了。IEC61131-3 中许多功能的实现都是靠功能和功能块完成的，带参数的功能块调用与 S7-200 PLC 中带参数的子程序调用类似，但使用起来非常简便。

程序设计中的一个软件画面如图 7-45 所示。

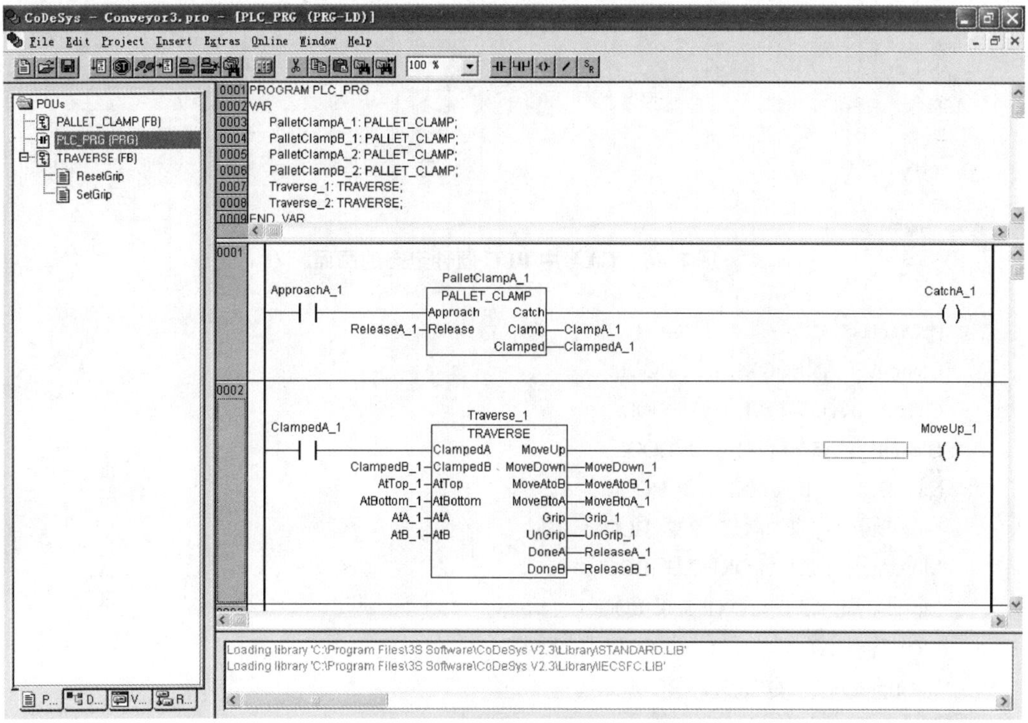

图 7-45　使用 CAA 进行程序设计的一个画面

在 AS-i 控制系统中用 CAA 进行程序设计时首先要做的工作是对 PLC 进行硬件组态，也就是要把系统中每个从站占用的 I/O 点绑定到主站。图 7-46 是本系统 PLC 硬件组态的画面。

下面用文字和图片的方式把程序给出来，读者可结合 IEC61131-3 编程语言一章的相关内容进行阅读。

（1）主站 I/O 映像地址分配、数据类型及其他全局参数数据类型

VAR_GLOBAL

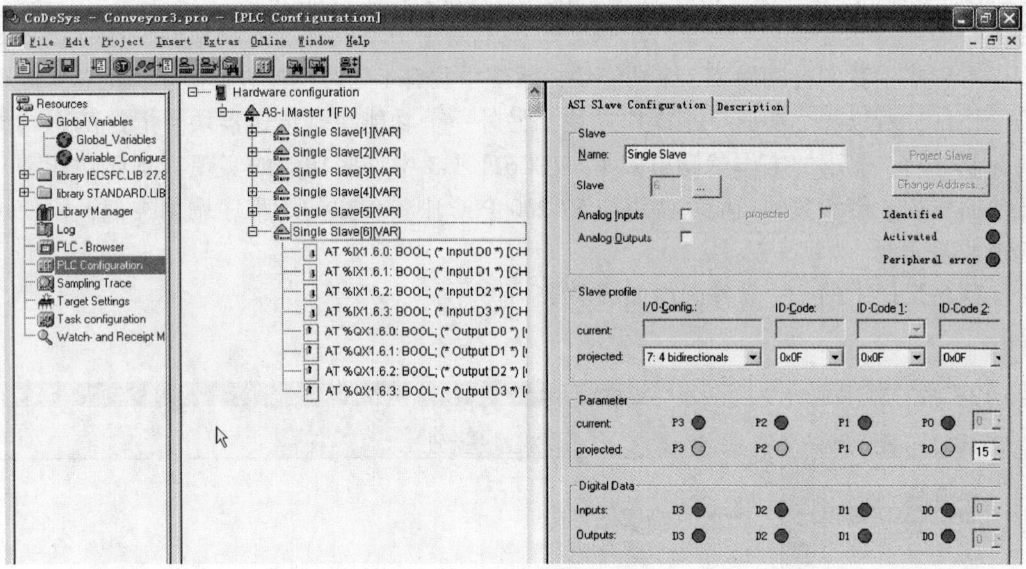

图 7-46　CAA 中 PLC 硬件组态的画面

```
(* Outputs* )
ClampA_1 AT % QX1. 1. 0: BOOL;
CatchA_1 AT % QX1. 1. 1: BOOL;
ClampB_1 AT % QX1. 1. 2: BOOL;
CatchB_1    AT % QX1. 1. 3: BOOL;
MoveBtoA_1 AT % QX1. 2. 2: BOOL;
MoveAtoB_1 AT % QX1. 2. 3: BOOL;
MoveDown_1 AT % QX1. 3. 0: BOOL;
MoveUp_1 AT % QX1. 3. 1: BOOL;
UnGrip_1 AT % QX1. 3. 2: BOOL;
Grip_1 AT % QX1. 3. 3: BOOL;

ClampB_2 AT % QX1. 4. 0: BOOL;
CatchB_2 AT % QX1. 4. 1: BOOL;
ClampA_2 AT % QX1. 4. 2: BOOL;
CatchA_2    AT % QX1. 4. 3: BOOL;
MoveAtoB_2 AT % QX1. 5. 2: BOOL;
MoveBtoA_2 AT % QX1. 5. 3: BOOL;
MoveDown_2 AT % QX1. 6. 0: BOOL;
MoveUp_2 AT % QX1. 6. 1: BOOL;
UnGrip_2 AT % QX1. 6. 2: BOOL;
Grip_2 AT % QX1. 6. 3: BOOL;
```

```
    (* Inputs* )
    AtA_1 AT %IX1. 2. 0: BOOL;
    AtB_1 AT %IX1. 2. 1: BOOL;
    ApproachA_1 AT %IX1. 3. 0: BOOL;
    ApproachB_1 AT %IX1. 3. 1: BOOL;
    AtBottom_1 AT %IX1. 3. 2: BOOL;
    AtTop_1 AT %IX1. 3. 3: BOOL;
    AtB_2 AT %IX1. 5. 0: BOOL;
    AtA_2 AT %IX1. 5. 1: BOOL;
    ApproachB_2 AT %IX1. 6. 0: BOOL;
    ApproachA_2 AT %IX1. 6. 1: BOOL;
    AtBottom_2 AT %IX1. 6. 2: BOOL;
    AtTop_2 AT %IX1. 6. 3: BOOL;

    Start: BOOL;

    (* Internal * )
    ReleaseA_1: BOOL;
    ReleaseB_1: BOOL;
    ClampedA_1: BOOL;
    ClampedB_1: BOOL;
    ReleaseA_2: BOOL;
    ReleaseB_2: BOOL;
    ClampedA_2: BOOL;
    ClampedB_2: BOOL;
END_VAR
```

(2) 程序总体结构

程序总体结构如图 7-47 所示。整个程序由主程序和两个自制功能块组成，其中传送功能块中还包含有两个动作。主程序用梯形图语言编制，功能块用 SFC 语言编制，动作用结构化语言编制。

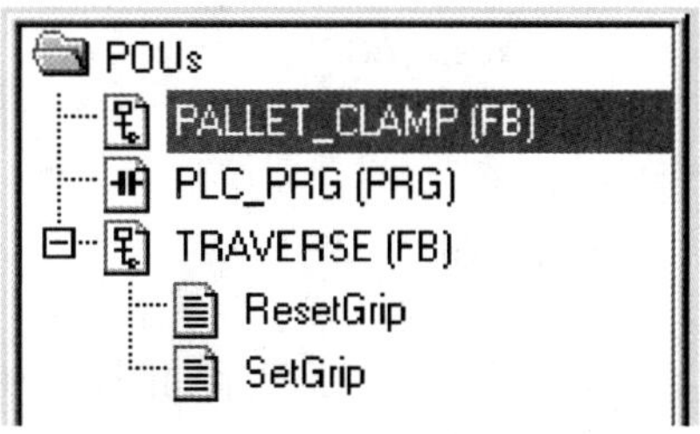

图 7-47　程序总体结构

(3) 模板操作站功能块程序

功能块参数定义如下：

```
FUNCTION_BLOCK PALLET_CLAMP
VAR_INPUT
    Approach: BOOL;
    Release: BOOL;
END_VAR
VAR_OUTPUT
```

```
        Catch: BOOL;
        Clamp: BOOL;
        Clamped: BOOL;
END_VAR
VAR
END_VAR
```

功能块的 SFC 程序如图 7-48 所示。

（4）传送功能块程序

功能块参数定义如下：

```
FUNCTION_BLOCK TRAVERSE
VAR_INPUT
        ClampedA: BOOL;
        ClampedB: BOOL;
        AtTop: BOOL;
        AtBottom: BOOL;
        AtA: BOOL;
        AtB: BOOL;
END_VAR
VAR_OUTPUT
        MoveUp: BOOL;
        MoveDown: BOOL;
        MoveAtoB: BOOL;
        MoveBtoA:BOOL;
        Grip: BOOL;
        UnGrip: BOOL;
        DoneA: BOOL;
        DoneB: BOOL;
END_VAR
VAR
END_VAR
```

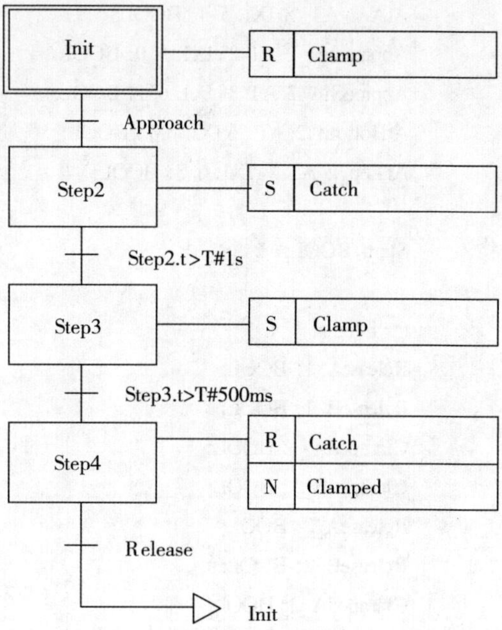

图 7-48 模板操作站功能块 SFC 程序

功能块的 SFC 程序如图 7-49 所示。

该功能块中的两个动作用结构化语言编程，分别为

```
SetGrip
        Grip: = TRUE;
        UnGrip: = FALSE;
ResetGrip
        Grip: = FALSE;
        UnGrip: = TRUE;
```

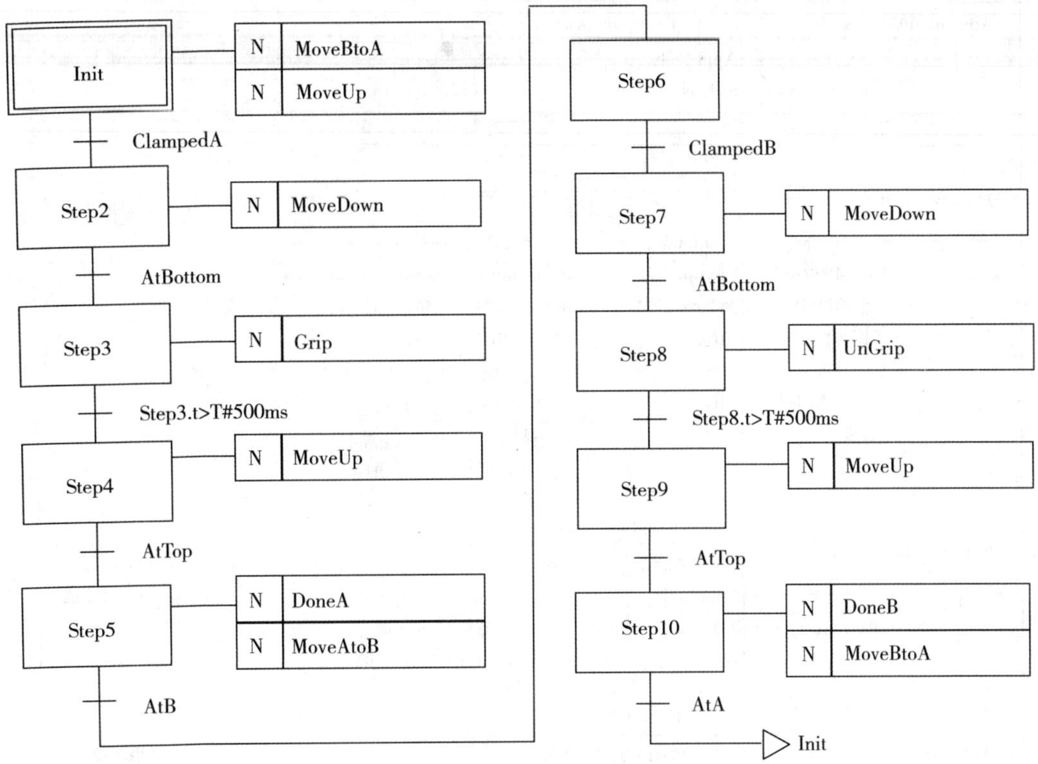

图 7-49　传送功能块 SFC 程序

(5) 主程序

主程序使用梯形图语言编制，其中使用了 6 次功能块的调用。

功能块调用的实例化参数定义如下：

```
PROGRAM PLC_PRG
VAR
    PalletClampA_1: PALLET_CLAMP;
    PalletClampB_1: PALLET_CLAMP;
    PalletClampA_2: PALLET_CLAMP;
    PalletClampB_2: PALLET_CLAMP;
    Traverse_1: TRAVERSE;
    Traverse_2: TRAVERSE;
END_VAR
```

主程序的梯形图程序如图 7-50 所示。

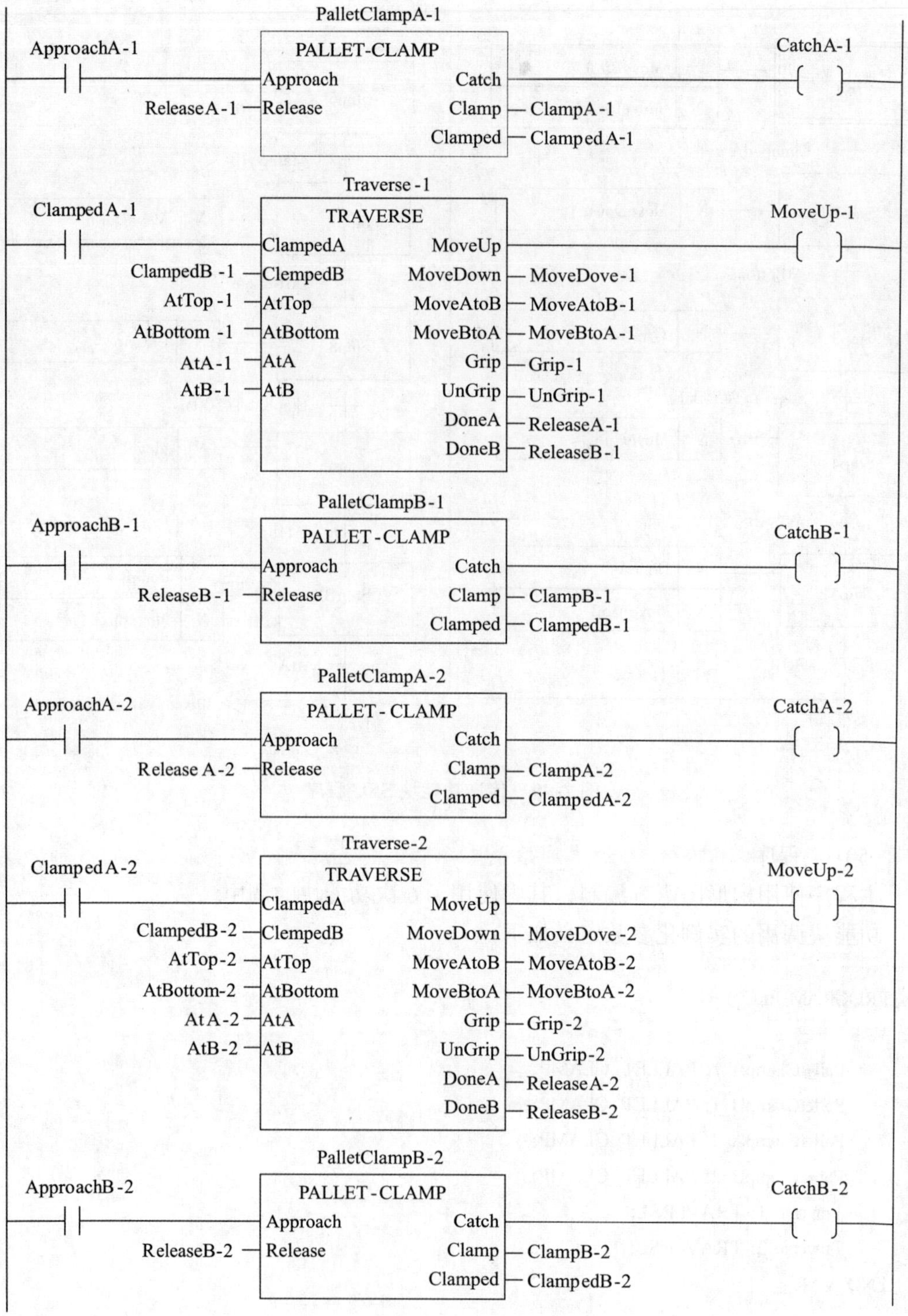

图 7-50　主程序梯形图程序

本章小结

本章主要讲解了一种应用广泛的设备级现场总线——AS-Interface 技术及其使用方法。

AS-i（Actuator Sensor Interface）是一种最好的、最简单的和成本最低的底层现场总线。AS-i 总线把二进制的元器件（如传感器、执行器、按钮、阀和继电器等）通过特殊的单根双芯电缆连接起来，组成最底层的控制网络，或和上层现场总线系统相连组成更大的控制网络。

AS-i 网络中只有一个主站，从站最多可有 31 个，在 V2.1 版本中，从站数可以达到 62 个。AS-i 系统一般由主站、从站、供电单元和网络部件等 4 部分组成。其中供电单元比较特殊，它除了要完成向主站和从站供电的任务外，还要完成数据解耦和平衡网络的功能。

AS-i 网络中各种报文的传递均在主站和它所组态的从站中进行，主站通过轮询的方式和从站进行通信、交换数据，这样周期性的循环一直进行下去。

在 V2.1 版本中，虽然增加了模拟量的处理功能，但 AS-i 的主要使用对象还应该是工业现场底层分散的二进制元器件。

本章还对 AS-i 安全工作技术进行了详细的讲解。AS-i 安全工作的实现原理非常巧妙。AS-i 的安全从站可以像一般的从站一样接在 AS-i 网络中。AS-i 安全工作中的关键设备是一个安全监测控制器。它被设计用来和 AS-i 主站一样接收相应的安全从站的信息，并起到实时监测、及时对故障信息进行处理的作用。

本章的最大特色就是给出了大量的 AS-i 应用实例，通过对这些例子的学习，读者可以很容易地掌握 AS-i 技术。

习题和思考题

1. 对于目前正在使用的 AS-i 技术：

（1）AS-i 网络中最多能有多少个从站？

（2）AS-i 网络的最大的距离是多远？

（3）AS-i 网络中从站数据的最大的更新时间是多少？

2. 给出两种在 AS-i 安装时增加从站数量的方法。

3. 为什么 AS-i 不是其他现场总线如 PROFIBUS、FF 或 Device Net 的替代品？请给出两种原因。

4. 在 AS-i 中使用了 APM，而不是一般的串行数字通信。请说明使用 APM 的优点。

5. 为什么地址设置为 0 的从站不能执行输出动作？

6. AS-i 主站和从站之间的操作过程分几个阶段？试简述之。

7. AS-i 从站使用的参数是什么？请给出一个例子加以解释。

8. 中继器的作用是什么？

9. 当出现下列情况时，AS-i 主站会怎样反应？

1）一个从站响应报文被中断；

2）一个主站报文被中断；

3）2 个连续的响应报文被中断；

4）4 个连续的响应报文被中断；

5）6 个连续的响应报文被中断。

10. AS-i 从站行规定义了设备的哪些特性？

11. 从下面的 AS-i 行规中，你能知道些关于设备的什么信息？

1）S-7. F；

2）S-7. F. F；

3）M1e；

4）S-7. 3；

5）S-7. B；

6）S-7. 0。

12. 在一个 AS-i 安全系统中，当一个紧急按钮按下或一个光幕开关动作时，需要切断所控制的设备的电源，要完成这样的功能，需要什么设备或装置？

13. 一个传感器要连接到 AS-i 网络中的一个远程 I/O 模块上。如果传感器被错误地直接连到了该从站的电源负极，而且其接线又裸露着和设备地相连，会发生什么现象，为什么？

14. 如果一个 AS-i 从站出现间歇性的故障，可采取什么措施来解决这个问题？

15. 一根 100m 长的 AS-i 电缆，上面流过的电流为 8A，试计算电缆最远端的最小电压值。

16. AS-i 中 A/B 型从站的 I/D 码是什么？安全型从站的 I/D 码是什么？

17. 若一个 AS-i 网络中的从站都采用 A/B 型从站，则与 V2.0 版本的标准从站相比，从站数量可以增加一倍。请问该 AS-i 网络最大的输入、输出点数也可以相应地增加一倍吗？为什么？

18. 标准型从站的最大扫描周期是多少？A/B 型从站的最大扫描周期是多少？为什么？

第8章　现场总线技术应用综合举例

在一种新技术应用于控制系统时，大家都有这样或那样的疑惑，一般不会轻易去使用。究其原因，一方面是由于大家对新技术的认识和了解还不够，没有达到熟练掌握的程度；另外一方面是由于新技术的应用还不是很普及，大家对它的可靠性、安全性和所能实现的功能不够了解。一般人的心理是等别人用的好了以后自己才放心使用，接下来便产生“群羊效应”，用的人会一下子多起来。可能还有一个原因：几乎人人都存在懒惰因素，使用自己已经非常熟悉的东西要比去学习一种新技术来得方便和容易。但无论是什么原因，作为一个专业工作者和工程师，都必须面对这场自动化技术领域的变革。本章就实际使用现场总线技术时需要注意的问题进行讨论，最后通过几个综合性的例子讲解一下现场总线控制系统的设计过程。

8.1　使用现场总线技术应考虑的几个问题

8.1.1　为什么要选用现场总线技术

在控制系统中选择使用现场总线技术，主要原因如下：

1. 时代及技术进步的要求

在第1章给大家介绍控制系统发展历史时说到，从基地式气动仪表控制系统、电动单元组合式模拟仪表控制系统、集中式数字控制系统，一直到后来的分布式控制系统，不论哪一次的技术变革，都是技术发展到一定高度，加上时代进步的要求而产生的结果。在当今计算机技术、通信技术和控制技术发展到如此高度的今天，它们有机地结合在一起产生了现场总线技术，给自动化领域带来的影响十分巨大。现在我们对控制系统在可靠性、高智能化、互操作性、互换性、系统成本等方面的要求如此之高，以至于使用原来的任何控制技术手段都难以满足要求，所以现在使用现场总线技术就是要跟上技术发展的步伐，不然就适应不了时代进步的要求。

2. 实现彻底分散控制，提高系统可靠性的要求

不论是DCS，还是其他集散式控制系统，虽说也达到了某种程度上的分散控制，但离真正的分散控制还有一定的距离。现场总线控制系统以其强大的数字通信功能和从站设备高智能化的特点，把许多控制功能都下放到了从站，甚至独立的现场设备中。这种彻底的分散控制不仅减轻了主控制器的负担，同时也分散了风险程度，从而大大提高了系统的可靠性。

3. 提高整个系统信息化水平，实现真正的管控一体化的要求

由于现场总线控制系统的组成基于数字式通信技术和智能化的现场设备，所以系统的智能化程度体现在每一个环节，从系统设计、安装、调试到日后的诊断维护，都会变得轻松自如。现场总线控制系统可以为上层网络提供来自现场的各种实时数据和各设备的状态信息，这使得企业网的中高层能够直接获得这些数据，从而真正实现管控一体化。

4. 大幅度节约系统成本的要求

（1）系统总体造价的大幅度降低

系统总体造价的降低体现在许多方面，比如节省了大量的电缆，以及为之配套的桥架、支架等。由于智能化设备的采用和通信技术的应用，所以节省了大量的信号转换装置、接线端子等。

（2）安装费用大幅度降低

大中型控制系统的安装费用主要发生在现场电缆的走线和信号的校对上，采用现场总线技术后，这些环节基本上都省掉了，自然就大大降低了安装费用。

（3）维护费用大幅度降低

智能化的现场设备提供了多种报警信息，另外智能化的分析诊断工具用来进行故障检测和分析，一方面提高了维护的效率，另一方面也缩短了维护时间，使维护费用大幅度降低。

8.1.2 现场总线技术最适合什么场合使用

在进行一个控制系统设计前，首先要考虑的是使用什么控制技术和手段来完成系统的控制任务。不同的技术手段都有最适合使用的场合，比如PLC最适合在以开关量为主、控制逻辑复杂的系统中使用；IPC最适合在以模拟量为主的中小规模系统中使用，这些场合除要求完成数据采集任务外，还要求对数据进行一系列处理，另外对实时显示也要求较高；DCS适合于大规模的过程自动控制系统；单片机微控制器适合于智能化的电器和智能仪器产品；嵌入式系统适合于高度智能化的高科技电子产品等。那么现场总线技术最适合在什么场合使用呢？

1. 行业选择

现场总线技术是自动化控制领域的一项新技术，它适合在各行各业中使用，如制造业、流程工业、石油化工、钢铁冶炼、烟草工业、纺织、仓储、电力系统等行业。这些都是现场总线控制系统大显身手的地方。

2. 系统规模和分布

一般来说，使用现场总线技术的控制系统都应该是中型以上规模的系统。但也会有例外，如果控制系统的控制点数不多，但其在空间或布局上的规模较大，这时最能体现出现场总线技术的优势。在这两种情况下现场总线技术都是最好的选择。

3. 系统类型

不论是以开关量为主的系统，还是以模拟量居多的系统，或者是两种类型的控制量都差不多的系统，都适合使用现场总线技术。

4. 系统功能要求

如果对系统的智能化程度和通信联网功能有较高的要求，对底层设备的实时数据和状态等参数要进行采集和统计，对整个企业的设备管理及优化程度有较高的要求，这时候就必须使用基于现场总线技术的控制系统了。

8.1.3 选择什么样的现场总线技术

在所公布的现场总线国际标准中，有多种现场总线共存，这确实给用户带来了选择上的困难。在实际应用中，如何选择适合自己使用的现场总线技术呢？以下几个方面是考虑的主要因素。

1. 根据具体应用情况选择相应的现场总线技术

在自动化控制工程中，不同的应用场合有不同的特点和不同的技术要求。典型的应用场合有以开关量为主的制造业流水线，有以模拟量为主的过程控制系统，有运动控制系统等。另外不同的行业也可能有其适合使用的现场总线技术。

由于历史的原因，当初开发现场总线技术时大部分都是针对某个应用场合或行业的特点来进行的，所以就形成了在某些应用场合或行业中某种现场总线技术被广泛应用的情况。例如FF比较适合于过程控制系统，DeviceNet比较适合于制造业流水线，PROFIBUS在以上两种场合都可以使用，CAN在汽车内部使用较多，LONWORKS在楼宇自动化中使用较多等。

2. 这种现场总线技术的先进性如何

十几年前，现场总线的种类有100多种，但现在真正在市场上存在的还有几种？那些现场总线技术被淘汰的原因有很多，比如背后的公司实力不济，未挤入到现场总线国际标准中等，但最深层次的原因应该是其技术的发展没有跟上时代进步的要求。甚至现在现场总线国际标准中的某些现场总线也未必不处在被淘汰的边缘。现场总线技术一直在不断的发展之中，技术越先进，则其市场的竞争力也就越强。在选择使用现场总线技术时，当然要选择在技术上有创新的产品，这样才不至于在以后的系统升级及系统改造时处于被动地位。

3. 这种现场总线技术的市场占有率如何

一种产品的市场占有率是一个综合指标，它反映了该产品的质量、技术、服务等各方面的水平。在进行现场总线控制系统设计和工程施工时，选择市场占有率高的产品和技术会带来多方面的方便。市场占有率高的产品，往往在性价比上也占有较大的优势。当然市场占有率还和所处的地区有关系，因为现场总线技术有多个标准，它们分别由不同国家的公司或科研机构制定和开发，所以从经济利益的角度和其他因素出发，不同的现场总线技术在世界上不同的地区，它们的市场占有率也会不同。另外，不同的现场总线技术在不同的应用领域，其市场占有率也不同。但不管怎么说，综合来看，在各个领域都有较多应用的现场总线类型还是最值得信赖的。

4. 这种现场总线在我国的市场占有率如何

具体到我们自己的应用情况，还要看该现场总线技术在国内的市场占有率如何。选择一种在我国市场上应用最广泛的现场总线技术才符合一般原则。

5. 技术支持能否跟上

每一种现场总线技术的背后都有大公司的支持，另外还成立有相应的国际组织。

当我们需要技术上的帮助时，往往能从他们那里得到支持。相反，如果一些现场总线技术的服务机构跟不上，就会给用户的使用带来不便。所以技术和服务也是我们选择使用某种现场总线技术的标准之一。

8.1.4 如何设计现场总线控制系统

简单来说，现场总线控制系统由主站、从站和相应的系统软件组成。当决定使用现场总线技术来设计一个控制系统时，一般包括两个方面的工作。

1. 前期准备工作

（1）总体选择

1）现场总线类型 大体上可根据上一小节的标准来选择现场总线类型。除此之外，用户对某种现场总线技术的熟悉与否也是一个原因。

2）是否有冗余要求 对有冗余要求的控制系统，应选择具有冗余功能的电源、主站、从站、耦合器、光缆等设备。

3）是否有本质安全要求 在一些特定的场合，有时要求满足本质安全，这时不论是选择耦合器、从站设备，还是选择电缆，都必须选择那些经过认证的产品，最好按照 FISCO 的要求来设计本质安全区域的现场总线网段。

4）系统实时性的要求 一般情况下现场总线控制系统都能满足工业现场的实时性要求，但对一些快速联锁控制、高精度闭环控制和运动控制系统来说，就必须选择能实现高精度和高速的等时同步控制的系统了，比如实时以太网控制系统。除此之外，还可以采用 CPU 处理速度快的主站、通信速度快的现场总线系统。另外，在系统拓扑规划、软件程序设计等环节也可以采取一定的措施和技巧来提高系统的实时性。

（2）系统控制点数的确定

像进行任何一种控制系统设计一样，该项内容的选择是必不可少的，控制点的主要类型包括开关量输入点、输出点和模拟量输入点、输出点。但对现场总线控制系统来说，除要了解总的控制点数外，更重要的是要知道每个从站的控制点数，这样才能选择从站要使用的 I/O 模块的类型和数量。

（3）主站选择

一般情况下，主站有三种：一是可以插入工控机中的现场总线主站模板；二是集成有主站功能的大中型 PLC；三是集成了主站功能和商用计算机功能的一体化嵌入式超小型 IPC。第一种一般不直接放在工业现场，而是放在控制室中，配合软 PLC 系统，可完成系统控制功能，配上组态软件后，可以实现控制系统高性能的人机界面功能；第二种主站一般放置在工业现场，系统必须配上其他的显示装置才能完成人机界面功能；第三种主站性能更加完善，也具有较高的可靠性，但其价格稍贵。这几种主站各有特点，大家可根据具体情况和经费情况选择使用。

（4）从站选择

首先是从站数量的选择，要根据控制点在现场的实际分布情况来合理设置从站。当然除地理位置外，也可以根据需要，按控制点所属对象的不同来安排从站。

其次，根据从站 I/O 点的类型和数量来选择从站中使用的 I/O 模块的类型和数量。

当然一些从站可能就是直接带总线接口的独立装置，如变频器、过程仪器仪表等。选择这些从站时，最好选择带相应总线接口，能直接接入到网络中的产品，如果经费条件有限或是一个改造项目，则对较昂贵的仪器仪表来说，就必须使用间接的方法来获取它们的信号了，比如使用 Anybus、德国赫优讯公司或国内一些公司的相应的信号转换接口产品，或使用远程 I/O 模块等方法来实现传统现场信号到总线的连接。

现场总线系统中使用的从站就是远程 I/O，不少公司都有这类产品，有些公司在其他方面力量较强，但不一定在这方面也是最好。所以选择从站还应该选择那些在从站制造上有特点的产品，现场总线技术时代给了我们大家充分选择的自由。

需要强调指出的是，现在国内新上的一些现场总线控制系统中，为了节省一部分眼前的费用或者是为了省事，在处理模拟量的控制点时，大部分仍采用传统的仪器仪表和设备，比如流量计、物位测量、压力变送器、温度测量等，这些设备提供的仍是 4～20mA 或 1～5V 的模拟信号，它们连接到远程 I/O 从站中的模拟量模块，然后通过这些从站和 DP 网络相连。总线时代就是要充分使用底层设备信息化的优势，这些非智能化的设备根本提供不了实现设备优化管理所需要的底层信息。如果一个系统中很多设备、仪器仪表都是这样处理的，则现场总线控制系统就失去了它最实质性的作用（底层信息化）。所以我们建议最好使用 PA 设备，这样可以为企业实现资产的优质管理提供基础保证。

（5）系统软件选择

系统软件必须支持你所选择使用的现场总线，在组成系统时，使用系统软件可以进行系统、主站、从站和界面的组态，有些把控制程序设计部分也集成在了一起，这样使用起来就会更方便一些。

（6）电缆类型选择

对不同的使用场合和不同的性能要求要选择不同的电缆。比如在 PROFIBUS DP 网段中就必须使用 DP 电缆；在 PROFIBUS PA 网段中，就要使用 PA 电缆；在 AS-i 网段中就要使用 AS-i 黄色电缆；如果通信距离较远，周围环境电磁干扰严重，则要选择使用光缆。就是在同样的 DP 网络中，也有不同类型的 DP 电缆供不同的场合选择使用，如一般应用场合、腐蚀性场合、高强度的拖曳场合等。

但必须记住一点，不管是什么样的使用场合，都要选择使用标准的、经过认证的现场总线电缆，不然整个系统的性能都会受到影响。

（7）系统分析、诊断工具的选择

在进行现场总线系统的调试、检测、维护和分析时，必须使用有效的、方便的工程工具。这样的工程工具一般包括一个能连接到笔记本电脑的适配器、一套直观的且功能完善的工具软件。

2. 系统设计和调试

前期的准备工作完成后，接下来的工作包括：

（1）控制系统设计

系统设计包括硬件系统设计和软件系统设计。硬件系统设计主要包括：主控制柜、从站控制柜、电缆走线、主站和从站外围电气线路等整个现场总线控制系统硬件部分的设计和抗干扰措施的设计等。软件系统设计主要指编制主控制程序，如果需要的话，可能还要编制从站的独立控制程序。

像设计常规的PLC控制系统一样，现场总线控制系统的硬件设计内容也包括电气控制系统原理图的设计，电气控制元器件的选择和控制柜的设计。电气控制系统原理图包括主站、从站的详细电气连接和外围控制电路。有时还要在电气原理图中标上器件代号或另外配上安装图、端子接线图等，以方便控制柜的安装。现场电气元器件的选择主要是根据控制要求选择按钮、开关、传感器、保护电器、接触器、指示灯和电磁阀等。

系统控制程序设计和PLC程序设计一样，因为现场总线控制系统的程序其实就是PLC程序，所以有些还可使用我们原来熟悉的编程语言编程。但现在的趋势是越来越多地使用基于IEC61131-3编程语言进行程序设计，PLC编程基础好的工程师能很快学会和使用这种新的编程工具，所以IEC61131-3强大功能和方便易用的特点会使更多的工程技术人员把它作为首选工具。程序设计的难易程度因控制任务而异，也因人而异。对经验丰富的工程技术人员来说，他在长时间的专业工作中，受到过各种各样地磨炼，积累了许多经验，除了一般的编程方法外，更有他自己的编程技巧和方法。但不管怎么说，平时多注意积累和总结是很重要的。

人机界面部分的程序设计包括各种实时画面组态、实时数据和历史数据处理、参数设置、报警处理等，该部分的程序设计要和控制程序相结合，以建立相互联系的实时数据交换通道。人机界面设计完成后可以为调试带来很多方便。

（2）系统调试

系统调试包括模拟调试和现场调试。系统设计完成后，可以先在实验室进行调试，调试时使用的手段有很多，但不外乎加上一些模拟实际情况的信号，然后观测系统的输出逻辑是否正确和准确。现场调试是当现场安装完成后，在控制输出断开的情况下进行的近似于实际的调试。

现场总线控制系统的工作机理已和过去的控制系统有天壤之别，它的智能化程度和数字化通信特点也远非过去的控制系统可比，因此借助于分析、诊断软件可以使现场总线控制系统的调试变得智能、轻松和简单。

在这里要提醒读者，系统完成后一定要及时整理技术材料并存档，不然日后会需要几倍的辛苦来做这件事。这绝对是工程技术人员的良好习惯之一。

8.2 现场总线技术应用综合举例

现场总线控制系统的设计过程比较复杂，使用的硬件设备不同、组态软件不同、人机界面软件不同、分析诊断软件不同，则具体环节的设计和使用过程也不同。所以把一个大型例子的各个环节在一本书中都写得非常详细是不可能的，而且必要性也不大。对本节的几个例子，我们着重讲解系统总体设计，具体的系统组态过程、控制程序设计、人机画面设计、系统分析诊断等环节。

8.2.1　烟厂制丝线现场总线控制系统

1. 工艺流程

烟草行业制丝生产线分布范围大，对自动化和信息化程度要求高，是典型的制造业生产流水线，非常适合于现场总线控制系统的使用。整条制丝生产线分为叶片处理段、叶丝处理段、原梗及梗丝处理段、掺配加香工艺段、干冰烟丝处理段等几个工艺段。由于烟草加工工艺需求不同，各厂在工艺段划分及设备选型方面略有区别。制丝生产线工艺流程如图 8-1 所示。

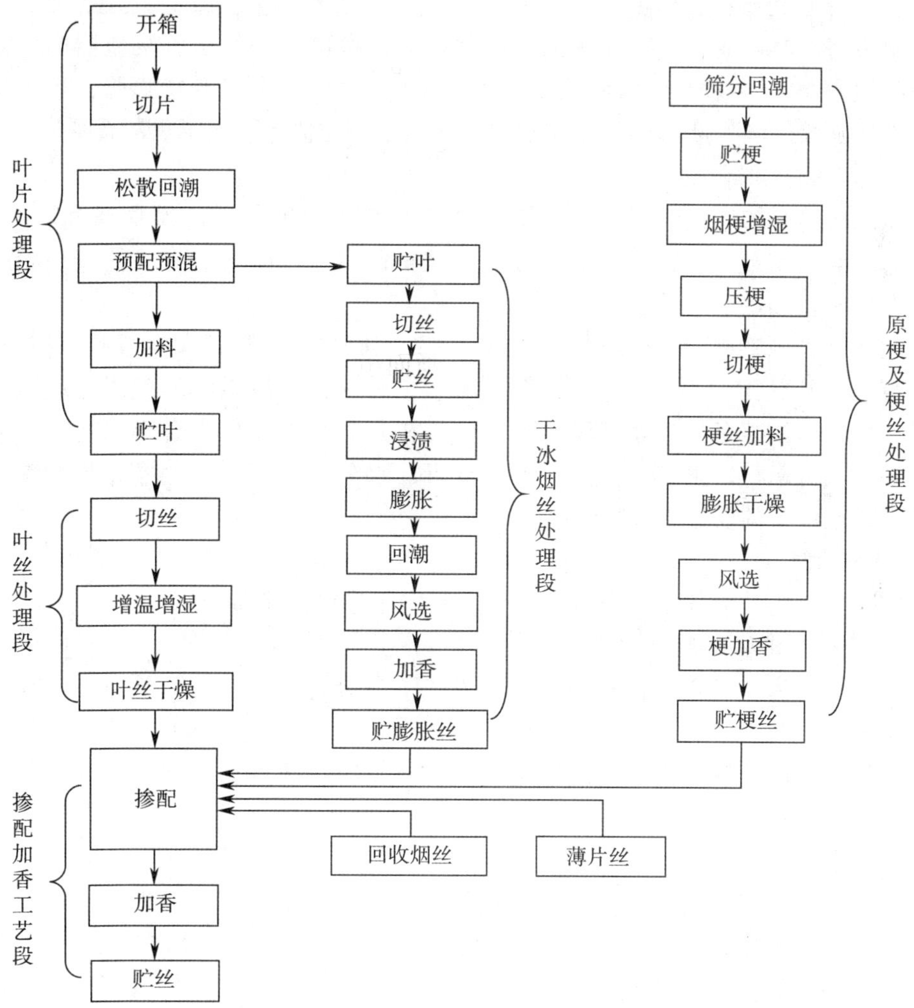

图 8-1　制丝生产线工艺流程图

（1）叶片处理段

标准规格的烟箱在开箱工位去除包装后由切片机分切成大小均匀的烟块，进入松散回潮滚筒内加温加湿松散成可耐加工的烟片，混配后的烟片经加料设备按比例加入料液后送入贮叶柜。

（2）叶丝处理段

位于恒温恒湿间的贮叶柜将烟片送入切丝机切成烟丝，切后的烟丝经增温增湿后送入薄板烘丝机或气流干燥机内烘炒，使烟丝定型，并使其含水率达到工艺要求的标准。

（3）原梗及梗丝处理段

原梗经过筛分后回潮进入贮梗柜，随后烟梗再回潮并压梗成规定的厚度，经切梗丝机切削形成梗丝，梗丝按比例加料后进入膨胀干燥工序，去除水分，处理后的梗丝经就地风选出杂物、梗签后加入香料，进入贮梗丝柜贮存。

（4）干冰烟丝膨胀处理段

切丝机将烟叶切成一定宽度的烟丝并储存，按批次将烟丝送入浸渍器内经液态二氧化碳浸渍后在常温下形成干冰烟丝，然后在高温气体里迅速升华膨胀，经过加水回潮后，形成膨胀烟丝，此时烟丝体积增大，提高了填充值，降低了焦油含量。

（5）掺配混丝段

从烘丝机出来的烟丝，按照一定的比例掺配梗丝、膨胀丝、薄片丝和回收烟丝，混合后的烟丝按比例加入香精香料，进入贮丝柜储存。在出料端将烟丝按照相应的牌号，由喂丝机将烟丝送到卷包车间。

除此之外，顺着物料处理的方向，在不同工艺段之间都配置大容量储存柜类设备。一方面可以满足混合、平衡、缓冲等工艺需求，另一方面使不同的工艺处理段生产设备相对独立。即使某个生产处理段设备故障停机甚至掉电，也不会影响其他工艺段生产线设备的正常运行。生产工艺还包括了流量、水分、温度、配比掺对等过程参数的精确控制以及设备的联锁启停控制。

2. 系统功能

系统功能分为三大部分，即控制部分、监控部分和管理部分。

（1）工作方式和控制功能

工作方式分为单机和组合两种。单机方式下各设备无联锁，可单独启停某一台设备；组合方式下各设备间接工艺要求联锁启动。整个系统要完成工艺流程中所规定的各种顺序控制，以及局部的过程控制功能。此外，还包括自动控制功能、单机控制功能、闭锁功能和紧急停止功能。

（2）监控功能

系统要求具备完善的监控功能，包括设备运行状态、监测与执行器工作组态、网络工作状态、过程参数、故障诊断、各类报表信息以及设备的管理信息等。

（3）数据管理及处理功能

通过网络实时采集各关键工艺参数，显示并录入过程归档数据库，按时间序列存储，通过专业统计分析软件或图表分析控件按分析需求显示过程数据，为过程控制提供及时准确的质量评估和生产状态评估，形成生产报表和质量分析报表等。这些信息还可以打印输出，可以通过 WEB 服务器对外发布。系统还可接收上级生产部门下达的生产任务调度等信息，分解成生产批次任务，下发到各个生产工艺段，完成生产管理。

（4）信息管理功能

管理功能包括基础信息、设备、生产、工艺、质量和报表管理等。

（5）扩展功能

要求在车间设备级网络和管理层网络等层面上都具有良好的扩展功能。

3. 系统总体集成

本制丝控制系统庞大复杂，总体上采用了三级现场总线控制系统结构，上层管理层基于工业以太网技术，车间设备级基于 PROFIBUS 现场总线技术，传感器和执行器级现场总线使用 AS-i。各层之间配有专用的耦合器和数据交换设备。

依据车间的生产规模和车间平面布局，在生产现场布设光纤工业以太环网，合理设置以太网交换机，将各个生产工艺段控制 PLC 就近接入网络，每个工艺段由一个或几个 PROFIBUS 网络组成。在每个独立的 PROFIBUS 网络中，一般由主站和从站组成。

主站一般使用 SIEMENS 的 S7-300 或 S7-400 PLC，也可使用其他公司的带 DP 和工业以太网接口的嵌入式工业 PC。

从站由分布式 I/O、电子秤、水分仪、变频器、电动调节阀、电磁流量计、质量流量计等组成。分散的 DI/DO 和 AI/AO 信号通过带 DP 口的远程 I/O 模块接入到 PROFIBUS DP 网络中。一些智能化的设备，如变频器、电子秤等本身带 DP 接口，它们可以直接接入 DP 网络。E + H 公司的流量计、水分仪和 Samson 公司的调节阀等本身带有 PA 接口，它们组成的 PA 网段通过 DP/PA 耦合器接入 DP 网络。对一些比较分散或使用了智能传感器、执行器的局部 I/O 信号，则使用 AS-i 网络把这些底层设备连接起来，然后通过 AS-i/DP 耦合器接入 DP 网络。当然并不是每个 DP 网络中都有 PA 网段和 AS-i 网段，很多 DP 网络比较简单，只有一些 DP 设备。

每个工段的 DP 网络的主站都配有工业以太网模块（或接口），通过该接口，使用 ITP（双绞线）把每个 DP 网络接入 SIEMENS 的 OSM TP62 上（现在已升级为 SCALANCE 系列交换机）。工业以太网交换机（OSM）用于构成光纤网络，它集成了冗余管理器功能，支持工业以太网快速冗余结构，环网中的数据传输速率为 100Mbit/s。TP62 具有 6 个 RJ45 接口和 2 对光纤接口，所以可以有 6 个 DP 网络通过 RJ45 接口接入一个 OSM TP62 中。本次举例的控制系统共使用 5 个 OSM，它们分别置于中央控制室、叶片处理工段、掺配加香工段、叶片处理工段、梗丝处理段，这些 OSM 通过工业以太网光纤组成冗余环网。光纤环网的优点就在于如果一边的光纤出现问题，设备通过另一边的光纤可以继续维持正常通信，OSM 的冗余管理器可以保证网络重构时间最大为 0.3s。光纤环网通过双绞线和一台 Cisco 2950 网络交换机相连，通过 TCP/IP 工业以太网和监控管理层及上位机连起来。

制丝线控制系统总线网络总体架构示意图如图 8-2 所示。

对基于 SIEMENS 的 S7-400 PLC 或 S7-300 PLC 为主站的 DP 网络，组态和控制程序编程可使用 STEP7 V5.4，DP 网络中的触摸屏编程可使用 PROTOOL，通信软件采用 SoftNet-S7。

整个系统的监控组态软件可选用 WINCC V6.2、iFIX 等，对网络的调试可选用荷兰 PCC 公司的 PROFITrace 或 Softing 的分析软件。

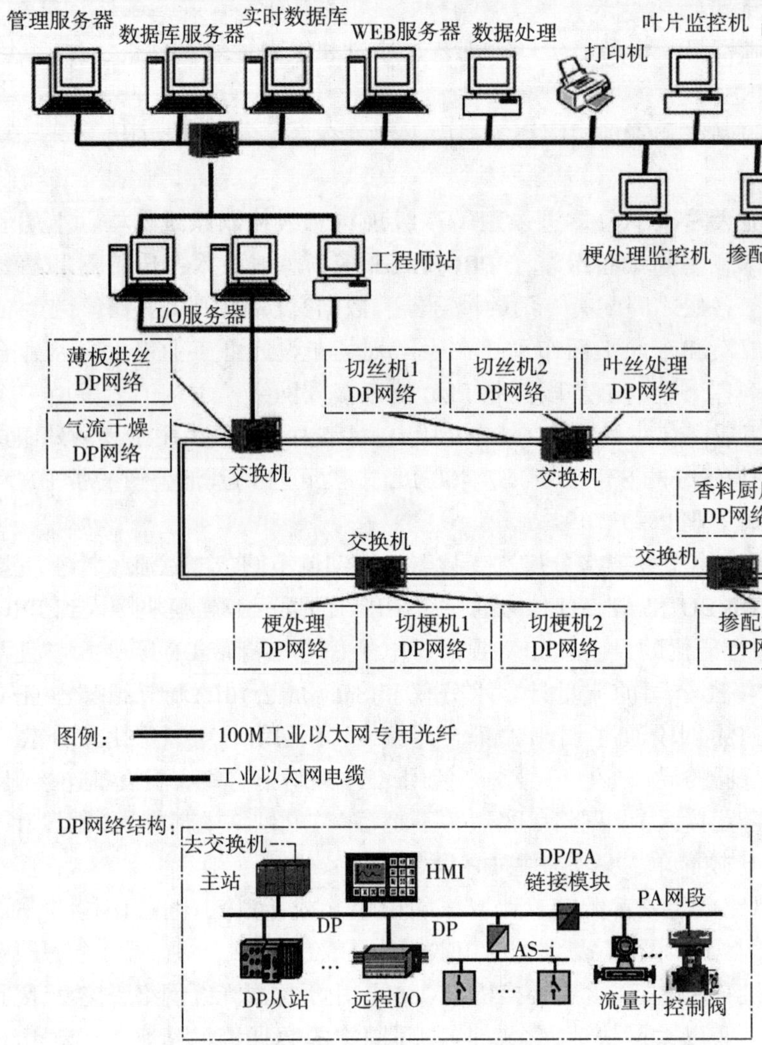

说明：并不是所有的DP网络中都有PA网段、AS-i网段。

图8-2　制丝线控制系统总线网络总体架构示意图

随着技术的进步，新一代基于实时工业以太网技术的总线标准PROFINET提供了完整的网络解决方案，囊括了诸如运动控制、分布式自动化、故障安全以及网络安全等方面的技术应用，且完全兼容工业以太网和现有的现场总线（如PROFIBUS）技术。该技术一经推出便在烟草行业得到大规模应用，特别是在制丝生产线应用极为成功。上例中基于PROFIBUS现场总线的技术解决方案使用PROFINET也可以完美实现，并且由于其无与伦比的TCP/IP和UDP/IP通信、实时（RT）通信、同步实时（IRT）通信技术优势，除了实现设备层自动化控制外，数据的通信能力也得到了进一步提升。

PROFINET控制系统和PROFIBUS控制系统的总体结构基本相同，最大的不同之处是PROFIBUS系统使用线形拓扑结构，而PROFINET系统大部分情况下使用基于交换机的星形拓扑。基于PROFINET的新系统采用了5台SCALANCE X414-3E模块化千兆工业以太网交换机，支持100Mbit/s和1000Mbit/s技术，使用光纤连接成环网，具备冗余管理功能，每个工艺段采用西门子 CPU416-3PN/DP PLC，现场 I/O 子站和皮带秤、变频器、软启动器等设备通过子网交换机 SCALANCE X208 组成星形 PROFINET 网络，设备使用 ET200S 151-3 通信模块自带的 2 个 PROFINET 接口，实现总线连接。对于不支持 PROFINET 网络协议的流量计、定位阀等设备则通过 DP/PA 耦合器直接接入 PLC 的 DP 端口。

基于 WinCC 的 PROFINET 系统组态和 PROFIBUS 系统相同，关于 PROFINET 的系统架构，请参考图 8-2。

8.2.2 纺织生产过程信息集成及处理系统

1. 问题的提出

典型的纺织生产过程主要包括清花、梳棉、精梳、并条、粗纱、细纱、络筒等生产工序和流程。传统的纺织生产过程信息化改造有以下难点：生产设备分布范围广，数量多；单机设备中的信号数量多、类型复杂，整个系统的信息量巨大；单机设备中控制器种类复杂，通信能力差异大，造成联网和信息集成的困难。纺织生产过程及其设备的特点成为了其实现全面信息化的瓶颈。

针对典型的纺织生产过程，其信息化的总体功能要求如下：实现全工艺流程所有设备的联网以及和企业局域网的互联，完成所需数据的集成及处理。

2. 系统架构

（1）总体网络架构

系统底层网络基于 PROFIBUS 完成实时的高速数据采集，上层网络基于工业以太网完成海量数据的集成和处理，从而实现纺织生产过程信息化所要求的全部功能。

PROFIBUS DP 现场总线控制系统由主站和从站组成，考虑到网络组成、参数影响和实际情况，一般 DP 网络的规模在 70 个从站左右。以一个生产规模为 10.8 万锭的纺织厂为例，整个生产现场的设备约有 470 台。系统底层有清棉、梳棉、预并/并条、精梳、细纱（2 个）等工序的 6 个 DP 网络，以及粗纱和络筒工序的以太网网络。

系统主站采用西门子 S7-300PLC，从站分别通过 EM277 模块或 RS485/DP 模块将每台生产设备接入到 DP 网络中。系统所有主站通过以太网通信模块连接到交换机 SCALANCE X204 上，并和其他 DP 网络组成光纤环网；对粗纱和络筒等部分带有以太网口的设备，则通过 RJ45 工业以太网接头直接连接到底层的交换机 SCALANCE X208 上，然后再连接到 SCALANCE X204 上，进入光纤环网。图 8-3 所示为实际系统的总体网络架构图。

（2）软件系统设计

软件系统由三大部分组成：底层应用软件部分基于 STEP7 V5.4 编程，完成对所有从站数据的采集及预处理；上层应用软件部分基于工业组态控制软件 SIMATIC WinCC 及 SQL Server 数据库管理系统设计，完成全部生产过程的监控画面组态和生产数据的分析处理；配备其他公司的 OPC 服务器等辅助软件，完成特定工序的数据交换功能。

3. 关键技术

（1）底层设备控制器多协议通信接口集成技术

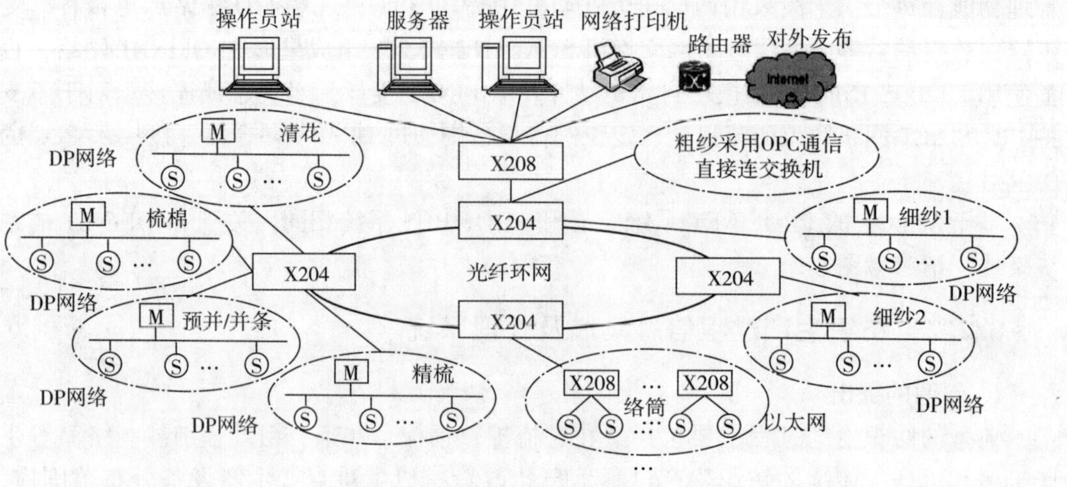

图 8-3　系统网络总体架构示意图

针对不同的控制器通信接口需采用不同的解决方案：对带有 RS485/232 通信接口的控制器，选用 RS485/DP 或 RS-232/DP 的接口转换模块，将其作为 DP 网络的从站连接到 PROFIBUS 网络上去；对带有 DP 通信接口的设备，可直接将其连接到 PROFIBUS 网络上；对带有以太网接口的设备，可将其直接连接到工业以太网中。

（2）底层设备控制器无通信协议集成技术

针对进口设备和老设备等无法从控制器获得底层数据的问题，采取关键数据再生技术，通过自组成控制系统的方法，使这些设备进入底层网络，完成产量、生产效率、停开机状态、重要故障、生产产品种类等关键数据的采集及处理。

（3）底层网络经济化预处理技术

当投资不足或对实时性要求不高时，可采用预组底层微型网络系统的方法，将底层数据进行预处理，减少从站数量和 DP 网络数量，实现低成本组网。

（4）上层海量数据处理技术

整个监控系统需要处理的数据变量多达 40000 个，如何方便、合理地在上位机界面表征出来，是系统设计中的一个关键技术。本例采用创建结构体变量赋值的方法：外部变量通过调用结构体和所命名的变量前缀，合成结构体变量。在此基础上使用间接赋值法，用同一画面内的同一组结构体变量来表征机台变量。通过编写脚本语言，将要查看机台对应的变量前缀名赋给程序，从而控制显示该机台的所有信息，高效便捷地完成了海量数据的集成。

4. 实际应用情况

本系统在某纺织有限公司的生产线中成功应用。该生产线的规模为 10.8 万锭，系统实现了从清棉到络筒生产全过程的数据采集和处理，具有对生产过程进行管理、在线故障诊断和报警等功能。

系统的主要创新点体现在以下几个方面：

1）可实时采集生产过程所有设备的生产、工艺、质量、电气控制、故障等信息。

企业各有关部门及中高级管理人员可通过企业以太网、互联网远程实时了解设备运转及实时质量情况。

2）通过对数据进行分析与处理，可对每台设备进行故障统计与效率评价。设备维护、电气维护、生产管理等人员通过对多发性故障、低效率设备的分析，采取有针对性的维护与管理措施（对部分电气故障可以做到远程诊断），从而提高企业的生产效率。通过对现有不同型号、不同生产厂家设备生产效率的对比，还可以为企业以后的设备技术改造提供参考。

3）可根据企业实际情况设定和调整班次表，为企业生产计划的制定提供参考，同时减少人工抄表、录入、计算过程中的差错，提高统计工作效率与质量。

4）系统可分工序、分品种、分轮班进行产量统计汇总，提供准确及时的生产报表。亦可按员工进行分工序、分品种、分轮班产量统计，为企业实行计件工资提供支持。

5）工艺管理人员可通过系统了解每一台设备的相关工艺参数，防止或及时发现工艺生产过程的差错。同时系统自动对关键工艺参数进行分析，当发现工艺差错时自动报警，防止质量事故的发生。

6）企业质量控制部门可通过系统了解所有产品品种实时的或历史的质量情况，对企业合理控制成本、提高质量水平有重要意义。

7）通过对影响企业生产的关键设备（空压机、制冷站、空调系统）进行远程监控，及时发现问题，避免由于这些设备停机对生产造成较大影响。

8）系统可生成大量的统计历史数据，通过分析这些历史数据可为企业多方面工作提供帮助。

图 8-4 所示为系统的主画面（局部），从该画面可以一览全部生产设备的运行情

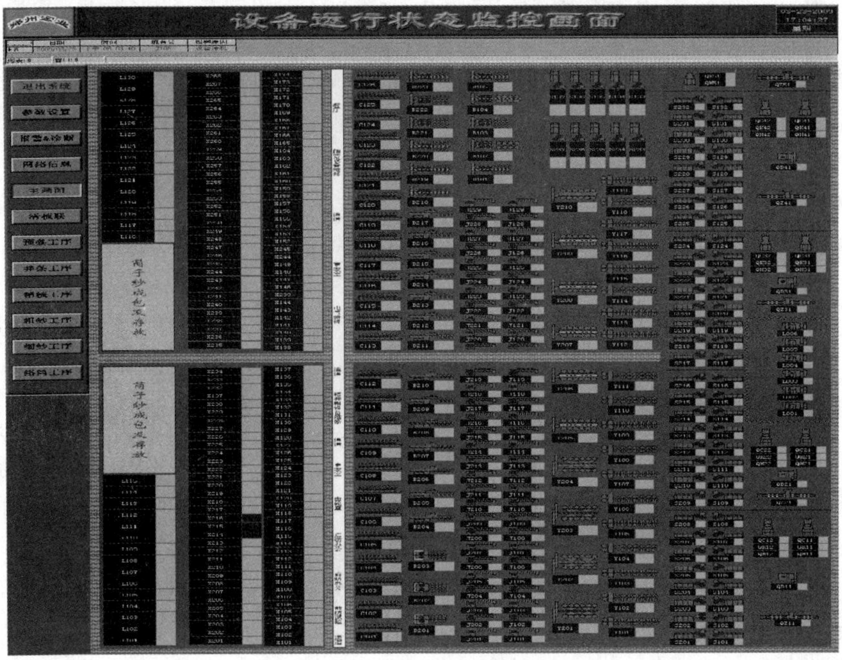

图 8-4　系统主画面（局部）

况、生产产品情况，点击各设备可以打开其分层的详细信息。图 8-5 所示为清花工序的一幅画面。

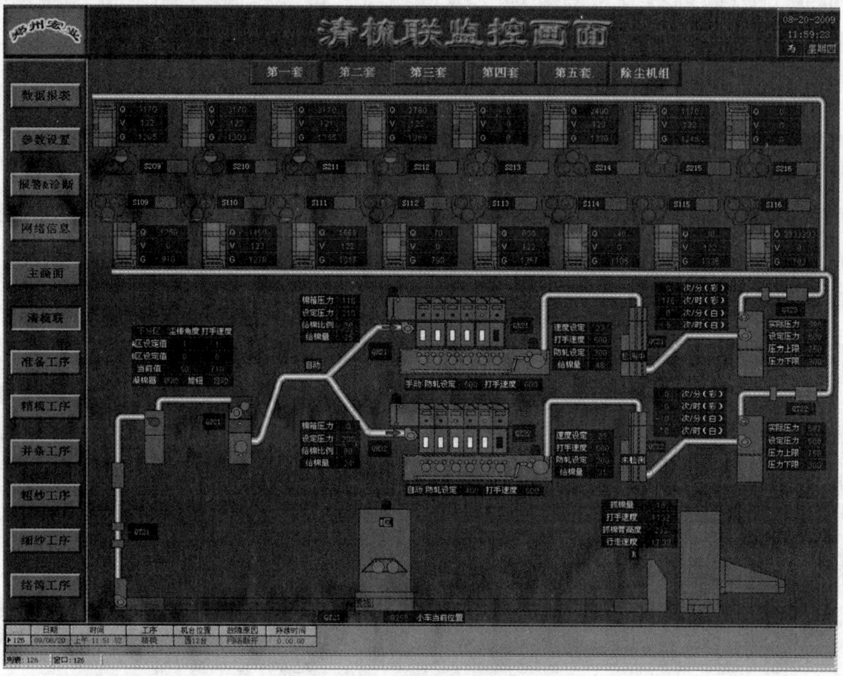

图 8-5　清花工序的一幅画面

本系统实现了纺织生产过程生产信息全集成（全工艺过程、单机设备全参数等），另外还包括冷冻站、空压站和空调系统等的集成；实现了 470 多台设备 40000 多个底层数据的实时采集处理、在线故障诊断及报警；完成了丰富的人机界面设计，上位机画面总数达到 500 幅以上，实现对整个纺织生产过程的集中监控和管理以及远程浏览。通过数据处理和报表查询系统可以对生产和管理数据进行分析和优化。

整个系统设计合理、网络结构简单、兼容性和扩展性强、可靠性高、智能化程度高。与传统纺织生产管理模式相比，项目实施后，提高了生产管理效能和产品质量，项目整体经济效益和社会效益非常明显。

8.2.3　制冷站监控系统改造

1. 系统概述

制冷站主要用于夏季为生产车间提供保持恒温的冷气，某企业动力车间制冷站设备包括 4 台蒸汽型吸收式制冷机、7 台 132kW 冷却水泵、7 台 132kW 冷冻水泵、6 座冷却塔和 2 台补水泵。系统自 1997 年安装运行以来，一直未进行技术改造和升级，现有控制系统设备已经严重老化，故障率不断升高，维护保养困难，特别是其监控系统已经瘫痪，影响到制冷站的正常进行，系统急需升级改造。

2. 系统网络架构

本系统的核心设备是 4 台大型制冷机，每台设备中需要监测的工艺参数有近 60 个。

另外在冷冻水、冷却水和冷却塔等管路上，有温度、压力、水位、流量等检测信号 50 多个，这些信号分布在 300m 左右的范围内，比较分散。考虑到现场实际情况，决定采用基于 PROFIBUS 的现场总线控制系统方案进行制冷站的技术升级改造。

具体的网络架构设计如下：

4 个制冷机分别作为一个从站，设置为 4# ~ 7#。制冷机的控制系统为三洋公司早期研发的产品，不能直接连接到 PROFIBUS DP 网络，增加配置原有系统的通信模块，结合德国赫优讯公司（Hilscher）的 NT30 总线桥，通过 Modbus/PROFIBUS 总线转换模块进行数据转换，将其接入 PROFIBUS 网络。

系统原有压力、温度等传感器信号，并未配置标准信号变送器，本次系统改造中将原有传感器更换为德国 E + H 公司的温度、压力及流量标准信号传感器和变送器，从而实现制冷站控制系统基础模拟信号的采集。这些信号大部分分布在制冷机车间的管路上，就近原则将它们集成在现场的 8#从站实现信号的采集。

对现场蒸汽的温度、压力、瞬时流量和累计流量信号的采集采用原有设备，其二次仪表可动态显示上述数据。本项目在二次仪表上添加通信功能模块，使其接入 PROFIBUS 网络，实现数据读取。该从站为 3#。

控制室设有一个主站（2#）和一个从站（9#），主站采用 SIEMENS S7-300 PLC。2#和 8#站中接入的大部分信号都是控制水泵软启动器、冷却塔、补水泵以及手动控制使用的开关量信号。

系统上层使用工业以太网将操作员站接入主站，通过网关和整个能源监控系统相连。整个系统的网络架构如图 8-6 所示。

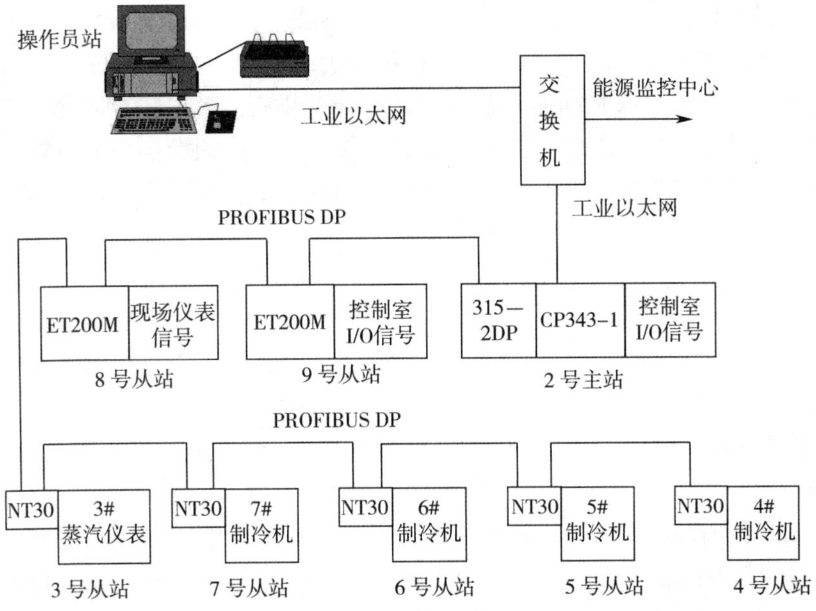

图 8-6　系统网络架构

3. 关键技术

制冷站监控系统改造的关键技术集中在三个环节：一是实现冷冻水循环系统的智能控制；二是通信模块的选用和使用；三是全面统计循环泵、制冷机、冷却塔、补水泵、控制系统等设备的耗电量并进行分析。下面仅对和现场总线技术密切相关的第二点进行介绍。

现场的制冷机为大连三洋制冷有限公司的蒸汽式溴化锂制冷机，为较早版本的C型机。与三洋通信技术人员深入沟通后，选用具有Modbus通信协议的通信模块来读取制冷机内部参数。另外，系统中蒸汽的温度、压力、瞬时流量和累计流量信号的采集为Ceebic公司的二次仪表，将仪表增配RS485接口，采用RS485/PROFIBUS的转换模块实现网络连接。目前市场上有多款总线桥产品可实现串口通信设备与总线网络的挂接，但是不同类型及厂商的总线桥，其性能、可靠性及使用便利性等方面存在着诸多差异。本项目在分析和试用多个总线桥的产品后，选用了德国赫优讯公司（Hilscher）的NT30总线桥作为Modbus和485（ASCII）串口通信的总线转换设备，使用NT-DPSMBR. N34和NTDPSASC. N34两个固件分别实现与三洋制冷机的Modbus通信及Ceebic公司的二次仪表485数据通信。

4. 上位机系统

上位机监控系统基于SIEMENS WinCC开发，开机后自动进入制冷站监控系统的主监控画面。系统能实时显示各种设备的运行参数、运行状态和故障信息。对制冷设备的历史数据采用棒图和曲线图相结合的显示方法，数据保存周期在2年以上；对制冷系统的运行能耗数据、能耗趋势，不仅能实时分析和画面显示，而且还能进行历史数据查询和报表打印。在远程手动模式下，可以对现场所有设备进行远程手动操作，通过点击画面设备图案能弹出设备控制子窗口，点击按钮可以控制现场设备的启停。制冷系统具有故障诊断和报警功能，报警信息包含机组编号、位置、产生时间等。

基于PROFIBUS总线技术的制冷站监控系统在某企业得到了很好的应用，与原监控系统相比，节省硬件投资和安装费用大约30%以上，系统采用了多协议转换总线桥，高效能地实现了传统控制器和智能仪表到PROFIBUS网络的连接。整个系统完成了水、电和蒸汽等能耗情况的全面统计，人机界面友好、使用方便、易于日后系统的维护、扩充和升级。

8.2.4 PROFIBUS PA简单系统举例

本节以一个专门用于PROFIBUS PA实验演示装置为例，说明PROFIBUS PA系统的实际应用。

1. 实验装置简介

该装置的结构如图8-7所示。装置的主干段为DP，通过耦合器接到PA段。它主要由3个透明的桶状容器组成，有颜色的水可以按我们设计的程序在3个容器中流动，水的流动可以是简单控制，也可以是PID调节或串级控制。水的流动方向是：水泵通过流量计6和控制阀4把水从1号容器抽到2号容器；2号容器中的水靠势能作用通过控制阀7流到3号容器；3号容器中的水再靠势能作用通过控制阀9流到1号容器。气泵用来为控制阀4、7、9提供气源。

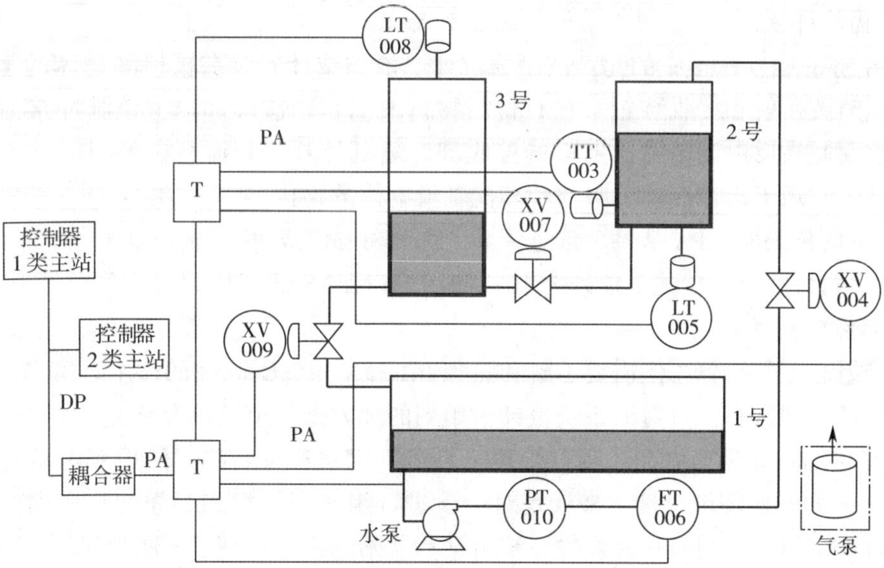

图 8-7　PROFIBUS PA 实验装置结构

在本装置中使用的控制系统和主要设备如下：

1）主站，地址为 1。使用 Invensys 智能集成控制器（Intelligent Integrator），该控制器是基于 IEC61131 的自动化装置，集成了完善的硬件和软件平台。该控制器集 PLC、通信和 HMI 接口为一身，它的功能却非常强大。其主要参数为：处理器为 AMD K6 333MHz，2MB 显示 RAM，1280×1024VGA 显示，64MB SDRAM 存储器，10GB 硬盘，带有 3.5” 软驱，2 个 USB 口，4 个 RS232 口，2 个并口，可选择的各种现场总线接口和 Ethernet 接口，键盘、鼠标接口，2～4 个 PC104 扩展槽等。外壳设计为全 EMI 防护。

2）软件系统。操作系统软件平台为 Microsoft NT4，应用软件平台为 Wonderware Incontrol。后者作为基于软 PLC 的操作引擎，可以完成从制造业自动化到过程自动化的所有控制要求。它提供标准的 IEC61131-3 的编程环境，可以使用基于控件的 FactoryObjects 和常用的用户控制程序，可以可靠地连接各种 I/O 接口，它集成有 OPC 和 Wonderware SuiteLinkTM 通信模式。

3）耦合器，使用 P+F 的产品。

4）连接模块 T，使用 HAWKE 公司产品。

5）流量计，PA 从站，地址为 6。

使用 E+H 质量流量计。该流量计的功能强大，可以用于各种流体、气体的流量检测。除流量信号外，还实时提供被测流体的温度、密度、质量等十几个信号。用户可以根据需要选择要使用的信号。

6）控制阀，PA 从站，地址分别为 4、7、9。使用 Samson 公司和 burkert 公司的产品。

7）物位计（LT005），PA 从站，地址为 5。

一个使用 Endress+Hauser 的差压型物位计。它采用安全流体静力学原理设计，利用压差的变化来计算出液位的高低。用于液体、浆液和其他软体物料的位置连续检测，其性能不受检测物体的特性（如感性介质）影响。

8）物位计（LT008），PA 从站，地址为 8。

使用 Endress + Hauser 的超声波型物位计。该物位计安装在被检测物体的上方，它集成有超声波发射和接收装置。它对检测物体发出超声波脉冲后，该脉冲接触到被测物体的表面时被反射回传感器上面的接收器。通过计算超声波行走的时间就可知道物件的高低。它用于检测液体、谷物和其他颗粒物体的物位。

9）温度传感器，PA 从站，地址为 3。使用 SIEMENS 的产品。

10）压力仪，PA 从站，地址为 10。使用 SIEMENS 的产品。

2. 系统组态

系统组态非常简单，但需要了解和熟悉 InTouch 和 InControl 的使用。本书不对该软件的使用做详细讲解，只对该系统设计中用到的地方做一个简单介绍。

进入 InControl 后，先在“项目管理”环境下建立项目名称，然后双击项目名称进入 InControl 的开发环境。接下来就是对 I/O 进行组态了，组态时先选择主站，然后在主站的目录下添加上全部从站。本系统主站和从站的组态如图 8-8 所示。

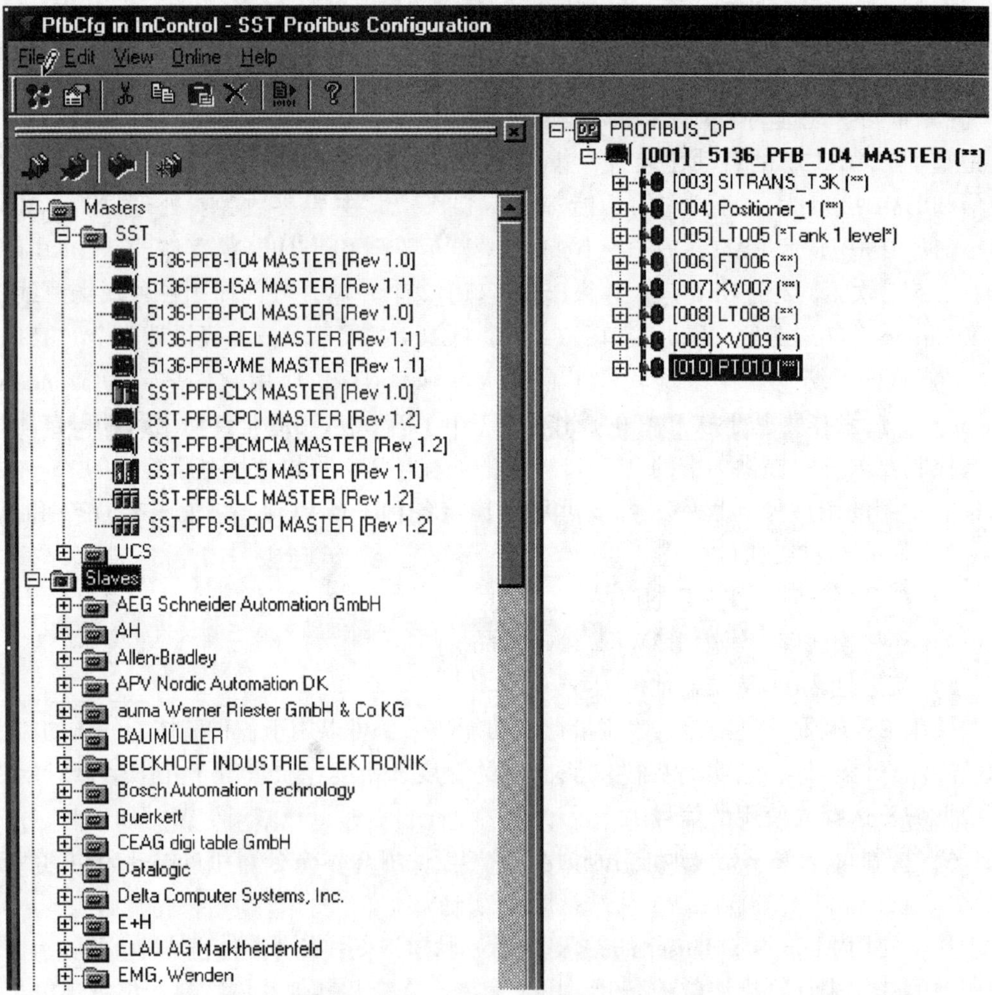

图 8-8　PROFIBUS PA 示例系统主站和从站组态

每一个从站中用到的参数也要进行组态。因为现在的从站智能化程度非常高，可供选择的参数也很多，所以在选择时要细心，没有用到的参数要使用“空单元”跳过，如某个设备提供的过程参数有 5 个，但只使用了第 1、3 个，则在组态时第 2 个位置就要填上“empty”。具体使用时应参考相应设备的说明。本例中使用的地址为 6 的流量仪表可以提供多达 11 个过程参数，而我们只使用其中的 3 个，所以就用到了“empty”单元。从站 6 号的具体参数组态如图 8-9 所示。

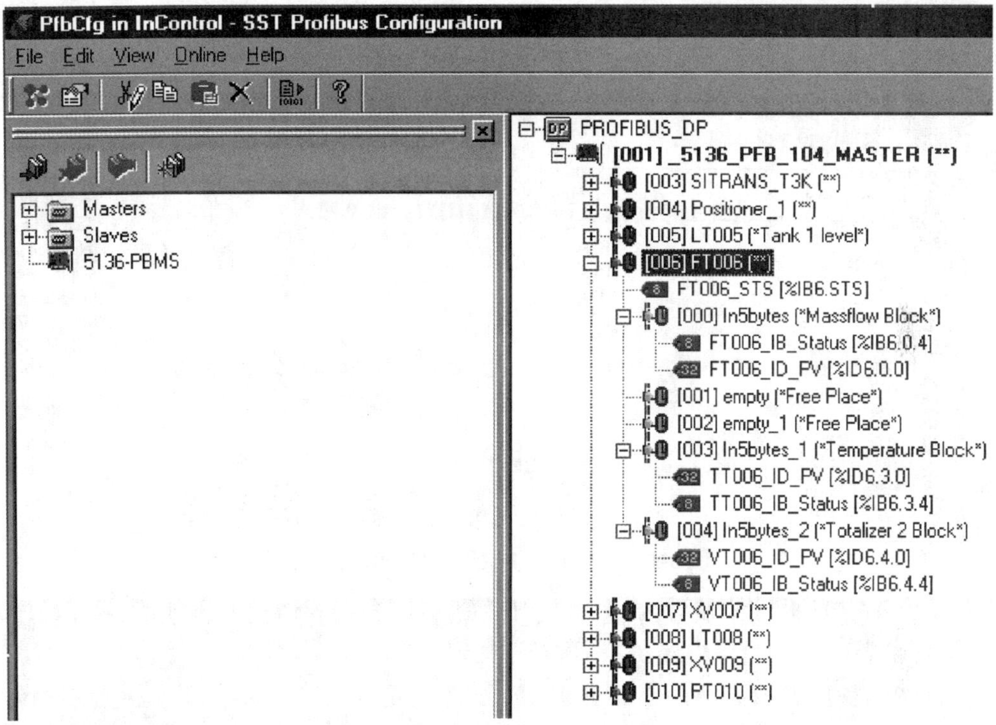

图 8-9 从站 6 号的具体参数组态

在组态过程中，另外一个非常重要的环节是定义参数的性质，如参数的地址、描述和类型等。这个工作是在“符号管理器”下进行的。本系统使用的符号表如图 8-10 所示。

3. 系统设计

就本例而言，系统设计包括两部分：一部分是显示画面的组态，另外一部分是系统的控制程序设计。

作为实验演示系统，本系统可以进行多种控制程序的设计，如单 PID 系统、双 PID 系统，也可以增加一些逻辑控制。本章的目的是让大家了解 PROFIBUS PA 的使用，所以在这里我们不介绍更多的控制程序设计，下面只介绍其中的一个 PID 控制环节。因为 InControl 中集成了许多控制模块，特别是典型的过程控制系统使用的 PID 模块考虑的更是周到，这样我们的控制程序设计就非常简单了。使用 PID 控制时，只需把 PID 模块增加到程序中就行了，然后可以对它进行各种设置，在控制程序中还可以对 PID 模块的有关参数进行控制和显示。控制程序中有关 PID 的部分如图 8-11 所示。

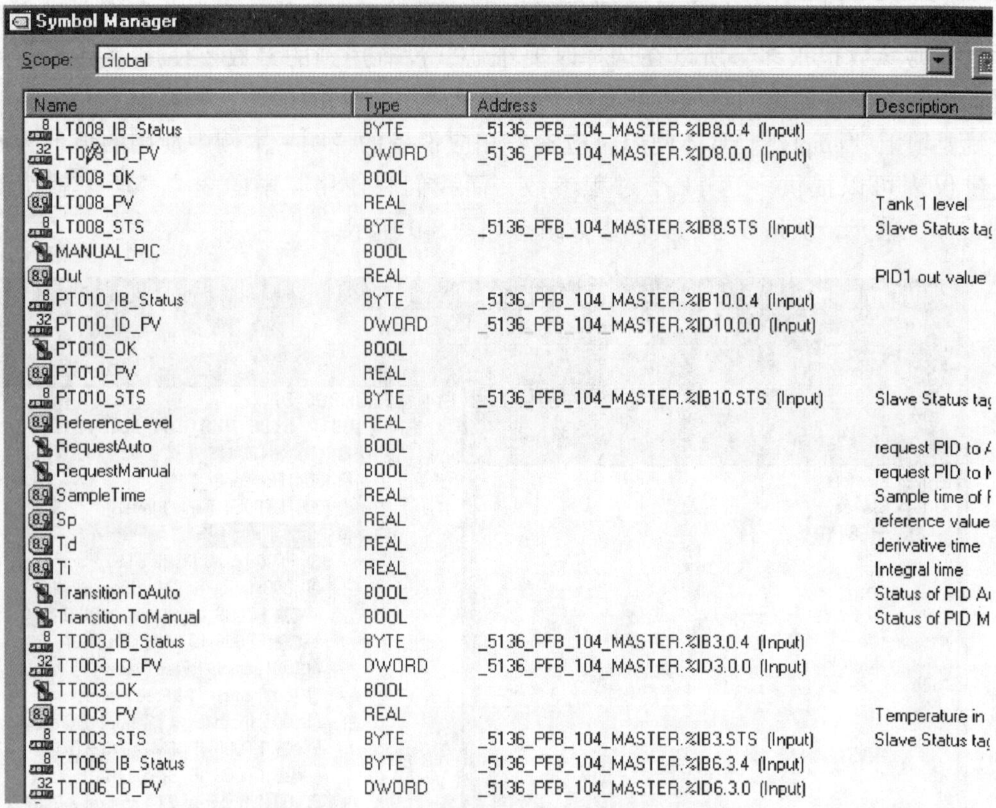

图 8-10　InControl 使用的符号表（部分）

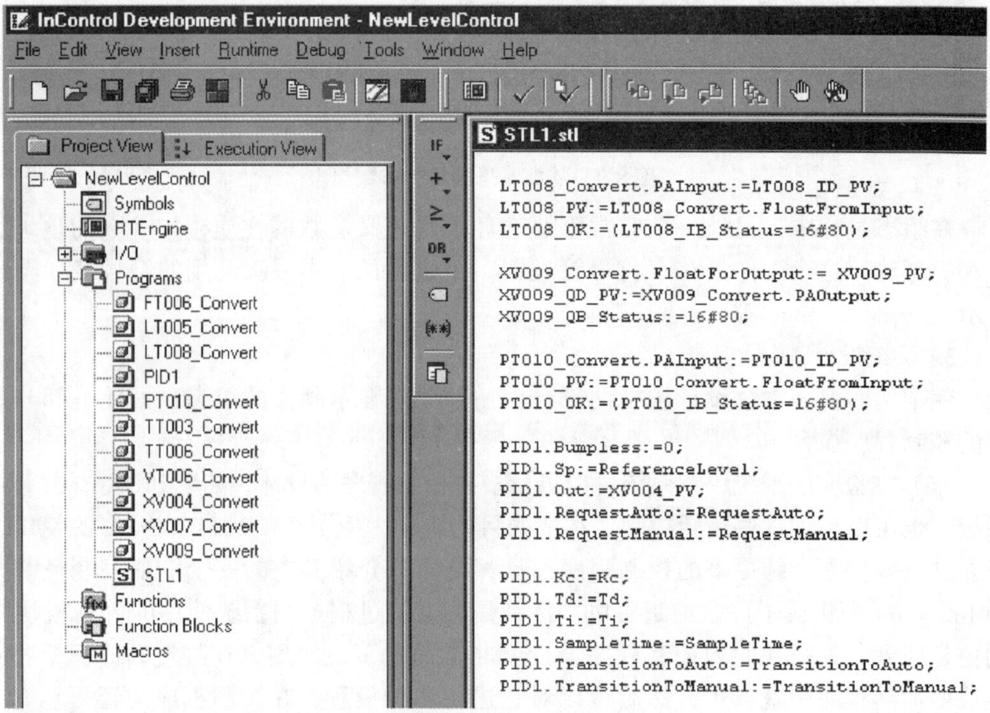

图 8-11　控制程序中的 PID 参数控制部分设计

从图 8-11 中可以看出，对输入参数来说，必须在它们的“运行状态”为“TRUE”(即括号中它们的运行状态等于 16#80）时才能正常工作，而对于输出参数来说，必须使它们的“运行状态”等于 16#80 才能开始工作。

显示画面设计也非常简单，只不过要会使用 InTouch Maker。在画面设计过程中为了使画面美观和生动，有时还会用到 PHOTOSHOP 等软件。除了画面设计外，还要进行一些和该画面有关的控制设计，比如该画面什么时候显示，显示时要做些什么工作等。

本例设计的画面有多幅，图 8-12 所示是实时设置 PID 运行参数的画面（本图中已剪去了带有 LOGO 的表头），其他画面不再介绍。

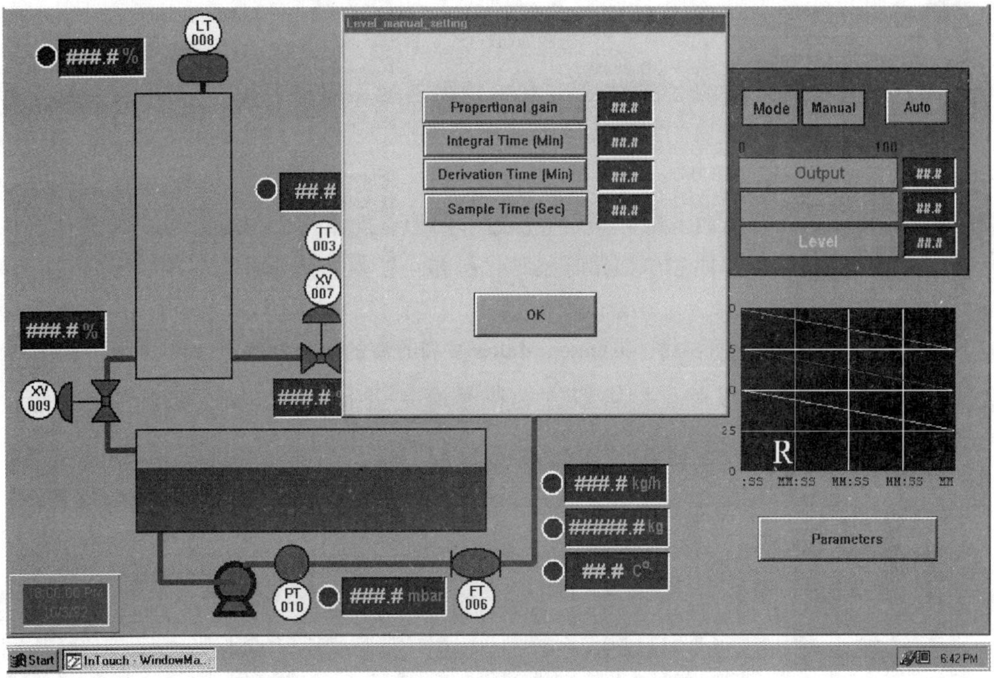

图 8-12　实时设置 PID 运行参数的画面设计

在 InTouch Maker 中，设计符号库（Tagname Dictionary）非常重要，必须把用到的变量都要放到符号库中。图 8-13 所示是本例符号库的部分内容。

InTouch Maker 和 InControl 的连接是通过双方的符号库完成的，这也是设计时的关键内容。

4. 系统调试及运行

系统调试时可以先使用 2 类主站进行手动测试。另外，2 类主站也可以帮助检查调试时遇到的问题。FieldCare 是 E + H 公司开发的应用于 2 类主站的软件，使用它们可以对 PA 从站进行测试、系统调试。

使用 InControl 的强制功能可以手动调试各从站的输入和输出，在用户程序运行时也可以观测到各个参数的输入或输出结果。

当 InTouch Maker 连接到运行状态后，可以通过设计的画面观测整个系统的运行状

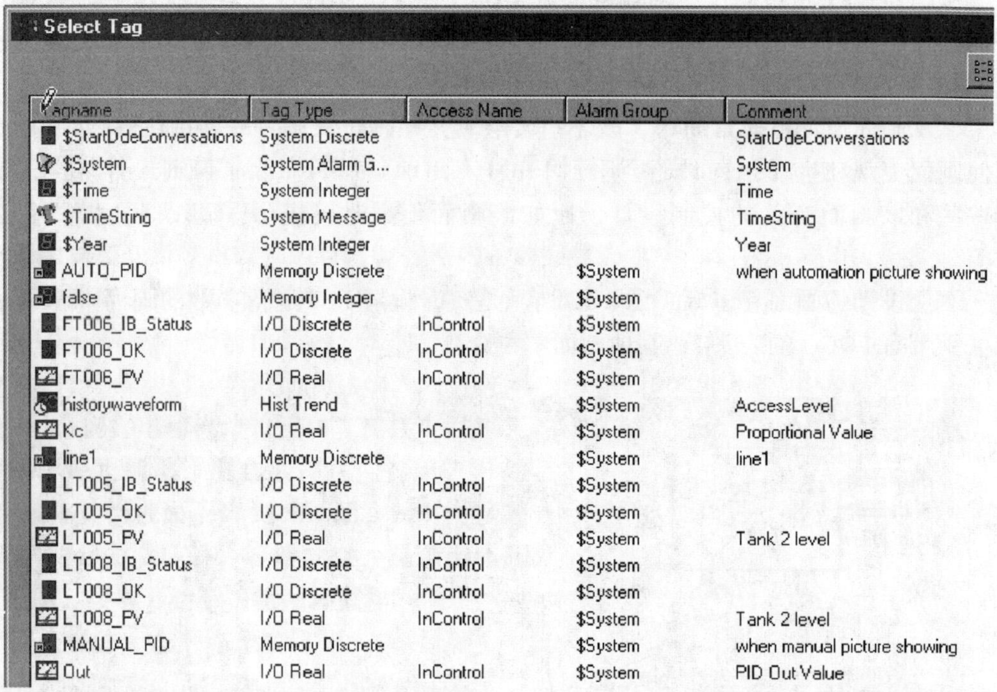

Select Tag

Tagname	Tag Type	Access Name	Alarm Group	Comment
$StartDdeConversations	System Discrete			StartDdeConversations
$System	System Alarm G...			System
$Time	System Integer			Time
$TimeString	System Message			TimeString
$Year	System Integer			Year
AUTO_PID	Memory Discrete		$System	when automation picture showing
false	Memory Integer		$System	
FT006_IB_Status	I/O Discrete	InControl	$System	
FT006_OK	I/O Discrete	InControl	$System	
FT006_PV	I/O Real	InControl	$System	
historywaveform	Hist Trend		$System	AccessLevel
Kc	I/O Real	InControl	$System	Proportional Value
line1	Memory Discrete		$System	line1
LT005_IB_Status	I/O Discrete	InControl	$System	
LT005_OK	I/O Discrete	InControl	$System	
LT005_PV	I/O Real	InControl	$System	Tank 2 level
LT008_IB_Status	I/O Discrete	InControl	$System	
LT008_OK	I/O Discrete	InControl	$System	
LT008_PV	I/O Real	InControl	$System	Tank 2 level
MANUAL_PID	Memory Discrete		$System	when manual picture showing
Out	I/O Real	InControl	$System	PID Out Value

图 8-13 InTouch Maker 中符号库的部分内容

态。有不对的地方，可以重点检查双方的符号库是否完善和正确，或检查画面上的设计元素的特性是否正确。图 8-14 所示为自动运行模式下的实时画面。

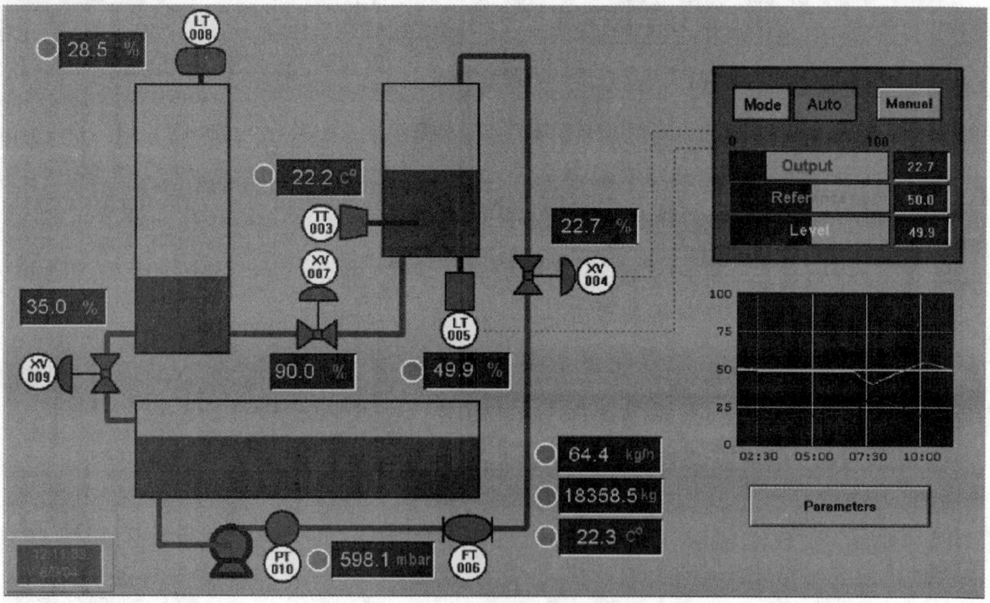

图 8-14 自动运行模式下的实时画面

本章小结

本章首先讨论了使用现场总线技术时要面对的问题。使用现场总线技术是时代及技术进步的要求，是对系统进行彻底分散控制，提高其可靠性的要求；使用现场总线技术可以提高整个系统智能化水平，实现真正的管控一体化，可以大幅度降低系统成本。现场总线技术最适合在大中型及控制系统中使用，它几乎可以满足任何工业控制系统的要求，从制造业自动化到过程工业自动化都是现场总线技术充分发挥其作用的地方。在具体使用时，选择现场总线技术类型的最可靠的标准是看其在国际和国内市场上的占有率，在同样都能满足需要的情况下，市场占有率越高，其技术水平和服务水平肯定也越高。PROFIBUS 和 PROFINET 是大家使用现场总线技术和实时以太网技术时的首选类型。当集成和设计有关现场总线控制系统时，要做的工作主要包括系统总体设计（总线选型、系统功能分析、确定总体方案等）、选择主站和从站、选择软件等，一些具体的工作包括系统组态、控制程序设计、人机界面设计、系统装配等，好的分析诊断工具是快速进行系统调试的捷径之一。

最后详细介绍了几个现场总线技术的大型应用实例。从这些例子中，读者可以得到现场总线技术应用的一些体会，并且能够了解现场总线控制系统的集成方法。

习题和思考题

1. 现场总线控制系统最显著的特点是什么？
2. 为什么说采用现场总线技术的控制系统可以大幅度地降低成本？
3. 如何选择现场总线技术的类型？
4. PROFIBUS 的主站有几种类型？各有什么特点？
5. 在使用现场总线技术改造一个传统的控制系统时，如果仍想保留原来系统中的一些贵重的传感器或仪表，试问如何把这些常规的信号接入到总线网络中？
6. 现场总线时代的仪表和传统的仪表最本质的区别是什么？
7. 采用什么措施可以把不同通信接口的设备接入到 PROFIBUS DP 网络中？
8. 体会本章几个实际应用范例的技术精髓。

第9章　标准工业控制编程语言 IEC61131-3

IEC61131-3 是最近十多年来工业自动化技术发展过程中最重要的技术成果之一。它也是现场总线技术和工业以太网技术中的重要支撑技术，作为现代工业自动化领域中的标准编程语言，必将得到越来越广泛的应用。

9.1　IEC61131-3 概述

在本节开始之前，从两个方面解释一下为什么要在关于现场总线技术的书中介绍 IEC61131-3 的内容。

一方面，可以预计未来的十几年，甚至二十几年，在工业自动化技术领域将会是现场总线和实时工业以太网的时代。在大中型控制系统中，虽然纯粹的 PLC 控制系统可能会逐渐淡出这个市场，但在现场总线等这些新技术的应用核心——用户程序设计部分，仍然是基于 PLC 或者软 PLC 的编程系统，所以 PLC 程序设计在现场总线控制系统中仍然非常重要。

另一方面，现在我们要学习什么样的 PLC 程序设计语言？很多电气工程师对 PLC 的使用非常熟悉。在过去的使用过程中，不同厂家的 PLC 产品，甚至同一个厂家不同型号或不同系列的 PLC 产品，由于其硬件结构和软件编程等方面有着或大或小的不同规定，给我们带来过或多或少的麻烦，也浪费过不少精力去重新学习或熟悉这些不同的使用环境。IEC61131-3 是 PLCopen 组织推广使用的一种标准化的 PLC 编程语言，也是现在的绝大多数 PLC 制造商认同并且努力靠拢的编程语言，其强大的功能和独立于任何制造商的标准远非过去的 PLC 编程系统所能比拟。在当前的现场总线控制系统中，大部分主站设备或控制软件产品都支持 IEC61131-3，使用 IEC61131-3 语言进行程序设计已成为一种趋势和现实。所以学习现场总线技术及其应用，就必须学习和了解 IEC61131-3 编程语言。

由于本书不是一本专门讲解 IEC61131-3 的教材，并且篇幅所限等，所以只简要讲解它的基本概念和功能，进一步的学习读者可参考本书附录中所罗列的有关专著。另外，多上机练习是更好的学习方法，它可以帮助大家尽快掌握 IEC61131-3 的编程技术。学习 IEC61131-3 还需要有 PLC 的基本原理和编程等方面的基础知识，本书不再对 PLC 的基本概念和工作原理进行介绍，也不再对 PLC 编程的基础知识和基本方法进行讲解，有关这些方面的学习，请查阅参考文献［10］。

9.1.1　IEC61131 产生的原因和发展历程

1. 产生原因

20 世纪 60 年代末，在美国 GM（General Motors）公司诞生了世界上第一台可编程序控制器（Programmable Logic Controller，PLC）。从一开始简单的逻辑顺序控制，到后来能完成复杂的过程控制任务，再到作为主控制器组成大规模的 DCS 系统，并实现通信功能。在工业自动控制领域，PLC 以其高可靠性、低价位、高性能等独特的优点得到了最广泛的应用，以至于成为 20 世纪末自动化领域的支柱技术。

世界上大大小小的电气设备制造商几乎都推出了自己的 PLC 产品，多的时候达到上千家（20 世纪 90 年代初）。尽管最常用的 PLC 品牌只有几十家，但由于没有一个统一的规范和标准，各种 PLC 产品在使用上，特别是在程序设计语言方面都存在着一些差别，而这些差别的存在对 PLC 产品制造商和用户都是不利的。一方面它增加了制造商的开发费用；另一方面它也增加了用户的学习和培训负担。这些非标准化的使用结果，使得程序的重复使用和可移植性都成为不可能的事情。除此之外，过去传统的 PLC 编程语言和编程系统的不足之处或局限性还体现在以下几个方面：

（1）对制造商的依赖性

不同厂家的 PLC 产品或相同厂家不同系列的产品，由于其编程语言和系统方面的差异，用户在掌握其中的一种后，不再愿意更换使用其他产品，即使这种产品在价格或性能上不如其他产品。一般来说，编程人员和系统维护人员不是同一个人或同一个公司的人，他们所熟悉的 PLC 可能不一样，这时就会给系统维护带来麻烦。

（2）编程语言功能不强

这体现在某些 PLC 提供不了功能更强大的编程语言，如文本化的编程语言，使用户不能编制更灵活或质量更高的程序；另一方面，编程系统不能提供详尽的注释功能，使得程序的阅读非常不便。

（3）程序结构化功能欠缺

大多数传统的 PLC 不能提供结构化的编程功能，对大型系统进行程序设计时，大家不能协同工作。由于程序结构过于死板，在编程软件中，不能同时观察多个程序段的运行情况，在调试时也非常不方便。

（4）地址设置不灵活

对 PLC 的 I/O 和内部元器件的地址，大多数情况下不提供地址的参数化配置功能，而是直接的一对一的物理设定。这种情况下，当对某一个地址进行调整时就会影响到程序中所有和它有关的地址。

（5）数据处理能力不够

很多传统的 PLC 不进行数据类型说明，而不同类型的数据有可能参与同一个公式的计算，这就会引起潜在的错误，甚至造成系统停机。

（6）控制程序执行路径的功能不强

过去的 PLC 程序中一般只有主程序，需要时才有子程序、中断程序，这在实时性或同步功能要求高的场合就不能满足要求，更不能满足多任务的控制系统的要求。

由此看来，在 PLC 的硬件组成、软件设计等方面形成一个都认可的国际标准是必要的。而且该标准和在该标准下生产的产品必须具备开放性，这样才能使产品的互换和程序移植成为可能，才能使用不同厂家的产品组成更大的系统，才能在当今工业标准和技术“开放性”的潮流中处于主动地位。幸运的是，国际电工委员会（International Electro-technical Commission，IEC）很早就开始着手解决这个问题了，只不过这样的标准制定起来难度非常大，经过十多年的努力才逐步完成，而且有些还在进一步完善中。

2. 发展历程

1979年，IEC开始着手成立工作组来解决PLC的标准化问题，他们要推出的是一种全方位的解决方案，包括硬件设计、安装、测试、文档、编程和通信等。IEC的TC65技术委员会是专门负责制定和工业过程装置及控制有关的标准的组织，它下面分有三个组，其中第二组专门负责制定有关装置方面的标准，第二组下面的第七工作小组，即TC65B/WG7（Technical Committee 65B/Working Group 7）来负责PLC标准的制定。

关于IEC61131的主要内容和完成时间如下：

第一部分 通用信息 主要定义PLC的基本特性和概念，1992年发布。

第二部分 装置需求和测试 主要定义对装置的电气、机械方面的结构和功能要求，以及相应的合格性测试的标准，1992年发布，现在还在修订中。

第三部分 编程语言 定义PLC的软件结构、编程语言和程序执行方式，它综合了世界上广泛流行的编程语言的特点，并且使其成为一种面向未来的PLC编程语言。该部分就是所谓的IEC61131-3。该部分于1993年发布。

第四部分 用户指导 该部分试图从PLC的选择、安装和维护等方面给用户提供一个指导性的规则。该部分计划在1995年发布，但一直未发布。

第五部分 通信服务规范 该部分是关于PLC之间进行通信，以及PLC和其他设备之间进行基于MMS（Manufacturing Messaging Services）通信的规范。于2000年发布。

第六部分 通过现场总线的通信 关于使用IEC标准现场总线的PLC的通信标准。等待发布。

第七部分 模糊控制语言 关于使用PLC处理模糊逻辑的标准功能块的标准。于2000年发布。

第八部分 PLC编程语言执行的导则 指导IEC61131-3编程语言的应用和执行的文件。计划在1998年发布，实际在2003年发布。

在以上的IEC61131标准中，我们最关心的是第三部分。与第三部分有关的文件还包括2个技术报告、一个勘误文件和一个修订文件，这些文件和IEC61131-3是不可分离的。其中技术报告2（IEC TR2-94）是“对扩展IEC61131-3的建议”，它描述了对IEC61131-3的替代、扩展和修改方案；技术报告3（IEC TR3-94）是“可编程序控制器编程语言应用和实现的导则”，即上面的第八部分；一个勘误是“对IEC61131-3进行技术勘误的建议”，在该勘误中纠正了在标准公布后发现的存在于标准中的错误；一个修订是“对IEC61131-3进行修订的建议”。

需要指出的是，IEC61131-3是着重描述单个程序及其执行条件的标准，对于复杂的分布式自动化控制系统来说，需要有一个扩展的通信和执行机构，还需要配置用于物理上不同且地理位置上分离的硬件，并且需要系统达到同步执行，所有这些课题都是IEC61499的内容。作为IEC61131-3的补充，IEC61499正在制定和完善中。

IEC61131-3 是一个非常好的标准，它不仅在 PLC 系统中被广泛采用，在其他的工业计算机控制系统、工业编程软件中也得到了广泛的应用。越来越多的 PLC 制造商都在尽量往该标准靠拢，尽管由于硬件和成本等因素的制约，不同的 PLC 和IEC61131-3 兼容的程度有大有小，但 IEC61131-3 毕竟已成为了一种趋势。

现在基于 IEC61131-3 的产品越来越多，但这些产品对其标准的符合程度不尽相同，国际 PLCopen 组织制定了一些认证和测试标准，来认定 IEC61131-3 产品和标准的兼容等级。这些等级有基本级、移植级和全兼容级等。需要指出的是，由于 IEC61131-3 的功能极其强大，从而使 PLC 编程系统和操作系统要实现其所有功能非常难，所以对小型 PLC 的制造商来说，考虑到实现 IEC61131-3 全部功能的昂贵成本，他们的产品往往根据实际市场需要，不去包含一些不必要的功能。这一点在下面使用的软件产品中会有所体现，比如 IEC61131-3 中提供的某些 LD 的编程元素，编程软件中就没有，这时就必须通过其他的方法来完成你的程序设计。

在以下讲解 IEC61131-3 前需要说明一下，在标准 GB/T 15969.3 – 2005/IEC61131-3：2002 中（参考文献［21］），顺序功能图 SFC 不是作为一种编程语言，而是作为一种公共元素（简单语言元素、数据类型、变量等都属于公共元素）出现的，其目的是要把它定义为构成 PLC 程序和功能块内部组织的元素。但 SFC 的实质还是一种编程语言，有关 IEC61131-3 比较著名的出版物（如参考文献［12］、［13］）都是把它作为一种编程语言来介绍的。世界上所有的关于 IEC61131-3 的编程环境（软件系统），如 CoDeSys，ISaGraf，InControl 都是把 SFC 作为一种编程语言来对待的，所以本书也把 SFC 作为一种图形语言，来介绍它的内容和应用。

9.1.2　IEC61131-3 简介

IEC61131-3 提供了 5 种 PLC 的标准编程语言，其中有三种图形语言，即梯形图（Ladder Diagram，LD）、功能块图（Function Block Diagram，FBD）和顺序功能图（Sequential Function Chart，SFC）；两种文本语言，即结构化文本（Structured Text，ST）和指令表（Instruction List，IL）。在有些文献中把文本化的 SFC 作为一种 IEC61131-3 的文本语言，但在实际中很少会用到，有些文献中也未提到。

不同的编程语言各有其特点和适用场合，世界上不同地区的电气工程师对它们的偏爱程度也不一样。在我国，大家对 LD、IL 和 SFC 比较熟悉，而很少有人使用 FBD。ST 是一种在传统的 PLC 编程系统中没有的或很少见的编程语言，不过相信以后会越来越多地使用 ST 的。

1. LD

梯形图是最早使用的一种 PLC 的编程语言，也是现在最常用的编程语言。它继承了继电器/接触器控制系统中的基本工作原理和电气逻辑关系的表示方法，在逻辑顺序控制系统中得到了广泛的使用。它的最大特点就是直观、清晰。在 IEC61131-3 中，LD 的功能比传统的 LD 编程语言更加强大，它甚至可以和 FBD 一起使用。

2. FBD

功能块图是另外一种图形形式的 PLC 编程语言。它使用像电子电路中的各种门电路，加上输入、输出，通过一定的逻辑连接方式来完成控制逻辑，也可以把函数（FUN）和功能块（FB）连接到电路中，完成各种复杂的功能和计算。使用FBD，用户可以编制出自己的FUN或FB。较早的PLC没有提供FBD编程功能。另外，由于使用习惯的问题，在我国使用FBD编程的人并不多。

3. SFC

SFC编程方法是法国人开发的。它特别适合在复杂的顺序控制系统中使用。在SFC中，最重要的三个元素是状态（步）、与状态相关的动作、转移。在IEC61131-3中，SFC的使用更加灵活。它的转移条件可以使用多种语言实现，另外还提供了和步有关的多种元素供用户使用。越来越多的人已开始使用SFC编程。

4. ST

对目前使用PLC的人来说，结构化文本是一种较新的编程语言，但原来学习过PASCAL或C语言的人都知道结构化编程的好处，ST就是这样的一种用于PLC的结构化方式编程的语言。使用ST可以编制出非常复杂的数据处理或逻辑控制程序。随着IEC61131-3的推广和发展，相信使用ST的人会越来越多。

5. IL

指令表也是一种比较早的PLC的编程语言，它使用一些逻辑和功能指令的缩略语来表示相应的指令功能，按照一定的语法和句法编写出一行一行的程序，来实现我们所要求的控制任务的逻辑关系或运算。在我们刚学习PLC时，都知道它是和梯形图语言一一对应的。IL就像我们学习的汇编语言一样，机器码编码效率较高，但理解起来不方便。IL在使用时会出现一些麻烦，如缩写符号不容易记忆，不容易在字面上理解，使用FUN或FB时也很繁琐等，所以使用IL的人不是很多。现在有了ST，以后使用IL的人可能会越来越少。

9.1.3 IEC61131-3的突出特点

与过去的PLC编程系统相比，IEC61131-3在以下几方面有着突出的特点：

1. 良好的结构化编程环境

IEC61131-3鼓励充分使用结构化的编程技术，把一个程序有效地分解成多个等级化的子结构，该子结构可能是程序组织单元（POU）中的任何元素形式，即它可以是一段程序、一个函数或一个功能块。然后按照“自上而下”或“自下而上”的编程思想来编制程序。

2. 极强的数据类型检测功能

在IEC61131-3中定义了完整的数据类型，在进行参数定义时就要求把数据类型说清楚，否则就无法通过编译，这样在程序正式运行时，由于数据类型错误引起的大量麻烦就被提前避免了。而在以往的PLC，特别是小型PLC中，对数据类型的检测不是十分严格。

3. 支持全面的程序执行控制功能

在一个系统中，所有任务的执行方式（比如扫描方式和速度）不一定相同，有些任务需要定期扫描执行，有些任务只需执行一次或在某些条件满足的情况下执行，而需要定期扫描执行的程序，它们需要的扫描速度可能也不一样。IEC61131-3 中就提供了全方位的程序执行控制功能，可以满足灵活的程序执行控制的需要。

4. 极强的复杂顺序控制功能

IEC61131-3 中提供的顺序功能图（SFC）编程语言可以方便地完成极为复杂的顺序控制程序设计。在使用 SFC 时，还可以在相应的动作或转移中使用 SFC 或其他编程语言来实现所需要的功能，这一点也是传统 PLC 中的顺序功能图编程语言不能比拟的。

5. 可以进行数据结构定义

除了可以对单个的数据进行定义外，还可以把一组数据作为一个整体进行定义，这一组数据中可能有多种不同的数据形式。这样在外界看起来，它们就像一个数据一样，这就给程序中的不同部分进行数据传递带来了较大的方便，而且可以提高程序的可读性，减少和数据类型定义有关的错误。

6. 编程语言的灵活选择

在一个大的系统中，不同的控制部分其特点也不一样，对不同的部分使用最方便和最合适的编程语言进行编程是 PLC 工程师梦寐以求的事情。在 IEC61131-3 中，这些都变成了现实。比如逻辑顺序控制部分可以使用顺序功能图编程语言编程，在大量计算和判断的过程控制部分可以使用结构化文本（ST）编程语言进行编程。在 IEC61131-3 中，一个程序可能由多个部分组成，而每个部分所使用的编程语言不一定是相同的，用户可以根据自己的需要在 5 种编程语言中自由选择。

7. 丰富的独立于制造商的软件产品

IEC61131-3 提供了标准的编程语言和程序执行方法，因此在工业生产过程中，许许多多的典型控制环节或其他技术问题都可以通过编制可复用的程序或功能块来实现和解决。而这些程序和功能块是独立于任何制造商的，基于 IEC61131-3 的 PLC 都可以使用这些标准的软件产品。

9.2 IEC61131-3 编程基础

IEC61131-3 中涉及很多概念和术语，本节简要介绍其中一些最基本的概念，如 POU、变量的属性和定义、系统组态等，从而为后面的编程打下基础。

9.2.1 程序组织单元 POU

1. 定义

在模块化程序设计环境下，程序组织单元 POU（Program Organization Unit）是用户程序中最小的、独立的软件单元，它是全面理解新语言概念的基础。它相当于传统编程系统中的块（Blocks），POU 之间可以带参数或不带参数地相互调用。在 IEC61131-3 中定义了三种类型的 POU，按其功能的递增顺序依次为函数（Function，FUN）、功能块（Function Block，FB）和程序（Program，PROG）。

FUN 是可以赋予参数但没有静态变量（没有记忆）的 POU，当以相同的输入参数调用时，它总是生成相同的结果作为函数输出。例如我们过去常用的算术运算指令。

FB是可以赋予参数并具有静态变量（有记忆）的POU，当以相同的输入参数调用时，它的输出状态取决于其内部变量和外部变量的状态，它能记忆状态信息。例如定时器和计数器等。

PROG代表PLC用户的最高层，即程序，它能存取PLC的I/O变量，这些I/O变量必须在该POU或其上层（资源、配置）中予以说明。在其他方面PROG和FB一样。

2. 组成

POU中的元素组成如图9-1所示。这些元素如下：

1）POU的类型和名称（对函数来说，后面还要有数据类型）；

2）变量的说明部分；

3）带有指令的POU主体。

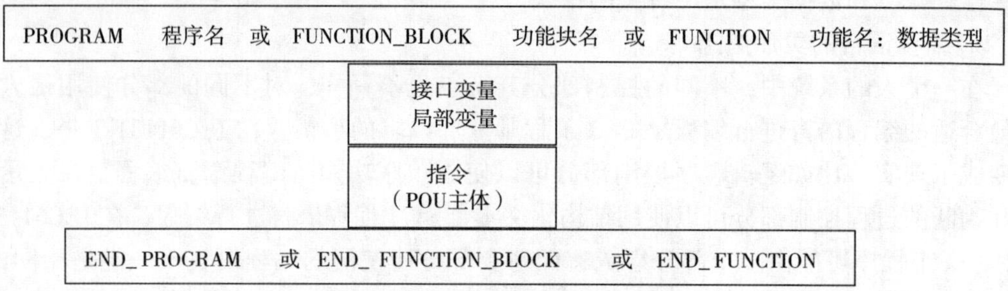

图9-1　POU中组成元素

说明部分是对变量进行说明，在IEC61131-3中，变量用于对用户数据进行初始化、处理和存储，在每个POU的开始必须对变量进行说明，即要明确定义变量的数据类型、初始值或物理地址等属性。

POU的指令或代码（主体）紧接着说明部分，它包含PLC的执行指令，该主体部分可以用IEC61131-3提供的任何编程语言编写。

POU中的变量类型和使用规定见表9-1。

表9-1　POU中的变量类型和使用规定

变量类型		存取权限		允许使用		
名称	表示	外部	内部	PROG	FB	FUN
局部变量	VAR	—	读，写	是	是	是
输入变量	VAR-INPUT	写	读	是	是	是
输出变量	VAR-OUTPUT	读	读，写	是	是	否
输入/输出变量	VAR-IN-OUT	读，写	读，写	是	是	否
外部变量	VAR-EXTERNAL	读，写	读，写	是	是	否
全局变量	VAR-GLOBAL	读，写	读，写	是	否	否
存取路径	VAR-ACCESS	读，写	读，写	是	否	否

［**例9-1**］　下面以一个标准函数“二值选择”为例来介绍POU的组成。

“二值选择”这个标准函数有三个输入端，其规则是：若G=0，则输出取IN0的值；若G=1，则输出取IN1的值。用结构化文本编程语言描述的该POU如下所示：

```
FUNCTION        SEL:    ANY     (* POU定义开始,该例的POU是个FUN* )
    VAR_INPUT       (* 以下属于定义接口变量和局部变量部分,该例中的变量只有输入变量* )
        G : BOOL;
        IN0 : ANY;
        IN1 : ANY;
    END_VAR
    IF G=0 THEN   (* 以下是POU的主体,即指令部分* )
        SEL := IN0;
    ELSE
        SEL := IN1;
    END_IF;
END_FUNCTION        (* POU定义结束,要写上END_……* )
```

3. POU的相互调用

POU之间可以相互调用，所遵守的规则如下：

1）PROG可以调用FB和FUN，但不允许反方向调用；

2）FB可以调用FB；

3）FB可以调用FUN，但不允许反方向调用；

4）POU不能进行递归调用，即POU不能直接或间接地调用它自身。

图9-2所示为POU之间的调用关系。

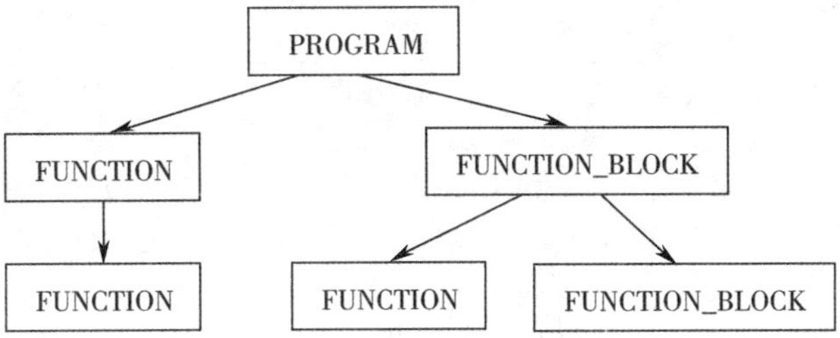

图9-2　POU之间的调用关系

9.2.2　简单语言元素

PLC程序是由一定数量的基本语言元素（最小单元）组成的，把它们组合在一起以形成“说明”或“语句”。简单语言元素包括分界符、关键字、直接量和标识符等。

1. 分界符

分界符是具有一定含义的专用字符，用在“说明”或“语句”中起隔离、标示等作用。主要的分界符有逗号、单括号、星号、井号、加号、减号、等号、空格和分号等。

一般来说，逗号用于隔开多个变量；分号表示ST编程语言中一条语句的结束；（* *）之间存放对程序和语句的解释部分；冒号加等号表示ST编程语言中的赋值等。

2. 关键字

关键字是标准的标识符，它的拼写和具体意义在IEC61131-3中有明确的规定，用户不可以对其进行任何更改，关键字也不能用于用户定义的变量或其他名称。

关键字对大小写没有严格规定，即不论大小写还是其混合形式，都表示同一个关键字。在实际使用中，通常使用大写来表示关键字。

保留的关键字一般包括：

1）数据类型的名称；

2）标准FUN、FB的名称，以及它们的输入（仅FB）/输出参数名称；

3）IEC61131-3编程语言中的某些变量、运算符和语言元素。

3. 直接量

直接量表示某些常数的数值，它有三种类型：

1）数字直接量（布尔值、各种数制的数值、整数和浮点数等）；

2）字符串；

3）时间直接量（时间、持续时间和日期等）。

表9-2所列为直接量表达式的典型示例。

表9-2 直接量表达式的典型示例

数据类型	数的表达	说明
布尔值	0，1或FALSE，TRUE	位值
不同数制	58，2#00111010，16#3A	数58的不同数制表示
整数	1963，-59	有符号或无符号整数
浮点数	63.9，-0.76，669E+9	浮点数
字符串	“ ”，“fieldbusTech”	可以是空串和实串
持续时间	t#8d3h9m30s88ms	日、时、分、秒、毫秒
	Time#19h-7m-2s	大小写或混写均可
	TIME#-10m-5s	也可以有负值
日期	D#1980-09-01	年、月、日
一天中的时间	Tod#16：20：59.28	时：分：秒.百分秒
日期和时间	dt#1984-07-12-19：18：36.7	日期和时间的组合

在IEC61131-3中，日期和时间的表示方法非常灵活，为了方便可以使用简单的，为了表达清晰也可以用复杂的。表9-3所列为日期和时间的各种表示方法。

表9-3 日期和时间的各种表示方法

持续时间	日期	一天中的时间	日期和时间
TIME#	DATE#	TIME-OF-DAY#	DATE-AND-TIME#
T#	D#	TOD#	DT#
time#	date#	time-of-day#	date-and-time#
t#	d#	tod#	dt#
Time#	Date#	Time-of-day#	Date-and-time#

4. 标识符

在使用 IEC61131-3 设计程序时，有许多元素需要给它们起一个名字，如各种变量、程序、配置、资源、任务、标号、动作、步、存取路径等，这个名字就是标识符。标识符是由数字、字母和单个的下划线按一定的规则组成的一个字符串。标识符组成规定一般如下：

1）标识符以字母或下划线开始，而不能以数字开始；

2）字母没有大小写之分；

3）下划线不能连续使用，即在一个地方只能使用单个的下划线；

4）标识符的前 6 位必须是唯一的，当然也许有的系统允许的有效位会更长。

［**例 9-2**］　简单语言元素使用举例。

```
FUNCTION   RealAdd: REAL                 (* 函数定义,包括其名称和数据类型* )
    VAR_INPUT                            (* 定义变量类型,该例为输入变量* )
        Inp1,Inp2 : REAL;                (* 变量说明 * )
    END_VAR                              (* 变量定义结束* )
    RealAdd: = Inp1 + Inp2 + 5. 369E-6;  (* ST 编程语言编写的计算公式* )
END_FUNCTION                             (* 函数定义结束* )
```

该例是使用 ST 编程语言定义了一个函数。从该例中可以发现使用了冒号、逗号、分号、星号和括号等，请大家体会它们的使用方法。

9.2.3 数据类型

1. 常规数据类型概述

现在的 PLC 在工业自动化系统中使用的越来越广，需要使用的数据类型也越来越多。过去不同的 PLC 编程系统定义的数据类型在表示方法、数据范围、存储方法等方面存在着许多不兼容的地方，给用户的使用带来了不便。IEC61131-3 详细定义了 PLC 编程最常用的数据类型，同时也允许用户自己定义导出的数据类型。在这里我们不再对基本数据类型分别讲解，而是使用类（generic）数据类型的表示方法把 IEC61131-3 的数据类型族清晰地罗列出来，如图 9-3 所示。图中，前缀 ANY 表示“类”的概念，例如所有整数的数据类型（INT）为 ANY-INT。类数据类型就是由单个的数据类型集合而成的。

2. 几个重要概念

（1）导出的数据类型

为了保证程序的可靠性和使用数据时的一致性，在基本数据类型的基础上，用户可以建立自己的“用户定义”的数据类型，这个过程称为导出或类型定义，这种用新名称定义的数据类型称为导出数据类型。

对数据类型定义时要使用文本表示方式，声明时以 TYPE 开始，最后以 END_TYPE 结束。

类型	描述	范围
ANY		
ANY_DERIVED	用户导出数据类型	
ANY_ELEMENTARY	标准数据类型	
ANY_MAGNETUDE		
ANY_NUM		
ANY_REAL		
REAL	32 位浮点数	$\pm 3.402823 \times 10^{38}$
LREAL	64 位浮点数	$\pm 1.79769313486231 \times 10^{308}$
ANY_INT		
SINT	8位符号整数	$-128 \sim +127$
INT	16位符号整数	$-32768 \sim +32767$
DINT	32位符号整数	$\pm 2.15 \times 10^{9}$
LINT	64位符号整数	$\pm 9.2 \times 10^{18}$
USINT	8位无符号整数	$0 \sim 255$
UINT	16位无符号整数	$0 \sim 65535$
UDINT	32位无符号整数	$0 \sim 4.3 \times 10^{9}$
ULINT	64位无符号整数	$0 \sim 1.8 \times 10^{19}$
TIME	持续时间	
ANY_BIT		
BOOL	1位布尔值	TRUE 或 FALSE
BYTE	8位二进制数	$0 \sim FF_{16}$
WORD	16位二进制数	$0 \sim FFFF_{16}$
DWORD	32位二进制数	$0 \sim FFFFFFFF_{16}$
LWORD	64位二进制数	$0 \sim \underbrace{FF\cdots\cdots F}_{16个}{}_{16}$
ANY_STRING		
STRING	8位长度的字符串变量	
WSTRING	16位长度的字符串变量	
ANY_DATE		
DATE	日期	
TIME_OF_DAY	一天中的时间	
DATE_AND_TIME	一天的日期和时间	

图 9-3 IEC61131-3 的数据类型

（2）结构化数据类型

如果在同一个小的典型对象中有一组变量，则可以对这一组变量进行统一定义，该组变量的定义具有结构化的性质，它们是从已经存在的数据类型中导出的新的复合型数据类型。定义结构化数据类型是以 STRUCT 开始，以 END_ STRUCT 结束。例 9-3 所示是一个压力传感器的结构化的数据类型定义举例。在该例中的变量包括当前压力的模拟量实时值、传感器的状态（操作是否正常）、校正日期、所允许的最大安全操作值和在目前操作阶段的报警次数等。这个新的导出的数据类型是 PRESSURE_ SEN-

SOR，它是一个结构化的数据类型。

［**例 9-3**］　导出数据类型和结构化数据类型使用举例。

```
TYPE
    PRESSURE:      REAL;
END_TYPE
TYPE PRESSURE_SENSOR:
    STRUCT
        INPUT:                 PRESSURE;
        STATUS:                BOOL;
        CALIBRATION:           DATE;
        HIGH_LIMIT:            REAL;
        ALARM_COUNT:           INT;
    END_STRUCT
END_TYPE
```

（3）枚举

枚举是个特殊的数据类型，它允许对同一变量的不同状态（不同值）定义不同的名字。如我们在实际项目中经常用到的设备工作状态，设备的工作状态有初始状态、运行状态、停止状态和故障状态等，这个设备工作状态就可以定义成枚举数据类型，如例 9-4 所示。

［**例 9-4**］　枚举数据类型使用举例 1。

```
TYPE DEVICE_MODE:
    (INITIALISING, RUNNING,STANDBY,FAULTY);
END_TYPE
```

其实枚举数据类型并不是导出数据类型，因为它不是从任何基本的数据类型中导出的。因为我们用整型（INT）来实现枚举数据类型，所以会给人以导出数据类型的印象。为了不引起混淆，在编程中使用导出数据类型时，我们不直接使用括号中的名字，而是使用“数据类型#具体变量名”的方法。使用方法如例 9-5 所示。

［**例 9-5**］　枚举数据类型使用举例 2。

```
TYPE
    VALVE_MODE:(OPEN,SHUT,FAULTY);
    PUMP_MODE:(RUNNING,OFF,FAULTY);
END_TYPE
……
IF AX100 = PUMP_MODE#FAULTY   THEN
    XV2: = VALVE_MODE#OPEN;
……
```

（4）数组

现在的 PLC 允许使用数组来表示一组在数据存储区中具有相同数据类型的定向连续的数据元素。例 9-6 所示为数组的使用举例。在该例中，PRESSURE 是个导出数据类型。

［**例 9-6**］　数组使用举例。

```
TYPE VESSEL_PRESS_DATA:
    ARRAY[1..20] OF PRESSURE;
END_TYPE
```

（5）数据范围

在对变量进行数据类型定义时，还可以增加一个属性，即数据范围的大小。其使用举例如例 9-7 所示。

（6）初始值

在 IEC61131-3 中，数据变量的初始缺省值是“0”，字符串的初始缺省值是空串，日期的缺省值是“D#0001-01-01”。我们也可以对变量的初始值进行定义，当程序开始启动（有热启动和冷启动之分）时，这些初始值会自动生效。外部变量和输入/输出变量不能定义初始值。其使用举例如例 9-7 所示。

［**例 9-7**］　变量数据类型综合应用举例。

```
TYPE
    PRESSURE:REAL(0.1..30.0):=1.0;      (* 压力范围是 0.1~30.0bar,初始值是 1.0bar* )
END_TYPE
TYPE PRESSURE_SENSOR:
    STRUCT
        INPUT:             PRESSURE:=2.0;
        STATUS:            BOOL:=0;
        CALIBRATION:       DATE:=DT#2005-08-01;
        HIGH_LIMIT:        REAL:=28.0;
        ALARM_COUNT:       INT:=0;(* 不报警* )
    END_STRUCT
END_TYPE
TYPE
    VALVE_MODE:(OPEN,SHUT,FAULTY):=SHUT;
    PUMP_MODE:(RUNNING,OFF,FAULTY):=OFF;
END_TYPE
TYPE VESSEL_PRESS_DATA:
    ARRAY[1..20] OF PRESSURE
        :=[10(1.0),5(1.2),1.4,1.5,1.6,1.8,1.7];
END_TYPE
```

9.2.4　变量

1. 主要变量简介

在编制 POU 之前，必须对变量进行定义和声明，使用变量的地方不同，所使用的变量也会有区别。在表 9-1 中我们列出了 IEC61131-3 中的变量类型，下面我们再简要介绍一下主要的变量。

1）输入变量　在某种意义上，就像传统 PLC 中的输入量一样，为 POU 提供外部接口的输入数据，但它也可以是专为 FUN 或 FB 定义的没有外部物理输入接口的变量。

2）输出变量　在某种意义上，就像传统 PLC 中的输出量一样，POU 提供输出数据到外部接口，但它也可以仅仅是 FUN 或 FB 的输出，而没有相对应的外部物理输出接口。

3）输入/输出变量　具有输入变量和输出变量的功能，但它没有传统意义上的物理接口。在编写 FUN、FB 时会用到。

4）全局变量　如果希望一个变量在结构、源或程序中的任何 POU（FB 除外）中使用，则该变量必须定义为全局变量。

5）外部变量　在 POU 中，可以定义变量为外部变量，它可以提供连接结构、源或程序层的全局变量的通道。外部变量解决了全局变量、直接地址变量和 FB 之间的连接问题。

6）临时变量　在 POU 内部定义的一种可以存储中间计算结果的变量。

7）存取通径（ACCESS）变量　它提供了一种配置之间进行数据交换（通信）的渠道。

2. 定义变量

在对变量进行定义时，一般应包括的内容和形式如图 9-4 所示。

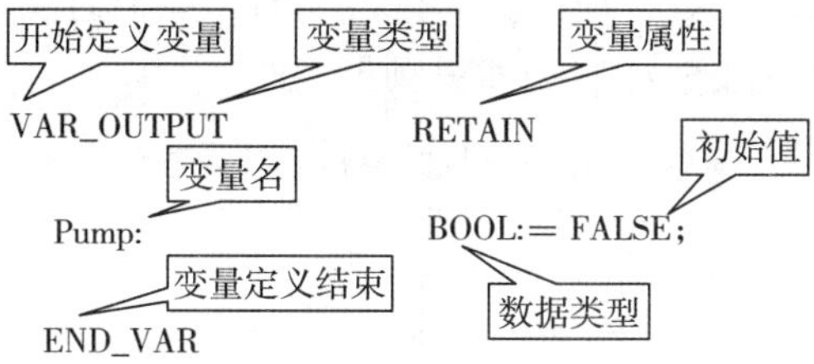

图 9-4　变量定义的形式和内容

如果定义几个类型相同的变量，则可以用逗号把它们隔开，一起定义。

对存取路径 ACCESS 进行定义时稍有区别，其举例说明如图 9-5 所示，对 ACCESS 的使用见下面一节“系统配置”中的应用举例。

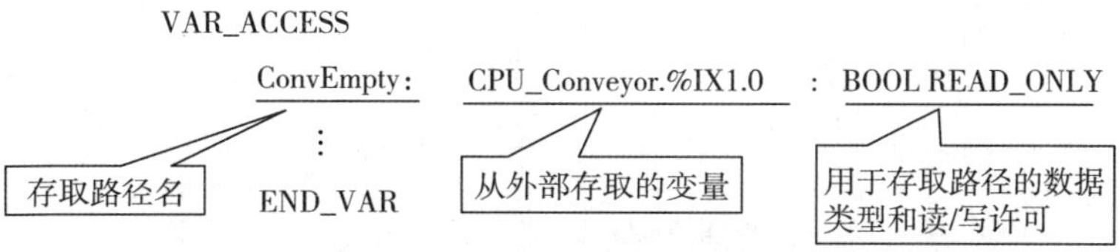

图 9-5　ACCESS 变量定义的形式和内容

［**例 9-8**］ 变量定义举例。

```
VAR_INPUT
    SB1, SB2, SB3 : BOOL;
    Max_Counter:  USINT;
END_VAR
VAR_OUTPUT
    Motor1 :  BOOL;
    Message : STRING(10);
END_VAR
VAR_EXTERNAL
    Line_Speed : LREAL;
    Job_Number : INT;
END_VAR
VAR
    PER : INT;
END_VAR
```

3. 变量地址的直接表示

在传统的 PLC 中，当我们使用其内部资源（如输入继电器、输出继电器、中间继电器等）时，我们用的是它们的直接地址。在 IEC61131-3 中，这种变量也可以用地址直接表达或以符号变量的形式出现。它们以“%”开始，然后是表示 I（输入）、Q（输出）和 M（中间继电器）的字母，接下来是表示 PLC 地址数据宽度的字母，如 X（位）、B（字节）、W（字）、D（双字）等，最后是用分级地址（hierarchical address）表示的具体的直接地址。在对这种变量进行说明时，要通过关键字“AT”指定。

IEC61131-3 地址的直接表示方法和举例见表 9-4。

表 9-4 变量地址的直接表示方法和举例

直接地址表示				说明
%				引导字符
	I Q M			输入继电器 输出继电器 中间继电器
		non e X B W D L		位 位 位 字节 字 双字 长字
			V. W. X. Y. Z	分级地址，位置的数量和解释取决于制造商。Z-位、Y-字、X-模块、W-机架、V-PLC

（续）

直接地址表示				说　明
举　例				
%	I		100	输入位 100
%	Q	X	10	输出位 10
%	M	X	2.3.2.1	机架 2 模块 3 字 2 的中间继电器位 1
%	I	W	1.2.8	机架 1 模块 2 的输入字 8
%	Q	W	3	输出字 3

［**例 9-9**］　直接表达变量和符号变量举例。

```
VAR
    (* 直接表达的变量* )
  AT % I3 : BOOL;  (* 输入位 3* )
  AT % QB2 : INT;  (* 输出字节 2* )
    (* 符号变量的表示* )
  WYH  AT % ML9 : LREAL;  (* 在地址 9 的中间继电器长字* )
  KM AT % Q8 : BOOL;  (* 在地址 8 的输出位* )
END_VAR
```

在 IEC61131-3 的应用中，PLC 系统的层次划分更加宽泛，程序也可以编制得很大。尽管我们过去比较熟悉使用直接物理地址，但在以后的 PLC 程序设计中，建议大家尽可能放弃原来的习惯，即不再使用直接的物理地址，而多使用符号变量，这样编程效率会有较大的提高，也会给阅读者带来极大的方便。

4. 变量类型的属性

在 IEC61131-3 中设置了一些限定符，使用它们可以将附加的特性赋给变量。这些限定符和它们的解释如下：

RETAIN 具有带电保持功能的变量。在系统掉电后，该变量的当前值可以通过后备电池保持。VAR、VAR_ OUTPUT、VAR_ GLOBAL 可以使用 RETAIN。

CONSTANT 常数变量。这种变量其实是个常数，不过它有一个变量名。VAR、VAR_ GLOBAL 可以使用 CONSTANT。

R_ EDGE 上升沿。可以识别上升沿的变量。

Q_ EDGE 下降沿。可以识别下降沿的变量。

上述两种属性只对 VAR_ INPUT 有效。其实在编程时，当用到上升沿或下降沿功能时，我们更多的会使用相应的标准功能块。

READ_ ONLY 只读。

READ_ WRITE 读写。

上述两种属性只对 VAR_ ACCESS 有效。

在使用这些限定符时，RETAIN 和 CONSTANT 是在变量类型的关键字后立即指定，这两个限定符对变量说明的整个段有效。其他四个限定符是单独地分配给不同的变量说明，它们不能与前两个限定符组合使用。

［**例 9-10**］　变量类型的属性使用举例。

```
VAR_OUTPUT    RETAIN
    Speed : BYTE;
END_VAR
VAR    CONSTANT
    SpeedRatio : BYTE: =16#80;
END_VAR
```

9.2.5　系统配置

在讲系统配置或 PLC 配置之前，先介绍两个重要概念，即资源和任务。

在 IEC61131-3 中，PLC 可以是我们原来熟悉的只有一个 CPU 的简单的 PLC，也可以是包含多个处理单元（CPU）或专用处理器的 PLC，这些处理器就称为资源。对资源可以进行定义或说明，定义从关键字 RESOURCE 开始，以 END_ RESOURCE 结束。在资源说明中，其内容一般包括全局变量说明、通径变量说明、程序说明和任务定义等。一个资源的元素构成示意图如图 9-6 所示。

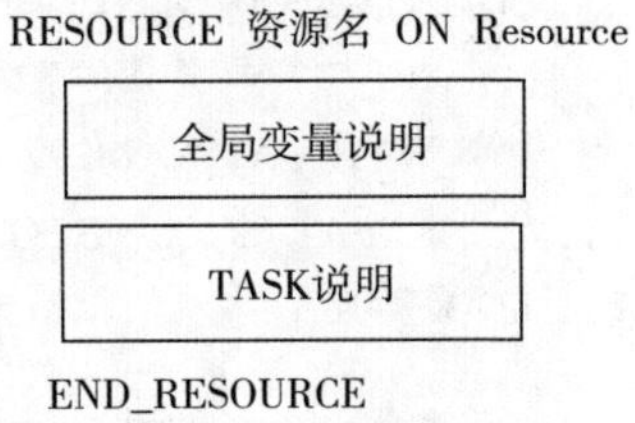

图 9-6　资源元素的构成

在实时控制系统中，由于控制对象不同阶段的任务和工作过程不同，相应的程序也不同，我们需要对这些不同的程序进行灵活的调用和组态。在 IEC61131-3 中，若干个程序能同时运行于同一个资源，它们可以有不同的优先权和类型，即程序可以是单周期执行的（在需要时只执行一次）、可以是循环执行的（按一定的时间间隔循环执行），也可以是按照不同的优先级执行（优先级为 0、1、2……，0 的优先级最高）的。实现这样的功能由任务（TASK）来完成，每一个程序与一个任务（TASK）相关联（使用关键字 WITH），这样就可以使程序进入运行期。在一个资源内定义的关键字 PROGRAM，与 POU 开始部分进行类型说明的 PROGRAM 的含义是不同的。在一个资源内，关键字 PROGRAM……WITH 用于将一个任务链接到类型为 PROGRAM 的一个 POU。由此看来，定义任务的目的就在于规定程序以及功能块的运行期特性。在配置时，没有被说明的程序也可以运行，但它们的优先级最低。在编制一个小的程序时，因为比较简单，所以经常不对其进行说明。

IEC61131-3 使用配置或组态将 PLC 系统的所有资源集合起来，除了将任务分配给 PLC 系统的物理资源外，还提供其数据交换的手段。一个配置包含的元素如图 9-7 所示。

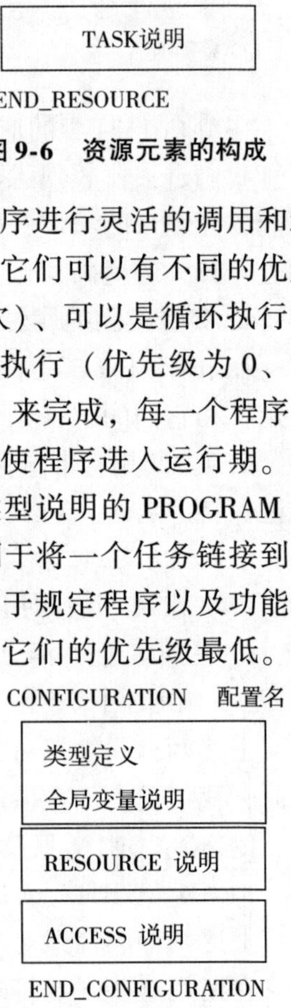

图 9-7　配置元素的构成

在一个配置内，可以做出对整个 PLC 项目全局有效的类型定义。全局变量仅在一个配置内有效，所以配置与配置之间的通信由 ACCESS 定义的存取路径变量完成。

IEC61131-3 中只提供了不同配置的程序间交换数据的外部通信功能，更加强大的网络间的数据交换在 IEC61131-5 中定义。通过 ACCESS 通径进行通信的示意图如图 9-8 所示。

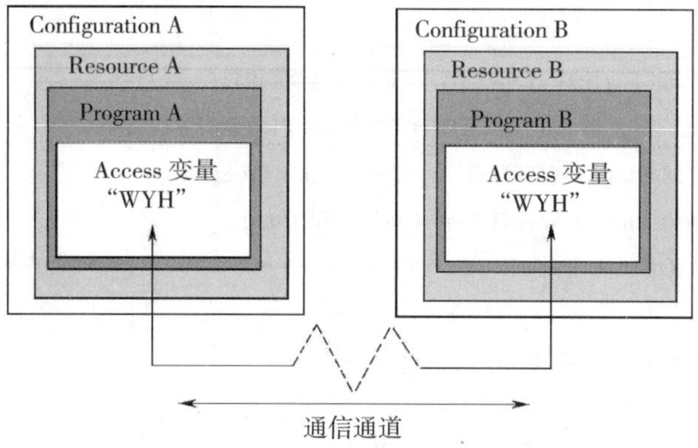

图 9-8　IEC61131-3 中通过 ACCESS 通径的通信

图 9-9 所示为一个典型的 IEC61131-3 软件结构图。

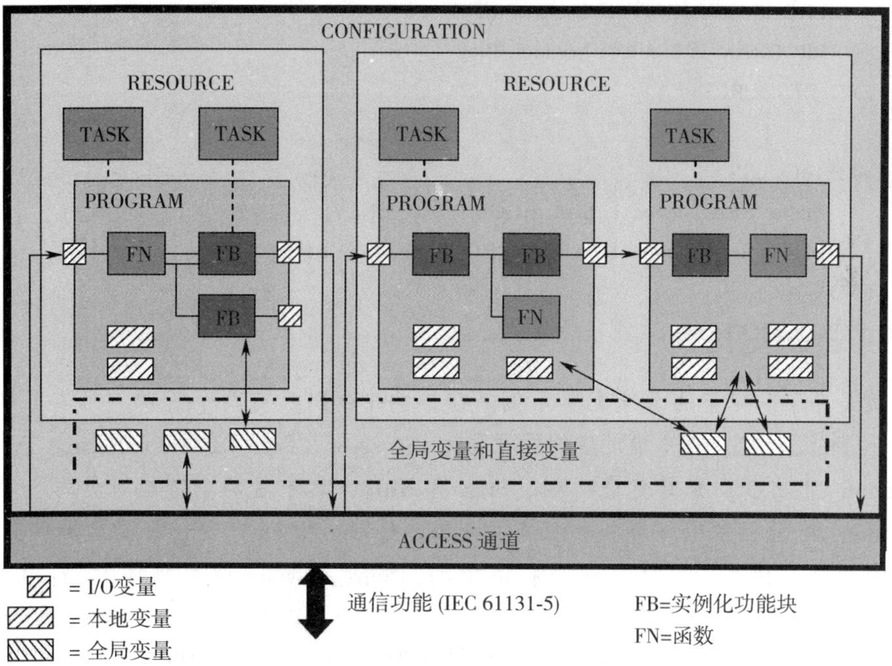

图 9-9　IEC61131-3 软件构成示意图

［**例 9-11**］　IEC61131-3 系统组态举例。一个完整的系统配置如下：

```
CONFIGURATION Cell_1
    VAR_GLOBAL W: WORD; END_VAR
    RESOURCE Station_1 ON Processor_Type_1
```

```
        VAR_GLOBAL
            X1: REAL;
            Start AT %IX10: BOOL;
            AnIn AT %IW2: UINT;
        END_VAR
        TASK Slow_Cyclic(INTERVAL: = T#1s, PRIORITY: =2);
        TASK Fast_Cyclic(INTERVAL: = T#50ms, PRIORITY: =1);
        PROGRAM Prog_1 WITH Slow_Cyclic: SlowProg;
        PROGRAM Prog_2 WITH Fast_Cyclic: FastProg;
    END_RESOURCE

    RESOURCE Station_2 ON Processor_Type_3
        VAR_GLOBAL
            Clock AT %MX1900.0 : BOOL;
        END_VAR
        TASK Cyclic(INTERVAL: = T#100ms, PRIORITY: =2);
        TASK Interrupt(SINGLE: = Clock, PRIORITY: =1);
        PROGRAM P_1 WITH Cyclic: Prog_3;
        PROGRAM P_2 WITH Interrupt: Prog_4;
    END_RESOURCE

    VAR_ACCESS
        Master_Start: Station_1. Start: BOOL READ_ONLY;
        Master_Stop: Station_1. %IX1.2: BOOL READ_WRITE;
    END_VAR
END_CONFIGURATION
```

本例是一个较完整的系统配置示例。在该例中，PLC 有两个资源，名字分别为 Station_ 1 和 Station_ 2，与其相对应的处理器为 Processor_ Type_ 1 和 Processor_ Type_ 3。

Station_ 1 有 3 个全局变量：X1、Start 和 AnIn，其中后两个有相对应的硬件输入地址。Station_ 1 运行两个循环执行任务：Slow_ Cyclic 和 Fast_ Cyclic，后者有较短的扫描时间和较高的优先级。在每一个扫描周期，Slow_ Cyclic 调用程序 Prog_ 1，Fast_ Cyclic 调用程序 Prog_ 2。

Station_ 2 有 1 个全局变量 Clock，它的地址是中间继电器 1900 的位 0。它有两个任务，任务 Cyclic 每 100ms 执行一次，任务 Interupt 在布尔变量 Clock 的上升沿时执行，Interupt 有较高的优先级，所以它可以中断 Cyclic 的运行，在某种意义上，这就相当于我们原来使用中断程序一样。Cyclic 和 Interupt 分别调用程序 Prog_ 3 和 Prog_ 4。

本例有 2 个资源 Station_ 1 和资源 Station_ 2 共享的 ACCESS 变量，其中 Master_ Start 是在资源 Station_ 1 中定义的外部存取变量 Start，它在资源 Station_ 1 中可以进行读写操作，但由于 Master_ Start 是一个只读的 ACCESS 变量，所以在资源 Station_ 2 中只能进行读操作，而不能进行写操作。ACCESS 变量 Master_ Stop 在这 2 个资源中都可以进行读写操作。

9.3　标准函数及功能块

IEC61131-3 不仅对编程语言进行了标准化，而且还前进了一大步。它统一了典型 PLC 函数的实现方法，即在 IEC61131-3 中定义了典型的 PLC 的函数和功能块，并且精确地描述了它们的行为特性。如我们所熟悉的 PLC 的各种功能指令、定时器、计数器等都属于这个范畴，这些元素就是标准函数和标准功能块。它们是独立于任何 PLC 制造商的。它们的名字作为关键字保留。当然制造商也可以提供其他的函数或功能块，去支持他们 PLC 特殊的硬件性能和 PLC 系统的其他特性。

9.3.1　标准函数

1. 函数的基本概念

函数（FUN）是一个可以重复使用的最基本的软件元素。一个函数可以有一个或多个输入参数，它没有输出参数，但它能正确地返回（产生）一个元素作为函数（返回）值。通俗地理解，我们过去在传统 PLC 中使用的很多功能指令，如运算、数学、数制转换、移位等都是现在的所谓“函数”。除此之外，用户也可以自己编写函数。在使用函数时要注意以下几点：

1）对同一个函数来说，相同的输入值总是产生相同的结果（返回值）；

2）和功能块 FB 不同，函数不存储暂态结果、状态信息或内部数据，函数没有存储器，也就是说它进行的是“无记忆”的操作；

3）函数不可调用诸如定时器、计数器或边沿检测等功能块；

4）不允许在函数内使用全局变量，也不允许把局部变量的属性设置为“保持”；

5）IEC61131-3 对数据类型有严格的规定，所以使用函数时必须保证数据类型设置正确；

6）对于不同的 IEC61131-3 的编程语言，函数的使用还有一些差别，如 EN（使能输入）和 ENO（使能输出）的使用。

2. 标准函数

（1）标准函数

为了简化和统一 PLC 编程系统的基本函数，IEC61131-3 为经常使用的基本函数预定义了标准函数集，并对这些函数的性能、运行时的行为特性以及调用接口都进行了标准化。IEC61131-3 定义了以下 8 组标准函数：

1）数据类型转换函数；

2）数值函数；

3）算术函数；

4）位-串函数（移位和按位运算的布尔函数）；

5）选择和比较函数；

6）字符串函数；

7）用于时间数据类型的函数；

8）用于枚举数据类型的函数。

表9-5为IEC61131-3中定义的全部标准函数，其中用于时间数据类型（ADD、SUB、MUL、DIV、CONCAT）和枚举数据类型（SEL、MUX、EQ、NE）的函数没有单独列出，而是与其他函数一起成组地列入算术、比较、选择和字符串的范畴中。

标准函数的具体使用请参考本章中的编程语言一节。另外，编程软件中的“帮助”和“向导”也可以为使用标准函数提供帮助。

表9-5 IEC61131-3的标准函数

标准函数（具有输入变量的数据类型）		函数值的数据类型	简要描述	多载	可扩展
类型转换					
*_TO_*	(ANY)	ANY	数据类型转换	是	否
TRUNC	(ANYR_REAL)	ANY_INT	四舍五入	是	否
BCD_TO_**	(ANYR_BIT)	ANY	从BCD转换	是	否
*TO_BCD	(ANYR_INT)	ANY_BIT	转换为BCD	是	否
DATE_AND_TIME_TO_TIME_OF_DAY	(DT)	TOD	转换为一天中的时间	否	否
DATE_AND_TIME_TO_DATE	(DT)	DATE	转化为日期	否	否
数值					
ABS	(ANY_NUM)	(ANY_NUM)	绝对数	是	否
SQRT	(ANY_REAL)	(ANY_REAL)	平方根	是	否
LN	(ANY_REAL)	(ANY_REAL)	自然对数	是	否
LOG	(ANY_REAL)	(ANY_REAL)	常用对数（底为10）	是	否
EXP	(ANY_REAL)	(ANY_REAL)	指数	是	否
SIN	(ANY_REAL)	(ANY_REAL)	正弦	是	否
COS	(ANY_REAL)	(ANY_REAL)	余弦	是	否
TAN	(ANY_REAL)	(ANY_REAL)	正切	是	否
ASIN	(ANY_REAL)	(ANY_REAL)	反正弦	是	否
ACOS	(ANY_REAL)	(ANY_REAL)	反余弦	是	否
ATAN	(ANY_REAL)	(ANY_REAL)	反正切	是	否
算术运算	(IN1, IN2)				
ADD {+}	(ANY_NUM, ANY_NUM)	ANY_NUM	加法	是	否
ADD {+}①	(TIME, TIME)	TIME	时间加法	是	否
ADD {+}①	(TOD, TIME)	TOD	一天中的时间加法	是	否
ADD {+}①	(DT, TIME)	DT	日期加法	是	否
MUL {*}	(ANY_NUM, ANY_NUM)	ANY_NUM	乘法	是	否
MUL {*}①	(TIME, ANY_NUM)	TIME	时间乘法	是	否
SUB {-}	(ANY_NUM, ANY_NUM)	ANY_NUM	减法	是	否
SUB {-}①	(TIME, TIME)	TIME	时间减法	是	否
SUB {-}①	(DATE, DATE)	TIME	日期减法	是	否
SUB {-}①	(TOD, TIME)	TOD	一天中的时间减法	是	否
SUB {-}①	(TOD, TOD)	TIME	一天中的时间减法	是	否
SUB {-}①	(DT, TIME)	DT	日期和时间减法	是	否
SUB {-}①	(DT, DT)	TIME	日期和时间减法	是	否
DIV {/}	(ANY_NUM, ANY_NUM)	ANY_NUM	除法	是	否
DIV {/}①	(TIME, ANY_NUM)	TIME	时间除法	是	否
MOD	(ANY_NUM, ANY_NUM)	ANY_NUM	余数	是	否
EXPT {**}	(ANY_NUM, ANY_NUM)	ANY_NUM	指数	是	否
MOVE {:=}	(ANY_NUM, ANY_NUM)	ANY_NUM	赋值	是	否

（续）

标准函数（具有输入变量的数据类型）	函数值的数据类型	简 要 描 述	多载	可扩展
移位 (IN1，N)				
SHL (ANY_ BIT，N)	ANY_ BIT	左移	有	否
SHR (ANY_ BIT，N)	ANY_ BIT	右移	有	否
ROR (ANY_ BIT，N)	ANY_ BIT	循环右移	有	否
ROL (ANY_ BIT，N)	ANY_ BIT	循环左移	有	否
按位运算 (IN1，IN2)				
AND {&} (ANY_ BIT，ANY_ BIT)	ANY_ BIT	按位的 AND	有	否
OR {>=1} (ANY_ BIT，ANY_ BIT)	ANY_ BIT	按位的 OR	有	否
XOR {=2k+1} (ANY_ BIT，ANY_ BIT)	ANY_ BIT	按位的 EXOR	有	否
NOT (ANY_ BIT，ANY_ BIT)	ANY_ BIT	按位取反	有	否
选择 (IN1，IN2)				
SEL (G，ANY，ANY)	ANY	二进制的选择（二取一）	有	否
SEL② (G，ENUM，ENUM)	ENUM	二进制的选择（二取一）	无	否
MAX (ANY，ANY)	ANY	最大	有	有
MIN (ANY，ANY)	ANY	最小	有	有
LIMIT (MN，ANY，MX)	ANY	限位	有	否
MUX (K，ANY，…ANY)	ANY	多路器（N 中选 1）	无	有
MUX② (K，ENUM，…ENUM)	ENUM	多路器（N 中选 1）		否
比较 (IN1，IN2)				
GT {>} (ANY，ANY)	BOOL	大于	有	有
GT {>=} (ANY，ANY)	BOOL	大于或等于	有	有
EQ {>=} (ANY，ANY)	BOOL	等于	有	有
EQ {>=}② (ENUM，ENUM)	BOOL	等于	无	否
LT {<} (ANY，ANY)	BOOL	小于	有	有
LE {<=} (ANY，ANY)	BOOL	小于或等于	有	有
NE {<>} (ANY，ANY)	BOOL	不等于	无	否
NE {<>}② (ENUM，ENUM)	BOOL	不等于		否
字符串 (IN1，IN2)				
LEN (STRING)	INT	字符串的长度	无	否
LEFT (STRING，L)	STRING	字符串的左方	有	否
RIGHT (STRING，L)	STRING	字符串的右方	有	否
MID (STRING，L，P)	STRING	从字符串的中部	有	否
CONCAT (STRING，STRING)	STRING	拼接	无	有
CONCAT① (DATE，TOD)	DT	时间拼接	无	否
INSERT (STRING，STRING，P)	STRING	插入（进入）	有	有
DELETE (STRING，L，P)	STRING	删除（在内部）	有	有
REPLACE (STRING，STRING，L，P)	STRING	替代（在内部）	有	有
FIND (STRING，STRING)	INT	寻找位置	有	有

① 表示用于时间数据类型的专门函数；
② 表示用于枚举数据类型的专门函数。
注：1. 表中的一些缩写符号的意思如下：
N：待移位的位数，数据类型是 UINT；
L：在字符串内的左侧位置，数据类型是 UINT；
P：在字符串内的位置，数据类型是 UINT；
G：在 2 个输入中选择，数据类型是 BOOL；
K：在 n 个输入中选择，数据类型是 ANY-INT；
MN：限制的最小值，数据类型是 ANY；
MX：限制的最大值，数据类型是 ANY；
ENUM：枚举的数据类型；
*：表示输入变量的数据类型；
**：表示函数值的数据类型。
2. 大括号 { } 中是该标准函数的简单替代名，如 ADD 可以用“+”代替。

（2）多载和可扩展函数

1）多载 对某一个函数来说，如果其输入变量以类数据类型描述，则称为多载(overload)。这表示该函数的输入变量不限于单一的一种数据类型，而是可用于不同的数据类型。

例如，如果一个PLC编程系统能识别INT、DINT和SINT，则它支持类数据类型ANY_ INT的多载函数ADD。也可以把一个标准函数限制为某一个数据类型，这时要把一个下划线以及相应的数据类型附加到该函数名字后，例如ADD_ INT是一个限于数据类型INT的加法函数，这样的标准函数称为类型化的标准函数。这样看来多载函数是独立于类型的。多载标准函数的说明如图9-10所示。

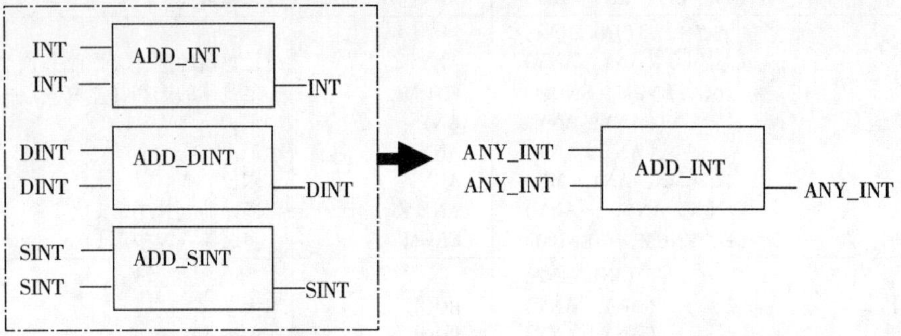

a）类型化的标准函数　　b）多载的标准函数

图9-10　多载标准函数的说明

当使用多载函数时，编程系统会自动选择合适的类型化函数。例如，如果调用ADD的实际参数的数据类型是DINT，则系统会自动选择和调用ADD_ DINT标准函数。

2）可扩展 对一个标准函数来说，如果其输入变量的数量是可变的，则称之为可扩展的（extensible）。如一个加法函数ADD，其输入端可以有2个数据，也可以有3个或4个数据，但对除法函数DIV就不行。该类函数的扩展程度受PLC所限制的上限或图形编程语言中方框高度限制。

9.3.2　标准功能块

1. 功能块的基本概念

功能块是一种重要的POU，它按一定的算法和动作组成一段程序，在某一个给定条件下产生新的输出数据。在控制系统中，我们经常会用到功能块，如PID闭环控制块、滤波块等，在某种程度上，它有点像原来我们使用的子程序或带参数的子程序。

功能块有输入变量、输出变量、内部变量以及临时变量等。功能块的程序段由各种算法、动作和传递等组成。当功能块执行时，它会组合属于它的变量和程序来产生新的输出数据和内部数据。

功能块和函数之间的最大区别就是它有存储功能。所以它被广泛地应用于需要有数据保持功能的地方。

使用功能块时，最重要的一点就是要把功能块实例化。通俗地说，实例化就是要给使用的功能块起一个专用的名字，就像我们原来使用定时器一样。例如，要用一个西门子 S7-200 PLC 中通电延时型的定时器 TON 时，我们要指定其中的一个，如 T37。这个 T37 就是一个名字，只不过现在我们不再使用这样与具体的硬件紧密结合的名字了。在 IEC61131-3 中，当我们使用一个定时器时，只需给它定义一个我们认为的有意义的符号即可。编程系统会自动生成该定时器的内部绝对编号。这一方面保证了功能块的重复使用性，也保证了它的独立性。

使用功能块时应注意以下事项：

1）可以在外部存取实例功能块的输入和输出参数，但不能存取内部参数；

2）可以在其他功能块或程序中使用实例化的功能块；

3）使用功能块时，一般要在 POU 中用参数说明的形式对实例功能块进行说明，如果不说明，则它的使用范围仅限于所连接的 POU，如果它被说明为全局变量，则它可以在本资源内的任何程序或功能块中使用；

4）实例化功能块的输入输出数据的当前值也可以被存取使用。

2. 标准功能块

IEC61131-3 定义了 5 组标准功能块，它们包含了最重要的带有保持行为特性的 PLC 功能。这 5 种标准功能块组见表 9-6，表 9-7 为表 9-6 中输入/输出变量缩写的含义和数据类型。

在本章中的关于编程语言一节和最后一节都使用了不少标准功能块，也有功能块的设计举例，所以对于功能块的使用请读者参考这两节的内容。另外，编程软件中的“帮助”和“向导”也可以为使用标准功能块提供帮助。

表 9-6 IEC61131-3 标准功能块

带输入参数名的标准功能块名		输出参数名	简要描述
双稳态元素			
SR	（S1，R，	Q1）	置位优先
RS	（S，R1，	Q1）	复位优先
边沿检测			
R_ TRIG {->}	（CLK，	Q）	上升沿检测
F_ TRIG {-<}	（CLK，	Q）	下降沿检测
计数器			
CTU	（CU，R，PV，	Q，CV）	加计数器
CTD	（CD，LD，PV，	Q，CV）	减计数器
CTUD	（CU，CD，R，LD，PV，	QU，QD，CV）	加/减计数器
定时器			
TP	（IN，PT，	Q，ET）	脉冲
TON {T- -0}	（IN，PT，	Q，ET）	接通延时
TOF {0- -T}	（IN，PT，	Q，ET）	断开延时
RTC	（EN，PDT，	Q，CDT）	实时时钟
通信			参阅 IEC61131-5

表 9-7　表 9-6 中输入/输出变量缩写的含义和数据类型

输入/输出	含　义	数据类型
R	复位输入	BOOL
S	置位输入	BOOL
RI	复位优先	BOOL
SI	置位优先	BOOL
Q	输出（标准）	BOOL
Q1	输出（只用于触发器）	BOOL
CLK	时钟	BOOL
CU	用于加计数器的输入	R_ EDGE
CD	用于减计数器的输入	R_ EDGE
LD	装入（计数器）的值	INT
PV	预置（计数器）的值	INT
QD	输出（减计数器）	BOOL
QU	输出（加计数器）	BOOL
CV	当前（计数器）的值	INT
IN	输入（定时器）	BOOL
PT	预设的时间值	TIME
ET	结束时间输出	TIME
PDT	预设的日期和时间值	DT
CDT	当前的日期和时间	DT

9.4　IEC61131-3 编程语言及使用举例

IEC61131-3 提供了 4 种编程语言，其中结构化文本（ST）和指令表（IL）属于文本化的编程语言，梯形图（LD）和功能块图（FBD）属于图形化的编程语言。顺序功能图（SFC）属于公共元素，但大家经常把它作为一种最常用的编程语言，与 SFC 对应的还有一个文本版本的 SFC，在实际中使用很少。另外，在我国使用 FBD 的人也不是太多，考虑到本书的篇幅所限，对 FBD 和文本 SFC 编程语言就不介绍了。

9.4.1　梯形图（LD）

1. 基本概念

梯形图（ladder）编程语言是从继电器控制系统原理图的基础上演变而来的。PLC 的梯形图与继电器控制系统梯形图的基本思想是一致的，只是在使用符号和表达方式上有一定区别。图 9-11 是典型的梯形图。左右两条垂直的线称作母线。母线之间是触点的逻辑连接和线圈的输出。

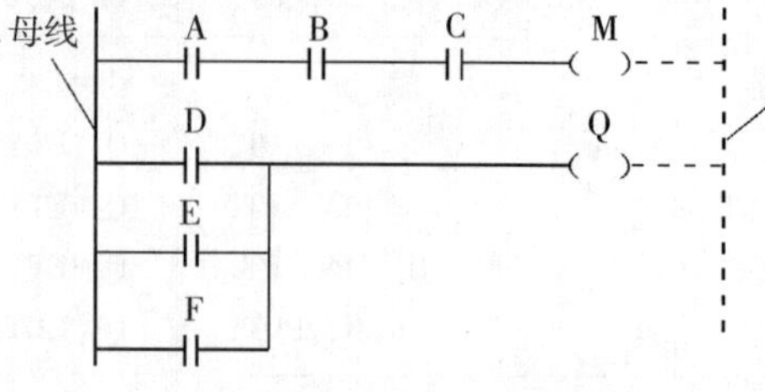

图 9-11　梯形图的基本组成

梯形图的一个关键概念是“能流”，但这仅是概念上的“能流”。在图 9-11 中，把左边的母线假想为电源“相线”，而把右边的母线（虚线所示）假想为电源“零线”。如果有“能流”从左至右流向线圈，则线圈通电。如没有“能流”，则线圈不通电。“能流”在任何时候都不会通过触点自右向左流。如图 9-11 中，当 A、B、C 触点都接通后，线圈 M 才能接通（被激励），只要其中一个接点不接通，线圈就不会接通；而 D、E、F 接点中任何一个接通，线圈 Q 就被激励。要强调指出的是，引入“能流”的概念，仅仅是为了和继电接触器控制系统相比较，来对梯形图有一个深入的认识，其实“能流”在梯形图中是不存在的。

在常规的 PLC 编程过程中，我们经常使用梯形图语言来编制 PLC 程序，大家对它非常熟悉。其直观、易懂的特点，使它得到了广泛的应用。但它通常适合在以开关量为主的简单的顺序逻辑控制系统中使用，在复杂的具有数值计算的过程控制系统或复杂的逻辑判断系统中，它往往显得不够方便和灵活。

现在的 IEC61131-3 提供了多种编程语言，而且还可以组合使用，大家会发现，ST 和 SFC 比 LD 好用得多。所以与原来相比，以后可能使用 LD 的机会会少很多。

2. LD 编程的基本元素

IEC61131-3 为用户提供了线条连接、触点、线圈、执行控制等常用的基本元素。线条连接元素包括水平连接和垂直连接等，这是最基础和最简单的内容；执行控制类的元素包括返回和跳转等，在 LD 中我们不建议使用执行控制类的指令，大家使用时可参考软件中的帮助或其他资料。表 9-8 为触点、线圈的元素符号和相应的功能。需要说明的是，这其中的有些元素在一些编程软件中没有提供，所以使用这些软件编程时，还要采取其他替代的方法。

表 9-8　IEC61131-3 触点、线圈元素表

图形符号	名　称	简要解释
—| |—	常开触点	若该触点的变量为 1，则触点闭合；为 0，则触点打开
—|/|—	常闭触点	若该触点的变量为 1，则触点断开；为 0，则触点闭合
—|P|—	上升沿触点	当该触点的变量从 0 变为 1 时，它产生一个脉冲，宽度为 1 个扫描周期
—|N|—	下降沿触点	当该触点的变量从 1 变为 0 时，它产生一个脉冲，宽度为 1 个扫描周期
—( )—	输出线圈	其值和其左侧的逻辑计算结果一致
—(/)—	线圈取反	其值和其左侧的逻辑计算结果相反
—(S)—	置位线圈	当其左侧的逻辑计算结果为 1 时，该线圈被置位
—(R)—	复位线圈	当其左侧的逻辑计算结果为 1 时，该线圈被复位
—(M)—	记忆线圈	其值和其左侧的逻辑计算结果一致，具有掉电保持功能
—(SM)—	置位记忆线圈	当其左侧的逻辑计算结果为 1 时，该记忆线圈被置位
—(RM)—	复位记忆线圈	当其左侧的逻辑计算结果为 1 时，该记忆线圈被复位
—(P)—	上升沿线圈	当该线圈左侧的逻辑计算结果从 0 变为 1 时，它产生一个脉冲，脉冲宽度为 1 个扫描周期
—(N)—	下降沿线圈	当该线圈左侧的逻辑计算结果从 1 变为 0 时，它产生一个脉冲，脉冲宽度为 1 个扫描周期

在 LD 中，也可以调用 FB 和 FUN。

3. LD 编程举例

液体混合搅拌控制装置。

（1）装置结构和工艺要求

图 9-12 为两种液体的混合装置结构图。SL1、SL2、SL3 为液位传感器，液面淹没时接通，两种液体（液体 A、液体 B）的流入和混合液体的流出分别由电磁阀 YV1、YV2、YV3 控制，M 为搅拌电动机。控制要求如下：

1）**初始状态** 当装置投入运行时，容器内为放空状态。

2）**启动操作** 按下启动按钮 SB1，装置就开始按规定动作工作。液体 A 阀门打开，液体 A 流入容器。当液面到达 SL2 时，关闭液体 A 阀门，打开 B 阀门。当液面到达 SL3 时，关闭液体 B 阀门，搅拌电动机开始转动。搅拌电动机工作 1min 后，停止搅动，混合液体阀门打开，开始放出混合液体。当液面下降到 SL1 后，SL1 由接通变为断开，再经过 20s 后，容器放空，混合液体阀门 YV3 关闭，接着开始下一轮循环操作。

3）**停止操作** 按下停止按钮 SB2，系统要先处理完当前循环周期剩余的任务，再停止在初始状态。

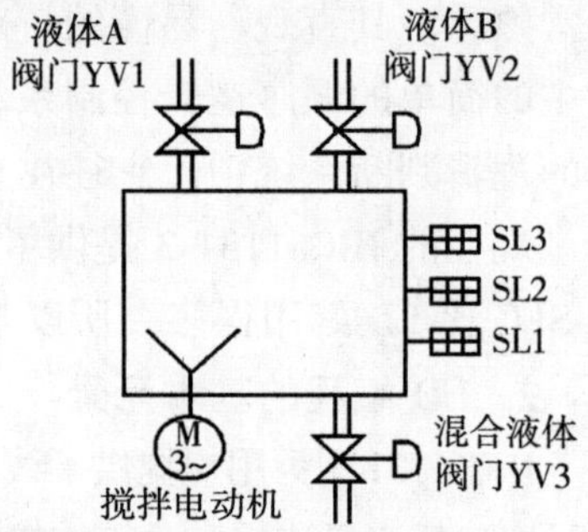

图 9-12 液体混合装置示意图

（2）程序设计

以下是变量说明：

```
VAR_INPUT
    Start_SB1: BOOL;
    Stop_SB2: BOOL;
    SensorL_SL1: BOOL;
    SensorM_SL2: BOOL;
    SensorH_SL3: BOOL;
END_VAR
VAR_OUTPUT
    ValveA_YV1: BOOL;
    ValveB_YV2: BOOL;
    ValveAB_YV3: BOOL;
    Motor: BOOL;
END_VAR
VAR
    WorkState: BOOL;
    WorkCondition: SR;
    Open_YV1: R_TRIG;
    Close_YV1: R_TRIG;
    Open_YV2: R_TRIG;
    Close_YV2: R_TRIG;
    Open_Motor: R_TRIG;
    Motor_Run: TON;
    Motor_Time: BOOL;
```

```
    Close_Motor: R_TRIG;
    Open_YV3: R_TRIG;
    YV3_Run: TON;
    YV3_Time: BOOL;
    Close_YV3: R_TRIG;
END_VAR
```

图 9-13 所示为其梯形图程序。

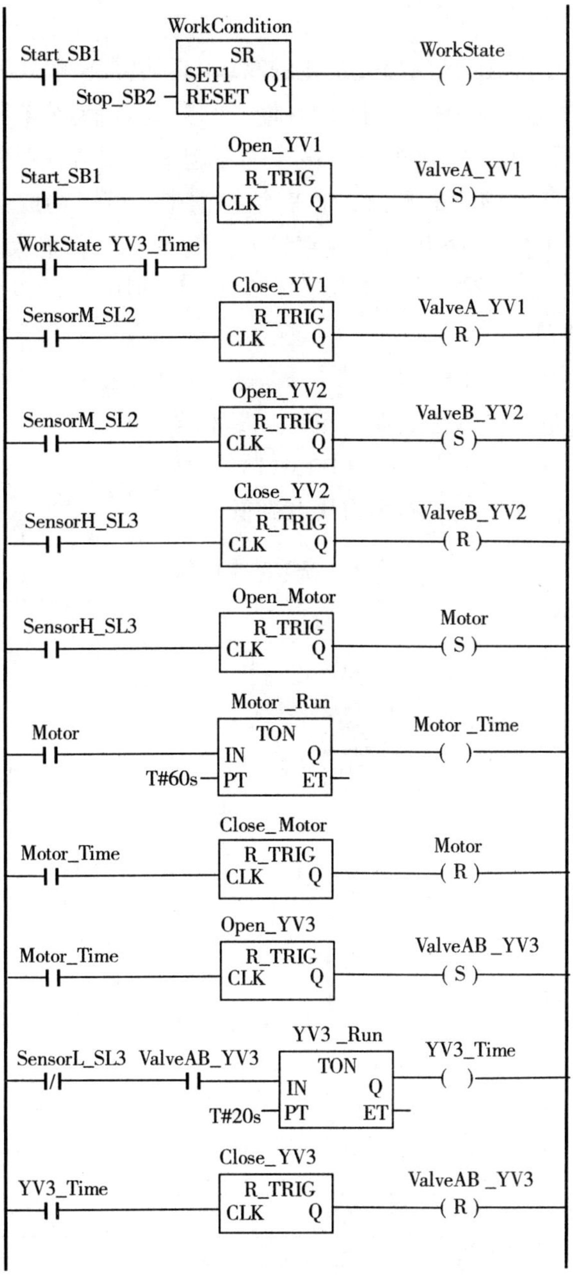

图 9-13　液体混合搅拌装置 LD 程序

在设计上面的程序时，使用的软件中没有触点的直接上升沿和下降沿等指令，所以使用了不少上升沿功能块来解决问题。IEC61131-3 标准中规定的函数，在实际的编程软件中不一定都能提供，大家一定要注意这一点。

在该程序中还要注意的是，系统循环运行的条件是 WorkState 为 TRUE，无论在任何时刻按下了停止按钮，则 WorkState 变为 FALSE，在混合液体排空后，不能再自动进行下一轮循环，系统停止在初始状态，这时只有再次按下启动按钮，系统才能重新开始工作。

9.4.2 结构化文本（ST）

结构化文本编程语言 ST 是一种文本化的高级编程语言，就像我们非常熟悉的 PASCAL、C 语言一样，在使用时非常灵活和方便。与过去我们经常使用的 LD 和 IL 比起来，使用 ST 编写的程序具有很强的可读性，书写起来也很方便。它显著的特点是可以用一个表达式编写高度压缩化的程序，程序结构清晰，可以构成强大的控制命令流结构。虽然高级语言在编译成机器语言时效率较低，但在 CPU 性能大幅度地提高和存储区容量不成问题的今天，这已不是主要问题了。所以以后使用 ST 的机会也非常多。

1. 表达式和操作符

ST 中最基本的元素就是表达式，表达式一般由操作数和操作符组成。操作数可以是数字、时间等直接量，可以是变量，也可以是函数调用的结果。操作符的优先级决定一个表达式中的计算顺序。表 9-9 为 IEC61131-3 的 ST 操作符，按在表中的位置从高到低的排列顺序，它们优先级的顺序为从高到低。

表 9-9 ST 的操作符

操作符	说明	优先级
（ ）	括号	高
FUNCTION（…）	函数调用	↓
**	求幂	
-	求反	
NOT	逻辑求反	
*	乘法	
/	除法	
MOD	取模	
+	加法	
-	减法	
<，>，<=，>=	比较	
=	等于	
<>	不等于	
AND，&	逻辑与	
XOR	逻辑异或	
OR	逻辑或	低

2. 语句

一个 ST 程序由一定数量的语句组成，语句和语句之间用分号隔开，一行中可以只有一条语句，也可以有多个语句，一条语句也可以占用几行。表达式属于语句中的一部分。可以对语句进行说明，说明的内容（即注释）必须放在符号（*　*）中，注释可以放在任何空置的地方，只要能放下就行，但为了程序的整洁和可读性，建议还是要清晰、整齐地排列。

最常用的语句是赋值语句，赋值语句由“：＝”表示，在下面的例子中我们要多次用到赋值语句。下面我们简要讲解一下其他语句的使用。

（1）条件判断语句 IF

IF 语句的语法表示为

IF <条件 1 > THEN < 语句块 1 > [ELSE < 语句块 2 >]　END_ IF;

该语句的意思是如果“条件 1”为 TRUE，则执行语句块“语句块 1”，否则执行 ELSE 后面的语句块“语句块 2”。其中 ELSE 部分是可选择的部分，即该部分按需要可有可无。IF 语句可以进行嵌套，另外在 ELSE 部分也可以进行判断的嵌套，即使用 ELSIF… THEN… ELSE 语句。

［**例 9-12**］　IF 语句使用举例。

```
IF FlowRate > 460.0 THEN
    IF FlameSize > 6.0 THEN
        Fuel := 4000.0;
    ELSE
        Fuel := 2000.0;
    END_IF;
ELSE
    Fuel := 1000.0;
END_IF;
```

［**例 9-13**］　IF 语句使用举例。

```
IF A>B THEN
    D:=1;
ELSIF A=B+2 THEN
    D:=2;
ELSIF A=B-2 THEN
    D:=4;
ELSE
    D:=3;
END_IF;
```

（2）多重选择语句 CASE

CASE 语句的语法表示为

```
CASE <整数表示式> OF
    <整数选择值> :<语句块1>
    <整数选择值> :<语句块2>
    ...
    ELSE
    <语句块3>
END_CASE;
```

该语句的意思是当CASE后面的整数表示式的值符合下面整数选择值时，就执行相应的语句块，都不符合时，执行ELSE下面的表达式。整数选择值可以是一个数（例如：1），也可以是一组数（例如：2，3，4），也可以是一个范围内的数（例如5..10）。

［**例9-14**］　CASE语句使用举例。

```
CASE SpeedSetting OF
    1:        speed := 10.0;
    2:        speed:= 20.0;
    3:        speed:= 30.0; fan1 := ON;
    4,5:      speed:= 50.0; fan2 := ON;
    5..10:    speed := 60.0; water := ON;
ELSE
Speed := 0; SpeedFault := TRUE;
END_CASE;
```

在1993年修订过的IEC61131-3中，也允许<整数选择值>部分可以是参数化的变量，不一定非得是整数了。

（3）迭代循环语句FOR、WHILE和REPEAT

FOR语句的语法表示为

```
FOR <索引变量>:= <起始值> TO <结束值> [BY <增量值>]
    DO <语句块>;
END_FOR;
```

使用FOR语句时，首先要对<索引变量>的起始值进行设定，当它的值在<起始值>和<结束值>之间时，就执行DO后面的<语句块>。使用［BY <增量值>］来定义每次<索引变量>的变化值，该增量值可以是正数，也可以是负数。如果省略BY，则缺省的增量值为1。

WHILE和REPEAT语句的作用都是在条件满足时重复执行某一段程序，它们唯一的不同点是WHILE先判断条件是否满足，而REPEAT是后判断条件是否满足。图9-14说明了它们的使用原理。

WHILE语句的语法表示为

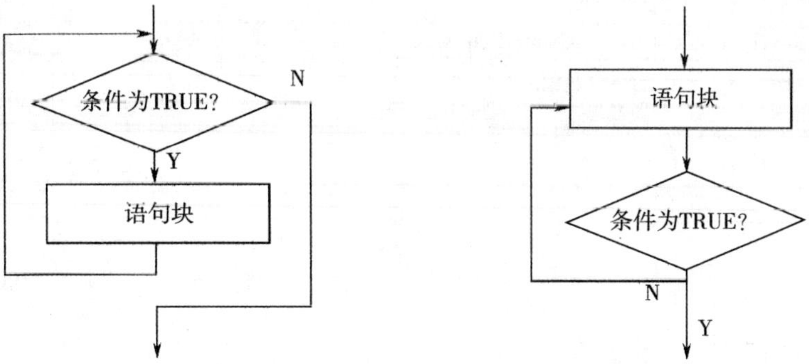

a）WHILE的使用　　b）REPEAT的使用

图9-14　WHILE 和 REPEAT 语句的使用

```
WHILE <条件表达式> DO
    <语句块>
END_WHILE;
```

REPEAT 语句的语法表示是：

```
REPEAT
    <语句块>
UNTIL <条件表达式>
END_REPEAT;
```

当 WHILE 语句的条件表达式为 FALSE 时，跳出循环；当 REAPEAT 语句的条件表达式为 TRUE 时，跳出循环。因为 PLC 执行程序是按照周期性循环扫描的原则进行的，所以在使用迭代循环语句时要千万注意，不要使设计的循环段执行时间过长，更要避免死循环。

［**例9-15**］　迭代循环语句使用举例。在一个整数数组中搜寻出该数组中的最大值。

参数定义：

```
VARIterationTest: ARRAY[1..6] OF INT := [3,369,9,16,22,99];
Index: INT:=1, IndexMax: INT:=6, MaxNum: INT:=0;
END_VAR;
……
```

使用 FOR 语句的程序：

```
FOR Index TO IndexMax DO
    IF IterationTest[Index] > MaxNum THEN
        MaxNum := IterationTest[Index];
    END_IF;
END_FOR;
```

使用 WHILE 语句的程序：

```
WHILE  Index <= IndexMax DO
    IF IterationTest[Index] > MaxNum THEN
        MaxNum := IterationTest[Index];
    END_IF;
    Index := Index +1;
END_WHILE;
```

使用 REPEAT 语句的程序：

```
REPEAT
    IF IterationTest[Index] > MaxNum THEN
        MaxNum := IterationTest[Index];
    END_IF;
    Index := Index +1;
    UNTIL  Index > IndexMax
END_REPEAT;
```

（4）RETURN 语句和 EXIT 语句

RETURN 语句的主要作用是在一定条件下使程序执行脱离当前的 POU，用于脱离一个函数、功能块或程序，中止当前的 POU 的执行，即使在任务完成之前也可以提前脱离。下面是一个 FB（计数器 CTU）使用 RETURN 语句的例子。

［**例 9-16**］ RETURN 使用举例。

```
IF RESET THEN
    Q:=FALSE;
    CV:=0;
    RETURN;  (*Quits the function block*)
END_IF;
IF CU AND (CV < PV ) THEN
    CV := CV+1;
END_IF;
Q:= (CV >= PV);
```

EXIT 语句的作用是在一定条件下使程序跳出当前迭代语句的循环。在使用嵌套的情况下，内层的循环可以通过 EXIT 跳出，然后执行外层循环。使用 EXIT 语句可以防止在某些条件下所造成的死循环，也可以作为某些条件下的逻辑设计语句。

［**例 9-17**］ EXIT 使用举例。

```
FAULT:= FALSE;
FOR I:= 1 TO20 DO
    FOR J:=0TO6DO
        IF FaultList[I,J] =TRUE THEN
            FaultNo := I* 10 + J;
```

```
            Fault := TRUR; EXIT;
        END_IF;
    END_FOR;
    IF Fault THEN EXIT;
    END_IF;
END_FOR;
```

在该例中，数组 FaultList 被扫描，若其中有一个元素为 TRUE，则在记录下故障号后立即中止扫描。EXIT 语句用于跳出内外层的循环。

3. 函数和功能块的调用

在 ST 中使用函数和使用功能块的方法基本上一样，都非常简单，但两者之间存在着本质的区别。函数只有一个返回值，它的调用属于表达式的范畴；而 FB 的调用属于语句的范畴，因为 FB 可能有多个输出值，所以在一个表达式中不允许调用 FB。

调用函数和 FB 时都必须写清楚输入参数，该参数可以是具体的实际参数，也可以是形式参数。因为一个形式参数包括每个参数的名称和实际值，所以形式参数的次序可以是任意的。如果不写参数名称，而直接用实际参数值表示输入参数，则要按照函数或功能块要求的输入参数的顺序排列。使用 FB 的输出结果时，可以写出 FB 的名称连同输出属性一起表示即可。另外，在 1993 年的修订版中，也允许在调用时使用"=>"，直接把输出值赋给所指定的输出变量。

调用函数时，可直接使用其结果（结果只有一个）；调用功能块后，使用其输出结果时，则要带上其输出参数名称才行。

［**例 9-18**］　调用函数和功能块举例。

调用函数举例：

```
Flow := sqrt(delta_p);
Value := real-to-int(x + 0. 5);
```

调用功能块举例：

```
(* CTU1 is an instance of a CTU function block* )
CTU1(A,R,10);(* 3 input parameters of CTU1* )
Out := CTU1. Q; (* Q output* )
Count := CTU1. CV; (* CV output* )
```

调用功能块的另外一种表示方法：

```
(* CTU1 is an instance of a CTU function block* )
CTU1(A,R,10, Q => Out, CV => Count);(* 3 input and 2 output parameter of CTU1* )
```

4. 举例

ST 非常适合数值计算、循环和选择等复杂应用的场合。

［**例 9-19**］　ST 使用举例。本例通过一个功能块的设计来讲解 ST 的使用。

程序元素复用技术在未来 PLC 的应用系统中会越来越多地使用。对一些典型的控制环节或对象进行编程后，该程序可作为一个通用的程序元素，在任何PLC中都可以使用，真正使它们成为独立于制造商的成品，从而减少人力和物力的浪费。

本例中的液体容器控制系统在食品制造和制药过程中使用得非常多，图9-15a所示为其工作过程示意图。经过过滤阀的液体可以注入容器中；称重器可以对液体的重量进行检测；搅拌器的速度可调，用来搅匀液体；排空阀用于把搅拌好的液体排放出去。

因为它是一个典型的小控制系统，所以我们可以把它的控制过程做成一个功能块，使其可以重复使用。该功能块通过称重器给出的“满重量”和“空重量”可以监测该容器是“满”还是“空”。另外，功能块还有一个方式输入端，1表示注入液体；2表示保持；3表示启动搅拌器；4表示排空该容器。搅拌器在容器“满”时才工作。图9-15b为功能块示意图。

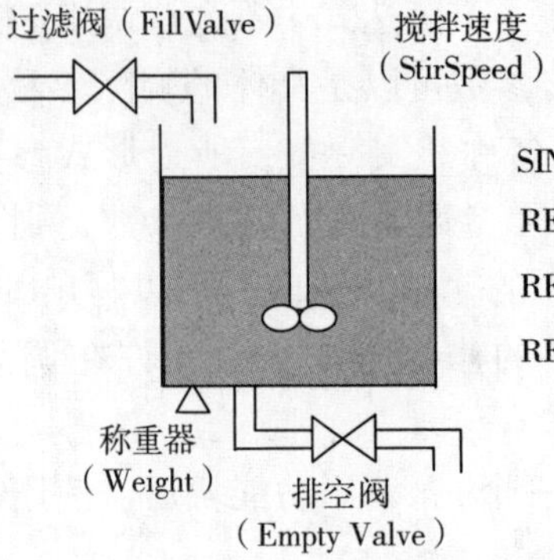

a）液体容器控制系统

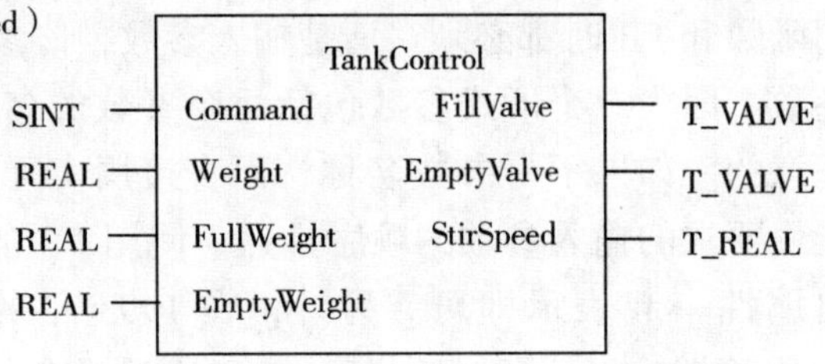

b）功能块

图9-15　液体容器控制系统及其功能块设计

用ST编制的功能块程序如下：

```
(* Vessel State * )
TYPE T_STATE:   (FULL, NOT_FULL, EMPTIED); END_TYPE

(* Valve State * )
TYPE T_VALVE: (OPEN, SHUT); END_TYPE

FUNCTION_BLOCKTankcontrol

VAR_INPUT                    (* Input parameters * )
Command : SINT ;
Weight : REAL;
FullWeight , EmptyWeight : REAL ;
END_VAR

VAR_OUTPUT                   (* Output parameters * )
```

```
    FillValve : T_VALVE : = SHUT ;
    EmptyValve : T_VALVE : = SHUT ;
    StirSpeed : REAL : =0. 0 ;
END_VAR

VAR                                  (* Internal variables * )
State : T_STATE : =  EMPTIED;
END_VAR
(* Function Block Body * )

(* Check the vessel state * )
IF Weight  > =  FullWeight THEN (*  is it full? * )
    State : =  FULL;
ELSIF Weight < = EmptyWeight THEN (*  or empty?  * )
    State : = EMPTIED;
ELSE
    State : = NOT_FULL;
END_IF;

(* Process the command mode * )
CASE Command OF
1:   EmptyValve   : = SHUT;        (*  FILL Tank * )
     FillValve    : = SEL (G: = State = Full , IN0 : = OPEN, IN1  : = SHUT);
2:   Empty Valve  : = SHUT;        (*  HOLD contents * )
     FillValve    : = SHUT;
4:   FillValve    : = SHUT;        (*  EMPTY Tank * )
     EmptyValve   : = OPEN;
END_CASE;
(* Control the stirrer speed * )
StirSpeed : = SEL (G: = ((Command = 3) AND(State = FULL)), IN0  : =  0. 0, IN1  : = 100. 0);
END_FUNCTION_BLOCK
```

在本例中，第一个 IF…ELSE 语句用来判断容器的状态（空、满或两者之间），CASE 语句来决定阀的状态，搅拌器的速度要么是 0，要么是 100. 0。在实际中，该功能块可能和某任务相连，周期性地循环执行。另外需要说明的是，实际运行过程中，阀可能会发生阻塞，液位也可能产生波动，类似这些因素都会对系统控制造成影响，本例均未对此做更多考虑。

9. 4. 3 指令表（IL）

1. 基本概念

（1）IL 和 ST、LD 的比较

在初学 PLC 时，指令表作为主要的编程语言之一，常常把它和 LD 一起学习。IL 是一种低级语言，它更接近于机器语言，所以编译效率高，并且能够对某一字节的某一位进行控制，控制底层的元素比较灵活。但它也有难以避免的缺点，用 IL 编写的程序不直观，难以阅读，并且在进行大量计算和复杂的逻辑控制时编写程序较难。在存储区容量和计算速度都不再是大问题的今天，大家更愿意使用直观简单的高级语言 ST。有些场合可以使用它来编写一些简单的程序。

IL 的语句格式如下：

标号：操作符/函数　操作数　（＊注释 ＊）

标号：指的是跳转标号，它表示程序运行的位置，用于为跳转指令指明目的地。大部分情况下都可以省略标号和它后面的冒号。

操作符/函数：该部分为 IL 指令的操作符，如果使用的是函数调用，则该部分是函数的名字。

操作数：一条指令可以有一个、两个或多个操作数，也可以没有。调用函数时有可能是多个变量。多个操作数或变量之间要用逗号隔开。

注释部分：要用（＊…＊）把注释部分括起来，它可以放在任何地方，但为了整齐和保证可读性，还是按常规放置较好。

下面我们给出两个例子，来体会 IL 和 ST、LD 之间的不同。

［**例 9-20**］　IL 和 ST 的编程比较。下面我们用 IL 编写一段程序，当 Speed 大于 1000 时，进行计算，否则就不计算而跳转到后面。

```
            LD       Speed        (* Load Speed * )
            GT       1000         (* and test if >1000* )
            JMPCN    SPEED_OK     (* Jump if not >1000* )
            LD       Volts        (* Load Volts* )
            SUB      10           (* Load Volts* )
            ST       Volts        (* and store back in Volts* )
SPEED_OK:   LD       TRUE
            ST       %QX1.5
```

我们用 ST 编写的完成同样功能的一段程序如下：

```
IF Speed >1000 THEN
    Volts := Volts - 10;
END_IF;
%QX1.5:=TRUE;
```

由此可见 ST 在程序结构和具体使用方面都比 IL 清晰、简单。

［**例 9-21**］　LD 和 IL 的编程比较。一段 LD 程序如图 9-16 所示。

这段程序的 IL 形式如下：

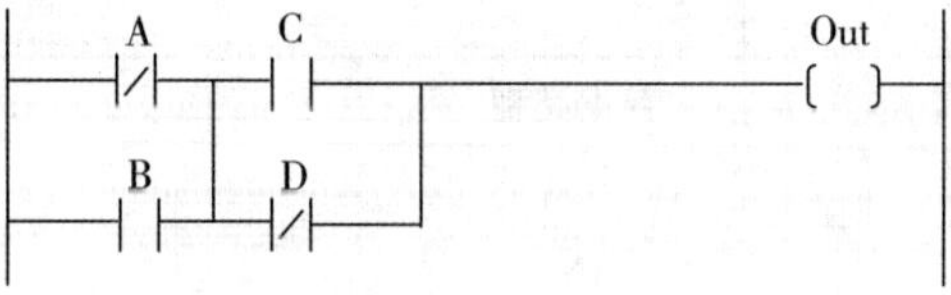

图 9-16　例 9-21 的梯形图程序

```
LDN      A
OR       B
AND (    C
ORN      D
)
ST       Out
```

从 LD 和 IL 的比较来看，LD 也比 IL 直观。

（2）当前结果累加器

IL 编程语言中有一个当前结果（CR）累加器，该累加器用于存储 IL 指令的计算结果，该结果可能是一个 TURE/FALSE 的布尔值，也有可能是一个不同长度的整数或实数，所以该累加器的长度是不固定的。它不像硬件累加器那样有固定的存储位，它是一个能存储任意宽度数据的虚拟累加器。存储位的数量取决于当前正在处理的操作数的数据类型。在编程时我们可以利用 CR 的结果来进行判断和比较，以决定程序的执行流程。

2. IL 的操作符

IL 提供了 BOOL 运算和程序控制用的操作符，见表 9-10。

表 9-10　IL 的操作符

操　作　符	数据类型 或操作数	解　　释
LD、LDN	ANY	取操作、取反操作
AND、ANDN AND（、ANDN（	BOOL	与操作、与反操作 和 CR 的与操作、和 CR 的与反操作
OR、ORN OR（、ORN（	BOOL	或操作、或反操作 和 CR 的或操作、和 CR 的或反操作
XOR、XORN XOR（、XORN（	BOOL	异或操作、异或反操作 和 CR 的异或操作、和 CR 的异或反操作
ST、STN	ANY	输出、输出反
S	BOOL	置位
R	BOOL	复位
ADD、ADD（	ANY	加
SUB、SUB（	ANY	减

（续）

操作符	数据类型或操作数	解释
MUL、MUL（	ANY	乘
DIV、DIV（	ANY	除
GT、GT（	ANY	大于
GE、GE（	ANY	大于等于
EQ、EQ（	ANY	等于
NE、NE（	ANY	不等于
LE、LE（	ANY	小于等于
LT、LT（	ANY	小于
JMP JMPC、JMPCN	LABLE	跳转 条件跳转、条件非跳转
CAL CALC、CALCN		调用程序或功能块 条件调用、条件非调用
RET RETC、RETCN		脱离当前 POU 返回调用 POU 条件返回、条件非返回
)		结束括号级
函数名		调用函数

注：表中的加减乘除运算的数据类型中不包括字符串类型。

3. 调用函数和功能块

在 IL 中调用函数和功能块的方法有三种，但常用的是前两种。调用函数和功能块的区别是调用功能块要使用 CALL 指令，而调用函数则直接写上函数的名字即可。

方法 1：这是最一般的方法，调用时把函数或功能块中所有的参数直接写到函数或功能块名字后面的括号中即可。

［**例 9-22**］ 调用函数和功能块举例 1。

调用功能块 LOOP1 的程序如下：

```
CAL     LOOP1(
   SP: =300.0
   PV: = (
   LD     %IW20
   ADD    10
   )
   )
```

调用函数 SHR 的程序如下：

```
   SHR(
```

```
IN := %IW30
N := 10
)
```

方法 2：非常规方法，这种方法是使用 IL 中的指令，分条给函数或功能块中的输入参数赋值，最后把输出值取出来放到指定的存储单元中。这种方法使用起来不直观。

[**例 9-23**]　调用函数和功能块举例 2。

调用功能块 LOOP1 的程序如下：

```
LD      300.0
ST      LOOP1.SP
LD      %IW20
ADD     10
ST      LOOP1.PV
CAL     LOOP1
```

调用函数 SHR 的程序如下：

```
LD      %IW30
SHR(
N := 10
)
ST      %QW100
```

9.4.4　顺序功能图（SFC）

1. SFC 的基础知识

20 世纪 80 年代初，法国科技人员根据 PETRI NET 理论，提出了 PLC 程序设计的 Grafacet 法。Grafacet 法是专用于工业顺序控制程序设计的一种功能性说明语言，现在已成为法国国家标准（NFC03190）。IEC（国际电工委员会）也于 1988 年公布了类似的“控制系统功能图准备”标准（IEC848）。使用 SFC 使得编制复杂的顺序控制程序变得简单而清晰，它已成为一种不可替代的 PLC 编程语言。

在最新的标准 GB/T 15969.3—2005/IEC61131-3：2002 中（参考文献 [21]），已经把顺序功能图 SFC 作为了一种公共的基本元素，而不再把它明确作为一种编程语言了，其目的是要把它定义为构成 PLC 程序和功能块内部组织的元素。但大家最好把它作为一种编程语言来学习。在本节我们也是把它作为一种编程语言来讲解的。

（1）SFC 的基本概念

功能图又称为功能流程图或状态转移图，它是一种描述顺序控制系统的图形表示方法，是专用于工业顺序控制程序设计的一种功能性说明语言。它能完整地描述控制系统的工作过程、功能和特性，是分析、设计电气控制系统控制程序的重要工具。

功能图主要由“状态”、“转移”及有向线段等元素组成。如果适当运用组成元素，就可得到控制系统的静态表示方法，再根据转移触发规则模拟系统的运行，就可以得到控制系统的动态过程。

1）状态 状态是控制系统中一个相对不变的性质，对应于一个稳定的情形。状态的符号如图9-17a所示。矩形框中可写上该状态的编号或代码。

① 初始状态 初始状态是功能图运行的起点，一个控制系统至少要有一个初始状态。初始状态的图形符号为双线的矩形框，如图9-17b所示。

② 工作状态 工作状态是控制系统正常运行时的状态。根据系统是否运行，状态可分为动态和静态两种。动状态是当前正在运行的状态，静状态是没有运行的状态。

③ 与状态对应的动作 在每个稳定的状态下，可能会有相应的动作。动作的表示方法如图9-17c所示。

2）转移 为了说明从一个状态到另一个状态的变化，要用转移概念，即用一个有向线段来表示转移的方向。两个状态之间的有向线段上再用一段横线表示这一转移。转移的符号如图9-17d所示。

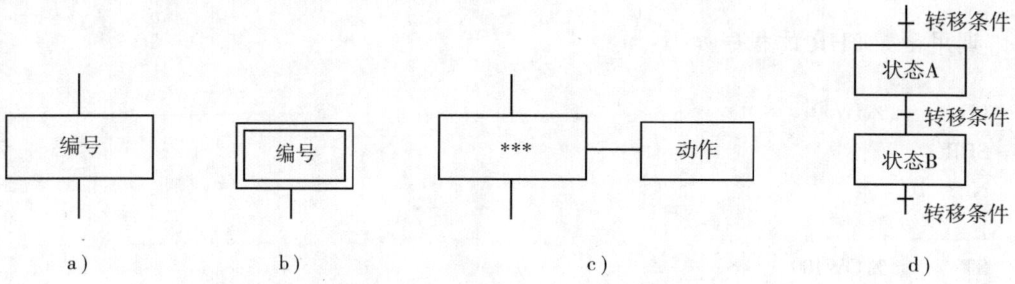

图9-17 SFC的几个基本概念

转移是一种条件，当此条件成立时，称为转移使能。该转移如果能够使状态发生转移，则称为触发。一个转移能够触发必须满足：状态为动状态及转移使能。转移条件是指使系统从一个状态向另一个状态转移的必要条件，通常用文字、逻辑方程及符号来表示。

功能图的最基本的运行规则是：当转移条件成立时，状态就要从目前处于激活的状态转移到下一个状态，状态转移后，刚才旧的状态自动关闭，新的状态自动激活，然后就可以进行相应的动作。控制过程就是这样在所有状态连续和有序的转移中进行的。

（2）功能图的构成规则

控制系统功能图的绘制必须满足以下规则：

1）状态与状态不能相连，必须用转移分开。

2）转移与转移不能相连，必须用状态分开。

3）状态与转移、转移与状态之间的连接采用有向线段，从上向下画时，可以省略箭头；当有向线段从下向上画时，必须画上箭头，以表示方向。

4）一个功能图至少要有一个初始状态。

下面用一个例子来说明功能图的绘制。某一冲压机的初始位置是冲头抬起，处于高位；当操作者按动启动按钮时，冲头向工件冲击；到最低位置时，触动低位行程开关；然后冲头抬起，回到高位，触动高位行程开关，停止运行。图 9-18 所示功能流程图表示的是冲压机运行过程。冲压机的工作顺序可分为三个状态：初始状态、下冲和返回。从初始状态到下冲状态的转移必须满足启动信号和高位行程开关信号同时为 ON 才能发生；从下冲状态到返回状态，必须满足低位行程开关为 ON 才能发生。

从该例可以进一步知道，功能图就是由许多个状态及连线组成的图形，它可以清晰地描述系统的工序要求，使复杂问题简单化，并且使 PLC 编程成为可能，而且编程的质量和效率也会大大提高。

（3）功能图的类型

1）单流程　这是最简单的功能图。其动作是一个接一个地完成。每个状态仅连接一个转移，每个转移也仅连接一个状态。如图 9-19 所示为单流程的功能图。

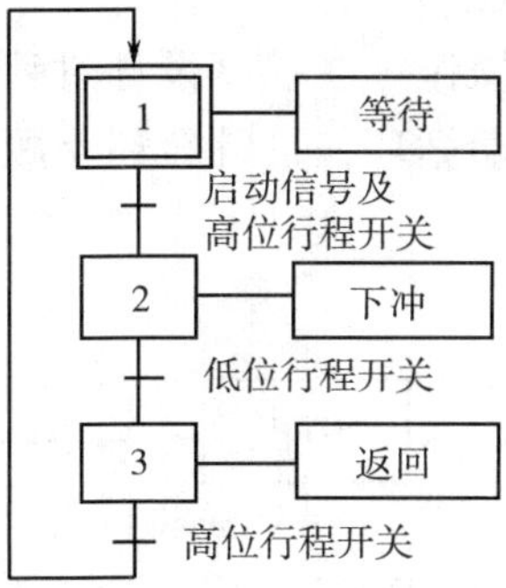

图 9-18　冲压机功能流程图

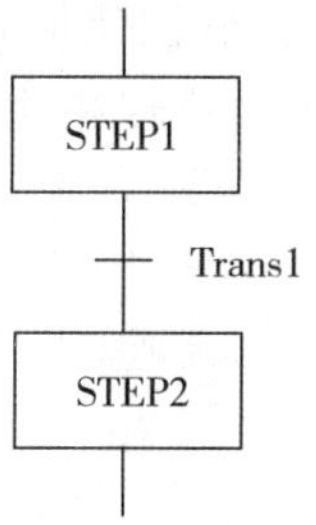

图 9-19　单流程功能图举例

2）分支流程　在生产实际中，对具有多流程的工作要进行流程选择或者说进行分支选择。即一个控制流可能转入多个可能的控制流中的某一个，但不允许多路分支同时执行，这种转移称为互斥转移。在 IEC61131-3 中，提供了三种分支的使用方法：第一种只选择一个从左到右的顺序来计算和判断转移条件，最先为 TRUE 的分支发生状态转移，如图 9-20a 所示；第二种由用户定义转移执行的优先级，用户把表示优先级的数字写在分支的旁边，数字小优先级高，数字大优先级低，经过转移条件的计算和判断后，具有较高优先级的且转移条件为 TRUE 的分支发生状态转移，如图 9-20b 所示；第三种是由用户决定到底进入哪一个分支，这些分支没有优先级的高低和次序先后，但用户必须使用相互排斥的转移条件，保证每次只有一个分支可以发生状态转移，如

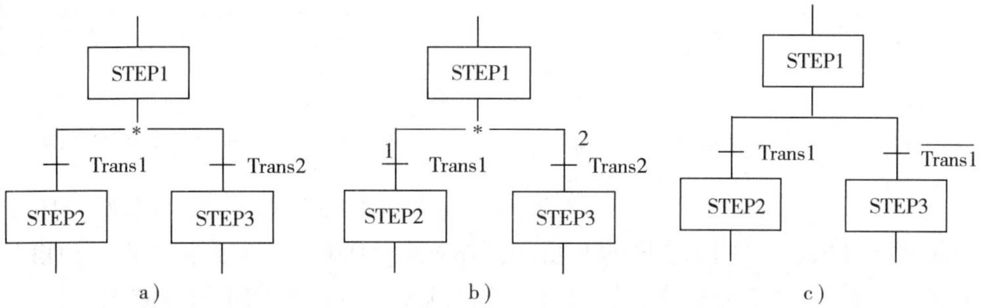

图 9-20　分支流程功能图举例

图9-20c 所示。前两种在分支处有一个“＊”号。

3）并行分支和连接 在许多实例中，一个顺序控制状态流必须分成两个或多个不同分支控制状态流，这就是并行分支或并发分支。当一个控制状态流分成多个分支时，所有的分支控制状态流同时被激活，如图9-21 所示。当转移条件 Trans1 为 TRUE 时，STEP2、STEP3 同时被激活。当多个控制流产生的结果相同时，可以把这些控制流合并成一个控制流，即并行分支的连接。在合并控制流时，所有的分支控制流必须都是完成了的，这样在转移条件满足时才能转移到下一个状态。在图9-21 中，当 STEP4 和 STEP5 均处于激活状态，且转移条件 Trans4 为 TRUE 时，才能发生状态转移，即 STEP6 才能被激活。并发分支一般用双水平线表示，同时结束若干个分支也用双水平线表示。

4）跳转和循环 单一顺序、并发和分支选择是功能图的基本形式。多数情况下，这些基本形式是混合出现的，跳转和循环是其典型代表。

利用功能图语言可以很容易实现流程的循环重复操作。在程序设计过程中可以根据状态的转移条件，决定流程是单周期操作还是多周期循环，是跳转还是顺序向下执行。图9-22 所示为跳转和循环的功能图。

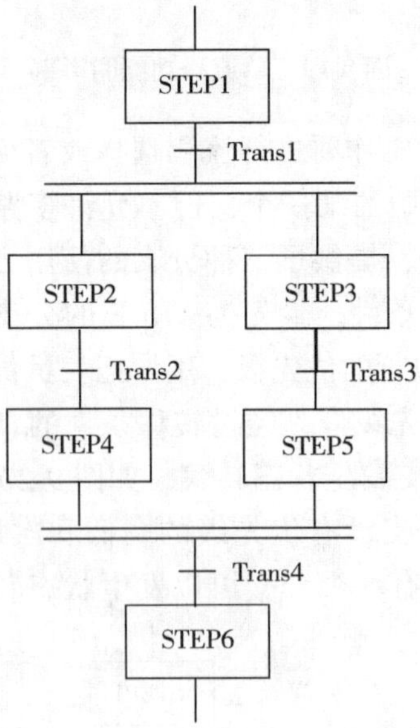

图9-21 并行分支和连接功能图举例

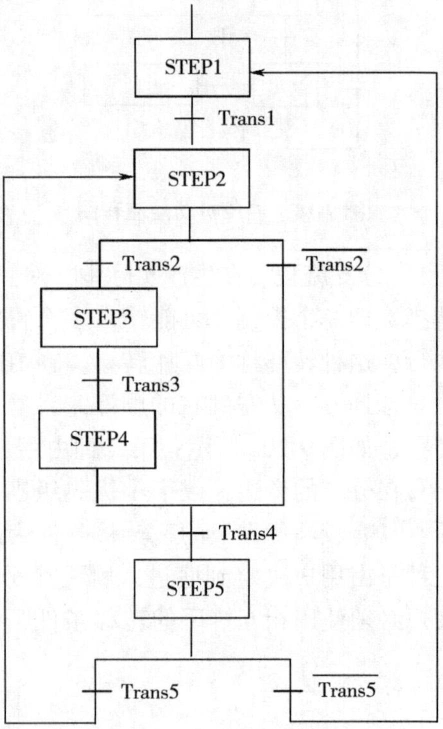

图9-22 跳转和循环的功能图举例

在图9-22 中，Trans2 为 OFF 时发生跳转，当其为 ON 时则按正常顺序执行；Trans5 为 ON 时直接到 STEP2，这是多周期的循环操作，Trans5 为 OFF 时则回到初始状态 STEP1，等待初始转移条件 Trans1 为 ON 时才能进行新一轮的循环，这是单周期的循环操作。

2. SFC 中各组成元素的特性

（1）步的属性

在 IEC61131-3 中，增加了步的两个属性供大家使用：

1）步名称 . x 步的状态，即当该步处于激活状态时，它为 1。

2）步名称 . t 步的持续时间，即该步处于激活状态后经历的时间。

我们可以利用这两个属性标志方便地完成一些控制任务。图 9-23 所示的 S5 到 S6 的转移条件就是一例。在该例中，当 S5 被激活 12s 后，即动作 A 工作 12s 后，状态从 S5 转移到 S6，S5 关闭，S6 激活，动作 B 开始工作。

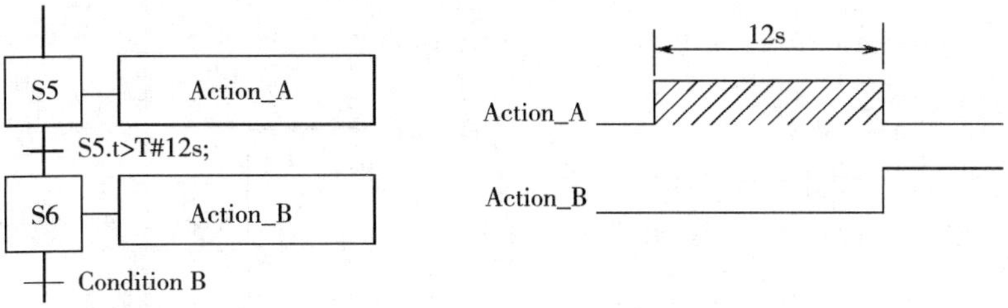

图 9-23 步的属性使用举例

（2）转移条件的表示

在 IEC61131-3 中，转移条件的表示非常灵活，可以使用多种方式表达。

1）直接表示 常用的方法是直接使用一个变量来表示转移条件。除此之外，使用 ST 表达式也是常用的方法，转移条件也可以使用梯形图或 FBD 网络表示。图 9-24 所示

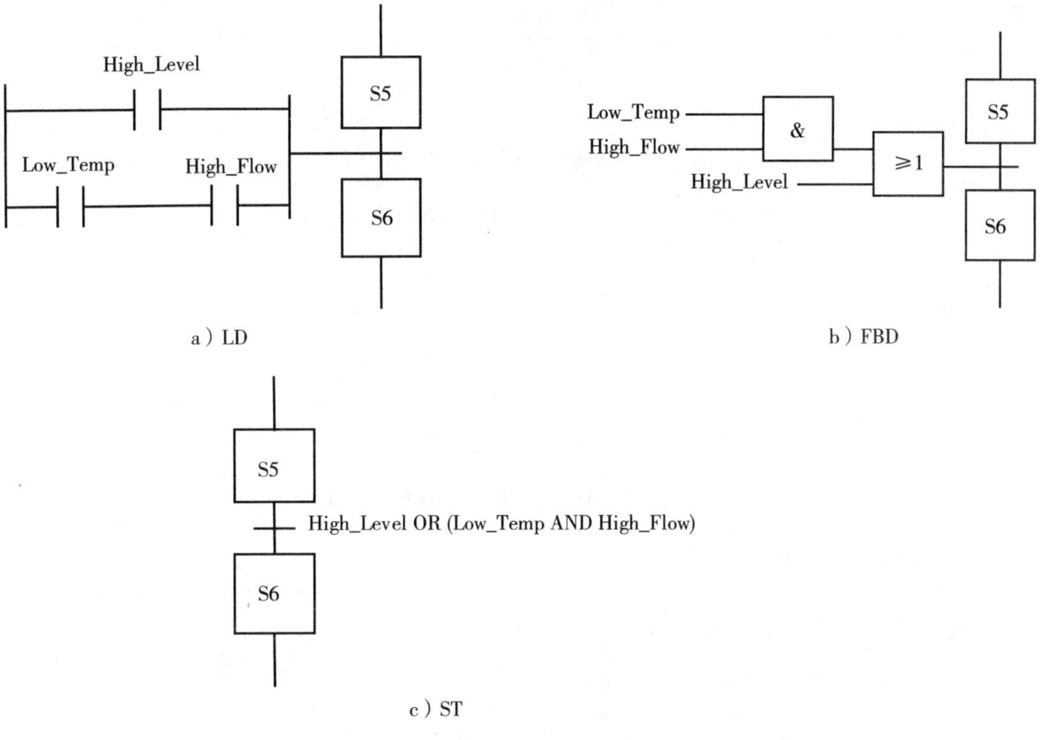

图 9-24 转移条件的直接表示

为 LD、FBD 和 ST 表示转移条件的例子。

2）使用连接符表示　图 9-25 所示为使用连接符表示转移条件的例子。在这种方式下，只允许使用图形编程语言表示连接符逻辑。从图中也可以看出使用这种方法比较麻烦。

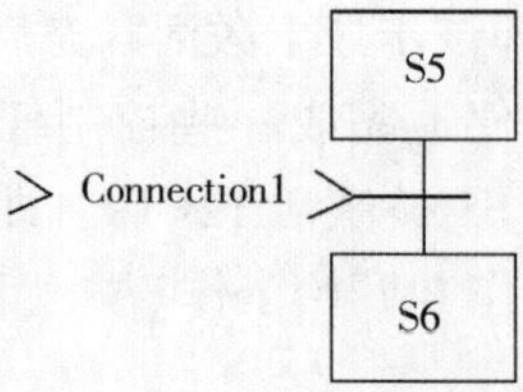

a）SFC程序

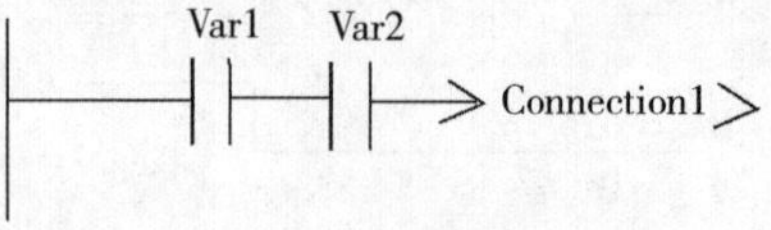

b）LD表示的连接

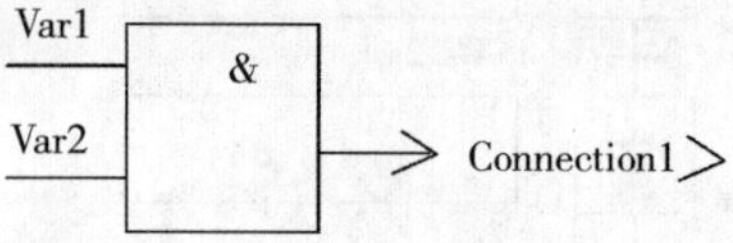

c）FBD表示的连接

图 9-25　使用连接符表示转移条件举例

3）使用转移名方法　这种方法是给转移条件定义一个名字（即标识符），然后可以使用 FBD、LD、IL 或 ST 编写该转移条件的逻辑。图 9-26c 中定义一个转移的名字为 WyhTran1，而使用 LD 和 FBD 定义的转移条件如图 9-26a 和图 9-26b 所示。

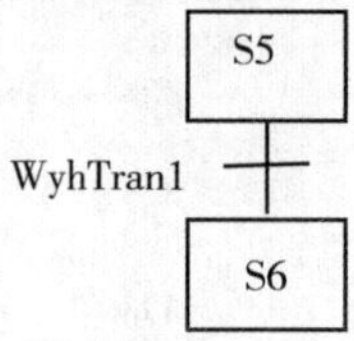

a）使用转移名表示的SFC 程序

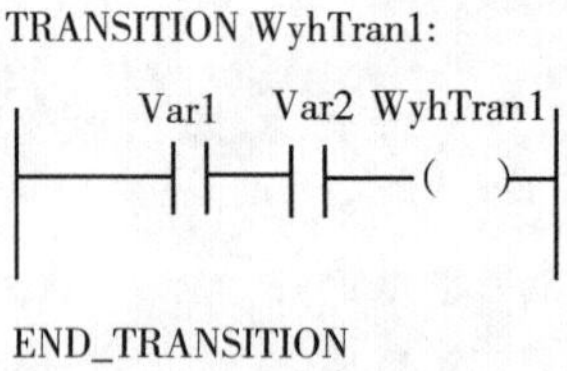

b）使用LD定义的转移条件

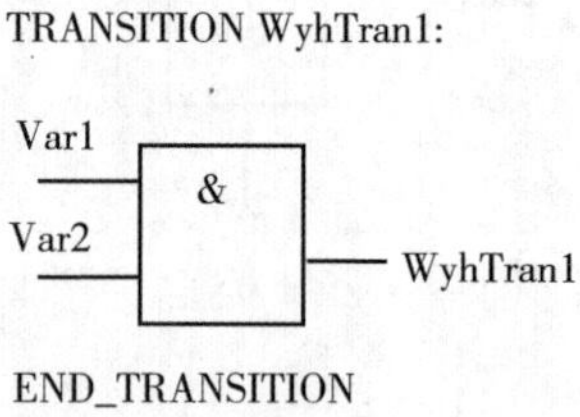

c）使用FBD 定义的转移条件

图 9-26　使用 LD 和 FBD 定义转移条件举例

使用 IL 定义的转移条件如下：

```
TRANSITION    WyhTran1
    LD         Var1
    AND        Var2
END_TRANSITION
```

使用 ST 定义的转移条件如下：

```
TRANSITION  WyhTran1
    : = Var1 & Var2
END_TRANSITION
```

虽然转移条件的表示有多种方法，但在实际中使用最多的是直接表示，即使用单个的变量、步的时间属性或者 ST 表达式来表示转移条件，而其他的方法很少使用。

（3）动作

IEC61131-3 定义了许多动作的特性，这使得 SFC 的功能大大增强。利用所赋予动作的这些特性，就可以得心应手地编制程序了。

1）动作的组成 如图 9-27 所示，动作一般由限定符、动作名（可选）、指示器变量（可选）和动作描述等部分组成。

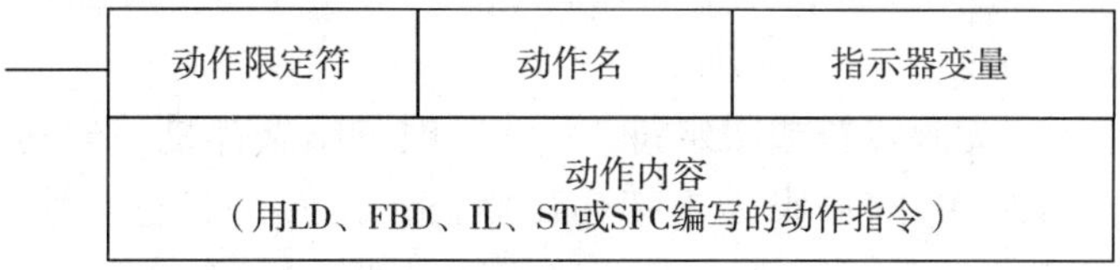

图 9-27 动作的组成

限定符用来指明“步”被激活后，如何去完成相应的动作，这些限定符主要提供了对相关联指令执行时间的控制和特定变量的控制。比如限定符“N”表示当该“步”激活后，就执行相应的动作。

动作名用来定义一个动作，所以动作也是 POU 的一个组成部分。在该动作名下，可以编制程序来描述该动作的内容。

指示器变量用来指明该动作的状态，即如果该动作正在工作时，该布尔变量就为 TRUE。该部分可有可无，一般情况下不用。

对于一些简单的动作，也可以不要动作名，而直接把动作逻辑写在“动作内容”的框中。现在多数编程软件需要把“动作”单独写出来，而不能像图 9-27 那样直接把动作的内容写到动作的下面。

2）动作限定符 IEC61131-3 提供的动作限定符见表 9-11。

表 9-11 IEC61131-3 中的 SFC 动作限定符

限定符	功能描述
空	不存储，作用同 N
N	不存储，当步处于激活状态时执行动作
S	置位一个激活的动作，即具有存储功能
R	一般和 S 配合使用，复位被置位的动作

（续）

限定符	功能描述
L	执行时间被限制的动作，在时间到或步解除激活后，动作结束
D	步激活后，延迟一个设定时间才有效的动作
P	步激活后，产生一个上升沿脉冲。当步解除激活后，一般情况下还产生一个脉冲
P1	步激活后，只产生一个脉冲
P0	步解除激活后，只产生一个脉冲
SD	存储并且延迟执行动作
DS	延迟执行并且存储动作
SL	存储并且持续执行一个限制时间的动作

在上表中，所有与时间有关的限定符，在使用时，其后面要跟上一个时间值。另外，P1 和 P0 是 2003 年才发布的限定符。

由于限定符使用的重要性，在下面我们结合波形图详细介绍它们的含义和作用。

① 无限定符或限定符“N”的使用

如图 9-28 所示，无限定符或限定符为“N”时的结果都是一样的。在这种情况下，当步 S_n 激活时，动作 A_n 的输出为连续输出状态，当发生状态转移后，输出“动作”还要被执行最后一次，这是 IEC61131-3 在制定标准时的一个缺陷。在一般情况下这个缺陷不会造成什么影响，但在有些情况下就要采取一些措施来弥补这个缺陷（下面还有详细介绍）。在下面介绍其他限定符的使用时，碰到类似的情况时，不再进行说明。状态转移后，旧的步 S_n 解除激活状态，相应的动作 A_n 输出也变为 0。

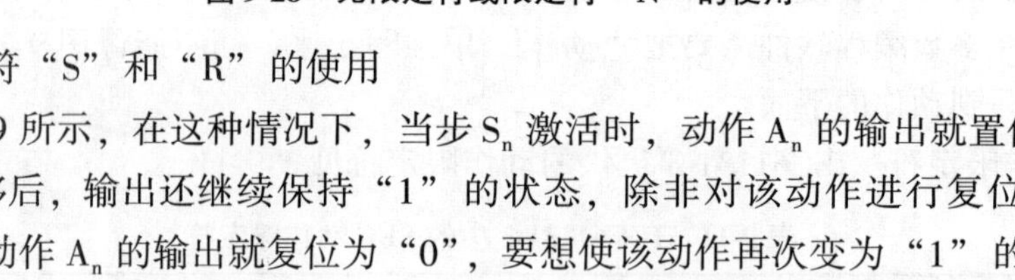

图 9-28 无限定符或限定符“N”的使用

② 限定符“S”和“R”的使用

如图 9-29 所示，在这种情况下，当步 S_n 激活时，动作 A_n 的输出就置位为 1，即使状态发生转移后，输出还继续保持“1”的状态，除非对该动作进行复位操作。当步 S_m 激活时，动作 A_n 的输出就复位为“0”，要想使该动作再次变为“1”的状态，只有对该动作进行置位操作。动作的状态和相应“步”处于激活状态时间的长短无关。

③ 限定符“L”的使用

如图 9-30 所示，在这种情况下，当步 S_n 激活时，动作 A_n 的输出就为 1。当 S_n 的激活状态时间大于 L 所设定的持续时间时，不管转移是否发生，动作在持续时间到后都变为“0”，如图 9-30a 所示；当 S_n 的激活状态时间小于 L 所设定的持续时间时，则动作的输出为“1”的状态只能提前结束，如图 9-30b 所示。

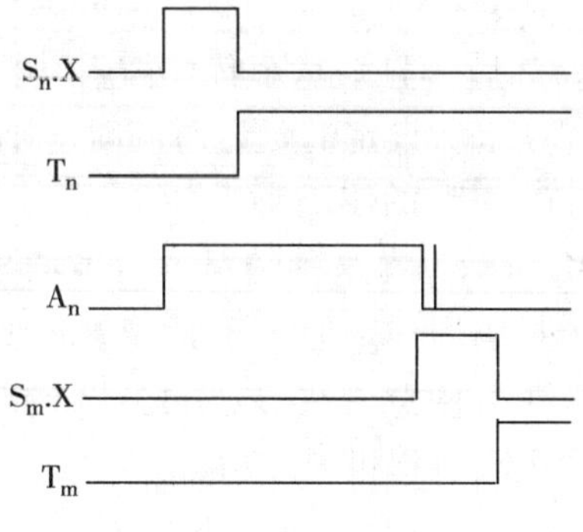

图 9-29　限定符“S”和“R”的使用

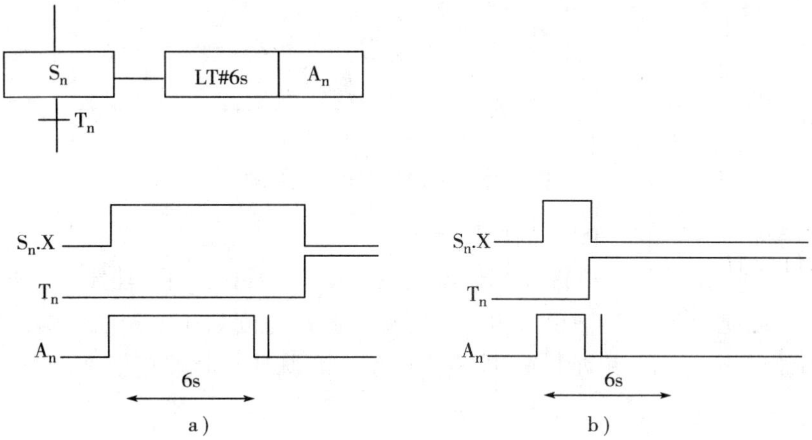

图 9-30　限定符“L”的使用

④ 限定符“D”的使用

如图 9-31 所示，在这种情况下，当步 S_n激活时，动作 A_n的输出要经过设定的延迟

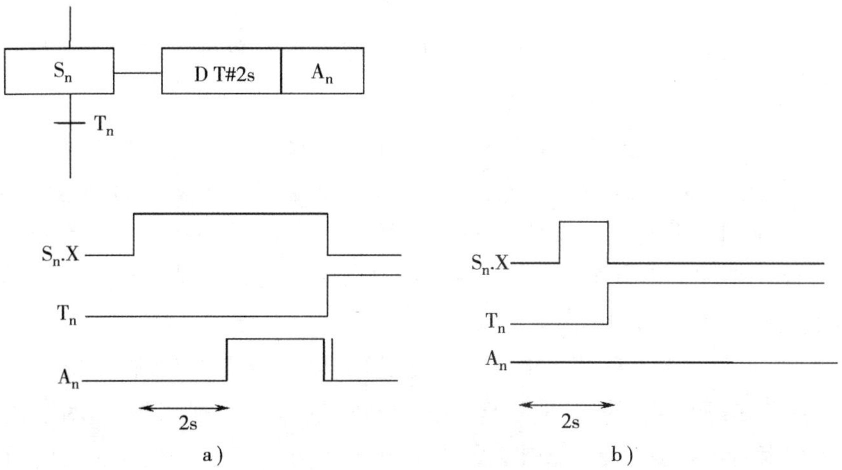

图 9-31　限定符“D”的使用

时间后才为“1”。当S_n的激活状态时间大于L所设定的持续时间时，在延迟时间到后，输出为“1”，然后一直到状态转移后，动作输出变为“0”，如图9-31a所示；当S_n的激活状态时间小于所设定的延迟时间时，则动作的输出不会被执行，如图9-31b所示。

⑤ 限定符“P”的使用

如图9-32所示，在这种情况下，当步S_n激活时，动作A_n的输出产生一个脉冲，脉冲宽度为一个扫描周期。但由于紧接着还要再产生一个“副作用”产物的脉冲，所以在使用P时要千万注意。在IEC61131-3的新版本中提供了限定符P1来替代P的功能，但有些软件中还没有提供P1功能。

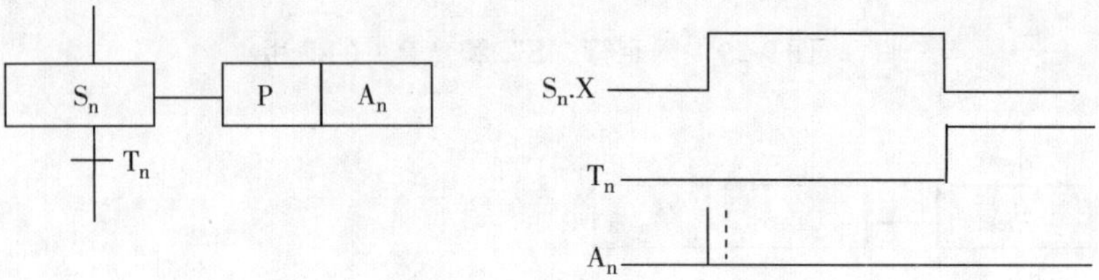

图9-32　限定符“P”的使用

⑥ 限定符“P1”和“P0”的使用

如图9-33所示，这是2003年新版本的IEC61131-3中增加的功能。当步S_n激活时，限定符P1可以使动作A_n的输出产生一个脉冲，脉冲宽度为一个扫描周期；当步S_n解除激活时，限定符P0可以使动作A_m的输出产生一个脉冲，脉冲宽度为一个扫描周期。

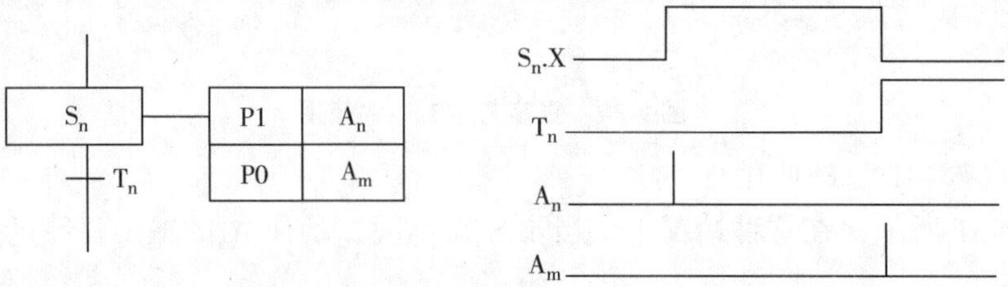

图9-33　限定符“P1”和“P0”的使用

⑦ 限定符“SD”的使用

如图9-34所示，在这种情况下，先行使置位功能，后行使延迟功能。当步S_n激活时，不管其处于激活状态的时间长短，动作A_n的输出都要在设定的延迟时间到后置位为“1”，当对其进行复位后，动作A_n的输出才变为“0”。图9-34a所示是S_n激活时间大于延迟时间的情况，图9-34b所示是S_n激活时间小于延迟时间的情况。

⑧ 限定符“DS”的使用

如图9-35所示，在这种情况下，先行使延迟功能，后行使置位功能。当步S_n激活时，如果其处于激活状态的时间大于所设定的延迟时间，则动作A_n的输出就置位为“1”，一直到对其进行复位后，动作A_n的输出才变为“0”，如图9-35a所示；如果S_n的激活状态时间小于所设定的延迟时间时，则动作不会被执行，如图9-35b所示。

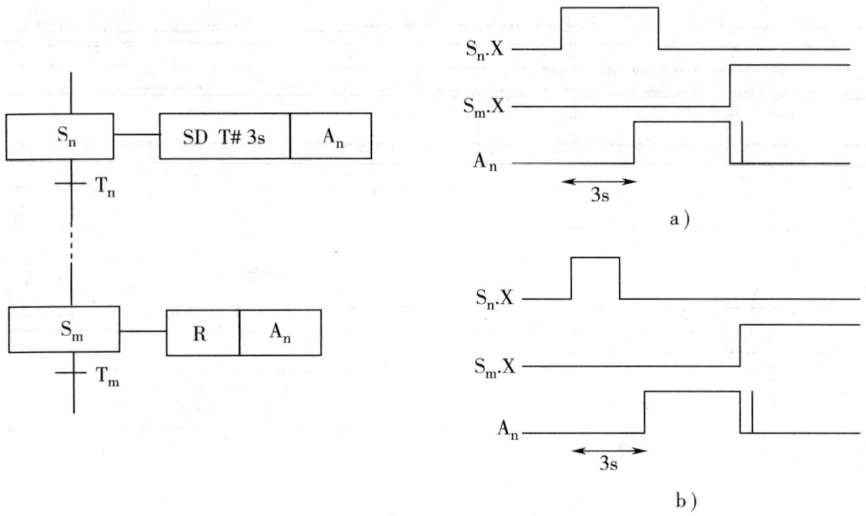

图 9-34　限定符“SD”的使用

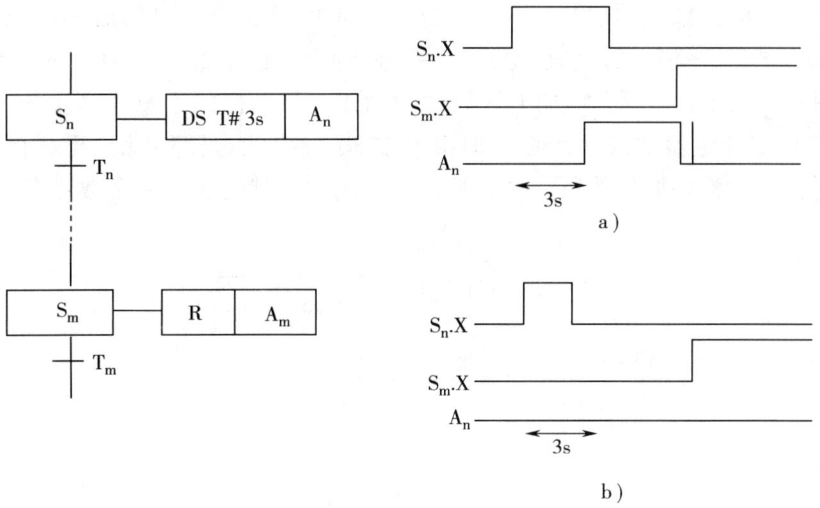

图 9-35　限定符“DS”的使用

⑨ 限定符“SL”的使用

如图 9-36 所示，在这种情况下，先行使置位功能，后行使持续功能。当步 S_n激活时，不管其处于激活状态的时间长短，则动作 A_n的输出就置位为“1”，而且为“1”的时间一直持续到设定的时间后，其输出才变为“0”。图 9-36a 所示是 S_n激活时间大于持续时间的情况，图 9-36b 所示是 S_n激活时间小于持续时间的情况。

3）动作控制功能块　在 IEC61131-3 中，定义了一个概念上的动作控制功能块“Q”来控制所有 SFC 动作限定符的输出行为特征。这个功能块实际上是不存在的，它只是用来描述动作的执行规范。其实 Q 就是动作执行与否的逻辑条件。IEC61131-3 规

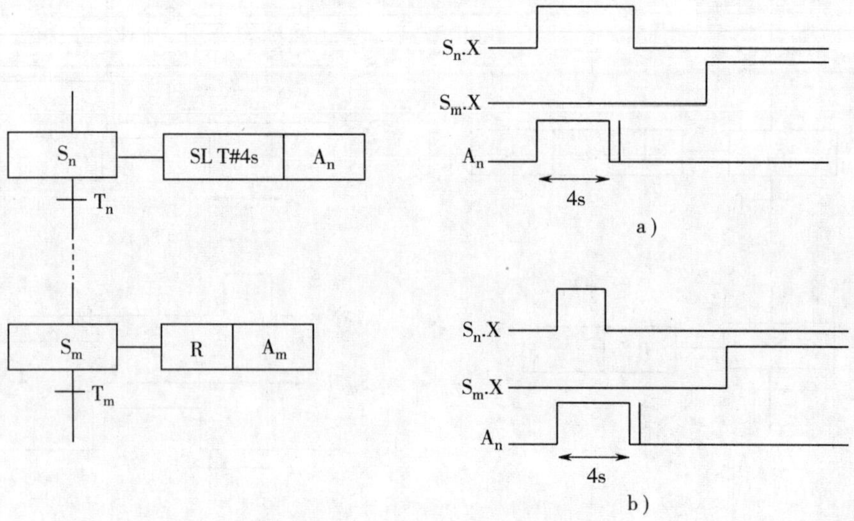

图 9-36　限定符“SL”的使用

定，当 Q 为 TRUE 时，与其有关的动作就执行，而且在 Q 由 TRUE 变为 FALSE（即状态发生转移）时，该动作还要再执行一次。正是由于这个规定的后半部分，使得我们在使用 SFC 的某些动作限定符时会产生一些麻烦。这也是 IEC61131-3 的一个小疏漏。

如图 9-37a 所示为一个“加 1 计数”的动作，该动作的本意是当步 S6 激活时，脉冲限定符 P 使计数器增加一个数，但由于在 S6 发生状态转移时，及 Q 由 TRUE 变为 FALSE 时，该动作还要再执行一次，所以最后的结果就会多加一个数。

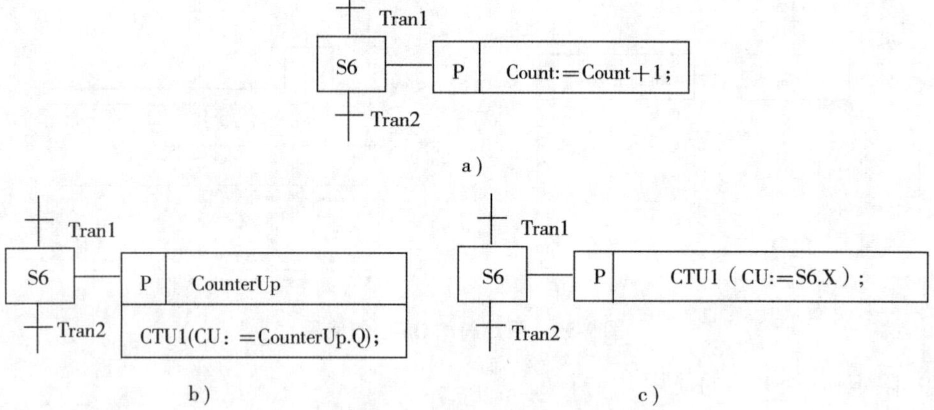

图 9-37　限定符 P 使用举例

针对这个情况，1993 年 IEC61131-3 的修订版本为大家提供了一个限定符（.Q）来间接解决这个问题，该限定符表示 Q 的逻辑状态。如图 9-37b 所示，对上面的“加 1 计数”，我们可以使用上升沿计数器功能块，其计数脉冲输入端使用动作 CounterUp 的上升沿就行了。这样在 Q 的下降沿，虽然还要再执行一次动作 CounterUp，但我们使用的是 Q 的上升沿计数，所以不会再多计一次数了。当然解决方法不只这一种，图 9-37c

所示是另外的一种方案。另外在 2003 年增加的动作限定符 P0 和 P1 彻底解决了限定符 P 的问题，所以以后使用 P1 代替 P 就行了，这是最简单的方法，但要注意现在的一些编程软件中暂时还不支持 P1 和 P0。

3. SFC 的使用原则

SFC 既可以在“程序”、“功能块”等 POU 中使用，也可以在“动作”中使用来编制程序，但不能在“函数”中使用 SFC。一般来说，SFC 的执行遵循以下规则：

1）在系统初始化后，SFC 的初始步都会激活，和其相应的动作也会执行。

2）对于处于激活状态的步，其相应的动作，以及和其相关的转移条件，在每个 PLC 循环周期中都会被执行和评测。当转移条件为 TRUE 时，后继步变为激活状态，当前步则解除激活。这种激活和解除激活可以认为是同时发生的。

3）在某一个步由“激活”状态变为“解除激活”状态后，和其相关的动作还要再执行最后一次。

在使用 SFC 时，应尽可能给步、动作和转移条件起一个意义明确的名字；应尽量使 SFC 不要太大，应使其集中描述控制系统的主干，详细的控制细节可以放到动作中去完成；应尽量避免不同的并发顺序之间的相互作用和动作参数之间的交叉引用。总之，在开始使用 SFC 的过程中，总会遇到这样或那样的问题，但同时也会积累不少经验。

9.5　IEC61131-3 应用实例程序设计

本节讲解一个简单地使用 SFC 编程的实例，另外再给大家介绍一种和 IEC61131-3 兼容程度较高的可编程总线控制器。

9.5.1　FCS 底层典型环节

在现场总线控制系统中，对于一些底层的小系统、小装置的局部控制，在考虑节约成本的情况下，一般都由带有总线接口的小型 PLC 或智能化的总线耦合器单独完成。一方面它们作为现场总线控制系统的从站为上层系统提供所需要的数据，另一方面它们作为控制器完成这种分散的本地控制任务。

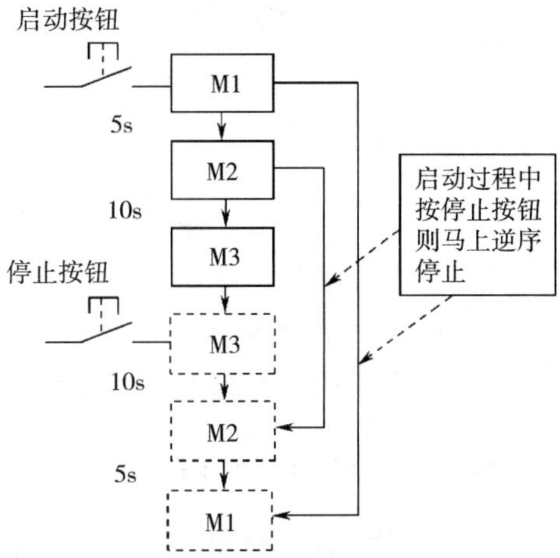

图 9-38　三台电动机顺序启动/停止控制过程示意图

图 9-38 所示为一个工业生产过程中典型的局部系统，三台电动机用来完成特定的控制任务。在按下启动按钮后，三台电动机每隔一段时间顺序起动。起动完毕后，按下停止按钮，自动间隔一段时间反向顺序停止。在起动过程中，如果按下停止按钮，则立即中止起动过程，对已起动运行的电动机，马

上进行反方向顺序停止，直到全部停止。

该系统有两个输入点（启动按钮和停止按钮），三个输出点（三个电动机的接触器）。下面详细讲解系统总线控制器的选择方法和程序设计。

9.5.2　硬件系统简介

本例使用WAGO公司的与多种主流现场总线配套的耦合器和I/O产品，其中具有PLC编程功能的PROFIBUS总线耦合器750-833是最常用的一种，它和软件CoDeSys配合使用，可实现智能从站的功能。本系统使用750-833作为一个PROFIBUS从站实现本地的逻辑控制，配套软件为WAGO-I/O-PRO CAA V2.3（CoDeSys相同）。系统的主要硬件设备如下：

1）**智能型从站PROFIBUS DP/V1 750-833**　它是一个可编程的总线控制器，它既能完成DP耦合器的功能，也能完成基于IEC61131-3编程的PLC的功能。

WAGO 750-833的外形和结构图如图9-39所示。

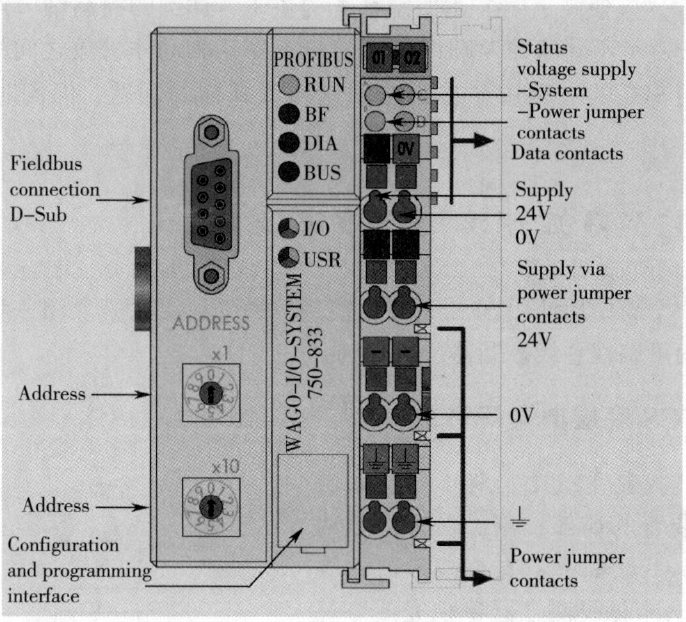

图9-39　WAGO 750-833的外形和结构图

2）**I/O模块750-402**　4点数字量输入模块DC 24V，带过滤器和光电隔离。

3）**I/O模块750-504**　4点数字量输出模块DC 24V，带短路保护和光电隔离。

4）**终端模块750-600**　系统规定的配套模块。

9.5.3　控制程序设计

由于使用了IEC61131-3中SFC编程语言里的步的时间元素，所以该程序的设计非常简单。在设计中用到了SFC的分支结构，因此该程序设计的关键是找出正确的转移条件和跳转的目标状态。

具体的变量定义如下：

```
VAR_GLOBAL
(* Input variables * )
StartButton AT %IX0. 0: BOOL;
StopButton AT %IX0. 1: BOOL;

(* Output variables * )
Motor1 AT %QX0. 0: BOOL;
Motor2 AT %QX0. 1: BOOL;
Motor3 AT %QX0. 2: BOOL;
END_VAR
```

控制系统程序如图 9-40 所示。

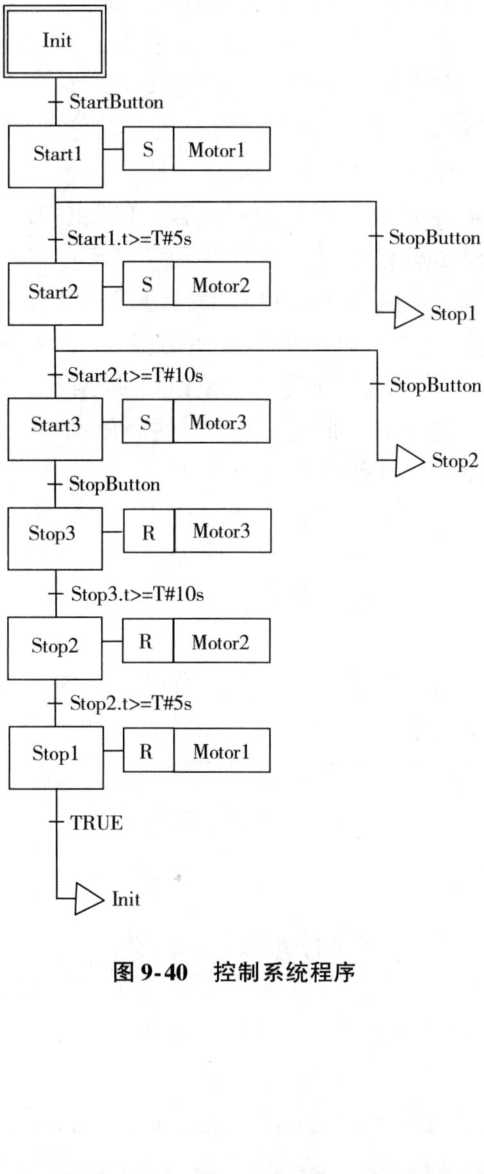

图 9-40　控制系统程序

本章小结

IEC61131-3是现在工业自动化领域中的标志性技术，和现场总线技术密切相关。

IEC61131是一个关于PLC方面的国际标准，它旨在使PLC在硬件组成、软件设计等方面形成一个具有开放性，并且都认可的国际标准，以便实现PLC产品及其用户程序的互换性和可移植性。它解决了传统PLC控制系统中存在的诸多问题，如对制造商的依赖性、编程语言功能不强、程序结构化功能欠缺、地址设置不灵活、数据处理能力不够、控制程序执行路径的功能不强等。IEC61131-3是IEC61131标准的第三部分，它定义PLC的软件结构、编程语言和程序执行方式，它综合了世界上广泛流行的编程语言，并且使其成为一种面向未来的PLC编程语言。

IEC61131-3的突出特点有：良好的结构化编程环境、强大的数据类型检测功能、支持全面的程序执行控制功能、极强的复杂顺序控制功能、可以进行数据结构定义、编程语言的灵活选择、丰富的独立于制造商的软件产品。

学习IEC61131-3时，最重要的一个概念是程序组织单元POU，它是用户程序中最小的、独立的软件单元。在模块化程序设计的环境下，它是全面理解新语言概念的基础。在IEC61131-3中定义了三种类型的POU，按其功能强弱的递增顺序依次为函数（FUN）、功能块（FB）和程序（PROG）。

IEC61131-3提供了4种PLC的标准编程语言，LD和FBD是图形化的语言，ST和IL是文本语言。另外，SFC虽然作为一种公共元素出现在了新的国际标准中，但它仍是一种最常用的编程语言。在以往学习PLC编程语言的过程中，大家对LD和IL比较熟悉了，而对FBD则接触较少（以后也不会使用很多），但现在我们要投入更多的时间和精力学习ST和SFC，其实这两种语言也是以后使用得最多的编程语言。ST是一种文本化的高级编程语言，在使用时非常灵活和方便。使用ST编写的程序具有很强的可读性，书写起来也很方便。它显著的特点是可以用一个表达式编写高度压缩化的程序，而程序结构清晰，可以构成强大的控制命令流结构。功能图是一种描述顺序控制系统的图形表示方法，是专用于工业顺序控制程序设计的一种功能性说明语言。它能完整地描述控制系统的工作过程、功能和特性，是分析、设计电气控制系统控制程序的重要工具。过去我们也学习并使用过SFC，但IEC61131-3中的SFC远比过去使用的SFC功能强大，它增加了步的属性和多种动作限定符供用户编程使用，而且它对动作和转移条件的编写也更为灵活方便。

在本章最后，结合现场总线控制系统的底层应用，给出了一个在现场总线控制系统中使用IEC61131-3编程的典型例子。通过该实例，读者可以了解IEC61131-3的具体使用情况。

习题和思考题

1. IEC61131-3的显著特点有哪些？请简要解释。

2. IEC61131-3 提供了哪几种编程语言？它们各有什么特点和适用场合？

3. 简要解释 IEC61131-3 标准中的函数和功能块之间的主要区别。

4. 判断下列变量表示的对错，并对表示错误的进行改正。

My _ Var，MY　VAR，My ____ Var，_ My _ var，VAR，MyVar6

5. 说出下列直接变量的含义：

%IB2.0,%QW3,%MD66,%MX80

6. 一个 PWM 脉冲的波形图如图 9-41 所示。请使用 IL、LD 和 ST 编程语言，按照尽可能简单的方法编制程序实现该 PWM 的波形。

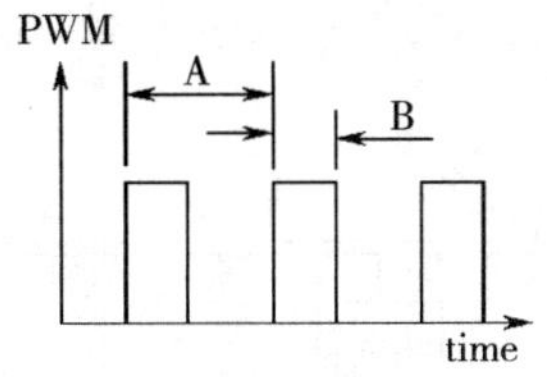

图 9-41　PWM 脉冲的波形图

7. 用 ST 编写程序完成下面算式的计算：

1) $y = a\cos(30b - c)$

2) $y = (1 + a)/(1 - a)$

8. 在一个基于 IEC61131-3 编程的位置控制阀 PLC 控制系统中，需要编制一个 POU 来实现对阀移动偏差或滞后的监测功能。需要目标位置（Required _ Position）和实时测量位置（Measured _ Position）分别表示要求阀达到的位置和阀实际的位置。滞后的偏差值（hysteresis）由上面两个信号相减的最大绝对值表示。如果新的偏差值大于旧的值，则用新的替代旧的，偏差值存储单元中始终保存最大的偏差值。请编制一个如图 9-42 所示的 POU 来实现该功能，以便被调用。另外，请问你是用 FUN 还是用 FB 来完成该 POU 的？

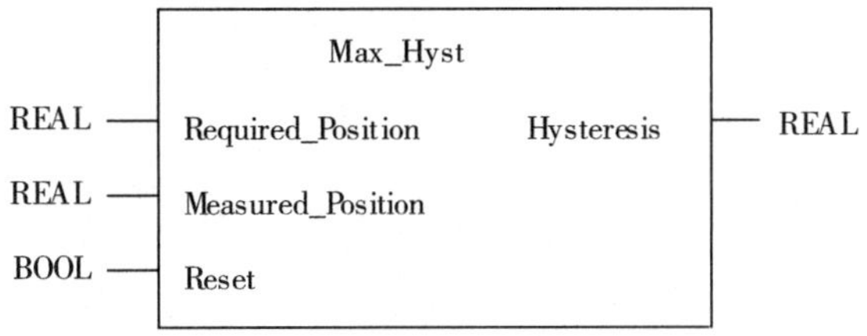

图 9-42　监测阀移动滞后偏差的 POU 原型

9. 对照图 9-15，试编制“混合液体搅拌装置”控制系统的 IL 程序（IL 程序前面的参数定义部分和 LD 程序例子中的一样）。

10. 对照图 9-15，试编制“混合液体搅拌装置”控制系统的 SFC 程序（SFC 程序前面的参数定义部分和 LD 程序例子中的一样）。

11. 图 9-43 所示为一个自动控制系统的 SFC 程序。请回答下列问题：

1）在什么条件下步 S1 被激活？

2）在什么条件下步 S1 解除激活？

3）步 S2 和步 S9 有可能同时被激活吗？

4）步 S4 和步 S10 有可能同时被激活吗？

5）步 S5 和步 S6 有可能同时被激活吗？

6）转移条件 e 的表达式为 S4. T > TIME#1M10S，请简述它的意思和它的执行结果等情况。

7）转移条件 b 的表达式为 S10. X，请简述它的意思和它的执行结果等情况。

8）什么是互斥的转移？在该 SFC 中哪里使用了这类转移？

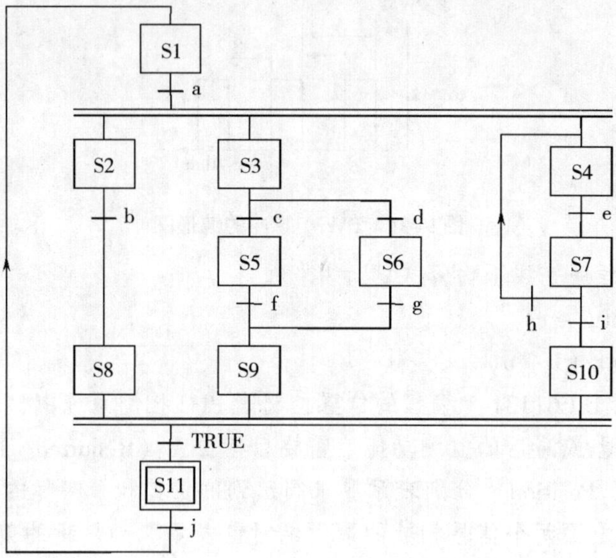

图 9-43　一个控制系统的 SFC 程序

附 录

附录 A 实验指导书

现场总线技术及应用是一门实用性很强的课程，要想学习好现场总线技术，并对其有一个较好地掌握，就必须通过实验来实践所学内容。考虑到该课程的普及程度，以及各校实验室目前现场总线技术实验设备短缺的实际情况，所以本附录中的实验尽可能多地设计了一些基础性的内容。这些实验旨在为开设该课程的学校、任课教师，以及使用该教材的广大的工程技术人员提供一个实际训练指导，大家也可以根据自身的实际情况，对其中的环节进行调整，以便完成相应的实验。

需要说明的是在本附录中所使用的实验设备、装置和软件都是可选的，也是可以更换的，所需要的实验设备和装置的数量可根据实验人数的多少而增减。

如果在实验平台建设、实验项目设计和开发方面有困难，请和本书作者联系。

A.1 PROFIBUS DP 网络安装技术实验

1. 实验目的

（1）了解 PROFIBUS DP 网络的配置；

（2）学习 PROFIBUS DP 电缆的连接和安装；

（3）学习查找 PROFIBUS DP 电缆的连接和安装错误；

（4）检查 PROFIBUS DP 从站。

2. 实验设备和装置

以下的实验设备数量按三组学生（每组 3 人）设计。

（1）SIEMENS DP 从站 ET200M 若干；

（2）SIEMENS DP 网络中继器 2 ~ 3 个（可选）；

（3）SIEMENS CPU315-2DP 3 台（主站）（可选）；

（4）装有 SIEMENS 5611 板卡的 PC 机 2 台（主站）（可选）；

（5）WAGO 750 系列、752 系列 DP 从站若干；

（6）BECKHOFF DP 从站总线端子若干；

（7）SIEMENS 9 针 DP 总线连接器 20 ~ 30 个；

（8）SIEMENS 9 针 DP 总线背插式连接器 5 ~ 10 个；

（9）SIEMENS DP A 型普通紫色电缆 30m，若干段；

（10）SIEMENS BT200 3 个；

（11）SIEMENS DP 电缆剥线器 3 个；

（12）小螺钉旋具若干个。

3. 实验内容

（1）电缆剥线器的使用以及DP电缆的连接和安装

准备好1m长的电缆若干段，然后按照图A-1所示的方法剥制DP电缆。

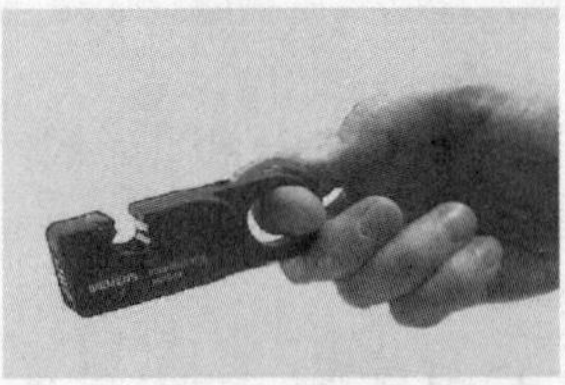

a）右手握住绝缘的剥线器

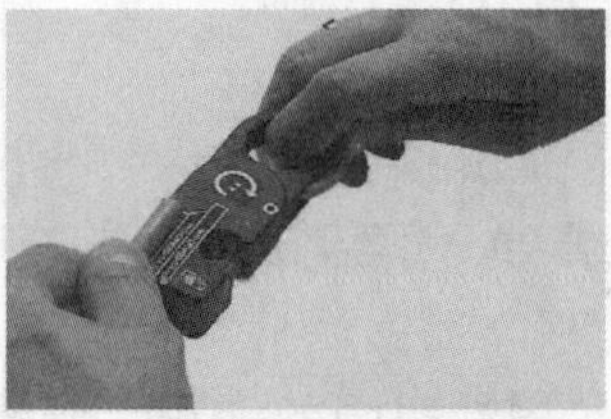

b）比照剥线器上的模板，用左手食指确定出电缆头的长度

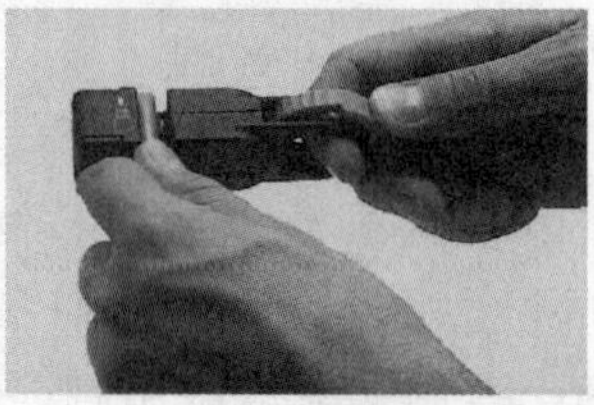

c）把电缆头塞进剥线器，用左手的食指配合，确保长度正确

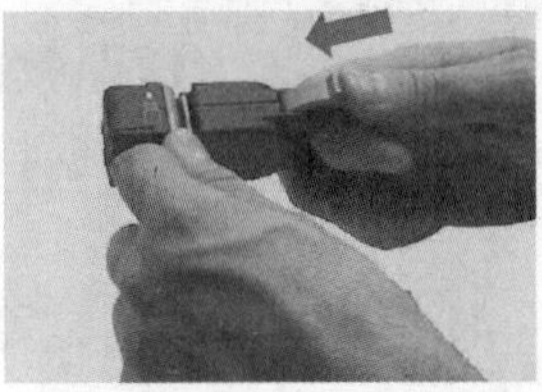

d）用剥线器里夹紧电缆

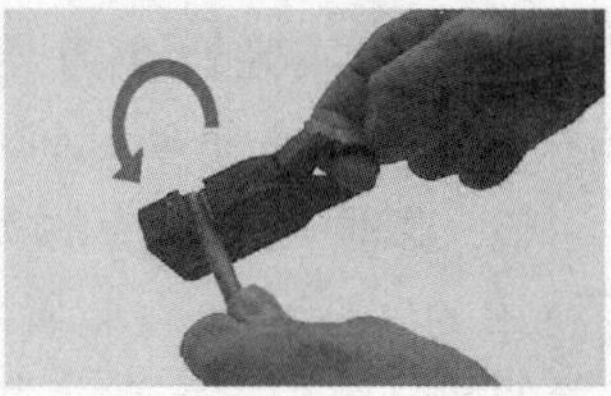

e）按箭头方向让剥线器绕着电缆转4圈

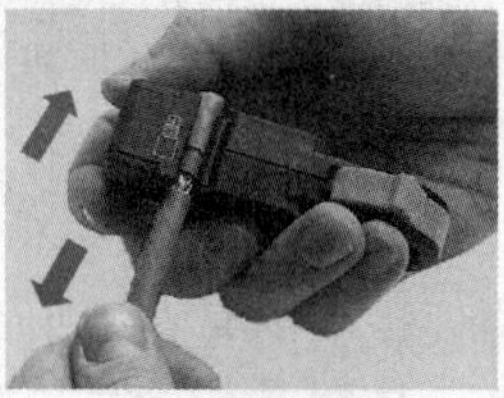

f）在剥线器仍夹紧的状态下，把剥线器从电缆头上拉下

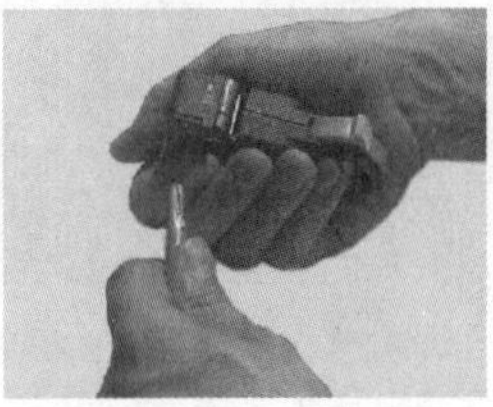

g）剥除电缆头的绝缘外皮后，松开剥线器，可将仍留在其中的外皮取出。

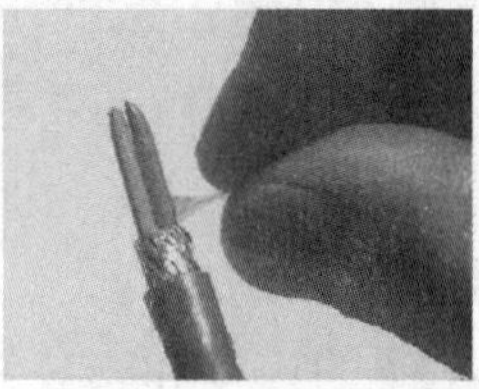

h）撕掉外面的一层塑料保护层，至此连接电缆剥制完毕

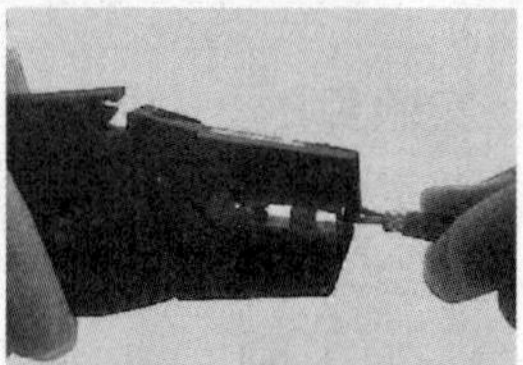

i）对使用螺钉连接的连接器，还需要用剥线钳剥离出一段金属头

图A-1　正确剥制PROFIBUS DP电缆的方法

（2）正确连接DP网络

用DP连接器把剥制好的电缆段连接起来。注意：

1）红色和绿色电线在连接器中的位置；

2）整个网络两端连接器的电缆进线方向。

（3）终端电阻配置

使用连接好的电缆段，按照第5章DP网络的连接规则设计DP网络，每个网络中包含一个主站和3～4个从站，主站可以放在网络的任何位置，根据需要也可配置有关中继器。然后正确配置终端电阻。

（4）BT200的使用

指导教师按图A-2所示准备好5～6组连接好的电缆网络。

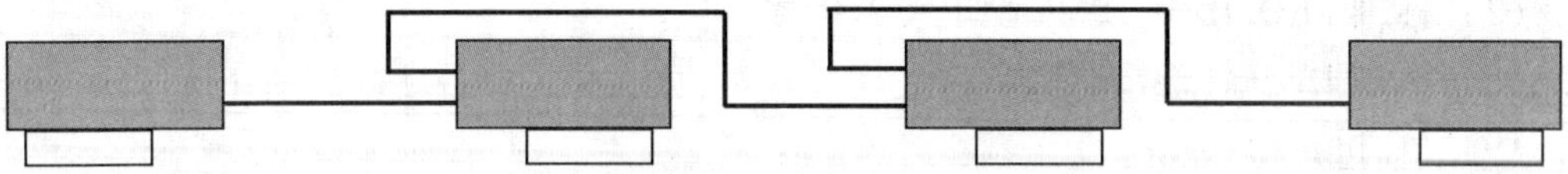

图 A-2　实验测试用 DP 电缆网络

在不同组的不同网段上电缆和连接器的连接处，指导老师事先制造一些连接错误，一般情况下，每组电缆网络制造一个错误即可。这些错误包括：

1）A/B 电线位置接反；

2）连续的两处 A/B 电线位置接反；（算一个错误）

3）屏蔽层未接；

4）A 或 B 未连接。

这些错误隐藏在连接器内部，从外面看不出来。让学生使用 BT200 检查这些电缆：

1）使用 BT200，并且做到正确使用（参考第 3 章有关内容，或参考使用说明书）；

2）确定错误位置；

3）确定错误类型。

注意：实验进行时，不允许学生打开连接器。实验完成后，允许学生打开连接器，确认自己的检测结果。但不允许学生更正这些错误，以便以后的实验继续使用。

测试完电缆后，进行测试从站设备的工作。包括测试从站端口的好坏、从站地址等。

4. 实验报告要求

（1）总结 PROFIBUS DP 网络及其终端电阻的配置原则。

（2）为什么要使用专用的剥线器剥制 PROFIBUS DP 电缆？总结电缆接线时的注意事项。

（3）描述所测故障电缆网络的错误位置和错误类型。

（4）描述所测试的从站设备情况。

A.2　PROFIBUS DP 网络组态及控制实验

预习要求：了解和熟悉 SIEMENS 的 STEP 7 中硬件组态软件的使用方法。

1. 实验目的

（1）学习 PROFIBUS DP 网络的配置和组态；

（2）熟悉网络控制的简单概念。

2. 实验设备和装置

（1）CPU315-2DP 3 个；

（2）SIEMENS PROFIBUS DP 通信板卡 CP5611 3 块；

（3）SIEMENS 的 STEP 7 编程和硬件组态软件；

（4）SIEMENS PROFIBUS DP 从站 ET200M 若干套；

（5）WAGO PROFIBUS DP 从站 750-333 若干套；

（6）BECKHOFF PROFIBUS DP 从站 BK3XX0 系列若干套；

（7）标准 PROFIBUS DP A 型电缆若干段；

（8）标准 DP 9 针连接器数个；

（9）PC 机 3 台；

（10）小螺钉旋具等基本工具若干。

3. 实验内容

（1）按图 A-3 所示搭建 3 个 PROFIBUS DP 实验网络。DP 主站是 CPU315-2DP，地址为 1。6 个从站的地址依次为 10 ~ 15。注意终端电阻的设置。STEP 7 安装在计算机上，计算机上应插有 CP5611 卡，通过该板卡可以和 CPU315 通信。选择 2 ~ 3 个从站，在其输入和输出上分别接上 1 ~2 个钮子开关和指示灯。

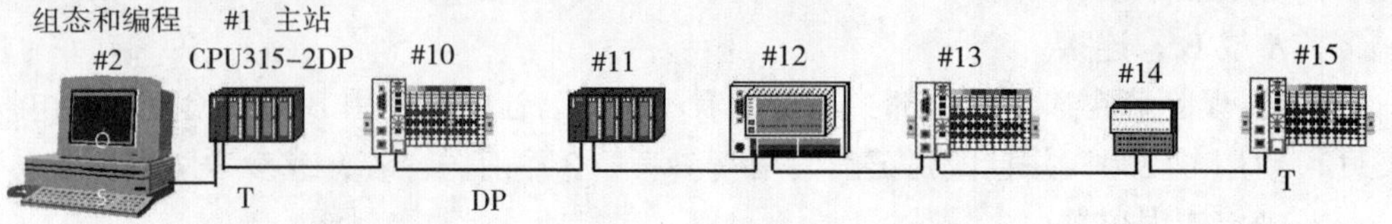

图 A-3 PROFIBUS DP 实验网络

（2）参考本书第 3 章，使用 STEP 7 中的硬件组态工具对 DP 网络进行组态。组态包括对所有从站的组态和系统组态，最后把组态结果下载到 CPU315 中。

（3）使用 STEP 7 中的 LD 语言编制一段包含从站输入（连接钮子开关的输入端）和从站输出（连接有指示灯输出的端子）的程序。编制完成后下载到 CPU315 中。

（4）设置好系统工作状态后，运行系统，然后手动控制钮子开关，观测输出是否达到预期效果。

4. 实验报告要求

（1）对主站组态需要设置哪些内容？在实验报告中给出对主站进行组态的关键画面。

（2）对从站组态需要设置哪些内容？在实验报告中给出对从站进行组态的关键画面。

（3）叙述现场总线网络控制系统的实质，对实验现象进行描述。

A.3 PROFIBUS PA 组态和控制实验

进行 PROFIBUS PA 实验，最理想的是仿照第 8 章中 PA 的实例制作一套大型的 PROFIBUS PA 实验演示系统。考虑到实际情况，在本节的实验中，我们只设计一个使用 PA 温度变送器和压力变送器的例子来完成简单的 PA 实验。

预习要求：熟悉第 4 章 PROFIBUS PA 的网络组成部分。

1. 实验目的

（1）学习 PROFIBUS DP 网段和 PA 网段之间的连接技术；

（2）学习 PA 的组态；

（3）观测 PA 设备中测量参数的变化。

2. 实验设备和装置

（1）E + H 公司的带 PA 接口的温度传感器 Omnigrad M TR 12；

（2）E + H 公司的带 PA 接口的 Cerabar S 系列压力变送器 PMC 71；

（3）PA 电缆；

（4）SIEMENS 公司的 DP/PA 耦合器；

（5）WinCC 组态软件；

（6）其他同 A. 2 实验。

3. 实验内容

（1）按图 A-4 所示搭建 PROFIBUS DP/PA 实验网络。DP 主站是 CPU 315-2DP，地址为 1。DP 段 2 个从站的地址依次为 10 ~ 11，PA 段的从站地址为 16 和 17。注意终端电阻的设置。2 类主站中安装有 WinCC 组态软件和 STEP 7 硬件组态、编程软件。

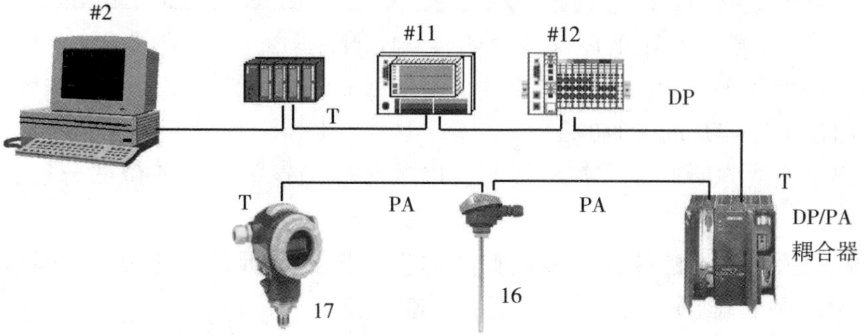

图 A-4　PROFIBUS DP/PA 实验网络

（2）使用 STEP 7 对网络进行组态。组态包括对所有从站的组态和系统组态。把组态好的结果下载到 CPU 315 中。注意 PA 从站和 DP 从站的区别。

（3）编制一段程序，使用#17 从站温度值的改变控制#12 从站的 DO 输出。把编制好的程序下载到 CPU 315 中。

（4）在 PC 上，使用 WinCC 组态一个简单画面，把相关参数形象地显示出来。

（5）系统上电运行后，用手握住温度传感器探头，在 WinCC 中观测温度值的变化；用一个合适的皮吹子连接到压力变送器的金属管上，手握动皮吹子，在 WinCC 上观测压力值的变化。

4. 实验报告要求

（1）详细描述整个系统的组态过程，并附上对 PA 设备组态的所有关键画面。

（2）描述对 PA 设备的调试过程。

（3）E + H 的 PA 温度传感器和物位计还提供有哪些重要的参数？它们的意义是什么？请详细说明。

A. 4　PROFIBUS DP 报文分析实验

预习要求：了解和熟悉分析诊断软件 PROFITrace 的使用方法。

1. 实验目的

（1）学习对参数化、组态和数据交换等报文的详细分析；

（2）通过对诊断报文的分析，学习查找故障原因。

2. 实验设备和装置

（1）荷兰 PCC 的 PROFITrace；

（2）其他同实验 A. 2。

3. 实验内容

本实验是在实验 A. 2 的基础上进行的。

（1）使用 PROFITrace 捕捉报文，对 DP 网络进行详细的报文分析。实验时，要求针对主站和从站之间的参数化报文、组态报文和数据交换报文进行捕捉，然后分析每段报文的每个字节以及字节中每一位的含义。

（2）制造一个故障，然后捕捉诊断报文，分析讨论 DP 系统的故障报告机制，并分析这段诊断报文中的每个字节以及字节中每一位的含义。

4. 实验报告要求

（1）简述 PROFITrace 的功能。

（2）详细说明你所捕捉的各种报文，以及对报文各字节、各位的分析，并附上所有关键画面。

（3）针对人为制造的故障，描述在数据交换报文中所看到的现象。对所捕捉到的诊断响应报文进行详细分析，并附上所有关键画面。

A. 5 PROFINET 网络组态及控制实验

预习要求：复习第 5 章 PROFINET 的网络组成部分的内容。

1. 实验目的

（1）学习 PROFINET 网络的配置和组态；

（2）了解 PROFIBUS 和 PROFINET 的区别；

（3）熟悉 PROFINET 网络的控制过程。

2. 实验设备和装置

（1）CPU315-2PN/DP 3 个；

（2）SIEMENS 的 STEP 7 编程和硬件组态软件；

（3）SIEMENS PROFINET IO 设备 ET200M、ET200S 若干套；

（4）SIEMENS 交换机 SCALANCE-X208 若干个；

（5）WAGO PROFINET IO 设备 750-370 若干套；

（6）BECKHOFF PROFINET IO 设备 BK9103 若干套；

（7）PHOENIX PROFINET IO 设备 IL PN BK DI8 DO4 2TX-PAC 若干套；

（8）标准 PROFINET A 型电缆若干段；

（9）FC RJ45 连接器数个；

（10）PC 机 3 台；

（11）钮子开关和 DC24V 指示灯若干个；

（12）小螺钉旋具等基本工具若干。

3. 实验内容

（1）按图 A-5 所示搭建 3 个 PROFINET 实验网络，PROFINET IO 控制器是 CPU315-

2PN/DP，IP 地址为 192.168.0.10，也可以修改为其他值；6 个 IO 设备的 IP 地址可以按照 192.168.0.X（X 代表 1～254）进行分配；注意网络上的 IP 地址（包括计算机上的 IP）是一个网段内的，并且不能冲突。IO 控制器和 IO 设备的名字可以根据实际情况，按照名字分配的原则给设备分配合适的名字。STEP 7 软件安装在计算机上，其与 CPU315-2PN/DP 是通过 TCP/IP 协议进行通信的。选择 2 或 3 个 IO 设备在其输入和输出上分别接上 1 或 2 个钮子开关和指示灯；如果有条件的话，可以使用信号源提供模拟量信号进行模拟量数据的采集。

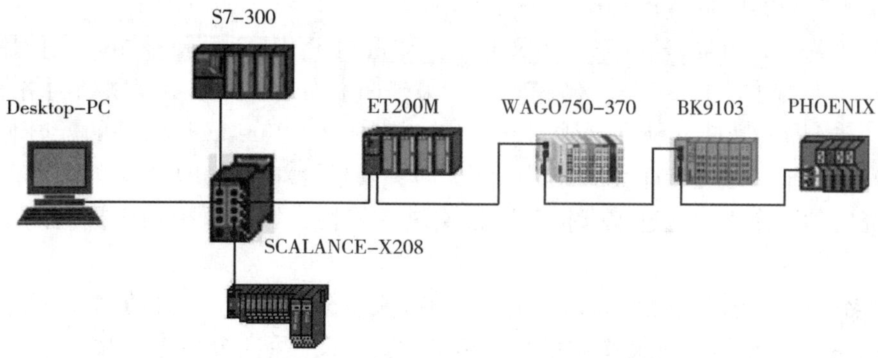

图 A-5　PROFINET 实验网络

（2）参考第 5 章中的内容，使用 STEP 7 中的硬件组态工具对 PROFINET 网络进行组态。组态包括对所有 IO 设备的组态和系统组态，最后把组态结果下载到 CPU315-2PN/DP 中。

（3）使用 STEP 7 中的 LD 语言编制一段包含 IO 设备输入（连接钮子开关的输入端）和 IO 设备输出（连接有指示灯输出的端子）的程序；也可以编写带有模拟量输入的程序（模拟量输入端连接信号源）。编制完成后下载到 CPU315-2PN/DP 中。

（4）设置好系统工作状态后，运行系统，然后手动控制钮子开关，观测输出是否按程序要求的结果运行。

4. 实验报告要求

（1）对 IO 控制器的组态需要设置哪些内容？在实验报告中给出对 IO 控制器进行组态的关键画面。

（2）对 IO 设备的组态需要设置哪些内容？在实验报告中给出对 IO 设备进行组态的关键画面。

（3）叙述 PROFINET 网络控制系统的实质，并对实验现象进行描述。

（4）阐述 PROFINET 和 PROFIBUS 的区别，可以从组态、安装、通信协议以及应用等几个方面进行比较。

A.6　PROFINET 报文分析实验

预习要求：了解和熟悉以太网测试分析软件 Wireshark 的使用方法。

1. 实验目的

（1）学习 PROFITap 硬件测试盒与网络线路的连接；

（2）使用 PROFITap 硬件测试盒和 Wireshark 软件采集 PROFINET 报文；

（3）学习对名称和地址分配、系统启动及连接建立过程、报警等报文的详细分析；

（4）通过对报警报文的分析，学习查找故障原因。

2. 使用设备和装置

（1）PROFITap 硬件测试盒；

（2）其他同实验 A.5。

3. 实验内容

本实验是在实验 A.5 的基础上进行的。

（1）使用 Wireshark 软件采集报文时，需要配合 PROFITap 硬件测试盒使用，其有三个端口，一端通过 USB 口连接到 PC 上，另外两端通过以太网口串联到网络中。

（2）通过 PROFITap 硬件测试盒和安装在 PC 上的 Wireshark 软件的配合使用，采集 PROFINET 报文并进行详细的分析。实验时，要求针对某个 IO 设备的名称和地址分配、系统启动及连接建立过程、报警等报文进行捕捉，然后分析相应报文的每个字节的含义。

（3）制造一个故障，然后分析捕捉到的报文，分析讨论 PROFINET 系统故障的报警机制，并分析这段诊断报文中的每个字节的含义，验证分析该故障是否与实际的相符。

4. 实验报告要求

（1）绘出 PROFITap 硬件测试盒在网络中如何与设备相连。

（2）详细报告你所捕捉的各种报文，以及对报文各字节的分析，并附上所有关键画面。

（3）你制造了一个什么故障？对所捕捉到的报警报文进行详细的分析，报告报警报文的分析与实际的故障是否相符，并附上所有关键画面。

A.7 AS-i 网络基础实验

预习要求：阅读 ifm 公司的 Controller E 智能 AS-i 网关的使用说明书、AS-i 编址器使用说明书，以及与 Controller E 智能 AS-i 网关配套软件 CoDeSys 的使用说明。

1. 实验目的

（1）学习 AS-i 的组态和主站的操作；

（2）改变从站地址，测试从站的 ID 码和 I/O 码；

（3）学习使用编址器对从站进行操作；

（4）了解编程软件 CoDeSys 的使用方法。

2. 实验设备和装置

以下的实验设备数量按三组学生（每组 3 人）设计。

（1）ifm 公司 Controller E 智能 AS-i 网关 AC1305 3 个；

（2）ifm 公司 SmartLine 系列 AS-i 从站 6 个；

（3）ifm 公司 Cabinetmodule 系列 AS-i 从站 6 个；

（4）ifm 公司 AS-i 编址器 AC1144（含配套电缆）3 个；

（5）ifm 公司 AS-i 电源 AC1216 3 台；

（6）ifm 公司 AS-i 辅助电源 DN2011 3 台；

（7）ifm 公司 AS-i 智能从站 AC2306（接近开关）3 个；

（8）ifm 公司 Controller E 智能 AS-i 网关配套软件 CAA；

（9）ifm 公司 AS-i 黄色电缆 30m；

（10）ifm 公司 AS-i 黑色电缆 20m；

（11）SIEMENS 公司 3RK 系列 AS-i 从站 6 个；

（12）idec 公司 LA-A00S（指示灯）6 个；

（13）24V 指示灯 6 个；

（14）钮子开关 6 个；

（15）PC 机 3 台；

（16）剪刀 3 把；

（17）小螺钉旋具若干。

3. 实验内容

根据需要，指导老师可以把 AS-i 网络的连接图画出来，让学生照图连接，也可以把连接注意事项告诉学生后，让学生自行连接，但学生自行连接时，网络的从站地址、连接位置有可能千差万别，所以会使老师不便检查实验结果。

（1）AS-i 网络的设计和连接

参考第 7 章中的图 7-39 来完成有关 AS-i 网络的建立和连接。连接时有下列注意事项：

1）主站电源的连接；

2）要使用黑色电缆给需要辅助电源的从站供电；

3）每个 AS-i 主站连接 5 个从站即可；

4）AS-i 电缆的正负极不能接反。

指导老师检查无误后，才可通电。

（2）主站的使用

Ifm 的 AS-i 主站设备有单主站和双主站之分，我们使用的 AC1305 是一个单主站系统。通电后首先观测主站面板上的指示灯：

PWR/COM On：AS-i 电压正常，并且至少和一个从站建立了通信关系；

闪动：AS-i 电压正常，但没有和任何从站建立通信关系。

PROJ On：组态（Projection）模式激活，组态监视模式关闭；

闪动：组态模式激活，但有从站地址为 0，所以不能转换到（保护）工作模式。

CONF/PF On：当前组态（configuration）模式；

闪动：外围故障。所连接的从站至少有一个发生故障。

主站面板上有一块触摸式液晶面板，参见第 7 章中的图 7-44，按动轻触按键，可进行菜单式的操作，其主要功能如下：

1）从站列表：检查连接的所有从站的地址。包括：被检测到的从站（LDS）、组态的从站（LPS）、激活的从站（LAS）和故障从站（LPF）。

2）对从站进行编址：可以设定网络中的从站地址。

3）快速设置（Setup）：自动快速设置好所需要的组态和总线参数。

4）系统设置：配置 Controller E 设备。

5）系统信息显示。

6）PLC 设置。

7）PLC 信息显示。

8）主站设置：设置和显示所有主站系统的信息。

9）从站信息：显示所有从站的详细信息。

10）总线设置：选择不同的上层总线接口。

实验要求对主站进行各种操作，主要内容有

1）检查网络中的从站配置情况，包括从站的地址、ID 码和 I/O 码。

2）改变从站地址。

3）把系统组态完毕，使系统处于一个正常的工作状态。

（3）编址器的使用

手持式的编址器是一种方便的辅助工具，可以对从站进行最基本的操作。和编址器配套使用的是针对不同的从站接口而设计的测试电缆接口。实验时，选择一个空余的从站连接到编址器上，要求测试该从站的地址、ID 码和 I/O 码，并进行改变地址的操作。

（4）编程软件的初步使用

在断电的情况下，把 AS-i 网络主站上的串口和安装有 CoDeSys 编程软件的 PC 机连接起来。双击 CoDeSys 图标，激活软件，当通信波特率设置正确时，就能建立起 PC 机和 AS-i 网络之间的通信联系。参考 CAA 使用说明书或者查看在线帮助，进行相应的操作。初步实验是使用 CoDeSys 查看 AS-i 网络及各从站的参数。

1）查看 AS-i 网络的配置情况；

2）分别双击每个从站，查看并记录它们的参数，即地址、I/O 码和 ID 码。

4. 实验报告要求

1）总结 AS-i 网络配置原则；

2）AS-i 从站的重要组态参数有哪些？

3）ifm 主站控制面板上最主要的功能有哪些？

4）手持式编址器的主要功能有哪些？

5）填写表 A-1。

表 A-1 AS-i 实验网络从站信息表

序号	从站地址	从站特性描述	I/O 码	ID 码

A.8　AS-i 网络应用实验

预习要求：预习第 9 章中有关 IEC61131-3 编程的知识和 ifm 的 AS-i 主站的使用举例，其他内容与 A.7 实验相同。

1. 实验目的

（1）使用系统软件操控 AS-i 从站；

（2）使用系统软件测试 AS-i 从站特性；

（3）AS-i 控制系统编程及控制。

2. 实验设备和装置

与 A.7 实验相同。

3. 实验内容

（1）使用软件改变从站地址

使用软件上的功能使主站切换到组态模式，并检查主站上的“PROJ”指示灯是否点亮。确认后，点击改变从站地址按钮，把地址为“1”的从站变为地址为“0”。这时观察主站面板上各指示灯的情况。在这种情况下，请尝试着把主站模式切换到“保护”模式，看是否能实现？

使用软件把这个地址为“0”的从站改为地址为“10”，再观察主站面板上各指示灯的情况。记录完成后，再把该从站的地址直接改为“1”，并把主站模式切换到“保护”模式，观测主站面板上各指示灯的情况。

（2）从站地址自动设置功能测试

在实际应用中，当一个 AS-i 从站出现故障后，可以在线把该从站取走，然后换上一个地址为“0”的相同类型的从站，主站能够在线识别该从站，并把它的地址自动设置为更换掉的那个从站的地址。

点击软件上的相应图标，使“自动地址设置”变为“使能”状态，使主站运行在“保护”（正常）模式下。这时准备好一个和网络中某个从站相同的从站（假设地址为“6”），用手持式编址器将其地址设置为“0”。从网络中取走地址为“6”的从站，观测主站面板上指示灯的状态，然后在线换上准备好的新从站，从软件上实时观测是否其地址自动设置为“6”，并观测主站面板上指示灯的状态。

记录实验过程中发生的现象。

（3）AS-i 从站特性测试实验

实验所使用的 AS-i 网络中有一个智能接近开关，其行规为 S-1.1。以该从站为例，使用 CoDeSys 进行 AS-i 从站特性测试实验，具体包括：

1）观测输入数据位 D0 的测试。用一个金属物体接近该开关，观察 D0 的改变。

2）传感器状态位 D1 的测试。D1 是表示传感器信号质量好坏的位，D1 为 1 是表示传感器信号质量没问题，D1 为 0 是表示传感器信号质量不好。用一个金属物体慢慢接近该开关，可以发现在到达传感器产生信号的极限位置时，D1 位似亮非亮地跳动。

3）改变信号逻辑。改变传感器参数组态中的 P1 位，可实现传感器信号逻辑的改变。原来当金属物体接近传感器时，传感器信号为 1；现在当金属物体接近传感器时，传感器信号为0。

（4）AS-i 网络应用实验

硬件准备：在能连接普通钮子开关的从站上连接两个钮子开关，除（可选的）idec 的指示灯外。另外，在能连接普通输出指示灯的从站上连接两个 DC 24V 指示灯。

仿照第7章7.6节中的简单程序，编制一段实验程序。该程序中应包括对输入/输出信号的验证。

AS-i 网络设置正常后，运行程序，通过手动控制钮子开关，观测程序所控制的指示灯的接通和断开情况。

4. 实验报告要求

（1）总结 CoDeSys 软件的功能；

（2）总结智能 AS-i 从站的特性参数及其应用，简述实验过程及结果；

（3）列写出自己编制的实验程序，描述运行情况及结果。

A.9 IEC61131-3 编程实验 1

预习要求：复习第9章，读懂图9-12和图9-15，提前熟悉 CoDeSys 编程系统软件的使用方法。

1. 实验目的

（1）使用 IEC61131-3 的 LD 和 ST 语言进行程序设计；

（2）学习 CoDeSys 软件的使用。

2. 实验设备和装置

（1）基于 IEC61131-3 的 CoDeSys 编程系统软件；

（2）Beckhoff BC3100 可编程 PROFIBUS 总线耦合器、WAGO 750-833 可编程 PROFIBUS 总线耦合器或和利时小型 PLC，共3个；

（3）不同信号类型、不同 I/O 点数的相应的 I/O 模块若干块；

（4）PC 机3台；

（5）钮子开关数个；

（6）信号电线若干段；

（7）小螺钉旋具若干。

3. 实验内容

（1）使用 Beckhoff BC3100、WAGO 750-833 或和利时小型 PLC 和相应的数个 I/O 模块组成一个可编程的 PLC 系统。

（2）用通信电缆通过串口把 PC 和 PLC 连接起来，正确设置通信参数，使两者之间能够正常通信。

（3）仔细阅读图9-12所示的例题，使用 LD 语言编制其控制程序；把程序下载到 PLC 中，调试所设计的控制程序。详细记录实验过程，并对实验过程中出现的问题及其解决措施进行分析讨论。

（4）仔细阅读图9-15所示的例题，使用 ST 语言编制其控制程序；把程序下载到 PLC 中，调试所设计的控制程序。详细记录实验过程，并对实验过程中出现的问题及其解决措施进行分析讨论。

4. 实验报告要求

(1) 通过对比 IEC61131-3 和以往所学习的其他 PLC 编程语言，分析总结 IEC61131-3 的特点和长处。

(2) 上交实验程序。

(3) 上交实验过程的详细记录，以及调试中所出现的问题及解决方法的书面分析。

A. 10　IEC61131-3 编程实验 2

预习要求：复习第 9 章，读懂图 9-12 所示的例题和图 9-40 所示程序，熟悉 CoDeSys 编程系统软件的使用方法。

1. 实验目的

(1) 使用 IEC61131-3 的 SFC 进行程序设计；

(2) 学习 CoDeSys 软件的使用。

2. 实验设备和装置

(1) 基于 IEC61131-3 的 CoDeSys 编程系统软件；

(2) Beckhoff BC3100 可编程 PROFIBUS 总线耦合器、或 WAGO 750-833 可编程 PROFIBUS 总线耦合器、或和利时小型 PLC，共 3 个；

(3) 不同信号类型、不同 I/O 点数的相应的 I/O 模块数块；

(4) PC 机 3 台；

(5) 钮子开关数个；

(6) 信号电线若干段；

(7) 小螺钉旋具若干。

3. 实验内容

(1) 使用 Beckhoff BC3100、WAGO 750-833 或和利时小型 PLC 和相应的数个 I/O 模块组成一个可编程的 PLC 系统；

(2) 用通信电缆通过串口把 PC 机和 PLC 连接起来，正确设置通信参数，使两者之间能够正常通信；

(3) 仔细阅读图 9-40 所示程序，使用 SFC 编制其控制程序；把程序下载到 PLC 中，调试所设计的控制程序。详细记录实验过程，并对实验过程中出现的问题及其解决措施进行分析讨论。

(4) 仔细阅读图 9-12 所示例题，使用 SFC 编制其控制程序；把程序下载到 PLC 中，调试所设计的控制程序。详细记录实验过程，并对实验过程中出现的问题及其解决措施进行分析讨论。

4. 实验报告要求

(1) 通过对比 SFC 编程语言和其他编程语言，分析总结 SFC 的特点和长处。

(2) 上交实验程序。

(3) 上交实验过程的详细记录，以及对调试中所出现的问题及解决方法的分析讨论。

附录 B　PROFIBUS常用信息速查表

B.1 PROFIBUS-DP报文基本信息速查

基本报文格式为

SD	LE	LEr	SDr	DA	SA	FC	DSAP	SSAP	PDU…	FCS	ED

SD：报头

LE：数据长度＝［DA+SA+FC+DSAP+SSAP+Len（PDU）］≤249（协议数据单元[PDU]长度≤244）

DA：目标地址

SA：源地址

FC：功能代码

DSAP：目标服务访问点

SSAP：源服务访问点

FCS：帧校验序列

ED：报尾，ED＝16 (22)

SD1＝10（16）——请求_FDL_状态，不包含数据单元的具有固定长度的报文

SD2＝68（104）——SRD服务，带有可变长度数据单元的报文

SD3＝A2（162）——带有恒定长度数据单元具有固定长度的报文（数据单元通常为8字节）

SD4＝DC（220）——令牌报文

SC＝E5（229）——短确认报文（只含1字节）

功能代码FC：

0	b6	b5	b4	fc	fc	fc	fc

通常为0

1=Rqst, 0=Resp

Rqst：b5=帧计数位 (0/1切换), b4=帧计数有效

Resp：站点类型 (00=从站, 01=主站没有准备好进入令牌环，10= 主站准备好进入令牌环，11= 在令牌环上的主站)

功能码	请求功能（b6＝1）	响应功能（b6＝0）
0	时间事件	肯定确认：OK
1	—	否定确认：用户出错（UE）
2	—	否定确认：无响应源（RR）
3	SDA 低（仅 FMS 可用）	否定确认：SAP 未被激活（RS）
4	SDN 低（广播和多点传送报文）	—
5	SDA 高（仅 FMS 可用）	—
6	SDN 高（广播和多点传送报文）	—
7	SRD 多播	—
8	—	SRD 的低优先级响应（DL）
9	带应答的 FDL 状态请求	否定确认：无响应（NR）
A（10）	—	SRD 的高优先级响应（DH）
B（11）	—	—
C（12）	SRD 低（发送和请求数据）	SRD 低优先级响应异常：无源（RDL）
D（13）	SRD 高（发送和请求数据）	SRD 高优先级响应异常：无源（RDH）
E（14）	带应答的 ID 请求	—
F（15）		—

主站-从站通信的服务访问点：

服务	主站 SAP	从站 SAP
数据交换	无	无
获取从站地址	3E（62）	37（55）
读输入	3E（62）	38（56）
读输出	3E（62）	39（57）
全局控制	3E（62）	3A（58）
获取组态	3E（62）	3B（59）
从站诊断	3E（62）	3C（60）
参数设置	3E（62）	3D（61）
检查组态	3E（62）	3E（62）
DPV1 Ⅰ类主站（MS1）功能	33（51）	33（51）或 32（50）
DPV1 源管理器	32（50）	31（49）
DPV1 Ⅱ类主站	32（50）	0（0）… 30（48）

主站-主站通信的服务访问点：DSAP 和 SSAP 均为 36（54）

注释：括号中对应的变量采用十进制数

B.2 DP–V0 参数化报文信息速查

参数设置请求：基本请求报文（主站→从站）

SD	LE	LEr	SDr	DA	SA	FC	DSAP	SSAP		FCS	ED
68_{hex}	××	××	××	××	××	××	$3D_{hex}$	$3E_{hex}$		××	16_{hex}

基本响应报文（从站→主站）

$E5_{hex}$ 仅一个字节为响应报文，短字符（SC）

参数设置：主站发送给从站的参数设置报文包括通信参数、预期功能、设备的相关参数和识别码。从站必须检查是否支持被请求的参数和功能

参数数据单元（DU）最少 7字节，最多可达 244字节

前7字节对每一个从站都是必须的	设备和模块相关参数（可选择）
1 ------------ 7	8 ------------ 244

对必须的 7字节参数的描述（根据 PROFIBUS-DP 标准）：

字节 1

7	6	5	4	3	2	1	0
					0	0	0
				×			
			×				
		×					
	×						
×							
锁定标志（1为主站对其他主站锁定该从站）	未锁定标志（1为主站未对其他主站锁定该从站）	从站为SYNC 模式（1 = YES）	从站为FREEZE 模式（1 = YES）	看门狗 ON/OFF（1=ON）可以被用户选择	保留（必须是 0）	保留（必须是 0）	保留（必须是 0）

字节 2	字节 3	字节 4	字节 5	字节 6	字节 7	字节 8
7 6 5 4 3 2 1 0	7 6 5 4 3 2 1 0	7 6 5 4 3 2 1 0	7 6 5 4 3 2 1 0	7 6 5 4 3 2 1 0	7 6 5 4 3 2 1 0	扩展参数
$0\sim255_{dec}$ $(0\sim FF_{hex})$	$0\sim255_{dec}$ $(0\sim FF_{hex})$	$0\sim255_{dec}$ $(0\sim FF_{hex})$	$0\sim255_{dec}$ $(0\sim FF_{hex})$	$0\sim255_{dec}$ $(0\sim FF_{hex})$	x x x x x x x x	设备和模块相关参数（DPV1 状态字节，参看 B. 8）
看门狗系数 1（WD1）	看门狗系数 2（WD2）	最小从站响应时间（T_{SDR}）	设备ID号高字节（MSB）	设备ID号低字节（LSB）	成组选择	
看门狗时间 = WD1 × WD2 × 10ms		一般来说，PROFIBUS–DP 系统中，最小的从站延迟响应时间是：$11T_{bit}=0B_{hex}$（$1T_{bit}$=1个位的传输时间）			该字节的每一位代表一组，因此从站可以被分为单独一组或两个组。成组选择主要用于全局控制功能（如 SYNC、FREEZE 等）	

B.3 DP–V0 组态报文信息速查

检查组态请求：基本请求报文（主站→从站）：

SD	LE	LEr	SDr	DA	SA	FC	DSAP	SSAP	DU	FCS	ED
68_{hex}	xx	xx	xx	xx	xx	xx	$3E_{hex}$	$3E_{hex}$	xx xx …	xx	16_{hex}

基本响应报文（从站→主站）

$E5_{hex}$	只有一个字节响应报文，短字符（SC）

组态检查报文的目的是比较组态的 I/O（主站系统）和从站实际的I/O，来确定组态是否有效

组态数据单元（DU）最多只能有244字节

标识符 ID 0（必选）	ID1，ID2，ID3 -------------------（可选择）
1	244

检查组态报文数据单元包括必要的I/O组态，组态标识符（ID）用来定义输入输出的数目，数据类型（字节/字）和数据块（模块）的一致性，数据单元至少包含一个ID。

从报文中我们能区分常规和特殊的组态 ID 格式。

常规模块的（基本的）ID 格式（仅1个字节）

字节 1

7	6	5	4	3	2	1	0	位
		0	1					仅输入组态时的ID定义
		1	0					仅输出组态时的ID定义
		1	1					输入/输出组态时的ID定义
		0	0					特殊 ID 格式（具体请参照特殊格式解码表）
				$00\sim15_{dec}$ $(0\sim F_{hex})$				组态数据数（输入/输出）： 00_{dec}（0_{hex}）=1 Unit（字节/字） ⋮ 15_{dec}（F_{hex}）=16 Units（字节/字）
	1							数据单位为字
	0							数据单位为字节
1								表示整个组态数据块（模块）一致
0								表示一个数据单位（字节/字）一致

特殊模块的ID 格式（多个字节）

一个特殊组态 ID的结构

特殊组态ID	ID前面部分	ID头字节	输出字节长度	输入字节长度	制造商特殊数据	下一个ID
		xx 00 xxxx	仅用于输出	仅用于输入	（可选）	

特殊格式解码表

字节 1 组态 ID头

7	6	5	4	3	2	1	0	位
		0	0	$00\sim15_{dec}$ $(0\sim F_{hex})$				特殊ID 格式（参照特殊格式解码表） 最后面的制造商特殊组态ID数据数： 00_{dec} (0_{hex}) = 没有 $1\sim14_{dec}$ (E_{hex}) = 相应的制造商特殊数据数 15_{dec} (F_{hex}) = 没有
0	0							空模块，表示没有输入或输出
0	1							接下来一个字节说明输入性质
1	0							接下来一个字节说明输出性质
1	1							接下来的字节分别说明输出和输入性质

接下来的字节 1B长度的输出，1B长度的输入，如果两者都有，则接下来有2B，输出在前，输入在后

7	6	5	4	3	2	1	0	位
		$00\sim63_{dec}$ $(00\sim3F_{hex})$						组态的数据数（输入/输出）： 00_{dec} (0_{hex}) = 1 单位（字节/字） 63_{dec} ($3F_{hex}$) = 64 单位（字节/字）
	1							数据单位为字
	0							数据单位为字节
1								整个数据块(模块)一致
0								整个数据单位(字节/字)一致

接下来的字节 制造商特殊数据

7	6	5	4	3	2	1	0	位
$00\sim255_{dec}$（$00\sim FF_{hex}$）								制造商特殊组态 ID，由制造商来定义（或 DPV1 数据类型，参看B.8）

B.4　DP–V0 诊断报文信息速查

诊断请求报文：基本请求报文（主站→从站）[无数据单元（DU）]

SD	LE	LEr	SDr	DA	SA	FC	DSAP	SSAP	FCS	ED
68_{hex}	xx	xx	xx	xx	xx	xx	$3C_{hex}$	$3E_{hex}$	xx	16_{hex}

诊断响应报文：基本响应报文（从站→主站）

SD	LE	LEr	SDr	DA	SA	FC	DSAP	SSAP	DU	FCS	ED
68_{hex}	xx	xx	xx	xx	xx	xx	$3E_{hex}$	$3C_{hex}$	xx xx …	xx	16_{hex}

诊断响应：诊断响应的目的是向主站报告从站的状态和从站是否接受主站发出的参数设置和组态请求数据，是否需要重新进行参数化和组态设置

诊断数据单位（DU）最少6字节，最多可达244字节

前6字节对每个从站的基本诊断信息（必须）	装置诊断信息块（可选）	模块诊断信息块（可选）	通道诊断信息块（可选）
1 ------ 6	7 ------	------	------ 244

标准诊断报文前 6 字节的描述

字节 1

位	值	描述
7	×	从站被不同的主站锁定（进行了参数设置）
6	×	参数错误：从站未接收到最新的参数
5	×	无效的从站应答
4	×	从站不支持所请求的参数功能
3	×	从站具有扩展的诊断信息来报告出错
2	×	组态错误：从站未接收到最新的组态数据
1	×	站点未准备好数据交换
0	×	站点不存在（由主站设置）

字节 2

位	值	描述
7	×	该从站未被主站激活（由主站设置）
6	0	保留
5	×	从站处于 SYNC 模式(1=ON；0=OFF)
4	×	从站处于 FREEZE 模式(1=ON；0=OFF)
3	×	监控激活入口，看门狗(1=ON；0=OFF)
2	1	总为1
1	×	静态诊断：主站请求诊断，直到该位被复位
0	×	从站必须重新设置参数

字节 3

位	值	描述
7	×	诊断数据溢出，从站有太多的诊断数据报告
6	0	保留
5	0	保留
4	0	保留
3	0	保留
2	0	保留
1	0	保留
0	0	保留

字节 4（位 7~0）	字节 5（位 7~0）	字节 6（位 7~0）
$0\sim125_{dec}$ $(0\sim7D_{hex})$	$0\sim255_{dec}$ $(0\sim FF_{hex})$	$0\sim255_{dec}$ $(0\sim FF_{hex})$
主站站点地址 $0\sim125_{dec}$ $(0\sim7D)_{hex}$ 主站控制地址 255_{dec} (FF_{hex}) 从站未被任何主站控制或未进行参数设置	PROFIBUS ID 号（MSB）	PROFIBUS ID 号（LBS）
	每个从站识别码由 PROFIBUS 国际组织分配	

字节 7-244

扩展诊断数据（可选）

↓设备诊断块

↓标识符（模块）诊断块

↓通道诊断块

（请见B.5）

B.5 DP–V0扩展诊断报文信息速查

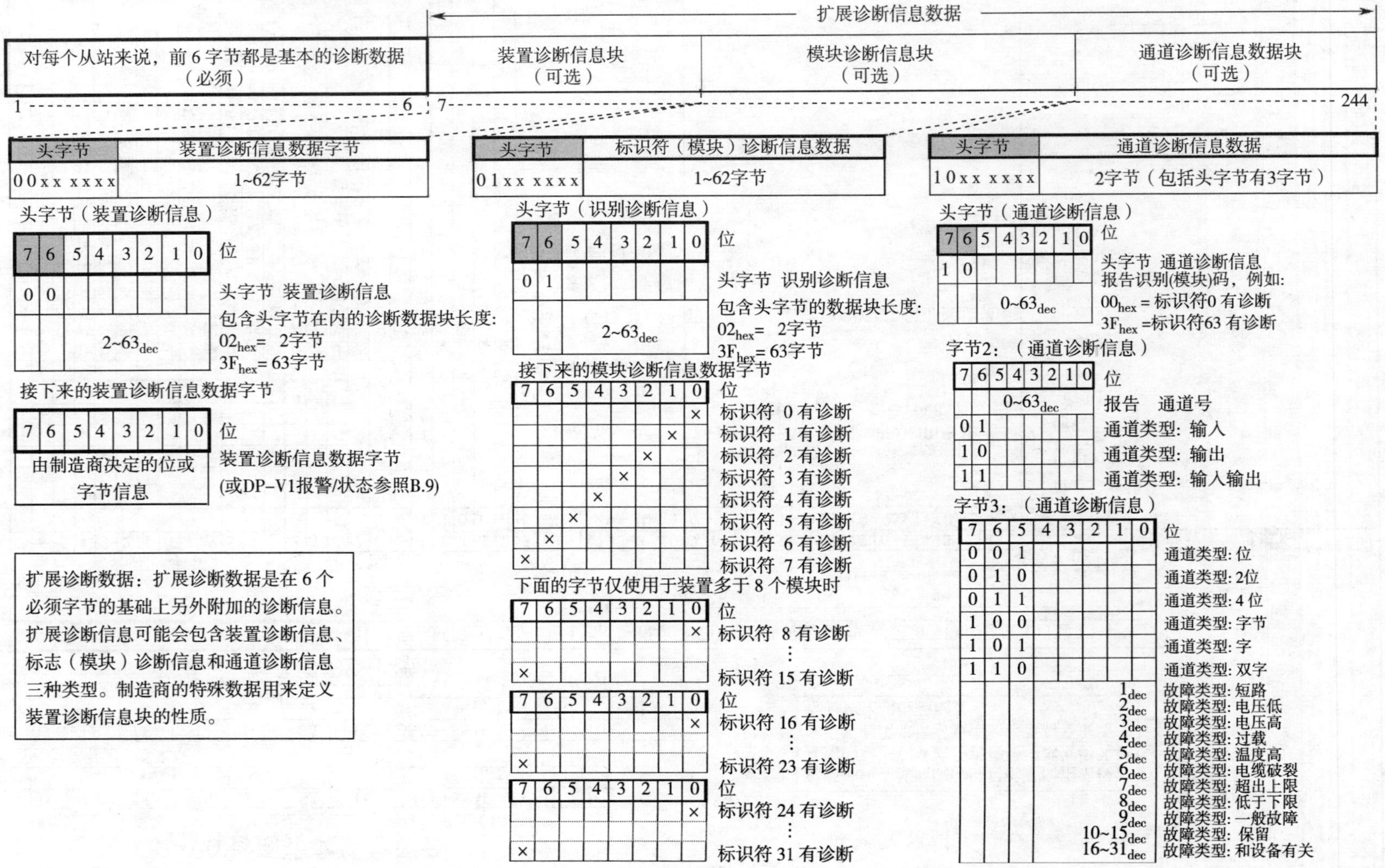

B.6　DP-V0 全局控制报文信息速查

全局控制请求报文：基本请求报文（主站→从站）

SD	LE	LEr	SDr	DA	SA	FC	DSAP	SSAP	DU	FCS	ED
68_{hex}	xx	xx	xx	xx	xx	xx	$3A_{hex}$	$3E_{hex}$	2bytes	xx	16_{hex}

无应答报文

全局控制报文数据单元（DU）的描述

字节1 7	6	5	4	3	2	1	0	字节2 7	6	5	4	3	2	1	0
0	0						0	×	×	×	×	×	×	×	×
						×									
					×										
				×											
			×												
		×													
保留	保留	同步（锁存从站输出数据）	解除同步	锁存（锁存从站输入数据）	解除锁存	清除模式（清除从站输出数据）	保留	全局编号 每1位代表1个从站组也可能是若干个组 全局控制只对指定的从站组起作用（成组设置参看参数化报文） 00_{hex}：该命令对所有的从站起作用，不管其是否包含在指定组内							

全局控制：全局控制报文是广播形式（对所有从站）或多点通信形式（对几组从站）的报文，该报文能使某种特定的功能在这些从站上同时生效或无效，例如CLEAR、SYNC、FREEZE等。该报文是PROFIBUS报文中唯一的一种为防止冲突而无应答的报文

B.7　DP–V1 扩展参数化报文信息速查

设置参数请求：请求报文（主站→从站）

SD	LE	LEr	SDr	DA	SA	FC	DSAP	SSAP	DU	FCS	ED
68_{hex}	xx	xx	xx	xx	xx	xx	$3D_{hex}$	$3E_{hex}$	xx xx …	xx	16_{hex}

应答报文（从站→主站）

$E5_{hex}$ 应答报文只有1字节，短字符（SC）

参数数据单元（DU）最少7字节，最多可达244字节

对每个从站来说，前7字节都是基本的	DP–V1_状态（3字节）	设备和模块参数数据（可选）
1 ……… 7	8 ……… 10	11 ……… 244

字节8

位	值	含义
7	×	DP-V1使能（0=NO，1=YES）
6	×	安全模式（0=NO，1=YES）仅DP-V2使用
5	×	仅DP-V2使用
4	0	保留
3	0	保留
2	×	看门狗时基（0=10ms，1=1ms）
1	0	保留
0	0	保留

字节9

位	值	含义
7	×	插拔报警使能
6	×	过程报警使能
5	×	诊断报警使能
4	×	制造商特殊报警使能
3	×	状态报警使能
2	×	更新报警使能
1	0	保留
0	×	组态检查模式（0为标准，1为生产商特定）

字节10

位	值	含义
7	0	保留
6	0	保留
5	0	保留
4	×	仅DP-V2使用
3	×	仅DP-V2使用
2	×	报警模式（每一种报警类型的最多报警数）0为1个 1为2个 2为4个 3为8个 4为12个 5为16个 6为24个 7为32个
1	×	
0	×	

字节11~244

B.8 DP–V1扩展组态报文信息速查

特殊的（扩展的）ID格式

特殊组态ID报文结构

特殊组态ID	ID前面部分	ID 头字节	输出字节长度	输入字节长度	生产商特殊数据报文	下一个ID
		x x 0 0 x x x x	如果有，则仅输出	如果有，则仅输入	（可选）	

特殊格式报文解码表

字节1 组态 ID 头字节

7	6	5	4	3	2	1	0	位
		0	0					特殊的ID格式报文 (使用解码表)
				$00\sim15_{dec}$ $(0\sim F_{hex})$				最后面的制造商特殊组态ID数据数： $00_{dec}(0_{hex})$ = 没有制造商特殊组态数 $1\sim14_{dec}(E_{hex})$ = 相应的制造商特殊组态数据数 $15_{dec}(F_{hex})$ = 没有
0	0							空模块，模块没有输入或输出组态
0	1							接下来1B说明输入性质
1	0							接下来1B说明输出性质
1	1							接下来1B分别说明输出和输入性质

DP-V1 在特殊的格式下使用制造商特殊的组态数据提供附加信息

接下来字节
1B长度的输出，
1B长度的输入，
如果两者都有，则接下来有2B，输出在前，输入在后

7	6	5	4	3	2	1	0	位
		$00\sim63_{dec}$ $(00\sim3F_{hex})$						组态的数据数 (输入/输出)： $00_{dec}(0_{hex})$=1单位（字节/字） $63_{dec}(3_{hex})$=64单位（字节/字）
	1							单位 = 字
	0							单位 = 字节
1								整个数据块(模块)一致
0								整个数据单位(字节/字)一致

接下来的字节
制造商特殊数据

7	6	5	4	3	2	1	0	位
$00\sim255_{dec}$ $(00\sim FF_{hex})$								制造商特殊标志定义数据类型

数据类型代码	
1——布尔型（位）	10——8 个一组的字符串
2——8位有符号整型(字节)	11——日期
3——16位有符号整型(字)	12——天（4字节）
4——32位有符号整型(双字)	13——时差(4字节)
5——8位无符号整型(字节)	14——天（6字节）
6——16位无符号整型(字)	15——时差(6字节)
7——32位无符号整型(双字)	16～31——保留
8——浮点数(双字)	32～63——用户特殊制定数据
9——可视字符串	64～255——保留

B.9 DP–V1扩展诊断报文信息速查

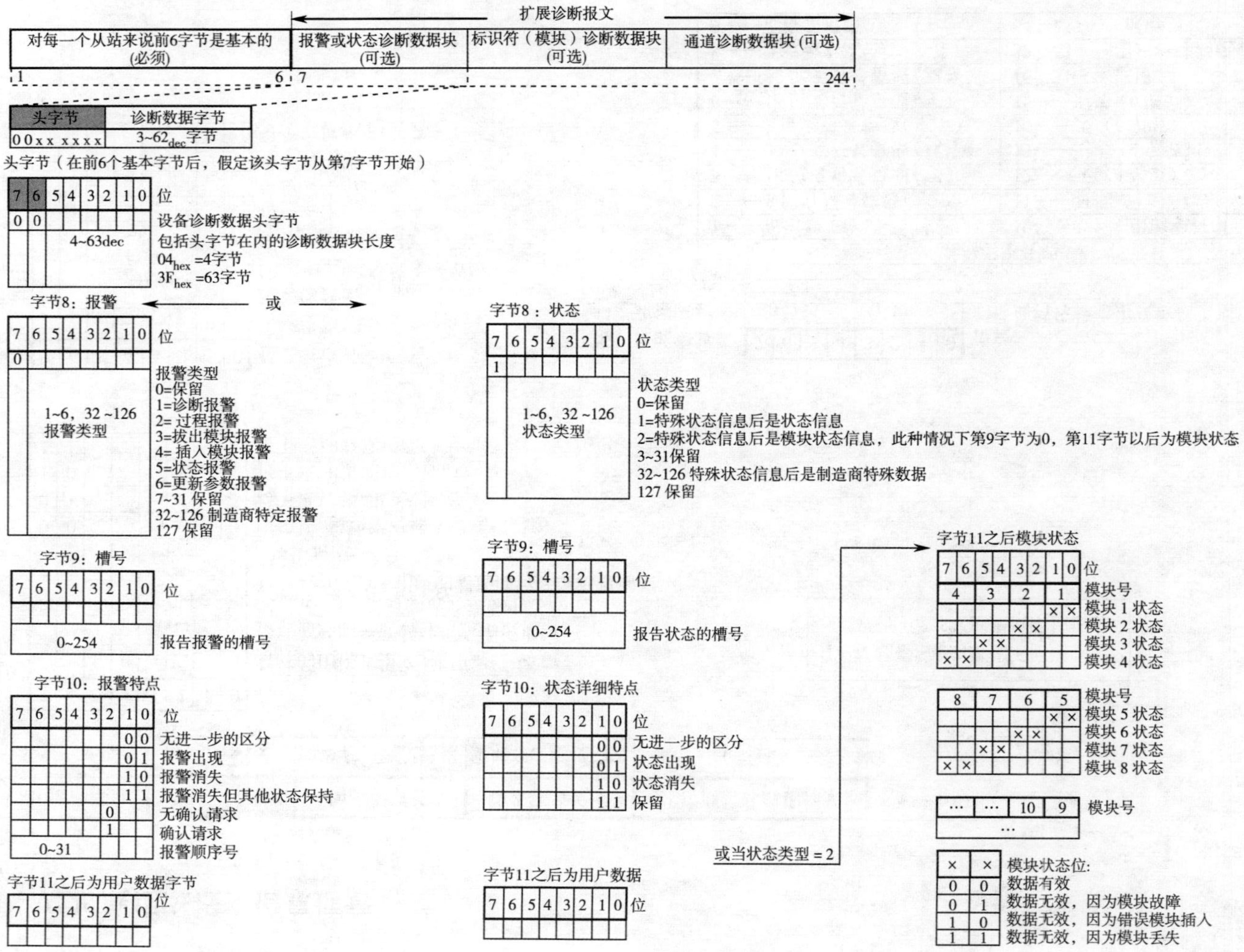

B.10 DP–V1 MS1、MS2 通信功能码及报文信息速查

DPV1 非循环功能: 请求/应答报文 (主站→从站)

SD	LE	LEr	SDr	DA	SA	FC	DSAP	SSAP	DU	FCS	ED
68_{hex}	××	××	××	××	××	××	33/32h	××	××××	××	16_{hex}

功能编号	参数
××	××××

功 能	功能编号	请求参数	响应参数
轮询	无	无	无
空闲	48_{hex}	无	无
数据传输	51_{hex}	槽号，索引，数据长度，数据	槽号，索引，数据长度，数据
资源管理	56_{hex}	—	服务器SAP，发送间隔时间
初始化	57_{hex}	保留3个字节，发送间隔时间，请求特性，支持行规，行规号，附加地址参数	支持的最大数据长度，支持的特性，支持的行规，行规号，附加地址参数
退出	58_{hex}	子网络，实例/原因代码	—
报警确认	$5C_{hex}$	槽号，报警类型，详细特点	槽号，报警类型，详细特点
读	$5E_{hex}$	槽号，索引，数据长度	槽号，索引，数据长度，数据
写	$5F_{hex}$	槽号，索引，数据长度，数据	槽号，索引，数据长度

B.11 诊断响应报文常用信息速查

常用诊断响应报文（PDU 中的前 2 字节）

前 2 字节（hex）	现　　象	采 取 措 施
02 05 …	从站未准备好（未收到参数设置报文）	等待主站发送参数化报文和组态信息
02 04 …	未收到组态报文或从站未准备好进行组态检查（看门狗状态为“OFF”）	检查主站是否发送了 CFG 报文，否则检查下一个循环
02 0C …	未收到组态报文或从站未准备号进行组态检查（看门狗状态为“ON”）	检查主站是否发送了 CFG 报文，否则检查下一个循环
42 05 …	参数化错误，错误的 ID，无效的 WD 参数或错误的装置设备参数	检查参数设置报文（ID 号，用户参数数据和长度）
12 05 …	功能不支持，报文包含 SYNC 或 FREEZE 功能，但从站不支持该功能或在参数化报文中设置了保留位	检查设置参数报文并且检查从站是否支持主站请求的功能
52 05 …	参数化错误并且不支持参数化报文中所含功能	检查参数设置报文（ID 号、用户参数数据和长度、所支持的功能）
08 04 …	从站有扩展诊断数据并且从站处于数据交换模式（看门狗状态为“OFF”）	检查扩展诊断数据
08 0C …	从站有扩展诊断数据并且从站处于数据交换模式（看门狗状态为“ON”）	检查扩展诊断数据
0A 05 …	从站有扩展诊断数据并且未接收到参数化和组态数据	等待主站发送参数化和组态报文，如果扩展诊断状态仍为“ON”，检查下一个扩展诊断数据
06 05 …	组态错误，从站接收到错误的组态数据或长度错误的输出数据报文	检查组态报文并且比较组态数据和实际数据的长度
0E 05 …	从站接收到错误的组态报文并且有扩展诊断信息	检查组态报文
00 04 …	从站状态良好并且处于数据交换状态（看门狗状态为“OFF”）	从站报告一切都好，检查诊断报文中主站地址
000C …	从站状态良好并且处于数据交换状态（看门狗状态为“ON”）	从站报告一切都好，检查诊断报文中主站地址
00 06 …	从站具有静态诊断功能，但是从站正处于数据交换状态（该位复位前主站只请求诊断）	尝试复位设备或查看手册并找出原因
02 07	从站具有静态诊断功能但必须要进行参数设置和组态	等待，直到主站发送参数化和组态报文

附录 C　常用缩略语备查表

缩略语	英文全称	中文解释
ACCO	Active Control Connection Object	活动控制链接对象
AI	Analog Input	模拟量输入
AL	Application Layer	应用层
AO	Analog Output	模拟量输出
AP	Application Process	应用进程
API	Actual Packet Interval	实际的数据包时间间隔
APM	Alternating Phase Modulating	交变脉冲调制
AR	Application Relationship	应用关系
ARP	Address Resolution Protocol	地址解析协议
ARPA	Advanced Research Project Agency	高级研究计划署
ARQ	Automatic Request for Repeat	自动请求重发
AS-I	Actuator Sensor Interface	执行器、传感器接口
ASIC	Application Specific Integrated Circuit	专用集成电路
ASK	Amplitude Shift Keying	幅移键控
ATM	Asynchronous Transfer Mode	异步转移模式
ATO	AS-i Trade Organization	AS-i 贸易组织
BOOTP	Bootstrap Protocol	自举（引导）协议
CAN	Controller Area Network	控制器局域网
CB	Control Bit	控制位
CBA	Component-Based Automation	基于组件的自动化
CD	Clear Data	清除数据
CE	Conformite Europeenne	欧洲统一的安全认证
CI	ControlNet International	ControlNet 国际组织
CIMS	Computer Integrated Manufacturing System	计算机集成制造系统
CIP	Control and Information Protocol	控制及信息协议
CIX	Commercial Internet eXchange	商用因特网交换中心
COM/DCOM	Component Object Model/Distributed COM	组件对象模型/分布式组件对象模型
CPF	Communication Profile Family	通信行规家族
CR	Communication Relationship	通信关系
CRC	Cyclic Redundancy Check	循环冗余校验
CRC	Cyclic Redundancy Code	循环冗余码
CRM	Customer Relationship Management	客户关系管理
CRT	Cathode Ray Tude	阴极射线管
CSMA	Carrier Sense Multiple Access	载波监听多路访问
CSMA/CD	Carrier Sense Multiple Access with Collision Detection	带冲突检测的载波监听多路访问
CU	Control Unit	控制单元

（续）

缩略语	英文全称	中文解释
DA	Destination Address	目标地址
DCS	Distributed Control System	集散控制系统
DD	Device Description	设备描述
DDE	Dynamic Data Exchange	动态数据交换
DDL	Device Description Language	设备描述语言
DE	Data Exchange	数据交换
DI	Digital Input	数字量输入
DLL	Data Link Layer	数据链路层
DLL	Dynamic Link Library	动态链接库
DLSAP	Data Link Service Access Point	数据链路服务访问点
DNA	Digital Network Architecture	数字网络体系结构
DNS	Domain Name System	域名系统
DO	Digital Output	数字量输出
DSAP	Destination Service Access Point	目标服务存取点
DSS	Decision Support System	决策支持系统
DTD	Document Type Definition	文档类型定义
DXB	Data eXchange Broadcast	广播式数据交换
E + H	Endress + Hauser	恩德斯豪斯公司
EB	Electronic Business	电子商务
ED	End Delimiter	报尾
EDDL	Electronic Device Description Language	电子设备描述语言
EDM	External device monitor	外部设备监控器
EIA	Electronic Industries Association	电子工业协会
EN	Enterprice Networks	企业网络
EOF	End Of Frame	帧结束
ERP	Enterprise Resource Planning	企业资源规划
FAS	Fieldbus Access Sublayer	现场总线访问子层
FB	Function Block	功能块
FBD	Function Block Diagram	功能块图
FC	Function Code	功能码
FCS	Fieldbus Control System	现场总线控制系统
FCS	Frame Check Sequence	帧校验次序
FDA	Field Device Access	现场设备访问
FDIS	Final Draft International Standards	最终的国际标准
FDM	Frequency Division Multiplexing	频分多路复用
FDT/DTM	Field Devices Tool/Devices Type Manager	现场设备工具/设备类型管理器
FEC	Forward Error Correction	前向纠错
FF	Foundation Fieldbus	基金会现场总线
FFB	Flexible Function Block	柔性功能模块
FIP	Fieldbus Internet Protocol	现场总线网络协议
FISCO	Fieldbus Intrinsically Safe Concept	现场总线本质安全概念
FMS	Fieldbus Message Specification	现场总线报文规范
FS	Fieldbus Server	现场总线服务器
FSK	Frequency Shift Keying	频移键控
FTP	File Transfer Protocol	文件传输协议

（续）

缩 略 语	英文全称	中文解释
GARP	generic attribute registration protocol	通用属性注册协议
GC	Get Configuration	获取组态
GC	Global Control	全局控制
GM	General Motors	(美国)通用汽车(公司)
GSD	Gerate Stamm Datei	一类设备的数据描述文件
GVRP	GARP vlan registration protocol	GARP vlan 注册协议
HART	Highway Addressable Remote Transducer	可寻址的远程变送器数据公路
HMI	Human Machine Interface	人机界面
HSE	High Speed Ethernet	高速以太网
HTML	Hypertext Markup Language	超文本标记语言
IAONA	Industrial Automation Network Alliance	工业自动化开发网络联盟
ICMP	Internet Control Message Protocol	因特网控制报文协议
ID	Identification	标识
IDA	Interface for Distributed Automation	分布式自动化接口
IEA	Industrial Ethernet Association	工业以太网协会
IEC	International Electrotechnical Commission	国际电工委员会
IEEE	Institute of Electrical and Electronics Engineers	电气与电子工程师协会
IGMP	Internet Grope Management Protocol	因特网组管理协议
IL	Instruction List	指令表
IM	Isochronous Mode	等时同步模式
IMAP	Internet Message Access Protocol	因特网报文访问协议
IOU	Input Output Unit	输入输出单元
IP	Internet Protocol	因特网协议
IPC	Industrial PC	工业计算机
ISA	The Instrumentation, Systems, and Automation Society	美国仪表及自动化协会
ISO	International Organization for Standardization	国际标准化组织
LAN	Local Area Network	局域网
LAS	Link Active Scheduler	链路活动调度器
LAS	The List of Active Slaves	处于运行状态的从站表
LD	Ladder Diagram	梯形图
LDS	The List of Detected Slaves	被检测到的从站表
LE	Data Length	数据长度
LLC	Logical Link Control sublayer	逻辑链路控制子层
LLI	Lower Layer Interface	低层接口
LNS	L2TP Network Service	用于 LonWorks 的网络操作系统
LON	Local Operating Networks	局域操作网络
LPS	The List of Projected Slaves	组态的从站表
MAC	Media Access Control sublayer	介质访问控制子层
MAN	Metropolitan Area Network	城域网
MAP	Manufacturing Automation Protocol	制造自动化协议
MAU	Media Access Unit	媒体访问单元
MBP	Manchester code Bus Powered	曼彻斯特总线供电方式
MDI	Media Dependent Interface	媒体从属接口
MES	Manufacturing Execution System	制造执行层
MIS	Management Information System	管理信息系统
MMS	Manufacturing Messaging Services	制造信息服务
MRP	Manufacturing Resource Planning	制造资源计划

（续）

缩 略 语	英 文 全 称	中 文 解 释
NFS	Network File System	网络文件系统
NRZ	No Return to Zero	非归零码
NSF	The National Science Foundation	国家科学基金会
OA	Office Automation	办公自动化系统
OCX	OLE Control eXtension	OLE 定制控件
ODVA	Open DeviceNet Vendor Association	开放式 DeviceNet 供货商协会
OLE	Object Linking and Embedding	对象链接与嵌入
OLM	Optical Link Module	光纤连接模块
OPC	OLE for Process Control	用于过程控制的对象链接与嵌入
OSI/RM	Reference Model of Open System Information	开发系统互连参考模型
OSSD	Output Safety Switching Device	输出安全开关装置
PARC	Palo Alto Research Centre	Palo Alto 研究中心
PB	Physical Block	物理块
PCC	PROFIBUS Competency Centre	PROFIBUS 资格中心
PDU	Protocol Date Unit	协议数据单元
PI	PROFIBUS International	PROFIBUS 国际组织
PID	Proportional Integral Derivative	比例积分微分
PLC	Programmable Logic Controller	可编程序控制器
PLS	Physical Layer Signal	物理层信号
PMA	Physical Medium Attachment	物理媒体连接
POP	Point Of Presence	接入点
POP	Post Office Protocol	邮局协议
POU	Program Organization Unit	程序组织单元
PROFIBUS	Process Field Bus	过程现场总线
PROFIBUS-DP	PROFIBUS Decentralized Periphery	分散型外围设备用 PROFIBUS
PROFIBUS-PA	PROFIBUS Process Automation	过程自动化用 PROFIBUS
PROG	Program	程序
PSK	Phase Shift Keying	相移键控
PTB	Physikalisch Technische Bundesanstalt	联邦物理研究所
PTP	Precision Time Protocol	精确时间协议
QoS	Qulity of Service	服务质量
RARP	Reverse Address Resolution Protocol	反向地址解析协议
RFC	Request For Comment	请求评论
RI	Read Inputs	读取输入
RO	Read Outputs	读取输出
RPA	Regional PROFIBUS Associations	区域 PROFIBUS 协会

（续）

缩 略 语	英文全称	中文解释
SA	Source Address	源地址
SAP	Service Access Point	服务访问点
SC	Short Character	短确认报文
SCADA	Supervision Control and Data Acquisition	监控与数据采集
SCM	Supply Chain Management	供应链管理
SD	Start Delimiter	报头
SDA	Send Data with Acknowledge	需要确认的发送数据
SDN	Send Data with No acknowledge	不需要确认的发送数据
SDS	Smart Distributed System	智能分散系统
SFC	Sequential Function Chart	顺序功能图
SMCB	Serial Multiplexed Control Bus	串行多路控制总线
SMTP	Simple Mail Transfer Protocol	简单邮件传输协议
SNA	System Network Architecture	系统网络体系结构
SNMP	Simple Network Management Protocol	简单网络管理协议
SRD	Send and Request Data with acknowledge	需要确认信息的数据发送和请求
SSA	Set Slave Address	设定从站地址
SSAP	Source Service Access Point	源服务存取点
ST	Structured Text	结构化文本
STP	Shielded Twisted Pair	屏蔽双绞线
SYN	Synchronous code	同步字符
TB	Transducer Block	转换块
TCP	Transmission Control Protocol	传输控制协议
TCP/IP	Transfer Control Protocol/Internet Protocol	传输控制协议/因特网协议
TDM	Time Division Multiplexing	时分多路复用
TFTP	Trivial File Transfer Protocol	一般文件传输协议
TOP	Technical and Office Protocal	技术办公系统协议
TR	Token Ring	令牌环
UL	User Layer	用户层
UL	Underwriters Laboratories Inc.	美国安全检测实验室公司
UTP	Unshielded Twisted Pair	非屏蔽双绞线
VCR	Virtual Communication Relationship	虚拟通信关系
VFD	Virtual Field Device	虚拟现场设备
VTP	Virtual Terminal Protocol	虚拟终端协议
WAN	Wide Area Network	广域网
WDM	Wavelength Division Multiplexing	波分复用
WorldFIP	World Factory Instrumentation Protocol	世界工厂仪表协议
WWW	World Wide Web	万维网
XLL	eXtensible Link Language	可扩展链接语言
XML	eXtensible Markup Language	可扩展性标记语言
XSL	eXtensible Stylesheet Language	可扩展样式语言

附录D 学习现场总线技术常用网站

1. http：//www. zzictec. com/ 中国PROFIBUS/PROFINET技术培训中心
2. http：//www. profibus. com/ PROFIBUS/PROFINET国际组织
3. http：//as-interface. net/ AS-Interface
4. http：//www. plcopen. org/ PLCopen组织
5. http：//www. fieldbus. org/ FF
6. http：//www. opcfoundation. org/ OPC组织
7. http：//www. fdt-jig. org/en/home-en. html FDT组织
8. http：//www. endress. com/ E + H公司
9. http：//www. cn. endress. com/ E + H（中国）公司
10. http：//www. wago. com/start/start. htm WAGO公司
11. http：//www. wago. com/wago _ cn/index. html WAGO（中国）公司
12. http：//www. beckhoff. com/ beckhoff公司
13. http：//www. beckhoff. com. cn/ beckhoff（中国）公司
14. http：//www. ifm-electronic. com/ ifm公司
15. http：//www. ifm-electronic. com/ifmcn/web/home. htm ifm（中国）公司
16. http：//www. ad. siemens. com/ Siemens公司自动化与驱动集团
17. https：//www. sea. siemens. com/index. asp Siemens公司能源与自动化集团
18. http：//www. ad. siemens. com. cn/ Siemens（中国）自动化与驱动集团
19. http：//www. softing. com/ softing公司
20. http：//www. cameta. org. cn/ 中国机电一体化协会
21. http：//www. gongkong. com/ 中国工控网
22. http：//www. automation-alliance. com/ CoDeSys公司
23. http：//www. c-profibus. com. cn/ 中国PCC和鼎实公司
24. http：//www. procentec. com/ 荷兰PROFIBUS和PROFINET资格中心
25. http：//www. infoteam. de/index. php inforteam公司
26. http：//www. pepperl-fuchs. com/ P + F公司
27. http：//www. pepperl-fuchs. com. cn/ P + F（中国）公司
28. http：//www. phoenixcontact. com/global/ Phonenix公司
29. http：//www. anybus. com/eng/default. asp HMS公司
30. http：//www. anybus. cn/ HMS（中国）公司

参考文献

[1] Andy Verwer. Presentations for Certification PROFIBUS Engineer Course. U. K. PROFIBUS Competency Centre, Manchester Metropolitan University, 2003.

[2] Andy Verwer. Presentations for Certification PROFIBUS Installers Course. U. K. PROFIBUS Competency Centre, Manchester Metropolitan University, 2003.

[3] Andy Verwer. Presentations for Certification As-i Engineer Course. U. K. PROFIBUS Competency Centre, Manchester Metropolitan University, 2003.

[4] 克·迪德里希，托·班葛曼．PROFIBUS PA 过程自动化现场总线技术［M］．惠敦炎，译．桂林：广西师范大学出版社，2007.

[5] Manfred Popp. The New Rapid Way to PROFIBUS DP——From DP-V0 to DP-V2. Germany：PROFIBUS Nutzerorganisation，2003.

[6] PROFIBUS Nutzerorganisation. PROFIBUS System Description——Technology and Application. Germany，2010.

[7] Raimond Pigan，Mark Metter. 西门子 PROFINET 工业通信指南［M］．汤亚峰，等译，北京：人民邮电出版社，2007.

[8] Werner R. Kriesel，Otto W. Madelung：AS-Interface：The Actuator-Sensor Interface for Automation.

[9] Rolf Becher，Dr. Bernhard Muller，Dr. Andreas Schiff，Tilman Schinke，Heinz Walker. AS-Interface：The Automation Solution——A compilation of technology，functionality and applications. Germany：AS-Interface Association，2002.

[10] 王永华. 现代电气控制及 PLC 应用技术［M］．2 版．北京：北京航空航天大学出版社，2008.

[11] SIEMENS，SIMATIC NET：CP 243-2 AS-Interface Master Manual. 2002.

[12] Karl-Heinz John，Michael Tiegelkamp. IEC61131-3：Programming Industrial Automation Systems［M］．Germany：Springer. 2001.

[13] R. W. Lewis：Programming industrial control system using IEC1131-3（Revised edition）［M］．England，1998.

[14] SIEMENS：asimon Manual，AS-I Safety Monitor Configuration Software for MS-Windows.

[15] SIEMENS：AS-I Safety Monitor，Operating Manual.

[16] Michael A. Gallo，William M. Hancock. 计算机通信和网络通信［M］．王玉峰，等译. 北京：人民邮电出版社，2003.

[17] 王永华. 基于 S7-200PLC 的高性能电热锅炉控制系统［J］．仪表技术与传感器. 2000（7）.

[18] 阳宪惠．工业数据通信与控制网络［M］．北京：清华大学出版社，2003.

[19] Manfred Popp，Karl Weber. The Rapid Way to PROFINET. Germany：PROFIBUS Nutzerorganisation，2004.

[20] JB/T 10308. 3—2005. 测量和控制数字数据通信工业控制系统用现场总线类型 3：PROFIBUS 规范（上、下册）［S］．北京：机械工业出版社，2005.

[21] GB/T 15969. 3—2005/IEC61131-3：2002. 可编程序控制器 第 3 部分：编程语言［S］．北京：中国标准出版社，2005.

[22] 王永华，何胜科，等. 纺织生产过程数据集成与处理系统的开发［J］．棉纺织技术. 2010（11）.

[23] 张明杰，江豪，等．基于现场总线技术的制冷站监控系统［J］．郑州轻工业学院学报．2011（2）．

[24] GB/Z 25105.1～GB/Z 25105.3—2010．工业通信网络 现场总线规范 类型10：PROFINET IO 规范（3个部分）［S］．北京：中国标准出版社，2010．